ΣBEST シグマベスト

# 高校 これでわかる 数学Ⅲ+C

松田親典 著

文英堂

# 基礎からわかる！

## 成績が上がるグラフィック参考書。

**1** ワイドな紙面で，わかりやすさバツグン

**2** わかりやすい図解と斬新レイアウト

**3** イラストも満載，面白さ満杯

**4** どの教科書にもしっかり対応

- 工夫された導入で，数学への興味がわく。
- 学習内容が細かく分割されているので，どこからでも能率的な学習ができる。
- わかりにくいところは，会話形式でていねいに説明。
- 図が大きくてくわしいから，図を見ただけでもよく理解できる。
- これも知っ得や課題学習で，学習の幅を広げ，楽しく学べる。

**5** 章末の定期テスト予想問題で試験対策も万全！

# もくじ

## 1章 ベクトル　数学C



## 2章 複素数平面　数学C

## 3章 式と曲線 数学C

### 1節 2次曲線



### 2節 媒介変数表示と極座標



## 4章 関数と極限 数学Ⅲ

### 1節 いろいろな関数



### 2節 数列の極限



### 3節 関数の極限



## 5章 微分法とその応用 数学Ⅲ

### 1節 微分法



### 2節 微分法の応用

# 6章 積分法とその応用

数学Ⅲ

## 1節 積分法



## 2節 積分法の応用

### 問題について

**基本例題** 教科書の基本的なレベルの問題。

**応用例題** ややレベルの高い問題。または応用力を必要とする問題。

**発展例題** 教科書の発展内容。(扱っていない教科書もある。)

**類題 類題 類題** 例題内容を確認するための演習問題。もとになる例題を検索しやすいように，例題と同じ番号になっている。例題に類題がなければ，その番号は欠番で，類題が複数ある場合は，○○−1，○○−2 となる。

**定期テスト予想問題** 定期テストに出題されそうな問題。大学入学共通テストレベルの問題も含まれているので実力を試してほしい。

# 1章

# ベクトル 数学C

# 1節 平面上のベクトル

## 1 ベクトル

オリエンテーリングをするとき，地図で目標までの距離を測るよね。目標まで進むには，どの方向に進むかも重要だよ。このように，**距離と方向をもった量**を表すにはどうすればいいかな。

そんなの簡単。目標まで線を引くと線の長さが距離になるし，どの方向に進むかは線に矢印をつけるといいと思います。

つまり，矢印のついた線分をかいて，**向きは矢印の向き，距離は線分の長さ**で表すということだね。その通り！

このような**向きをもった線分**を**有向線分**といって，図のAを**始点**，Bを**終点**というんだ。

**向きと大きさをもつ量**のことを**ベクトル**というよ。ベクトルは，この有向線分で表せるんだ。もちろん，始点をどこにとっても構わない。

いいかえれば，向きも含めて，平行移動して重なる有向線分で表されるベクトルは，みな同じベクトルということなんだ。**向きと大きさをもつ量がベクトル**であるのに対して，**大きさだけで定まる量をスカラー**というよ。

## 課題学習 数学って何？

みなさんは，「数学とはどういうものか？」という問いに対して，何と答えますか。「計算の技術さ」と答える人もいるでしょうし，「わたしの悩みの種」と答える人もいるでしょう。この問いに対して，フランスの偉大な数学者ポアンカレ(1854～1912)は，次のように言いきりました。

「数学とは異なったものを同じものとみなす技術である。」

たとえば，1個の石，1羽のスズメ，1冊の本，…など，どれも異なっているのですが，“1”という点では同じものです。ベクトルも，大きさが等しく，向きが同じであれば，たとえ位置がちがっていても同じものとみなしますね。同じものとみなすことによって，新しい世界がひらけてくるのです。

## ベクトル表現の約束

### 1 ベクトルとその大きさ

**有向線分 AB で表されるベクトル**を，$\overrightarrow{AB}$ や $\vec{a}$ と表す。

ベクトル $\overrightarrow{AB}$ や $\vec{a}$ の**大きさ**は，$|\overrightarrow{AB}|$ や $|\vec{a}|$ で表す。

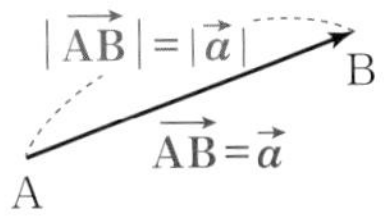


### 2 ベクトルの相等

**ベクトル $\vec{a}$ と $\vec{b}$ の，向きも大きさも等しい**とき，$\vec{a}$ と $\vec{b}$ は**等しい**といい，$\vec{a}=\vec{b}$ と表す。

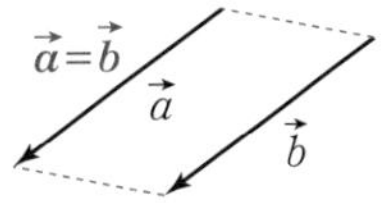


### 3 零ベクトル

**大きさが 0 のベクトル**を**零ベクトル**といい，$\vec{0}$ と表す。

⬅ 向きは考えない。

### 4 逆ベクトル

**ベクトル $\vec{a}$ と大きさは同じで，向きが反対のベクトル**を，$\vec{a}$ の**逆ベクトル**といい，$-\vec{a}$ と表す。

$\overrightarrow{AB}$ と $\overrightarrow{BA}$ は互いに逆ベクトルである。よって　$\overrightarrow{BA}=-\overrightarrow{AB}$

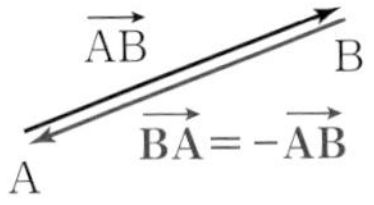


**基本例題 1**　ベクトルの意味

右の図のような 1 辺の長さが 1 の正六角形の中心を O とするとき，

(1) $\overrightarrow{OA}$ に等しいベクトルを 3 ついえ。

(2) $\overrightarrow{AB}$ と向きが反対のベクトルを 5 ついえ。

(3) $|\overrightarrow{CF}|$ を求めよ。

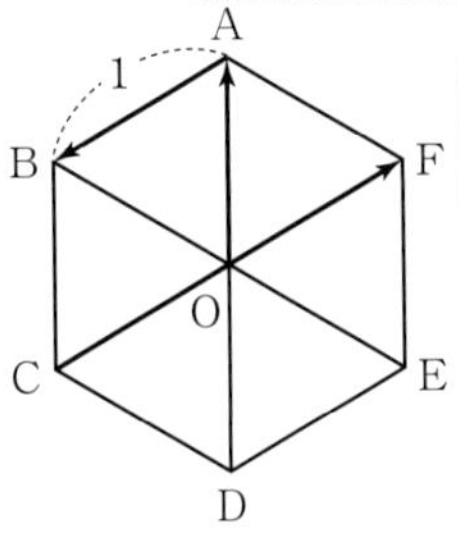


テストに出るぞ！

**ねらい**

ベクトルの意味を理解すること。
向き……矢印の向き
大きさ…線分の長さ
ベクトルの相等
逆ベクトル

**解法ルール** (1) **平行移動をして，向きも含めて重ね合わせることができる**ベクトルは，すべて等しい。

(2) AB に平行な直線 CF，DE に着目しよう。

**解答例** (1) 答　$\overrightarrow{CB}$，$\overrightarrow{EF}$，$\overrightarrow{DO}$

(2) 答　$\overrightarrow{CO}$，$\overrightarrow{OF}$，$\overrightarrow{DE}$，$\overrightarrow{BA}$（以上 $\overrightarrow{AB}$ の逆ベクトル），$\overrightarrow{CF}$

⬅ $\overrightarrow{BA}$，$\overrightarrow{CF}$ も(2)の答え。

(3) 四角形 ABCO はひし形であるから　CO＝AB＝1

よって　$|\overrightarrow{CF}|$＝CF＝2CO＝**2**　…答

**類題 1** 右の図で示したベクトルについて，次の問いに答えよ。

(1) $\vec{a}$ と同じ向きのベクトルをいえ。

(2) $\vec{a}$ と大きさが同じであるベクトルをいえ。

(3) 等しいベクトルの組をいえ。

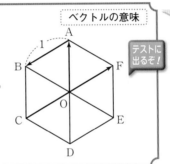

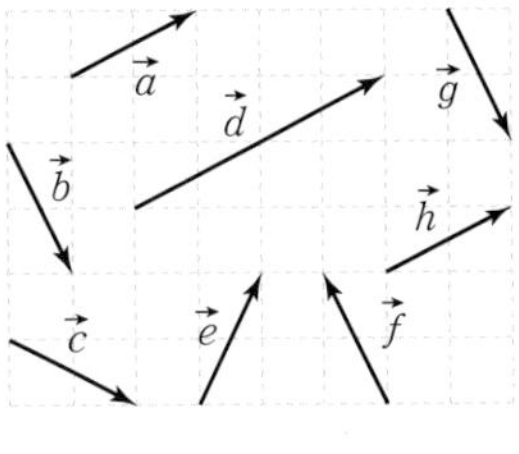

# 2 ベクトルの和・差・実数倍

ベクトルにも，加法・減法はあるんだよ。
まず，**ベクトルの和**から考えてみよう。
たとえば，右の図の点 O から出発して点 C まで行く場合

① O から直接 C に行く
② A を経由して O→A→C と行く
③ B，D を経由して O→B→D→C と行く

などの方法が考えられるね。

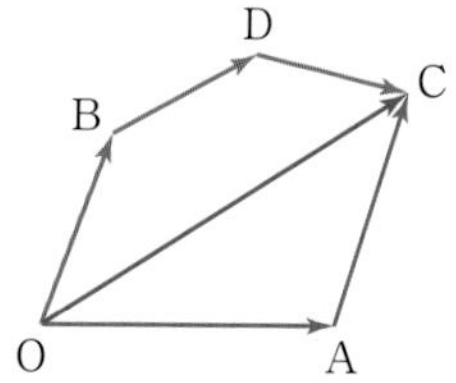


ところで，①の行き方は O→C で，これは有向線分 OC で表されるから，ベクトル $\overrightarrow{\mathrm{OC}}$ と考えていいね。②の場合はどうだろう。

O → A はベクトル $\overrightarrow{\mathrm{OA}}$，A→C はベクトル $\overrightarrow{\mathrm{AC}}$ と考えればよいので，O から C に行くことは，ベクトル $\overrightarrow{\mathrm{OA}}$ と $\overrightarrow{\mathrm{AC}}$。そうだ，$\overrightarrow{\mathrm{OA}}+\overrightarrow{\mathrm{AC}}$ と考えるといいと思います。

その通り。つまり，①でも②でも O から C に行くということにはかわりないから

$$\overrightarrow{\mathrm{OA}}+\overrightarrow{\mathrm{AC}}=\overrightarrow{\mathrm{OC}}$$

出発点　中継点　到着点

となるんだ。

わかった。先生！　③では

$$\overrightarrow{\mathrm{OB}}+\overrightarrow{\mathrm{BD}}+\overrightarrow{\mathrm{DC}}=\overrightarrow{\mathrm{OC}}$$

出発点　中継点　中継点　到着点

となるんですね！

次に，**ベクトル $\vec{a}$ と $\vec{b}$ の差**について考えよう。
**$\vec{a}-\vec{b}$ は $\vec{a}+(-\vec{b})$** と考えていいね。
$-\vec{b}$ は $\vec{b}$ の逆ベクトルだから向きが反対だ。

先生。ベクトルが $\vec{a}$，$\vec{b}$ だと，図がかけません。

それなら，$\vec{a}=\overrightarrow{\mathrm{OA}}$，$\vec{b}=\overrightarrow{\mathrm{OB}}$ としてごらん。
平行移動して重なる有向線分で表されるベクトルはすべて等しいベクトルだったよね。

$\overrightarrow{\mathrm{OB}}$ を平行移動しただけでは $-\vec{b}$ にならないので，向きを逆にした $\overrightarrow{\mathrm{AC}}=-\vec{b}$ をつくると，

$$\vec{a}-\vec{b}=\vec{a}+(-\vec{b})=\overrightarrow{\mathrm{OA}}+\overrightarrow{\mathrm{AC}}=\overrightarrow{\mathrm{OC}}$$

です。

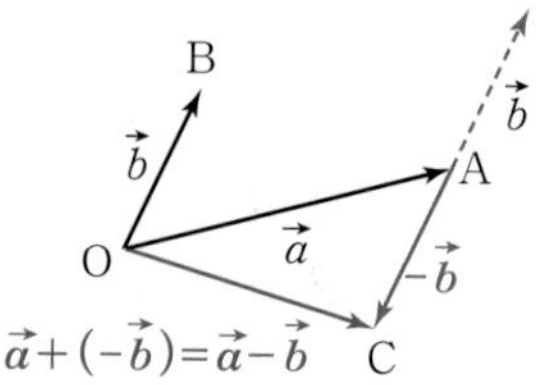

前ページの下の図で，四角形 OCAB は平行四辺形になっているから $\overrightarrow{BA}$ と $\overrightarrow{OC}$ は等しい。よって，$\overrightarrow{BA}$ も $\vec{a}-\vec{b}$ だ。

差は　$\overrightarrow{BA}=\overrightarrow{OA}-\overrightarrow{OB}$

同じ文字

$\overrightarrow{BA}$
$=\overrightarrow{\square A}-\overrightarrow{\square B}$
終点－始点
□には同じ文字を入れる。

また，$\overrightarrow{BA}=\vec{x}$ とすると，$\overrightarrow{OB}+\overrightarrow{BA}=\overrightarrow{OA}$ なので

$\vec{b}+\vec{x}=\vec{a}$　この等式から，$\vec{x}=\vec{a}-\vec{b}$ として求めることもできる。

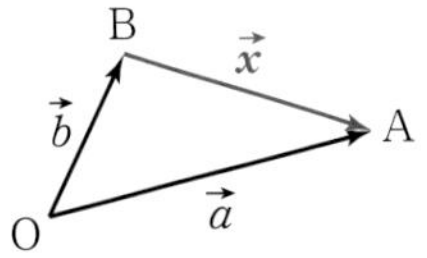

先生。$\vec{a}=\overrightarrow{OA}$ と $\vec{b}=\overrightarrow{OB}$ が与えられたとき，和 $\vec{a}+\vec{b}$ はどう考えたらいいんですか。

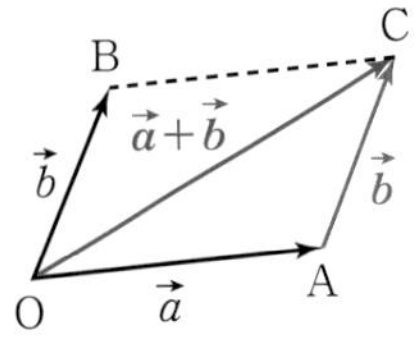

先程と同じように，**$\overrightarrow{OB}$ を平行移動して**，$\overrightarrow{AC}=\vec{b}$ としてやると

$\vec{a}+\vec{b}=\overrightarrow{OC}$

したがって，和と差については次のようにまとめられるよ。

**ポイント**　[ベクトルの和と差]　覚え得

$\overrightarrow{OA}$ と $\overrightarrow{OB}$ の和と差は，**平行四辺形 OACB の対角線上**にあり

和　$\overrightarrow{OA}+\overrightarrow{OB}=\overrightarrow{OC}$　　差　$\overrightarrow{OA}-\overrightarrow{OB}=\overrightarrow{BA}$

## ● ベクトルの加法・減法の法則

右の図 1 からわかるように，$\vec{a}+\vec{b}$ と $\vec{b}+\vec{a}$ は同じ移動をしたことになり，次の交換法則が成り立つ。

$\vec{a}+\vec{b}=\vec{b}+\vec{a}$　(交換法則)

また，図 2 からわかるように，結合法則が成り立つ。

$(\vec{a}+\vec{b})+\vec{c}=\vec{a}+(\vec{b}+\vec{c})$　(結合法則)

図1

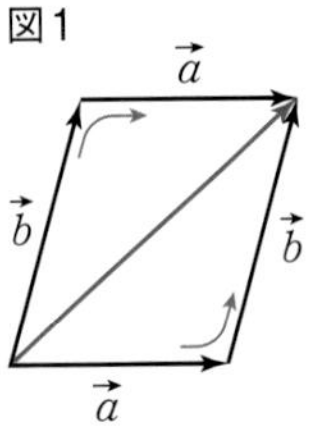


図2

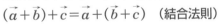

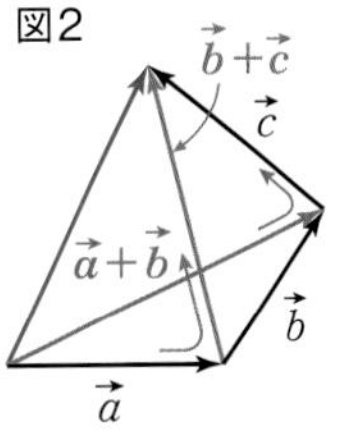


さらに，$\vec{0}$ に関して　$\vec{a}+\vec{0}=\vec{a}$

逆ベクトルを考えることで，$\vec{a}+(-\vec{a})=\vec{0}$，$\vec{a}-\vec{b}=\vec{a}+(-\vec{b})$

も成り立つので，加法・減法の法則をまとめると，次のようになる。

**ポイント**　[ベクトルの加法・減法の法則]　覚え得

① $\vec{a}+\vec{b}=\vec{b}+\vec{a}$　←交換法則

② $(\vec{a}+\vec{b})+\vec{c}=\vec{a}+(\vec{b}+\vec{c})$　←結合法則

③ $\vec{a}+\vec{0}=\vec{a}$

④ $\vec{a}+(-\vec{a})=\vec{0}$

⑤ $\vec{a}-\vec{b}=\vec{a}+(-\vec{b})$　←ベクトルの差は，逆ベクトルを足すことと同じ！

## ● ベクトルの実数倍

$\vec{a}+\vec{a}$ を作図すると，大きさが $\vec{a}$ の 2 倍のベクトルになるので，これを $2\vec{a}$ と書くことにする。一般に，$\vec{0}$ でないベクトル $\vec{a}$ に実数 $k$ を掛けたものを $k\vec{a}$ と書く。

→ $\vec{a} \neq \vec{0}$ と書いてもよい。

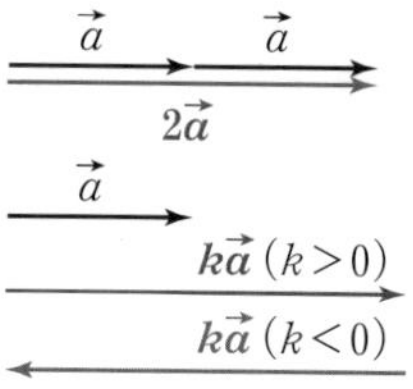

**$k>0$ のとき，$k\vec{a}$ は $\vec{a}$ と向きが同じで，大きさを $k$ 倍したもの。**

**$k<0$ のとき，$k\vec{a}$ は $\vec{a}$ と向きが逆で，大きさを $|k|$ 倍したもの。**

**$k=0$ のとき，$0\cdot\vec{a}=\vec{0}$**

また，$\vec{a}=\vec{0}$ のとき，$k\cdot\vec{0}=\vec{0}$ と定める。

ベクトルの実数倍について，次の計算法則が成り立つ。

●$\vec{a}$ の逆ベクトル $-\vec{a}$ は，$(-1)\vec{a}$ と同じ。

**ポイント**

[ベクトルの実数倍]

$h$, $k$ は実数とする。

① $h(k\vec{a})=(hk)\vec{a}$

② $(h+k)\vec{a}=h\vec{a}+k\vec{a}$

③ $h(\vec{a}+\vec{b})=h\vec{a}+h\vec{b}$

覚え得

先の加法・減法の法則と，この実数倍の法則を使って，ベクトルの計算がふつうの式の計算と同じようにできるんだよ。

---

**基本例題 2**

ベクトルの作図

右の図のように 3 つのベクトル $\vec{a}$, $\vec{b}$, $\vec{c}$ が与えられているとき，次のベクトルを作図せよ。

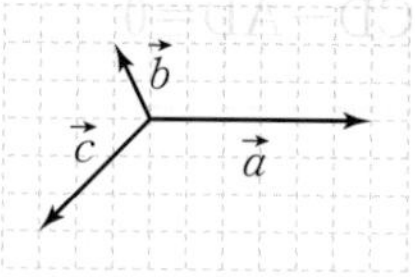

(1) $\vec{a}-2\vec{b}+\vec{c}$　　(2) $\dfrac{1}{2}\vec{a}-3\vec{b}$

**ねらい**

ベクトルの和・差・実数倍を使って，ベクトルを作図すること。

---

**解法ルール** ① ベクトルの実数倍はのびちぢみ(向きに注意)。

② ベクトルの和は，平行移動してつぎたし。

**解答例** (1)も(2)も，差は和になおして考えるとよい。

(1) $\vec{a}-2\vec{b}+\vec{c}$

$=\vec{a}+(-2\vec{b})+\vec{c}$

(2) $\dfrac{1}{2}\vec{a}-3\vec{b}$

$=\dfrac{1}{2}\vec{a}+(-3\vec{b})$

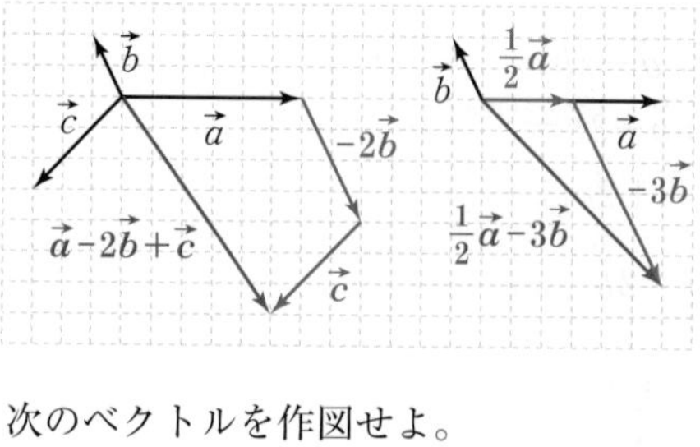

●(2)は下のように作図することもできる。
**(対角線法)**

---

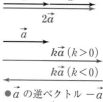

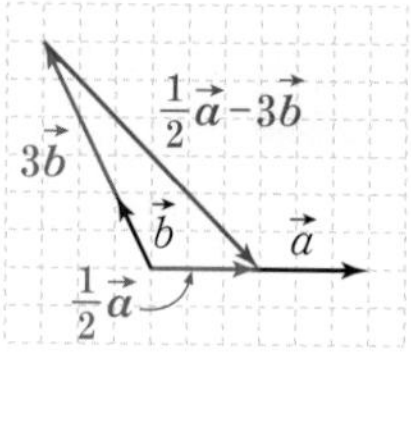

**類題 2** **基本例題 2** の図で，次のベクトルを作図せよ。

(1) $\vec{a}+\vec{b}-2\vec{c}$　　(2) $\vec{a}-\vec{b}-\vec{c}$　　(3) $\dfrac{2}{3}\vec{a}-\vec{b}$

## 基本例題 3　　等式の証明

次の等式が成り立つことを証明せよ。

(1) $\overrightarrow{AB}+\overrightarrow{BC}+\overrightarrow{CA}=\vec{0}$　　(2) $\overrightarrow{AB}+\overrightarrow{DC}=\overrightarrow{AC}+\overrightarrow{DB}$

**ねらい**
ベクトルの和・差を確認すること。
ベクトルの等式の証明のしかたを理解すること。

**解法ルール**

1. $\overrightarrow{OA}+\overrightarrow{AC}=\overrightarrow{OC}$　（A：中継点（同じ文字））
2. $\overrightarrow{OA}-\overrightarrow{OB}=\overrightarrow{BA}$　（O：出発点が同じ）
3. $\overrightarrow{BA}=-\overrightarrow{AB}$
4. $\overrightarrow{AA}=\vec{0}$

(2) 左辺－右辺$=\vec{0}$（0 でない）を示すとよい。

← $\overrightarrow{AA}$ は始点と終点が一致するベクトル，つまり，点であるが大きさが0のベクトルと考える。

**解答例**

(1) **左辺**$=\overrightarrow{AB}+\overrightarrow{BC}+\overrightarrow{CA}=\overrightarrow{AC}+\overrightarrow{CA}$
$=\overrightarrow{AA}=\vec{0}=$**右辺**　終

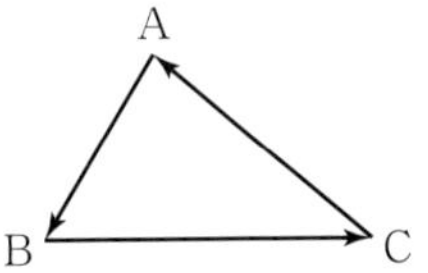


(2) **左辺－右辺**$=(\overrightarrow{AB}+\overrightarrow{DC})-(\overrightarrow{AC}+\overrightarrow{DB})$
$=(\overrightarrow{AB}-\overrightarrow{AC})+(\overrightarrow{DC}-\overrightarrow{DB})$
$=\overrightarrow{CB}+\overrightarrow{BC}=\overrightarrow{CC}=\vec{0}$

よって　$\overrightarrow{\mathbf{AB}}+\overrightarrow{\mathbf{DC}}=\overrightarrow{\mathbf{AC}}+\overrightarrow{\mathbf{DB}}$　終

（別解）左辺－右辺$=\overrightarrow{AB}+\overrightarrow{DC}-\overrightarrow{AC}-\overrightarrow{DB}$
$=\overrightarrow{AB}+\overrightarrow{BD}+\overrightarrow{DC}+\overrightarrow{CA}$
$=\overrightarrow{AA}=\vec{0}$

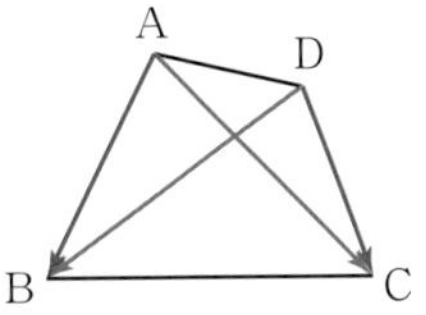


**類題 3**　次の等式が成り立つことを証明せよ。

(1) $\overrightarrow{AB}-\overrightarrow{CB}+\overrightarrow{CD}-\overrightarrow{AD}=\vec{0}$　　(2) $\overrightarrow{PA}-\overrightarrow{QA}=\overrightarrow{PB}-\overrightarrow{QB}$

## 基本例題 4　　ベクトルの計算

テストに出るぞ！

次の問いに答えよ。

(1) $4\vec{a}-3\vec{b}-3(\vec{a}-2\vec{b})$ を簡単にせよ。

(2) $3(\vec{x}+\vec{a})=\vec{x}+2\vec{b}$ のとき，$\vec{x}$ を $\vec{a}$，$\vec{b}$ で表せ。

**ねらい**
ベクトルの計算のしかたを理解すること。

**解法ルール**　ベクトルについての加法・減法・実数倍の法則を使うと，**ベクトルの計算も式の計算と同じようにできる。**

(2) 等式では，**移項**することもできる。

●加法についての交換法則・結合法則が成り立つので，順序を入れかえても，どこから計算してもよい。

**解答例**

(1) $4\vec{a}-3\vec{b}-3(\vec{a}-2\vec{b})=4\vec{a}-3\vec{b}-3\vec{a}+6\vec{b}$
$=4\vec{a}-3\vec{a}+6\vec{b}-3\vec{b}=\boldsymbol{\vec{a}+3\vec{b}}$　…答

(2) $3(\vec{x}+\vec{a})=\vec{x}+2\vec{b}$ より　$3\vec{x}+3\vec{a}=\vec{x}+2\vec{b}$

移項して　$2\vec{x}=2\vec{b}-3\vec{a}$　　よって　$\boldsymbol{\vec{x}=\dfrac{-3\vec{a}+2\vec{b}}{2}}$　…答

実数倍の法則②から，$4\vec{a}-3\vec{a}=\vec{a}$ とできるんだね。

**類題 4**　次の問いに答えよ。

(1) $5\vec{a}-2(3\vec{a}-\vec{b})$ を簡単にせよ。

(2) $2(\vec{x}-\vec{a})=3\vec{b}-\vec{x}$ のとき，$\vec{x}$ を $\vec{a}$，$\vec{b}$ で表せ。

## ● ベクトルの平行と共線条件

### ❖ ベクトルの平行

$\vec{0}$ でない 2 つのベクトル $\vec{a}$ と $\vec{b}$ が，**同じ向きか反対の向き**のとき，$\vec{a}$ と $\vec{b}$ は平行であるといい，$\vec{a} /\!/ \vec{b}$ と表す。

平行や 3 点が一直線上にあるための条件（共線条件）について，実数倍の定義から，次のことがいえる。

**ポイント**　覚え得

[ベクトルの平行条件]

$\overrightarrow{AB} /\!/ \overrightarrow{CD} \iff \overrightarrow{CD}=k\overrightarrow{AB}$　（$k$ は実数）

[共線条件]

3 点 A，B，C が一直線上にある

$\iff \overrightarrow{AC}=k\overrightarrow{AB}$　（$k$ は実数）

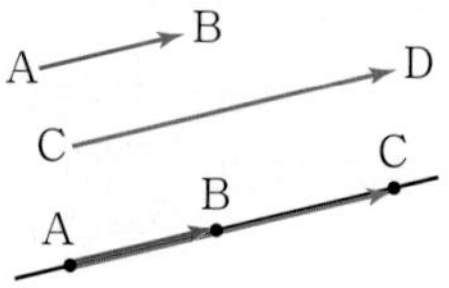


**基本例題 5**　ベクトルの平行　テストに出るぞ！

△ABC において，辺 AB，AC の中点をそれぞれ M，N とするとき，MN∥BC，$MN=\frac{1}{2}BC$ であることを示せ。

**ねらい**　ベクトルを使って，中点連結定理を証明すること。

**解法ルール**　$\overrightarrow{MN}=\frac{1}{2}\overrightarrow{BC} \iff MN /\!/ BC,\ MN=\frac{1}{2}BC$

$\overrightarrow{BC}=\overrightarrow{AC}-\overrightarrow{AB}$ の利用。（同じ文字）

● $\overrightarrow{AB}=k\overrightarrow{CD}$ であることを示すと，平行であることと，長さの関係が同時に示せる。

**解答例**　$\overrightarrow{BC}=\overrightarrow{AC}-\overrightarrow{AB}$　……①

M，N は AB，AC の中点だから

$\overrightarrow{AM}=\frac{1}{2}\overrightarrow{AB},\ \overrightarrow{AN}=\frac{1}{2}\overrightarrow{AC}$

ゆえに　$\overrightarrow{MN}=\overrightarrow{AN}-\overrightarrow{AM}$

$=\frac{1}{2}\overrightarrow{AC}-\frac{1}{2}\overrightarrow{AB}=\frac{1}{2}(\overrightarrow{AC}-\overrightarrow{AB})$　……②

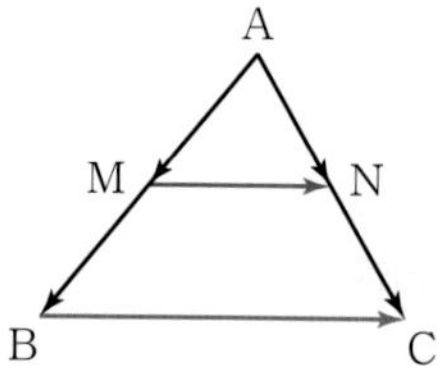


①，②より　$\overrightarrow{MN}=\frac{1}{2}\overrightarrow{BC}$　　よって　**MN∥BC，$\boldsymbol{MN=\frac{1}{2}BC}$**　終

四角形 ABCD は平行四辺形である $\iff \overrightarrow{AD}=\overrightarrow{BC}$

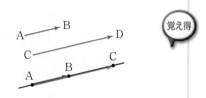

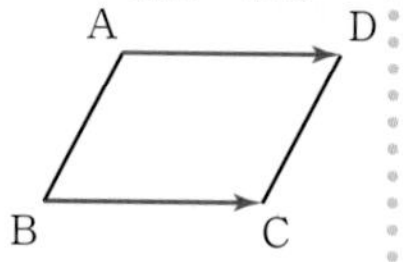

**類題 5-1**　△ABC において，辺 AB，AC を 2：1 に内分する点をそれぞれ M，N とするとき，MN∥BC，$MN=\frac{2}{3}BC$ であることを証明せよ。

**類題 5-2**　平行四辺形 ABCD の内部に点 P がある。$\overrightarrow{AB}=\vec{a}$，$\overrightarrow{AD}=\vec{b}$ とおくとき，$\overrightarrow{AP}=\frac{2}{3}\vec{a}+\frac{1}{3}\vec{b}$ と表された。このとき，3 点 B，P，D は一直線上にあることを示せ。

## ● ベクトルの分解

平面上の任意のベクトル $\vec{p}$ は，$\vec{a} \neq \vec{0}$，$\vec{b} \neq \vec{0}$，$\vec{a} \not\parallel \vec{b}$ を満たす2つのベクトル $\vec{a}$，$\vec{b}$ を使って

$\vec{p} = m\vec{a} + n\vec{b}$ （$m$，$n$ は実数）

の形にただ1通りに表される。

平行でないことを表す。

●$\vec{p}$ を $\vec{a}$，$\vec{b}$ で表すということは，$\vec{p}$ を $\vec{a}$，$\vec{b}$ の2方向に分解することである。

理由を説明しよう。右の図のように，$\vec{a}$，$\vec{b}$，$\vec{p}$ の始点をOにそろえて，$\vec{a} = \overrightarrow{\mathrm{OA}}$，$\vec{b} = \overrightarrow{\mathrm{OB}}$，$\vec{p} = \overrightarrow{\mathrm{OP}}$ とする。
点Pを通ってOB，OAに平行な直線が，2直線OA，OBと交わる点をQ，Rとすると，適当な実数 $m$，$n$ を使って $\overrightarrow{\mathrm{OQ}} = m\vec{a}$，$\overrightarrow{\mathrm{OR}} = n\vec{b}$ と表せることはわかるね。
そうすると，$\overrightarrow{\mathrm{OP}} = \overrightarrow{\mathrm{OQ}} + \overrightarrow{\mathrm{OR}} = m\vec{a} + n\vec{b}$ だ。
このような実数 $m$，$n$ は，$\vec{p}$ が与えられると1通りにきまるんだ。

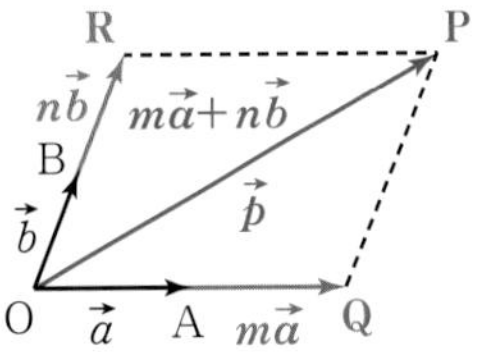


**基本例題 6**　ベクトルの分解

△OABにおいて，辺OAを1：2に内分する点をP，辺OBを2：1に内分する点をQ，辺ABの中点をRとするとき，次のベクトルを，$\overrightarrow{\mathrm{OA}} = \vec{a}$，$\overrightarrow{\mathrm{OB}} = \vec{b}$ で表せ。

(1) $\overrightarrow{\mathrm{PQ}}$　　(2) $\overrightarrow{\mathrm{PR}}$

**ねらい**
ベクトルの分解（1つのベクトルを適当な2つのベクトルで表すこと）をすること。

**解法ルール**　1つのベクトルを2つのベクトルで表すには

**和**　$\overrightarrow{\mathrm{AB}} = \overrightarrow{\mathrm{AO}} + \overrightarrow{\mathrm{OB}}$（中継点（同じ文字））　　**差**　$\overrightarrow{\mathrm{AB}} = \overrightarrow{\mathrm{OB}} - \overrightarrow{\mathrm{OA}}$（出発点（同じ文字））

終点－始点だよ。

**解答例**

(1) $\overrightarrow{\mathrm{PQ}} = \overrightarrow{\mathrm{OQ}} - \overrightarrow{\mathrm{OP}}$

$= \dfrac{2}{3}\overrightarrow{\mathrm{OB}} - \dfrac{1}{3}\overrightarrow{\mathrm{OA}} = \dfrac{2}{3}\vec{b} - \dfrac{1}{3}\vec{a}$ …答

(2) $\overrightarrow{\mathrm{PR}} = \overrightarrow{\mathrm{PA}} + \overrightarrow{\mathrm{AR}}$

ここで　$\overrightarrow{\mathrm{PA}} = \dfrac{2}{3}\overrightarrow{\mathrm{OA}} = \dfrac{2}{3}\vec{a}$

$\overrightarrow{\mathrm{AB}} = \overrightarrow{\mathrm{OB}} - \overrightarrow{\mathrm{OA}} = \vec{b} - \vec{a}$ だから

$\overrightarrow{\mathrm{AR}} = \dfrac{1}{2}\overrightarrow{\mathrm{AB}} = \dfrac{1}{2}(\vec{b} - \vec{a})$

よって　$\overrightarrow{\mathrm{PR}} = \dfrac{2}{3}\vec{a} + \dfrac{1}{2}(\vec{b} - \vec{a}) = \dfrac{1}{6}\vec{a} + \dfrac{1}{2}\vec{b}$ …答

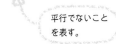

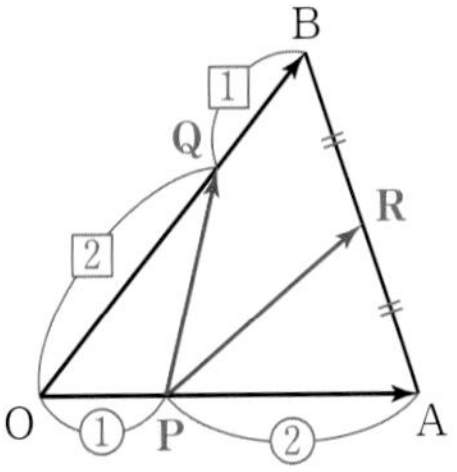


**類題 6**　正六角形ABCDEFにおいて，$\overrightarrow{\mathrm{AB}} = \vec{a}$，$\overrightarrow{\mathrm{AF}} = \vec{b}$ とおく。このとき，$\overrightarrow{\mathrm{BC}}$，$\overrightarrow{\mathrm{AE}}$，$\overrightarrow{\mathrm{CE}}$ をそれぞれ $\vec{a}$，$\vec{b}$ で表せ。

# 3 ベクトルの成分表示

**大きさが1のベクトル**を**単位ベクトル**という。座標平面上で，とくに $x$ 軸，$y$ 軸の正の向きの単位ベクトルを**基本ベクトル**といい，それぞれ $\vec{e_1}$，$\vec{e_2}$ と表す。

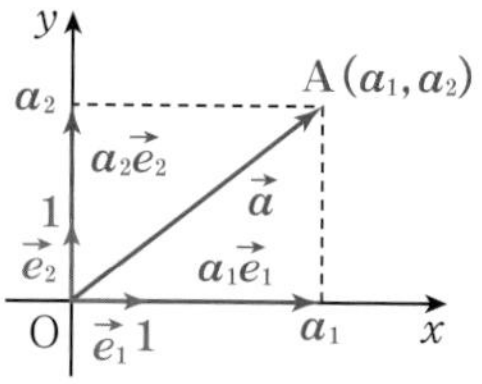


平面上の任意のベクトル $\vec{a}$ は，基本ベクトルを用いて

$\vec{a}=a_1\vec{e_1}+a_2\vec{e_2}$ （**基本ベクトル表示**） ……①

と表すことができる。

①の $a_1$，$a_2$ をそれぞれ $\vec{a}$ の **$x$ 成分**，**$y$ 成分**といい，

$\vec{a}=(a_1,\ a_2)$ （**成分表示**）

と表すことができる。

図からもわかるように，始点を原点にとれば，成分表示は終点の座標と一致する。

●基本ベクトルの成分表示
$\vec{e_1}=(1,\ 0)$
$\vec{e_2}=(0,\ 1)$

**ポイント** ［ベクトルの成分表示と演算］ 覚え得

$\vec{a}=(a_1,\ a_2)$，$\vec{b}=(b_1,\ b_2)$ のとき

① $|\vec{a}|=\sqrt{a_1^2+a_2^2}$ ［大きさ］

② $\vec{a}=\vec{b} \iff (a_1,\ a_2)=(b_1,\ b_2) \iff a_1=b_1$ かつ $a_2=b_2$ ［相等］

③ $\vec{a}+\vec{b}=(a_1,\ a_2)+(b_1,\ b_2)=(a_1+b_1,\ a_2+b_2)$ ［加法］

④ $\vec{a}-\vec{b}=(a_1,\ a_2)-(b_1,\ b_2)=(a_1-b_1,\ a_2-b_2)$ ［減法］

⑤ $k\vec{a}=k(a_1,\ a_2)=(ka_1,\ ka_2)$ ［実数倍］

**基本例題 7** 成分表示と大きさ

右の図のように，座標平面上にある3つのベクトル $\vec{a}$，$\vec{b}$，$\vec{c}$ を成分表示し，それぞれの大きさを求めよ。

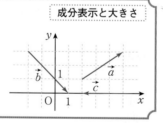

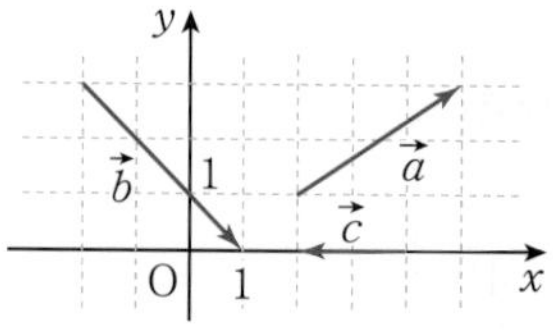


**ねらい**
ベクトルの成分表示と座標の関係を理解すること。

**解法ルール** **始点が原点に重なるように平行移動すると，終点の座標と成分表示は一致**する。平行移動しなくとも，（$x$ 軸方向に何歩，$y$ 軸方向に何歩）と考えてもよい。

大きさは $\vec{a}=(a_1,\ a_2) \Longrightarrow |\vec{a}|=\sqrt{a_1^2+a_2^2}$

●成分については，
終点の座標－始点の座標
になっている。
ベクトルの大きさは，有向線分の長さと考えて，図から求めることもできる。

**解答例** $\vec{a}=(3,\ 2)$ $|\vec{a}|=\sqrt{3^2+2^2}=\sqrt{13}$ …答

$\vec{b}=(3,\ -3)$ $|\vec{b}|=\sqrt{3^2+(-3)^2}=3\sqrt{2}$ …答

$\vec{c}=(-2,\ 0)$ $|\vec{c}|=2$ …答

## 基本例題 8　成分表示による演算

$\vec{a}=(1,\ 2)$，$\vec{b}=(3,\ -1)$ とするとき，次のベクトルを成分表示せよ。また，その大きさを求めよ。

(1) $2\vec{a}+\vec{b}$　　　(2) $3\vec{a}-2\vec{b}$

テストに出るぞ！

**ねらい**
成分表示されたベクトルを計算すること。

成分表示されたベクトルの計算では，$x$ 成分，$y$ 成分ごとに計算するんだよ。

**解法ルール**　$k(a_1,\ a_2)=(ka_1,\ ka_2)$

$(a_1,\ a_2)\pm(b_1,\ b_2)=(a_1\pm b_1,\ a_2\pm b_2)$　(複号同順)

**解答例**　(1)　$2\vec{a}+\vec{b}=2(1,\ 2)+(3,\ -1)$

$=(2,\ 4)+(3,\ -1)=\mathbf{(5,\ 3)}$　…答

$|2\vec{a}+\vec{b}|=\sqrt{5^2+3^2}=\mathbf{\sqrt{34}}$　…答

(2)　$3\vec{a}-2\vec{b}=3(1,\ 2)-2(3,\ -1)$

$=(3,\ 6)-(6,\ -2)=\mathbf{(-3,\ 8)}$　…答

$|3\vec{a}-2\vec{b}|=\sqrt{(-3)^2+8^2}=\mathbf{\sqrt{73}}$　…答

**類題 8**　$\vec{a}=(1,\ -2)$，$\vec{b}=(-2,\ 3)$ とするとき，次のベクトルを成分表示せよ。また，その大きさを求めよ。

(1) $-2\vec{a}$　　(2) $2\vec{a}-\vec{b}$　　(3) $(\vec{a}+2\vec{b})+(2\vec{a}-3\vec{b})$

## 基本例題 9　単位ベクトル

$\vec{a}=(3,\ -4)$ のとき，次のベクトルを求めよ。

(1) $\vec{a}$ と同じ向きの単位ベクトル

(2) $\vec{a}$ と向きが反対で大きさが 3 のベクトル

テストに出るぞ！

**ねらい**
単位ベクトルの意味を理解し，求めること。

**解法ルール**　**$\vec{a}$ と同じ向きの単位ベクトル $\vec{e}$ は**　$\vec{e}=\dfrac{\vec{a}}{|\vec{a}|}$

**解答例**　(1)　$|\vec{a}|=\sqrt{3^2+(-4)^2}=5$

$\vec{a}$ と同じ向きの単位ベクトル $\vec{e}$ は

$\vec{e}=\dfrac{\vec{a}}{|\vec{a}|}=\dfrac{1}{5}(3,\ -4)=\left(\mathbf{\dfrac{3}{5},\ -\dfrac{4}{5}}\right)$　…答

大きさを1にする。

(2)　(1)で求めた単位ベクトルを $-3$ 倍すればよいから

$-3\vec{e}=-3\left(\dfrac{3}{5},\ -\dfrac{4}{5}\right)=\left(\mathbf{-\dfrac{9}{5},\ \dfrac{12}{5}}\right)$　…答

⬅ たとえば，$|\vec{a}|=5$ のとき，$\vec{e}$ の大きさは，$\vec{a}$ の大きさの $\dfrac{1}{5}$ である。

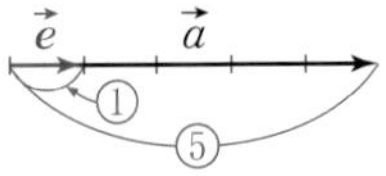


**類題 9**　$\vec{a}=(-2,\ 1)$ のとき，次の問いに答えよ。

(1) $\vec{a}$ と同じ向きの単位ベクトル $\vec{e}$ を求めよ。

(2) $\vec{a}$ と向きが反対で大きさが 5 のベクトルを求めよ。

## 基本例題 10

ベクトルの分解

$\vec{a}=(2,\ 1)$, $\vec{b}=(-1,\ 3)$ のとき, $\vec{c}=(8,\ -3)$ を $m\vec{a}+n\vec{b}$ の形で表せ。

テストに出るぞ!

**ねらい**
ベクトルの分解について, 成分表示で確かめること。
ベクトルの相等の性質が使えること。

**解法ルール** $\vec{c}=m\vec{a}+n\vec{b}$ とおき, 相等の性質

$(a_1,\ a_2)=(b_1,\ b_2) \Longleftrightarrow a_1=b_1$ かつ $a_2=b_2$

を用いて, $m$, $n$ についての連立方程式を導く。

**解答例** $\vec{c}=m\vec{a}+n\vec{b}$ を成分で表すと

$(8,\ -3)=m(2,\ 1)+n(-1,\ 3)$

$=(2m-n,\ m+3n)$

成分を比較して $\begin{cases} 2m-n=8 \\ m+3n=-3 \end{cases}$ これを解くと $\begin{cases} m=3 \\ n=-2 \end{cases}$

よって $\boldsymbol{\vec{c}=3\vec{a}-2\vec{b}}$ …答

解がただ1組求められたということは, 表し方がただ1通りということだ!

**類題 10** $\vec{a}=(1,\ 3)$, $\vec{b}=(1,\ -1)$ のとき, $\vec{c}=(-1,\ 9)$ を $m\vec{a}+n\vec{b}$ の形で表せ。

## 基本例題 11

ベクトルの平行

$\vec{a}=(1,\ \sqrt{3})$ に対して, $\vec{b}$ は $\vec{a}$ に平行で, 大きさが4であるという。$\vec{b}$ を求めよ。

**ねらい**
ベクトルの平行条件を成分表示に適用すること。

**解法ルール** 平行条件 $\vec{a} /\!/ \vec{b} \Longleftrightarrow \vec{b}=k\vec{a}$ を利用する。

$\vec{b}$ は, $\vec{a}$ と同じ向きのものと反対向きのものの2つある。

**解答例** $\vec{b} /\!/ \vec{a}$ だから, $\vec{b}=k\vec{a}$ ($k$ は実数)とおくと

$\vec{b}=k(1,\ \sqrt{3})=(k,\ \sqrt{3}k)$

大きさが4だから $|\vec{b}|=\sqrt{k^2+(\sqrt{3}k)^2}=4$

2乗すると $4k^2=16$ よって $k=\pm2$

よって $\vec{b}=\pm2(1,\ \sqrt{3})$

すなわち $\boldsymbol{\vec{b}=(2,\ 2\sqrt{3}),\ (-2,\ -2\sqrt{3})}$ …答

← $\vec{b}=k\vec{a}$ のとき, $|\vec{b}|=|k||\vec{a}|$ である。これを使うと $4=|k|\cdot2$ $|k|=2$ より $k=\pm2$

(別解) $\vec{a}$ と同じ向きの単位ベクトルを $\vec{e}$ とすると

$$|\vec{e}|=\frac{\vec{a}}{|\vec{a}|}=\frac{\vec{a}}{\sqrt{1^2+(\sqrt{3})^2}}=\frac{1}{2}\vec{a}=\frac{1}{2}(1,\ \sqrt{3})$$

$$\vec{b}=\pm4\vec{e}=\pm4\cdot\frac{1}{2}(1,\ \sqrt{3})=\boldsymbol{\pm(2,\ 2\sqrt{3})}$$

**類題 11** $\vec{a}=(3,\ -4)$ に対して, $\vec{b}$ は $\vec{a}$ に平行で, 大きさが15であるという。$\vec{b}$ を求めよ。

## ● 座標とベクトルの成分

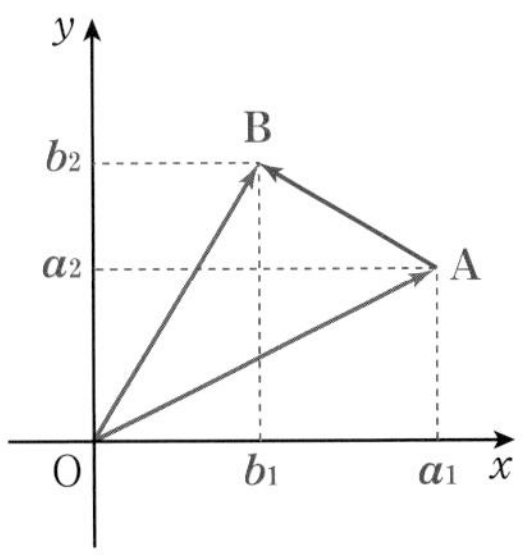


2 点 A($a_1$, $a_2$), B($b_1$, $b_2$) をとると，
右の図のように，$\overrightarrow{\mathbf{OA}}=(\boldsymbol{a_1},\ \boldsymbol{a_2})$，$\overrightarrow{\mathbf{OB}}=(\boldsymbol{b_1},\ \boldsymbol{b_2})$ と表せる。
したがって　$\overrightarrow{\mathrm{AB}}=\overrightarrow{\mathrm{OB}}-\overrightarrow{\mathrm{OA}}=(b_1,\ b_2)-(a_1,\ a_2)$
$=(\boldsymbol{b_1}-\boldsymbol{a_1},\ \boldsymbol{b_2}-\boldsymbol{a_2})$
また　$|\overrightarrow{\mathbf{AB}}|=\sqrt{(\boldsymbol{b_1}-\boldsymbol{a_1})^2+(\boldsymbol{b_2}-\boldsymbol{a_2})^2}$

**基本例題 12**　$\overrightarrow{\mathrm{AB}}$ の成分と大きさ

2 点 A(1, 4), B(3, 1) のとき，$\overrightarrow{\mathrm{AB}}$ の成分とその大きさを求めよ。

**ねらい**
2 点 A，B に対して $\overrightarrow{\mathrm{AB}}$ の成分とその大きさを求めること。

**解法ルール**　$\overrightarrow{\mathrm{AB}}$＝(B の座標)－(A の座標)
$|\overrightarrow{\mathbf{AB}}|=\sqrt{(\boldsymbol{b_1}-\boldsymbol{a_1})^2+(\boldsymbol{b_2}-\boldsymbol{a_2})^2}$

**解答例**　$\overrightarrow{\mathrm{AB}}=(3,\ 1)-(1,\ 4)=(\mathbf{2},\ \mathbf{-3})$　…答
$|\overrightarrow{\mathrm{AB}}|=\sqrt{2^2+(-3)^2}=\sqrt{4+9}=\sqrt{\mathbf{13}}$　…答

**類題 12**　2 点 A(－1, －3), B(5, －4) のとき，$\overrightarrow{\mathrm{AB}}$ の成分とその大きさを求めよ。

**基本例題 13**　平行四辺形

3 点 A(－1, 2), B(－2, －2), C(3, 1) のとき，四角形 ABCD が平行四辺形となるような点 D の座標を求めよ。

**ねらい**
四角形 ABCD が平行四辺形になる条件を活用すること。

**解法ルール**　四角形 ABCD が平行四辺形になる条件は
$\overrightarrow{\mathrm{AD}}=\overrightarrow{\mathrm{BC}}$　(1 組の対辺が平行かつ等しい)

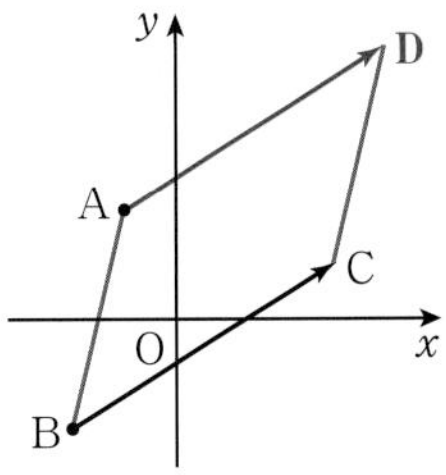


**解答例**　点 D($x$, $y$) とおくと
$\overrightarrow{\mathrm{AD}}=(x,\ y)-(-1,\ 2)=(x+1,\ y-2)$
$\overrightarrow{\mathrm{BC}}=(3,\ 1)-(-2,\ -2)=(5,\ 3)$
$\overrightarrow{\mathrm{AD}}=\overrightarrow{\mathrm{BC}}$ より
$x+1=5,\ y-2=3$
したがって　$x=4,\ y=5$
よって　**D(4, 5)**　…答

**類題 13**　3 点 A(2, －1), B(4, 1), C(－1, 5) のとき，四角形 ABCD が平行四辺形となるような点 D の座標を求めよ。

# 4 ベクトルの内積

ベクトルの内積の定義，内積の成分表示についてまとめると，

**ポイント**

[内積の定義]

$$\vec{a}\cdot\vec{b}=|\vec{a}||\vec{b}|\cos\theta$$

（$\theta$ は $\vec{a}$, $\vec{b}$ のなす角，$0°≦\theta≦180°$）

[内積の成分表示]

$\vec{a}=(a_1,\ a_2),\ \vec{b}=(b_1,\ b_2)$ のとき

$$\vec{a}\cdot\vec{b}=a_1b_1+a_2b_2$$

覚え得

◆ ベクトル $\vec{a}$, $\vec{b}$ のなす角とは，$\vec{a}=\overrightarrow{OA}$，$\vec{b}=\overrightarrow{OB}$ とするとき，$∠AOB=\theta$ のこと。（$0°≦\theta≦180°$）

---

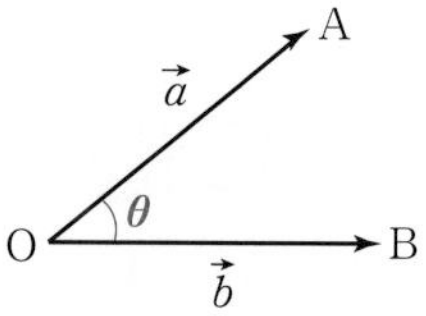

**基本例題 14**　　　　　　　　**内 積**

右の直角三角形 AOB について，次の内積を求めよ。

(1) $\overrightarrow{OA}\cdot\overrightarrow{OB}$　　　(2) $\overrightarrow{AB}\cdot\overrightarrow{BO}$

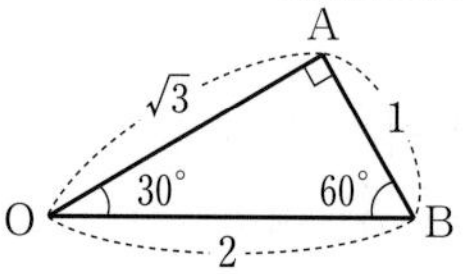

**ねらい**

内積の定義どおりの計算をすること。ベクトルのなす角を正しく求めること。

**解法ルール** $\vec{a}\cdot\vec{b}=|\vec{a}||\vec{b}|\cos\theta$　　　　平行移動すればよい。

ベクトルのなす角は，始点をくっつけて測る。

◆ $\overrightarrow{AB}$ と $\overrightarrow{BO}$ のなす角は　120°

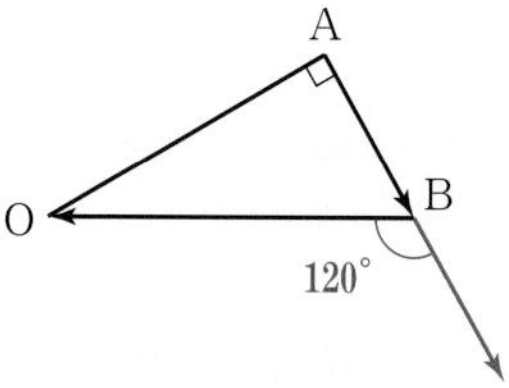

**解答例** (1) $\overrightarrow{OA}\cdot\overrightarrow{OB}=|\overrightarrow{OA}||\overrightarrow{OB}|\cos30°=\sqrt{3}\cdot2\cdot\dfrac{\sqrt{3}}{2}=3$　…答

(2) $\overrightarrow{AB}\cdot\overrightarrow{BO}=1\cdot2\cos120°=1\cdot2\cdot\left(-\dfrac{1}{2}\right)=-1$　…答

**類題 14**　基本例題 14 の図で，$\overrightarrow{OA}\cdot\overrightarrow{AB}$ および $\overrightarrow{AO}\cdot\overrightarrow{OB}$ を求めよ。

---

**基本例題 15**　　　　　　　　**内積の成分表示**

$\vec{a}=(2,\ -1),\ \vec{b}=(3,\ 4)$ のとき，次の内積を求めよ。

(1) $\vec{a}\cdot\vec{b}$　　　　　　(2) $(2\vec{a}+\vec{b})\cdot(\vec{a}-\vec{b})$

**ねらい**

成分で与えられたベクトルの内積を求めること。

**解法ルール** $\vec{a}=(a_1,\ a_2),\ \vec{b}=(b_1,\ b_2)$ のとき　$\vec{a}\cdot\vec{b}=a_1b_1+a_2b_2$

内積は，ベクトルではなく1つの実数値だね。

**解答例** (1) $\vec{a}\cdot\vec{b}=2\cdot3+(-1)\cdot4=2$　…答

(2) $2\vec{a}+\vec{b}=(7,\ 2),\ \vec{a}-\vec{b}=(-1,\ -5)$ だから

$(2\vec{a}+\vec{b})\cdot(\vec{a}-\vec{b})=7\cdot(-1)+2\cdot(-5)=-17$　…答

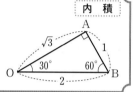

**類題 15**　$\vec{a}=(3,\ 2),\ \vec{b}=(-2,\ 4)$ のとき，次の内積を求めよ。

(1) $\vec{a}\cdot\vec{b}$　　　　　　(2) $(\vec{a}+\vec{b})\cdot(\vec{a}-2\vec{b})$

## ● 内積の計算

内積の計算については，次の法則が成り立つ。

**ポイント**　[内積の計算法則]　覚え得

① $\vec{a}\cdot\vec{a}=|\vec{a}|^2$

② $\vec{a}\cdot\vec{b}=\vec{b}\cdot\vec{a}$　←交換法則

③ $\vec{a}\cdot(\vec{b}+\vec{c})=\vec{a}\cdot\vec{b}+\vec{a}\cdot\vec{c}$　←分配法則

④ $(k\vec{a})\cdot\vec{b}=\vec{a}\cdot(k\vec{b})=k(\vec{a}\cdot\vec{b})$ （$k$ は実数）

← $\vec{a}\cdot\vec{a}$
$=|\vec{a}||\vec{a}|\cos 0°$
$=|\vec{a}|^2$
これより
$|\vec{a}|=\sqrt{\vec{a}\cdot\vec{a}}$

**基本例題 16**　内積の計算(1)

次の等式を証明せよ。

(1) $(\vec{a}+3\vec{b})\cdot(\vec{a}-2\vec{c})=|\vec{a}|^2+3\vec{a}\cdot\vec{b}-2\vec{a}\cdot\vec{c}-6\vec{b}\cdot\vec{c}$

(2) $|\vec{a}+2\vec{b}|^2=|\vec{a}|^2+4\vec{a}\cdot\vec{b}+4|\vec{b}|^2$

**ねらい**
内積の計算法則を用いて，内積の計算をすること。

**解法ルール**　$\vec{a}\cdot\vec{a}=|\vec{a}|^2$　　逆に，$|\vec{a}|^2=\vec{a}\cdot\vec{a}$ と使うことも多い。

分配法則が成り立つから

$$(\vec{a}+\vec{b})\cdot(\vec{c}+\vec{d})=\overset{①}{\vec{a}\cdot\vec{c}}+\overset{②}{\vec{a}\cdot\vec{d}}+\overset{③}{\vec{b}\cdot\vec{c}}+\overset{④}{\vec{b}\cdot\vec{d}}$$

$\vec{a}\cdot\vec{a}=|\vec{a}|^2$
$|\vec{a}|^2=\vec{a}\cdot\vec{a}$
の変形に慣れよう。

**解答例**　(1)　左辺$=(\vec{a}+3\vec{b})\cdot(\vec{a}-2\vec{c})$

$=\vec{a}\cdot\vec{a}-\vec{a}\cdot(2\vec{c})+(3\vec{b})\cdot\vec{a}-(3\vec{b})\cdot(2\vec{c})$

$=|\vec{a}|^2+3\vec{a}\cdot\vec{b}-2\vec{a}\cdot\vec{c}-6\vec{b}\cdot\vec{c}$

＝右辺

よって　$(\vec{a}+3\vec{b})\cdot(\vec{a}-2\vec{c})=|\vec{a}|^2+3\vec{a}\cdot\vec{b}-2\vec{a}\cdot\vec{c}-6\vec{b}\cdot\vec{c}$　終

(2)　左辺$=|\vec{a}+2\vec{b}|^2$

$=(\vec{a}+2\vec{b})\cdot(\vec{a}+2\vec{b})$

$=\vec{a}\cdot\vec{a}+\vec{a}\cdot(2\vec{b})+(2\vec{b})\cdot\vec{a}+(2\vec{b})\cdot(2\vec{b})$

$=|\vec{a}|^2+2\vec{a}\cdot\vec{b}+2\vec{a}\cdot\vec{b}+4\vec{b}\cdot\vec{b}$

$=|\vec{a}|^2+4\vec{a}\cdot\vec{b}+4|\vec{b}|^2$

＝右辺

よって　$|\vec{a}+2\vec{b}|^2=|\vec{a}|^2+4\vec{a}\cdot\vec{b}+4|\vec{b}|^2$　終

**類題 16**　次の式を計算せよ。

(1) $(\vec{a}-2\vec{b})\cdot(\vec{a}+3\vec{c})$　　(2) $|2\vec{a}-3\vec{b}|^2$

## 基本例題 17

内積の計算(2)

次の式を計算して，結果を内積の形で表せ。

(1) $|\vec{a}+\vec{b}|^2-|\vec{a}-\vec{b}|^2$

(2) $(\vec{a}+4\vec{b})\cdot(\vec{a}-3\vec{c})-(\vec{a}-3\vec{b})\cdot(\vec{a}+4\vec{c})$

テストに出るぞ！

**ねらい**

内積の計算法則を利用すること。

**解法ルール** $|\vec{a}+\vec{b}|^2=(\vec{a}+\vec{b})\cdot(\vec{a}+\vec{b})$ として分配法則を用いる。

$$(k\vec{a}+l\vec{b})\cdot(p\vec{c}+q\vec{d})=\overset{①}{kp\vec{a}\cdot\vec{c}}+\overset{②}{kq\vec{a}\cdot\vec{d}}+\overset{③}{lp\vec{b}\cdot\vec{c}}+\overset{④}{lq\vec{b}\cdot\vec{d}}$$

**解答例** (1) $|\vec{a}+\vec{b}|^2=(\vec{a}+\vec{b})\cdot(\vec{a}+\vec{b})$

$=\vec{a}\cdot\vec{a}+\vec{a}\cdot\vec{b}+\vec{b}\cdot\vec{a}+\vec{b}\cdot\vec{b}$

$=|\vec{a}|^2+2\vec{a}\cdot\vec{b}+|\vec{b}|^2$

同様にして　$|\vec{a}-\vec{b}|^2=|\vec{a}|^2-2\vec{a}\cdot\vec{b}+|\vec{b}|^2$

よって　$|\vec{a}+\vec{b}|^2-|\vec{a}-\vec{b}|^2=\boldsymbol{4\vec{a}\cdot\vec{b}}$　…答

(2) $(\vec{a}+4\vec{b})\cdot(\vec{a}-3\vec{c})=|\vec{a}|^2-3\vec{a}\cdot\vec{c}+4\vec{a}\cdot\vec{b}-12\vec{b}\cdot\vec{c}$

$(\vec{a}-3\vec{b})\cdot(\vec{a}+4\vec{c})=|\vec{a}|^2+4\vec{a}\cdot\vec{c}-3\vec{a}\cdot\vec{b}-12\vec{b}\cdot\vec{c}$

よって　$(\vec{a}+4\vec{b})\cdot(\vec{a}-3\vec{c})-(\vec{a}-3\vec{b})\cdot(\vec{a}+4\vec{c})$

$=-7\vec{a}\cdot\vec{c}+7\vec{a}\cdot\vec{b}$

$=7(\vec{a}\cdot\vec{b}-\vec{a}\cdot\vec{c})$

$=\boldsymbol{7\vec{a}\cdot(\vec{b}-\vec{c})}$　…答

**$\vec{0}$ を含むベクトルの内積**

**$\vec{a}=\vec{0}$ または $\vec{b}=\vec{0}$ のとき**，$\vec{a}$ と $\vec{b}$ のなす角は定まらないが，
$|\vec{a}|=0$ または $|\vec{b}|=0$ であるので，内積の定義から $\boldsymbol{\vec{a}\cdot\vec{b}=0}$ となる。
逆に，$\vec{a}\cdot\vec{b}=0$ ならば $\vec{a}=\vec{0}$ または $\vec{b}=\vec{0}$ かといえば，そうとは限らない。
**$\vec{a}\neq\vec{0}$，$\vec{b}\neq\vec{0}$ であっても，$\vec{a}$ と $\vec{b}$ のなす角が $90°$ のときは**，$\vec{a}\cdot\vec{b}=0$ なのだ。

**類題 17** $|\vec{a}+2\vec{b}|=|\vec{a}-2\vec{b}|$ が成り立つとき，次の問いに答えよ。

(1) 両辺を 2 乗して内積の計算をし，$\vec{a}\cdot\vec{b}=0$ を示せ。

(2) $\vec{a}=(a_1,\ a_2)$，$\vec{b}=(b_1,\ b_2)$ として成分を計算することにより，$\vec{a}\cdot\vec{b}=0$ を示せ。

# ベクトルのなす角・垂直条件

## ベクトルの垂直

**$\vec{0}$ でない2つのベクトル，$\vec{a}$，$\vec{b}$ のなす角が90°** のとき，$\vec{a}$ と $\vec{b}$ **は垂直である**といい，$\vec{a}\perp\vec{b}$ で表す。

2つのベクトルのなす角や垂直条件をまとめると，次のようになる。

**ポイント** ［ベクトルのなす角と垂直条件］ 覚え得

$\vec{a}=(a_1,\ a_2)$，$\vec{b}=(b_1,\ b_2)$ （$\vec{a}\neq\vec{0}$，$\vec{b}\neq\vec{0}$） のとき

**なす角 $\theta$**　$\cos\theta=\dfrac{\vec{a}\cdot\vec{b}}{|\vec{a}||\vec{b}|}=\dfrac{a_1b_1+a_2b_2}{\sqrt{a_1^2+a_2^2}\sqrt{b_1^2+b_2^2}}$　$(0°\leqq\theta\leqq180°)$

**垂直条件**　$\vec{a}\perp\vec{b}\iff\vec{a}\cdot\vec{b}=0\iff a_1b_1+a_2b_2=0$

**基本例題 18**　ベクトルのなす角(1)　テストに出るぞ！

次の2つのベクトル $\vec{a}$，$\vec{b}$ のなす角 $\theta$ を求めよ。

(1) $\vec{a}=(1,\ 2)$，$\vec{b}=(1,\ -3)$

(2) $\vec{a}=(-1,\ 2)$，$\vec{b}=(4,\ 2)$

**ねらい**
成分で与えられた2つのベクトルのなす角を求めること。

**解法ルール** $\vec{a}$，$\vec{b}$ （$\vec{a}\neq\vec{0}$，$\vec{b}\neq\vec{0}$） のなす角を $\theta(0°\leqq\theta\leqq180°)$ とすると

$$\cos\theta=\frac{\vec{a}\cdot\vec{b}}{|\vec{a}||\vec{b}|}=\frac{a_1b_1+a_2b_2}{\sqrt{a_1^2+a_2^2}\sqrt{b_1^2+b_2^2}}$$

$\vec{a}\cdot\vec{b}=0\iff\vec{a}\perp\vec{b}$　すなわち，$\vec{a}$，$\vec{b}$ のなす角は90°

← 内積の定義
$\vec{a}\cdot\vec{b}=|\vec{a}||\vec{b}|\cos\theta$
さえしっかり覚えておけば，変形して求められる。

**解答例** (1)　$\vec{a}=(1,\ 2)$，$\vec{b}=(1,\ -3)$ だから

$\vec{a}\cdot\vec{b}=1\cdot1+2\cdot(-3)=-5$

$|\vec{a}|=\sqrt{1^2+2^2}=\sqrt{5}$，$|\vec{b}|=\sqrt{1^2+(-3)^2}=\sqrt{10}$

$\cos\theta=\dfrac{\vec{a}\cdot\vec{b}}{|\vec{a}||\vec{b}|}=\dfrac{-5}{\sqrt{5}\cdot\sqrt{10}}=-\dfrac{1}{\sqrt{2}}$

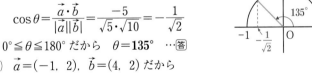

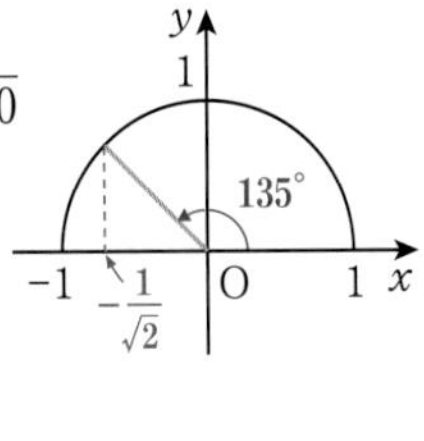


$0°\leqq\theta\leqq180°$ だから　$\theta=$**135°**　…答

(2)　$\vec{a}=(-1,\ 2)$，$\vec{b}=(4,\ 2)$ だから

$\vec{a}\cdot\vec{b}=(-1)\cdot4+2\cdot2=0$

よって，$\vec{a}$，$\vec{b}$ のなす角は　**90°**　…答

**類題 18** 次の2つのベクトル $\vec{a}$，$\vec{b}$ のなす角 $\theta$ を求めよ。

(1) $\vec{a}=(1,\ \sqrt{3})$，$\vec{b}=(-3,\ -\sqrt{3})$

(2) $\vec{a}=(2,\ -3)$，$\vec{b}=(3,\ 2)$

## 基本例題 19　垂直な単位ベクトル

$\vec{a}=(3,\ 4)$ に垂直な単位ベクトル $\vec{e}$ を求めよ。

**ねらい**
垂直条件の使い方を理解すること。

**解法ルール** $\vec{a}\neq\vec{0}$ のとき，**垂直条件**　$\vec{a}\perp\vec{e}\iff\vec{a}\cdot\vec{e}=0$

$\vec{e}$ **が単位ベクトル** $\iff|\vec{e}|=1\iff|\vec{e}|^2=1$

内積は垂直関係に強いよ。

**解答例** $\vec{e}=(x,\ y)$ とすると

$\vec{a}\perp\vec{e}$ より　$\vec{a}\cdot\vec{e}=3x+4y=0$　……①

$|\vec{e}|=1$ より　$|\vec{e}|^2=x^2+y^2=1$　……②

①，②を解いて　$x=\pm\frac{4}{5}$，$y=\mp\frac{3}{5}$　（複号同順）

よって　$\vec{e}=\left(\frac{4}{5},\ -\frac{3}{5}\right)$，$\left(-\frac{4}{5},\ \frac{3}{5}\right)$　…答

⬅ ①より $y=-\frac{3}{4}x$

②に代入して

$x^2+\left(-\frac{3}{4}x\right)^2=1$

よって

$x=\pm\frac{4}{5}$，$y=\mp\frac{3}{5}$

**類題 19** ベクトル $\vec{a}=(\sqrt{3},\ 1)$ について，次の問いに答えよ。

(1) $\vec{a}$ に垂直な単位ベクトル $\vec{e}$ を求めよ。

(2) $\vec{a}$ と $120^\circ$ の角をなし，大きさが4であるベクトル $\vec{b}$ を求めよ。

## 基本例題 20　ベクトルの内積の活用

2つのベクトル $\vec{a}$，$\vec{b}$ があって，$|\vec{a}|=3$，$|\vec{b}|=2$，$|\vec{a}-\vec{b}|=\sqrt{7}$ であるとき，次のそれぞれの値を求めよ。

テストに出るぞ！

(1) $\vec{a}\cdot\vec{b}$　　(2) $\vec{a}$，$\vec{b}$ のなす角 $\theta$　　(3) $|\vec{a}+\vec{b}|$

**ねらい**
ベクトルの大きさ，内積，なす角の関係を理解すること。

**解法ルール** **大きさを扱うときは，2乗するとよい。**

$|\vec{a}|$，$|\vec{b}|$，$\vec{a}\cdot\vec{b}$ がわかれば　$\cos\theta=\dfrac{\vec{a}\cdot\vec{b}}{|\vec{a}||\vec{b}|}$

$|\vec{a}-\vec{b}|$ のままでは動きがとれない。
$|\vec{a}-\vec{b}|^2$ なら計算できる。
大きさは2乗すると覚えよう。

**解答例** (1)　$|\vec{a}-\vec{b}|=\sqrt{7}$ の両辺を2乗して　$|\vec{a}-\vec{b}|^2=(\sqrt{7})^2$

よって　$|\vec{a}|^2-2\vec{a}\cdot\vec{b}+|\vec{b}|^2=7$　…答

$|\vec{a}|=3$，$|\vec{b}|=2$ を代入して　$3^2-2\vec{a}\cdot\vec{b}+2^2=7$

よって　$\vec{a}\cdot\vec{b}=3$　…答

(2)　$\cos\theta=\dfrac{\vec{a}\cdot\vec{b}}{|\vec{a}||\vec{b}|}=\dfrac{3}{3\cdot2}=\dfrac{1}{2}$

$0^\circ\leqq\theta\leqq180^\circ$ だから　$\theta=60^\circ$　…答

(3)　$|\vec{a}+\vec{b}|^2=|\vec{a}|^2+2\vec{a}\cdot\vec{b}+|\vec{b}|^2=3^2+2\cdot3+2^2=19$

よって　$|\vec{a}+\vec{b}|=\sqrt{19}$　…答

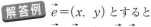

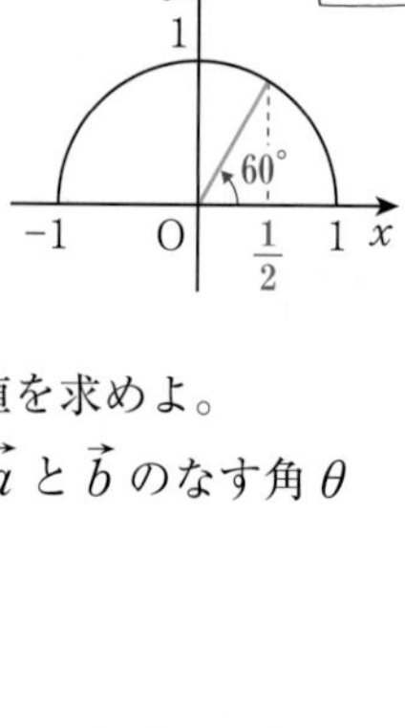


**類題 20** $|\vec{a}|=3$，$|\vec{b}|=4$，$|\vec{a}+\vec{b}|=\sqrt{13}$ のとき，次のそれぞれの値を求めよ。

(1) $\vec{a}\cdot\vec{b}$　　(2) $|\vec{a}-\vec{b}|$　　(3) $\vec{a}$ と $\vec{b}$ のなす角 $\theta$

## 基本例題 21　ベクトルの大きさ

$|\vec{a}+2\vec{b}|=2\sqrt{19}$, $|2\vec{a}-\vec{b}|=7$, $\vec{a}\cdot\vec{b}=6$ のとき，$|\vec{a}|$, $|\vec{b}|$ の値を求めよ。

テストに出るぞ！

**ねらい**
内積の計算法則を理解すること。

**解法ルール**
**1** ベクトルの和や差の大きさが与えられた場合は，両辺を2乗する。
**2** $|\vec{a}+2\vec{b}|^2=(\vec{a}+2\vec{b})\cdot(\vec{a}+2\vec{b})$

**解答例** $|\vec{a}+2\vec{b}|=2\sqrt{19}$ の両辺を2乗して

$|\vec{a}+2\vec{b}|^2=76$

$(\vec{a}+2\vec{b})\cdot(\vec{a}+2\vec{b})=76$

$|\vec{a}|^2+4\vec{a}\cdot\vec{b}+4|\vec{b}|^2=76$

$\vec{a}\cdot\vec{b}=6$ より　$|\vec{a}|^2+4|\vec{b}|^2=52$　……①

同様にして，$|2\vec{a}-\vec{b}|^2=49$ より　$4|\vec{a}|^2-4\vec{a}\cdot\vec{b}+|\vec{b}|^2=49$

よって　$4|\vec{a}|^2+|\vec{b}|^2=73$　……②

①，②より　$|\vec{a}|^2=16$, $|\vec{b}|^2=9$

答　$|\vec{a}|=4$, $|\vec{b}|=3$

**類題 21** $|\vec{a}+\vec{b}|=6$, $|\vec{a}-\vec{b}|=2$, $|\vec{b}|=3$ のとき，$|2\vec{a}-3\vec{b}|$ を求めよ。

## 基本例題 22　ベクトルのなす角(2)

$|\vec{a}|=4$, $|\vec{b}|=2$ で $2\vec{a}+\vec{b}$ と $\vec{a}-3\vec{b}$ が垂直であるとき，$\vec{a}$, $\vec{b}$ のなす角を求めよ。

**ねらい**
なす角を求めること。

**解法ルール**
**1** $\vec{c}\perp\vec{d}\iff\vec{c}\cdot\vec{d}=0$
**2** $\vec{a}\cdot\vec{b}=|\vec{a}||\vec{b}|\cos\theta$ よりなす角 $\theta$ を求める。

**解答例** $2\vec{a}+\vec{b}$ と $\vec{a}-3\vec{b}$ が垂直だから

$(2\vec{a}+\vec{b})\cdot(\vec{a}-3\vec{b})=0$　　$2|\vec{a}|^2-5\vec{a}\cdot\vec{b}-3|\vec{b}|^2=0$

$32-5\vec{a}\cdot\vec{b}-12=0$ より　$\vec{a}\cdot\vec{b}=4$

$\vec{a}\cdot\vec{b}=|\vec{a}||\vec{b}|\cos\theta$ より　$4\cdot2\cos\theta=4$　　$\cos\theta=\frac{1}{2}$

$0°\leqq\theta\leqq180°$ だから　$\boldsymbol{\theta=60°}$　…答

**類題 22** $|\vec{a}|=\sqrt{2}$, $|\vec{b}|=3$ で $3\vec{a}-\vec{b}$ と $\vec{b}$ が垂直であるとき，$\vec{a}$, $\vec{b}$ のなす角を求めよ。

**応用例題 23** $|\vec{a}+t\vec{b}|$ の最小値

$\vec{a}=(1,\ -3)$, $\vec{b}=(1,\ 2)$ のとき, $|\vec{a}+t\vec{b}|$ を最小にする $t$ の値と, そのときの最小値を求めよ。

**ねらい**
ベクトルの大きさの最小値を, 2次関数の最小値に帰着させて求めること。

**解法ルール** $|\vec{a}+t\vec{b}|\geqq 0$ だから, $|\vec{a}+t\vec{b}|^2$ を最小にする $t$ は $|\vec{a}+t\vec{b}|$ を最小にする。$|\vec{a}+t\vec{b}|^2$ は $t$ の2次関数に着目する。

● 大きさの問題は, 2乗して対処。

**解答例** $\vec{a}+t\vec{b}=(1,\ -3)+t(1,\ 2)=(t+1,\ 2t-3)$

$|\vec{a}+t\vec{b}|^2=(t+1)^2+(2t-3)^2$
$\qquad\qquad =5t^2-10t+10=5(t-1)^2+5$

$t=1$ のとき, $|\vec{a}+t\vec{b}|^2$ の最小値は 5

したがって, **$t=1$ のとき, $|\vec{a}+t\vec{b}|$ の最小値は $\sqrt{5}$** …答

● 2次関数
$at^2+bt+c$ の最大・最小を求めるときは, $a(t-p)^2+q$ と変形。

**類題 23** $\vec{a}=(5,\ 10)$, $\vec{b}=(2,\ 1)$ のとき, $|\vec{a}+t\vec{b}|$ を最小にする $t$ の値と, そのときの最小値を求めよ。また, このとき $\vec{a}+t\vec{b}$ は $\vec{b}$ と垂直であることを示せ。

---

**応用例題 24** 三角形の面積

△OAB の面積を $S$, $\overrightarrow{OA}=\vec{a}$, $\overrightarrow{OB}=\vec{b}$ とするとき,

(1) $S=\dfrac{1}{2}\sqrt{|\vec{a}|^2|\vec{b}|^2-(\vec{a}\cdot\vec{b})^2}$ となることを証明せよ。

(2) さらに, $\vec{a}=(a_1,\ a_2)$, $\vec{b}=(b_1,\ b_2)$ とすれば,

$\qquad S=\dfrac{1}{2}|a_1b_2-a_2b_1|$ となることを証明せよ。

**ねらい**
内積を用いて, 三角形の面積の公式を証明すること。

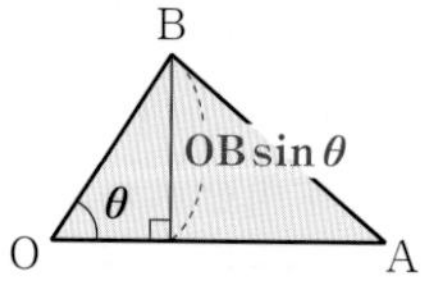

**解法ルール** $\angle AOB=\theta$ とすると $S=\dfrac{1}{2}OA\cdot OB\sin\theta=\dfrac{1}{2}|\vec{a}||\vec{b}|\sin\theta$

ここで, $\sin\theta=\sqrt{1-\cos^2\theta}$ なので $\vec{a}\cdot\vec{b}$ と結びつく。

● $\sin^2\theta+\cos^2\theta=1$
$\sin\theta>0$ のとき
$\sin\theta=\sqrt{1-\cos^2\theta}$

**解答例** (1) $\angle AOB=\theta(0°<\theta<180°)$ とすると, $\sin\theta>0$ から

$S=\dfrac{1}{2}|\vec{a}||\vec{b}|\sin\theta=\dfrac{1}{2}|\vec{a}||\vec{b}|\sqrt{1-\cos^2\theta}$

$\quad =\dfrac{1}{2}\sqrt{|\vec{a}|^2|\vec{b}|^2-(|\vec{a}||\vec{b}|\cos\theta)^2}=\dfrac{1}{2}\sqrt{|\vec{a}|^2|\vec{b}|^2-(\vec{a}\cdot\vec{b})^2}$ 終

(2) $\vec{a}=(a_1,\ a_2)$, $\vec{b}=(b_1,\ b_2)$ のとき

$|\vec{a}|^2|\vec{b}|^2-(\vec{a}\cdot\vec{b})^2=(a_1{}^2+a_2{}^2)(b_1{}^2+b_2{}^2)-(a_1b_1+a_2b_2)^2$

$=a_1{}^2b_2{}^2-2a_1a_2b_1b_2+a_2{}^2b_1{}^2=(a_1b_2-a_2b_1)^2$ $\sqrt{x^2}=|x|$

よって, (1)から $S=\dfrac{1}{2}\sqrt{(a_1b_2-a_2b_1)^2}=\dfrac{1}{2}|a_1b_2-a_2b_1|$ だから 終

公式としてよく使うので, 覚えておこう。

**類題 24** 3点 A$(-1,\ -2)$, B$(4,\ 1)$, C$(2,\ 5)$ を頂点とする △ABC の面積を求めよ。

# 2節 ベクトルと図形

## 5 位置ベクトル

平面上で，点Oを固定すると，この平面上の任意の点Pの位置は $\overrightarrow{OP}=\vec{p}$ となるベクトル $\vec{p}$ できまる。この $\vec{p}$ のことを，Oを**始点**とする点Pの**位置ベクトル**という。

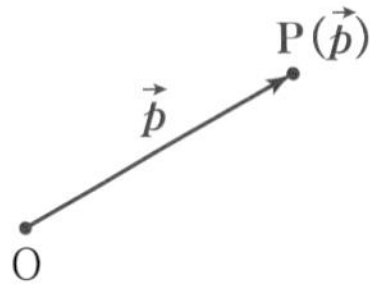


点Pの位置ベクトルが $\vec{p}$ であることを，$\mathrm{P}(\vec{p})$ と表す。

位置ベクトルについてのポイントをまとめておこう。

**ポイント** [位置ベクトル] 覚え得

① **位置ベクトルの基本**　2点 $\mathrm{P}(\vec{p})$，$\mathrm{Q}(\vec{q})$ に対して

$\overrightarrow{\mathrm{PQ}}=\vec{q}-\vec{p}$　←終点−始点

② **分点の位置ベクトル**　点 $\mathrm{A}(\vec{a})$，$\mathrm{B}(\vec{b})$ のとき，線分ABを $m:n$ の比に分ける点 $\mathrm{P}(\vec{p})$ は

$$\vec{p}=\frac{n\vec{a}+m\vec{b}}{m+n}$$ ←たすきがけ

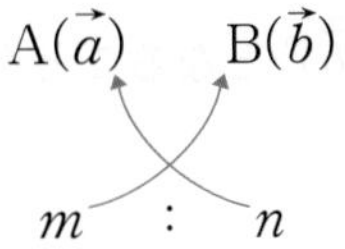


$mn>0$ のとき内分，$mn<0$ のとき外分。

(例)
2：1に内分
⇔2：1に分ける点。
2：1に外分
⇔2：(−1)に分ける点。

とくに，点Pが線分ABの中点のとき　$\vec{p}=\dfrac{\vec{a}+\vec{b}}{2}$

③ **三角形の重心**　△ABCの**重心** $\mathrm{G}(\vec{g})$ は

$$\vec{g}=\frac{\vec{a}+\vec{b}+\vec{c}}{3}$$ （ただし，$\mathrm{A}(\vec{a})$，$\mathrm{B}(\vec{b})$，$\mathrm{C}(\vec{c})$）

①は，ベクトルの差 $\overrightarrow{\mathrm{PQ}}=\overrightarrow{\mathrm{OQ}}-\overrightarrow{\mathrm{OP}}$ から明らか。

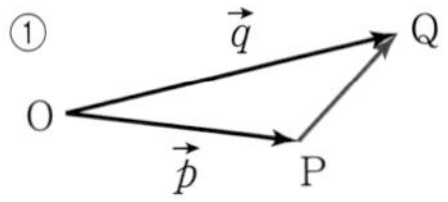


② 右の図で，$\overrightarrow{\mathrm{AP}}=\dfrac{m}{m+n}\overrightarrow{\mathrm{AB}}$ から　$\vec{p}-\vec{a}=\dfrac{m}{m+n}(\vec{b}-\vec{a})$

これから $\vec{p}$ を求めると上の式になる。

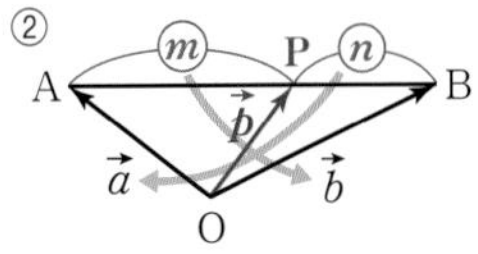


③ 重心Gは中線AMを2：1に内分するから

$$\vec{g}=\frac{1\cdot\overrightarrow{\mathrm{OA}}+2\cdot\overrightarrow{\mathrm{OM}}}{2+1}=\frac{\vec{a}+2\cdot\dfrac{\vec{b}+\vec{c}}{2}}{3}=\frac{\vec{a}+\vec{b}+\vec{c}}{3}$$

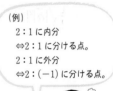

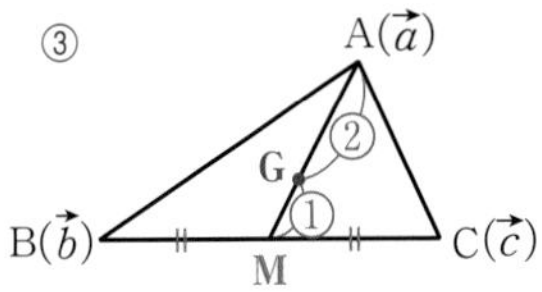

## 基本例題 25 　分点の位置ベクトル

2点A，Bの位置ベクトルがそれぞれ $\vec{a}$，$\vec{b}$ のとき，線分ABを3：2に内分する点P($\vec{p}$)，外分する点Q($\vec{q}$) を $\vec{a}$，$\vec{b}$ で表せ。

**ねらい**
分点の位置ベクトルの表し方になれること。

**解法ルール** 分点の公式　$\vec{p}=\dfrac{n\vec{a}+m\vec{b}}{m+n}$ で

3：2に内分 $\Longrightarrow m=3,\ n=2$

3：2に外分 $\Longrightarrow m=3,\ n=-2$

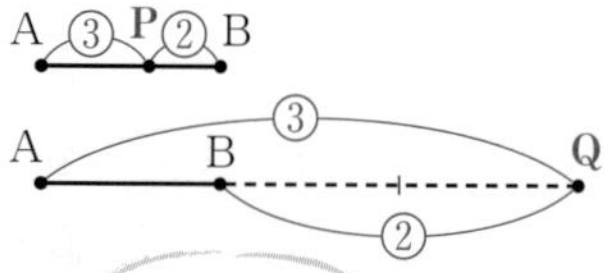


**解答例** $\vec{p}=\dfrac{2\vec{a}+3\vec{b}}{3+2}=\boldsymbol{\dfrac{2\vec{a}+3\vec{b}}{5}}$ …答　　A($\vec{a}$)　B($\vec{b}$)　3：2

$\vec{q}=\dfrac{(-2)\vec{a}+3\vec{b}}{3+(-2)}=\boldsymbol{-2\vec{a}+3\vec{b}}$ …答　　A($\vec{a}$)　B($\vec{b}$)　3：(−2)

**類題 25** 2点A($\vec{a}$)，B($\vec{b}$) に対して，線分ABを1：2に内分する点P($\vec{p}$)，外分する点Q($\vec{q}$) を $\vec{a}$，$\vec{b}$ で表せ。

## 応用例題 26 　重心，点の一致

△ABCの辺BC，CA，ABを2：1に内分する点をそれぞれD，E，Fとするとき，△ABCの重心Gと△DEFの重心G′は一致することを証明せよ。

**ねらい**
三角形の重心の位置ベクトルを求めること。点が一致することを証明すること。

**解法ルール** A($\vec{a}$)，B($\vec{b}$)，C($\vec{c}$) とすると，重心G($\vec{g}$) は

$$\vec{g}=\frac{\vec{a}+\vec{b}+\vec{c}}{3}$$

**点GとG′が一致する**

$\Longleftrightarrow$ **位置ベクトルが等しい**

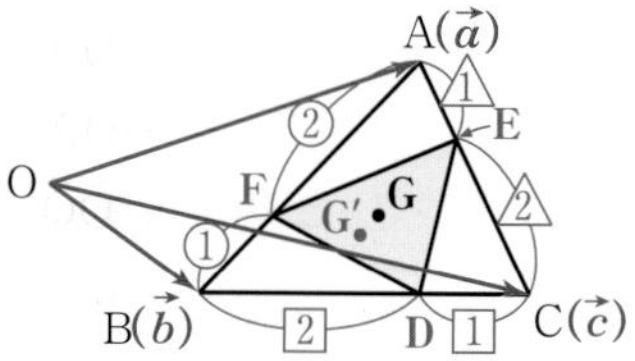


**解答例** 点A，B，C，D，E，F，G，G′の位置ベクトルをそれぞれ，$\vec{a}$，$\vec{b}$，$\vec{c}$，$\vec{d}$，$\vec{e}$，$\vec{f}$，$\vec{g}$，$\vec{g'}$ とする。

点DはBCを2：1に内分するから　$\vec{d}=\dfrac{\vec{b}+2\vec{c}}{3}$

同様にして　$\vec{e}=\dfrac{\vec{c}+2\vec{a}}{3}$，$\vec{f}=\dfrac{\vec{a}+2\vec{b}}{3}$

△ABC，△DEFの重心がそれぞれG，G′だから

$$\vec{g}=\frac{\vec{a}+\vec{b}+\vec{c}}{3}$$

$$\vec{g'}=\frac{\vec{d}+\vec{e}+\vec{f}}{3}=\frac{1}{3}\left(\frac{\vec{b}+2\vec{c}}{3}+\frac{\vec{c}+2\vec{a}}{3}+\frac{\vec{a}+2\vec{b}}{3}\right)=\frac{\vec{a}+\vec{b}+\vec{c}}{3}$$

よって　$\vec{g}=\vec{g'}$　　すなわち，**重心GとG′は一致する。** 終

⬅ 証明では位置ベクトルの始点を一般の点Oとしているが，たとえばAを始点としてもよい。このとき，
$\vec{g}=\dfrac{\vec{0}+\vec{b}+\vec{c}}{3}$
となる。

**基本例題 27**　座標と位置ベクトル

3点A$(-1,\ -1)$，B$(3,\ 1)$，C$(1,\ 2)$について，次の問いに答えよ。

テストに出るぞ！

(1) $\overrightarrow{BC}$の成分を求めよ。

(2) $\overrightarrow{BP}=(-2,\ 3)$のとき，点Pの座標を求めよ。

(3) 平行四辺形ABCDを作るとき，点Dの座標を求めよ。

(4) 3点A，B，Qが一直線上にあるという。点Qの座標を$(x,\ y)$とするとき，$x$，$y$の関係式を求めよ。

**ねらい**
座標と位置ベクトルの関係を理解し，座標平面上の点の座標が求められること。

**解法ルール**　**座標平面上の点の位置ベクトル ⟶ 始点は原点O**

**点Aの座標が$(a_1,\ a_2)$ $\Longleftrightarrow$ $\overrightarrow{OA}=(a_1,\ a_2)$**

← 位置ベクトルの始点を原点にとれば，点の位置ベクトルと座標は一致する。

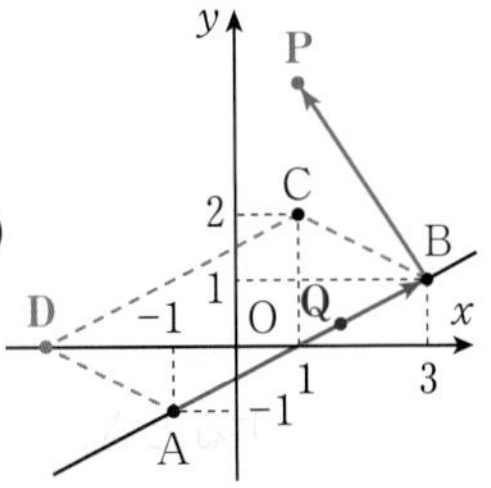

y
P
C
2
B
1
D
−1
O
Q
x
1
3
−1
A

**解答例**　位置ベクトルの始点を原点Oとすると

$\overrightarrow{OA}=(-1,\ -1)$，$\overrightarrow{OB}=(3,\ 1)$，$\overrightarrow{OC}=(1,\ 2)$

(1) $\overrightarrow{BC}=\overrightarrow{OC}-\overrightarrow{OB}=(1,\ 2)-(3,\ 1)=\mathbf{(-2,\ 1)}$ …答

(2) $\overrightarrow{OP}=\overrightarrow{OB}+\overrightarrow{BP}=(3,\ 1)+(-2,\ 3)=(1,\ 4)$　答 **P(1, 4)**

(3) 四角形ABCDが平行四辺形 $\Longleftrightarrow$ $\overrightarrow{AD}=\overrightarrow{BC}$　←*p. 12* 参照

よって　$\overrightarrow{OD}-\overrightarrow{OA}=\overrightarrow{BC}$

$\overrightarrow{OD}=\overrightarrow{OA}+\overrightarrow{BC}$

$=(-1,\ -1)+(-2,\ 1)=(-3,\ 0)$

答 **D(−3, 0)**

(4) 3点A，B，Qが一直線上にある $\Longleftrightarrow$ $\overrightarrow{AQ}=k\overrightarrow{AB}$ ……Ⓐ

ゆえに　$\overrightarrow{OQ}-\overrightarrow{OA}=k(\overrightarrow{OB}-\overrightarrow{OA})$

$\overrightarrow{OQ}=(1-k)\overrightarrow{OA}+k\overrightarrow{OB}$ ……Ⓑ

したがって　$(x,\ y)=(1-k)(-1,\ -1)+k(3,\ 1)$

$=(-1+4k,\ -1+2k)$

よって　$x=-1+4k$ ……①　$y=-1+2k$ ……②

①−②×2として$k$を消去すると　$\mathbf{x-2y=1}$ …答

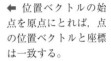

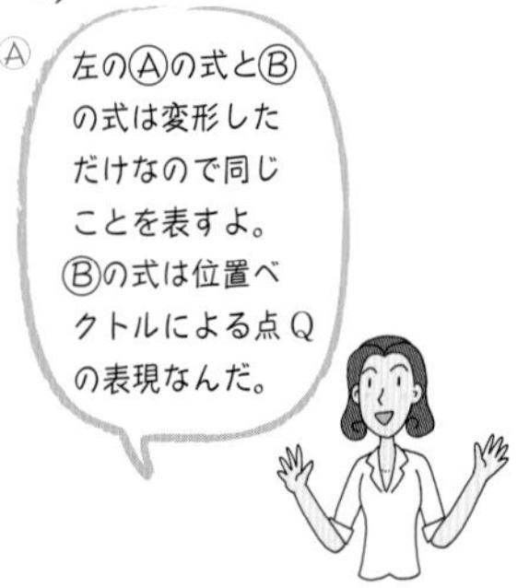

左のⒶの式とⒷの式は変形しただけなので同じことを表すよ。Ⓑの式は位置ベクトルによる点Qの表現なんだ。

上のⒷの式は，$\overrightarrow{OQ}=\dfrac{(1-k)\overrightarrow{OA}+k\overrightarrow{OB}}{k+(1-k)}$と変形できるから，**点Qは線分ABを$k$：$(1-k)$に分ける点を表す。**$k$を変数と考えると，点Qは直線AB上を動くんだよ。

**類題 27**　3点A$(1,\ 2)$，B$(-1,\ -2)$，C$(4,\ 1)$について，次の問いに答えよ。

(1) $\overrightarrow{CB}$の成分を求めよ。

(2) 平行四辺形ADBCを作るとき，点Dの座標を求めよ。

(3) 3点A，B，Pが一直線上にあるという。点Pの座標を$(x,\ y)$とするとき，$x$，$y$の関係式を求めよ。

# 6 ベクトルの図形への応用

**基本例題 28**　一直線上にある3点

△ABC の辺 AB を 1：2 に内分する点を P，辺 BC を 3：1 に外分する点を Q，辺 CA を 2：3 に内分する点を R とするとき，3 点 P，Q，R は一直線上にあることを証明せよ。

テストに出るぞ！

**ねらい**
ベクトルを使って，一直線上にある3点を表現すること。

**解法ルール**
1. 始点を A にとり，$\overrightarrow{AB}=\vec{b}$，$\overrightarrow{AC}=\vec{c}$ とおく。
2. $\overrightarrow{AP}$，$\overrightarrow{AQ}$，$\overrightarrow{AR}$ を $\vec{b}$，$\vec{c}$ で表す。
3. $\overrightarrow{PQ}$，$\overrightarrow{PR}$ を $\vec{b}$，$\vec{c}$ で表し，$\overrightarrow{PQ}$ と $\overrightarrow{PR}$ の関係式を導く。

**$\overrightarrow{PQ}=k\overrightarrow{PR} \Longleftrightarrow$ 3 点 P，Q，R は一直線上にある**

**解答例**　A を始点として $\overrightarrow{AB}=\vec{b}$，$\overrightarrow{AC}=\vec{c}$ とおく。

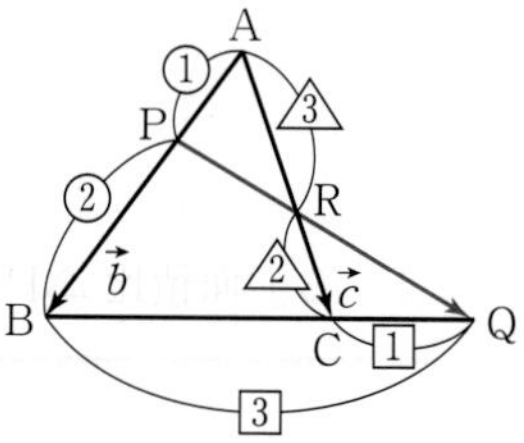


P は AB を 1：2 に内分する点だから

$$\overrightarrow{AP}=\frac{1}{3}\vec{b}$$

3：1 に外分。$\Longleftrightarrow$ 3：(−1) に分ける。

Q は BC を 3：1 に外分する点だから

$$\overrightarrow{AQ}=\frac{-\vec{b}+3\vec{c}}{2}$$

B($\vec{b}$)　C($\vec{c}$)
3　：(−1)

R は AC を 3：2 に内分する点だから

$$\overrightarrow{AR}=\frac{3}{5}\vec{c}$$

よって　$\overrightarrow{PQ}=\overrightarrow{AQ}-\overrightarrow{AP}=\frac{-\vec{b}+3\vec{c}}{2}-\frac{1}{3}\vec{b}=\frac{-5\vec{b}+9\vec{c}}{6}$

$\overrightarrow{PR}=\overrightarrow{AR}-\overrightarrow{AP}=\frac{3}{5}\vec{c}-\frac{1}{3}\vec{b}=\frac{-5\vec{b}+9\vec{c}}{15}$

ゆえに　$\overrightarrow{PQ}=\frac{15}{6}\overrightarrow{PR}=\frac{5}{2}\overrightarrow{PR}$　← $-5\vec{b}+9\vec{c}$ を消去する。

したがって，**3 点 P，Q，R は一直線上にある。** 終

**類題 28**　平行四辺形 ABCD において，辺 BC の中点を P，対角線 BD を 1：2 に内分する点を Q とする。このとき，3 点 A，Q，P は一直線上にあることを証明せよ。

## 基本例題 29

点 P の位置

平面上に点 P と △ABC があって，$\overrightarrow{AP}+\overrightarrow{BP}+\overrightarrow{CP}=\overrightarrow{AB}$ を満たしている。点 P は △ABC とどんな位置関係にあるか。

テストに出るぞ！

**ねらい** 位置ベクトルを使って，図形上の点の位置を調べること。

**解法ルール** A を始点とする B，C，P の位置ベクトルを $\vec{b}$，$\vec{c}$，$\vec{p}$ として，分点の公式と結びつける。

**解答例** A を始点とする B，C，P の位置ベクトルを $\vec{b}$，$\vec{c}$，$\vec{p}$ とすると，

条件式は　$\overrightarrow{AP}+(\overrightarrow{AP}-\overrightarrow{AB})+(\overrightarrow{AP}-\overrightarrow{AC})=\overrightarrow{AB}$

$\vec{p}+(\vec{p}-\vec{b})+(\vec{p}-\vec{c})=\vec{b}$

ゆえに　$3\vec{p}=2\vec{b}+\vec{c}$　　$\vec{p}=\dfrac{2\vec{b}+\vec{c}}{1+2}$

よって，**点 P は辺 BC を 1：2 に内分する位置にある。** …答

始点をAとする

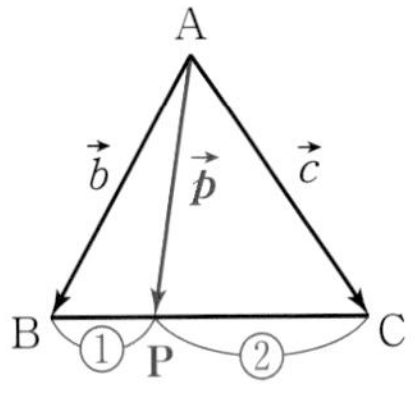


## 応用例題 30

点の位置と面積比

△ABC の内部に点 P があって，$3\overrightarrow{AP}+4\overrightarrow{BP}+5\overrightarrow{CP}=\vec{0}$ を満たしている。面積比 △PBC：△PCA：△PAB を求めよ。

**ねらい** 点の位置関係を調べて，面積比に発展させること。

**解法ルール** 面積比以外は 基本例題 29 と同様に考えればよいが，そのとき，

$n\vec{a}+m\vec{b}=(m+n)\dfrac{n\vec{a}+m\vec{b}}{m+n}$ という見方をする。

**解答例** 位置ベクトルの始点を A にとり，

$\overrightarrow{AB}=\vec{b}$，$\overrightarrow{AC}=\vec{c}$，$\overrightarrow{AP}=\vec{p}$ とすると，

条件式より　$3\vec{p}+4(\vec{p}-\vec{b})+5(\vec{p}-\vec{c})=\vec{0}$

よって　$12\vec{p}=4\vec{b}+5\vec{c}$

よって　$\vec{p}=\dfrac{4\vec{b}+5\vec{c}}{12}=\dfrac{9}{12}\cdot\dfrac{4\vec{b}+5\vec{c}}{9}=\dfrac{3}{4}\cdot\dfrac{4\vec{b}+5\vec{c}}{9}$

辺 BC を 5：4 に内分する点を D とすると　$\vec{p}=\overrightarrow{AP}=\dfrac{3}{4}\overrightarrow{AD}$

よって，P は線分 AD を 3：1 に内分する。

△ABC$=S$ とおくと

△PBC：△PCA：△PAB$=\dfrac{1}{4}S:\dfrac{4}{9}S\times\dfrac{3}{4}:\dfrac{5}{9}S\times\dfrac{3}{4}$

$=\mathbf{3:4:5}$ …答

⬅ 位置ベクトルの始点はどこにとってもよい。

始点をAとする

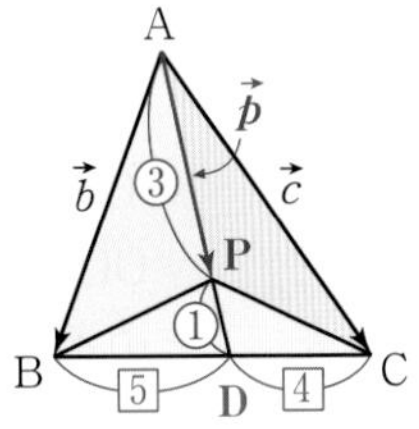


三角形の面積は底辺の比になるので

△ABD：△ACD=5：4

△ABP：△DBP=3：1

△ACP：△DCP=3：1

を利用する。

**類題 30** △ABC の内部に点 P があって，$2\overrightarrow{AP}+3\overrightarrow{BP}+4\overrightarrow{CP}=\vec{0}$ を満たしている。△PBC：△PCA：△PAB を求めよ。

**応用例題 31**　交点の位置ベクトル(1)

△OAB で，辺 OA を 2：1 に，辺 OB を 3：2 に内分する点をそれぞれ M，N とし，AN と BM の交点を P とする。　テストに出るぞ！

(1) $\overrightarrow{OA}=\vec{a}$，$\overrightarrow{OB}=\vec{b}$ として，$\overrightarrow{OP}$ を $\vec{a}$，$\vec{b}$ で表せ。

(2) 直線 OP と辺 AB の交点を Q とするとき，AQ：QB を求めよ。

**ねらい**
交点の位置ベクトルの求め方を理解すること。

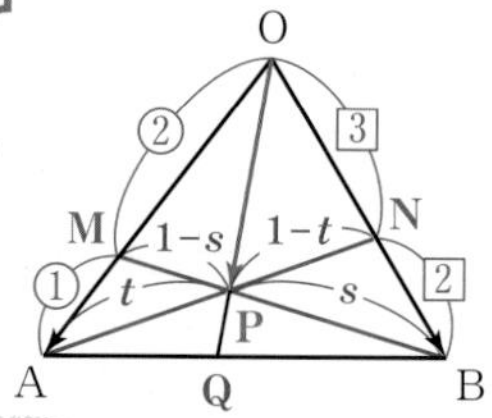


**解法ルール**　P は AN と BM の交点であるから，P は AN の分点とも，BM の分点とも見られる。$\overrightarrow{OP}$ を $\vec{a}$，$\vec{b}$ で2通りに表し，
$\boldsymbol{m\vec{a}+n\vec{b}=s\vec{a}+t\vec{b} \Longleftrightarrow m=s,\ n=t}$ を活用。

**解答例** (1)　P は線分 AN を $t:(1-t)$ に分ける点とすると

$\overrightarrow{OP}=(1-t)\overrightarrow{OA}+t\overrightarrow{ON}=(1-t)\vec{a}+\dfrac{3t}{5}\vec{b}$ ……①　　$\overrightarrow{ON}=\frac{3}{5}\vec{b}$

P は線分 BM を $s:(1-s)$ に分ける点とすると

$\overrightarrow{OP}=(1-s)\overrightarrow{OB}+s\overrightarrow{OM}=(1-s)\vec{b}+\dfrac{2s}{3}\vec{a}$ ……②　　$\overrightarrow{OM}=\frac{2}{3}\vec{a}$

$\vec{a}=\overrightarrow{OA}\neq\vec{0}$，$\vec{b}=\overrightarrow{OB}\neq\vec{0}$，$\vec{a}\not\parallel\vec{b}$ だから，$\overrightarrow{OP}$ は1通りに表されるので，①と②を比較して

$1-t=\dfrac{2s}{3}$，$\dfrac{3t}{5}=1-s$　　これを解いて　$t=\dfrac{5}{9}$，$s=\dfrac{2}{3}$

よって，①に代入して　$\boldsymbol{\overrightarrow{OP}=\dfrac{4}{9}\vec{a}+\dfrac{1}{3}\vec{b}}$　…答

← AP：PN $=t:(1-t)$ とおくと，分点公式の分母は1になる。
また，$\overrightarrow{AP}=t\overrightarrow{AN}$ とおいた式とも同値である。
（*p. 27* 参照）

(2) (1)より，$\overrightarrow{OP}=\dfrac{4\vec{a}+3\vec{b}}{9}=\dfrac{7}{9}\cdot\dfrac{4\vec{a}+3\vec{b}}{7}=\dfrac{7}{9}\overrightarrow{OR}$ とおくと，

点 R は辺 AB を 3：4 に内分する点を表し，また O，P，R は一直線上にあるから，点 R は直線 OP と AB の交点 Q と一致する。　よって　**AQ：QB=3：4**　…答

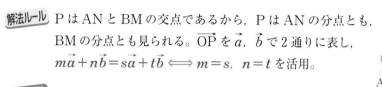

点 Q が直線 AB 上にあるとき，AQ：QB$=t:(1-t)$ とおくと
$\overrightarrow{OQ}=(1-t)\overrightarrow{OA}+t\overrightarrow{OB}$
この式は　$\overrightarrow{OQ}=s\overrightarrow{OA}+t\overrightarrow{OB}$　ただし，$s+t=1$ と表すことができる。
**この過程は逆にたどることができるので，$\overrightarrow{OQ}=s\overrightarrow{OA}+t\overrightarrow{OB}$ のとき，点 Q が直線 AB 上にあるための条件は $s+t=1$ であるといえる。(2)はこれを用いても解けるよ。**

**類題 31**　△OAB において，辺 OA を 2：3 に，辺 OB を 1：2 に内分する点をそれぞれ M，N とし，AN と BM の交点を P とする。

(1) $\overrightarrow{OA}=\vec{a}$，$\overrightarrow{OB}=\vec{b}$ とおくとき，$\overrightarrow{OP}$ を $\vec{a}$，$\vec{b}$ で表せ。

(2) 直線 OP と辺 AB の交点を Q とするとき，AQ：QB を求めよ。

# これも知っ得　チェバの定理・メネラウスの定理

**基本例題 29** の内容を一般化して考えてみよう。―― 少し難しいぞ！

問題「△ABC の内部に 1 点 P があって，$l\overrightarrow{AP}+m\overrightarrow{BP}+n\overrightarrow{CP}=\vec{0}$ を満たしているとき，点 P は △ABC に対してどんな位置にあるか。」

実は，点 P が △ABC の内部の点であるためには，$l>0$，$m>0$，$n>0$ が条件になるが，ここでは，はじめから $l>0$，$m>0$，$n>0$ として話を進めよう。

A，B，C，P の位置ベクトルをそれぞれ $\vec{a}$，$\vec{b}$，$\vec{c}$，$\vec{p}$ とする。

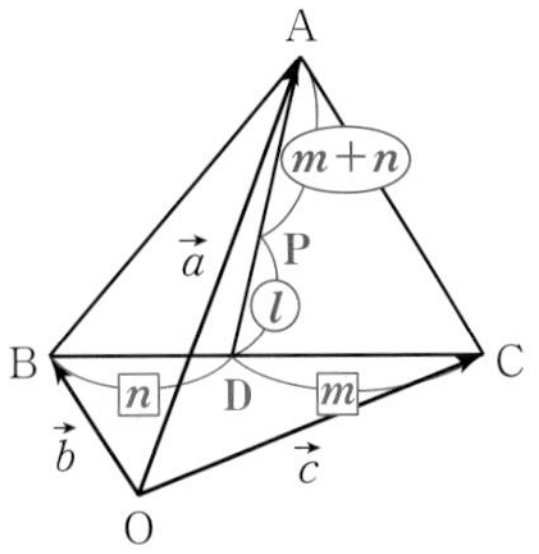


$l\overrightarrow{AP}+m\overrightarrow{BP}+n\overrightarrow{CP}=\vec{0}$ より

$l(\vec{p}-\vec{a})+m(\vec{p}-\vec{b})+n(\vec{p}-\vec{c})=\vec{0}$ だから

$$\vec{p}=\frac{l\vec{a}+m\vec{b}+n\vec{c}}{l+m+n}$$

変形すると

$$\vec{p}=\frac{l\vec{a}+(m+n)\dfrac{m\vec{b}+n\vec{c}}{m+n}}{l+m+n}$$

辺 BC を $n:m$ に内分する点を $D(\vec{d})$ とすると，$\vec{d}=\dfrac{m\vec{b}+n\vec{c}}{m+n}$ だから

$$\vec{p}=\frac{l\vec{a}+(m+n)\vec{d}}{l+(m+n)}$$

したがって，点 P は線分 AD を $(m+n):l$ に内分する点である。

同様の変形を文字の組合せを変えておこなうと，

辺 CA を $l:n$ に，辺 AB を $m:l$ に内分する点をそれぞれ E，F とすると，

点 P は線分 BE を $(l+n):m$ に，また線分 CF を $(l+m):n$ にそれぞれ内分することがわかる。

さて，この結論から，次のことがわかる。

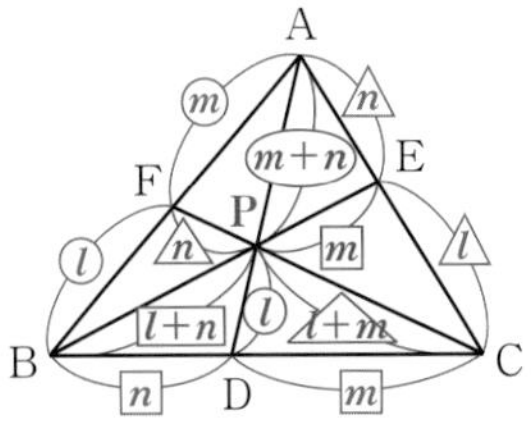


$$\frac{\mathbf{AF}}{\mathbf{FB}}\cdot\frac{\mathbf{BD}}{\mathbf{DC}}\cdot\frac{\mathbf{CE}}{\mathbf{EA}}=\frac{\boldsymbol{m}}{\boldsymbol{l}}\cdot\frac{\boldsymbol{n}}{\boldsymbol{m}}\cdot\frac{\boldsymbol{l}}{\boldsymbol{n}}=1$$

**これが，チェバの定理だ！**

△ABD の辺またはその延長と交わる直線 FC に着目すると

$$\frac{\mathbf{AF}}{\mathbf{FB}}\cdot\frac{\mathbf{BC}}{\mathbf{CD}}\cdot\frac{\mathbf{DP}}{\mathbf{PA}}=\frac{\boldsymbol{m}}{\boldsymbol{l}}\cdot\frac{\boldsymbol{n}+\boldsymbol{m}}{\boldsymbol{m}}\cdot\frac{\boldsymbol{l}}{\boldsymbol{m}+\boldsymbol{n}}=1$$

**これが，メネラウスの定理だ！**

**応用例題 31** の(2)は，これらの定理を使えば，答えは暗算で求められる。

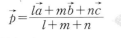

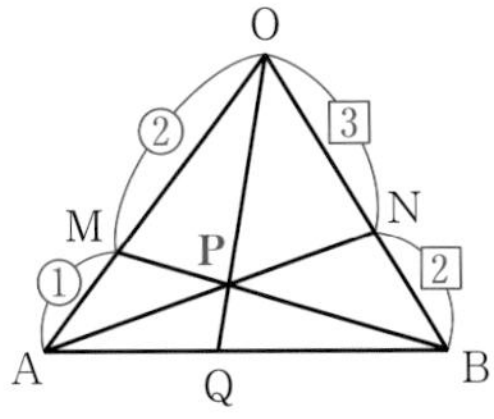


チェバの定理より $\dfrac{OM}{MA}\cdot\dfrac{AQ}{QB}\cdot\dfrac{BN}{NO}=\dfrac{2}{1}\cdot\dfrac{AQ}{QB}\cdot\dfrac{2}{3}=1$

よって $\dfrac{AQ}{QB}=\dfrac{3}{4}$

つまり，AQ：QB＝3：4 である。

また，メネラウスの定理を使うと，OP：PQ＝7：2 も得られる。

## 応用例題 32　交点の位置ベクトル(2)

平行四辺形 ABCD において，辺 BC の中点を M，辺 CD を 1：2 に内分する点を N とし，AN と DM の交点を P とする。

(1) $\overrightarrow{AB}=\vec{a}$，$\overrightarrow{AD}=\vec{b}$ とおくとき，$\overrightarrow{AP}$ を $\vec{a}$，$\vec{b}$ で表せ。

(2) CP と AD の交点を Q とするとき，AQ：QD を求めよ。

**ねらい**
交点の位置ベクトルと分点比を求めること。

**解法ルール** $\overrightarrow{AB}=\vec{a}\neq\vec{0}$，$\overrightarrow{AD}=\vec{b}\neq\vec{0}$，$\vec{a}\not\parallel\vec{b}$ **であることから，$\overrightarrow{AP}$，$\overrightarrow{AQ}$ が1通りに表される**ことを用いる。

← $\overrightarrow{AB}=\vec{a}$，$\overrightarrow{AD}=\vec{b}$ とおくことは，A を始点とする位置ベクトルを考えることになる。

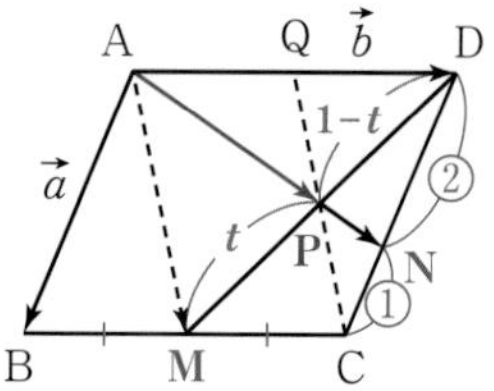

A
Q
D
1−t
②
P
N
①
t
B
M
C

**解答例** (1) MP：PD$=t:(1-t)$ とおくと

$\overrightarrow{AP}=(1-t)\overrightarrow{AM}+t\overrightarrow{AD}$

$=(1-t)\left(\vec{a}+\frac{1}{2}\vec{b}\right)+t\vec{b}=(1-t)\vec{a}+\frac{1+t}{2}\vec{b}$ ……①

A，P，N は一直線上にあるから

$\overrightarrow{AP}=k\overrightarrow{AN}=k\cdot\frac{2\overrightarrow{AC}+\overrightarrow{AD}}{3}=\frac{2k}{3}(\vec{a}+\vec{b})+\frac{k}{3}\vec{b}$

$=\frac{2k}{3}\vec{a}+k\vec{b}$ ……②

$\vec{a}\neq\vec{0}$，$\vec{b}\neq\vec{0}$，$\vec{a}\not\parallel\vec{b}$ より $\overrightarrow{AP}$ は1通りに表されるので，①，②より

$1-t=\frac{2k}{3}$，$\frac{1+t}{2}=k$　　よって　$k=\frac{3}{4}$，$t=\frac{1}{2}$

①に代入して　$\boldsymbol{\overrightarrow{AP}=\frac{1}{2}\vec{a}+\frac{3}{4}\vec{b}}$ …答

(2) Q は AD 上の点だから　$\overrightarrow{AQ}=l\vec{b}$ ……③

CQ：QP$=s:(1-s)$ とおき，(1)を用いると

$\overrightarrow{AQ}=(1-s)\overrightarrow{AC}+s\overrightarrow{AP}$

$=(1-s)(\vec{a}+\vec{b})+s\left(\frac{1}{2}\vec{a}+\frac{3}{4}\vec{b}\right)$

$=\left(1-\frac{s}{2}\right)\vec{a}+\left(1-\frac{s}{4}\right)\vec{b}$ ……④

$\overrightarrow{AQ}$ は1通りに表されるから，③，④より

$1-\frac{s}{2}=0$，$1-\frac{s}{4}=l$　　よって　$s=2$，$l=\frac{1}{2}$

よって，$\overrightarrow{AQ}=\frac{1}{2}\vec{b}$ となるから　**AQ：QD=1：1** …答

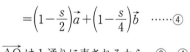

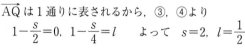

s=2 のとき
CQ：QP=2：(−1)
つまり，Q は CP を
2：1 に外分する点
であることもわか
るね。

**類題 32** 平行四辺形 ABCD において，辺 AB を 2：1，辺 BC を 3：2，辺 CD を 2：1 に内分する点をそれぞれ L，M，N とし，AM と LN の交点を P とする。

(1) $\overrightarrow{AB}=\vec{a}$，$\overrightarrow{AD}=\vec{b}$ とおくとき，$\overrightarrow{AP}$ を $\vec{a}$，$\vec{b}$ で表せ。

(2) LP：PN を求めよ。

## 応用例題 33　中線定理の証明

△ABC において，辺 BC の中点を M とするとき，
$AB^2+AC^2=2(AM^2+BM^2)$ であることを証明せよ。

**ねらい**
ベクトルを用いて図形の性質を証明すること。

**解法ルール** $AB^2=|\overrightarrow{AB}|^2$ だから，内積の利用を考える。
また，位置ベクトルの始点は証明しやすい点にきめてよい。

●この定理を中線定理という。

**解答例** $\overrightarrow{MA}=\vec{a}$，$\overrightarrow{MB}=\vec{b}$ とおくと　$\overrightarrow{MC}=-\vec{b}$

⬅ 位置ベクトルの始点を M とする。

$$AB^2+AC^2=|\overrightarrow{AB}|^2+|\overrightarrow{AC}|^2=|\vec{b}-\vec{a}|^2+|-\vec{b}-\vec{a}|^2$$
$$=|\vec{b}|^2-2\vec{a}\cdot\vec{b}+|\vec{a}|^2+|\vec{b}|^2+2\vec{a}\cdot\vec{b}+|\vec{a}|^2$$
$$=2(|\vec{a}|^2+|\vec{b}|^2)$$
$$2(AM^2+BM^2)=2(|\overrightarrow{AM}|^2+|\overrightarrow{BM}|^2)$$
$$=2(|-\vec{a}|^2+|-\vec{b}|^2)=2(|\vec{a}|^2+|\vec{b}|^2)$$

よって　$\mathbf{AB^2+AC^2=2(AM^2+BM^2)}$　終

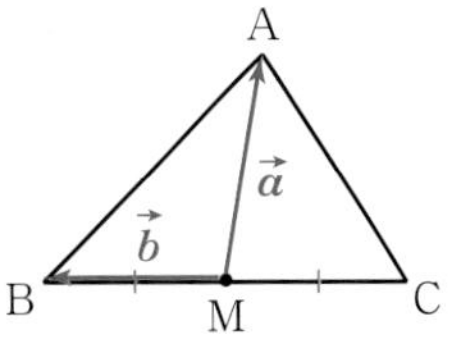


**類題 33** △ABC の重心を G とするとき，次の等式を証明せよ。
$AB^2+AC^2=BG^2+CG^2+4AG^2$

## 応用例題 34　垂直関係の証明

△ABC と点 H が与えられている。HB⊥CA，HC⊥AB ならば，AH⊥BC であることを証明せよ。

**ねらい**
ベクトルを用いて，図形の垂直関係を証明すること。

**解法ルール** $\vec{a}\perp\vec{b} \Longleftrightarrow \vec{a}\cdot\vec{b}=0$　を利用する。
この場合は，位置ベクトルの始点を H とするとよい。

**解答例** $\overrightarrow{HA}=\vec{a}$，$\overrightarrow{HB}=\vec{b}$，$\overrightarrow{HC}=\vec{c}$ とおくと，

HB⊥CA より　$\overrightarrow{HB}\cdot\overrightarrow{CA}=0$

よって　$\vec{b}\cdot(\vec{a}-\vec{c})=0$　　$\vec{a}\cdot\vec{b}=\vec{b}\cdot\vec{c}$　……①

HC⊥AB より　$\overrightarrow{HC}\cdot\overrightarrow{AB}=0$

よって　$\vec{c}\cdot(\vec{b}-\vec{a})=0$　　$\vec{a}\cdot\vec{c}=\vec{b}\cdot\vec{c}$　……②

一方　$\overrightarrow{HA}\cdot\overrightarrow{BC}=\vec{a}\cdot(\vec{c}-\vec{b})$
$$=\vec{a}\cdot\vec{c}-\vec{a}\cdot\vec{b}$$
$$=\vec{b}\cdot\vec{c}-\vec{b}\cdot\vec{c}=0$$　（①，②より）

すなわち，$\overrightarrow{HA}\cdot\overrightarrow{BC}=0$ より　**AH⊥BC**　終

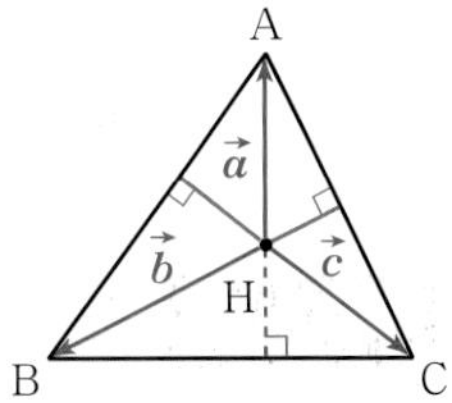


●この点 H を△ABC の垂心という。3つの頂点から対辺に引いた垂線は1点 H で交わる。

**類題 34** △ABC の外心を O，重心を G とし，$\overrightarrow{OH}=\overrightarrow{OA}+\overrightarrow{OB}+\overrightarrow{OC}$ とするとき，
(1) 点 H は△ABC の垂心であることを証明せよ。
(2) 3 点 O，G，H は一直線上にあることを証明せよ。

## 応用例題 35

角を 2 等分するベクトル

△OAB において，∠AOB の二等分線と辺 AB の交点を D とするとき，AD : DB＝OA : OB であることを証明せよ。

**ねらい**
単位ベクトルを使って，角の二等分線を表すベクトルを作ること。

**解法ルール** **ひし形の対角線はその角を 2 等分する**ことを利用する。

ひし形 ⟺ 4 辺の長さが等しい四角形

単位ベクトル(大きさ 1 のベクトル)を使うとよい。

**解答例** $\overrightarrow{OA}=\vec{a}$, $\overrightarrow{OB}=\vec{b}$ とおき，$\vec{a}$, $\vec{b}$ と同じ向きの単位ベクトルをそれぞれ $\overrightarrow{OE}$, $\overrightarrow{OF}$ とする。

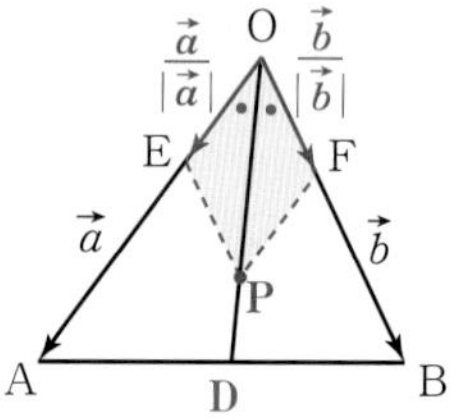


$\overrightarrow{OP}=\overrightarrow{OE}+\overrightarrow{OF}$ となる点 P をとると，平行四辺形 OEPF は OE＝OF＝1 であるから，ひし形であり，OP は ∠AOB を 2 等分する。

したがって，OP と AB の交点が D である。

このとき，$\overrightarrow{OE}=\dfrac{\vec{a}}{|\vec{a}|}$, $\overrightarrow{OF}=\dfrac{\vec{b}}{|\vec{b}|}$ であるから

$$\overrightarrow{OP}=\overrightarrow{OE}+\overrightarrow{OF}=\frac{\vec{a}}{|\vec{a}|}+\frac{\vec{b}}{|\vec{b}|}=\frac{1}{|\vec{a}||\vec{b}|}(|\vec{b}|\vec{a}+|\vec{a}|\vec{b})$$

$$=\frac{|\vec{a}|+|\vec{b}|}{|\vec{a}||\vec{b}|}\cdot\frac{|\vec{b}|\vec{a}+|\vec{a}|\vec{b}}{|\vec{a}|+|\vec{b}|}$$

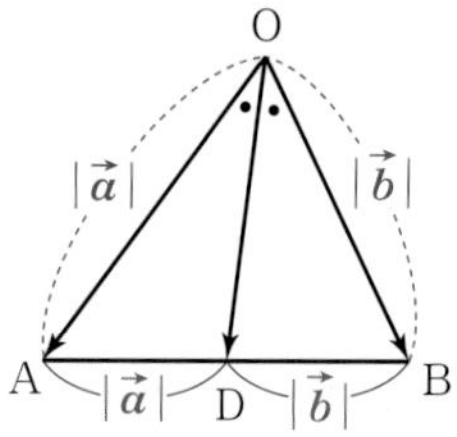


ここで，$\dfrac{|\vec{b}|\vec{a}+|\vec{a}|\vec{b}}{|\vec{a}|+|\vec{b}|}$ の終点は辺 AB 上にあるから，

$\dfrac{|\vec{b}|\vec{a}+|\vec{a}|\vec{b}}{|\vec{a}|+|\vec{b}|}=\overrightarrow{OD}$ となる。

よって，点 D は辺 AB を $|\vec{a}|:|\vec{b}|$ に内分する。

すなわち　**AD : DB＝OA : OB**　終

## これも知っ得　三角形の内心・外心・垂心

**●内心は三角形の 3 つの内角の二等分線の交点**

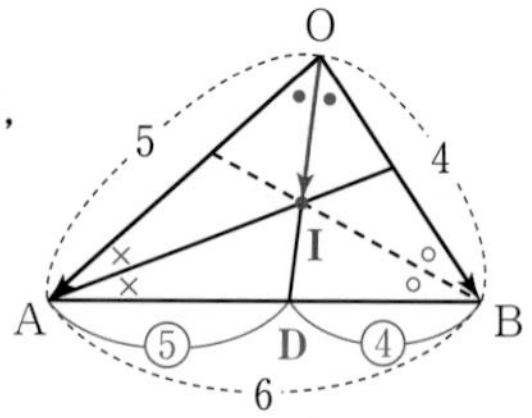


右の図のような OA＝5, OB＝4, AB＝6 の △OAB の内心を I として，内心の位置ベクトル $\overrightarrow{OI}$ を $\overrightarrow{OA}=\vec{a}$, $\overrightarrow{OB}=\vec{b}$ を用いて表してみよう。

∠AOB の二等分線と AB の交点を D とすると，

上で証明したことから　AD : DB＝OA : OB＝5 : 4

したがって　$AD=6\times\dfrac{5}{9}=\dfrac{10}{3}$

AI は ∠OAD の二等分線だから　$OI:ID=AO:AD=5:\dfrac{10}{3}=3:2$

したがって　$OI=\dfrac{3}{5}OD$　　よって　$\boldsymbol{\overrightarrow{OI}}=\dfrac{3}{5}\overrightarrow{OD}=\dfrac{3}{5}\cdot\dfrac{4\vec{a}+5\vec{b}}{5+4}=\boldsymbol{\dfrac{4\vec{a}+5\vec{b}}{15}}$

●**外心は三角形の各辺の垂直二等分線の交点**

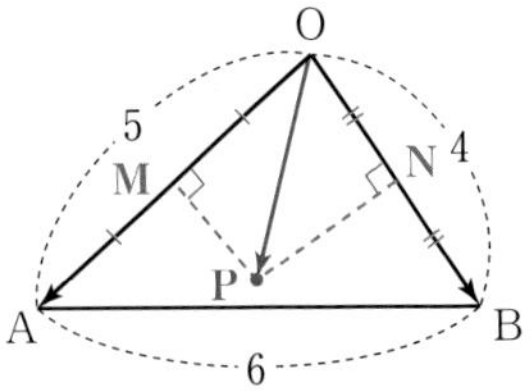

△OAB の外心を P，辺 OA，辺 OB の中点をそれぞれ M，N として，
$\overrightarrow{OP}$ を $\overrightarrow{OA}=\vec{a}$，$\overrightarrow{OB}=\vec{b}$ で表してみよう。

まず，$m$, $n$ を定数として，$\overrightarrow{OP}=m\vec{a}+n\vec{b}$ とおくと

$$\overrightarrow{MP}=\overrightarrow{OP}-\overrightarrow{OM}=\left(m-\frac{1}{2}\right)\vec{a}+n\vec{b}$$

MP⊥OA であるから $\overrightarrow{MP}\cdot\overrightarrow{OA}=0$

したがって $\left\{\left(m-\frac{1}{2}\right)\vec{a}+n\vec{b}\right\}\cdot\vec{a}=\left(m-\frac{1}{2}\right)|\vec{a}|^2+n\vec{a}\cdot\vec{b}=0$ ……①

同様に，$\overrightarrow{NP}\cdot\overrightarrow{OB}=0$ であるから $m\vec{a}\cdot\vec{b}+\left(n-\frac{1}{2}\right)|\vec{b}|^2=0$ ……②

「垂直」「垂線」と
くれば、「内積」を
思い出そう！

ここで，$|\vec{a}|=5$，$|\vec{b}|=4$ であるが，$\vec{a}\cdot\vec{b}$ の値がわからない。
ところが，AB=6 であるから $|\overrightarrow{AB}|^2=6^2$
よって $|\vec{b}-\vec{a}|^2=|\vec{b}|^2-2\vec{a}\cdot\vec{b}+|\vec{a}|^2=36$

これから，$\vec{a}\cdot\vec{b}=\dfrac{5}{2}$ が得られる。

ゆえに，①，②は $25\left(m-\dfrac{1}{2}\right)+\dfrac{5}{2}n=0$，$\dfrac{5}{2}m+16\left(n-\dfrac{1}{2}\right)=0$

これを解くと，$m=\dfrac{16}{35}$，$n=\dfrac{3}{7}$ となり $\overrightarrow{OP}=\dfrac{16}{35}\vec{a}+\dfrac{3}{7}\vec{b}$

●**垂心は三角形の 3 つの頂点から対辺に引いた垂線の交点**

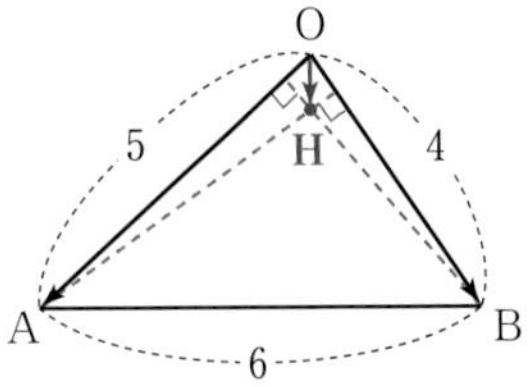

垂心を H として，$\overrightarrow{OH}=p\vec{a}+q\vec{b}$ とおくと

$$\overrightarrow{AH}=\overrightarrow{OH}-\overrightarrow{OA}=(p-1)\vec{a}+q\vec{b}$$

AH⊥OB であるから $\overrightarrow{AH}\cdot\overrightarrow{OB}=0$
したがって $\{(p-1)\vec{a}+q\vec{b}\}\cdot\vec{b}=(p-1)\vec{a}\cdot\vec{b}+q|\vec{b}|^2=0$ ……③
同様に，$\overrightarrow{BH}\cdot\overrightarrow{OA}=0$ であるから $p|\vec{a}|^2+(q-1)\vec{a}\cdot\vec{b}=0$ ……④

ここで，$|\vec{a}|=5$，$|\vec{b}|=4$，$\vec{a}\cdot\vec{b}=\dfrac{5}{2}$ を③，④に代入すると

$$\frac{5}{2}(p-1)+16q=0,\quad 25p+\frac{5}{2}(q-1)=0$$

これを解くと，$p=\dfrac{3}{35}$，$q=\dfrac{1}{7}$ となり $\overrightarrow{OH}=\dfrac{3}{35}\vec{a}+\dfrac{1}{7}\vec{b}$

ところで $\overrightarrow{OH}\cdot\overrightarrow{AB}=\left(\dfrac{3}{35}\vec{a}+\dfrac{1}{7}\vec{b}\right)\cdot(\vec{b}-\vec{a})=-\dfrac{3}{35}|\vec{a}|^2-\dfrac{2}{35}\vec{a}\cdot\vec{b}+\dfrac{1}{7}|\vec{b}|^2$

$$=-\frac{3}{35}\cdot25-\frac{2}{35}\cdot\frac{5}{2}+\frac{1}{7}\cdot16=0$$

確かに，OH⊥AB となる。

# 7 ベクトル方程式

## ● 直線のベクトル方程式

定点 A を通り，$\vec{0}$ でない $\vec{u}$ に平行な直線のベクトル方程式は，右の図のように，動点 P が点 A を出発して，$\vec{u}$ を速度ベクトルとして $t$ 秒間進んだ（$t<0$ のときは，$|t|$ 秒間戻った）ときの軌跡と考えられるから

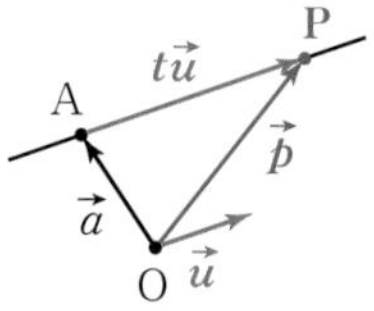

$$\overrightarrow{\underset{\substack{\uparrow \\ t秒後（前）の位置}}{OP}} = \overrightarrow{\underset{\substack{\uparrow \\ 出発点}}{OA}} + \underset{\substack{\uparrow \\ 時間}}{t}\underset{\substack{\uparrow \\ 速度ベクトル}}{\vec{u}} \text{ ← 直線のベクトル方程式}$$

この $\vec{u}$ を直線の**方向ベクトル**，$t$ を**媒介変数（パラメータ）**という。

← 速度ベクトルとは，1秒間に進む方向と速さをもつ量。

 **ポイント**
① 点 $\mathrm{A}(\vec{a})$ を通り $\vec{u}$ に平行な直線 $\Longleftrightarrow \vec{p}=\vec{a}+t\vec{u}$
② 2点 $\mathrm{A}(\vec{a})$，$\mathrm{B}(\vec{b})$ を通る直線 $\Longleftrightarrow \vec{p}=\vec{a}+t(\vec{b}-\vec{a})$
③ 点 $\mathrm{A}(\vec{a})$ を通り $\vec{n}$ に垂直な直線 $\Longleftrightarrow (\vec{p}-\vec{a})\cdot\vec{n}=0$

（覚え得）

座標平面上で，定点 $\mathrm{A}(x_1,\ y_1)$ を通り，$\vec{u}=(a,\ b)$ に平行な直線は，動点を $\mathrm{P}(x,\ y)$ とすると，成分で考えて

$$(x,\ y)=(x_1,\ y_1)+t(a,\ b) \Longleftrightarrow \begin{cases} x=x_1+at \\ y=y_1+bt \end{cases}$$

これを直線の**媒介変数表示（パラメータ表示）**という。

← 2点 A, B を通る直線では，$\overrightarrow{AB}$ を方向ベクトルと考える。また，変形すると
$\vec{p}=(1-t)\vec{a}+t\vec{b}$
$\vec{p}=s\vec{a}+t\vec{b}$
$\qquad (s+t=1)$

● ③の場合のベクトル $\vec{n}$ を**法線ベクトル**という。

### 基本例題 36 ［直線の媒介変数表示］

次の直線を媒介変数 $t$ を用いて表せ。
(1) 点 $\mathrm{A}(2,\ 3)$ を通り，$\vec{u}=(1,\ 2)$ に平行な直線
(2) 2点 $\mathrm{A}(-2,\ 2)$，$\mathrm{B}(2,\ 0)$ を通る直線

**ねらい**
媒介変数を用いて，直線の方程式を表すこと。

 **解法ルール** (1) $\vec{p}=\vec{a}+t\vec{u}$ 　(2) $\vec{p}=\vec{a}+t(\vec{b}-\vec{a})$
$\vec{p}=(x,\ y)$ として成分で表す。

**解答例** 動点を $\mathrm{P}(x,\ y)$ として成分で表す。

(1) $(x,\ y)=(2,\ 3)+t(1,\ 2)$

媒介変数表示は $\begin{cases} x=2+t \\ y=3+2t \end{cases}$ …答

(2) $\overrightarrow{AB}=(2,\ 0)-(-2,\ 2)=(4,\ -2)$
$(x,\ y)=(-2,\ 2)+t(4,\ -2)$ ←$(x,\ y)=(2,\ 0)+t(4,\ -2)$ としてもよい。

媒介変数表示は $\begin{cases} x=-2+4t \\ y=2-2t \end{cases}$ …答

(1)で，$t$ を消去すると
$y-3=2(x-2)$
これは，点 $(2,\ 3)$ を通り，傾き 2 の直線の方程式だ。

次の直線を媒介変数 $t$ を用いて表せ。

(1) 点 $A(2, -1)$ を通り，$\vec{u}=(3, 4)$ に平行な直線

(2) 2 点 $A(1, 2)$，$B=(-2, 1)$ を通る直線

---

**基本例題 37**

$\vec{n}$ に垂直な直線

点 $A(2, 1)$ を通り，$\vec{n}=(3, 4)$ に垂直な直線について，

(1) 点 $A$ の位置ベクトルを $\vec{a}$，動点を $P(\vec{p})$ として，ベクトル方程式で表せ。

(2) 動点を $P(x, y)$ として，$x, y$ の方程式で表せ。

**ねらい**

$\vec{n}$ に垂直な直線のベクトル方程式と成分で表した式を求めること。

**解法ルール** 定点 $A(\vec{a})$ を通り，$\vec{n}$ に垂直な直線上の動点を $P(\vec{p})$ とすると　$\overrightarrow{AP} \perp \vec{n} \iff \overrightarrow{AP} \cdot \vec{n} = 0$

これを(1)では位置ベクトルで表し，(2)では成分で表す。

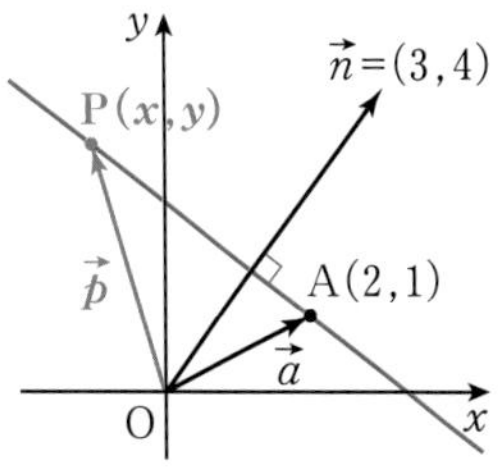

**解答例** (1) $\overrightarrow{AP} = \vec{p} - \vec{a}$，$\overrightarrow{AP} \cdot \vec{n} = 0$ だから

ベクトル方程式は $(\vec{p} - \vec{a}) \cdot \vec{n} = 0$ …答

(2) $A(2, 1)$，$P(x, y)$ より $\vec{a} = (2, 1)$，$\vec{p} = (x, y)$

$\vec{p} - \vec{a} = (x-2, y-1)$，$\vec{n} = (3, 4)$ だから

$(\vec{p} - \vec{a}) \cdot \vec{n} = 0$ より $3(x-2) + 4(y-1) = 0$

よって $3x + 4y - 10 = 0$ …答

**直線の一般形 $ax + by + c = 0$ と法線ベクトル**

$\vec{n}$ に垂直な直線のベクトル方程式 $(\vec{p} - \vec{a}) \cdot \vec{n} = 0$ を変形すると $\vec{p} \cdot \vec{n} = \vec{a} \cdot \vec{n}$

$\vec{n} = (a, b)$，$\vec{a} = (x_1, y_1)$，$\vec{p} = (x, y)$ として成分で表すと $ax + by = ax_1 + by_1$

直線の一般形 $ax + by + c = 0$ は，この式で $ax_1 + by_1 = -c$ すなわち

$ax_1 + by_1 + c = 0$ とおいた式であることはわかるね。つまり，直線の式が

$ax + by + c = 0$ であるとき，これに垂直なベクトルは，$x, y$ の係数の組 $\vec{n} = (a, b)$ と

いうことなんだ。

また，$ax_1 + by_1 + c = 0$ は，点 $(x_1, y_1)$ がこの直線上に

あることを示している。

これを使って，直線 $2x - 3y + 7 = 0$ をかいてごらん。

法線ベクトルは $\vec{n} = (2, -3)$ だよ！

$2 \cdot 1 - 3 \cdot 3 + 7 = 0$ だから，点 $(1, 3)$ を通るね。

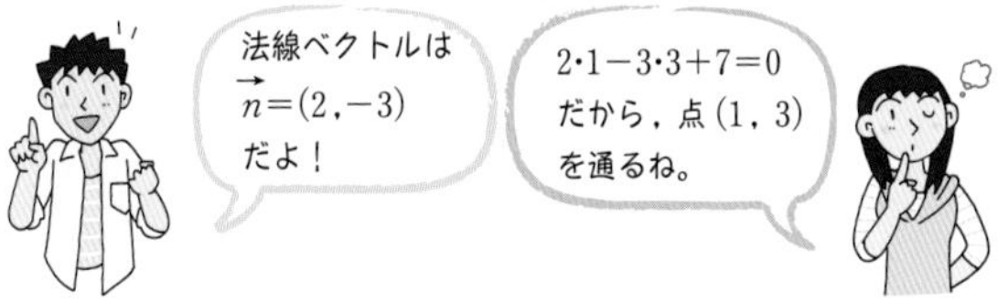

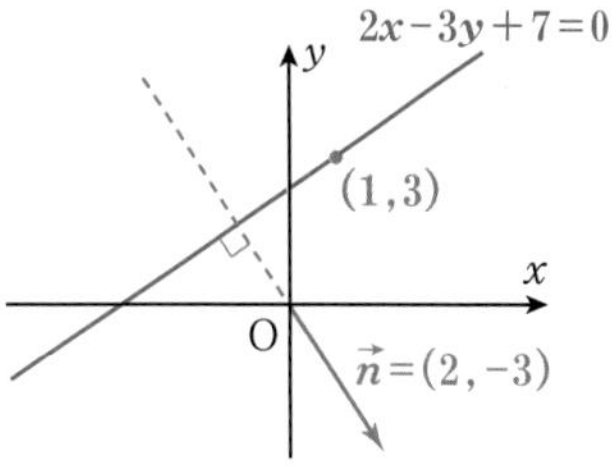

**類題 37** 次の直線の方程式を求めよ。

(1) 点 $A(4, 1)$ を通り，$\vec{n} = (2, -3)$ に垂直な直線

(2) 点 $A(-2, 3)$ を通り，$\vec{n} = (-2, 1)$ に垂直な直線

点の存在範囲

一直線上にない 3 点 O, A, B に対して, $\overrightarrow{OP}=s\overrightarrow{OA}+t\overrightarrow{OB}$ とおく。実数 $s$, $t$ が次の関係を満たすとき, 点 P の存在範囲を図示せよ。

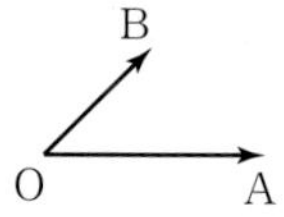

(1) $s=1$, $t=1$　　(2) $s=2$, $t=-1$

(3) $2s+t=2$　　(4) $s+t\leqq1$, $s\geqq0$, $t\geqq0$

**ねらい**

位置ベクトルの表す点の存在範囲を図示すること。

● $\overrightarrow{OP}=s\overrightarrow{OA}+t\overrightarrow{OB}$ $(s+t=1)$ は直線 AB を表す。(*p. 36* 参照)

**解法ルール** 次のように読みかえると, わかりやすい。

$$\overrightarrow{OQ}=x\overrightarrow{e_1}+y\overrightarrow{e_2} \cdots\cdots \blacktriangleright \overrightarrow{OP}=s\overrightarrow{OA}+t\overrightarrow{OB}$$

点 $Q(x, y)$ を, 基本ベクトル $\overrightarrow{e_1}$, $\overrightarrow{e_2}$ を基準とする座標軸からみたもの。

点 $P(s, t)$ を, $\overrightarrow{OA}$, $\overrightarrow{OB}$ を基準とする座標軸からみたもの。

← $\overrightarrow{e_1}$, $\overrightarrow{e_2}$ を基本ベクトルとして $\overrightarrow{OA}\longrightarrow\overrightarrow{e_1}$, $\overrightarrow{OB}\longrightarrow\overrightarrow{e_2}$ と読みかえると $\overrightarrow{OQ}=x\overrightarrow{e_1}+y\overrightarrow{e_2}$ $=(x, y)$ である。したがって, $x$, $y$ の方程式や不等式の図示と同じこと。

**解答例** (1) $(x, y)=(1, 1)\Longrightarrow(s, t)=(1, 1)$ 答 **下の図の赤点**

(2) $(x, y)=(2, -1)\Longrightarrow(s, t)=(2, -1)$ 答 **下の図の赤点**

左の図をかいて, 右の図に移せばいいんだね。

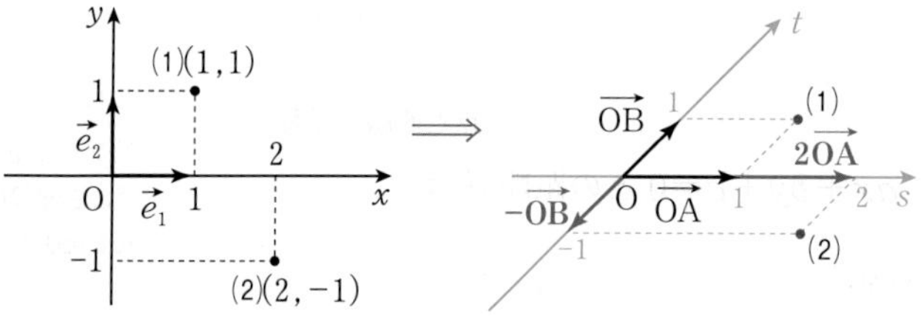

(3) 直線 $2x+y=2\Longrightarrow$ 直線 $2s+t=2$ 答 **下の図の赤線**

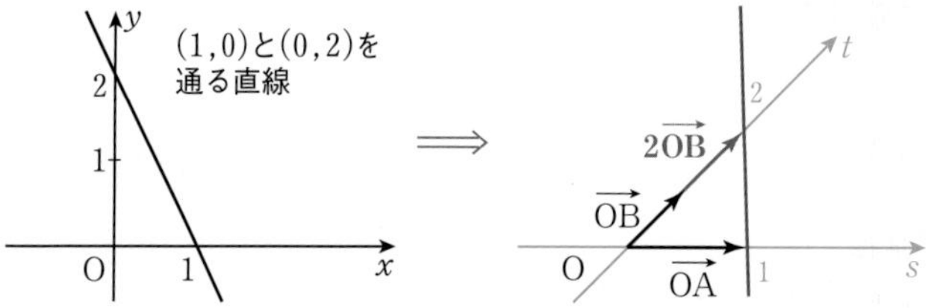

← (3)では, $2s+t=2$ より $s+\dfrac{t}{2}=1$

$\overrightarrow{OP}$ $=s\overrightarrow{OA}+\dfrac{t}{2}(2\overrightarrow{OB})$

なので, $2\overrightarrow{OB}=\overrightarrow{OB'}$ とすると, 直線 AB' であることがわかる。

(4) $x+y\leqq1, x\geqq0, y\geqq0\Longrightarrow s+t\leqq1, s\geqq0, t\geqq0$ 答 **下の図**

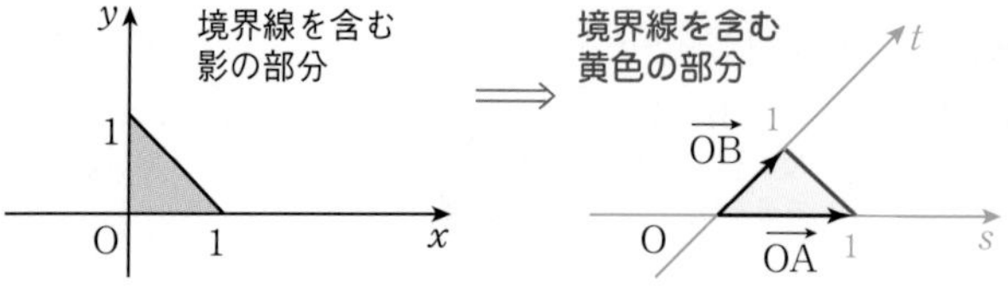

**類題 38** 基本例題 **38** で, $s$, $t$ が次の関係を満たすとき, 点 P の存在範囲を図示せよ。

(1) $s=t$　　(2) $2s+3t=6$, $s\geqq0$, $t\geqq0$

(3) $3s-t=3$　　(4) $1\leqq s+t\leqq2$, $s\geqq0$, $t\geqq0$

**応用例題 39**　2直線のなす角

2直線 $x+\sqrt{3}y+2=0$，$x-\sqrt{3}y-3=0$ のなす角を求めよ。

**ねらい**
法線ベクトルを使って，2直線のなす角を求めること。

**解法ルール**　直線 $ax+by+c=0$ の法線ベクトル $\vec{n}=(a,\ b)$

2直線のなす角はふつう鋭角で答える。法線ベクトルのなす角 $\theta$ が鈍角のときは，$180°-\theta$ とすればよい。

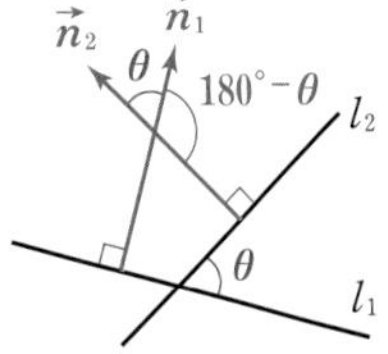


**解答例**　2直線 $x+\sqrt{3}y+2=0$，$x-\sqrt{3}y-3=0$ の法線ベクトルをそれぞれ $\vec{n_1}$，$\vec{n_2}$ とすると

$\vec{n_1}=(1,\ \sqrt{3})$，$\vec{n_2}=(1,\ -\sqrt{3})$

$\vec{n_1}$，$\vec{n_2}$ のなす角を $\theta(0°\leqq\theta\leqq180°)$ とすると

$$\cos\theta=\frac{\vec{n_1}\cdot\vec{n_2}}{|\vec{n_1}||\vec{n_2}|}=\frac{1\cdot1+\sqrt{3}\cdot(-\sqrt{3})}{\sqrt{1+(\sqrt{3})^2}\sqrt{1^2+(-\sqrt{3})^2}}=-\frac{1}{2}$$

よって　$\theta=120°$　　2直線のなす角は　$180°-120°=\mathbf{60°}$　…答

← たとえば，$\vec{n_1}$ として $\vec{n_1}=(-1,\ -\sqrt{3})$ をとってもよい。この場合，ベクトルのなす角 $\theta$ は $60°$ となる。

**類題 39**　2直線 $x-3y+2=0$，$2x-y-3=0$ のなす角を求めよ。

**基本例題 40**　点と直線の距離

点 $\mathrm{P}(x_0,\ y_0)$ と直線 $l：ax+by+c=0$ との距離 $d$ は，

$d=\dfrac{|ax_0+by_0+c|}{\sqrt{a^2+b^2}}$ であることを証明せよ。

**ねらい**
ベクトルを用いて，点と直線の距離の公式を証明すること。

**解法ルール**　点Pから直線 $l$ に垂線PHを引くと　$\boldsymbol{d=\mathrm{PH}}$

$\mathrm{PH}\perp l\iff\overrightarrow{\mathrm{PH}}\,/\!/\,$法線ベクトル $\vec{n}$

点Hは $l$ 上の点である。$\overrightarrow{\mathrm{OH}}=\overrightarrow{\mathrm{OP}}+\overrightarrow{\mathrm{PH}}$

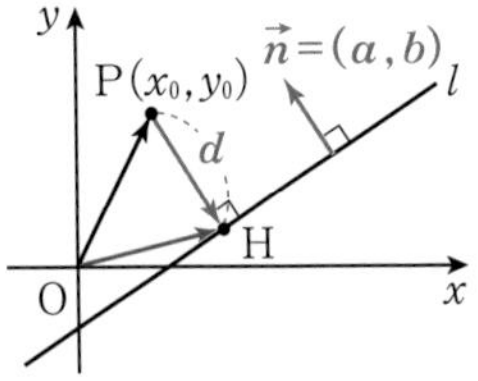


**解答例**　点Pから直線 $l$ に垂線PHを引く。

直線 $l$ の法線ベクトル $\vec{n}$ は　$\vec{n}=(a,\ b)$

$\overrightarrow{\mathrm{PH}}\,/\!/\,\vec{n}$ より，実数 $t$ を用いると　$\overrightarrow{\mathrm{PH}}=t(a,\ b)$

$\overrightarrow{\mathrm{OH}}=\overrightarrow{\mathrm{OP}}+\overrightarrow{\mathrm{PH}}=(x_0,\ y_0)+t(a,\ b)=(x_0+at,\ y_0+bt)$

点Hは直線 $l$ 上にあるから　$a(x_0+at)+b(y_0+bt)+c=0$

これを解いて　$t=\dfrac{-(ax_0+by_0+c)}{a^2+b^2}$

よって　$\boldsymbol{d}=|\overrightarrow{\mathrm{PH}}|=|t|\sqrt{a^2+b^2}=\dfrac{\boldsymbol{|ax_0+by_0+c|}}{\boldsymbol{\sqrt{a^2+b^2}}}$　終

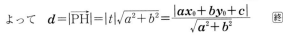

**類題 40**　点 $\mathrm{P}(-1,\ 6)$ から直線 $l：x-2y-2=0$ に垂線PHを引く。PHの長さと，点Hの座標を求めよ。

## ● 円のベクトル方程式

定点 $C(\vec{c})$ を中心とし，半径が $r$ の円周上の動点を $P(\vec{p})$ とすると，$|\overrightarrow{CP}|=r$ であるから $|\vec{p}-\vec{c}|=r$ この両辺を 2 乗すると $|\vec{p}-\vec{c}|^2=(\vec{p}-\vec{c})\cdot(\vec{p}-\vec{c})$ だから，**内積を使って表すと**

$$(\vec{p}-\vec{c})\cdot(\vec{p}-\vec{c})=r^2$$

となる。これが円の**ベクトル方程式**である。

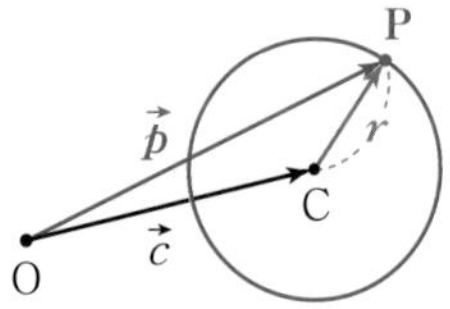

**ポイント** 中心 $C(\vec{c})$，半径 $r$ の円のベクトル方程式は
$$|\vec{p}-\vec{c}|=r \quad \text{または} \quad (\vec{p}-\vec{c})\cdot(\vec{p}-\vec{c})=r^2$$

覚え得

$\vec{p}=(x,\ y)$，$\vec{c}=(a,\ b)$ とすると
$\vec{p}-\vec{c}=(x-a,\ y-b)$
$(\vec{p}-\vec{c})\cdot(\vec{p}-\vec{c})=r^2$ を成分で表すと
円の方程式 $(x-a)^2+(y-b)^2=r^2$ が得られる。

これで，円であることが確認できたね。

---

**基本例題 41**　　　　　　　　　　　**円のベクトル方程式(1)**

平面上で，異なる 2 定点 A，B に対して，$|\overrightarrow{AP}+\overrightarrow{BP}|=6$ を満たす動点 P は，どのような図形をえがくか。

テストに出るぞ！

**ねらい**
ベクトルで表された式を，円とわかるように変形すること。

**解法ルール** A，B，P の位置ベクトルをそれぞれ $\vec{a}$，$\vec{b}$，$\vec{p}$ として，$|\vec{p}-\vec{c}|=r$ の形に変形できれば，$C(\vec{c})$ を中心とする半径 $r$ の円とわかる。

**解答例** $A(\vec{a})$，$B(\vec{b})$，$P(\vec{p})$ とおく。
$|\overrightarrow{AP}+\overrightarrow{BP}|=6$ を位置ベクトルで表すと
$|(\vec{p}-\vec{a})+(\vec{p}-\vec{b})|=6$
$|2\vec{p}-(\vec{a}+\vec{b})|=6$

両辺を 2 で割って $\left|\vec{p}-\dfrac{\vec{a}+\vec{b}}{2}\right|=3$

$\dfrac{\vec{a}+\vec{b}}{2}$ は線分 AB の中点の位置ベクトルであるから，

**点 P は線分 AB の中点を中心とする半径 3 の円をえがく。** …答

← $|\overrightarrow{AP}+\overrightarrow{BP}|=6$ は，線分 AB の中点を M とすると，$|\overrightarrow{MP}|=3$ と同値である。

---

**類題 41** $\triangle ABC$ に対して，$|\overrightarrow{AP}+\overrightarrow{BP}+\overrightarrow{CP}|=6$ を満たす動点 P は，どのような図形をえがくか。

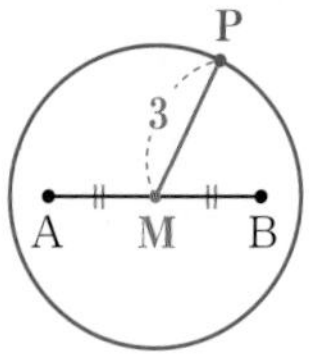

## 基本例題 42　円のベクトル方程式(2)

平面上で異なる2点 $A(\vec{a})$, $B(\vec{b})$ を直径の両端とする円のベクトル方程式を求めよ。

**ねらい**
円のベクトル方程式を求めること。

**解法ルール**
1. $A(\vec{a})$, $B(\vec{b})$ を直径の両端とする円周上に点 $P(\vec{p})$ をとる。
2. **線分 AB は直径 $\Longleftrightarrow$ $\angle APB=90^\circ$**（円周角）

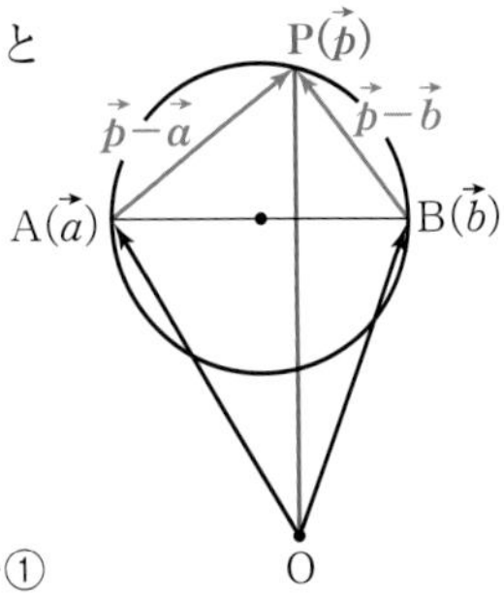


**解答例**　線分 AB を直径とする円周上に点 $P(\vec{p})$ をとる。
P が2点 A，B と異なるとき，
AB は直径だから　$\angle APB=90^\circ$
よって，$\overrightarrow{AP}\perp\overrightarrow{BP}$ を内積を使って表すと　$\overrightarrow{AP}\cdot\overrightarrow{BP}=0$　……①
P が A または B と一致するときも，①は成り立つ。
したがって　$(\vec{p}-\vec{a})\cdot(\vec{p}-\vec{b})=0$　…答

**ポイント**　異なる2点 $A(\vec{a})$, $B(\vec{b})$ を直径の両端とする円のベクトル方程式は
$(\vec{p}-\vec{a})\cdot(\vec{p}-\vec{b})=0$
覚え得

**類題 42**　2点 A(2, 1), B(4, 7) を直径の両端とする円の方程式を求めよ。

## これも知っ得　円の接線の方程式

点 $C(\vec{c})$ を中心とする半径 $r$ の円に対して，点 $A(\vec{a})$ における**接線 $l$ のベクトル方程式**を作ってみよう。
点 A における接線 $l$ 上に点 $P(\vec{p})$ をとる。

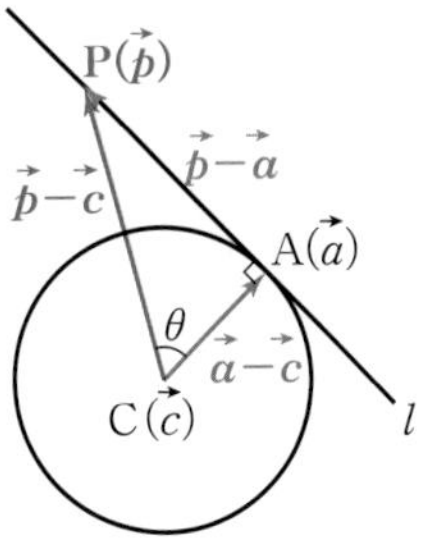


〔方法1〕
$\angle PCA=\theta$ とおくと，$\angle PAC=90^\circ$ だから
$|\overrightarrow{CP}|\cos\theta=|\overrightarrow{CA}|$
よって　$\overrightarrow{CP}\cdot\overrightarrow{CA}=|\overrightarrow{CP}||\overrightarrow{CA}|\cos\theta=|\overrightarrow{CA}|^2=r^2$
したがって　$(\vec{p}-\vec{c})\cdot(\vec{a}-\vec{c})=r^2$

〔方法2〕
$\overrightarrow{AP}\perp\overrightarrow{CA}$ だから　$(\vec{p}-\vec{a})\cdot(\vec{a}-\vec{c})=0$　……①
$\vec{p}-\vec{a}=(\vec{p}-\vec{c})-(\vec{a}-\vec{c})$ を①に代入して整理すると　$(\vec{p}-\vec{c})\cdot(\vec{a}-\vec{c})-(\vec{a}-\vec{c})\cdot(\vec{a}-\vec{c})=0$
$(\vec{p}-\vec{c})\cdot(\vec{a}-\vec{c})-|\vec{a}-\vec{c}|^2=0$　　$(\vec{p}-\vec{c})\cdot(\vec{a}-\vec{c})=|\vec{a}-\vec{c}|^2$　　また　$|\vec{a}-\vec{c}|=r$
したがって　$(\vec{p}-\vec{c})\cdot(\vec{a}-\vec{c})=r^2$

# 3節 空間ベクトル

## 8 空間の座標

空間の1点O（原点）で，互いに直交する3本の数直線O$x$，O$y$，O$z$をそれぞれ$x$軸，$y$軸，$z$軸といい，これらを空間における**座標軸**という。

また，$x$軸と$y$軸で定まる平面を**$xy$平面**とよぶ。同様に，右の図のように**$yz$平面**，**$zx$平面**といい，これらを**座標平面**という。

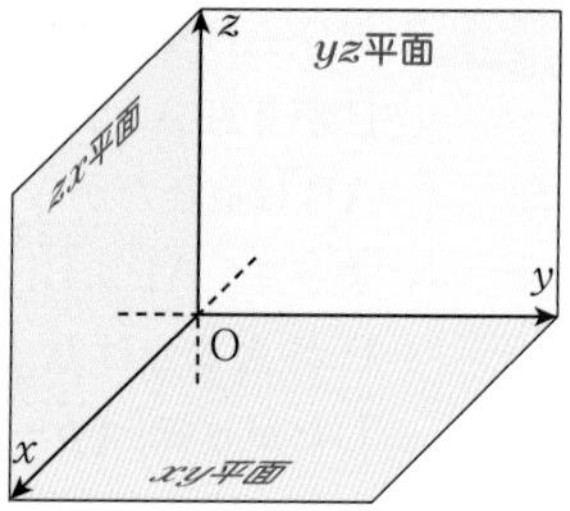


### ❖ 点の座標

空間内に点Pがあるとき，この点Pを通り各座標平面に平行な3つの平面をつくり，$x$軸，$y$軸，$z$軸と交わる点をそれぞれA，B，Cとし，それぞれの軸上での座標を$a$，$b$，$c$とする。

このとき，3つの実数の組**($a$，$b$，$c$)**を**点Pの座標**といい，$a$，$b$，$c$をそれぞれ点Pの**$x$座標**，**$y$座標**，**$z$座標**という。
点Pの座標が($a$，$b$，$c$)であるとき，
**点P($a$，$b$，$c$)**と表す。

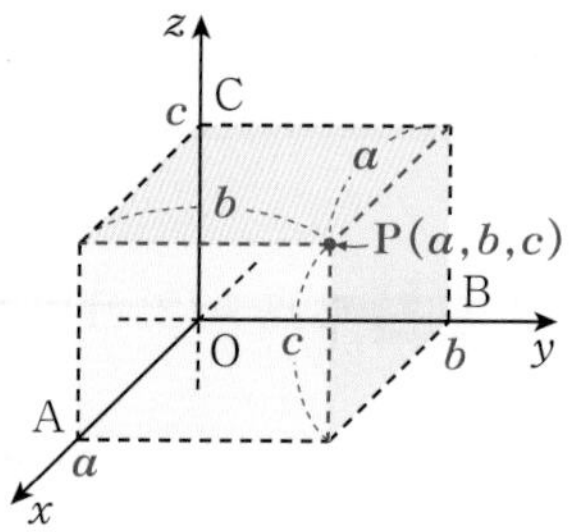


なお，原点Oの座標は(0，0，0)，Aの座標は($a$，0，0)，Bの座標は(0，$b$，0)，Cの座標は(0，0，$c$)である。

## 課題学習 ✿ カメラの三脚はなぜ脚が3本か？

一直線上にない3点は，ただ1つの平面を決定します。凹凸のある場所でも，三脚は足もとの3点を通る平面上で安定しています。四脚だと ${}_4C_3=4$（通り）の平面ができるので，かえってぐらつくというわけです。

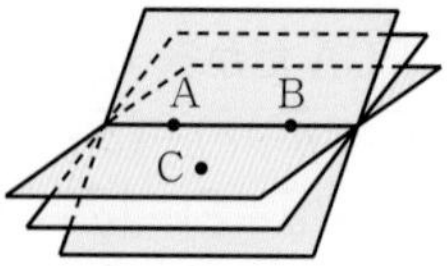

## 基本例題 43　空間の点の座標

点 $\mathrm{P}(1,\ 3,\ 2)$ について，次のものを求めよ。

(1) 点 P から $zx$ 平面に引いた垂線と $zx$ 平面の交点 Q の座標

(2) 点 P の $xy$ 平面に関する対称点 R の座標

(3) 点 P の $y$ 軸に関する対称点 S の座標

テストに出るぞ！

**ねらい**
空間の点の表し方を知り，点の座標の読みとりをすること。

**解法ルール** 点の座標で，$x$，$y$，$z$ **座標**は，符号を無視するとき，それぞれ **$yz$ 平面**，**$zx$ 平面**，**$xy$ 平面からの距離**を表す。

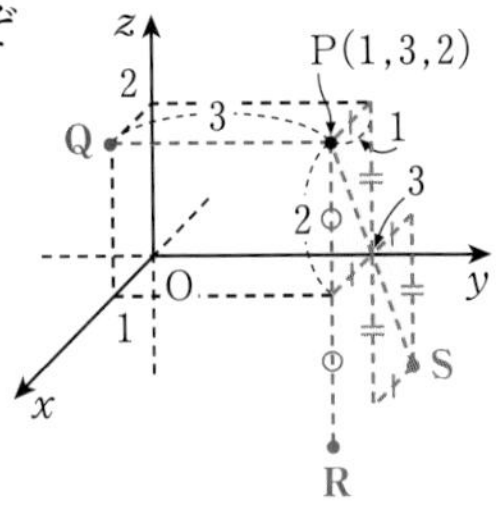


**解答例** (1) 点 Q は $zx$ 平面上にあるから，$y$ 座標は 0
$x$，$z$ 座標は変わらない。 答 $\mathbf{Q(1,\ 0,\ 2)}$

(2) $z$ 座標の符号だけ変える。 答 $\mathbf{R(1,\ 3,\ -2)}$

(3) $x$ 座標，$z$ 座標の符号を変える。 答 $\mathbf{S(-1,\ 3,\ -2)}$

**類題 43** 次の平面，軸，点に関して，点 $\mathrm{P}(1,\ -2,\ 3)$ と対称な点の座標をいえ。

(1) $xy$ 平面　(2) $yz$ 平面　(3) $zx$ 平面　(4) $x$ 軸

(5) $y$ 軸　(6) $z$ 軸　(7) 原点

## 基本例題 44　座標軸に垂直な平面

点 $\mathrm{P}(a,\ b,\ c)$ を通り，$x$ 軸，$y$ 軸，$z$ 軸に垂直な平面の方程式をそれぞれ求めよ。

**ねらい**
座標軸に垂直な平面の方程式を求めること。

**解法ルール** 点 $\mathrm{P}(a,\ b,\ c)$ を通り **$x$ 軸に垂直な平面は $yz$ 平面に平行**で，この平面上のどの点も $x$ 座標は $a$ である。

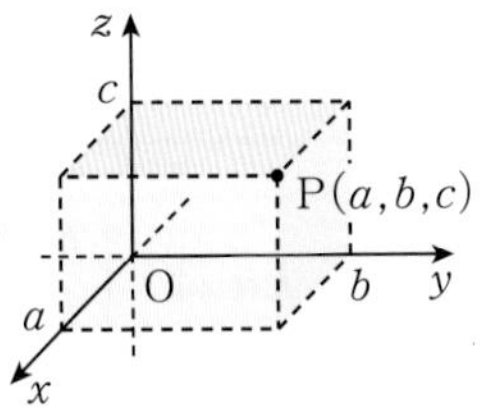


**解答例** P を通り $x$ 軸に垂直な平面上のどの点も $x$ 座標は常に $a$ であるから，**$x$ 軸に垂直な平面の方程式は　$x=a$** …答

（これをこの**平面の方程式**という。）

同様に考えて，**$y$ 軸に垂直な平面の方程式は　$y=b$** …答

**$z$ 軸に垂直な平面の方程式は　$z=c$** …答

**類題 44** 点 $\mathrm{P}(2,\ -1,\ 3)$ を通り，$x$ 軸，$y$ 軸，$z$ 軸に垂直な平面の方程式をそれぞれ求めよ。

# 9 空間のベクトルと成分

ベクトルの定義は，平面上にかぎったものでなく，空間においても，そのままいえることなのだ。つまり，空間でも有向線分で向きと大きさを表す。また，向きも含めて，平行移動して重なる有向線分で表されるベクトルは等しい。

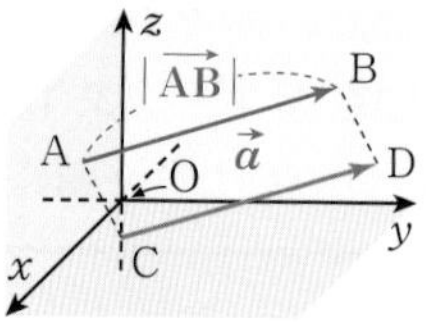


**基本例題 45** ベクトルの和・差

平行六面体 ABCD-EFGH において，$\overrightarrow{AB}=\vec{a}$，$\overrightarrow{AD}=\vec{b}$，$\overrightarrow{AE}=\vec{c}$ とするとき，次のベクトルを $\vec{a}$，$\vec{b}$，$\vec{c}$ で表せ。

テストに出るぞ！

(1) $\overrightarrow{EG}$　(2) $\overrightarrow{AG}$　(3) $\overrightarrow{FD}$

**ねらい**
ベクトルの和や差の使い方になれること。

**解法ルール** 互いに平行な 3 組の平面で囲まれた立体が**平行六面体**で，対面はそれぞれ合同な平行四辺形になっている。
**等しいベクトルをみつけ，$\vec{a}$，$\vec{b}$，$\vec{c}$ の和や差で表す。**

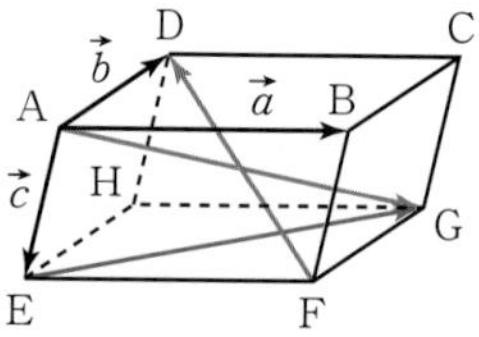


**解答例**
(1) $\overrightarrow{EG}=\overrightarrow{AC}=\boldsymbol{\vec{a}+\vec{b}}$ …答
(2) $\overrightarrow{AG}=\overrightarrow{AC}+\overrightarrow{CG}=\boldsymbol{\vec{a}+\vec{b}+\vec{c}}$ …答
(3) $\overrightarrow{FD}=\overrightarrow{AD}-\overrightarrow{AF}=\vec{b}-(\vec{a}+\vec{c})=\boldsymbol{-\vec{a}+\vec{b}-\vec{c}}$ …答

⬅ 切り口 AFGD も平行四辺形である。

**基本例題 46** ベクトル表示

平行六面体 ABCD-EFGH において，AB，FG の中点をそれぞれ M，N とする。$\overrightarrow{AB}=\vec{a}$，$\overrightarrow{AD}=\vec{b}$，$\overrightarrow{AE}=\vec{c}$ とするとき，次のベクトルを $\vec{a}$，$\vec{b}$，$\vec{c}$ で表せ。

(1) $\overrightarrow{DE}+\overrightarrow{BG}$　(2) $\overrightarrow{MD}+\overrightarrow{MN}$

**ねらい**
ベクトルの実数倍，和・差の使い方を理解すること。

**解法ルール** $k\vec{a}$ は $\begin{cases} k>0 \text{ なら } \vec{a} \text{ と同じ向きでのびちぢみ} \\ k<0 \text{ なら } \vec{a} \text{ と逆向きでのびちぢみ} \end{cases}$

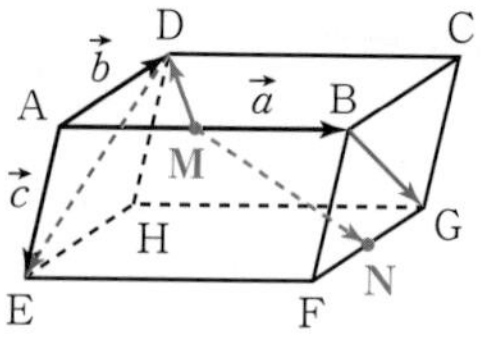


**解答例**
(1) $\overrightarrow{DE}+\overrightarrow{BG}=(\overrightarrow{AE}-\overrightarrow{AD})+\overrightarrow{AH}$
$=(\vec{c}-\vec{b})+(\vec{b}+\vec{c})=\boldsymbol{2\vec{c}}$ …答
(2) $\overrightarrow{MD}+\overrightarrow{MN}=(\overrightarrow{AD}-\overrightarrow{AM})+(\overrightarrow{MB}+\overrightarrow{BF}+\overrightarrow{FN})$
$=\left(\vec{b}-\frac{1}{2}\vec{a}\right)+\left(\frac{1}{2}\vec{a}+\vec{c}+\frac{1}{2}\vec{b}\right)=\boldsymbol{\frac{3}{2}\vec{b}+\vec{c}}$ …答

**類題 46** 基本例題 46 で，次のベクトルを $\vec{a}$，$\vec{b}$，$\vec{c}$ で表せ。

(1) $\overrightarrow{EM}$　(2) $\overrightarrow{AN}$　(3) $\overrightarrow{EN}+\overrightarrow{EM}$

## ベクトルの成分

空間における基本ベクトルを，$x$ 軸，$y$ 軸，$z$ 軸方向の単位ベクトル $\vec{e_1}$，$\vec{e_2}$，$\vec{e_3}$ とする。

$\vec{a}=\overrightarrow{OA}$ となる点 A をとると，空間のベクトル $\vec{a}$ は，

$$\vec{a}=\overrightarrow{OA}=a_1\vec{e_1}+a_2\vec{e_2}+a_3\vec{e_3}\ \text{（基本ベクトル表示）}$$

の形に 1 通りに表される。$a_1$，$a_2$，$a_3$ をそれぞれ **$x$ 成分**，**$y$ 成分**，**$z$ 成分**といい，次のように表すこともできる。

$$\vec{a}=(a_1,\ a_2,\ a_3)\ \text{（成分表示）}$$ ←平面の場合に $z$ 成分だけ加わる。

始点を原点にとれば，成分表示は終点の座標と一致する。

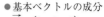

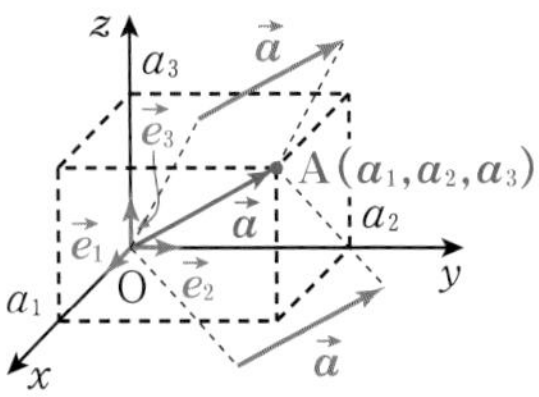


●基本ベクトルの成分
$\vec{e_1}=(1,\ 0,\ 0)$
$\vec{e_2}=(0,\ 1,\ 0)$
$\vec{e_3}=(0,\ 0,\ 1)$

**ポイント** [ベクトルの成分表示と演算] 覚え得

$\vec{a}=(a_1,\ a_2,\ a_3)$，$\vec{b}=(b_1,\ b_2,\ b_3)$ のとき

① $|\vec{a}|=\sqrt{a_1^2+a_2^2+a_3^2}$ [大きさ]
② $\vec{a}=\vec{b} \Longleftrightarrow a_1=b_1,\ a_2=b_2,\ a_3=b_3$ [相等]
③ $\vec{a}+\vec{b}=(a_1+b_1,\ a_2+b_2,\ a_3+b_3)$ [加法]
④ $\vec{a}-\vec{b}=(a_1-b_1,\ a_2-b_2,\ a_3-b_3)$ [減法]
⑤ $k\vec{a}=(ka_1,\ ka_2,\ ka_3)$ [実数倍]

### 基本例題 47　ベクトルの計算

$\vec{a}=(2,\ -3,\ 6)$，$\vec{b}=(1,\ 3,\ -4)$ のとき，

(1) $\vec{a}+2\vec{b}$ を成分で表せ。また，その大きさを求めよ。
(2) $\vec{a}$ と同じ向きの単位ベクトルを求めよ。

テストに出るぞ！

**ねらい**
空間のベクトルの成分による計算をすること。

**解法ルール** 成分での計算は，$z$ 成分が加わることを注意すればよい。
$\vec{a}=(a_1,\ a_2,\ a_3)$ のとき　$|\vec{a}|=\sqrt{a_1^2+a_2^2+a_3^2}$

**解答例** (1) $\vec{a}+2\vec{b}=(2,\ -3,\ 6)+2(1,\ 3,\ -4)$
$=(2+2,\ -3+6,\ 6-8)=\mathbf{(4,\ 3,\ -2)}$ …答
$|\vec{a}+2\vec{b}|=\sqrt{4^2+3^2+(-2)^2}=\sqrt{29}$ …答

(2) $|\vec{a}|=\sqrt{2^2+(-3)^2+6^2}=\sqrt{49}=7$ だから
$\dfrac{\vec{a}}{|\vec{a}|}=\dfrac{1}{7}(2,\ -3,\ 6)=\left(\dfrac{2}{7},\ -\dfrac{3}{7},\ \dfrac{6}{7}\right)$ …答

← ベクトル $\vec{a}$ と同じ向きの単位ベクトル $\vec{e}$ は　$\vec{e}=\dfrac{\vec{a}}{|\vec{a}|}$

**類題 47** $\vec{a}=(-1,\ 2,\ -3)$，$\vec{b}=(1,\ 3,\ -2)$ のとき，
(1) $2\vec{a}-\vec{b}$ を成分で表せ。また，その大きさを求めよ。
(2) $4\vec{x}+\vec{b}=2\vec{a}-3\vec{b}+2\vec{x}$ を満たす $\vec{x}$，およびその大きさを求めよ。

## 基本例題 48　ベクトルの分解

$\vec{a}=(1,\ 1,\ 0)$, $\vec{b}=(1,\ 0,\ 1)$, $\vec{c}=(0,\ 1,\ 1)$ のとき，
$\vec{p}=(4,\ -3,\ 5)$ を $l\vec{a}+m\vec{b}+n\vec{c}$ の形で表せ。

テストに出るぞ！

**ねらい**
空間ベクトルを分解すること。

**解法ルール** $\vec{p}=l\vec{a}+m\vec{b}+n\vec{c}$ とおき，相等条件を利用する。
$(a_1,\ a_2,\ a_3)=(b_1,\ b_2,\ b_3) \Longleftrightarrow a_1=b_1,\ a_2=b_2,\ a_3=b_3$

**解答例** $\vec{p}=l\vec{a}+m\vec{b}+n\vec{c}$ とおき，成分で表すと，

$(4,\ -3,\ 5)=l(1,\ 1,\ 0)+m(1,\ 0,\ 1)+n(0,\ 1,\ 1)$
$\qquad=(l+m,\ l+n,\ m+n)$

$l+m=4$ ……①　$l+n=-3$ ……②　$m+n=5$ ……③

$(①+②+③)\div 2 \Longrightarrow l+m+n=3$ ……④

④−③，④−②，④−①として　$l=-2,\ m=6,\ n=-1$

よって　$\boldsymbol{\vec{p}=-2\vec{a}+6\vec{b}-\vec{c}}$ …答

●**ベクトルの分解**
空間内に4点O，A，B，Cをとり，$\overrightarrow{OA}=\vec{a}$，$\overrightarrow{OB}=\vec{b}$，$\overrightarrow{OC}=\vec{c}$ とする。4点O，A，B，Cが同一平面上にないとき，任意のベクトル $\vec{p}$ は
$\vec{p}=l\vec{a}+m\vec{b}+n\vec{c}$
**の形でただ1通りに表される。**

← 基本例題 10 参照。

**類題 48** $\vec{a}=(2,\ 3,\ 1)$，$\vec{b}=(-1,\ 0,\ 1)$，$\vec{c}=(3,\ 4,\ -1)$ のとき，$\vec{p}=(1,\ 5,\ 6)$ を $l\vec{a}+m\vec{b}+n\vec{c}$ の形で表せ。

## 応用例題 49　ベクトルの大きさの最小値

$\vec{a}=(2,\ 6,\ 1)$，$\vec{b}=(-1,\ -1,\ 2)$ とし，$\vec{p}=\vec{a}+t\vec{b}$ とおく。
$\vec{p}$ の大きさの最小値を求めよ。

**ねらい**
ベクトルの大きさの最小値を，2次関数の最小値に帰着させて求めること。

**解法ルール** $|\vec{p}|=|\vec{a}+t\vec{b}|\geqq 0$ だから，$|\vec{a}+t\vec{b}|^2$ を最小にする $t$ は，
$|\vec{a}+t\vec{b}|$ を最小にする。
**$|\vec{a}+t\vec{b}|^2$ は $t$ の2次関数 $\Longrightarrow$ 2次関数の最大・最小**

●大きさの問題は，2乗して考える。

**解答例** $\vec{p}=\vec{a}+t\vec{b}=(2,\ 6,\ 1)+t(-1,\ -1,\ 2)=(2-t,\ 6-t,\ 1+2t)$

$|\vec{p}|^2=(2-t)^2+(6-t)^2+(1+2t)^2$
$\qquad=6t^2-12t+41=6(t-1)^2+35$

$t=1$ のとき，$|\vec{p}|^2$ の最小値は　35

したがって　**$t=1$ のとき，$|\vec{p}|$ の最小値は　$\sqrt{35}$** …答

← 応用例題 23 参照。
$z$ 成分が加わっただけであるのがよくわかる。

*p. 36* でみたように，**$\vec{p}=\vec{a}+t\vec{b}$ は定点 A$(\vec{a})$ を通り，$\vec{b}$ に平行な直線のベクトル方程式だ。** $\overrightarrow{OP}=\vec{p}$ のとき点Pは直線上の任意の点を表しているので，**$|\vec{p}|$ の最小値は，Oと直線APの距離であり，このとき，** $\overrightarrow{OP}\perp\overrightarrow{AP} \Longleftrightarrow \vec{p}\perp\vec{b}$ となるよ。

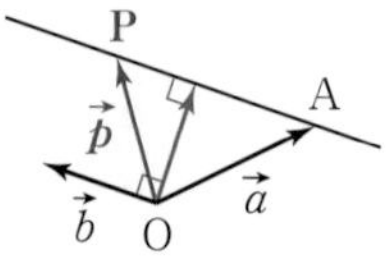


**類題 49** $\vec{a}=(3,\ -2,\ 1)$，$\vec{b}=(-2,\ 0,\ 1)$ とし，$\vec{p}=\vec{a}+t\vec{b}$ とおく。
$\vec{p}$ の大きさの最小値を求めよ。

# 10 空間の位置ベクトル

空間においても，点 P の位置は，点 O を始点とする位置ベクトル $\overrightarrow{\mathrm{OP}}=\vec{p}$ を用いて表すことができ，これを $\mathrm{P}(\vec{p})$ と表す。

平面の場合と同じであるが，要点をまとめておこう。

**ポイント** [位置ベクトル]　覚え得

空間の 3 点 $\mathrm{A}(\vec{a})$，$\mathrm{B}(\vec{b})$，$\mathrm{C}(\vec{c})$ に対して，

① **2 点を結ぶベクトル**　$\overrightarrow{\mathrm{AB}}=\overrightarrow{\mathrm{OB}}-\overrightarrow{\mathrm{OA}}=\vec{b}-\vec{a}$　←終点－始点

② **線分 AB を $m:n$ に分ける点 $\mathrm{P}(\vec{p})$**

$$\vec{p}=\frac{n\vec{a}+m\vec{b}}{m+n}$$　← $mn>0$ のとき内分，$mn<0$ のとき外分。

とくに，点 P が線分 AB の**中点のとき**

$$\vec{p}=\frac{\vec{a}+\vec{b}}{2}$$

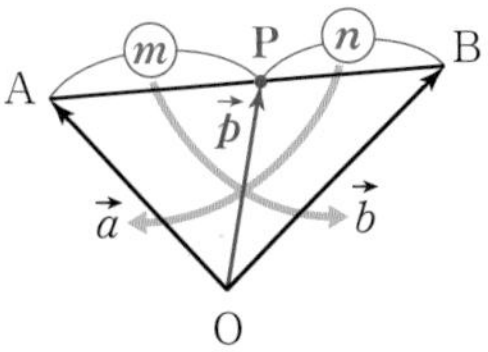


分ける点はたすきがけ。

③ △ABC の**重心 $\mathrm{G}(\vec{g})$** は　$\vec{g}=\dfrac{\vec{a}+\vec{b}+\vec{c}}{3}$

## ● 点の座標と位置ベクトル

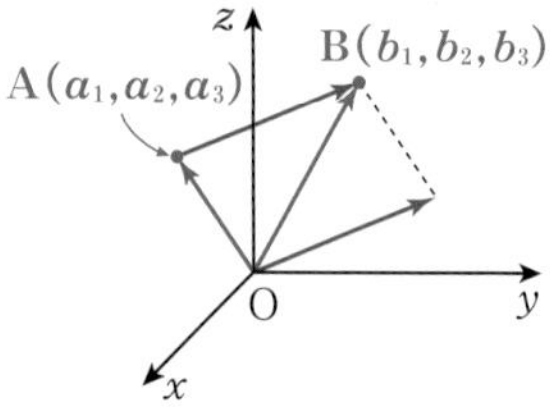


座標がきめられた空間では，点の位置ベクトルの始点はふつう座標の原点 O とするよ。

2 点 $\mathrm{A}(a_1,\ a_2,\ a_3)$，$\mathrm{B}(b_1,\ b_2,\ b_3)$ があるとき，それぞれの位置ベクトルの成分表示は

$\overrightarrow{\mathrm{OA}}=(a_1,\ a_2,\ a_3)$，$\overrightarrow{\mathrm{OB}}=(b_1,\ b_2,\ b_3)$

となり，**点の位置ベクトルの成分表示＝その点の座標**の関係がある。したがって

$$\overrightarrow{\mathrm{AB}}=\overrightarrow{\mathrm{OB}}-\overrightarrow{\mathrm{OA}}=(b_1-a_1,\ b_2-a_2,\ b_3-a_3)$$

$$|\overrightarrow{\mathrm{AB}}|=\sqrt{(b_1-a_1)^2+(b_2-a_2)^2+(b_3-a_3)^2}$$

このことをしっかり理解していれば，座標の場合の分点の公式，重心の公式などと覚えておく必要はないんだ。$\mathrm{C}(c_1,\ c_2,\ c_3)$ として，△ABC の重心 G の座標を求めてごらん。

$\overrightarrow{\mathrm{OA}}=(a_1,\ a_2,\ a_3)$，$\overrightarrow{\mathrm{OB}}=(b_1,\ b_2,\ b_3)$，$\overrightarrow{\mathrm{OC}}=(c_1,\ c_2,\ c_3)$ で

$$\overrightarrow{\mathrm{OG}}=\frac{\overrightarrow{\mathrm{OA}}+\overrightarrow{\mathrm{OB}}+\overrightarrow{\mathrm{OC}}}{3}=\frac{(a_1,\ a_2,\ a_3)+(b_1,\ b_2,\ b_3)+(c_1,\ c_2,\ c_3)}{3}$$

$$=\left(\frac{a_1+b_1+c_1}{3},\ \frac{a_2+b_2+c_2}{3},\ \frac{a_3+b_3+c_3}{3}\right)$$

これが**重心 G の座標**なんですね。

## 基本例題 50

点と座標とベクトル

2 点 A$(-1,\ 2,\ -1)$, B$(2,\ 4,\ 5)$ が与えられたとき, $\overrightarrow{AB}$ と $|\overrightarrow{AB}|$ を求めよ。

**ねらい**
点の座標と 2 点を結ぶベクトルの関係を理解すること。

**解法ルール** 位置ベクトルの始点を座標の原点 O にとると
**点の位置ベクトルの成分表示＝その点の座標**

●$\vec{a}=(a_1,\ a_2,\ a_3)$ のとき $|\vec{a}|=\sqrt{a_1{}^2+a_2{}^2+a_3{}^2}$

**解答例** 位置ベクトルの始点を座標の原点 O にとると

$\overrightarrow{OA}=(-1,\ 2,\ -1)$, $\overrightarrow{OB}=(2,\ 4,\ 5)$

$\overrightarrow{\mathbf{AB}}=\overrightarrow{OB}-\overrightarrow{OA}=(2,\ 4,\ 5)-(-1,\ 2,\ -1)$

$\quad=\mathbf{(3,\ 2,\ 6)}$ …答

$|\overrightarrow{\mathbf{AB}}|=\sqrt{3^2+2^2+6^2}=\sqrt{49}=\mathbf{7}$ …答

●$\overrightarrow{AB}=\overrightarrow{OB}-\overrightarrow{OA}$（同じ文字）

●終点－始点

**類題 50** 2 点 A$(3,\ 4,\ -1)$, B$(1,\ 2,\ 3)$ が与えられたとき, $\overrightarrow{AB}$ と $|\overrightarrow{AB}|$ を求めよ。

## 基本例題 51

分点の座標

2 点 A$(3,\ -5,\ -2)$, B$(-7,\ 5,\ 8)$ について,

(1) 線分 AB を 3 : 2 に内分する点 P と外分する点 Q の座標を求めよ。

(2) 点 A に関して, 点 B の対称点 R の座標を求めよ。

テストに出るぞ！

**ねらい**
位置ベクトルを利用して, 線分の分点や対称点を求めること。

**解法ルール** A$(\vec{a})$, B$(\vec{b})$ のとき, 線分 AB を $m : n$ に内分する点を P$(\vec{p})$, 外分する点を Q$(\vec{q})$ とすると

$$\vec{p}=\frac{n\vec{a}+m\vec{b}}{m+n},\quad \vec{q}=\frac{-n\vec{a}+m\vec{b}}{m-n}$$

(2)では, 点 A は線分 BR の中点であることを用いる。

基本例題 25 と同じだね。

**解答例** (1) $\overrightarrow{OA}=(3,\ -5,\ -2)$, $\overrightarrow{OB}=(-7,\ 5,\ 8)$

$\overrightarrow{OP}=\dfrac{2\overrightarrow{OA}+3\overrightarrow{OB}}{3+2}=\dfrac{1}{5}\{2(3,\ -5,\ -2)+3(-7,\ 5,\ 8)\}$

$\quad=(-3,\ 1,\ 4)$ 　答 **P$(-3,\ 1,\ 4)$**

$\overrightarrow{OQ}=\dfrac{-2\overrightarrow{OA}+3\overrightarrow{OB}}{3-2}=-2(3,\ -5,\ -2)+3(-7,\ 5,\ 8)$

$\quad=(-27,\ 25,\ 28)$ 　答 **Q$(-27,\ 25,\ 28)$**

(2) $\overrightarrow{OA}=\dfrac{\overrightarrow{OB}+\overrightarrow{OR}}{2}$ より

$\overrightarrow{OR}=2\overrightarrow{OA}-\overrightarrow{OB}=2(3,\ -5,\ -2)-(-7,\ 5,\ 8)$

$\quad=(13,\ -15,\ -12)$ 　答 **R$(13,\ -15,\ -12)$**

分ける点はたすきがけだよ。

**類題 51** A(3, 7, 6), B(1, −1, 2), C(2, −3, 1) について,

(1) 線分 AB を 1 : 3 に内分する点 P, 外分する点 Q の座標を求めよ。

(2) △ABC の重心 G の座標を求めよ。

## 基本例題 52

図形の性質の証明

四面体 OABC において, 辺 OA, AB, BC, CO の中点をそれぞれ P, Q, R, S とする。次の問いに答えよ。

(1) 四角形 PQRS は平行四辺形であることを証明せよ。

(2) PR と SQ の交点を T, △ABC の重心を G とするとき, 3 点 O, T, G は一直線上にあることを証明せよ。

**ねらい**
位置ベクトルを用いて, 図形の性質を証明すること。

**解法ルール** **四角形 PQRS は平行四辺形 $\Longleftrightarrow$ $\overrightarrow{PQ}=\overrightarrow{SR}$**

**3 点 O, T, G は一直線上にある $\Longleftrightarrow$ $\overrightarrow{OT}=k\overrightarrow{OG}$**

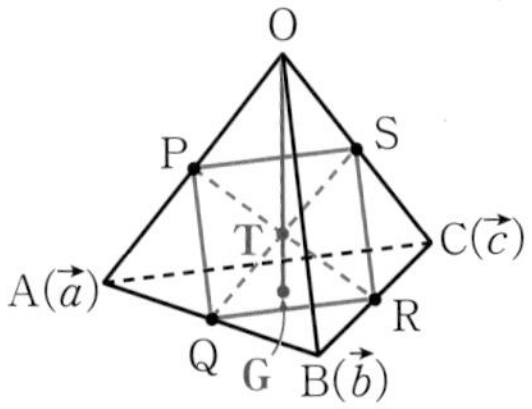


**解答例** O を始点とする位置ベクトルを A($\vec{a}$), B($\vec{b}$), C($\vec{c}$) とする。

(1) $\overrightarrow{OP}=\dfrac{\vec{a}}{2}$, $\overrightarrow{OQ}=\dfrac{\vec{a}+\vec{b}}{2}$, $\overrightarrow{OR}=\dfrac{\vec{b}+\vec{c}}{2}$, $\overrightarrow{OS}=\dfrac{\vec{c}}{2}$

ゆえに $\overrightarrow{PQ}=\overrightarrow{OQ}-\overrightarrow{OP}=\dfrac{\vec{a}+\vec{b}}{2}-\dfrac{\vec{a}}{2}=\dfrac{\vec{b}}{2}$

$\overrightarrow{SR}=\overrightarrow{OR}-\overrightarrow{OS}=\dfrac{\vec{b}+\vec{c}}{2}-\dfrac{\vec{c}}{2}=\dfrac{\vec{b}}{2}$

したがって $\overrightarrow{PQ}=\overrightarrow{SR}$

よって, **四角形 PQRS は平行四辺形である。** 終

(2) (1)より四角形 PQRS は平行四辺形で, 平行四辺形の対角線はそれぞれの中点で交わるから

$\overrightarrow{OT}=\dfrac{\overrightarrow{OP}+\overrightarrow{OR}}{2}=\dfrac{1}{2}\left(\dfrac{\vec{a}}{2}+\dfrac{\vec{b}+\vec{c}}{2}\right)=\dfrac{1}{4}(\vec{a}+\vec{b}+\vec{c})$

一方, G は△ABC の重心であるから

$\overrightarrow{OG}=\dfrac{1}{3}(\vec{a}+\vec{b}+\vec{c})$

したがって $\overrightarrow{OT}=\dfrac{3}{4}\overrightarrow{OG}$

**よって, 3 点 O, T, G は一直線上にある。** 終

図形の性質の証明も, 平面の場合と同じだ。

**類題 52** 右の図のように, OA, OB, OC を 3 辺にもつ平行六面体 OAPB-CRSQ がある。$\overrightarrow{OA}=\vec{a}$, $\overrightarrow{OB}=\vec{b}$, $\overrightarrow{OC}=\vec{c}$ として,

(1) △ABC の重心を $G_1$, △PQR の重心を $G_2$ として, $\overrightarrow{OG_1}$, $\overrightarrow{OG_2}$ を $\vec{a}$, $\vec{b}$, $\vec{c}$ で表せ。

(2) $G_1$, $G_2$ は線分 OS の 3 等分点であることを示せ。

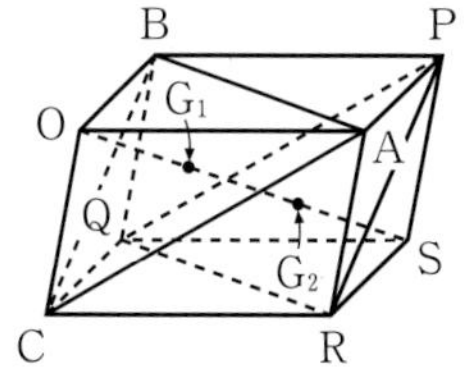

# 11 空間のベクトルの内積

空間のベクトルについても内積を考える。

2つのベクトル $\vec{a}$, $\vec{b}$ のなす角が $\theta(0°\leqq\theta\leqq 180°)$ であるとき,

$\vec{a}\cdot\vec{b}=|\vec{a}||\vec{b}|\cos\theta$

が定義である。定義が変わらないので，内積の計算法則はそのまま成り立つ。

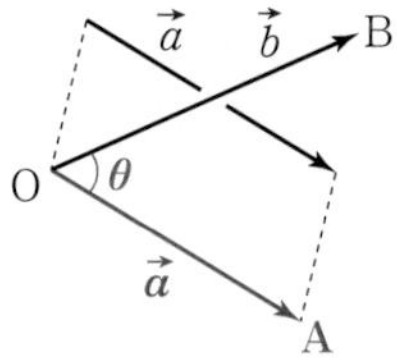


●なす角は始点をそろえて考える。
$\angle AOB=\theta$

**ポイント** [空間ベクトルの内積の計算法則] 覚え得

① $\vec{a}\cdot\vec{a}=|\vec{a}|^2$

② $\vec{a}\cdot\vec{b}=\vec{b}\cdot\vec{a}$

③ $\vec{a}\cdot(\vec{b}+\vec{c})=\vec{a}\cdot\vec{b}+\vec{a}\cdot\vec{c}$

④ $(k\vec{a})\cdot\vec{b}=\vec{a}\cdot(k\vec{b})=k(\vec{a}\cdot\vec{b})$ （$k$ は実数）

## 基本例題 53　内積

1辺の長さが1の立方体 ABCD-EFGH において，次の内積を求めよ。

(1) $\overrightarrow{AC}\cdot\overrightarrow{AE}$　(2) $\overrightarrow{AC}\cdot\overrightarrow{AF}$

(3) $\overrightarrow{AC}\cdot\overrightarrow{AG}$　(4) $\overrightarrow{AB}\cdot\overrightarrow{EC}$

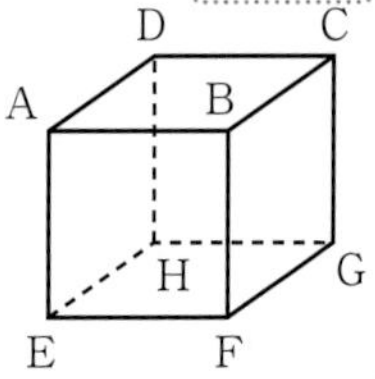


**ねらい**
定義にあてはめて内積を求めること。

**解法ルール** 2つのベクトルのなす三角形に着目して $\cos\theta$ を求め，$\vec{a}\cdot\vec{b}=|\vec{a}||\vec{b}|\cos\theta$ にあてはめる。

(4)はまずベクトルの始点をそろえて考える。

**解答例**

(1) $AC\perp AE$ だから　$\overrightarrow{AC}\cdot\overrightarrow{AE}=\mathbf{0}$　…答

(2) △CAF は正三角形だから

$AC=AF=\sqrt{2}$, $\angle CAF=60°$

$\overrightarrow{AC}\cdot\overrightarrow{AF}=\sqrt{2}\cdot\sqrt{2}\cos 60°=\mathbf{1}$　…答

(3) $AC=\sqrt{2}$, $AG=\sqrt{3}$, $\angle ACG=90°$ だから

$\cos\angle GAC=\dfrac{\sqrt{2}}{\sqrt{3}}$　$\overrightarrow{AC}\cdot\overrightarrow{AG}=\sqrt{2}\cdot\sqrt{3}\cdot\dfrac{\sqrt{2}}{\sqrt{3}}=\mathbf{2}$　…答

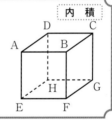

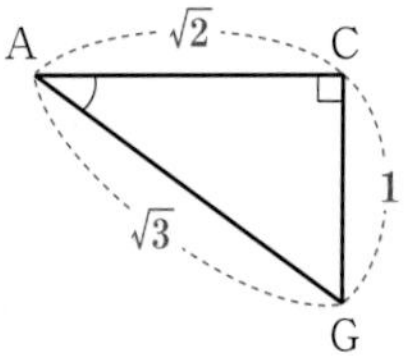


(4) $\overrightarrow{AB}\cdot\overrightarrow{EC}=\overrightarrow{EF}\cdot\overrightarrow{EC}$

$EC=AG=\sqrt{3}$

$\cos\angle CEF=\dfrac{1}{\sqrt{3}}$　$\overrightarrow{AB}\cdot\overrightarrow{EC}=1\cdot\sqrt{3}\cdot\dfrac{1}{\sqrt{3}}=\mathbf{1}$　…答

**類題 53** 基本例題 53 で，次の内積を求めよ。

(1) $\overrightarrow{AC}\cdot\overrightarrow{DG}$　(2) $\overrightarrow{AC}\cdot\overrightarrow{GE}$　(3) $\overrightarrow{AC}\cdot\overrightarrow{HF}$

## ● 内積の成分表示・ベクトルのなす角

[内積の成分表示となす角]

$\vec{0}$ でないベクトル $\vec{a}=(a_1,\ a_2,\ a_3)$, $\vec{b}=(b_1,\ b_2,\ b_3)$ のとき

内積の成分表示　$\vec{a}\cdot\vec{b}=a_1b_1+a_2b_2+a_3b_3$

なす角 $\theta$　　$\cos\theta=\dfrac{\vec{a}\cdot\vec{b}}{|\vec{a}||\vec{b}|}=\dfrac{a_1b_1+a_2b_2+a_3b_3}{\sqrt{a_1{}^2+a_2{}^2+a_3{}^2}\sqrt{b_1{}^2+b_2{}^2+b_3{}^2}}$ $(0°\le\theta\le180°)$

垂直条件　$\vec{a}\perp\vec{b}\Longleftrightarrow\vec{a}\cdot\vec{b}=0\Longleftrightarrow a_1b_1+a_2b_2+a_3b_3=0$

---

**基本例題 54**　　ベクトルの大きさ・内積の成分表示

$\vec{a}=(a_1,\ a_2,\ a_3)$, $\vec{b}=(b_1,\ b_2,\ b_3)$ のとき,

(1) $\vec{b}-\vec{a}$ を成分で表し, $|\vec{b}-\vec{a}|$ を求めよ。

(2) $\vec{a}\cdot\vec{b}=a_1b_1+a_2b_2+a_3b_3$ であることを示せ。

**ねらい**

内積の計算と, 内積の成分表示の証明をすること。

**解法ルール** (1) $\vec{b}-\vec{a}$ を成分で表し, 大きさを求める。

(2) $|\vec{b}-\vec{a}|^2=(\vec{b}-\vec{a})\cdot(\vec{b}-\vec{a})$ と(1)を比較する。

**解答例** (1) $\vec{b}-\vec{a}=(b_1,\ b_2,\ b_3)-(a_1,\ a_2,\ a_3)$

$\qquad\qquad=(b_1-a_1,\ b_2-a_2,\ b_3-a_3)$ …答

よって $|\vec{b}-\vec{a}|=\sqrt{(b_1-a_1)^2+(b_2-a_2)^2+(b_3-a_3)^2}$ …答

(2) $|\vec{b}-\vec{a}|^2=(\vec{b}-\vec{a})\cdot(\vec{b}-\vec{a})=|\vec{b}|^2-2\vec{a}\cdot\vec{b}+|\vec{a}|^2$

よって $(b_1-a_1)^2+(b_2-a_2)^2+(b_3-a_3)^2$

$\qquad=(b_1{}^2+b_2{}^2+b_3{}^2)-2\vec{a}\cdot\vec{b}+(a_1{}^2+a_2{}^2+a_3{}^2)$

整理すると $\vec{a}\cdot\vec{b}=a_1b_1+a_2b_2+a_3b_3$ 終

内積の成分表示でも, $z$ 成分が加わるだけだね。

---

**基本例題 55**　　ベクトルのなす角(3)

$\vec{a}=(2,\ 2,\ 0)$, $\vec{b}=(-1,\ -2,\ 1)$ のなす角 $\theta$ を求めよ。

**ねらい**

$\vec{a}$, $\vec{b}$ の成分を用いて, $\vec{a}$ と $\vec{b}$ のなす角を求めること。

**解法ルール** $\cos\theta=\dfrac{\vec{a}\cdot\vec{b}}{|\vec{a}||\vec{b}|}=\dfrac{a_1b_1+a_2b_2+a_3b_3}{\sqrt{a_1{}^2+a_2{}^2+a_3{}^2}\sqrt{b_1{}^2+b_2{}^2+b_3{}^2}}$

**解答例** $\cos\theta=\dfrac{2\cdot(-1)+2\cdot(-2)+0\cdot1}{\sqrt{2^2+2^2+0^2}\sqrt{(-1)^2+(-2)^2+1^2}}=\dfrac{-6}{2\sqrt2\sqrt6}=-\dfrac{\sqrt3}{2}$

$0°\le\theta\le180°$ だから $\theta=150°$ …答

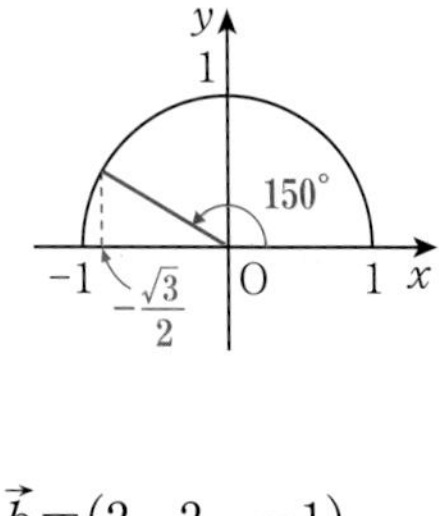

**類題 55** 次の2つのベクトル $\vec{a}$, $\vec{b}$ のなす角 $\theta$ を求めよ。

(1) $\vec{a}=(2,\ 1,\ 1)$, $\vec{b}=(-2,\ 2,\ -4)$ 　(2) $\vec{a}=(1,\ 2,\ 6)$, $\vec{b}=(2,\ 2,\ -1)$

## 基本例題 56

垂直な単位ベクトル

2つのベクトル $\vec{a}=(1,\ 1,\ -1)$, $\vec{b}=(1,\ -3,\ 1)$ の両方に垂直な単位ベクトル $\vec{e}$ を求めよ。

テストに出るぞ！

**ねらい**
垂直条件を適切に利用すること。

**解法ルール** 垂直条件　$\vec{a}\perp\vec{e} \Longleftrightarrow \vec{a}\cdot\vec{e}=0$

**$\vec{e}$ が単位ベクトル $\Longleftrightarrow |\vec{e}|=1 \Longleftrightarrow |\vec{e}|^2=1$**

**解答例** $\vec{e}=(x,\ y,\ z)$ とおくと

$|\vec{e}|^2=1$ より　$x^2+y^2+z^2=1$　……①

$\vec{a}\perp\vec{e}$ より　$\vec{a}\cdot\vec{e}=x+y-z=0$　……②

$\vec{b}\perp\vec{e}$ より　$\vec{b}\cdot\vec{e}=x-3y+z=0$　……③

②，③より　$y=x,\ z=2x$

①に代入して　$x^2+x^2+(2x)^2=1$

したがって　$x=\pm\dfrac{1}{\sqrt{6}}$

よって　$\boldsymbol{\vec{e}=\left(\dfrac{\sqrt{6}}{6},\ \dfrac{\sqrt{6}}{6},\ \dfrac{\sqrt{6}}{3}\right),\ \left(-\dfrac{\sqrt{6}}{6},\ -\dfrac{\sqrt{6}}{6},\ -\dfrac{\sqrt{6}}{3}\right)}$ …答

← $\vec{a}\perp\vec{e}$, $\vec{b}\perp\vec{e}$ であるベクトル $\vec{e}$ は，2つあり，向きは逆である。

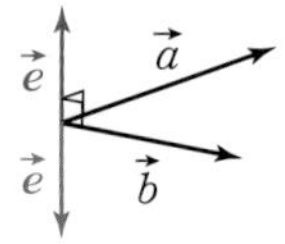


**類題 56** 2つのベクトル $\vec{a}=(1,\ 2,\ 3)$, $\vec{b}=(3,\ 1,\ -1)$ の両方に垂直で大きさが $2\sqrt{6}$ のベクトルを求めよ。

## 基本例題 57

ベクトルの垂直

$\vec{a}=(3,\ 0,\ -2)$, $\vec{b}=(2,\ 2,\ 1)$ のとき $\vec{a}+t\vec{b}$ と $\vec{a}-\vec{b}$ が垂直となるような $t$ の値を求めよ。

テストに出るぞ！

**ねらい**
2つのベクトルが垂直になる条件を利用すること。

**解法ルール** 1 $\vec{a}+t\vec{b}$ と $\vec{a}-\vec{b}$ の成分を求める。

2 **2つのベクトルが垂直 $\Longleftrightarrow (\vec{a}+t\vec{b})\cdot(\vec{a}-\vec{b})=0$**

**解答例** $\vec{a}+t\vec{b}=(3,\ 0,\ -2)+t(2,\ 2,\ 1)=(2t+3,\ 2t,\ t-2)$

$\vec{a}-\vec{b}=(3,\ 0,\ -2)-(2,\ 2,\ 1)=(1,\ -2,\ -3)$

$(\vec{a}+t\vec{b})\perp(\vec{a}-\vec{b})$ だから　$(\vec{a}+t\vec{b})\cdot(\vec{a}-\vec{b})=0$

よって　$(2t+3)\cdot1+2t\cdot(-2)+(t-2)\cdot(-3)=0$

$2t+3-4t-3t+6=0$　　$5t=9$　　$\boldsymbol{t=\dfrac{9}{5}}$ …答

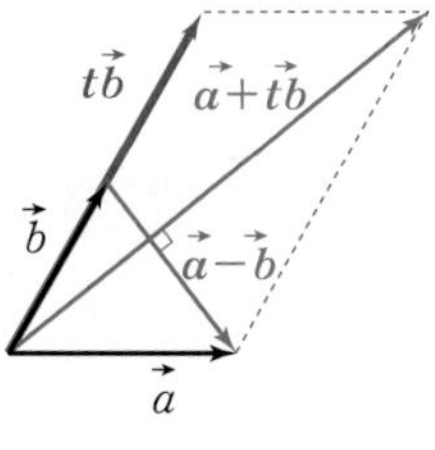


**類題 57** 空間ベクトル $\vec{a}$, $\vec{b}$ において，$|\vec{a}|=3$, $|\vec{b}|=2$, $|\vec{a}-\vec{b}|=\sqrt{19}$ のとき，次の問いに答えよ。

(1) $\vec{a}\cdot\vec{b}$ を求めよ。　　(2) $\vec{a}$ と $\vec{b}$ のなす角 $\theta$ を求めよ。

(3) $\vec{a}+t\vec{b}$ と $\vec{a}-\vec{b}$ が垂直になるときの $t$ の値を求めよ。

# 12 ベクトルと空間図形

**応用例題 58** 位置関係

四面体OABCと点Pが$\overrightarrow{AP}+2\overrightarrow{BP}+3\overrightarrow{CP}=\vec{0}$を満たすとき，点Pと四面体OABCの位置関係を調べよ。

**ねらい**
ベクトルで表された等式から位置関係を調べること。

**解法ルール**

1. $\overrightarrow{OP}$を$\overrightarrow{OA}$，$\overrightarrow{OB}$，$\overrightarrow{OC}$を使って表す。
2. $\overrightarrow{OQ}=\dfrac{n\overrightarrow{OA}+m\overrightarrow{OB}}{m+n}$
   $\Longleftrightarrow$ **点Qは線分ABを$m:n$に分ける点**

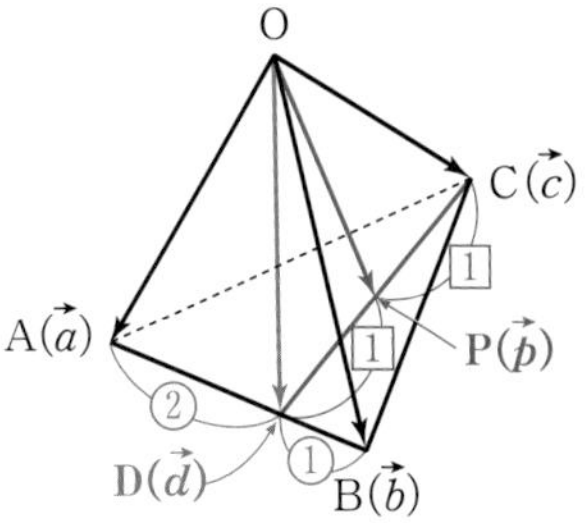


**解答例** Oを始点とし，A($\vec{a}$)，B($\vec{b}$)，C($\vec{c}$)，P($\vec{p}$)と表すとき，
$\overrightarrow{AP}+2\overrightarrow{BP}+3\overrightarrow{CP}=\vec{0}$より

$$(\vec{p}-\vec{a})+2(\vec{p}-\vec{b})+3(\vec{p}-\vec{c})=\vec{0}$$

$$6\vec{p}=\vec{a}+2\vec{b}+3\vec{c}$$

よって　$\vec{p}=\dfrac{\vec{a}+2\vec{b}+3\vec{c}}{6}$

これを変形して　$\vec{p}=\dfrac{3\times\dfrac{\vec{a}+2\vec{b}}{3}+3\vec{c}}{6}=\dfrac{\dfrac{\vec{a}+2\vec{b}}{3}+\vec{c}}{2}$

ここで，$\dfrac{\vec{a}+2\vec{b}}{3}=\vec{d}$とおくと，点D($\vec{d}$)は線分ABを2：1に内分する点である。

このとき，$\vec{p}=\dfrac{\vec{c}+\vec{d}}{2}$より，点Pは線分CDの中点である。

したがって，**点Pは線分ABを2：1に内分する点と点Cを結ぶ線分の中点である。**　…答

**類題 58** 四面体OABCと点Pが$2\overrightarrow{AP}+3\overrightarrow{BP}+4\overrightarrow{CP}=\vec{0}$を満たすとき，点Pと四面体OABCの位置関係を調べよ。

**応用例題 59**　　垂直であることの証明

四面体OABCにおいて，OA⊥BC，OB⊥ACならば，OC⊥ABであることを証明せよ。

テストに出るぞ！

**ねらい**
内積を用いて，図形の性質を証明すること。

**解法ルール**　Oを始点とする位置ベクトルを用いて，垂直関係を内積で表そう。

$$\mathbf{OA \perp BC \iff \overrightarrow{OA}\cdot\overrightarrow{BC}=0}$$

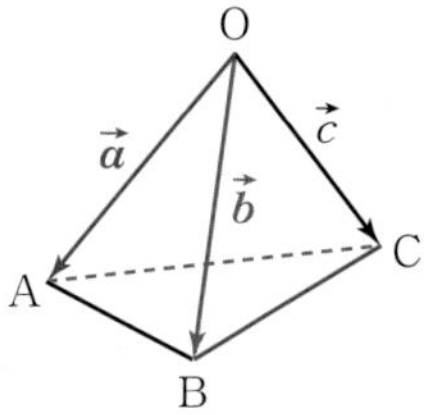


**解答例**　Oを始点として，$A(\vec{a})$，$B(\vec{b})$，$C(\vec{c})$ とおく。

$OA \perp BC \iff \overrightarrow{OA}\cdot\overrightarrow{BC}=\vec{a}\cdot(\vec{c}-\vec{b})=0$

　よって　$\vec{a}\cdot\vec{c}=\vec{a}\cdot\vec{b}$　……①

$OB \perp AC \iff \overrightarrow{OB}\cdot\overrightarrow{AC}=\vec{b}\cdot(\vec{c}-\vec{a})=0$

　よって　$\vec{b}\cdot\vec{c}=\vec{a}\cdot\vec{b}$　……②

①，②より　$\vec{a}\cdot\vec{c}=\vec{b}\cdot\vec{c}$　　　$\vec{c}\cdot(\vec{b}-\vec{a})=0$

すなわち　$\overrightarrow{OC}\cdot\overrightarrow{AB}=0$

$\overrightarrow{OC}\neq\vec{0}$，$\overrightarrow{AB}\neq\vec{0}$ だから　**OC⊥AB**　終

**類題 59**　四面体OABCで，$AB^2+OC^2=AC^2+OB^2$ ならば，OA⊥BCであることを証明せよ。

## ● 4点が同一平面上にある

一直線上にない3点A，B，Cが定める平面 $\alpha$ 上に点Pがあるとき

　$\overrightarrow{AP}=k\overrightarrow{AB}+l\overrightarrow{AC}$　……①

の形で，1通りに表される。

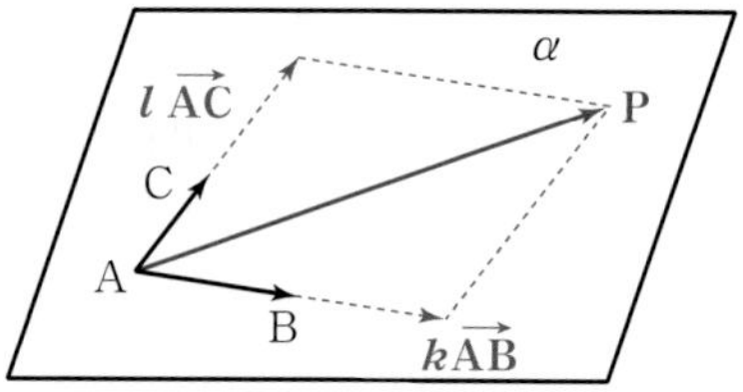


　さらに，①を位置ベクトルで考えてみよう。点Oに関する点A，B，C，Pの位置ベクトルを，それぞれ $\vec{a}$，$\vec{b}$，$\vec{c}$，$\vec{p}$ とすると，①から

　$\vec{p}-\vec{a}=k(\vec{b}-\vec{a})+l(\vec{c}-\vec{a})$

よって　$\vec{p}=(1-k-l)\vec{a}+k\vec{b}+l\vec{c}$

ここで，$1-k-l=s$，$k=t$，$l=u$ とおくと

　$\vec{p}=s\vec{a}+t\vec{b}+u\vec{c}$　$(s+t+u=1)$

・点Pが直線AB上にある条件は
　$\vec{p}=s\vec{a}+t\vec{b}$ $(s+t=1)$　(**p. 36** 参照)
・点Pが△ABCで作られる平面上にある条件は
　$\vec{p}=s\vec{a}+t\vec{b}+u\vec{c}$ $(s+t+u=1)$
この2つを覚えておくこと！

## 発展例題 60

**同一平面上にある4点**

3点 A(0, 1, 2), B(1, 0, 2), C(−1, 1, 3) が定める平面を $\alpha$ とする。原点 O(0, 0, 0) から平面 $\alpha$ に垂線を下ろし，$\alpha$ との交点を H とするとき，点 H の座標を求めよ。

**ねらい**
3点が定める平面上にある点を求めること。

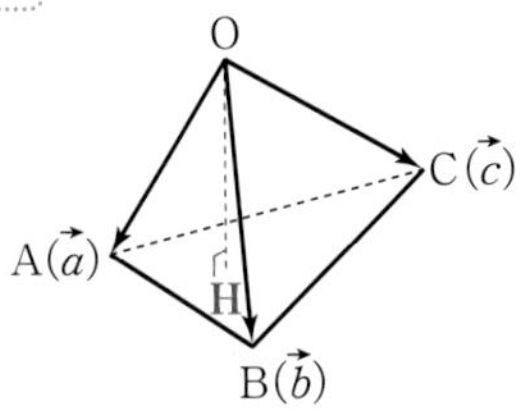


**解法ルール** 点 H は $\alpha$ 上の点だから

$\overrightarrow{AH}=k\overrightarrow{AB}+l\overrightarrow{AC}$

**解答例** 3点 A, B, C の位置ベクトルを，それぞれ $\vec{a}$, $\vec{b}$, $\vec{c}$ とする。

点 H は $\alpha$ 上の点だから

$\overrightarrow{AH}=k\overrightarrow{AB}+l\overrightarrow{AC}$ ($k$, $l$ は実数)

と表される。

$\overrightarrow{AB}=\vec{b}-\vec{a}=(1,\ 0,\ 2)-(0,\ 1,\ 2)$
$=(1,\ -1,\ 0)$

$\overrightarrow{AC}=\vec{c}-\vec{a}=(-1,\ 1,\ 3)-(0,\ 1,\ 2)$
$=(-1,\ 0,\ 1)$

$\overrightarrow{OH}=\overrightarrow{OA}+\overrightarrow{AH}=\overrightarrow{OA}+k\overrightarrow{AB}+l\overrightarrow{AC}$
$=(0,\ 1,\ 2)+k(1,\ -1,\ 0)+l(-1,\ 0,\ 1)$
$=(k-l,\ 1-k,\ 2+l)$

$\overrightarrow{OH}\perp\alpha$ だから

$\overrightarrow{OH}\perp\overrightarrow{AB}$ より　$\overrightarrow{OH}\cdot\overrightarrow{AB}=(k-l)\cdot1+(1-k)\cdot(-1)+(2+l)\cdot0$
$=(k-l)-(1-k)$
$=2k-l-1=0$ ……①

$\overrightarrow{OH}\perp\overrightarrow{AC}$ より　$\overrightarrow{OH}\cdot\overrightarrow{AC}=(k-l)\cdot(-1)+(1-k)\cdot0+(2+l)\cdot1$
$=-(k-l)+(2+l)$
$=-k+2l+2=0$ ……②

⬅ 一般に，平面 $\alpha$ と直線 $l$ について，$\alpha$ 上の交わる2直線を $m$, $n$ とすると
$l\perp\alpha \iff \begin{cases} l\perp m \\ l\perp n \end{cases}$

①, ②より　$k=0$, $l=-1$

よって　$\overrightarrow{OH}=(0-(-1),\ 1,\ 2+(-1))=(1,\ 1,\ 1)$

したがって　**H(1, 1, 1)** …答

**類題 60** 次の4点が同一平面上にあるように，$t$ の値を定めよ。

A(1, 0, 0), B(0, 2, 0), C(0, 0, 3), D($t$, $2t$, $3t$)

**応用例題 61**　三角形の面積・四面体の体積

四面体OABCがあって，O(0, 0, 0)，A(3, 0, 0)，B(0, 6, 0)，C(0, 0, 4)とする。

(1) △ABCの面積を求めよ。

(2) 四面体OABCの体積$V$を求めよ。

(3) 点Oから△ABCに垂線を下ろし，△ABCとの交点をHとするとき，OHの長さを求めよ。

(4) 点Hの座標を求めよ。

**ねらい**
三角形の面積や四面体の体積，高さなどを求めること。

**解法ルール**　応用例題 24 **の内積を用いた三角形の面積の公式**

$$S=\frac{1}{2}\sqrt{|\vec{a}|^2|\vec{b}|^2-(\vec{a}\cdot\vec{b})^2}$$

は，空間の場合もそのまま成り立つ。

(3) OHは底面を△ABCとしたときの高さにあたる。

空間の場合の公式はベクトルの形で使おう。

**解答例** (1) $\overrightarrow{AB}=(-3,\ 6,\ 0)$，$\overrightarrow{AC}=(-3,\ 0,\ 4)$ だから

$|\overrightarrow{AB}|^2=45$，$|\overrightarrow{AC}|^2=25$，$\overrightarrow{AB}\cdot\overrightarrow{AC}=9$

$$\triangle ABC=\frac{1}{2}\sqrt{|\overrightarrow{AB}|^2|\overrightarrow{AC}|^2-(\overrightarrow{AB}\cdot\overrightarrow{AC})^2}$$

$$=\frac{1}{2}\sqrt{45\cdot25-9^2}=\mathbf{3\sqrt{29}}$$ …答

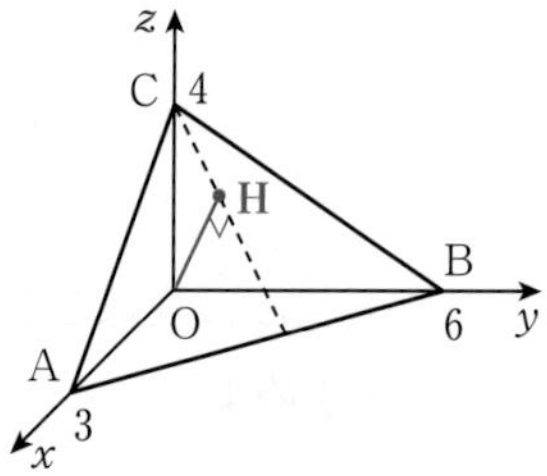
z
C 4
H
B
O
6 y
A
3
x

(2) △OABを底面とすると，高さOCの三角錐だから

$$V=\frac{1}{3}\cdot\frac{3\cdot6}{2}\cdot4=\mathbf{12}$$ …答

(3) $V=\dfrac{1}{3}\triangle ABC\cdot OH$ より　$\dfrac{1}{3}\cdot3\sqrt{29}OH=12$

よって　$OH=\dfrac{12}{\sqrt{29}}=\mathbf{\dfrac{12\sqrt{29}}{29}}$ …答

(4) H$(x,\ y,\ z)$とおくと　$\overrightarrow{OH}=(x,\ y,\ z)$

$\overrightarrow{OH}\perp\overrightarrow{AB}$ ……①，$\overrightarrow{OH}\perp\overrightarrow{AC}$ ……②　であるから，

①より　$-3x+6y=0$　　②より　$-3x+4z=0$　　ゆえに　$y=\dfrac{x}{2}$，$z=\dfrac{3x}{4}$

したがって　$\overrightarrow{OH}=\left(x,\ \dfrac{x}{2},\ \dfrac{3x}{4}\right)=\dfrac{x}{4}(4,\ 2,\ 3)$……(＊)

(3)より $|\overrightarrow{OH}|=\dfrac{12}{\sqrt{29}}$ だから　$|\overrightarrow{OH}|=\dfrac{|x|}{4}\sqrt{4^2+2^2+3^2}=\dfrac{12}{\sqrt{29}}$

ゆえに　$|x|=\dfrac{48}{29}$　　図より，明らかに$x>0$だから　$x=\dfrac{48}{29}$

よって　$\overrightarrow{OH}=\underbrace{\dfrac{12}{29}(4,\ 2,\ 3)}_{(＊)に代入}=\left(\dfrac{48}{29},\ \dfrac{24}{29},\ \dfrac{36}{29}\right)$　　答　$\mathbf{H\left(\dfrac{48}{29},\ \dfrac{24}{29},\ \dfrac{36}{29}\right)}$

**類題 61**　3点A(1, 3, 4)，B(−2, 1, 2)，C(2, 4, 1)がある。△ABCの面積を求めよ。

# 13 ベクトル方程式

## ● 直線のベクトル方程式

点 $\mathrm{A}(\vec{a})$ を通り，$\vec{u}$ に平行な直線のベクトル方程式は

$\overrightarrow{\mathbf{AP}}=t\vec{u}$

$\vec{p}-\vec{a}=t\vec{u}$ より　$\vec{p}=\vec{a}+t\vec{u}$　……①

$\vec{a}=(x_1,\ y_1,\ z_1)$，$\vec{u}=(a,\ b,\ c)$，$\vec{p}=(x,\ y,\ z)$ とし，

①を成分表示すると

$$(x,\ y,\ z)=(x_1,\ y_1,\ z_1)+t(a,\ b,\ c)$$
$$=(x_1+at,\ y_1+bt,\ z_1+ct)$$

したがって　$\begin{cases} x=x_1+at \\ y=y_1+bt \\ z=z_1+ct \end{cases}$　……②

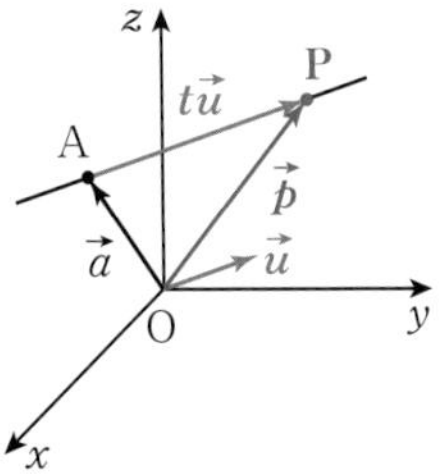


⬅ $\vec{u}$を方向ベクトルという。

⬅ 2点 $\mathrm{A}(\vec{a})$，$\mathrm{B}(\vec{b})$ を通る直線のベクトル方程式を求めるには，方向ベクトルを $\vec{u}=\overrightarrow{\mathrm{AB}}=\vec{b}-\vec{a}$ として①に代入すればよい。

⬅ ①を直線のベクトル方程式，②を直線の媒介変数表示という。

**発展例題 62**　直線の方程式

2点 A(1, 2, 0), B(3, 0, 4) を通る直線 AB がある。原点 O から直線 AB に垂線を下ろし，AB との交点を H とする。点 H の座標を求めよ。

**ねらい**
ベクトル方程式を活用すること。

**解法ルール**
1 直線 AB は，点 A を通り方向ベクトルが $\overrightarrow{\mathrm{AB}}$ である。
2 直線のベクトル方程式を媒介変数を使って表す。
3 条件を満たすときの $t$ の値を求める。

**解答例**　直線 AB は, 点 $\mathrm{A}(\vec{a})$ を通り, 方向ベクトル $\vec{u}=\overrightarrow{\mathrm{AB}}=(2,\ -2,\ 4)$ に平行な直線だから，$\vec{p}=\vec{a}+t\vec{u}$ より

$$(x,\ y,\ z)=(1,\ 2,\ 0)+t(2,\ -2,\ 4)$$
$$=(1+2t,\ 2-2t,\ 4t)$$

点 H はこの直線上にあるので，$\overrightarrow{\mathrm{OH}}=(1+2t,\ 2-2t,\ 4t)$ とする。

$\overrightarrow{\mathrm{OH}}\perp\overrightarrow{\mathrm{AB}}$ より　$\overrightarrow{\mathrm{OH}}\cdot\overrightarrow{\mathrm{AB}}=(1+2t)\times2+(2-2t)\times(-2)+4t\times4=0$

$2+4t-4+4t+16t=0$　　$24t=2$　　$t=\dfrac{1}{12}$

よって　$\mathbf{H}\left(\dfrac{7}{6},\ \dfrac{11}{6},\ \dfrac{1}{3}\right)$　…答

**類題 62**　2点 A(0, 1, 2), B(1, 3, 3) を通る直線 AB がある。点 C(4, 5, 6) から直線 AB に垂線を下ろし，AB との交点を H とする。点 H の座標を求めよ。

## 球面のベクトル方程式

**点 C($\vec{c}$)** を中心とする半径 $r$ の球面がある。
この球面上に**点 P($\vec{p}$)** をとるとき，点 P は

$$|\overrightarrow{\mathrm{CP}}|=r$$

を満たす。

したがって　$|\vec{p}-\vec{c}|=r$　……①

両辺を 2 乗して　$|\vec{p}-\vec{c}|^2=r^2$

$\vec{c}=(a,\ b,\ c)$，$\vec{p}=(x,\ y,\ z)$ とすると

$$(x-a)^2+(y-b)^2+(z-c)^2=r^2$$

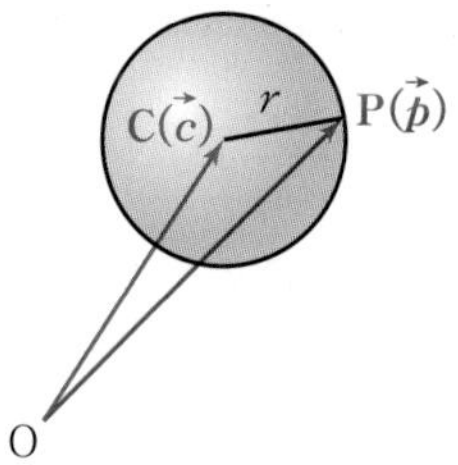


← ①が球面のベクトル方程式である。

また，**2 点 A($\vec{a}$)，B($\vec{b}$) を直径の両端とする球面のベクトル方程式**は，

P が 2 点 A，B と異なるとき，$\overrightarrow{\mathrm{AP}}\perp\overrightarrow{\mathrm{BP}}$ より　$\overrightarrow{\mathrm{AP}}\cdot\overrightarrow{\mathrm{BP}}=0$　……②

P が A または B と一致するときも，②は成り立つ。

したがって　$(\vec{p}-\vec{a})\cdot(\vec{p}-\vec{b})=0$

**基本例題 63**　球面の方程式

点 C(2，3，−3) を中心とする半径 5 の球面の方程式を求めよ。
また，点 A(−2，3，0) はこの球面上にあることを示せ。

**ねらい**
球面の方程式を求め，与えられた点が球面上にあることを示すこと。

**解法ルール**　球面のベクトル方程式は　$|\vec{p}-\vec{c}|=r$
球面上の点 ⟺ 球面の方程式を満たす

**解答例**　$\vec{p}=(x,\ y,\ z)$ とすると

$\vec{p}-\vec{c}=(x-2,\ y-3,\ z+3)$

$|\vec{p}-\vec{c}|^2=5^2$ より

$(x-2)^2+(y-3)^2+(z+3)^2=25$　…答

この方程式の左辺に点 A の座標を代入すると

左辺 $=(-2-2)^2+(3-3)^2+(0+3)^2=16+9=25=$ 右辺

となり方程式を満たす。よって，**点 A はこの球面上にある**。終

**類題 63**　次の球面の方程式を求めよ。

(1)　点 C(−4，3，3) を中心とし，点 (−3，−1，−5) を通る球面

(2)　2 点 A(1，−2，3)，B(3，2，5) を直径の両端とする球面

## 平面のベクトル方程式

点 $\mathrm{A}(\vec{a})$ を通り，$\vec{n}$ に垂直な平面 $\alpha$ 上の点を $\mathrm{P}(\vec{p})$ とする。

$\vec{n}\perp\overrightarrow{\mathrm{AP}}$ だから　$\vec{n}\cdot\overrightarrow{\mathrm{AP}}=0$

よって，このベクトル方程式は　$\vec{n}\cdot(\vec{p}-\vec{a})=0$

$\vec{a}=(x_1,\ y_1,\ z_1)$，$\vec{n}=(a,\ b,\ c)$，$\vec{p}=(x,\ y,\ z)$ とすると，

$\vec{p}-\vec{a}=(x-x_1,\ y-y_1,\ z-z_1)$ だから

$\vec{n}\cdot(\vec{p}-\vec{a})=a\times(x-x_1)+b\times(y-y_1)+c\times(z-z_1)=0$

整理して　$ax+by+cz-(ax_1+by_1+cz_1)=0$

$d=-(ax_1+by_1+cz_1)$ とおいて，**平面の方程式**は，一般に

$\boldsymbol{ax+by+cz+d=0}$ で表される。

⬅ $\vec{n}$ を法線ベクトルという。

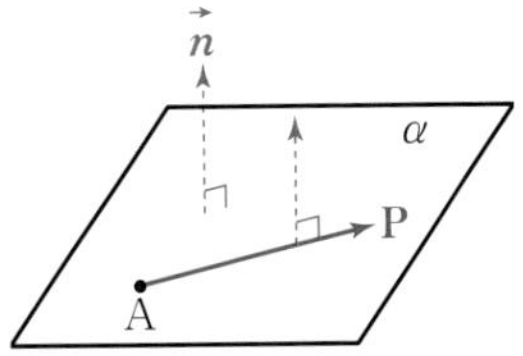


**発展例題 64**　平面の方程式

平面 $3x+2y+z=6$ がある。このとき，次の問いに答えよ。

(1)　この平面の法線ベクトル $\vec{n}$ を求めよ。

(2)　原点 O からこの平面に垂線を下ろし，平面との交点を H とする。点 H の座標を求めよ。

**ねらい**
平面と法線の関係を調べること。

**解法ルール**　(1)　**平面 $\boldsymbol{ax+by+cz+d=0}$ の法線ベクトルは**
**$\vec{n}=(a,\ b,\ c)$**

(2)　$\overrightarrow{\mathrm{OH}}=t\vec{n}$ とし，H が平面上にあることを利用。

**解答例**　(1)　平面 $3x+2y+z=6$　……①の法線ベクトル $\vec{n}$ は

$\vec{n}=(3,\ 2,\ 1)$　…答

(2)　$\overrightarrow{\mathrm{OH}}/\!/\vec{n}$ より，ある実数 $t$ に対して

$\overrightarrow{\mathrm{OH}}=t\vec{n}=t(3,\ 2,\ 1)=(3t,\ 2t,\ t)$

すなわち，点 H の座標は　$(3t,\ 2t,\ t)$

点 H は平面①上の点だから　$3\times3t+2\times2t+t=6$　　$14t=6$

よって　$t=\dfrac{3}{7}$　　$\mathrm{H}\left(\dfrac{9}{7},\ \dfrac{6}{7},\ \dfrac{3}{7}\right)$　…答

**類題 64**　点 $\mathrm{A}(2,\ 3,\ 4)$ を通り，法線ベクトルが $\vec{n}=(3,\ -4,\ 1)$ である平面の方程式を求めよ。

**ポイント**　[ベクトル方程式]

$\vec{a}=(x_1,\ y_1,\ z_1)$, $\vec{b}=(x_2,\ y_2,\ z_2)$, $\vec{p}=(x,\ y,\ z)$ とする。

① 点 $A(\vec{a})$ を通り，方向ベクトルが $\vec{u}=(a,\ b,\ c)$ の直線

$$\vec{p}=\vec{a}+t\vec{u} \iff x=x_1+at,\ y=y_1+bt,\ z=z_1+ct$$

② 2点 $A(\vec{a})$, $B(\vec{b})$ を通る直線

$$\vec{p}=\vec{a}+t(\vec{b}-\vec{a}) \iff x=x_1+t(x_2-x_1),\ y=y_1+t(y_2-y_1),\ z=z_1+t(z_2-z_1)$$

③ 点 $C(\vec{c})$ を中心とする半径 $r$ の球面 $(\vec{c}=(a,\ b,\ c))$

$$|\vec{p}-\vec{c}|=r \iff (x-a)^2+(y-b)^2+(z-c)^2=r^2$$

④ 2点 $A(\vec{a})$, $B(\vec{b})$ を直径の両端とする球面

$$(\vec{p}-\vec{a})\cdot(\vec{p}-\vec{b})=0$$
$$\iff (x-x_1)(x-x_2)+(y-y_1)(y-y_2)+(z-z_1)(z-z_2)=0$$

⑤ 点 $A(\vec{a})$ を通り，法線ベクトルが $\vec{n}=(a,\ b,\ c)$ の平面

$$\vec{n}\cdot(\vec{p}-\vec{a})=0 \iff ax+by+cz+d=0\ \ (d=-(ax_1+by_1+cz_1))$$

## これも知っ得　3点で決まる平面の方程式

3点 $A(-1,\ 2,\ 1)$, $B(-2,\ 1,\ 1)$, $C(1,\ 2,\ 3)$ で決まる平面 $\alpha$ の方程式を求めよう。

●3点を通ることから連立方程式を解く方法

**平面 $\alpha$ の方程式を $ax+by+cz+d=0$ とおく。**

点Aを通るから　$-a+2b+c+d=0$

点Bを通るから　$-2a+b+c+d=0$

点Cを通るから　$a+2b+3c+d=0$

$b$, $c$, $d$ を $a$ で表すと　$b=-a$, $c=-a$, $d=4a$

よって　$ax-ay-az+4a=0$　　$a(x-y-z+4)=0$

$a=0$ のとき平面を表さないから　$a\neq0$

ゆえに，求める方程式は　$\boldsymbol{x-y-z+4=0}$

●法線ベクトルと通る1点から求める方法

$\overrightarrow{AB}=(-1,\ -1,\ 0)$, $\overrightarrow{AC}=(2,\ 0,\ 2)$

**平面 $\alpha$ の法線ベクトルを $\vec{n}=(a,\ b,\ c)$ とすると，$\overrightarrow{AB}\perp\vec{n}$, $\overrightarrow{AC}\perp\vec{n}$ より**

$\overrightarrow{AB}\cdot\vec{n}=-1\times a-1\times b=0$　　$\overrightarrow{AC}\cdot\vec{n}=2\times a+2\times c=0$

よって　$b=-a$, $c=-a$　　したがって　$\vec{n}=(a,\ -a,\ -a)$

これより，法線ベクトルの1つを $(1,\ -1,\ -1)$ とすると，求める方程式は

$1\cdot(x+1)-1\cdot(y-2)-1\cdot(z-1)=0$

よって　$\boldsymbol{x-y-z+4=0}$

# 定期テスト予想問題 解答→p. 12~15

**1** $\vec{a}=(-3,\ 4)$，$\vec{b}=(1,\ 2)$ のとき，次の問いに答えよ。

(1) $\vec{c}=2\vec{a}-3\vec{b}$ の成分と大きさを求めよ。

(2) 等式 $3\vec{b}-(\vec{a}-3\vec{x})=\vec{a}+\vec{b}+\vec{x}$ を満たす $\vec{x}$ の成分を求めよ。

(3) $\vec{a}$ と同じ向きの単位ベクトルを求めよ。

(4) $\vec{d}=(-11,\ 8)$ を $m\vec{a}+n\vec{b}$ の形で表せ。

**2** $|\vec{a}|=4$，$|\vec{b}|=1$，$|\vec{a}-\vec{b}|=\sqrt{21}$ のとき，次の問いに答えよ。

(1) $\vec{a}\cdot\vec{b}$ の値を求めよ。

(2) $\vec{a}$ と $\vec{b}$ のなす角 $\theta(0^\circ \leqq \theta \leqq 180^\circ)$ を求めよ。

(3) $|\vec{a}+\vec{b}|$ を求めよ。

(4) $\vec{c}=\vec{a}+t\vec{b}$ とするとき，$|\vec{c}|$ の最小値を求めよ。

**3** 3点 A(1, 2)，B(3, 1)，C(4, −2) が与えられたとき，次の問いに答えよ。

(1) 線分 AC を 2：3 に内分する点と，外分する点の座標を求めよ。

(2) ∠ABC の大きさを求めよ。

(3) △ABC の面積を求めよ。

(4) 点 P(2$t$, 3$t$) が与えられたとき，AP∥BC を満たす $t$ の値と，AP⊥BC を満たす $t$ の値を求めよ。

**4** △ABC の内部に点 P があって，$3\overrightarrow{AP}+2\overrightarrow{BP}+\overrightarrow{CP}=\vec{0}$ を満たしている。△PBC：△PCA：△PAB を求めよ。

**5** △OAB において，辺 OA を 3：2 に，辺 AB を 4：3 に内分する点をそれぞれ M，N とし，ON と BM の交点を P とする。$\overrightarrow{OA}=\vec{a}$，$\overrightarrow{OB}=\vec{b}$ とするとき，次の問いに答えよ。

(1) $\overrightarrow{OP}$ を $\vec{a}$，$\vec{b}$ で表せ。

(2) 直線 AP と辺 OB の交点を Q とするとき，OQ：QB を求めよ。

## HINT

**1** (2) まず $\vec{x}$ を $\vec{a}$，$\vec{b}$ で表す。
(3) $\vec{a}$ と同じ向きの単位ベクトルは $\dfrac{\vec{a}}{|\vec{a}|}$

**2** ベクトルの大きさは2乗して使う。
(2) ベクトルのなす角は
$$\cos\theta=\frac{\vec{a}\cdot\vec{b}}{|\vec{a}||\vec{b}|}$$
(4) $|\vec{c}|^2$ は $t$ の2次関数。

**3** (1) 線分 AB の分点 P($\vec{p}$)
$$\vec{p}=\frac{n\vec{a}+m\vec{b}}{m+n}$$
(3) 面積の公式
$$S=\frac{1}{2}|\mathrm{BA}||\mathrm{BC}|\times\sin\angle\mathrm{ABC}$$
$$S=\frac{1}{2}|a_1b_2-a_2b_1|$$
(4) AP∥BC
$\iff \overrightarrow{AP}=k\overrightarrow{BC}$
AP⊥BC
$\iff \overrightarrow{AP}\cdot\overrightarrow{BC}=0$

**4** △ABC と点 P の位置関係を調べる。

**5** $\vec{a}\neq\vec{0}$，$\vec{b}\neq\vec{0}$，$\vec{a} \not\parallel \vec{b}$ のとき
$m\vec{a}+n\vec{b}=s\vec{a}+t\vec{b}$
$\iff m=s,\ n=t$
(2) 点 Q は直線 OB 上の点であり，直線 AP 上の点でもある。

**6** 平行四辺形 ABCD において，線分 BC，CD を 1：2 に内分する点をそれぞれ M，N とし，AN と DM の交点を P とする。

(1) $\overrightarrow{AB}=\vec{a}$，$\overrightarrow{AD}=\vec{b}$ とおくとき，$\overrightarrow{AP}$ を $\vec{a}$，$\vec{b}$ で表せ。

(2) CP と AD の交点を Q とするとき，AQ：QD を求めよ。

(3) AB=2，AD=4，∠BAD=120° のとき，$\overrightarrow{AD}\cdot\overrightarrow{CQ}$ の値を求めよ。

**7** OA=3，OB=2，∠AOB=60° の△OAB において，∠AOB の二等分線と，A から OB への垂線との交点を P とする。$\overrightarrow{OA}=\vec{a}$，$\overrightarrow{OB}=\vec{b}$ とするとき，$\overrightarrow{OP}$ を $\vec{a}$，$\vec{b}$ で表せ。

**8** $\vec{a}=(1,\ 2,\ 0)$，$\vec{b}=(2,\ 0,\ -1)$，$\vec{c}=(3,\ -1,\ 2)$ のとき，$\vec{p}=(4,\ 6,\ 7)$ を $l\vec{a}+m\vec{b}+n\vec{c}$ の形で表せ。

**9** 四面体 OABC において，辺 OA を 2：1 に内分する点を M，辺 BC の中点を N，線分 MN を 4：3 に内分する点を P とする。△ABC の重心を G とするとき，3 点 O，P，G は一直線上にあることを証明せよ。

**10** 3 点 A(3，1，4)，B(2，−1，3)，C(4，0，2) が与えられているとき，次の問いに答えよ。

(1) 線分 AB を 2：1 に内分する点と外分する点の座標を求めよ。

(2) 四角形 ABCD が平行四辺形となるように点 D の座標を求めよ。

(3) ∠ABC の大きさを求めよ。

(4) $\overrightarrow{AB}$ と同じ向きの単位ベクトルを求めよ。

**11** 四面体 OABC があって，O(0，0，0)，A(2，0，0)，B(0，4，0)，C(0，0，6) とするとき，次の問いに答えよ。

(1) △ABC の面積を求めよ。

(2) 四面体 OABC の体積を求めよ。

(3) O から △ABC に垂線を引き，△ABC との交点を H とするとき，点 H の座標を求めよ。

---

**6** (1) $\overrightarrow{AP}=k\overrightarrow{AN}$
DP：PM $=t:(1-t)$ とおく。
(2) $\overrightarrow{AQ}=l\vec{b}$，
$\overrightarrow{CQ}=m\overrightarrow{CP}$
とおく。
(3) 内積の計算

**7** 角を 2 等分するベクトルは
$$\frac{\vec{a}}{|\vec{a}|}+\frac{\vec{b}}{|\vec{b}|}$$

**8** $\vec{p}=l\vec{a}+m\vec{b}+n\vec{c}$ とおき，相等条件を利用する。

**9** 3 点 O，P，G は一直線上にある
$\Longleftrightarrow \overrightarrow{OP}=k\overrightarrow{OG}$

**10** 空間ベクトルでも，ベクトルの形での分点，なす角，単位ベクトルは，平面の場合と同じ。
四角形 ABCD が平行四辺形
$\Longleftrightarrow \overrightarrow{AD}=\overrightarrow{BC}$

**11** (1) $\vec{a}$，$\vec{b}$ が 2 辺を表す三角形の面積は
$\frac{1}{2}\sqrt{|\vec{a}|^2|\vec{b}|^2-(\vec{a}\cdot\vec{b})^2}$
(3) まず，OH の長さを求めておくのが簡単。

# 2章

# 複素数平面 数学C

# 1節 複素数平面

## 1 複素数平面

実数は数直線上の点で表せたね。ここでは，複素数 $a+bi$ を平面上の点で表すことを考えよう。座標平面上の点は実数の組 $(x,\ y)$ に対応させたものだったね。

複素数 $z=a+bi$ を，座標平面上の点 $\mathrm{P}(a,\ b)$ に対応させる。
このように考えた平面を**複素数平面**，$x$ 軸を**実軸**，$y$ 軸を**虚軸**という。
そして，複素数 $z$ を表す点 P を $\mathrm{P}(z)$ と書く。また，簡単に点 $z$ ともいう。

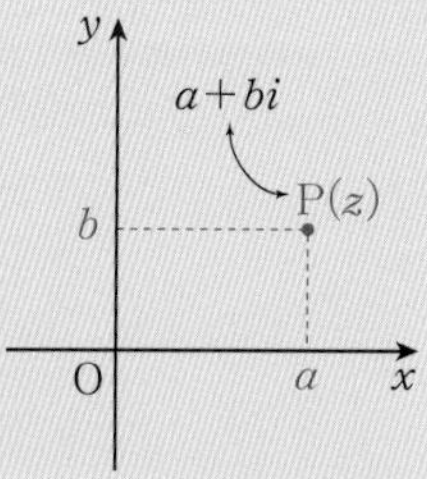

**基本例題 65** 　複素数平面

複素数平面上に，次の複素数を表す点を図示せよ。

(1) $\mathrm{A}(3+2i)$　(2) $\mathrm{B}(3-2i)$　(3) $\mathrm{C}(-3+2i)$
(4) $\mathrm{D}(-3-2i)$　(5) $\mathrm{E}(2)$　(6) $\mathrm{F}(-2)$
(7) $\mathrm{G}(3i)$　(8) $\mathrm{H}(-3i)$

**ねらい**
複素数を複素数平面上の点として図示すること。

**解法ルール** $a+bi$ の実部 $a$，虚部 $b$ をそれぞれ $x$ 軸(実軸)上の $a$，$y$ 軸(虚軸)上の $b$ に対応させた点で表す。

● $a$ は $a+0i$，$bi$ は $0+bi$，0 は $0+0i$ とみる。

**解答例**

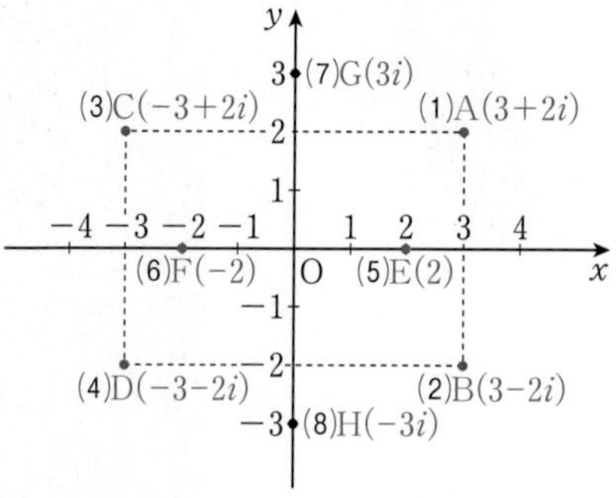


⬅ 点 $\mathrm{P}(a+bi)$ と，
$\mathrm{Q}(a-bi)$ は実軸対称。
$\mathrm{R}(-a+bi)$ は虚軸対称。
$\mathrm{S}(-a-bi)$ は原点対称。

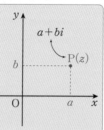

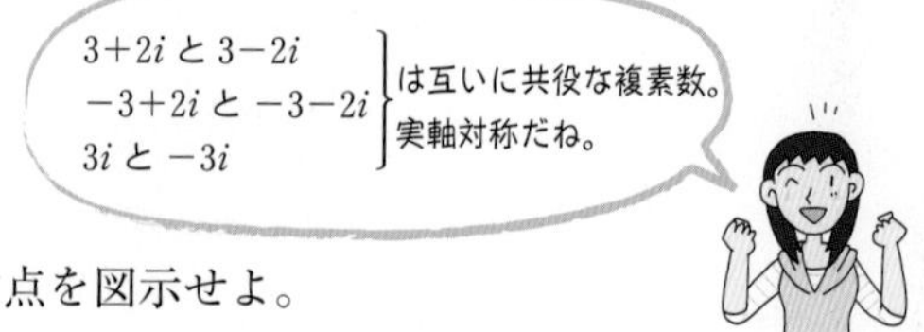


**類題 65** 複素数平面上に，次の複素数を表す点を図示せよ。

(1) $5+2i$　(2) $4-3i$　(3) $-3+4i$

## ❖ 共役複素数

複素数 $z$ の共役複素数を $\bar{z}$ で表す。すなわち，

$$z=a+bi \text{ ならば } \quad \bar{z}=\overline{a+bi}=a-bi$$

である。また，複素数平面上で，点 $z$ と点 $\bar{z}$ は実軸対称である。

← 共役複素数には，
次の計算法則がある。
① $\overline{z_1 \pm z_2} = \bar{z_1} \pm \bar{z_2}$
② $\overline{z_1 z_2} = \bar{z_1}\, \bar{z_2}$
③ $\overline{\left(\dfrac{z_1}{z_2}\right)} = \dfrac{\bar{z_1}}{\bar{z_2}}$

## ❖ 複素数の絶対値

複素数平面上で，点 $z$ と原点 $\mathrm{O}$ との距離を複素数 $z$ の絶対値といい，記号 $|z|$ で表す。

$$z=a+bi \text{ ならば } \quad |z|=\sqrt{a^2+b^2}$$

また，$z\bar{z}=(a+bi)(a-bi)=a^2+b^2$ だから

$$z\bar{z}=|z|^2, \quad |\bar{z}|=|z|$$

● $z$ が実数
$\iff z=\bar{z}$
● 複素数平面上では，点 $z$ と点 $\bar{z}$ は実軸対称，点 $z$ と点 $-z$ は原点対称だから
$|\bar{z}|=|z|$
$|-z|=|z|$

---

### 基本例題 66 　　　　　　　共役複素数・複素数の絶対値

次の複素数について，下の問いに答えよ。

① $3+4i$ 　　② $\sqrt{2}-i$ 　　③ $3i$ 　　④ $-2$

(1) それぞれの複素数の共役複素数を求めよ。

(2) それぞれの複素数の絶対値を求めよ。

テストに
出るぞ！

**ねらい**

ある複素数の共役複素数や絶対値を求めること。

**解法ルール** 記号の意味の理解が大切である。

$$z=a+bi \text{ のとき}$$
↗ 虚部の符号を変える。

(1) 共役複素数 $\bar{z}=\overline{a+bi}=a-bi$

(2) $z$ の絶対値 $|z|=\sqrt{a^2+b^2}$ ←原点と点 $z$ の距離。

● $\overline{a+bi}=a-bi$
$\overline{a-bi}=a+bi$
だから
$\overline{(\overline{a+bi})}=a+bi$

**解答例** 
(1) ① $\overline{3+4i}=3-4i$ …答

　② $\overline{\sqrt{2}-i}=\sqrt{2}+i$ …答

　③ $\overline{3i}=\overline{0+3i}=0-3i=-3i$ …答

　④ $\overline{-2}=\overline{-2+0i}=-2-0i=-2$ …答

(2) ① $|3+4i|=\sqrt{3^2+4^2}=5$ …答

　② $|\sqrt{2}-i|=\sqrt{(\sqrt{2})^2+(-1)^2}=\sqrt{3}$ …答

　③ $|3i|=|0+3i|=\sqrt{0^2+3^2}=3$ …答

　④ $|-2|=|-2+0i|=\sqrt{(-2)^2+0^2}=2$ …答

絶対値は原点からの距離。図をかいて確かめてごらん。

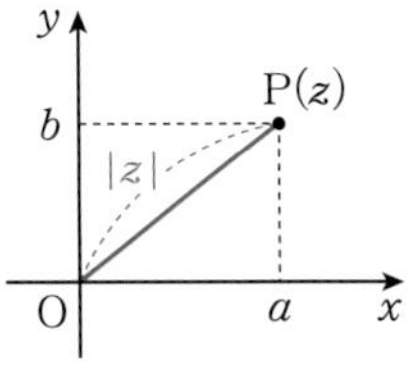

### 類題 66 次の複素数について，下の問いに答えよ。

　① $5-3i$ 　　② $5i+(3+i)$ 　　③ $(1-i)(2+5i)$

(1) それぞれの複素数の共役複素数を求めよ。

(2) (1)で求めた共役複素数の絶対値を求めよ。

# 2 複素数の和・差と複素数平面

複素数平面上では，$z=a+bi$ の共役複素数 $\overline{z}=a-bi$ は，点 $z$ の実軸に関して対称な点として求められるね。
ここでは，複素数平面上の複素数の実数倍や，2 つの複素数の和や差を考えることにしよう。

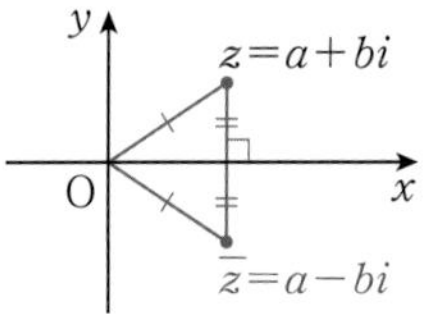


## 複素数の実数倍

たとえば，$z=1+2i$ に実数 3 や $-2$ を掛けた複素数は

$3z=3(1+2i)=3+6i$

$-2z=-2(1+2i)=-2-4i$

であるから，複素数平面上では右の図のように

① $3z$ も $-2z$ も，原点 O と点 $z$ を通る直線上にある。

② 原点について，点 $3z$ は $z$ と同じ側，点 $-2z$ は $z$ と反対側で，O からの距離は 3 倍，2 倍である。

これは一般化して，次のようにまとめられる。

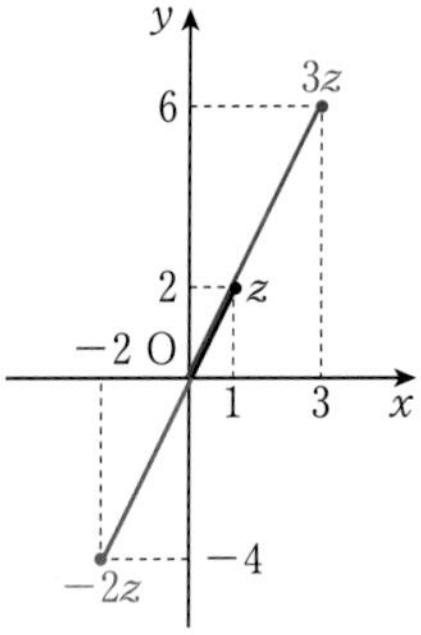


**ポイント**

[複素数の実数倍]

複素数 $z\neq 0$, $k$ は実数とするとき，**点 $kz$ は，原点 O に関して点 $z$ を $k>0$ の場合は $z$ と同じ側に，$k<0$ の場合は反対側に，O からの距離を $|k|$ 倍に拡大または縮小した点**である。

●複素数 $z=x+yi$ を表す点を A とすると，点 A の位置ベクトルは $\overrightarrow{OA}=(x, y)$ である。したがって，複素数の実数倍はベクトルの実数倍に対応する。

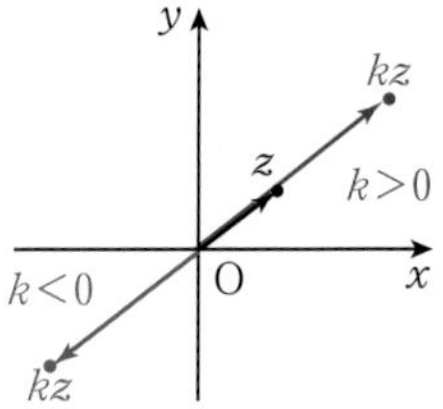


## 複素数の和と差

2 つの複素数を $z=x+yi$, $\alpha=a+bi$ とする。この和は

$z+\alpha=(x+yi)+(a+bi)=(x+a)+(y+b)i$

である。すなわち，複素数平面上では，$z$ に $\alpha=a+bi$ を加えると，点 $z$ は，実軸方向に $a$，虚軸方向に $b$ だけ移動する。

したがって，複素数平面上で，$z$, $\alpha$, $z+\alpha$ を表す点を A, B, P とすると，点 P は線分 OA, OB を 2 辺とする**平行四辺形の頂点**となる。[図Ⅰ]

**(参考)** 複素数平面上の点の位置ベクトルを考えると，**複素数の和はベクトルの和に対応**する。[図Ⅱ]

[図Ⅰ]

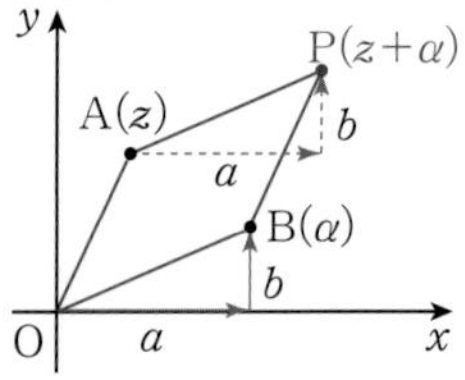


[図Ⅱ]

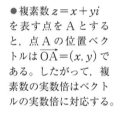

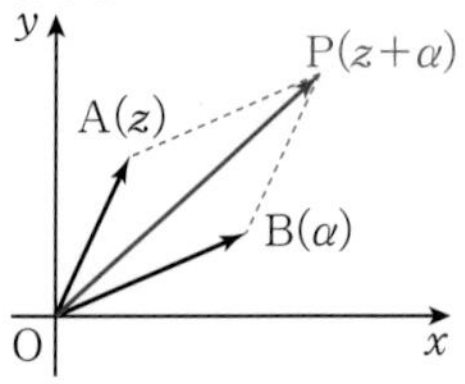

また，2 数の差 $z-\alpha$ は

$$z-\alpha=(x+yi)-(a+bi)=(x-a)+(y-b)i$$

である。すなわち，複素数平面上では，$z$ から $\alpha$ を引くと，点 $z$ は実軸方向に $-a$，虚軸方向に $-b$ だけ移動する。[図Ⅲ]

または，[図Ⅳ] のように $\overrightarrow{OP}=\overrightarrow{BA}$ となる点 P をとると，点 P が $z-\alpha$ を表す点である。

なお，右の図で 2 点 A($z$)，B($\alpha$) 間の距離は $|z-\alpha|$ である。

**(参考)** 複素数平面上の点の位置ベクトルを考えると，**複素数の差はベクトルの差に対応する。**

[図Ⅲ]

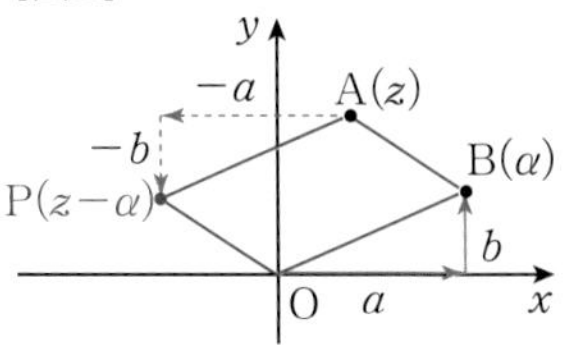


[図Ⅳ]

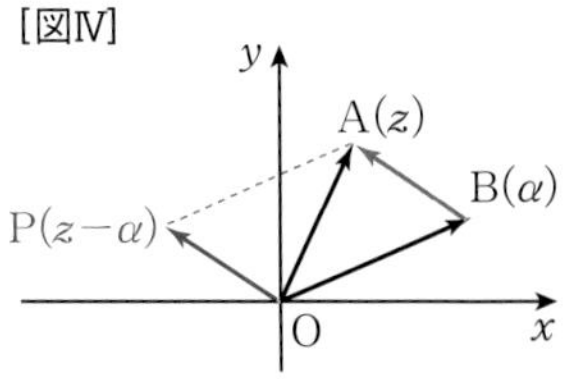


**ポイント** [複素数の和と差]

**$z$ に $\alpha=a+bi$ を加えると，複素数平面上で，点 $z$ は，実軸方向に $a$，虚軸方向に $b$ だけ平行移動する。**

覚え得

● $z-\alpha=z+(-\alpha)$ と考えるとよい。

**基本例題 67** 複素数の和・差の作図

$z_1=2+i$，$z_2=1+3i$ のとき，次の複素数で表される点を複素数平面上に図示せよ。

テストに出るぞ！

(1) $z_1+z_2$　(2) $2z_1+z_2$　(3) $z_2-2z_1$　(4) $z_1+\overline{z_2}$

**ねらい**

複素数の実数倍の作図や共役複素数の作図を利用して，和・差の作図をすること。

**解法ルール** 和を表す点は平行四辺形の頂点。

差は [図Ⅲ] または [図Ⅳ] の方法で考える。

**解答例**

(1)

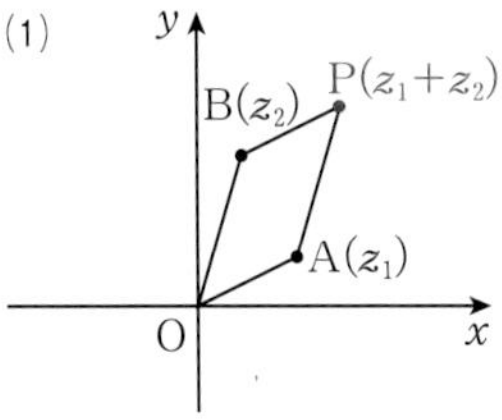


(2)

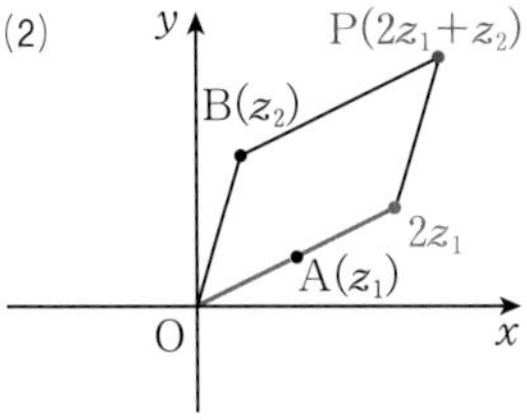


(3)

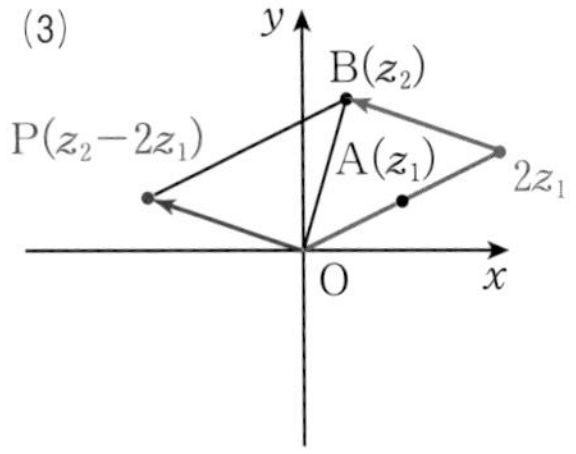


(4)

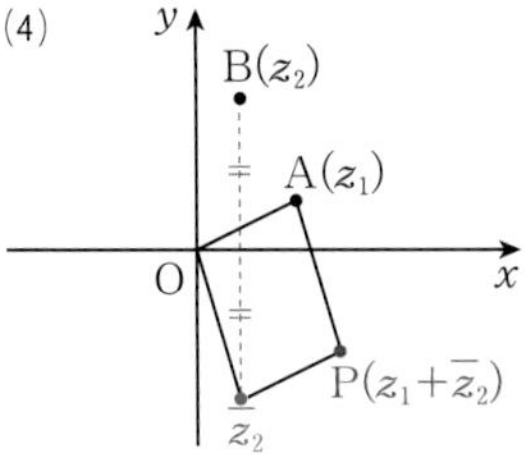


⬅ (2)まず $2z_1$ をとる。

(3) $2z_1$ をとり，[図Ⅳ] の方法で。

(4)まず $\overline{z_2}$ をとる。

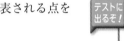

**類題 67** $z_1=-2+i$，$z_2=2+3i$ のとき，次の複素数で表される点を複素数平面上に図示せよ。

(1) $z_2-z_1$　(2) $3z_1+2z_2$　(3) $-z_2-z_1$　(4) $\overline{z_2}-z_1$

# 3 複素数の極形式

複素数平面上の点 P$(z)$ は，原点 O からの距離 OP$=r$ と，OP と実軸の正の部分とのなす角 $\theta$ によって決まる。すなわち，

$$z=r\cos\theta+i(r\sin\theta)=r(\cos\theta+i\sin\theta)$$

である。これを複素数 $z$ の**極形式**という。このとき，$r=|z|$ である。
また，$\theta$ を $z$ の**偏角**（へんかく）といい，$\arg z$（アーギュメント $z$ と読む）で表す。

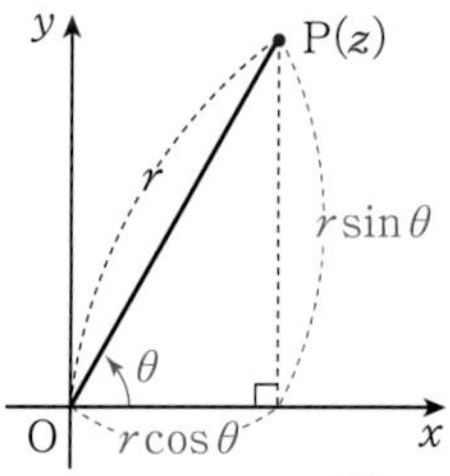


**ポイント** ［複素数の極形式］
$z=r(\cos\theta+i\sin\theta)$，$r=|z|$，$\theta=\arg z$

$\theta$ を複素数 $z$ の1つの偏角とすると，$\theta+2n\pi$（$n$ は整数）も $z$ の偏角であるが，ふつう $0\leqq\theta<2\pi$ で表すことが多い。
場合によって，$-\pi<\theta\leqq\pi$ で表すと便利な場合もある。

たとえば　$1-\sqrt{3}i=2\left(\cos\frac{5}{3}\pi+i\sin\frac{5}{3}\pi\right)$

または　$1-\sqrt{3}i=2\left\{\cos\left(-\frac{\pi}{3}\right)+i\sin\left(-\frac{\pi}{3}\right)\right\}$

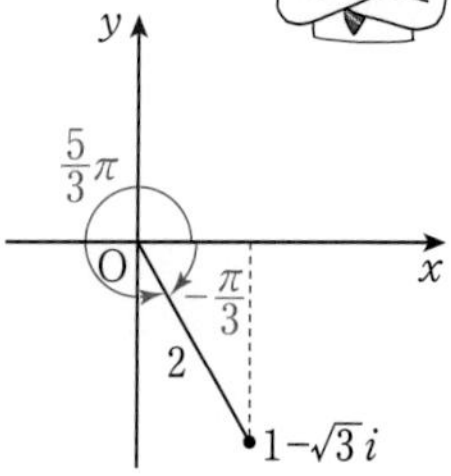


**基本例題 68**　複素数の極形式

次の複素数を極形式で表せ。（偏角 $\theta$ は $0\leqq\theta<2\pi$ とする。）

(1) $\sqrt{3}+i$　　(2) $3-3i$　　(3) $-2\left(\cos\frac{\pi}{3}-i\sin\frac{\pi}{3}\right)$

**ねらい**
複素数を極形式で表すこと。

**解法ルール**
1 $z=a+bi$ のとき，絶対値は　$|z|=r=\sqrt{a^2+b^2}$
2 偏角 $\theta$ は $x$ 軸の正の部分とのなす角。
3 複素数平面上に点をとって考えよう。

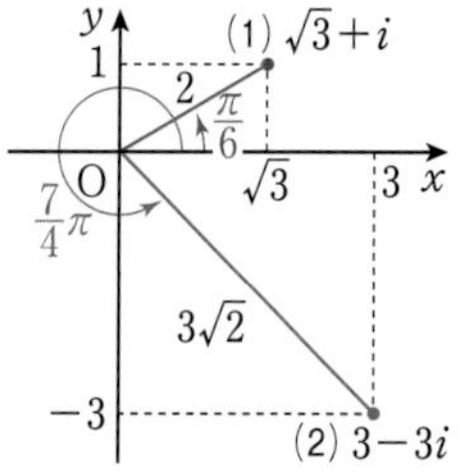


**解答例**
(1) $|\sqrt{3}+i|=\sqrt{(\sqrt{3})^2+1^2}=2$

$\sqrt{3}+i=2\left(\frac{\sqrt{3}}{2}+\frac{1}{2}i\right)=\boldsymbol{2\left(\cos\frac{\pi}{6}+i\sin\frac{\pi}{6}\right)}$　…答

(2) $|3-3i|=\sqrt{3^2+(-3)^2}=3\sqrt{2}$

$3-3i=3\sqrt{2}\left(\frac{1}{\sqrt{2}}-\frac{1}{\sqrt{2}}i\right)=\boldsymbol{3\sqrt{2}\left(\cos\frac{7}{4}\pi+i\sin\frac{7}{4}\pi\right)}$　…答

(3) 与式$=2\left(-\frac{1}{2}+\frac{\sqrt{3}}{2}i\right)=\boldsymbol{2\left(\cos\frac{2}{3}\pi+i\sin\frac{2}{3}\pi\right)}$　…答

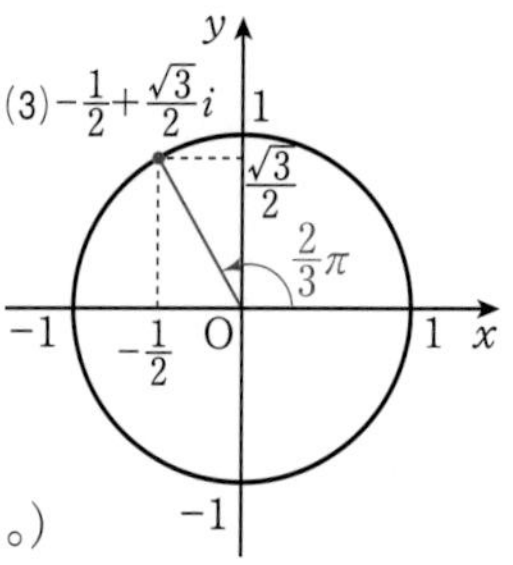


**類題 68**　次の複素数を極形式で表せ。（偏角 $\theta$ は $0\leqq\theta<2\pi$ とする。）

(1) $-1+\sqrt{3}i$　　(2) $2-2\sqrt{3}i$　　(3) $2i$　　(4) $-\cos\frac{\pi}{4}+i\sin\frac{\pi}{4}$

## ● 複素数の積と商

2つの複素数 $z_1$, $z_2$ の極形式を
$$z_1 = r_1(\cos\theta_1 + i\sin\theta_1), \quad z_2 = r_2(\cos\theta_2 + i\sin\theta_2)$$
として，積や商について調べよう。

$$
\begin{aligned}
z_1 z_2 &= r_1 r_2(\cos\theta_1 + i\sin\theta_1)(\cos\theta_2 + i\sin\theta_2) \\
&= r_1 r_2\{(\cos\theta_1\cos\theta_2 - \sin\theta_1\sin\theta_2) + i(\sin\theta_1\cos\theta_2 + \cos\theta_1\sin\theta_2)\} \\
&= r_1 r_2\{\cos(\theta_1 + \theta_2) + i\sin(\theta_1 + \theta_2)\} \quad \cdots\cdots①
\end{aligned}
$$

$$
\begin{aligned}
\frac{z_1}{z_2} &= \frac{r_1(\cos\theta_1 + i\sin\theta_1)}{r_2(\cos\theta_2 + i\sin\theta_2)} = \frac{r_1(\cos\theta_1 + i\sin\theta_1)(\cos\theta_2 - i\sin\theta_2)}{r_2(\cos\theta_2 + i\sin\theta_2)(\cos\theta_2 - i\sin\theta_2)} \\
&= \frac{r_1}{r_2} \cdot \frac{(\cos\theta_1\cos\theta_2 + \sin\theta_1\sin\theta_2) + i(\sin\theta_1\cos\theta_2 - \cos\theta_1\sin\theta_2)}{\cos^2\theta_2 + \sin^2\theta_2} \\
&= \frac{r_1}{r_2}\{\cos(\theta_1 - \theta_2) + i\sin(\theta_1 - \theta_2)\} \quad \cdots\cdots②
\end{aligned}
$$

三角関数の
加法定理に
よる変形だよ。

①，②から，積や商の絶対値や偏角については次のことがいえる。

> **ポイント** [複素数の積と商]
>
> 積　$|z_1 z_2| = |z_1||z_2|$　　　$\arg(z_1 z_2) = \arg z_1 + \arg z_2$
>
> 商　$\left|\dfrac{z_1}{z_2}\right| = \dfrac{|z_1|}{|z_2|}$　　　$\arg\left(\dfrac{z_1}{z_2}\right) = \arg z_1 - \arg z_2$
>
> 覚え得

このことから，複素数平面上での積と商は次のようになる。

複素数 $z$ に複素数 $\alpha$ を掛けると，点 $z$ は原点 O を中心に $\arg\alpha$ だけ回転し，さらに O からの距離を $|\alpha|$ 倍に拡大（または縮小）した点に移る。

複素数 $z$ を複素数 $\alpha$ で割ると，点 $z$ は原点 O を中心に $-\arg\alpha$ だけ回転し，さらに O からの距離を $\dfrac{1}{|\alpha|}$ 倍に拡大（または縮小）した点に移る。

← 複素数 $\alpha$, $z$, 1 を表す点を A，B，E とし，積 $z\alpha$ を表す点を P とすると
$$\triangle\text{OEA} \backsim \triangle\text{OBP}$$
商 $\dfrac{z}{\alpha}$ を表す点を Q とすると
$$\triangle\text{OEA} \backsim \triangle\text{OQB}$$
となる。

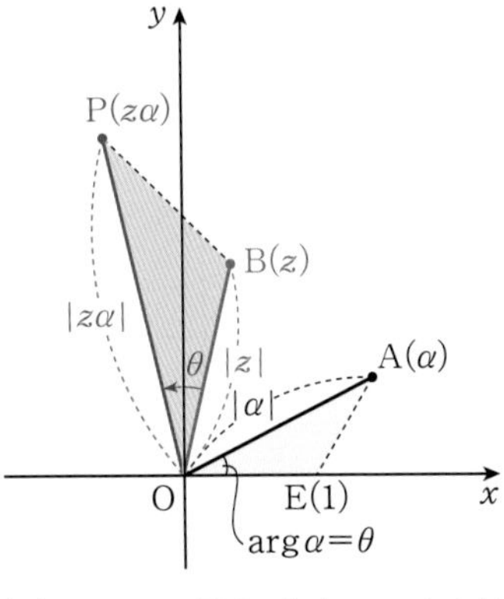

$|\alpha| > 1$ のとき拡大，$|\alpha| < 1$ のとき縮小。

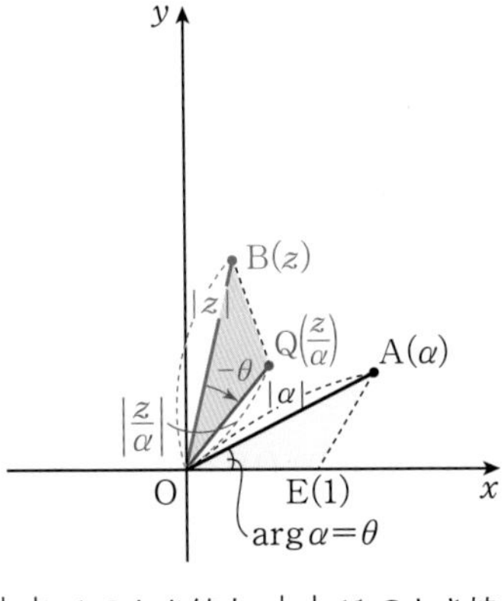

$|\alpha| > 1$ のとき縮小，$|\alpha| < 1$ のとき拡大。

## 基本例題 69　複素数の乗法と回転

複素数 $z=2+2i$ を表す点を原点のまわりに $\frac{\pi}{3}$，および $\frac{\pi}{2}$ だけ回転した点を表す複素数を求めよ。

**ねらい**
複素数平面上の点を原点のまわりに $\theta$ だけ回転した点を表す複素数を求めること。

**解法ルール** **原点のまわりに $\theta$ だけ回転する。**
**$\Longleftrightarrow$ 絶対値 1，偏角 $\theta$ の複素数 $\cos\theta+i\sin\theta$ を掛ける。**

**解答例** 絶対値が 1 で偏角が $\frac{\pi}{3}$，$\frac{\pi}{2}$ である複素数は，それぞれ

$\cos\frac{\pi}{3}+i\sin\frac{\pi}{3}=\frac{1}{2}+\frac{\sqrt{3}}{2}i$，$\cos\frac{\pi}{2}+i\sin\frac{\pi}{2}=i$ だから

点 $z$ を $\frac{\pi}{3}$ だけ回転した点を表す複素数は

$$(2+2i)\left(\frac{1}{2}+\frac{\sqrt{3}}{2}i\right)=\boldsymbol{(1-\sqrt{3})+(1+\sqrt{3})i}\quad\cdots\text{答}$$

点 $z$ を $\frac{\pi}{2}$ だけ回転した点を表す複素数は

$$(2+2i)i=\boldsymbol{-2+2i}\quad\cdots\text{答}$$

← $i$，$-1$，$-i$ の絶対値は 1 だから，$zi$，$-z$，$-zi$ は複素数 $z$ をそれぞれ $\frac{\pi}{2}$，$\pi$，$\frac{3}{2}\pi$ だけ回転した点を表す複素数である。

**類題 69** 点 $\mathrm{A}(\sqrt{3}-i)$ を原点のまわりに $\frac{5}{6}\pi$ だけ回転し，原点を中心に 2 倍した点を表す複素数を求めよ。

## 基本例題 70　複素数の除法と回転

原点 O，点 $\mathrm{A}(-1+\sqrt{3}i)$，点 $\mathrm{B}(\sqrt{3}+i)$ がある。このとき，$\triangle\mathrm{OAB}$ はどのような三角形か。

**ねらい**
$\mathrm{A}(z_1)$，$\mathrm{B}(z_2)$ のとき，OA，OB の長さの比，$\angle\mathrm{BOA}$ から三角形の形状を調べること。

**解法ルール** $\mathrm{A}(z_1)$，$\mathrm{B}(z_2)$ のとき

$$\left|\frac{z_1}{z_2}\right|=\frac{\mathrm{OA}}{\mathrm{OB}},\quad \angle\mathrm{BOA}=\arg z_1-\arg z_2=\arg\frac{z_1}{z_2}$$

**解答例** $\frac{z_1}{z_2}=\frac{-1+\sqrt{3}i}{\sqrt{3}+i}=\frac{(-1+\sqrt{3}i)(\sqrt{3}-i)}{(\sqrt{3}+i)(\sqrt{3}-i)}=\frac{4i}{4}=i$

$=1\left(\cos\frac{\pi}{2}+i\sin\frac{\pi}{2}\right)$ より　$\arg\frac{z_1}{z_2}=\frac{\pi}{2}$

$\left|\frac{z_1}{z_2}\right|=1$ より，$\frac{\mathrm{OA}}{\mathrm{OB}}=1$ だから　$\mathrm{OA}=\mathrm{OB}$

また　$\angle\mathrm{BOA}=\frac{\pi}{2}$

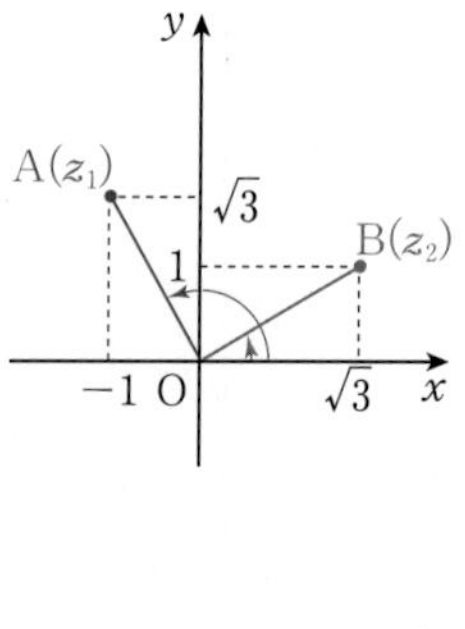


したがって，$\triangle\mathrm{OAB}$ は **OA＝OB の直角二等辺三角形**　…答

**類題 70** 2 点 $\mathrm{A}(1+2i)$，$\mathrm{B}(-1+3i)$ がある。原点を O とするとき，$\triangle\mathrm{OAB}$ はどのような三角形か。

# 4 ド・モアブルの定理

ここでは，複素数$z$の$n$乗，つまり$z^n$について考えよう。複素数$z$は極形式で表すと，$z=r(\cos\theta+i\sin\theta)$だね。

したがって　$\boldsymbol{z^n=r^n(\cos\theta+i\sin\theta)^n}$

$r^n$は問題ない。$\boldsymbol{(\cos\theta+i\sin\theta)^n}$がどうなるかだ。

$\alpha=\cos\theta+i\sin\theta$とおいてみると考えやすいだろう。

⬅ 実数$a$の$n$乗を$a^n$と書くように，複素数$z$の$n$乗も$z^n$と書く。
また，実数$a$の累乗では，$\boldsymbol{a^0=1}$，$\boldsymbol{a^{-n}=\dfrac{1}{a^n}}$と約束した。複素数$z$の累乗でも

$$z^0=1,\quad z^{-n}=\frac{1}{z^n}$$

と約束してよい。

つまり，$\alpha^2$，$\alpha^3$，…がどうなるか考えるんですね。

$\alpha^2=\alpha\cdot\alpha$ですから，絶対値や偏角を考えるんですか。

きっとそうだよ。$\alpha=1\cdot(\cos\theta+i\sin\theta)$だから

$|\alpha|=1$，$\arg\alpha=\theta$です。

$$|\alpha|^2=1^2=1$$

$$\arg\alpha^2=\arg(\alpha\cdot\alpha)=\arg\alpha+\arg\alpha=2\arg\alpha=2\theta$$

だから

$$\alpha^2=(\cos\theta+i\sin\theta)^2=\cos 2\theta+i\sin 2\theta$$

その調子。$\alpha^3$はどうなるかな？

$|\alpha|=1$だから，絶対値は何乗しても1です。

$$\arg\alpha^3=\arg\alpha+\arg\alpha+\arg\alpha=3\arg\alpha=3\theta$$

$$\alpha^3=(\cos\theta+i\sin\theta)^3=\cos 3\theta+i\sin 3\theta$$

$\alpha^n$も同じように考えられるね。

$$\arg\alpha^n=\underbrace{\arg\alpha+\arg\alpha+\cdots+\arg\alpha}_{n\text{個}}=n\arg\alpha=n\theta$$

$$\boldsymbol{\alpha^n=(\cos\theta+i\sin\theta)^n=\cos n\theta+i\sin n\theta}$$

●$\alpha$，$\alpha^2$，$\alpha^3$，…，$\alpha^n$の偏角

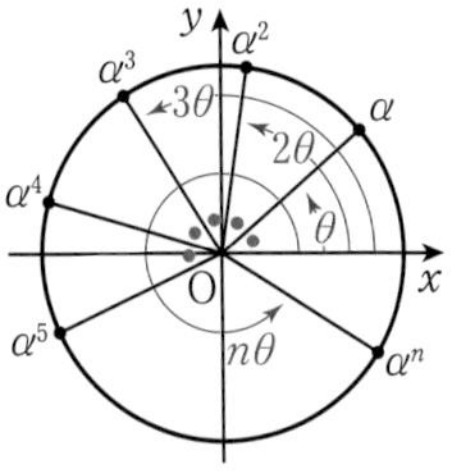


$\alpha$を1つ掛けるごとに偏角が$\theta$ずつ増えるので，$n$回掛けると，偏角は$n\theta$となる。

よくできた。$n=1$，2，3，…と考えてきたわけだから，$n$が自然数のときに成り立つということだ。

これをド・モアブルの定理という。

**ポイント**　[ド・モアブルの定理]　覚え得

$n$が整数のとき

$$\boldsymbol{(\cos\theta+i\sin\theta)^n=\cos n\theta+i\sin n\theta}$$

## 基本例題 71　複素数の $n$ 乗の値

$(\sqrt{3}+i)^6$ の値を求めよ。

**ねらい**
ド・モアブルの定理を使って，複素数の $n$ 乗を求めること。

**解法ルール** 複素数を極形式で表してから，ド・モアブルの定理 $(\cos\theta+i\sin\theta)^n=\cos n\theta+i\sin n\theta$ を利用。

**解答例** $|\sqrt{3}+i|=\sqrt{(\sqrt{3})^2+1^2}=2$

$$\sqrt{3}+i=2\left(\frac{\sqrt{3}}{2}+\frac{1}{2}i\right)=2\left(\cos\frac{\pi}{6}+i\sin\frac{\pi}{6}\right)$$

よって　$(\sqrt{3}+i)^6=2^6\left(\cos\frac{\pi}{6}+i\sin\frac{\pi}{6}\right)^6$

$$=2^6(\cos\pi+i\sin\pi)$$

$$=64(-1+0\cdot i)=\mathbf{-64}$$ …答

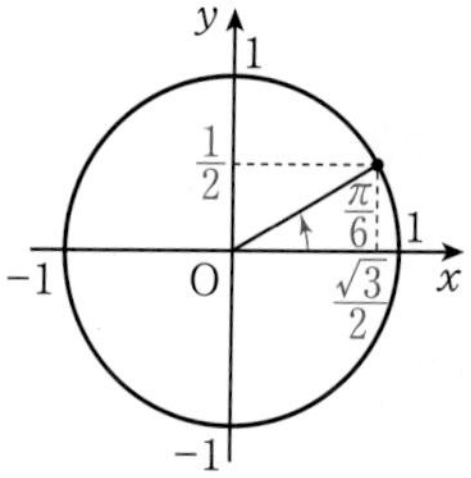


**類題 71** 次の複素数の値を求めよ。

(1) $(1+i)^8$　　(2) $(1-\sqrt{3}i)^{-4}$

## 基本例題 72　1の3乗根

方程式 $z^3=1$ を解け。

テストに出るぞ！

**ねらい**
ド・モアブルの定理を使って，1の3乗根を求めること。

**解法ルール**
1. $z=r(\cos\theta+i\sin\theta)$ とおく。
2. 等式に代入して，両辺を比較する。

**解答例** $z=r(\cos\theta+i\sin\theta)$ とおき，$z^3=1$ に代入すると

$$r^3(\cos\theta+i\sin\theta)^3=1$$

$$r^3(\cos3\theta+i\sin3\theta)=1(\cos0+i\sin0)$$

両辺を比較して

- 絶対値は　$r^3=1$　　$r>0$ より　$r=1$
- 偏角は　$3\theta=0+2k\pi$（$k$ は整数）

$\theta=\frac{2k}{3}\pi$　　$0\leqq\theta<2\pi$ より　$k=0,\ 1,\ 2$

$$z_0=1\cdot(\cos0+i\sin0)=1$$

$$z_1=1\cdot\left(\cos\frac{2}{3}\pi+i\sin\frac{2}{3}\pi\right)=-\frac{1}{2}+\frac{\sqrt{3}}{2}i$$

$$z_2=1\cdot\left(\cos\frac{4}{3}\pi+i\sin\frac{4}{3}\pi\right)=-\frac{1}{2}-\frac{\sqrt{3}}{2}i$$

よって　$\boldsymbol{z=1,\ -\frac{1}{2}\pm\frac{\sqrt{3}}{2}i}$ …答

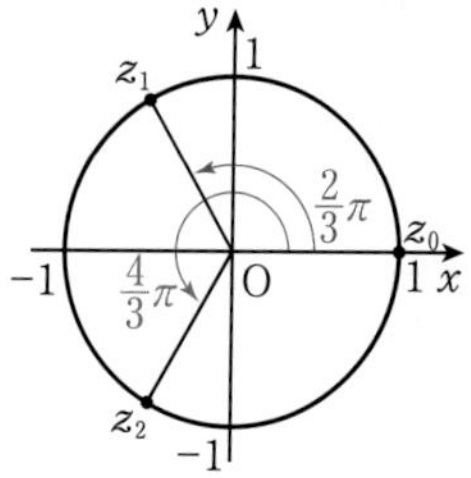


●$z^3=1$ の3つの解は，半径1の円周の三等分点になっている。
●$x^3=1$ の解との比較
$x^3=1$ より
$(x-1)(x^2+x+1)=0$
$x=1,\ \frac{-1\pm\sqrt{3}i}{2}$
結果は一致する。

**類題 72** 次の方程式を解け。

(1) $z^3=-1$　　(2) $z^4=16$　　(3) $z^3=i$

# 5 図形と複素数

複素数平面上では，1つの点に1つの複素数が対応し，原点からの距離は，その複素数の絶対値で表された。

また，点を一定方向に移動するには，複素数を加え，原点のまわりに一定の角だけ回転するには，複素数を掛ければよかった。ここでは，複素数平面上の図形の性質を，複素数の計算と結びつけて考えてみることにしよう。

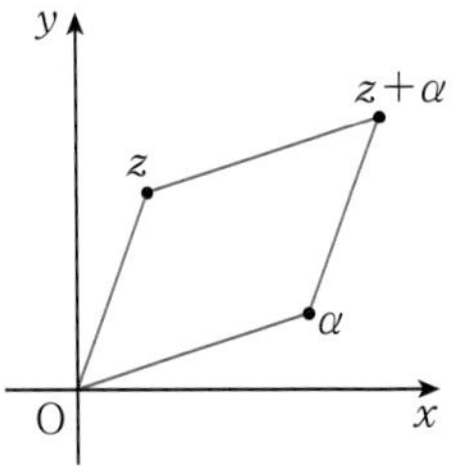

## ● 2点間の距離

2点 $A(z_1)$，$B(z_2)$ 間の距離は次のように考えられる。

$$z_2 = z_1 + (z_2 - z_1)$$

であるから，点 B は点 A を $z_2 - z_1$ だけ移動した点である。

したがって $AB = |z_2 - z_1|$

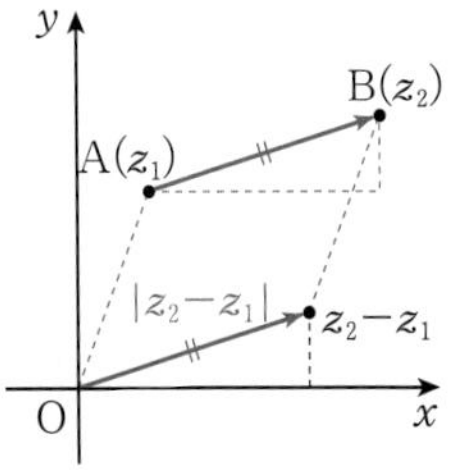

**ポイント** [2点間の距離]

> 2点 $A(z_1)$，$B(z_2)$ 間の距離
>
> $$AB = |z_2 - z_1|$$

覚え得

## ● 線分の分点

2点 $A(z_1)$，$B(z_2)$ を結ぶ線分 AB を $m:n$ に分ける点 $P(z)$ について も，右の図のように

$$z = z_1 + (z - z_1)$$

$$= z_1 + \frac{m}{m+n}(z_2 - z_1) = \frac{nz_1 + mz_2}{m+n}$$

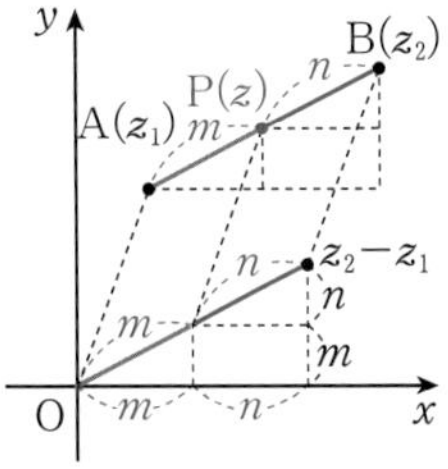

これは，分点の位置ベクトルに相当している。

$$\vec{p} = \frac{n\vec{a} + m\vec{b}}{m+n} \quad (mn > 0 \text{ のとき内分，} mn < 0 \text{ のとき外分})$$

**ポイント** [線分の内分点・外分点]

> 2点 $z_1$，$z_2$ を結ぶ線分を $m:n$ に分ける点 $P(z)$ は
>
> $$z = \frac{nz_1 + mz_2}{m+n} \quad \begin{pmatrix} mn > 0 \text{ のとき内分} \\ mn < 0 \text{ のとき外分} \end{pmatrix}$$
>
> 特に中点 $M(z)$ は $z = \dfrac{z_1 + z_2}{2}$

覚え得

分ける点はたすき掛け

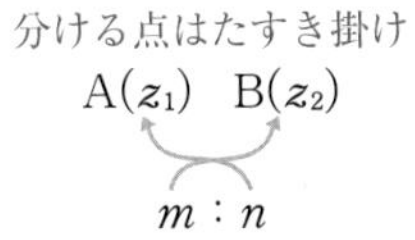

## 基本例題 73

**2点間の距離**

2点 $A(7-2i)$，$B(3+i)$ の間の距離を求めよ。

**ねらい**
複素数平面上の2点間の距離を求めること。

**解法ルール** 2点 $A(z_1)$，$B(z_2)$ 間の距離は　$AB=|z_2-z_1|$

$z=a+bi$ のとき　$|z|=\sqrt{a^2+b^2}$

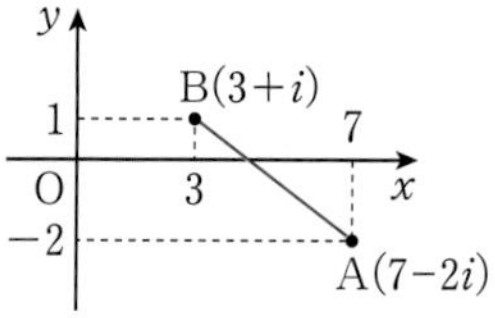


**解答例** $AB=|(3+i)-(7-2i)|$

$=|-4+3i|$

$=\sqrt{(-4)^2+3^2}=\mathbf{5}$　…答

**類題 73** 次の2点間の距離を求めよ。

(1) $A(3-2i)$，$B(-9+3i)$　　(2) $P(2+5i)$，$Q(4-i)$

## 基本例題 74

**線分の内分点・外分点**

2つの複素数 $\alpha=3+i$，$\beta=-2-4i$ を表す複素数平面上の点をそれぞれ A，B とする。線分 AB を 2：3 の比に内分する点 P と外分する点 Q を表す複素数を求めよ。

テストに出るぞ！

**ねらい**
分点の公式を適用して，内分点・外分点を表す複素数を求めること。

**解法ルール** 2点 $z_1$，$z_2$ を結ぶ線分を $m：n$ に分ける点 $P(z)$ は

$$z=\frac{nz_1+mz_2}{m+n}$$

**$m：n$ に外分するときは，$n$ を $-n$ におき換える。**

**解答例** **内分点 P** を表す複素数は

$$\frac{3(3+i)+2(-2-4i)}{2+3}=\frac{5-5i}{5}=\mathbf{1-i}\quad\cdots答$$

**外分点 Q** を表す複素数は

$$\frac{-3(3+i)+2(-2-4i)}{2-3}=-(-13-11i)=\mathbf{13+11i}\quad\cdots答$$

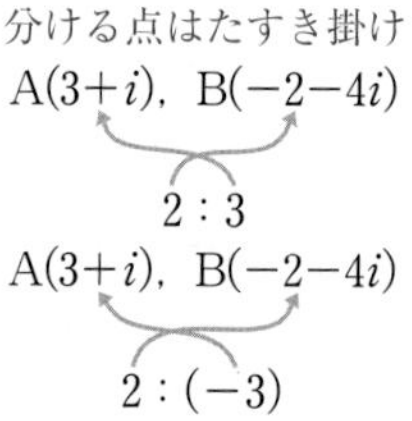

複素数平面上の $A(3+i)$，$B(-2-4i)$ に対応する位置ベクトルは，$\overrightarrow{OA}=(3,\ 1)$，$\overrightarrow{OB}=(-2,\ -4)$ なので

$$\overrightarrow{OP}=\frac{3(3,\ 1)+2(-2,\ -4)}{2+3}=\frac{1}{5}(5,\ -5)=(1,\ -1)$$

$$\overrightarrow{OQ}=\frac{-3(3,\ 1)+2(-2,\ -4)}{2-3}=-(-13,\ -11)=(13,\ 11)$$

みんなは，複素数の計算と位置ベクトルの計算とどちらが得意？

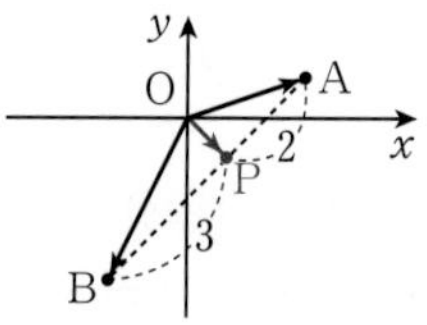


**類題 74** 2点 $P(1+2i)$，$Q(3-i)$ がある。線分 QP を 3：2 の比に内分する点 A と外分する点 B を表す複素数を求めよ。

## 基本例題 75　三角形の重心

3点 $A(\alpha)$，$B(\beta)$，$C(\gamma)$ を頂点とする△ABCの重心Gを表す複素数を求めよ。

テストに出るぞ！

**ねらい**
三角形の重心を表す複素数を求めること。

**解法ルール** 辺BCの中点をMとするとき，三角形ABCの重心Gは中線AMを $2:1$ の比に内分する。

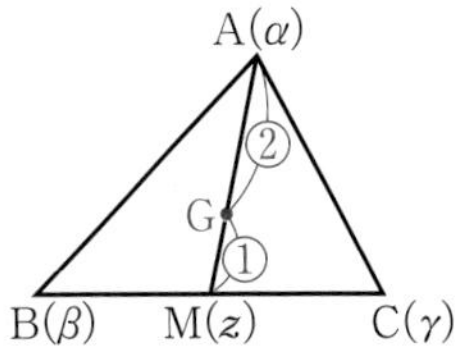


**解答例** 辺BCの中点Mを表す複素数を $z$ とすると　$z=\dfrac{\beta+\gamma}{2}$

重心Gは中線AMを $2:1$ の比に内分するので，Gを表す複素数は

$$\frac{1\cdot\alpha+2\cdot z}{2+1}=\frac{1}{3}\left(\alpha+2\cdot\frac{\beta+\gamma}{2}\right)=\boldsymbol{\frac{1}{3}(\alpha+\beta+\gamma)}\quad\cdots\text{答}$$

**類題 75** △ABCがある。辺AB，BC，CAを $1:2$ の比に内分する点をそれぞれP，Q，Rとするとき，△ABCと△PQRの重心は一致することを証明せよ。

## 基本例題 76　絶対値記号を含む方程式の表す図形

次の方程式は，複素数平面上でどのような図形を表すか。

(1) $|z|=2$　　(2) $|z+2i|=3$　　(3) $|z-2|=|z+2i|$

テストに出るぞ！

**ねらい**
絶対値を含む方程式を満たす $z$ の描く図形を求めること。

**解法ルール** 点 $z$ を複素数平面上の動点と考え，点 $z$ の描く図形をみつける。**$|z-\alpha|$ は点 $\alpha$ と点 $z$ 間の距離を表す。**

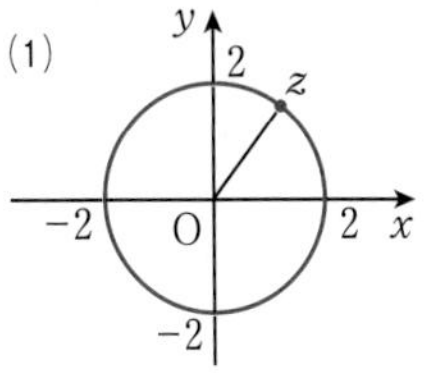


**解答例** (1) $|z|=2$ は，原点Oから動点 $z$ までの距離が2であることを表すので，点 $z$ はOを中心とする半径2の円を描く。

答 **原点を中心とする半径2の円**

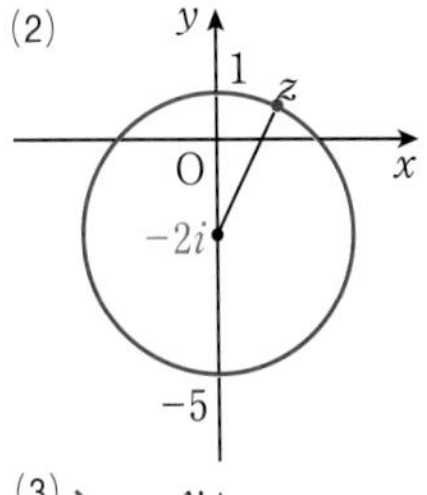


(2) $|z+2i|=3$ より　$|z-(-2i)|=3$

点 $-2i$ から動点 $z$ までの距離が3であるので，点 $z$ は点 $-2i$ を中心とする半径3の円を描く。

答 **点 $-2i$ を中心とする半径3の円**

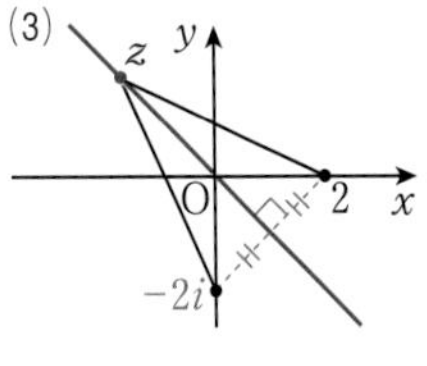


(3) $|z-2|$ は点2からの距離，$|z+2i|=|z-(-2i)|$ は，点 $-2i$ からの距離を表すから，点 $z$ は2定点2，$-2i$ から等距離。したがって，点 $z$ は点2と点 $-2i$ を結ぶ線分の垂直二等分線を描く。

答 **点2と点 $-2i$ を結ぶ線分の垂直二等分線**

**類題 76** 次の方程式は，複素数平面上でどのような図形を表すか。

(1) $|2z+1-i|=4$　　(2) $|\overline{z}|=|z-1-i|$

## 応用例題 77　方程式の表す図形（条件式がある場合）

$w=1+2iz$ とする。$|z|=1$ のとき，複素数 $w$ を表す点Pはどのような図形上にあるか。

テストに出るぞ！

**ねらい**
条件式があるとき，方程式の表す図形を求めること。

**解法ルール** 点 $P(w)$ を動点とみるとき，Pがどんな図形を描くかを調べる。そのためには，$w=1+2iz$ を $z$ について解き，$|z|=1$ に代入すればよい。

**解答例** $w=1+2iz$ より　$z=\dfrac{w-1}{2i}$

これを $|z|=1$ に代入すると

$\left|\dfrac{w-1}{2i}\right|=\dfrac{|w-1|}{|2i|}$ だよ！

$\left|\dfrac{w-1}{2i}\right|=1$　　$|w-1|=|2i|$　　よって　$|w-1|=2$

したがって，複素数 $w$ の表す**点Pは点1を中心とする半径2の円周上にある。**…答

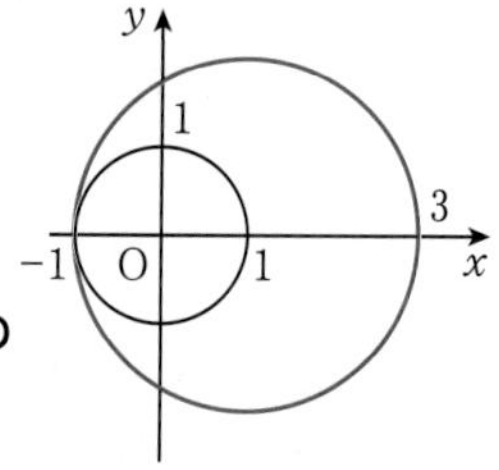

この問題で，$|z|=1$ より点 $z$ は原点を中心とする半径1の円周上にあることはわかるね。この円周上の点 $z$ を，$w=1+2iz$ という条件式を満たすように移してやると，それは，点1を中心とする半径2の円を描くということなのだ。その移動のさせ方は

$w=z\cdot 2i+1$ からわかるように，「**点 $z$ を原点のまわりに $\dfrac{\pi}{2}$ だけ回転し，さらに2倍に拡大したあと，実軸方向に1だけ移動する**」ということだよ。

**類題 77-1** $|z|=3$ のとき，複素数 $w=2-iz$ を表す点Pはどのような図形上にあるか。

**類題 77-2** 点 $z$ が原点Oを中心とする半径1の円を描くとき，次の式で表される点 $w$ はそれぞれどのような図形を描くか。

(1) $w=\dfrac{1}{z}$　　　(2) $w=\dfrac{1+i}{z}$

## 課題学習　アポロニウスの円

$m \neq n$ のとき，2点からの距離の比が $m:n$ である点の軌跡は，2点を結ぶ線分を $m:n$ に内分，外分する点を直径の両端とする円であることが，アポロニウス（紀元前262～200年頃）によって発見されました。

（問題）$|z-2i|=2|z+i|$ を満たす点は，複素数平面上でどのような図形を表すか。

（解）$\dfrac{|z-2i|}{|z+i|}=\dfrac{2}{1}$ より，点 $z$ は $A(2i)$，$B(-i)$ からの距離の比が $2:1$ なので，ABを $2:1$ の比に内分する点0，外分する点 $-4i$ を直径の両端とする円を描く。

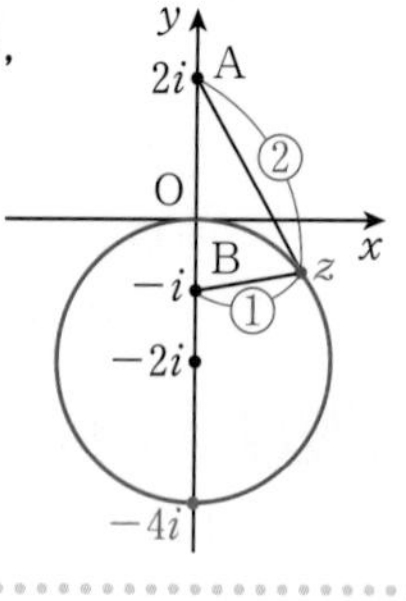

## ● $\dfrac{z_2 - z_0}{z_1 - z_0}$ の表す図形

複素数平面上に3点A，B，Cが与えられたとき，この3点で△ABCがつくられる場合はどのような三角形か。また，3点A，B，Cが一直線上にある場合は，どのような条件になっているかを調べてみよう。

3点A$(z_0)$，B$(z_1)$，C$(z_2)$が与えられたとき，

**(i) 右の図のように△ABCがつくられる場合**

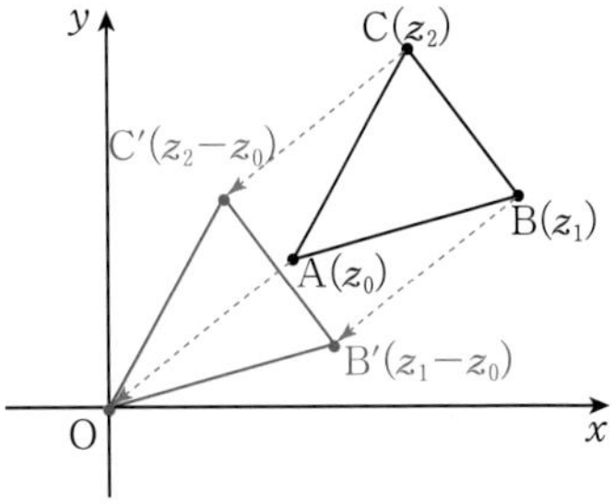


点Aを原点Oに移す平行移動をすると，
点Bは点B′$(z_1-z_0)$に，点Cは点C′$(z_2-z_0)$に移る。△ABC≡△OB′C′だから，△ABCの形は△OB′C′の形を調べればよい。
2辺AB，ACの長さはそれぞれ

$$AB=OB'=|z_1-z_0|,\quad AC=OC'=|z_2-z_0|$$

で表される。

また　$\angle BAC=\angle B'OC'=\arg(z_2-z_0)-\arg(z_1-z_0)=\arg\dfrac{z_2-z_0}{z_1-z_0}$

したがって，$\dfrac{z_2-z_0}{z_1-z_0}=r(\cos\theta+i\sin\theta)$ を調べると，2辺の比は　$\dfrac{AC}{AB}=\dfrac{r}{1}$，$\angle BAC=\theta$

よって，2辺の比とその間の角がわかり，△ABCの形状がわかる。

**(ii) 3点A，B，Cが一直線上にあるとき**

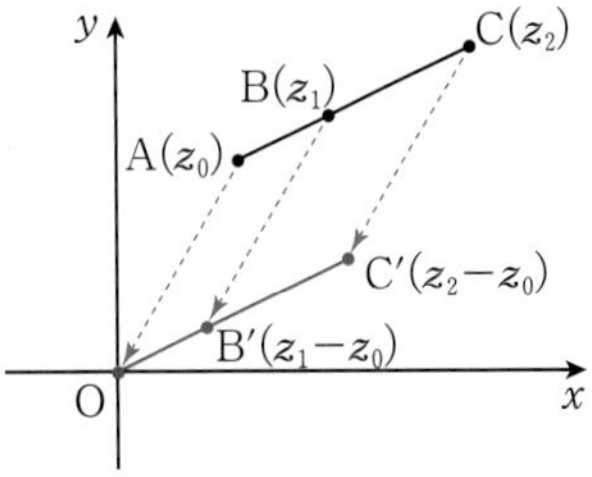


(i)と同様に，点Aを原点Oに移す平行移動をすると，
O，B′，C′は同一直線上にある。
よって　$\arg(z_2-z_0)=\arg(z_1-z_0)$
または　$\arg(z_2-z_0)=\arg(z_1-z_0)+\pi$

よって，$\arg\dfrac{z_2-z_0}{z_1-z_0}=0,\ \pi$ だから，$\dfrac{z_2-z_0}{z_1-z_0}$ は実数となる。

**ポイント**　[3点A，B，Cの位置関係]　覚え得

3点A$(z_0)$，B$(z_1)$，C$(z_2)$の位置関係は

$$w=\frac{z_2-z_0}{z_1-z_0}=r(\cos\theta+i\sin\theta)\iff\frac{AC}{AB}=r,\ \angle BAC=\theta$$

で判定する。特に，

$w$ が純虚数 $\left(\theta=\dfrac{\pi}{2}+n\pi：n\text{ は整数}\right)$ のとき　AB⊥AC

$w$ が実数（$\theta=n\pi：n$ は整数）のとき，A，B，Cは一直線上にある。

## 応用例題 78　3点の位置関係

$A(z_0)$, $B(z_1)$, $C(z_2)$ とする。$\dfrac{z_2-z_0}{z_1-z_0}$ が次の複素数で表されるとき，3点A，B，Cの位置関係を調べよ。

(1) $\dfrac{z_2-z_0}{z_1-z_0}=1+\sqrt{3}i$　(2) $\dfrac{z_2-z_0}{z_1-z_0}=2i$　(3) $\dfrac{z_2-z_0}{z_1-z_0}=3$

**ねらい**
3点の位置関係を求めること。

**解法ルール** $\dfrac{z_2-z_0}{z_1-z_0}=r(\cos\theta+i\sin\theta)$ のとき

$$\frac{\mathrm{AC}}{\mathrm{AB}}=r,\ \angle\mathrm{BAC}=\theta$$

← $\left|\dfrac{z_2-z_0}{z_1-z_0}\right|=r$ より $\dfrac{\mathrm{AC}}{\mathrm{AB}}=r$

$\angle\mathrm{BAC}$
$=\arg\dfrac{z_2-z_0}{z_1-z_0}=\theta$

**解答例** (1) $|1+\sqrt{3}i|=\sqrt{1^2+(\sqrt{3})^2}=2$ より

$$1+\sqrt{3}i=2\left(\frac{1}{2}+\frac{\sqrt{3}}{2}i\right)=2\left(\cos\frac{\pi}{3}+i\sin\frac{\pi}{3}\right)$$

$$\frac{\mathrm{AC}}{\mathrm{AB}}=\frac{|z_2-z_0|}{|z_1-z_0|}=2,\ \angle\mathrm{BAC}=\frac{\pi}{3}$$

したがって，**AB：AC＝1：2，$\angle\mathrm{BAC}=\dfrac{\pi}{3}$ の直角三角形をなす。** …答

(1)
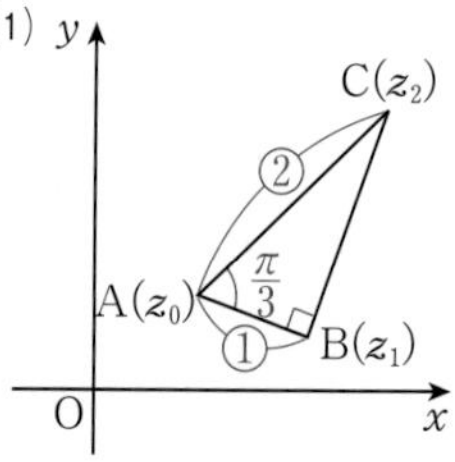


(2) $2i=2\left(\cos\dfrac{\pi}{2}+i\sin\dfrac{\pi}{2}\right)$ より

$$\frac{\mathrm{AC}}{\mathrm{AB}}=2,\ \angle\mathrm{BAC}=\frac{\pi}{2}$$

したがって，**AB：AC＝1：2，$\angle\mathrm{BAC}=\dfrac{\pi}{2}$ の直角三角形をなす。** …答

(2)
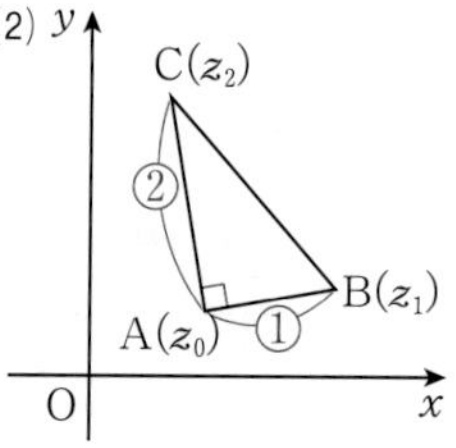


(3) $3=3(\cos 0+i\sin 0)$ より

$$\frac{\mathrm{AC}}{\mathrm{AB}}=3,\ \angle\mathrm{BAC}=0$$

したがって，**A，B，Cの順に一直線上にあり AC＝3AB である。** …答

(3)
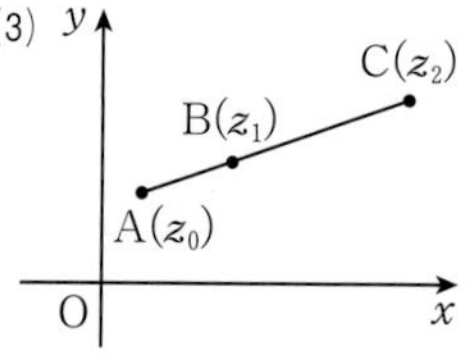

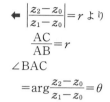

**(注意)**

(2) ACはABに純虚数 $2i$ を掛けたもの。

⟺ Cは，Aを中心にBを $\dfrac{\pi}{2}$ だけ回転させ，さらにAからの距離を2倍した点。

(3) ACはABに実数3を掛けたもの。⟺ Cは，ABの延長上 AC＝3AB となる点。

**類題 78** $A(z_0)$, $B(z_1)$, $C(z_2)$ とする。$\dfrac{z_2-z_0}{z_1-z_0}$ が次の複素数で表されるとき，3点A，B，Cの位置関係を調べよ。

(1) $\dfrac{z_2-z_0}{z_1-z_0}=-1+i$　(2) $\dfrac{z_2-z_0}{z_1-z_0}=-3i$　(3) $\dfrac{z_2-z_0}{z_1-z_0}=-2$

# 定期テスト予想問題 解答→p. 19~23

**1** 複素数平面上に，2 点 A($\alpha$)，B($\beta$) が右の図のように与えられているとき，次の複素数を表す点を図示せよ。

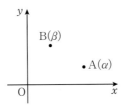

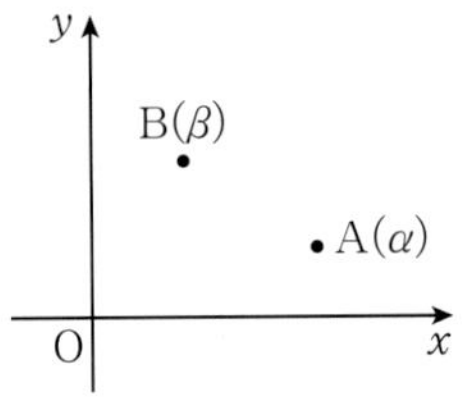


(1) $\alpha+2\beta$　　(2) $\dfrac{1}{3}(2\alpha-\beta)$

(3) $\overline{\alpha}$

**2** $|\alpha+\beta|^2+|\alpha-\beta|^2$ を簡単にせよ。

**3** 次の複素数を極形式で表せ。

(1) $-i$　　(2) $1-i+\dfrac{2(1+i)}{1-i}$

**4** $z=r(\cos\theta+i\sin\theta)$ のとき，次の複素数を極形式で表せ。

(1) $\dfrac{1}{z}$　　(2) $-2z$

**5** $z_1=\sqrt{3}+i$，$z_2=1+i$ とするとき，$z_1z_2$，$\dfrac{z_2}{z_1}$ の偏角を求めよ。

**6** 次の式を計算せよ。

(1) $(1+\sqrt{3}i)^6$　　(2) $\left(\dfrac{2+2i}{1-\sqrt{3}i}\right)^{12}$

**7** $z+\dfrac{1}{z}=\sqrt{3}$ を満たす複素数 $z$ を極形式で表せ。

（ただし，偏角 $\theta$ は $-\pi<\theta\leqq\pi$ とする。）

**8** $\theta=\dfrac{\pi}{30}$ のとき，$\dfrac{2(\cos3\theta+i\sin3\theta)(\cos5\theta+i\sin5\theta)}{\cos2\theta-i\sin2\theta}$ の値を求めよ。

## HINT

**1** 和を表す点は，平行四辺形の頂点。

**2** $|z|^2=z\overline{z}$

**3**，**4** $z=a+bi$ のとき $r=\sqrt{a^2+b^2}$ 極形式 $z=r(\cos\theta+i\sin\theta)$

**5** まず，$z_1$，$z_2$ を極形式で表す。

**6** ド・モアブルの定理を利用する。

**7** 両辺に $z$ を掛けてから，方程式を解く。

**8** 与式を1つの極形式で表してから $\theta=\dfrac{\pi}{30}$ を代入する。

**9** 次の方程式を解け。また，その解を複素数平面上に図示せよ。

(1) $z^4=-1$　　(2) $z^4=-\dfrac{1}{2}-\dfrac{\sqrt{3}}{2}i$

**9** $z=r(\cos\theta+i\sin\theta)$ とおき，$r$，$\theta$ を求める。

**10** 3点 A$(6-i)$，B$(3+2i)$，C$(x+i)$ がある。次の条件を満たすように $x$ の値を定めよ。

(1) 3点 A，B，C が一直線上にある。

(2) AB⊥AC

**10** $w=\dfrac{z_2-z_0}{z_1-z_0}$ とするとき

(1) $w$ は実数

(2) $w$ は純虚数

**11** 3点 A$(4-i)$，B$(3+2i)$，C$(i)$ があるとき，△ABC はどのような三角形か。

**12** 3つの複素数 $(\sqrt{3}+1)+i$，$2+(2+\sqrt{3})i$，$(2+\sqrt{3})+2i$ の表す点をそれぞれ A，B，C とする。△ABC はどのような三角形か。

**11**，**12** A$(z_0)$，B$(z_1)$，C$(z_2)$ のとき $\dfrac{z_2-z_0}{z_1-z_0}$ を極形式で表す。

**13** 条件 $|z+2|=2|z-1|$ を満たす点 $z$ の描く図形を求めよ。

**13** 絶対値とあれば2乗する。$|z|^2=z\cdot\overline{z}$

**14** $z$ が，中心が原点で半径が1の円周上を動くとき，次の複素数 $w$ の表す点はどのような図形を描くか。

(1) $w=i(3z+1)$　　(2) $w=\dfrac{z+\sqrt{2}i}{1+i}$　　(3) $w=\dfrac{z+i}{z+1}$

**14** ① 与えられた式を $z=\cdots$ と変形する。
② 両辺の絶対値をとり $|z|=1$ を利用。
③ 得られた絶対値の式から図形を読み取る。

**15** △ABC の外側に，辺 AB，CA を1辺とする正方形 ABDE と正方形 AGFC を作るとき，

CE＝BG，CE⊥BG

であることを証明せよ。

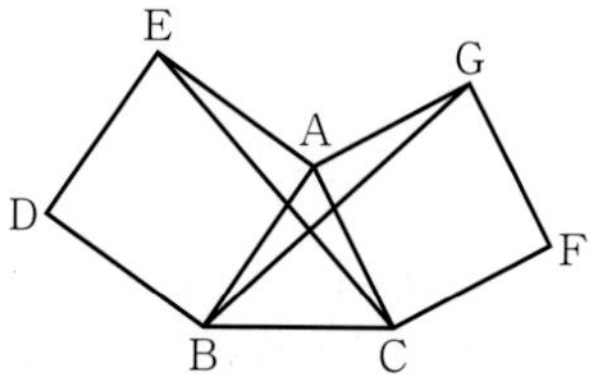


**15** E は B を A のまわりに $-\dfrac{\pi}{2}$ だけ回転，G は C を A のまわりに $\dfrac{\pi}{2}$ だけ回転したものと考えられる。

# 3章

# 式と曲線 数学C

# 1節　2次曲線

## 1　放物線

### ● 放物線って何なんだ？

右の**円の細い実線は定点Fを中心とする同心円**で，半径は，最小の円を1として1ずつ大きくなっている。また，**縦の細い実線は幅が1の平行線で，各円に接する**ようにかいてある。ここで，特別な直線として直線 $l$ をとって，FOの中点から出発して円周と縦の直線の交点を通る曲線をかく。すると**放物線**がかける。

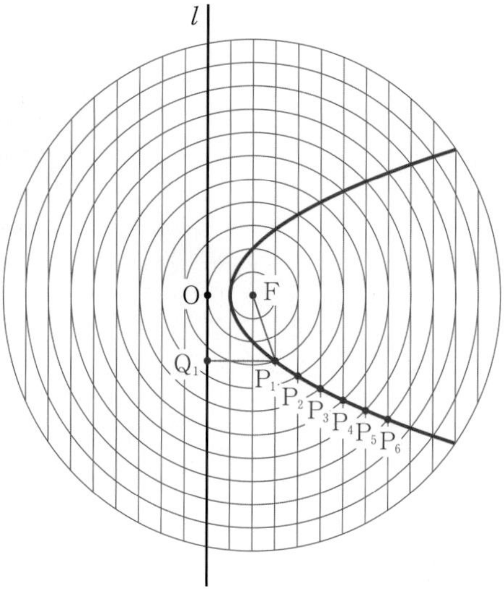

$Q_1$ は放物線上の点 $P_1$ から直線 $l$ に引いた垂線との交点ですね。$P_1Q_1$ を引いたのはどういうわけなんだろう。

わかった。$P_1Q_1$ の長さは3になるし，
$P_1F$ の長さも3になるので，$P_1Q_1=P_1F$ となっているんですね。

そうなんだ。この $P_1Q_1$ の長さを，点 $P_1$ と直線 $l$ との距離というんだ。同様に，放物線上の点 $P_2$，$P_3$，…，$P_6$ と直線 $l$ との距離，および点Fまでの距離を表にすると下のようになる。

⬅ 点と直線との距離は，その点から直線に引いた垂線の長さで表す。

| | $P_1$ | $P_2$ | $P_3$ | $P_4$ | $P_5$ | $P_6$ |
|---|---|---|---|---|---|---|
| $l$ との距離 | 3 | 4 | 5 | 6 | 7 | 8 |
| Fまでの距離 | 3 | 4 | 5 | 6 | 7 | 8 |

この距離が等しくなるように，上の同心円に接する平行な直線をかいた！

放物線上の点と，直線 $l$ との距離，点Fまでの距離はどれも等しくなっていますね。

そうなんだ。**放物線というのは，直線 $l$ と点Fからの距離が等しい点が集まってできているんだ。**数学的には，このことを「**放物線は，定点Fと定直線 $l$ からの距離が等しい点の軌跡(きせき)である**」という。

**ポイント**

[放物線の定義]

① 定点 F と定直線 $l$ からの距離が等しい点の軌跡。右の図で　PF＝PH

② F を焦点（しょうてん），$l$ を準線（じゅんせん）という。

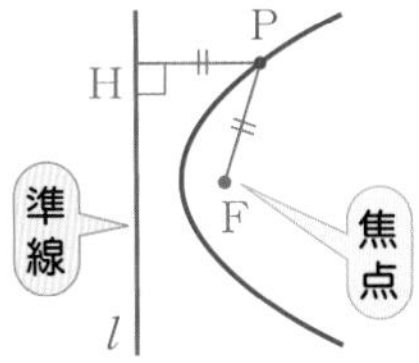


覚え得

## これも知っ得　放物線をうまくかくには？

こんどは，実際に放物線をかいてみよう。大きな紙と糸，画びょう，三角定規（じょうぎ），直線定規，固定するためのテープを用意する。

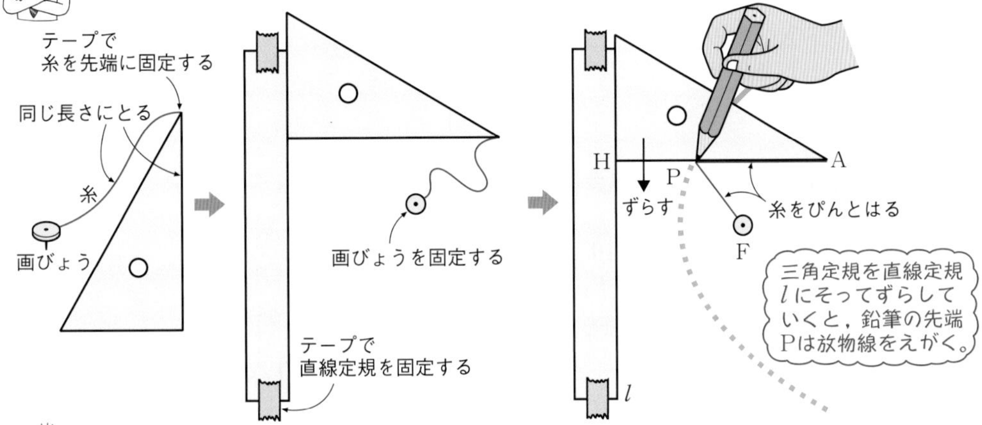

AH と糸の長さが等しくて，AP の部分が重なっているから，**PF＝PH** となって放物線になるわけですね。

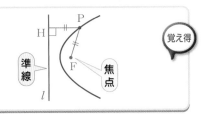

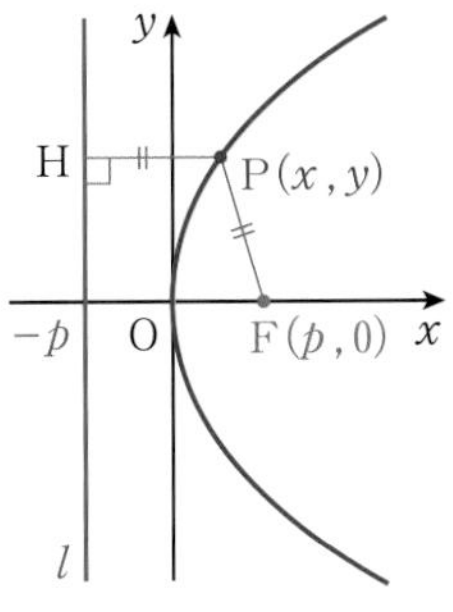


**原点 O：頂点**
**直線 OF：軸**

右の図のように，直線 $l$ と点 F のまん中の直線を $y$ 軸にとり，$x$ 軸は F を通るようにとって，$F(p,\ 0)$ として PF＝PH から放物線の方程式を求めてみよう。

$P(x,\ y)$ とすると

$PF=\sqrt{(x-p)^2+y^2}$，$PH=|x-(-p)|=|x+p|$ だから

$\sqrt{(x-p)^2+y^2}=|x+p|$

両辺を 2 乗すると　$(x-p)^2+y^2=(x+p)^2$

展開して整理すると $\boldsymbol{y^2=4px}$（これを**放物線の標準形**という）となる。

これが**放物線の方程式**である。まとめておこう。

**ポイント**

[放物線の方程式]

**焦点 $F(p,\ 0)$，準線 $l$：$x=-p$ の放物線**の方程式は　$\boldsymbol{y^2=4px}$

覚え得

## 基本例題 79　放物線の焦点と準線

次の放物線の焦点および準線を求めよ。

(1) $y^2=-x$　　　(2) $x^2=3y$

**ねらい**
放物線の標準形の式から，焦点の座標，準線の方程式を求めること。

**解法ルール**

$y^2=4p\,x$　（$x$ のときは $x$ に）
焦点 $\mathrm{F}(p,\ 0)$
準線 $l$：$x=-p$

$x^2=4p\,y$　（$y$ のときは $y$ に）
焦点 $\mathrm{F}(0,\ p)$
準線 $l$：$y=-p$

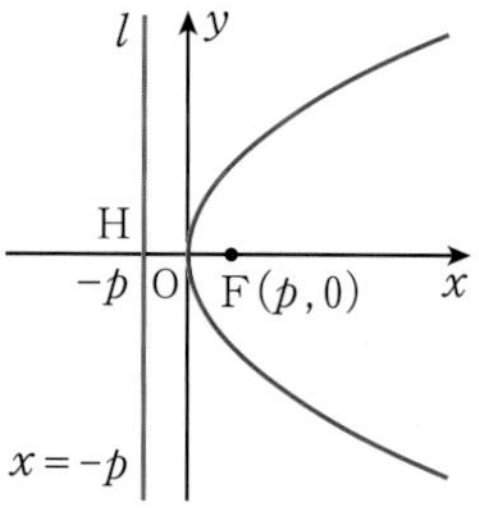


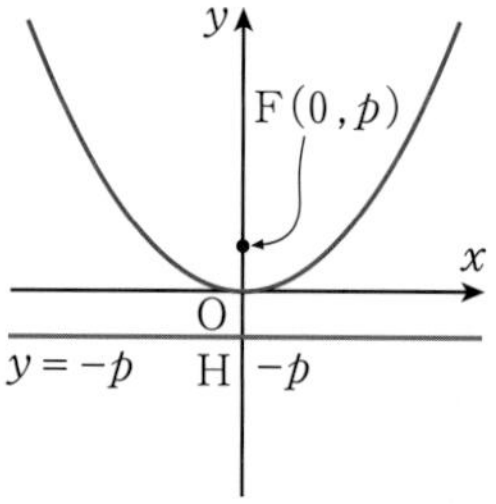


● $y^2=ax$ を標準形に変形するには

$y^2=④\times\dfrac{a}{④}x$　（4を掛けて，4で割る）

（掛けて割るともとと同じ）

⬇

焦点 $\left(\dfrac{a}{4},\ 0\right)$

準線 $x=-\dfrac{a}{4}$

**解答例** (1) $y^2=4\left(-\dfrac{1}{4}\right)x$ より **焦点** $\left(-\dfrac{1}{4},\ 0\right)$，**準線** $x=\dfrac{1}{4}$ …答

(2) $x^2=4\cdot\dfrac{3}{4}y$ より **焦点** $\left(0,\ \dfrac{3}{4}\right)$，**準線** $y=-\dfrac{3}{4}$ …答

**類題 79** 次の放物線の焦点，準線を求め，その概形をかけ。

(1) $y^2=16x$　　　(2) $3y+x^2=0$

## 基本例題 80　放物線の方程式と概形

次の放物線の方程式を求め，その概形をかけ。

(1) 焦点 $(3,\ 0)$，準線 $x=-3$　　(2) 頂点 $(0,\ 0)$，準線 $y=-2$

**ねらい**
放物線の焦点や頂点と準線から放物線の方程式を求めること。

**解法ルール** 焦点 $(\boldsymbol{p},\ 0)$，準線 $\boldsymbol{x=-p} \Longrightarrow \boldsymbol{y^2=4px}$

焦点 $(0,\ \boldsymbol{p})$，準線 $\boldsymbol{y=-p} \Longrightarrow \boldsymbol{x^2=4py}$

**解答例** (1) 焦点 $(3,\ 0)$，準線 $x=-3$ より　$p=3$

$y^2=4\cdot3\cdot x$　　よって　$\boldsymbol{y^2=12x}$ …答

(2) 頂点 $(0,\ 0)$，準線 $y=-2$ より，

焦点は点 $(0,\ 2)$　　したがって　$p=2$

$x^2=4\cdot2\cdot y$　　よって　$\boldsymbol{x^2=8y}$ …答

答　**概形は右の図**

(1)

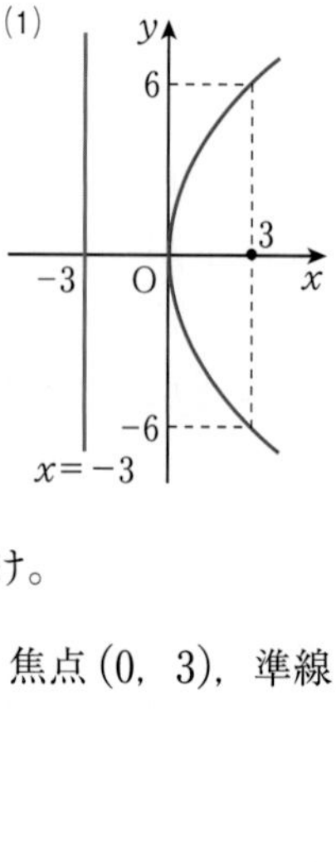


(2)

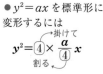

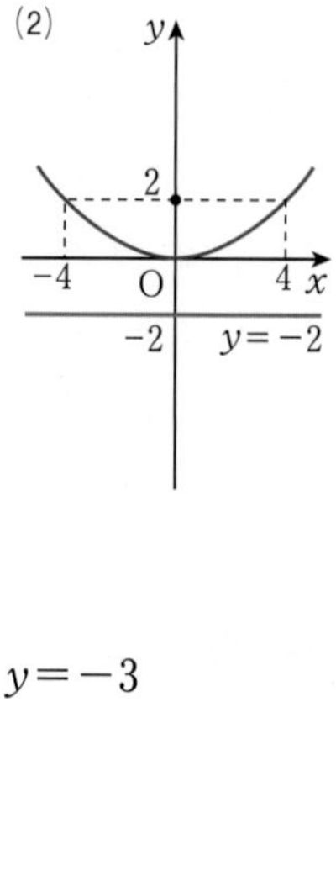


**類題 80** 次の放物線の方程式を求め，その概形をかけ。

(1) 焦点 $\left(-\dfrac{1}{2},\ 0\right)$，準線 $x=\dfrac{1}{2}$　　(2) 焦点 $(0,\ 3)$，準線 $y=-3$

## 基本例題 81　軌跡の求め方(1)

直線 $x=-3$ に接し，定点 A(3, 0) を通る円の中心 P の軌跡を求めよ。← 基本例題 80 (1)と表現の違いを比べよう。

テストに出るぞ！

**ねらい**
放物線の定義を理解し，軌跡を求めること。

**解法ルール**　**定点と定直線からの距離が等しい点の軌跡は放物線になる。**
ここでは題意に適する円をかいて，中心 P が満たす条件を見つける。

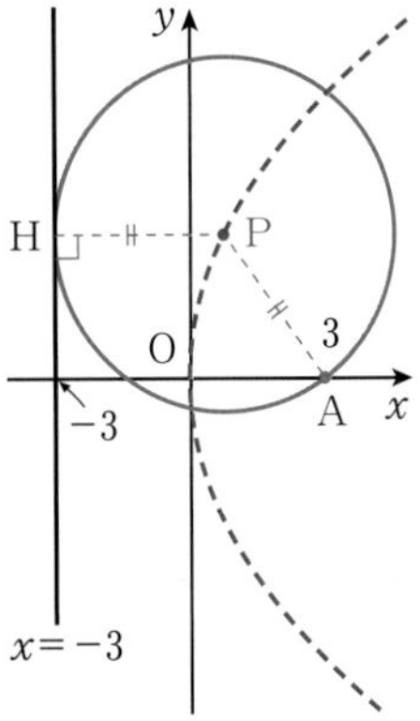


**解答例**　P を中心とする円と直線 $x=-3$ との接点を H とする。
この円は定点 A を通るので　PH=PA
つまり，点 P は直線 $x=-3$ と定点 A から等距離にある点である。
したがって，点 P の軌跡は焦点 A(3, 0)，準線 $x=-3$ の放物線になる。　　答　**放物線 $y^2=12x$**

**類題 81**　直線 $y=-3$ に接し，定点 A(0, 3) を通る円の中心 P の軌跡を求めよ。

## 応用例題 82　軌跡の求め方(2)

直線 $x=-1$ に接し，円 $(x-2)^2+y^2=1$ に外接する円の中心 P の軌跡を求めよ。

テストに出るぞ！

**ねらい**
放物線の定義に適する定点と定直線を見つけて，軌跡を求めること。

**解法ルール**　円 $(x-2)^2+y^2=1$ は，中心 C(2, 0)，半径 1 の円。
直線 $x=-1$ を $m$ とすると，右の図から
**直線 $m$ に接する $\iff$ PK=PM=$r$**（円の半径）
**円 $C$ に外接する $\iff$ PC=$r+1$**
PH=PK+1 より　PH=$r+1$
よって　PH=PC

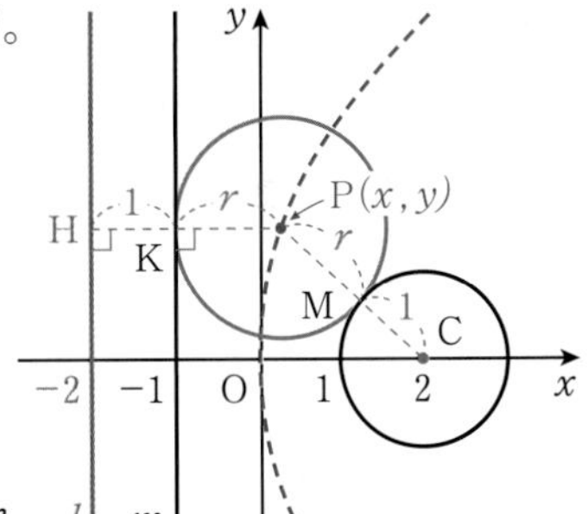


**解答例**　動円の中心を P($x$, $y$)，半径を $r$ とし，P から直線 $m$ に引いた垂線を PK とする。また，直線 $x=-2$ を $l$，点 P を中心とする円を $P$，円 $(x-2)^2+y^2=1$ を $C$ とする。
右上の図において，2 円 $P$, $C$ は外接し，その接点を M とすると
　　PC=PM+1=$r+1$　　（$r$ は円 $P$ の半径）
円 $P$ は直線 $m$ と接していることから
　　PH=PK+1=$r+1$
よって，PC=PH が成り立つ。これより，点 P の軌跡は焦点 (2, 0)，準線 $x=-2$ の放物線になる。　　答　**放物線 $y^2=8x$**

**類題 82**　$x$ 軸に接し，円 $x^2+(y-1)^2=1$ に外接する円の中心の軌跡を求めよ。

# 2 楕　円

## 楕円ってどんな曲線？

図の細い実線は，**点Fを中心とする同心円**と，**点F′を中心とする同心円**だよ。同心円の半径は，最小の円を1として1ずつ大きくしてある。

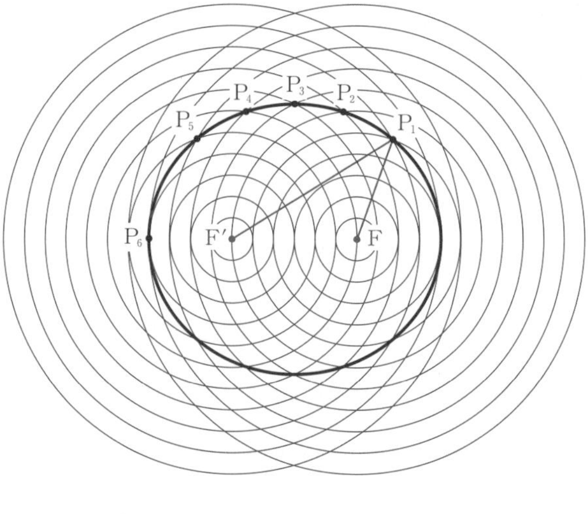

何か目がまわりそうだけど，図の太い曲線が楕円になるわけですね。

そう。そこで図の $P_1$ から F，F′ までの距離を調べてみよう。

$P_1$ は，F から5個目の円周上にあるから，$P_1F=5$，F′ から9個目の円周上にあるから $P_1F'=9$ です。

同じように，$P_2$，$P_3$，…，$P_6$ をとって，F，F′ からの距離を求めると，右の表のようになるよ。これを見て何か気づかないかな？

| | $P_1$ | $P_2$ | $P_3$ | $P_4$ | $P_5$ | $P_6$ |
|---|---|---|---|---|---|---|
| 点Fから | 5 | 6 | 7 | 8 | 9 | 10 |
| 点F′から | 9 | 8 | 7 | 6 | 5 | 4 |

わかった！　F からの距離と F′ からの距離の和が，どれも14になっています。

その通り！　一般に，**楕円**上の点は，**2点F，F′からの距離の和が一定になっているんだ。**

**ポイント**　覚え得

**[楕円の定義]**

① **2定点F，F′からの距離の和が一定である点の軌跡。**

右の図で，**PF＋PF′が一定。**

② 2定点F，F′を**焦点**という。

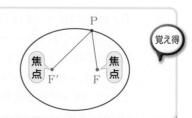

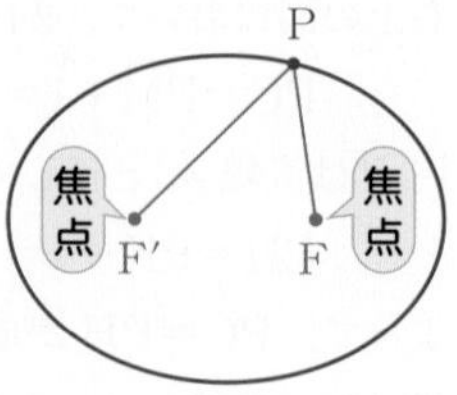

## これも知っ得　楕円は簡単にかける？

楕円をかくにはどうすればよいかを考えてみよう。準備するのは，画びょう 2 個と糸だけでいいんだよ。

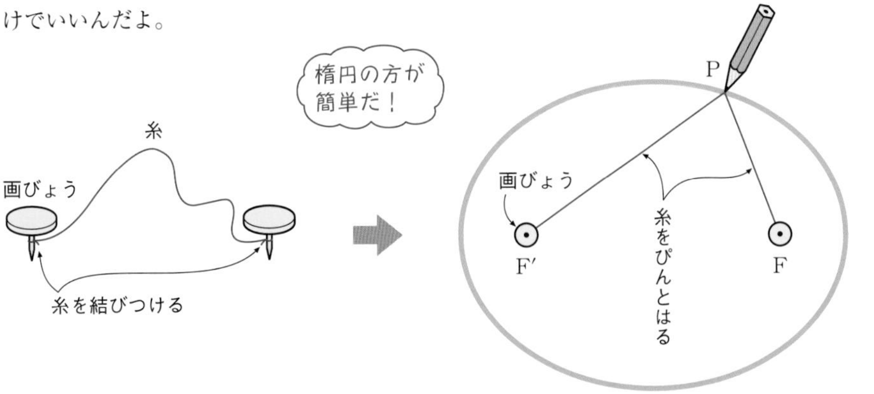

糸の長さは一定だから，2 点 F，F′ からの距離の和 **PF＋PF′ が一定**になっていることがよくわかる。2 つの画びょうが焦点というわけですね。

2 つの画びょうの距離を近づけると楕円は円に近くなり，F と F′ が一致すると円になるんですね。

楕円の方程式を求めてみよう。

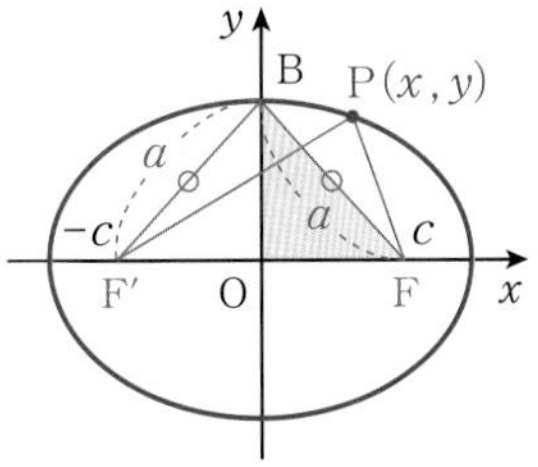


右の図のように，F，F′ を $x$ 軸上にとり，その座標を $(c,\ 0)$，$(-c,\ 0)$ とおき，楕円上の点を $\mathrm{P}(x,\ y)$ とする。

$\mathrm{PF}+\mathrm{PF'}=2a$（一定）とすると，$a$ は図の $\mathrm{BF}(=\mathrm{BF'})$ の長さを表すので　$a>c>0$

$\mathrm{PF}+\mathrm{PF'}=2a$ を式で表すと

$$\sqrt{(x-c)^2+y^2}+\sqrt{(x+c)^2+y^2}=2a$$

$\sqrt{(x+c)^2+y^2}=2a-\sqrt{(x-c)^2+y^2}$ と変形して，両辺を 2 乗すると

$$(x+c)^2+y^2=4a^2-4a\sqrt{(x-c)^2+y^2}+(x-c)^2+y^2$$

展開して整理すると　$a\sqrt{(x-c)^2+y^2}=a^2-cx$

再び両辺を 2 乗すると　$a^2\{(x-c)^2+y^2\}=a^4-2a^2cx+c^2x^2$

展開して整理すると　$(a^2-c^2)x^2+a^2y^2=a^2(a^2-c^2)$

$a^2-c^2=b^2\ (b>0)$ とおくと　$b^2x^2+a^2y^2=a^2b^2$

両辺を $a^2b^2$ で割ると　$\boldsymbol{\dfrac{x^2}{a^2}+\dfrac{y^2}{b^2}=1}$

これが**楕円の方程式**である。次のページのようにまとめておこう。

⬅ $a^2-c^2=b^2$ とおくと，三平方の定理より $\mathrm{OB}=b$ である。
また，$a>b>0$ である。

**ポイント** [楕円の方程式の標準形]

焦点 $F(c, 0)$, $F'(-c, 0)$ からの

距離の和が $2a$ であるような**楕円**の

方程式は $\dfrac{x^2}{a^2}+\dfrac{y^2}{b^2}=1\,(a>b>0)$

ただし $b=\sqrt{a^2-c^2}$

また，$c>0$ より $c=\sqrt{a^2-b^2}$

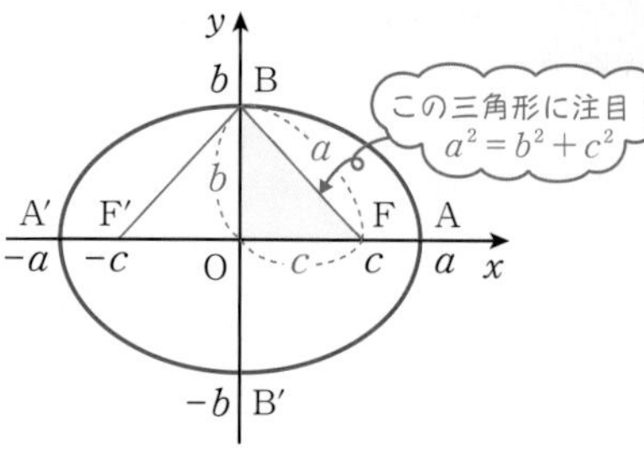

この三角形に注目！ $a^2=b^2+c^2$ （覚え得）

上の図の **AA′** を長軸，**BB′** を短軸という。また，この 2 つを合わせて楕円の主軸という。さらに，**長軸と短軸の交点を中心**，**主軸と楕円との交点を頂点**という。楕円の焦点 F，F′ の座標は，

$a>b>0$ のとき $F(\sqrt{a^2-b^2},\ 0)$, $F'(-\sqrt{a^2-b^2},\ 0)$
$b>a>0$ のとき $F(0,\ \sqrt{b^2-a^2})$, $F'(0,\ -\sqrt{b^2-a^2})$

となることに注意すること。

縦長のときはこれが長軸

短軸

---

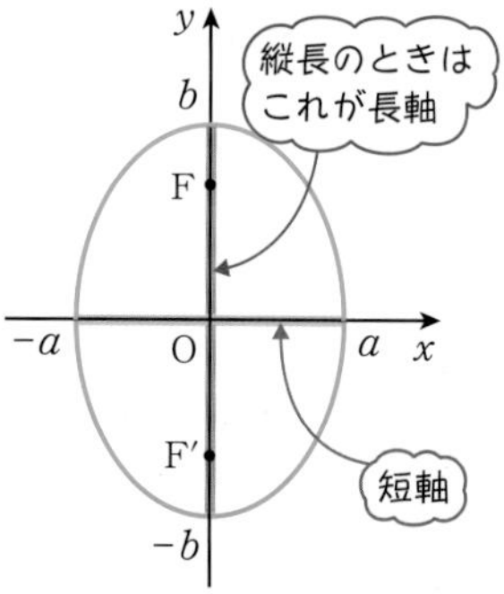

**基本例題 83** 　　　　　　　　　　楕円の概形

楕円 $x^2+16y^2=16$ の頂点，焦点の座標および長軸，短軸の長さを求め，その概形をかけ。

**ねらい**

与えられた方程式から楕円の標準形を求めて，頂点や焦点の座標などを求めること。

**解法ルール** 標準形 $\dfrac{x^2}{a^2}+\dfrac{y^2}{b^2}=1$ に直す $\begin{cases} a>b>0 \text{のとき，長軸は } x \text{ 軸上} \\ b>a>0 \text{のとき，長軸は } y \text{ 軸上} \end{cases}$

**焦点は長軸上にある**ことに注意する。また，楕円をかくときは，まず頂点の位置を決める。

焦点の座標の求め方は忘れやすいので，しっかり覚えてしまおう！上のポイントの三角形に着目するのも，上手な方法だね。

**解答例** 与式の両辺を 16 で割ると $\dfrac{x^2}{4^2}+\dfrac{y^2}{1^2}=1$

$y=0$ とおいて $x^2=4^2$ よって $x=\pm4$

$x=0$ とおいて $y^2=1$ よって $y=\pm1$

よって，頂点は $(4,\ 0)$, $(-4,\ 0)$, $(0,\ 1)$, $(0,\ -1)$
また，**長軸の長さは 8，短軸の長さは 2** ⎱ …答

焦点の座標は，$\sqrt{4^2-1^2}=\sqrt{15}$ で，長軸が $x$ 軸上にあるので

$(\sqrt{15},\ 0)$, $(-\sqrt{15},\ 0)$，**概形は右の図** …答

---

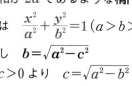

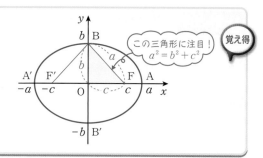

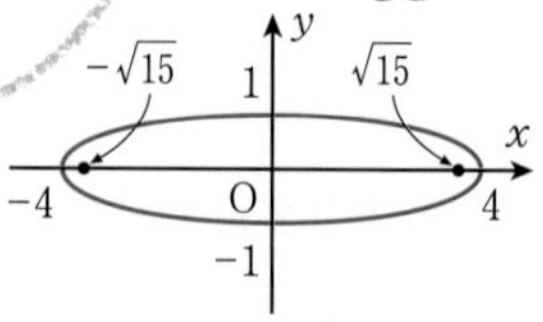

**類題 83** 次の楕円の方程式について，焦点の座標および長軸，短軸の長さを求め，その概形をかけ。

(1) $\dfrac{x^2}{25}+\dfrac{y^2}{9}=1$ 　　　　(2) $4x^2+3y^2=12$ 　　　　(3) $x^2+4y^2=4$

## 応用例題 84

楕円となる軌跡

右の図のように，中心をOとする円 $C_1$ と円内の定点Aがある。いま，$C_1$ に内接し，点Aを通る円の中心Pの軌跡は楕円になることを示せ。

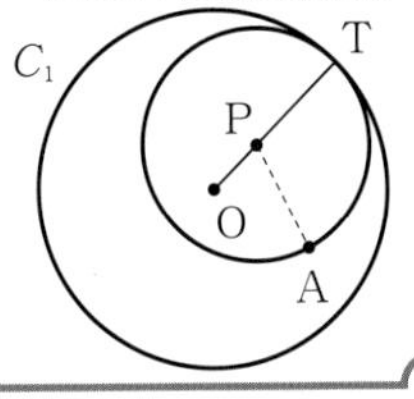


**ねらい**
楕円の定義を理解する。与えられた条件から定点を見つけ，距離の和を求めること。

**解法ルール** まず，2定点を見つける。**点O，Aが焦点にならないかと見当をつけて，PO+PAが一定になることを示す。**

**解答例** 円 $C_1$ の半径を $r$ とし，OPの延長と $C_1$ との交点をTとおく。
Tは，円 $C_1$ と円 $P$ の接点となるので，PT=PAより

　PO+PA=PO+PT=OT=$r$（一定）

ゆえに，点Pから2定点O，Aまでの距離の和が一定である。
したがって，点Pの軌跡は**点O，Aを焦点とする楕円**。終

**類題 84** 右の図のように，中心をOとする定円 $C_1$ とその内部の点Aを中心とする定円 $C_2$ がある。$C_1$ に内接し，$C_2$ に外接する円の中心Pの軌跡は楕円になることを示せ。

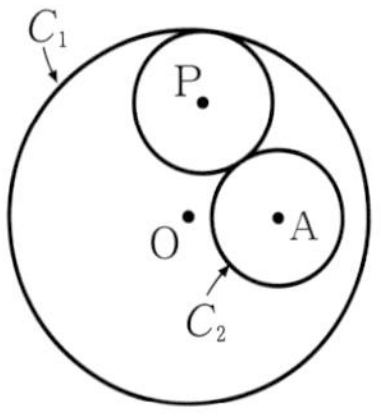


## 応用例題 85

楕円の方程式

楕円 $\dfrac{x^2}{9}+\dfrac{y^2}{4}=1$ と同じ焦点をもち，点(3，2)を通る楕円の方程式を求めよ。

テストに出るぞ！

**ねらい**
与えられた条件から楕円の方程式を求めること。
$\dfrac{x^2}{a^2}+\dfrac{y^2}{b^2}=1$ で $a^2$，$b^2$ を決定するには，条件が2つ必要。

**解法ルール** $\dfrac{x^2}{a^2}+\dfrac{y^2}{b^2}=1$ ＜ $\boldsymbol{a>b>0}$ のとき，**焦点は　$(\pm\sqrt{a^2-b^2},\ 0)$**
$\boldsymbol{b>a>0}$ のとき，**焦点は　$(0,\ \pm\sqrt{b^2-a^2})$**

**解答例** 求める楕円の方程式を　$\dfrac{x^2}{a^2}+\dfrac{y^2}{b^2}=1$　……①　とおく。

与えられた楕円の焦点は $(\pm\sqrt{5},\ 0)$ だから　$a^2-b^2=5$　……②

また，①は点(3，2)を通るので　$\dfrac{9}{a^2}+\dfrac{4}{b^2}=1$　……③

分母を払って整理すると　$4a^2+9b^2=a^2b^2$　……④

②より，$a^2=b^2+5$ を④に代入して　$b^4-8b^2-20=0$

$(b^2-10)(b^2+2)=0$　　$b^2>0$ より　$b^2=10$　　よって　$a^2=15$

ゆえに，求める方程式は　$\boldsymbol{\dfrac{x^2}{15}+\dfrac{y^2}{10}=1}$　…答

$a$，$b$ の値ではなく，$a^2$，$b^2$ の値が求められればいい。
$a^2=A$，$b^2=B$
とおくと
② $\Longleftrightarrow A-B=5$
③ $\Longleftrightarrow \dfrac{9}{A}+\dfrac{4}{B}=1$
という連立方程式を解けばいいんだ。

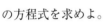

**類題 85** 焦点の座標が(0，3)，(0，−3)で点(1，0)を通る楕円の方程式を求めよ。

# 円を傾けるとどんな形？

CDのディスクを地面と平行に置き，太陽の光を真上から当てて，地面にまっすぐ影をうつすと，影はもちろん円形だ。では，これを少し傾けて地面に影をうつすと，影はどんな形に見えるかな？

楕円に見えますよ。なるほど，円を傾けた影は楕円に見えるんですね。

**円を傾けた影は楕円に見える**ということを，数学的に考えてみよう。

楕円　$\dfrac{x^2}{a^2}+\dfrac{y^2}{b^2}=1$　……①

円　$x^2+y^2=a^2$　……②　とする。

いま，点Q$(u,\ v)$を円②の周上の動点とし，点Qの$y$座標$v$を$\dfrac{b}{a}$倍した点をP$(x,\ y)$とする。つまり

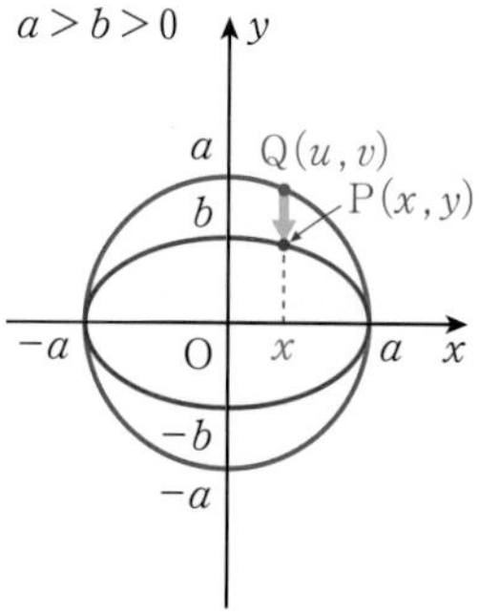


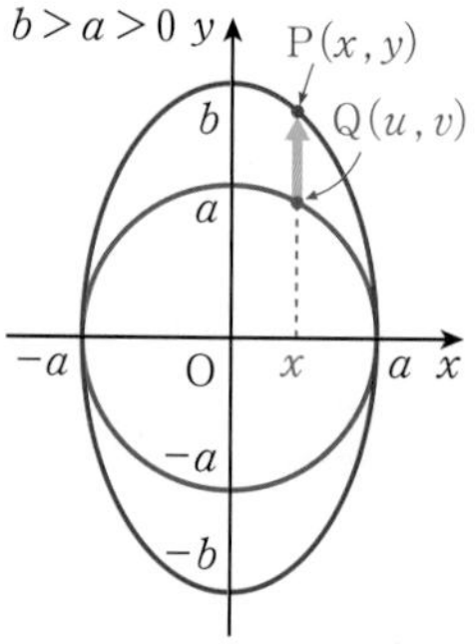


**円②上の**

**点Qの座標：**　$u$　　$v$

そのまま↓　　↓$\times\dfrac{b}{a}$

**点Pの座標：**　$x=u$　$y=\dfrac{b}{a}v$

Q$(u,\ v)$は②上にあるから　$u^2+v^2=a^2$　……③

$u=x,\ v=\dfrac{a}{b}y$を③に代入して整理すると　$\dfrac{x^2}{a^2}+\dfrac{y^2}{b^2}=1$

⬅ $x^2+\left(\dfrac{a}{b}y\right)^2=a^2$
両辺を$a^2$で割って
$\dfrac{x^2}{a^2}+\dfrac{y^2}{b^2}=1$

これで，**楕円①は円②を$y$軸方向に$\dfrac{b}{a}$倍に伸縮したものと考えられる**ことがわかっただろう。もちろん，**$a>b$のときは縮小，$a<b$のときは拡大**だ。

## これも知っ得　円を利用した楕円のかき方

上の性質を利用すると，楕円が美しくかける。

① 2つの円$x^2+y^2=a^2$，$x^2+y^2=b^2\ (a>b)$をかく。（この円を補助円という。）

② **外側の円周上の点Qから$x$軸に垂線QHを引く。**（$b>a$のときは$y$軸へ引く。）

③ **OQと内側の円との交点をRとする。**

④ **RからQHに垂線RPを引く。**

⑤ このような点Pをたくさんとって結ぶと楕円ができる。

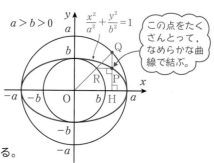

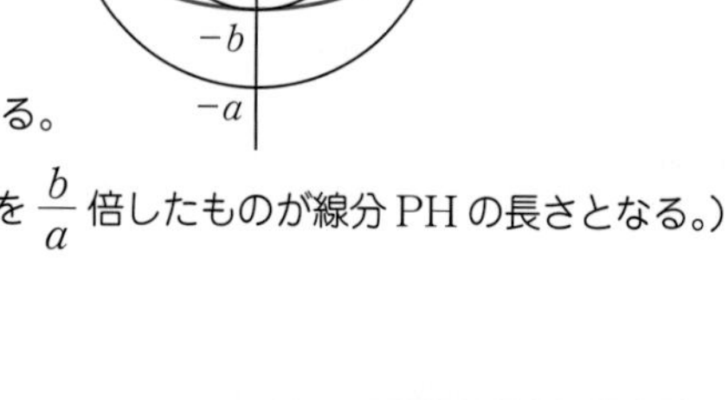


（QH：PH＝QO：RO＝$a$：$b$　よって，線分QHの長さを$\dfrac{b}{a}$倍したものが線分PHの長さとなる。）

## 基本例題 86 円の拡大・縮小で楕円を求める

円 $x^2+y^2=5^2$ を $y$ 軸方向に $\frac{3}{5}$ に縮小した楕円の方程式を求めよ。

テストに出るぞ！

**ねらい**
縮小するという条件を数式で表す。軌跡を求める方法と同じであることを理解すること。

**解法ルール** 円周上の点 Q$(u,\ v)$ を $y$ 軸方向に $\frac{3}{5}$ 倍した楕円上の点を P$(x,\ y)$ とする。**Q$(u,\ v)$ の座標をもとにして P$(x,\ y)$ の座標を表す**と，次のようになる。

$$\mathbf{Q}(u,\ v)$$
そのまま ↓　↓ $\frac{3}{5}$ に縮小
$$\mathbf{P}(x,\ y)$$
$$\| \quad \|$$
$$u \quad \frac{3}{5}v$$

$u,\ v$ についての方程式から，$x,\ y$ についての方程式を導く。
すなわち，**$u,\ v$ を $x,\ y$ で表して代入**すればよい。

**解答例** 円周上の点を Q$(u,\ v)$ とすると　$u^2+v^2=5^2$　……①
求める楕円上の点を P$(x,\ y)$ とすると，条件より

$x=u,\quad y=\frac{3}{5}v$

これより　$u=x,\ v=\frac{5}{3}y$

これを①に代入して　$x^2+\left(\frac{5}{3}y\right)^2=5^2$

よって　$\boldsymbol{\frac{x^2}{25}+\frac{y^2}{9}=1}$　…答

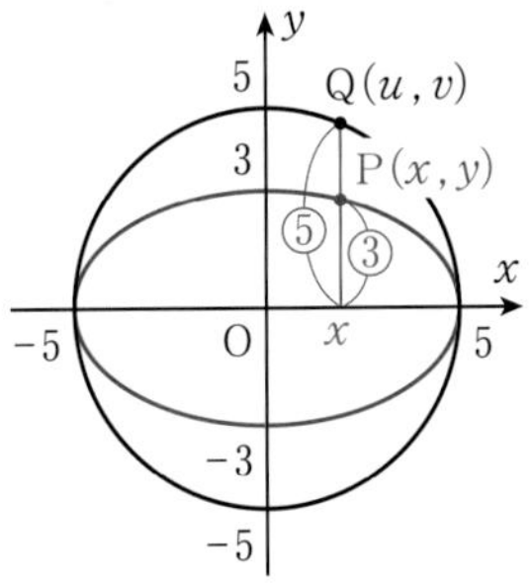


**ポイント** [円と楕円の関係]
**楕円は，円を一定方向に一定の割合で縮小または拡大した曲線。**

覚え得

**類題 86** 円 $x^2+y^2=5^2$ を次のように変形したときにできる図形の方程式を求めよ。

(1) $y$ 軸方向に $\frac{6}{5}$ 倍に拡大

(2) $x$ 軸方向に $\frac{4}{5}$ 倍に縮小

# 3 双曲線

**双曲線**とは**曲線が 2 つある**ということだ。この曲線は，右の図のように，2 つの円すいを頂点でつなぎ合わせたものを，底面に垂直に切断したときに，その切り口に現れる。

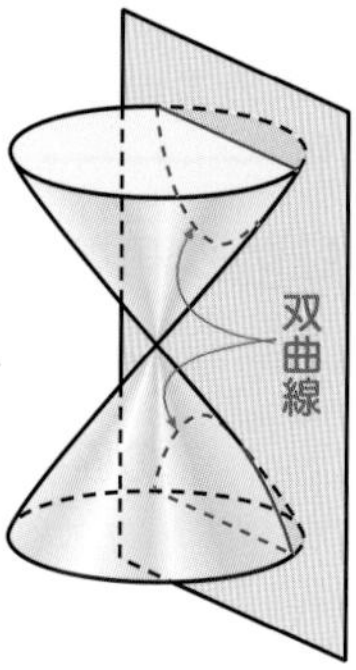


## ● 双曲線ってどんな曲線？

また同心円が出てくるんですか。今度はどんな性質を見つければいいんですか？

前とまったく同じだ。図の細い実線は，**点 F と点 F′ を中心とする同心円**だ。同心円の半径は最小のものを 1 として，1 ずつ大きくしてある。

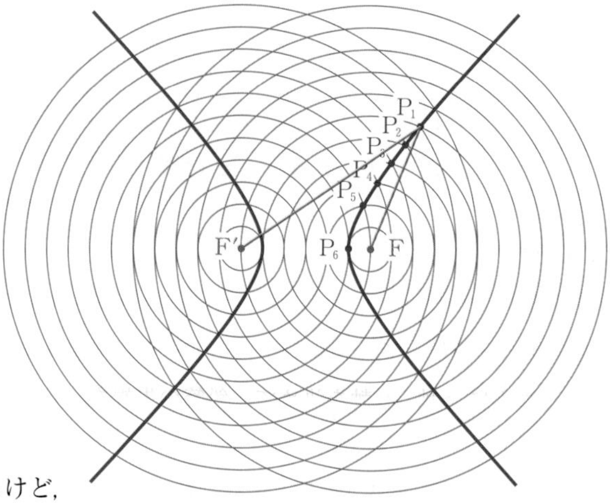

そうして，図の赤い線が双曲線を表すわけですね。この双曲線上の点 $P_1$ は，F から 6 個目の円と F′ から 10 個目の円の交点になっています。

同様にすると，次の表ができるけど，これを見て何か気がつくことは？

| | $P_1$ | $P_2$ | $P_3$ | $P_4$ | $P_5$ | $P_6$ |
|---|---|---|---|---|---|---|
| 点 F からの距離 | 6 | 5 | 4 | 3 | 2 | 1 |
| 点 F′ からの距離 | 10 | 9 | 8 | 7 | 6 | 5 |

⬅ この表では $P_kF < P_kF'$ ($k=1, 2, \cdots, 6$) となっているが，上の左側の曲線上に P をとれば，$PF > PF'$ となる。

点 F からの距離と点 F′ からの距離の差がどれも 4 になっています。双曲線上の点は，2 **点 F，F′ からの距離の差が一定**になっているんですね。

**ポイント** [双曲線の定義]

① **2 定点 F，F′ からの距離の差が一定である点の軌跡。**
**右の図で，$|PF - PF'|$ が一定。**

② **2 定点 F，F′ を焦点という。**

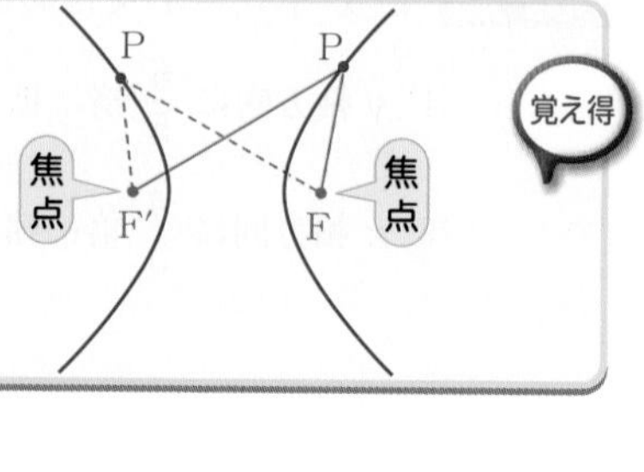

## これも知っ得　双曲線はどのようにかく？

今度は双曲線を実際にかいてみよう。定規と糸と画びょうとテープを用意する。

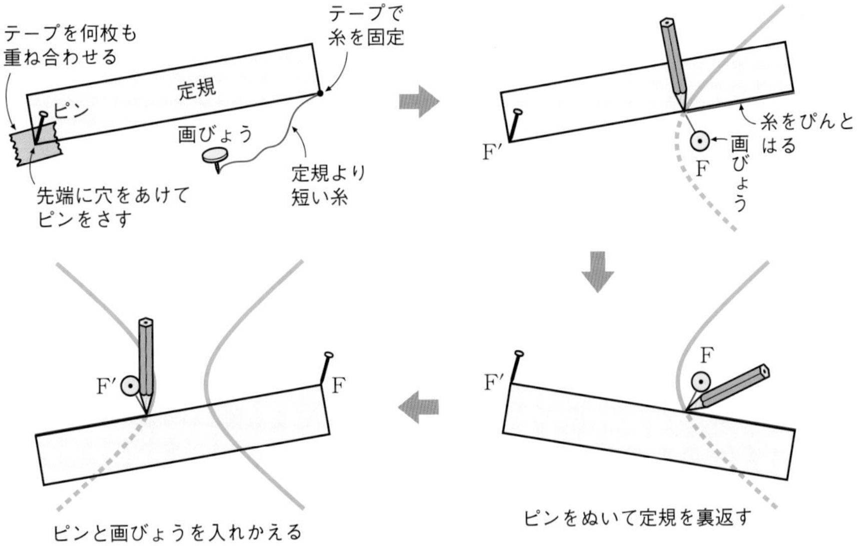


双曲線の方程式はどのようになるかを考えよう。
上のF，F′の座標が，F$(c,\ 0)$，F′$(-c,\ 0)$
となるように$x$軸，$y$軸を決めて，鉛筆の先端を
P$(x,\ y)$とする。

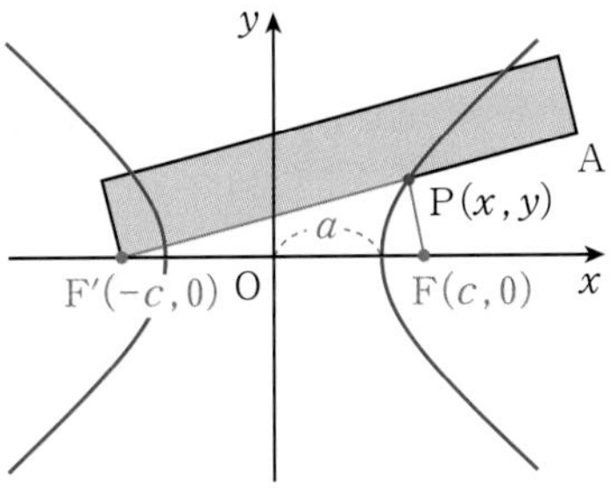


$\mathrm{PF'}-\mathrm{PF}=(\mathrm{PF'}+\mathrm{AP})-(\mathrm{PF}+\mathrm{AP})$
$=$(定規の長さ)$-$(糸の長さ)
$=2a$(一定)　とおく。$(c>a>0)$

Pが$y$軸の左側にあるときは，
$\mathrm{PF}-\mathrm{PF'}=2a$となるので　$\mathrm{PF}-\mathrm{PF'}=\pm 2a$

よって　$\sqrt{(x-c)^2+y^2}-\sqrt{(x+c)^2+y^2}=\pm 2a$

$\sqrt{(x-c)^2+y^2}=\sqrt{(x+c)^2+y^2}\pm 2a$

両辺を2乗して整理すると

$cx+a^2=\pm a\sqrt{(x+c)^2+y^2}$

← 同類項をまとめてから4で割る。

再び両辺を2乗して整理すると

$(c^2-a^2)x^2-a^2y^2=a^2(c^2-a^2)$

$c^2-a^2=b^2$とおくと　$b^2x^2-a^2y^2=a^2b^2$

両辺を$a^2b^2$で割って　$\boldsymbol{\dfrac{x^2}{a^2}-\dfrac{y^2}{b^2}=1}$

距離の差$2a$の文字$a$の場所に注目！

これが**双曲線の方程式の標準形**である。次のページのようにまとめておこう。

**ポイント** [双曲線の方程式の標準形]

焦点 F$(c,\ 0)$，F$'(-c,\ 0)$ からの距離の差が $2a$ であるような**双曲線**の方程式は **覚え得**

$$\frac{x^2}{a^2}-\frac{y^2}{b^2}=1 \quad (a>0,\ b>0) \quad \cdots\cdots①\qquad ただし\quad c=\sqrt{a^2+b^2}$$

①の式で $y=0$ とすると，$x^2=a^2$ より $x=\pm a$ となって，$x$ 軸との交点は，点$(a,\ 0)$，点$(-a,\ 0)$ となりますね。

①で $x=0$ とすると $y^2=-b^2$ となって，**$y$ は実数にならない**ので，**双曲線①は $y$ 軸とは交わらない**んですね。

そうなんだ。この双曲線は右の図のように $y$ 軸の左右にあるんだ。この図で，**点 A，A′ を頂点**，**線分 AA′ を主軸**という。また，**AA′ の中点（右の図では点 O）を双曲線の中心**という。これまでの計算とまったく同様にすれば，**$y$ 軸上**の 2 点 **F$(0,\ c)$，F$'(0,\ -c)$ を焦点**とし，F，F′ **からの距離の差が $2b$** であるような双曲線の方程式は，$a=\sqrt{c^2-b^2}$ とおくと $\dfrac{x^2}{a^2}-\dfrac{y^2}{b^2}=-1$ となる。

距離の差 $2b$ の $b$ の場所に注目！

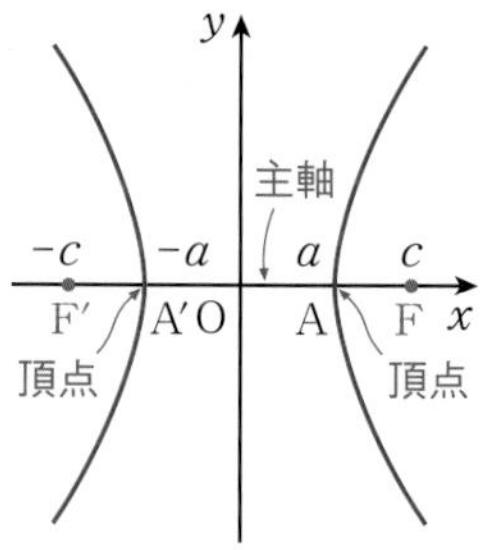


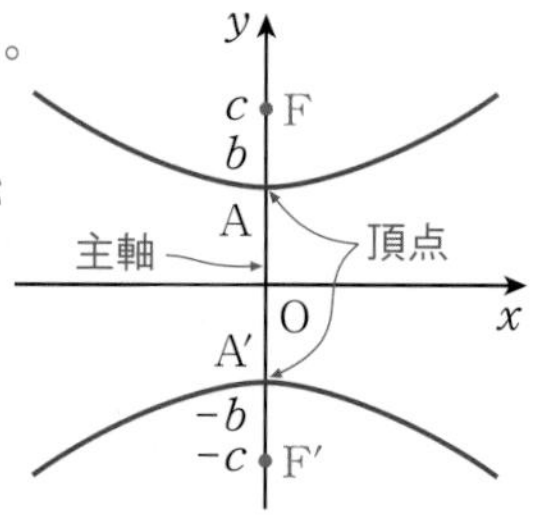


## 基本例題 87

**双曲線の方程式**

2 定点 F$(5,\ 0)$，F$'(-5,\ 0)$ からの距離の差が 8 である点 P の軌跡の方程式を求めよ。 **テストに出るぞ！**

**ねらい**
与えられた条件から双曲線の方程式を決定すること。

**解法ルール** 軌跡は双曲線で，**焦点 F$(c,\ 0)$，F$'(-c,\ 0)$ が $x$ 軸上**にあるので，求める方程式は $\dfrac{x^2}{a^2}-\dfrac{y^2}{b^2}=1$ の形になり，$c=\sqrt{a^2+b^2}$ である。

**解答例** 焦点を F$(c,\ 0)$，F$'(-c,\ 0)$ とおくと　$c=5$
また，PF$-$PF$'=\pm 2a$ $(a>0)$ より　$2a=8$　　よって　$a=4$
したがって　$b=\sqrt{c^2-a^2}=\sqrt{5^2-4^2}=\sqrt{9}=3$
これより，求める方程式は　$\dfrac{x^2}{16}-\dfrac{y^2}{9}=1$　…答

**焦点が $x$ 軸上にあるときは $x^2$ の分母に注目！**
$\dfrac{x^2}{a^2}-\dfrac{y^2}{b^2}=1$
⇩
**距離の差$=2|a|$**

**焦点が $y$ 軸上にあるときは $y^2$ の分母に注目！**
$\dfrac{x^2}{a^2}-\dfrac{y^2}{b^2}=-1$
⇩
**距離の差$=2|b|$**

**類題 87** 2 点 F$(0,\ 3)$，F$'(0,\ -3)$ からの距離の差が 4 である点の軌跡の方程式を求めよ。

## 双曲線の漸近線とは？

楕円 $\dfrac{x^2}{a^2}+\dfrac{y^2}{b^2}=1$ のときのように，双曲線 $\dfrac{x^2}{a^2}-\dfrac{y^2}{b^2}=1$ ……①

も $a$，$b$ の値から簡単にかく方法がありますか？

それでは，双曲線 $\dfrac{x^2}{a^2}-\dfrac{y^2}{b^2}=1$ の簡単なかき方を説明しよう。

まず上の式を $y$ について解いてごらん。

⬅ 双曲線 $\dfrac{x^2}{a^2}-\dfrac{y^2}{b^2}=-1$ についても，まったく同様である。

$\dfrac{y^2}{b^2}=\dfrac{x^2}{a^2}-1$ より $y^2=\dfrac{b^2}{a^2}(x^2-a^2)$ だから，

$y=\pm\dfrac{b}{a}\sqrt{x^2-a^2}$ となります。

**ここで $|x|$ を十分大きくすると，$x^2$ と $x^2-a^2$ の値はほとんど同じになる**ので，$y=\pm\dfrac{b}{a}\sqrt{x^2-a^2}$ は $\boldsymbol{y=\pm\dfrac{b}{a}\sqrt{x^2}=\pm\dfrac{b}{a}x}$ に限りなく近づくことになる。後者の直線を双曲線の**漸近線**（ぜんきんせん）というよ。この直線の方程式は，双曲線の方程式①の右辺を 0 とおいて簡単に求められる。すなわち

$\dfrac{x^2}{a^2}-\dfrac{y^2}{b^2}=0$ より $\left(\dfrac{x}{a}+\dfrac{y}{b}\right)\left(\dfrac{x}{a}-\dfrac{y}{b}\right)=0$

$\dfrac{x}{a}+\dfrac{y}{b}=0$ より $y=-\dfrac{b}{a}x$

$\dfrac{x}{a}-\dfrac{y}{b}=0$ より $y=\dfrac{b}{a}x$

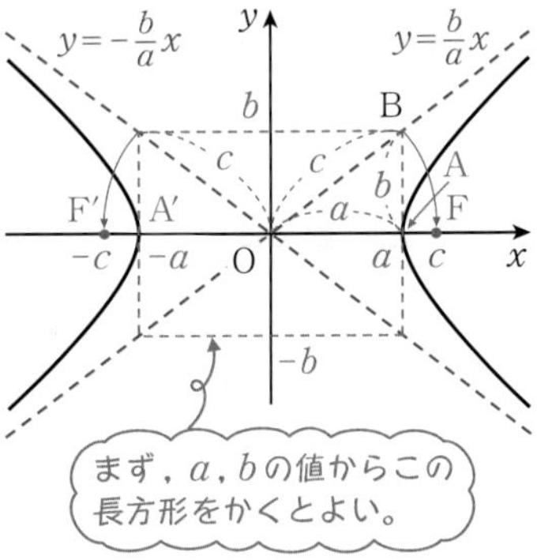

双曲線は漸近線に近づいていくので，**まず漸近線 $\boldsymbol{y=\pm\dfrac{b}{a}x}$ をかけばいい**んですね。

そうそう。頂点 A，A′ を通って漸近線にだんだん近づけ，$x$ 軸，$y$ 軸に対称になるようにかけばいいんだよ。また，**焦点**は，$\boldsymbol{c^2=a^2+b^2}$ が成り立っているので，上の図の直角三角形 OAB において $\mathbf{OB}=\boldsymbol{c}$ となることから，コンパスで OB の長さを $x$ 軸上にとればいい。もちろん，

$\dfrac{x^2}{a^2}-\dfrac{y^2}{b^2}=-1$ の漸近線も，$\boldsymbol{\dfrac{x^2}{a^2}-\dfrac{y^2}{b^2}=0}$ より $\boldsymbol{y=\pm\dfrac{b}{a}x}$ だよ。

⬅ 漸近線をかいてから，曲線が，**$\boldsymbol{\dfrac{x^2}{a^2}-\dfrac{y^2}{b^2}=1}$ のときは $y$ 軸の左右，$\boldsymbol{\dfrac{x^2}{a^2}-\dfrac{y^2}{b^2}=-1}$ のときは $x$ 軸の上下にくることに注意してかくこと。**

**ポイント** ［双曲線の漸近線］

双曲線 $\boldsymbol{\dfrac{x^2}{a^2}-\dfrac{y^2}{b^2}}=\pm1$ の漸近線は　$\boldsymbol{y=\dfrac{b}{a}x}$，$\boldsymbol{y=-\dfrac{b}{a}x}$

覚え得

## 基本例題 88

双曲線の概形(1)

双曲線 $4x^2-9y^2=36$ の焦点の座標，漸近線の方程式を求め，その概形をかけ。

**ねらい**
双曲線の標準形に直して，焦点の座標，漸近線の方程式などを求めて，概形をかくこと。

**解法ルール** 標準形 $\dfrac{x^2}{a^2}-\dfrac{y^2}{b^2}=1$ に直すと，**焦点**の座標 $(\pm c,\ 0)$ は

$c^2=a^2+b^2$ から求められる。また，**漸近線**を求めるには，

$\dfrac{x^2}{a^2}-\dfrac{y^2}{b^2}=0$ として　$y=\pm\dfrac{b}{a}x$

**解答例** 与式の両辺を 36 で割って　$\dfrac{x^2}{9}-\dfrac{y^2}{4}=1$　　$\dfrac{x^2}{3^2}-\dfrac{y^2}{2^2}=1$

焦点 F，F′ の $x$ 座標は，$c^2=3^2+2^2=13$ より

$c=\pm\sqrt{13}$

よって　$\mathrm{F}(\sqrt{13},\ 0)$，$\mathrm{F'}(-\sqrt{13},\ 0)$　…答

**漸近線の方程式**は，$\dfrac{x^2}{3^2}-\dfrac{y^2}{2^2}=0$ より

$y=\pm\dfrac{2}{3}x$　…答　　　答　**概形は右の図**

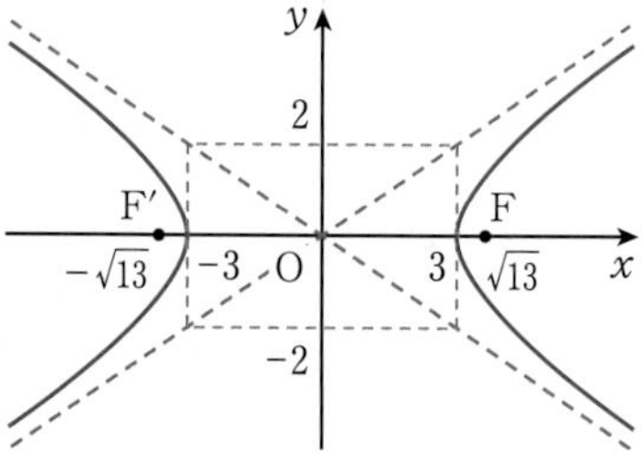


**類題 88** 双曲線 $4x^2-y^2=9$ の頂点，焦点の座標，および漸近線の方程式を求め，その概形をかけ。

## 基本例題 89

双曲線の概形(2)

双曲線 $x^2-y^2=-1$ の焦点の座標，漸近線の方程式を求め，その概形をかけ。

**ねらい**
双曲線の標準形から，$x$ 軸の上下に曲線がくる場合の概形をかくこと。

**解法ルール** **標準形** $\dfrac{x^2}{a^2}-\dfrac{y^2}{b^2}=-1$ に直すと，$c^2=a^2+b^2$ から**焦点**の

座標は $(0,\ \pm c)$ となる。**焦点が $y$ 軸上**にくることに注意。

**漸近線**は $\dfrac{x^2}{a^2}-\dfrac{y^2}{b^2}=0$ として　$y=\pm\dfrac{b}{a}x$

**解答例** 与式は $\dfrac{x^2}{1^2}-\dfrac{y^2}{1^2}=-1$ となる。

$c^2=1^2+1^2=2$ より　$c=\pm\sqrt{2}$

ゆえに，焦点の座標は　$(0,\ \sqrt{2})$，$(0,\ -\sqrt{2})$　…答

**漸近線の方程式**は，$x^2-y^2=0$ より　$y=\pm x$　…答

答　**概形は右の図**

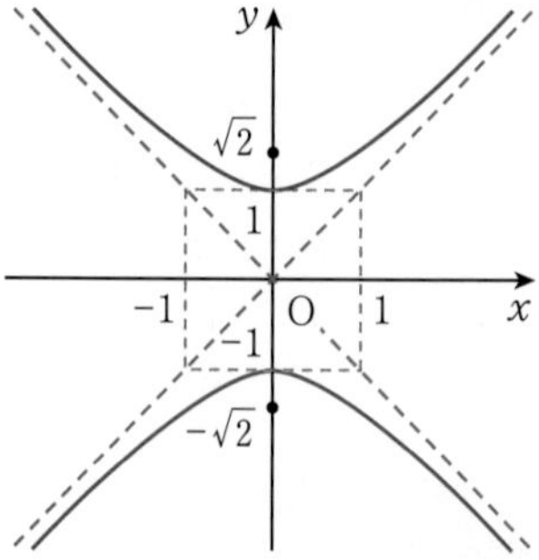


**類題 89** 双曲線 $4x^2-9y^2=-36$ の頂点，焦点の座標，および漸近線の方程式を求め，その概形をかけ。

## 基本例題 90

双曲線の方程式

焦点が F(6, 0), F′(−6, 0), 2 頂点間の距離が 8 の双曲線の方程式を求めよ。

テストに出るぞ!

**ねらい**
焦点の座標と2頂点間の距離が与えられたときの, 双曲線の方程式を求めること。

**解法ルール** **焦点が $x$ 軸上**にあるので, 方程式は $\boldsymbol{\dfrac{x^2}{a^2}-\dfrac{y^2}{b^2}=1}$ の形になる。

この式から頂点は 2 点 $(a, 0)$, $(-a, 0)$ だから, 2 頂点の距離は $2a$ である。

**解答例** 求める方程式を $\dfrac{x^2}{a^2}-\dfrac{y^2}{b^2}=1$ とおくと, $2a=8$ より　$a=4$

また, $6^2=a^2+b^2$ より　$b^2=36-16=20$

ゆえに, 求める方程式は　$\boldsymbol{\dfrac{x^2}{16}-\dfrac{y^2}{20}=1}$　…答

⬅ 双曲線 $\dfrac{x^2}{a^2}-\dfrac{y^2}{b^2}=1$ の焦点が $(\pm c, 0)$ のとき, $c^2=a^2+b^2$ の関係がある。

**類題 90** 焦点が F(0, 3), F′(0, −3) で, F, F′ からの距離の差が 2 の双曲線の方程式を求めよ。

## 応用例題 91

双曲線の性質の証明

双曲線 $\dfrac{x^2}{a^2}-\dfrac{y^2}{b^2}=1$ 上の任意の点 P を通り, $x$ 軸に平行な直線が 2 つの漸近線と交わる点を Q, R とするとき, $PQ\cdot PR=a^2$ となることを証明せよ。

テストに出るぞ!

**ねらい**
双曲線に関する性質を方程式を使って証明すること。

**解法ルール** $x$ 軸に平行な直線を式で表して, 漸近線との交点を求める。

**双曲線 $\boldsymbol{\dfrac{x^2}{a^2}-\dfrac{y^2}{b^2}=1}$ の漸近線は　$\boldsymbol{y=\pm\dfrac{b}{a}x}$**

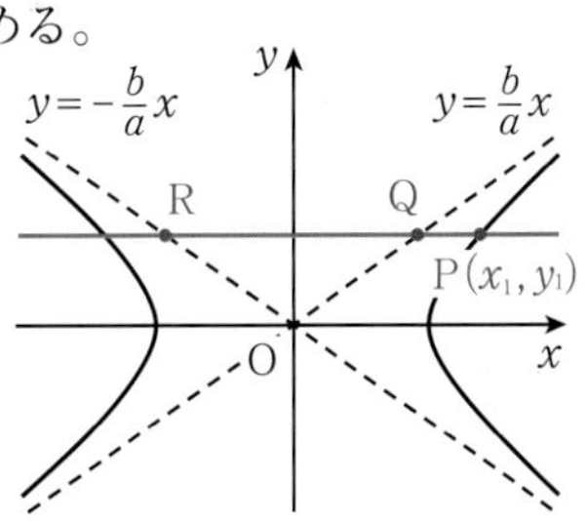


**解答例** $P(x_1, y_1)$ とおくと　$\dfrac{x_1^2}{a^2}-\dfrac{y_1^2}{b^2}=1$　……①

漸近線の方程式は　$y=\pm\dfrac{b}{a}x$　……②

P を通り $x$ 軸に平行な直線は　$y=y_1$　……③

②, ③より, Q, R の座標は　$Q\left(\dfrac{a}{b}y_1, y_1\right)$, $R\left(-\dfrac{a}{b}y_1, y_1\right)$

よって　$\mathbf{PQ\cdot PR}=\left|\dfrac{a}{b}y_1-x_1\right|\cdot\left|-\dfrac{a}{b}y_1-x_1\right|=\left|-\dfrac{a^2}{b^2}y_1^2+x_1^2\right|$　⬅ $|A||B|=|AB|$

$=a^2\left|\dfrac{x_1^2}{a^2}-\dfrac{y_1^2}{b^2}\right|=a^2\cdot1=\boldsymbol{a^2}$　終　⬅ ①より

**類題 91** 双曲線 $\dfrac{x^2}{a^2}-\dfrac{y^2}{b^2}=1$ 上の任意の点 P から 2 つの漸近線に垂線 PQ, PR を引くと, PQ・PR は一定であることを証明せよ。

# 4 図形の平行移動

2 次曲線の方程式を，まとめて $f(x,\ y)=0$ と表すことにする。この 2 次曲線 $f(x,\ y)=0$ を **$x$ 軸方向に $p$，$y$ 軸方向に $q$ だけ平行移動したとき，その方程式はどうなるかを考えよう。**

まず，**点 $P(x,\ y)$ を，$x$ 軸方向に $p$，$y$ 軸方向に $q$ だけ平行移動**した点 Q の座標はどうなるかな？

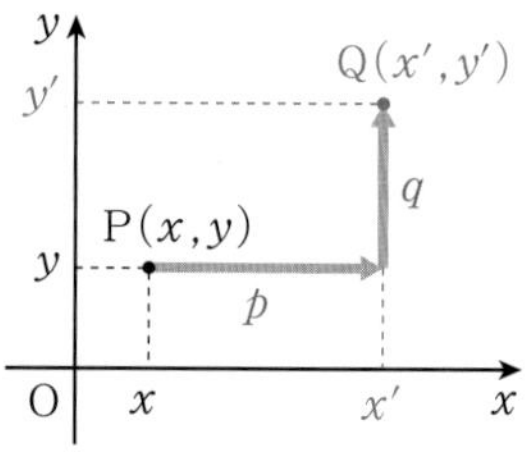

これは簡単。点 Q の座標を $(x',\ y')$ とすると，

$$\begin{cases} x'=x+p \\ y'=y+q \end{cases} \quad \cdots\cdots ①$$

となります。

その通り。では，**次に 2 次曲線 $C$ : $f(x,\ y)=0$ を，$x$ 軸方向に $p$，$y$ 軸方向に $q$ だけ平行移動**したものを $C'$ として，$C'$ の方程式を求めてみよう。

$C$ 上の点を $P(x,\ y)$，$C'$ 上の点を $Q(x',\ y')$ とすると，$x'$ と $y'$ がどんな関係式で表されるかがわかればいいんですよね。

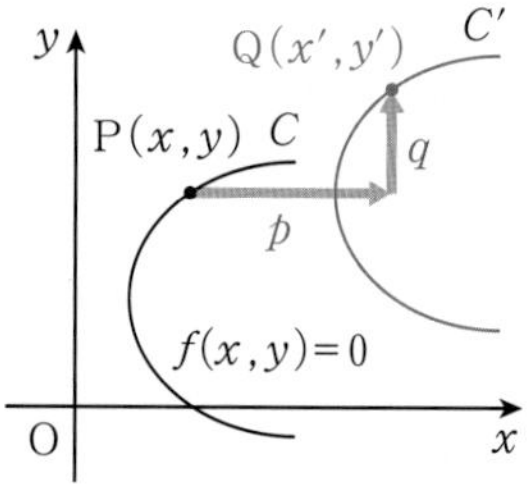


えーと，$x$ と $y$ の関係は

$f(x,\ y)=0$ ……②

で表されているから…。

わかりました。①から

$$\begin{cases} x=x'-p \\ y=y'-q \end{cases}$$

となるので，これを②に代入すれば **$f(x'-p,\ y'-q)=0$** となります。

そうだね。つまり，2 次曲線 $C'$ 上の点 $(x',\ y')$ は，方程式 $f(x-p,\ y-q)=0$ を満たしているということだ。

一般に，図形 $f(x,\ y)=0$ の平行移動について，次のことが成り立つ。

**ポイント** ［図形の平行移動］

方程式 **$f(x,\ y)=0$** で表される図形 $F$ を

**$x$ 軸方向に $p$，$y$ 軸方向に $q$**

**だけ平行移動**した図形 $F'$ の方程式は

$$f(x-p,\ y-q)=0$$

$f(x,\ y)=0$ の $x$ を $x-p$ に $y$ を $y-q$ におき換える。

覚え得

## 基本例題 92　双曲線の平行移動

双曲線 $\dfrac{(x+1)^2}{9}-\dfrac{(y-2)^2}{4}=1$ の焦点と漸近線の方程式を求めよ。

**ねらい**
与えられた双曲線の式から，標準形との関係を知り，焦点と漸近線の方程式を求めること。

**解法ルール** **曲線 $f(x,\ y)=0$ を $x$ 軸方向に $p$，$y$ 軸方向に $q$ だけ平行移動 $\longrightarrow f(x-p,\ y-q)=0$**
**点 $(a,\ b)$ を $x$ 軸方向に $p$，$y$ 軸方向に $q$ だけ平行移動 $\longrightarrow (a+p,\ b+q)$**

**解答例** 与えられた双曲線は，双曲線 $\dfrac{x^2}{3^2}-\dfrac{y^2}{2^2}=1$……① を $x$ 軸方向に $-1$，$y$ 軸方向に 2 だけ平行移動したものである。

①の焦点は　$(\pm\sqrt{3^2+2^2},\ 0)$　　すなわち　$(\pm\sqrt{13},\ 0)$

漸近線は　$y=\pm\dfrac{2}{3}x$

よって，

焦点は $(\pm\sqrt{13}-1,\ 0+2)$ より

　点 $(\pm\sqrt{13}-1,\ 2)$　…答

漸近線は $y-2=\pm\dfrac{2}{3}(x+1)$ より

$$y=\frac{2}{3}x+\frac{8}{3},\quad y=-\frac{2}{3}x+\frac{4}{3}\quad \cdots\text{答}$$

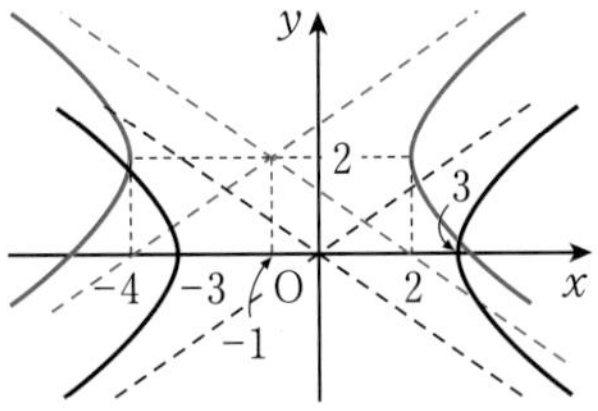


⬅ $x-p=0$ より $x=p$
$y-q=0$ より　$y=q$
から，曲線
$f(x-p,\ y-q)=0$ は，曲線 $f(x,\ y)=0$ を $x$ 軸方向に $p$，$y$ 軸方向に $q$ だけ平行移動したものだとわかる。
例
$\dfrac{(x+p)^2}{a^2}-\dfrac{(y+q)^2}{b^2}=1$
は，
$x+p=0$ より $x=-p$
$y+q=0$ より $y=-q$
から，$\dfrac{x^2}{a^2}-\dfrac{y^2}{b^2}=1$ を $x$ 軸方向に $-p$，$y$ 軸方向に $-q$ だけ平行移動したもの。

**類題 92** 放物線 $(x+3)^2=-4y+4$ の焦点と準線の方程式を求めよ。

## 基本例題 93　楕円の平行移動

方程式 $4x^2+9y^2-16x+18y-11=0$ はどんな図形を表すか。

テストに出るぞ！

**ねらい**
$\dfrac{(x-p)^2}{a^2}+\dfrac{(y-q)^2}{b^2}=1$ の形に変形し，標準形 $\dfrac{x^2}{a^2}+\dfrac{y^2}{b^2}=1$ との位置関係を考えること。

**解法ルール** $x$ を含む項，$y$ を含む項を別々に集めて，
$\dfrac{(x-p)^2}{a^2}+\dfrac{(y-q)^2}{b^2}=1$ **の形**に変形する。

**解答例** $4x^2-16x+9y^2+18y=11$　　$4(x^2-4x)+9(y^2+2y)=11$

$4\{(x-2)^2-4\}+9\{(y+1)^2-1\}=11$

$4(x-2)^2+9(y+1)^2=36$　　ゆえに　$\dfrac{(x-2)^2}{9}+\dfrac{(y+1)^2}{4}=1$

よって，与式は**楕円 $\dfrac{x^2}{9}+\dfrac{y^2}{4}=1$ を $x$ 軸方向に 2，$y$ 軸方向に $-1$ だけ平行移動した楕円を表す。**　…答

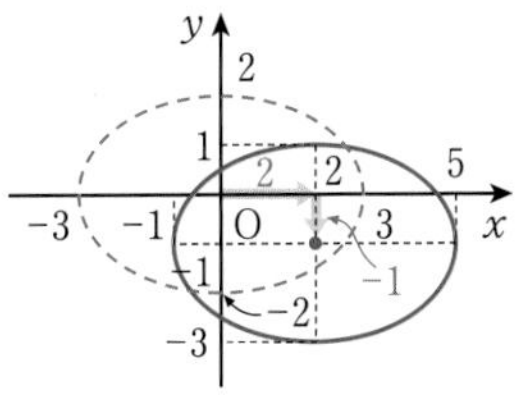


**類題 93** 方程式 $x^2-4y^2+2x-8y-7=0$ はどんな図形を表すか。

## これも知っ得　軌跡の方程式

*p. 85* の 基本例題 81「直線 $x=-3$ に接し，定点 A(3, 0)を通る円の中心Pの軌跡を求めよ。」についてもう一度考えてみよう。

*p. 85* では，円の中心Pから直線 $x=-3$ までの距離 PH と PA の距離が等しいから，**「定点と定直線からの距離が等しい点の軌跡は放物線になる」**ことを使って方程式を求めた。ここでは，放物線や楕円，双曲線の定義を忘れても，放物線や楕円，双曲線になると気づかなくても方程式を作ることができるようにしておこう。

まずは，基本例題 81 だ。点Pの座標を $(x,\ y)$ とおいて移動条件を等式で表してごらん。

僕がやってみます。

$PH=|x+3|$，$PA=\sqrt{(x-3)^2+y^2}$ で，

移動条件は PH=PA だから

$|x+3|=\sqrt{(x-3)^2+y^2}$

両辺を2乗して　$x^2+6x+9=x^2-6x+9+y^2$

整理すると $12x=y^2$ だから，

求める軌跡は**放物線 $y^2=12x$** です。

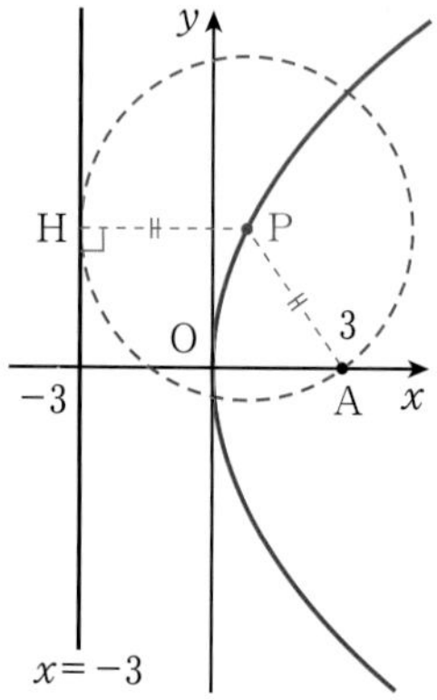

そうそう，その通り。これは，*p. 83* の後半で放物線の方程式の標準形を求めた方法と同じだね。具体的な数値で求めただけなんだ。

それでは，次にこの問題をやってごらん。

> **問題**　点 A(1, 0) を通り，円 $(x+1)^2+y^2=2$ に外接する円の中心Pの軌跡を求めよ。

私がやってみます。

求める軌跡上の点を $P(x,\ y)$ とおきます。

円 $(x+1)^2+y^2=2$ の中心をBとして，

線分 PB と円との交点をTとすると

$PB=PT+TB$

移動条件は PT=PA だから　$PB=PA+TB$

これを式で表すと

$\sqrt{(x+1)^2+y^2}=\sqrt{(x-1)^2+y^2}+\sqrt{2}$

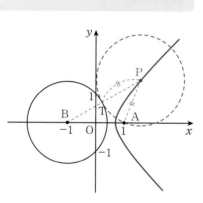

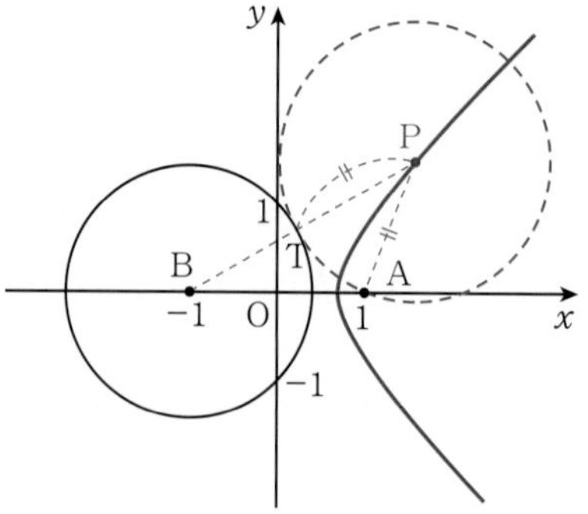


両辺を2乗して

$(x+1)^2+y^2=(x-1)^2+y^2+2\sqrt{2\{(x-1)^2+y^2\}}+2$

$x^2+2x+1+y^2=x^2-2x+1+y^2+2\sqrt{2\{(x-1)^2+y^2\}}+2$

$2x-1=\sqrt{2\{(x-1)^2+y^2\}}$　　ただし，$2x-1\geqq 0$ より　$x\geqq\dfrac{1}{2}$

もう一度両辺を2乗して

$(2x-1)^2=2\{(x-1)^2+y^2\}$　　$4x^2-4x+1=2x^2-4x+2+2y^2$

$x^2-y^2=\dfrac{1}{2}$　　ただし，$y^2=x^2-\dfrac{1}{2}\geqq 0$ より　$x\geqq\dfrac{1}{\sqrt{2}}$

$x\geqq\dfrac{1}{2}$ と合わせて　$x\geqq\dfrac{1}{\sqrt{2}}$

よって，求める軌跡は**双曲線** $\boldsymbol{\dfrac{x^2}{\frac{1}{2}}-\dfrac{y^2}{\frac{1}{2}}=1\left(x\geqq\dfrac{1}{\sqrt{2}}\right)}$ です。

よくできたね。問題を読んだときに双曲線だと気づかなくても結果からわかるね。
ではこんな問題ならどうかな。

**問題**　楕円 $\dfrac{x^2}{4}+y^2=1$ 上の任意の点Qから直線 $x=4$ への垂線QHを引き，線分QHの中点をPとするとき，点Pの軌跡を求めよ。

求める軌跡上の点を $\mathrm{P}(x,\ y)$，動点Qを $(u,\ v)$ として図をかいて，移動条件を作ってごらん。

僕ががんばってみます。
動点が $\mathrm{Q}(u,\ v)$ だから　$\mathrm{H}(4,\ v)$
線分QHの中点が $\mathrm{P}(x,\ y)$ だから

$x=\dfrac{u+4}{2}$　……①，$y=v$　……②

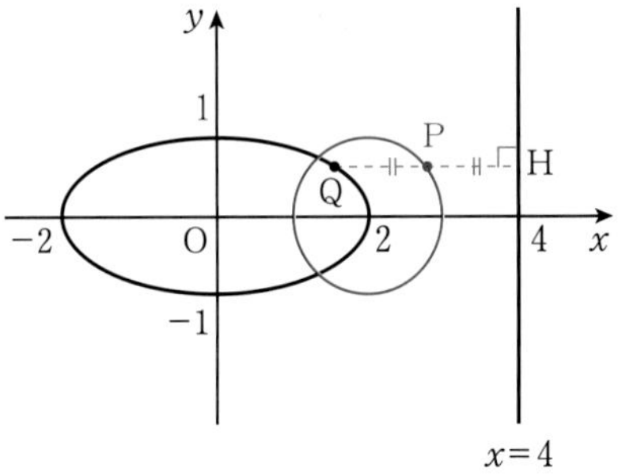


また，点Qは楕円上の点だから

$\dfrac{u^2}{4}+v^2=1$　……③

移動条件が3つの式になってしまった。
そうだ，$u$，$v$を消去すれば $x$，$y$ の方程式ができるぞ。
①，②より　$u=2x-4$，$v=y$　　これらを③に代入して

$\dfrac{(2x-4)^2}{4}+y^2=1$

したがって，求める軌跡は**円** $\boldsymbol{(x-2)^2+y^2=1}$ です。

よくできたね。軌跡が円であることは予想できたかな。

具体的に，どんな2次曲線かわからなくても，求める軌跡上の点を $\mathrm{P}(x,\ y)$ として $x$，$y$ の方程式を求めれば軌跡の方程式が得られるんですね。

移動条件を式で表せば，文字はいくつあっても大丈夫。自信がつきました。

# 5 2次曲線と直線の位置関係

これまでに学んだ，放物線と直線や，円と直線の共有点を求める場合と同様に，共有点の座標 $\Longleftrightarrow$ 連立方程式の実数解と考えると，次のようにまとめられる。

> **ポイント** 〔2次曲線と直線の位置関係〕
>
> 2次曲線 $f(x, \ y)=0$ と直線 $ax+by+c=0$ を連立方程式と考える。
>
> この連立方程式から，$x$ または $y$ を消去した方程式が
>
> ① **2次方程式**であるとき，その判別式を $D$ とすると
>
> $\quad D>0 \quad \Longleftrightarrow \quad$ 2点で交わる
>
> $\quad D=0 \quad \Longleftrightarrow \quad$ 1点で接する
>
> $\quad D<0 \quad \Longleftrightarrow \quad$ 共有点をもたない
>
> ② **1次方程式**であるとき，1点で交わる。

グラフで表すと次のようになる。

①の場合

放物線と直線　　　　　楕円と直線　　　　　　双曲線と直線

2次曲線と直線とが接するとき，その共有点を接点といい，直線を接線というよ。

②の場合
双曲線と直線

漸近線に平行な場合は，交点は1個。

双曲線と，その漸近線に平行な直線(漸近線とは異なる)は，つねに1点で交わるよ。

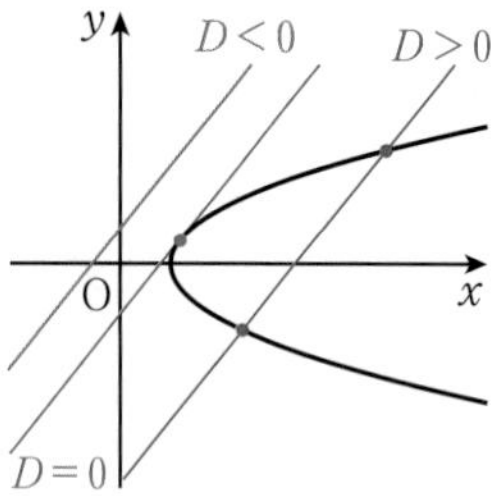

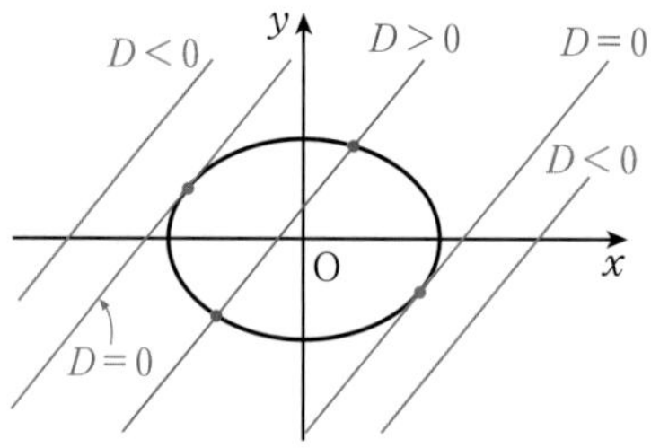

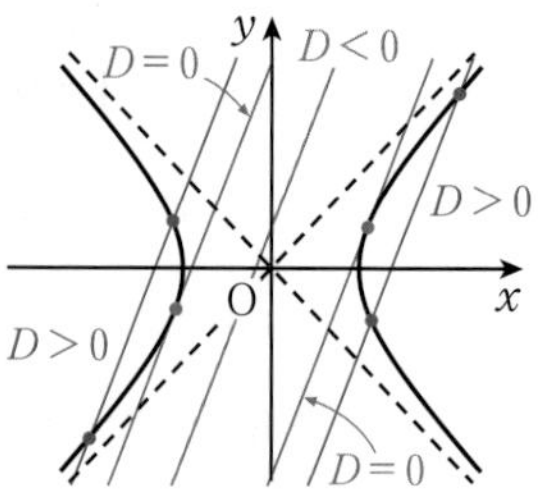

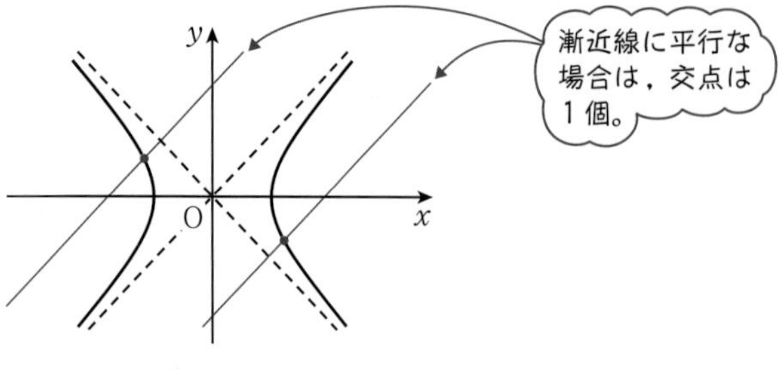

## 基本例題 94　椿円と直線の共有点

楕円 $3x^2+y^2=3$ と直線 $y=2x+2$ との共有点の座標を求めよ。

**ねらい**
楕円と直線の交点（共有点）の座標は，連立方程式の実数解で与えられると確認すること。

**解法ルール** **楕円と直線の共有点の座標**は，

$y$（または $x$）を消去した $x$（または $y$）の **2 次方程式の実数解**から求められる。

**解答例** $3x^2+y^2=3$ ……①

$y=2x+2$ ……②

②を①に代入すると　$3x^2+(2x+2)^2=3$

$7x^2+8x+1=0$　　$(x+1)(7x+1)=0$

よって　$x=-1,\ -\dfrac{1}{7}$

$x=-1$ を②に代入して　$y=0$

$x=-\dfrac{1}{7}$ を②に代入して　$y=\dfrac{12}{7}$

よって，共有点の座標は　$\boldsymbol{(-1,\ 0),\ \left(-\dfrac{1}{7},\ \dfrac{12}{7}\right)}$　…答

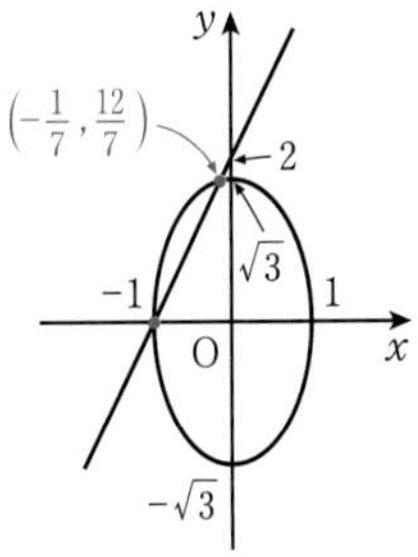


**類題 94** 楕円 $4x^2+y^2=4$ と次の直線との共有点の座標を求めよ。

(1) $y-x-1=0$　　　(2) $y=-2x+2\sqrt{2}$

## 基本例題 95　楕円と直線が接する条件

楕円 $x^2+4y^2=4$……①と直線 $y=-x+k$……②とが接するときの $k$ の値を求めよ。

テストに出るぞ！

**ねらい**
楕円と直線が接するための条件は，連立方程式から $x$ または $y$ を消去した2次方程式が重解をもつと確認すること。

**解法ルール** **楕円と直線が接する**

$\Longleftrightarrow$ $x$ または $y$ を消去した **2 次方程式が重解**をもつ

$\Longleftrightarrow$ $\boldsymbol{D=0}$

**解答例** ②を①に代入して　$x^2+4(-x+k)^2=4$

よって　$5x^2-8kx+4k^2-4=0$　……③

直線②が楕円①に接するためには，

③の判別式を $D$ とすると　$D=0$

$\dfrac{D}{4}=16k^2-5(4k^2-4)=0$

ゆえに　$\boldsymbol{k=\pm\sqrt{5}}$　…答

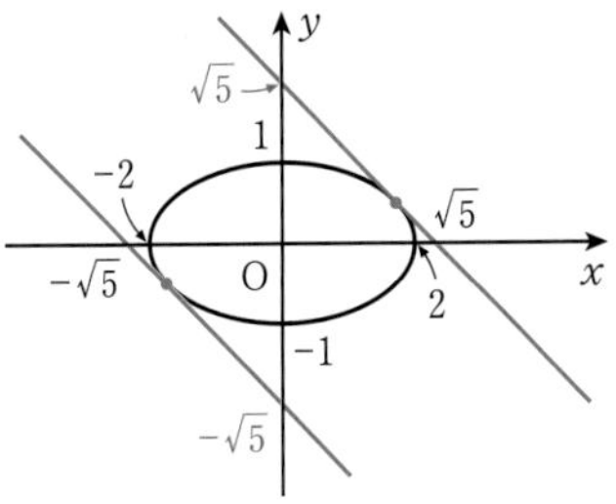


**類題 95** 傾き $-\dfrac{1}{2}$ の直線で，楕円 $9x^2+4y^2=36$ に接する直線の方程式を求めよ。

# 6 2次曲線の統一的な見方

2次曲線を統一的に見てみよう。
右の図のように，定点F$(p,\ 0)$，定直線$l$：$x=-p$が与えられていて，点Pから$l$に引いた垂線をPHとする。このとき

$$\frac{\mathrm{PF}}{\mathrm{PH}}=e\ (e>0)\quad \cdots\cdots①$$

を満たす点Pの軌跡は，$e$の値により，放物線，楕円，双曲線と決まるんだ。
①から軌跡の方程式を求めてごらん。

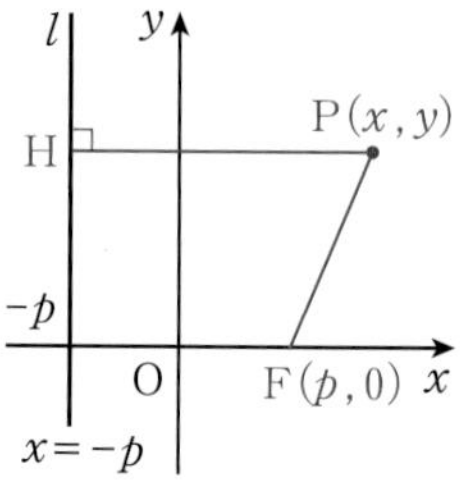


⬅ ①の$e$を2次曲線の離心率（りしんりつ）という。

はい，えーと，P$(x,\ y)$とすると，H$(-p,\ y)$ですから

$\mathrm{PF}=\sqrt{(x-p)^2+(y-0)^2}=\sqrt{(x-p)^2+y^2}$ ……②

$\mathrm{PH}=|x-(-p)|=|x+p|$ ……③

また，①から　PF$=e$PH ……④

②，③を④に代入すると　$\sqrt{(x-p)^2+y^2}=e|x+p|$

となります。この式の両辺は正ですから，2乗すると

$(x-p)^2+y^2=e^2(x+p)^2$

展開して整理すると

$\boldsymbol{(1-e^2)x^2+y^2-2p(1+e^2)x+p^2(1-e^2)=0}$ ……⑤

となります。

そうだね。⑤の式をよーく見てみよう。$x^2$の係数が$1-e^2$，$y^2$の係数が1であることに着目すると，どんなことがいえるかな？

次のようになります。

- ●**$1-e^2>0$**のとき，$x^2$の係数も正だから，**楕円**。
- ●**$1-e^2=0$**のとき，$x^2$の係数が0だから，**放物線**。
- ●**$1-e^2<0$**のとき，$x^2$の係数が負だから，**双曲線**。

そうだね。$e>0$に注意してまとめると，①を満たす点Pの軌跡は

- ●**$0<e<1$のとき楕円**
- ●**$e=1$のとき放物線**
- ●**$e>1$のとき双曲線**

となる。いずれの場合もFが**焦点**，$l$が**準線**だ。

**●標準形で表された楕円，双曲線の離心率**

**楕円**の場合

$\boldsymbol{\dfrac{x^2}{a^2}+\dfrac{y^2}{b^2}=1}$

$\boldsymbol{(a>b>0)}$

の離心率は

$e=\dfrac{\sqrt{a^2-b^2}}{a}$

**双曲線**の場合

$\boldsymbol{\dfrac{x^2}{a^2}-\dfrac{y^2}{b^2}=1}$の離心率は

$e=\dfrac{\sqrt{a^2+b^2}}{a}$

**応用例題 96** 2次曲線の軌跡

定点 $F(1,\ 0)$ と定直線 $l：x=-1$ がある。点Pから直線 $l$ に垂線PHを引くとき，$PF=\sqrt{2}PH$ を満たす点Pの軌跡を求めよ。

**ねらい**
離心率が $\sqrt{2}$ の場合について，軌跡の方程式を求めること。

**解法ルール** 点Pの座標を $(x,\ y)$ とおき，$PF=\sqrt{2}PH$ を座標を用いて表す。

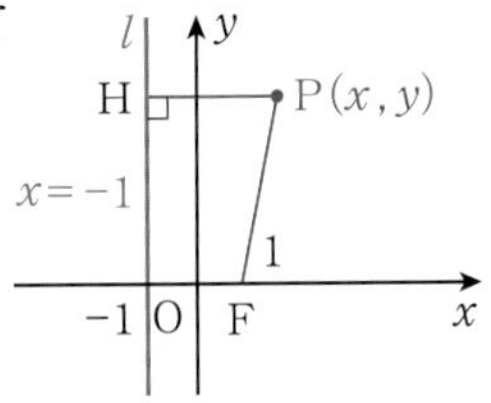


**解答例** 点Pの座標を $(x,\ y)$ とすると，$H(-1,\ y)$ であるから

$PF=\sqrt{(x-1)^2+y^2}$，$PH=|x+1|$

これを，条件式 $PF=\sqrt{2}PH$ に代入すると

$\sqrt{(x-1)^2+y^2}=\sqrt{2}|x+1|$

両辺を2乗して整理すると

$x^2-y^2+6x+1=0$　　よって　$\dfrac{(x+3)^2}{8}-\dfrac{y^2}{8}=1$

よって，求める点Pの軌跡は　**双曲線** $\boldsymbol{\dfrac{(x+3)^2}{8}-\dfrac{y^2}{8}=1}$　…答

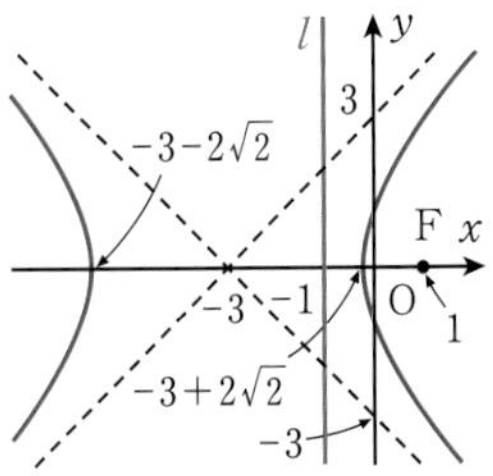


**類題 96** 応用例題 96 で，条件式が次のとき，点Pの軌跡を求めよ。

(1) $PF=PH$　　(2) $\sqrt{2}PF=PH$

# 課題学習　2次曲線

2次曲線は，ギリシャ時代から研究されています。英語で，楕円，放物線，双曲線をそれぞれ，ellipse, parabola, hyperbolaといいますが，これは**アポロニウス**（B.C.200年頃）が**ellipsis（不足）**，**parabole（一致）**，**hyperbole（超過）**とよんだことに由来（ゆらい）しています。（前ページの定数 $e$ と1の大小を比べたのでしょう。）

ところで，この2次曲線というのは，**円，楕円，放物線，双曲線が，いずれも $x$，$y$ の2次方程式で表される**ことからつけられた名前です。つまり，$x$，$y$ の2次方程式 $ax^2+2hxy+by^2+2fx+2gy+c=0$ は

$a=b\neq0,\ h=0,\ f^2+g^2-ac>0$ のとき　**円**

$h^2-ab<0$ のとき　**楕円**

$h^2-ab=0$ のとき　**放物線**

$h^2-ab>0$ のとき　**双曲線**

を表します。

▲放物線を利用したパラボラアンテナ

▲噴水は放物線を描く

# 2節 媒介変数表示と極座標

## 7 曲線の媒介変数表示

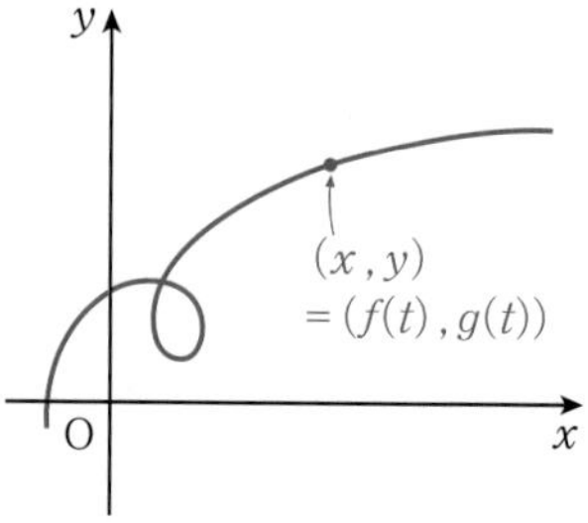


座標平面上を運動する**動点 P の時刻 $t$ における位置**は

$$x=f(t),\ y=g(t)$$

のように，$t$ の関数として表される。$t$ が変化するとき，動点 P の描く軌跡が点 P の描く曲線である。

このように，**曲線 $C$ 上の点 P$(x,\ y)$ の座標**が，たとえば**変数 $t$ の関数**として **$x=f(t)$，$y=g(t)$ と表されている**とき，これを，**曲線 $C$ の媒介変数表示**という。

これまでは，$y=x^3$ とか $y=\sin x$ といったように，$x$ と $y$ の“関係”は，$y$ が $x$ によってダイレクトに表されていたね。
でも，$x$ と $y$ の“関係”は，$y$ が $x$ によって直接表されていなくても「**他の共通の変数（たとえば $t$）を用いて表すことができる**」ということなんだ。
**$x$ と $y$ が変数 $t$ を“通じて”すなわち“媒介”としてその“関係”が表されている**とき，この表し方を**媒介変数表示**というよ。

先生，$x$ と $y$ の関係なら，$y$ を $x$ で表せばいいのに，どうしてわざわざ，他の変数を用いて表すことを考えるんですか？

なかなか鋭いね！　君達だって，2 人の友達の関係が気まずくなったとき，他の友達に手伝ってもらった方が，お互いの誤解がとけやすいってことがあるでしょう。
まあ，数学では，$x$ と $y$ の誤解はないけどね。

では，次のページから，具体的に，いろいろな曲線を媒介変数を用いて $x=f(t)$，$y=g(t)$ と表す方法を学習していこう。

なんだか難しそう…。

ベクトル方程式と同じように，構える必要はないよ。実際，媒介変数を用いた方が簡単な場合が多いんだ。$y$ を $x$ で直接表すことができない場合も多いしね。

## 2 次曲線の媒介変数表示

**基本例題 97** 円の媒介変数表示

原点Oを中心とした半径 $r$ の円の媒介変数表示を求めよ。

**ねらい**
媒介変数を用いた方程式で円を表すこと。

**解法ルール** (1) 求める円周上の点を $P(x, y)$ とする。

(2) $x$ 軸と OP のなす角 $\theta$ を用いて $x$, $y$ を表す。

**解答例** 右の図で点Pから $x$ 軸に垂線PHを引く。

$\angle POH=\theta$ とすると

$x=OH=r\cos\theta$

$y=PH=r\sin\theta$

したがって，原点Oを中心とした半径 $r$ の円の媒介変数表示は

$$\begin{cases} \boldsymbol{x=r\cos\theta} \\ \boldsymbol{y=r\sin\theta} \end{cases} \cdots 答$$

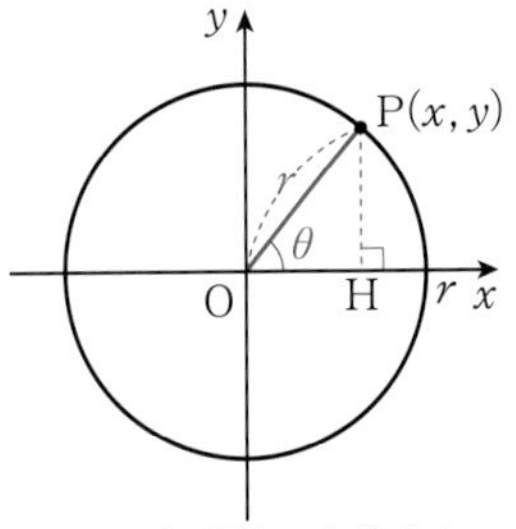


三角関数の定義より

$\cos\theta=\dfrac{x}{r}$

$\Longrightarrow x=r\cos\theta$

$\sin\theta=\dfrac{y}{r}$

$\Longrightarrow y=r\sin\theta$

**類題 97** 次の円の媒介変数表示を求めよ。

(1) $x^2+y^2=4$　　(2) $x^2+y^2=9$

**基本例題 98** 楕円の媒介変数表示

楕円 $\dfrac{x^2}{a^2}+\dfrac{y^2}{b^2}=1$ の媒介変数表示を求めよ。

**ねらい**
媒介変数を用いた方程式で楕円を表すこと。

**解法ルール** (1) 求める楕円上の点を $P(x, y)$ とする。

(2) 原点Oを中心とし，半径 $a$ の円 $C$ を描く。

(3) 点Pを通り $x$ 軸に垂直な直線と円 $C$ との交点をQとし，$x$ 軸と OQ のなす角 $\theta$ を用いて $x$, $y$ を表す。

**解答例** 右の図で，点Qの座標は $(a\cos\theta,\ a\sin\theta)$

PH は QH の $\dfrac{b}{a}$ 倍である。

よって　$y=\dfrac{b}{a}\cdot a\sin\theta=b\sin\theta$

したがって，楕円の媒介変数表示は

$$\begin{cases} \boldsymbol{x=a\cos\theta} \\ \boldsymbol{y=b\sin\theta} \end{cases} \cdots 答$$

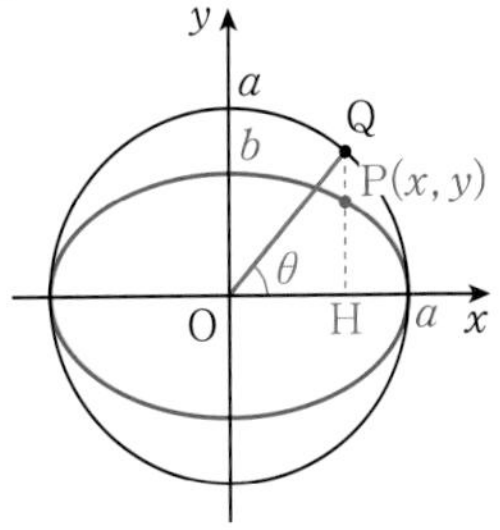

θは，x軸とOPのなす角ではないよ。


**類題 98** 次の楕円の媒介変数表示を求めよ。

(1) $\dfrac{x^2}{9}+\dfrac{y^2}{4}=1$　　(2) $\dfrac{x^2}{9}+\dfrac{y^2}{16}=1$

## 基本例題 99

媒介変数表示された曲線

媒介変数表示された次の曲線は，どのような図形か。

テストに出るぞ！

(1) $\begin{cases} x=t^2+1 \\ y=t-2 \end{cases}$　　(2) $\begin{cases} x=3\cos\theta+1 \\ y=3\sin\theta+2 \end{cases}$

(3) $\begin{cases} x=3\cos\theta-1 \\ y=2\sin\theta+2 \end{cases}$　　(4) $\begin{cases} x=\dfrac{3}{\cos\theta} \\ y=4\tan\theta \end{cases}$

**ねらい**
媒介変数で表示された曲線の形状をさぐること。

**解法ルール** (1) 媒介変数を消去して $x$，$y$ の方程式を求める。

(2) (1)の結果から，どのような曲線かを読む。

$\sin^2\theta+\cos^2\theta=1$
$1+\tan^2\theta=\dfrac{1}{\cos^2\theta}$
を活用しよう。

**解答例** (1) $t=y+2$ を $t^2=x-1$ に代入すると

$(y+2)^2=x-1$

よって　**放物線 $(y+2)^2=x-1$**　…答

(2) $\cos\theta=\dfrac{x-1}{3}$，$\sin\theta=\dfrac{y-2}{3}$ を $\cos^2\theta+\sin^2\theta=1$ に代入すると

$\left(\dfrac{x-1}{3}\right)^2+\left(\dfrac{y-2}{3}\right)^2=1$　　$(x-1)^2+(y-2)^2=3^2$

したがって　**円 $(x-1)^2+(y-2)^2=9$**　…答

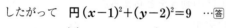

いろいろな，媒介変数の消去の仕方をここでマスターしてね。

(3) $\cos\theta=\dfrac{x+1}{3}$，$\sin\theta=\dfrac{y-2}{2}$ を $\cos^2\theta+\sin^2\theta=1$ に代入すると

$\dfrac{(x+1)^2}{3^2}+\dfrac{(y-2)^2}{2^2}=1$

よって　**楕円 $\dfrac{(x+1)^2}{9}+\dfrac{(y-2)^2}{4}=1$**　…答

(4) $\dfrac{1}{\cos\theta}=\dfrac{x}{3}$，$\tan\theta=\dfrac{y}{4}$ を $1+\tan^2\theta=\dfrac{1}{\cos^2\theta}$ に代入すると

$1+\left(\dfrac{y}{4}\right)^2=\left(\dfrac{x}{3}\right)^2$

よって　**双曲線 $\dfrac{x^2}{9}-\dfrac{y^2}{16}=1$**　…答

**類題 99** 媒介変数表示された次の曲線は，どのような図形か。

(1) $\begin{cases} x=2\cos\theta+3 \\ y=2\sin\theta+1 \end{cases}$　　(2) $\begin{cases} x=2\cos\theta+1 \\ y=3\sin\theta-2 \end{cases}$

## いろいろな曲線の媒介変数表示

ここでは媒介変数を使ってしか表すことのできない曲線の方程式を作ってみよう。代表的な曲線としてサイクロイドを媒介変数表示してみよう。

「円が定直線上をすべることなく回転するとき，この円周上の定点が描く曲線」を**サイクロイド**といい，下の図の赤線のような曲線を描く。

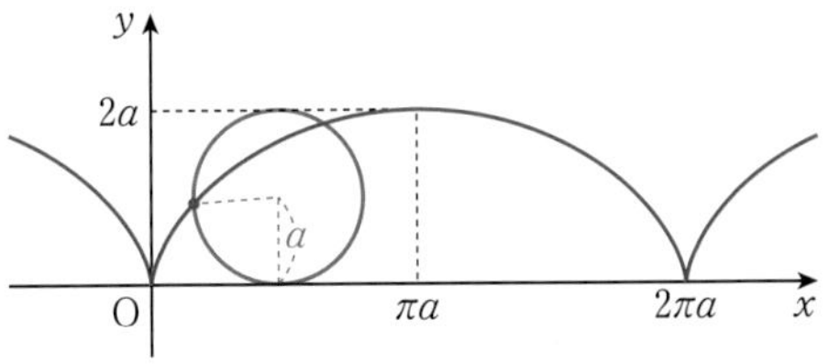


**応用例題 100**　サイクロイド

半径 $a$ の円 $C$ が $x$ 軸上をすべることなく回転するとき，この円周上の定点Pが最初原点Oにあるとし，この円が角 $\theta$ 回転したとして点 $\mathrm{P}(x,\ y)$ の描く軌跡を媒介変数 $\theta$ を用いて表せ。

**ねらい**
サイクロイドの媒介変数表示を求めること。

**解法ルール**　(1) 図を大きく正確にかき，点Pの動きをとらえる。

(2) $\theta$ を使って，$x$，$y$ を別々に表す。

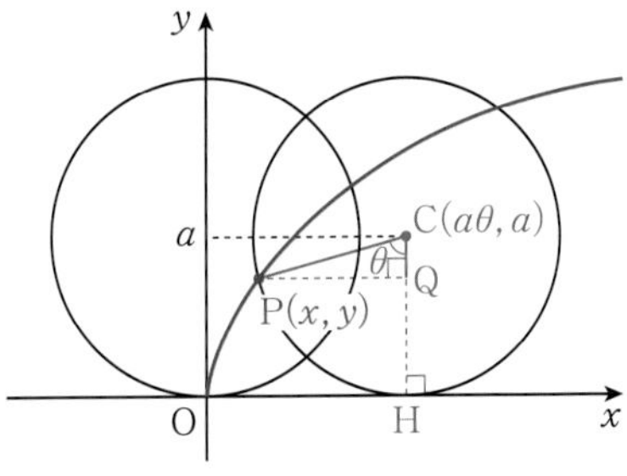


**解答例**　右の図で，中心Cから $x$ 軸に垂線CHを引き，PからCHに垂線PQを引くとき，

$\mathrm{OH}=\overset{\frown}{\mathrm{PH}}=a\theta$

$\mathrm{PQ}=a\sin\theta$

$\mathrm{CQ}=a\cos\theta$　だから

$x=\mathrm{OH}-\mathrm{PQ}=a\theta-a\sin\theta$

$y=\mathrm{CH}-\mathrm{CQ}=a-a\cos\theta$

したがって，サイクロイドの媒介変数表示は

$$\begin{cases} \boldsymbol{x=a(\theta-\sin\theta)} \\ \boldsymbol{y=a(1-\cos\theta)} \end{cases}$$ …答

**類題 100**　原点Oを中心とする半径 $a$ の円 $A$ とその外側に接しながら回転する半径 $a$ の円 $B$ がある。円 $B$ の円周上の定点Pが最初 $(a,\ 0)$ の位置にあるとして，円 $B$ が円 $A$ に接しながらすべることなく $\theta$ 回転するとき，点 $\mathrm{P}(x,\ y)$ の描く軌跡を媒介変数 $\theta$ を用いて表せ。

# 8 極座標

これまでに学んできた中で，平面上の点の位置を表すのに，どんな方法があったか思い出してみよう。

$x$ 軸，$y$ 軸を用いて平面上の点を $(x,\ y)$ のように2つの数の組で表しました。

そうだね。それは**直交座標**による表し方なんだよ。ここでは，それとは別に**極座標**という新しい点の位置の表し方について考えてみよう。

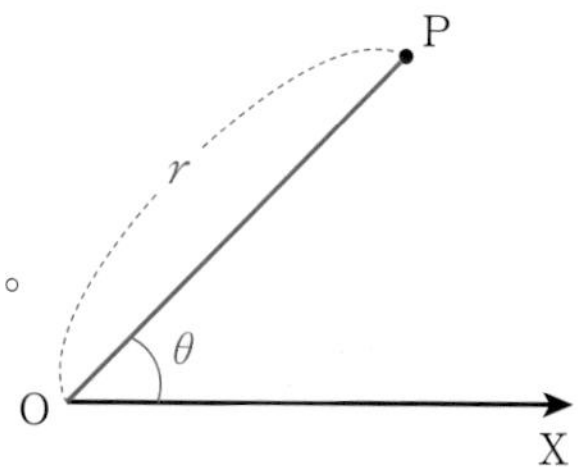


まず，点Oと半直線OXを定めて点Pを適当にとってみる。

**点Pの位置が決まると**

- **OPの長さ $r$**
- **動径OPと半直線OXのなす角 $\theta$**

**が1つ決まる**ことはいいかな？

はい，O.K. です。

逆に，**OPの長さ $r$** と**動径OPと半直線OXとのなす角 $\theta$** を1つ決めれば，**点Pの位置はただ1つに定まること**は大丈夫かな？

要するに，**点Oのまわりに時計の針と逆方向に $\theta$ 回転**（①）したところで，しかも**点Oより距離 $r$ 進んだところ**（②）ですね。

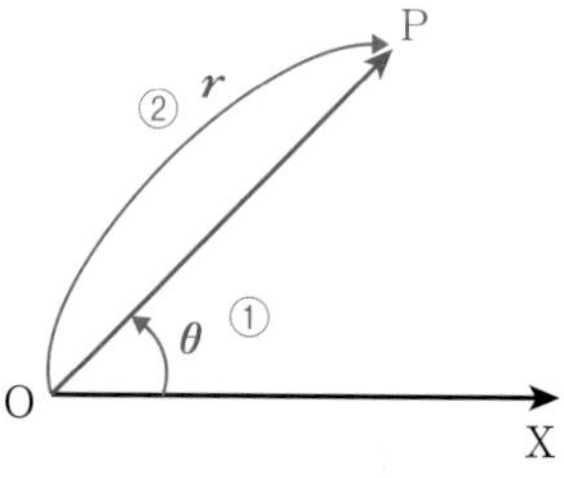

その通り。このように，定点Oと半直線OXを定めると，平面上の点の位置は，**動径OPと半直線OXとのなす角 $\theta$** と，**OPの長さ $r$** を用いて $(r,\ \theta)$ で表されるよ。この2つの数の組 $(r,\ \theta)$ を**極座標**というんだ。

そして，**点Oを極**，**半直線OXを始線**，**$\theta$ を点Pの偏角**（へんかく）というよ。

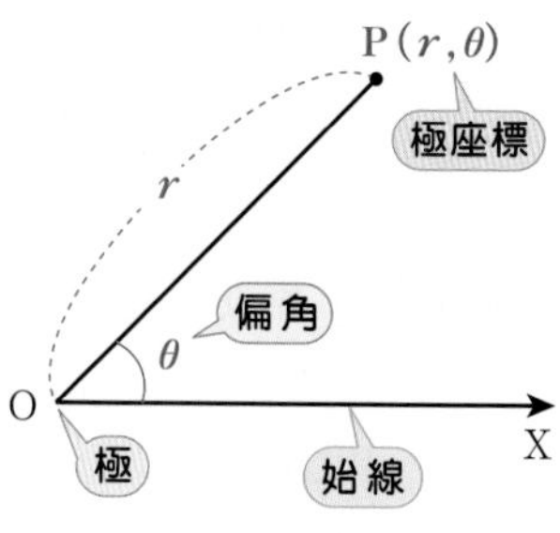

どこかで見たことがあると思ったら，レーダーがそうですよね！

そうだね。

でも，先生。これまでずっと直交座標を用いて位置を表してきましたよね。ここで，新しく極座標がでてきましたが，どのように使い分けるんですか？

いえ，別に使い分けるというほど，まったく別の“もの”ではないんだよ。まず，右のような直交座標を考えてみよう。ここで，点P($x$, $y$)をとって原点Oと点Pを結んでみるとどうかな？

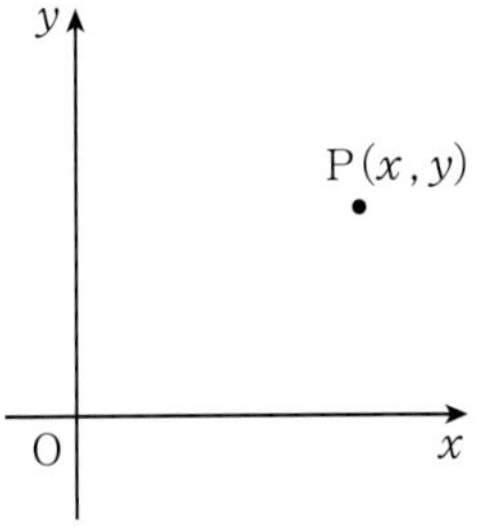


**原点を極，$x$軸を始線**と考えれば，**点Pは極座標($r$, $\theta$)で表せる**よね。
つまり，座標というのは，“もの”ではなくて，点の位置の“表し方”なんだ。
日本語の“花”と英語の“flower”のような関係で，同じものを異なる言葉で表している感じだね。

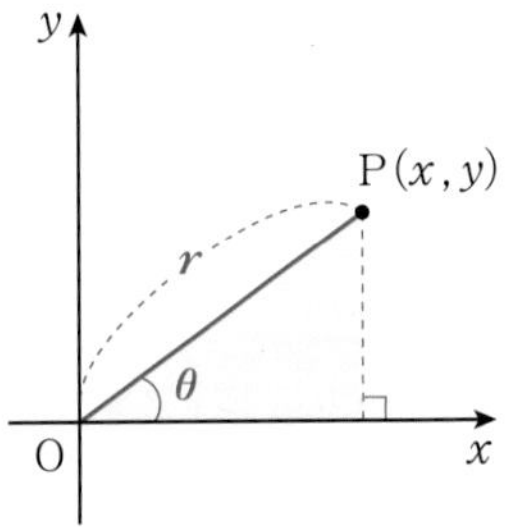

ということは，お互いに“訳せる”のですか。

その通り。
$\sin\theta$，$\cos\theta$の定義，覚えているかな？

大丈夫ですよ。$\sin\theta=\dfrac{y}{r}$，$\cos\theta=\dfrac{x}{r}$です。
あっ，すると　$\boldsymbol{x=r\cos\theta}$，$\boldsymbol{y=r\sin\theta}$だから

$$(x,\ y)=(r\cos\theta,\ r\sin\theta)$$

となるんですね。

その通り。直交座標と極座標のかけ橋は

$$x=r\cos\theta,\quad y=r\sin\theta$$

ということになるんだ。この“橋”をつかって直交座標と極座標の間を行き来できるんだよ。

つまり，Case by case！　わかりやすい方で表せばいいということですね。

その通り！

## 基本例題 101

極座標→直交座標

極座標が次のような点の直交座標を求めよ。

(1) $\left(4,\ \dfrac{\pi}{3}\right)$　(2) $\left(2,\ \dfrac{3}{4}\pi\right)$　(3) $(1,\ \pi)$

**ねらい**
極座標を直交座標に直すこと。

**解法ルール** 極座標 $(r,\ \theta)$ で表される点の**直交座標** $(x,\ y)$ は

$$\boldsymbol{x=r\cos\theta,\quad y=r\sin\theta}$$

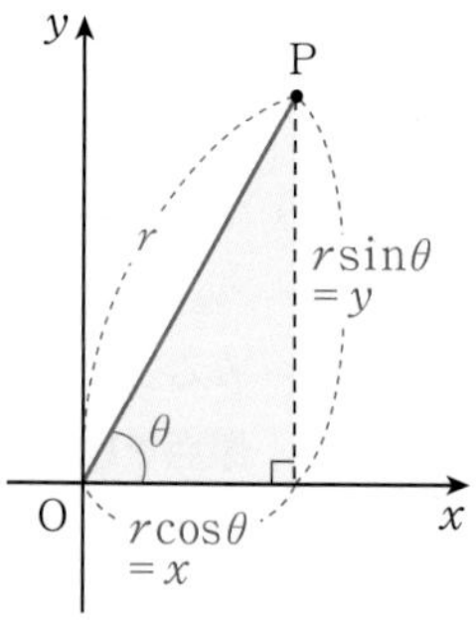


**解答例** (1) $x=4\cos\dfrac{\pi}{3}=4\cdot\dfrac{1}{2}=2,\ \ y=4\sin\dfrac{\pi}{3}=4\cdot\dfrac{\sqrt{3}}{2}=2\sqrt{3}$ より

$\boldsymbol{(2,\ 2\sqrt{3})}$ …答

(2) $x=2\cos\dfrac{3}{4}\pi=2\cdot\left(-\dfrac{\sqrt{2}}{2}\right)=-\sqrt{2},$

$y=2\sin\dfrac{3}{4}\pi=2\cdot\dfrac{\sqrt{2}}{2}=\sqrt{2}$ より　$\boldsymbol{(-\sqrt{2},\ \sqrt{2})}$ …答

(3) $x=1\cdot\cos\pi=-1,\ \ y=1\cdot\sin\pi=0$ より　$\boldsymbol{(-1,\ 0)}$ …答

**類題 101** 極座標が次のような点の直交座標を求めよ。

(1) $(2,\ \pi)$　(2) $\left(1,\ \dfrac{\pi}{2}\right)$　(3) $\left(\sqrt{2},\ \dfrac{3}{4}\pi\right)$

## 基本例題 102

直交座標→極座標

直交座標が次のような点の極座標 $(r,\ \theta)$ を求めよ。(ただし，$0\leqq\theta<2\pi$)

(1) $(1,\ \sqrt{3})$　(2) $(-\sqrt{3},\ 1)$　(3) $(-1,\ -1)$

**ねらい**
直交座標を極座標に直すこと。

**解法ルール** 点 $\mathrm{P}(x,\ y)$ の極座標は右のように図をかいて

$\boldsymbol{r=\sqrt{x^2+y^2}}$，$\boldsymbol{\theta}$ を求めればよい。

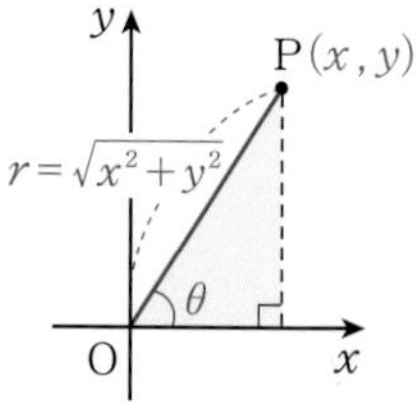


**解答例** (1) $r=\sqrt{1+3}=2$ より

$\left(\boldsymbol{2,\ \dfrac{\pi}{3}}\right)$ …答

(2) $r=\sqrt{3+1}=2$ より

$\left(\boldsymbol{2,\ \dfrac{5}{6}\pi}\right)$ …答

(3) $r=\sqrt{(-1)^2+(-1)^2}=\sqrt{2}$ より

$\left(\boldsymbol{\sqrt{2},\ \dfrac{5}{4}\pi}\right)$ …答

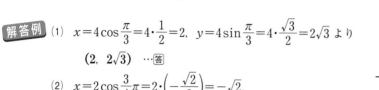

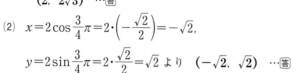

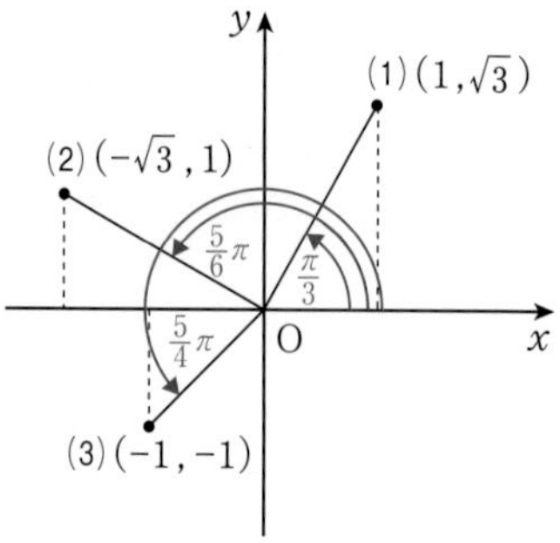


**類題 102** 直交座標が次のような点の極座標 $(r,\ \theta)$ を求めよ。(ただし，$0\leqq\theta<2\pi$)

(1) $(-1,\ 0)$　(2) $(0,\ -1)$　(3) $(-\sqrt{3},\ -1)$

# 9 極方程式

方程式 $F(r,\ \theta)=0$ を満たす点 $(r,\ \theta)$ の軌跡を極方程式 $F(r,\ \theta)=0$ の表す曲線という。極方程式は，$r=f(\theta)$ の形で表されることもある。

**基本例題 103**　直交座標の方程式→極方程式

直交座標による次の方程式を，極方程式に直せ。

(1) $x^2-y^2=1$　　(2) $x+\sqrt{3}y=2$

(3) $x^2+y^2+2x-2y=0$

テストに出るぞ！

**ねらい**
直交座標による方程式を極方程式に直すこと。

**解法ルール** 点 $(x,\ y)$ の極座標が $(r,\ \theta)$ であるとき

$$x=r\cos\theta,\ y=r\sin\theta$$

これを用いて，$r$ と $\theta$ の方程式を求めればよい。

**解答例** $x=r\cos\theta,\ y=r\sin\theta$ を与式の左辺に代入する。

(1) $x^2-y^2=r^2\cos^2\theta-r^2\sin^2\theta=r^2(\cos^2\theta-\sin^2\theta)$

$=r^2\cos 2\theta=1$　　よって　$\boldsymbol{r^2\cos 2\theta=1}$　…答

2倍角の公式
$\cos 2\theta$
$=\cos^2\theta-\sin^2\theta$

(2) $x+\sqrt{3}y=r\cos\theta+\sqrt{3}r\sin\theta$

$=r(\cos\theta+\sqrt{3}\sin\theta)=2r\left(\dfrac{1}{2}\cos\theta+\dfrac{\sqrt{3}}{2}\sin\theta\right)$

$=2r\sin\left(\theta+\dfrac{\pi}{6}\right)=2$

以上より　$\boldsymbol{r\sin\left(\theta+\dfrac{\pi}{6}\right)=1}$　…答

三角関数の合成
$\cos\theta+\sqrt{3}\sin\theta$
$=2\left(\dfrac{1}{2}\cos\theta+\dfrac{\sqrt{3}}{2}\sin\theta\right)$
（$\dfrac{1}{2}=\sin\dfrac{\pi}{6}$，$\dfrac{\sqrt{3}}{2}=\cos\dfrac{\pi}{6}$）
$=2\sin\left(\theta+\dfrac{\pi}{6}\right)$

(3) $x^2+y^2+2x-2y=r^2\cos^2\theta+r^2\sin^2\theta+2r\cos\theta-2r\sin\theta$

$=r\{r(\cos^2\theta+\sin^2\theta)+2(\cos\theta-\sin\theta)\}$

$=r\{r+2(\cos\theta-\sin\theta)\}$

$=r\left\{r+2\sqrt{2}\left(\dfrac{1}{\sqrt{2}}\cos\theta-\dfrac{1}{\sqrt{2}}\sin\theta\right)\right\}$

$=r\left\{r+2\sqrt{2}\cos\left(\theta+\dfrac{\pi}{4}\right)\right\}=0$

以上より　$r=0,\ r=-2\sqrt{2}\cos\left(\theta+\dfrac{\pi}{4}\right)$

$\theta=\dfrac{\pi}{4}$ のとき $r=0$ だから，$r=0$ はあとの式に含まれる。

よって　$\boldsymbol{r=-2\sqrt{2}\cos\left(\theta+\dfrac{\pi}{4}\right)}$　…答

$\cos\theta-\sin\theta$
$=\sqrt{2}\left(\dfrac{1}{\sqrt{2}}\cos\theta-\dfrac{1}{\sqrt{2}}\sin\theta\right)$
（$\dfrac{1}{\sqrt{2}}=\cos\dfrac{\pi}{4}$，$\dfrac{1}{\sqrt{2}}=\sin\dfrac{\pi}{4}$）
$=\sqrt{2}\cos\left(\theta+\dfrac{\pi}{4}\right)$

**類題 103** 直交座標による次の方程式を，極方程式に直せ。

(1) $x+y=1$　　(2) $x^2+y^2-x-y=0$　　(3) $x^2-y^2=-1$

## 基本例題 104　極方程式→直交座標の方程式

次の極方程式を，直交座標による方程式に直せ。

テストに出るぞ!

(1) $r\cos\left(\theta-\dfrac{\pi}{6}\right)=1$　　(2) $r=2\cos\theta$

(3) $r=\sqrt{2}\sin\left(\theta-\dfrac{\pi}{4}\right)$　　(4) $r^2\sin 2\theta=2$

**ねらい**
極方程式を直交座標による方程式に直すこと。

**解法ルール** 点 $(r,\ \theta)$ が直交座標 $(x,\ y)$ で表されるとき

$$r^2=x^2+y^2,\quad x=r\cos\theta,\quad y=r\sin\theta$$

これらを利用して，$x$ と $y$ の方程式を求めればよい。

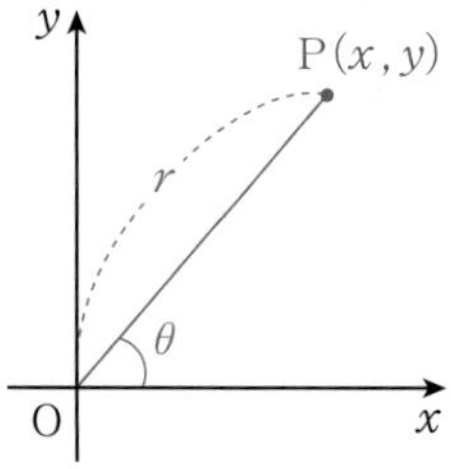


**解答例** (1) $r\cos\left(\theta-\dfrac{\pi}{6}\right)=r\left(\cos\theta\cos\dfrac{\pi}{6}+\sin\theta\sin\dfrac{\pi}{6}\right)$

$=\cos\dfrac{\pi}{6}\cdot r\cos\theta+\sin\dfrac{\pi}{6}\cdot r\sin\theta$

$=\dfrac{\sqrt{3}}{2}x+\dfrac{1}{2}y$

$r\cos\left(\theta-\dfrac{\pi}{6}\right)=1$ より　$\dfrac{\sqrt{3}}{2}x+\dfrac{1}{2}y=1$

すなわち　$\boldsymbol{\sqrt{3}x+y=2}$　…答

(2) $r=2\cos\theta$ より，両辺に $r$ を掛けると

$r^2=2r\cos\theta$　　したがって　$x^2+y^2=2x$

よって　$\boldsymbol{x^2+y^2-2x=0}$　…答

(3) $\sqrt{2}\sin\left(\theta-\dfrac{\pi}{4}\right)=\sqrt{2}\left(\sin\theta\cos\dfrac{\pi}{4}-\cos\theta\sin\dfrac{\pi}{4}\right)$

$=\sqrt{2}\cdot\dfrac{\sqrt{2}}{2}\sin\theta-\sqrt{2}\cdot\dfrac{\sqrt{2}}{2}\cos\theta$

$=\sin\theta-\cos\theta$

したがって　$r=\sin\theta-\cos\theta$　　この両辺に $r$ を掛けると

$r^2=r\sin\theta-r\cos\theta$　　したがって　$x^2+y^2=y-x$

よって　$\boldsymbol{x^2+y^2+x-y=0}$　…答

(4) $\sin 2\theta=2\sin\theta\cos\theta$ より　$r^2\sin 2\theta=2r^2\sin\theta\cos\theta$

$r^2\sin 2\theta=2$ より　$2(r\sin\theta)\cdot(r\cos\theta)=2$

よって　$\boldsymbol{xy=1}$　…答

$r^2=x^2+y^2$
$r\cos\theta=x$
$r\sin\theta=y$

**類題 104** 次の極方程式を，直交座標による方程式に直せ。

(1) $r\cos\theta=2$　　(2) $r\sin\left(\theta-\dfrac{\pi}{3}\right)=1$　　(3) $r=2\sin\theta$

(4) $r=2\cos\theta+2\sin\theta$　　(5) $r^2\cos 2\theta=2$

**発展例題 105**　　**2次曲線と極方程式**

次の問いに答えよ。

(1) 直交座標において，点 $A(\sqrt{3},\ 0)$ と準線 $x=\dfrac{4}{\sqrt{3}}$ からの距離の比が $\sqrt{3}:2$ である点 $P(x,\ y)$ の軌跡の方程式を求めよ。

(2) (1)における A を極，$x$ 軸の正の部分とのなす角 $\theta$ を偏角とする極座標を定める。このとき，P の軌跡の方程式を $r=f(\theta)$ の形の極方程式で表せ。(ただし，$0\leqq\theta<2\pi$，$r>0$)

**ねらい**
2次曲線の極方程式の表し方について学習すること。

**解法ルール** (1) 与えられた条件を $x$，$y$ **を用いて**表せばよい。

(2) 条件を $r$，$\theta$ で表し，$r$，$\theta$ **の方程式**を求めればよい。

**解答例** (1) 点 P から準線に垂線 PH を引く。$PA:PH=\sqrt{3}:2$ より

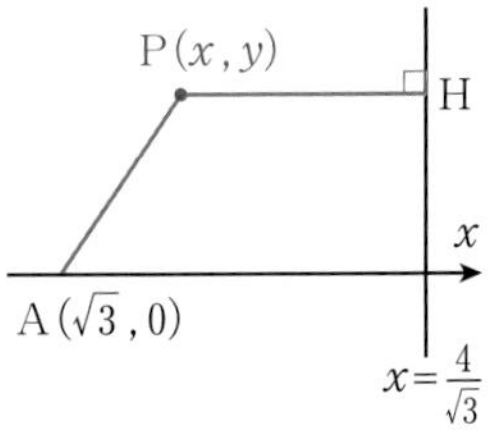


$PA^2:PH^2=3:4$　　よって　$3PH^2=4PA^2$

$PA^2=(x-\sqrt{3})^2+y^2$　　$PH=\left|x-\dfrac{4}{\sqrt{3}}\right|$

以上より　$3\left(x-\dfrac{4}{\sqrt{3}}\right)^2=4\{(x-\sqrt{3})^2+y^2\}$

整理すると　$\boldsymbol{x^2+4y^2=4}$　…答

(2) 点 P から $x$ 軸に垂線 PH′ を引く。$AH'=r\cos\theta$

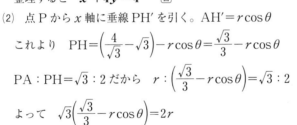

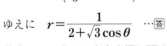

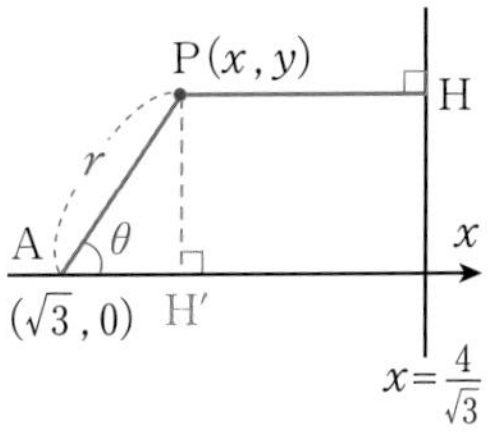


これより　$PH=\left(\dfrac{4}{\sqrt{3}}-\sqrt{3}\right)-r\cos\theta=\dfrac{\sqrt{3}}{3}-r\cos\theta$

$PA:PH=\sqrt{3}:2$ だから　$r:\left(\dfrac{\sqrt{3}}{3}-r\cos\theta\right)=\sqrt{3}:2$

よって　$\sqrt{3}\left(\dfrac{\sqrt{3}}{3}-r\cos\theta\right)=2r$

ゆえに　$\boldsymbol{r=\dfrac{1}{2+\sqrt{3}\cos\theta}}$　…答

**(別解)** **(1)で求めた直交座標に関する方程式を極方程式に直す方法**

**極が，原点ではなく** $(\sqrt{3},\ 0)$ **なので，** $x=r\cos\theta+\sqrt{3}$ となる。

よって　$(r\cos\theta+\sqrt{3})^2+4r^2\sin^2\theta=4$　　$r$ について整理すると

($\sin^2\theta$ → $1-\cos^2\theta$)

$(3\cos^2\theta-4)r^2-2\sqrt{3}\cos\theta\cdot r+1=0$　$\{(\sqrt{3}\cos\theta+2)r-1\}\{(\sqrt{3}\cos\theta-2)r-1\}=0$

$r>0$ だから　$\boldsymbol{r=\dfrac{1}{2+\sqrt{3}\cos\theta}}$

**類題 105** 極方程式 $r=\dfrac{b}{1-a\cos\theta}$ $(b\neq0,\ 0<a<1)$ で与えられる曲線と，媒介変数表示された曲線 $x=\dfrac{4}{3}\cos t$，$y=\dfrac{2\sqrt{3}}{3}\sin t$ を $x$ 軸方向に $\dfrac{2}{3}$ だけ平行移動した曲線が一致するように $a$，$b$ の値を定めよ。

**これも知っ得** 2次曲線上の点における接線

2次曲線 $Ax^2 + By^2 = C$ ……① 上の点 $(x_1, y_1)$ における接線の方程式を求めてみよう。

点 $(x_1, y_1)$ を通る，傾きが $m$ の直線は  $y - y_1 = m(x - x_1)$ ……②

①，②より，$y$ を消去して  $Ax^2 + B\{mx - (mx_1 - y_1)\}^2 = C$

$(A + Bm^2)x^2 - 2Bm(mx_1 - y_1)x + B(mx_1 - y_1)^2 - C = 0$

> ・$A$，$B$，$C$ が同符号のとき，
> 楕円。
> 特に $A = B$ のとき，円。
> ・$A$，$B$ が異符号のとき，
> 双曲線。

この方程式が重解 $x = x_1$ をもつから  $x_1 = \dfrac{Bm(mx_1 - y_1)}{A + Bm^2}$

$(A + Bm^2)x_1 = Bm(mx_1 - y_1)$　　　$Ax_1 + Bm^2x_1 = Bm^2x_1 - Bmy_1$　　　$Ax_1 = -Bmy_1$

ゆえに，$y_1 \neq 0$ のとき  $m = -\dfrac{Ax_1}{By_1}$

よって，求める接線の方程式は  $y - y_1 = -\dfrac{Ax_1}{By_1}(x - x_1)$

これより  $By_1(y - y_1) = -Ax_1(x - x_1)$　　　$By_1y - By_1{}^2 = -Ax_1x + Ax_1{}^2$

$Ax_1x + By_1y = Ax_1{}^2 + By_1{}^2$

ここで，$(x_1, y_1)$ は①上にあるから  $Ax_1{}^2 + By_1{}^2 = C$

したがって，接線の方程式は  $\boldsymbol{Ax_1x + By_1y = C}$ ……③

ところで，$y_1 = 0$ のとき，①より  $Ax_1{}^2 = C$　　　$AC > 0$ のとき  $x_1 = \pm\sqrt{\dfrac{C}{A}}$

よって，接点は  点 $\left(\pm\sqrt{\dfrac{C}{A}},\ 0\right)$　　接線は  $x = \pm\sqrt{\dfrac{C}{A}}$　　これは，③に含まれる。

次に，放物線 $y^2 = 4px$ ……④ 上の点 $(x_1, y_1)$ を通る直線の方程式を $m(y - y_1) = x - x_1$ ……⑤ とする。

④，⑤より，$x$ を消去して  $y^2 = 4p\{m(y - y_1) + x_1\}$　　　$y^2 - 4pmy + 4p(my_1 - x_1) = 0$

接するとき，これが重解 $y = y_1$ をもつから  $y_1 = 2pm$　　　$m = \dfrac{y_1}{2p}$

⑤に代入して  $\dfrac{y_1}{2p}(y - y_1) = x - x_1$　　　$y_1y - y_1{}^2 = 2p(x - x_1)$

また，$y_1{}^2 = 4px_1$ だから，接線の方程式は  $y_1y = 2p(x + x_1)$

---

**ポイント**　[2次曲線上の点 $(x_1, y_1)$ における接線]

|  | 曲線の方程式 | 接線の方程式 |
|---|---|---|
| 円 | $x^2 + y^2 = r^2$ | $x_1x + y_1y = r^2$ |
| 楕円 | $\dfrac{x^2}{a^2} + \dfrac{y^2}{b^2} = 1$ | $\dfrac{x_1x}{a^2} + \dfrac{y_1y}{b^2} = 1$ |
| 双曲線 | $\dfrac{x^2}{a^2} - \dfrac{y^2}{b^2} = \pm 1$ | $\dfrac{x_1x}{a^2} - \dfrac{y_1y}{b^2} = \pm 1$ |
| 放物線 | $y^2 = 4px$ | $y_1y = 2p(x + x_1)$ |

←複号同順

> 覚え得
>
> 接線は，5章で学習する微分法を使っても簡単に求められるよ。

# 定期テスト予想問題 解答→p. 28~31

**1** 次のような2次曲線の方程式を求めよ。

(1) 焦点が(4, 2), 準線が $x=-2$ である放物線。

(2) 円 $x^2+y^2=16$ を $y$ 軸方向に $\dfrac{3}{4}$ に縮小した図形。

(3) 2点(0, 5), (0, −5)からの距離の差が8である点Pの描く曲線。

**2** 次の楕円の焦点の座標を求め，その概形をかけ。

(1) $\dfrac{(x+2)^2}{16}+\dfrac{(y-1)^2}{9}=1$

(2) $x^2+3y^2-2x=2$

**3** 次の双曲線の焦点の座標と漸近線の方程式を求め，その概形をかけ。

(1) $9x^2-4y^2=36$

(2) $x^2-4x-4y^2-8y+4=0$

**4** 双曲線 $x^2-y^2=1$ と直線 $y=2x+k$ との共有点の個数を求めよ。また，接する場合はその接線の方程式と接点の座標を求めよ。

**5** 点F(2, 0)からの距離と直線 $x=-1$ までの距離の比が2：1である点Pの軌跡の方程式を求めよ。

**6** 次の方程式はどのような図形を表すか。

(1) $x=3\cos\theta+1$, $y=2\sin\theta-2$

(2) $x=t+\dfrac{1}{t}$, $y=2\left(t-\dfrac{1}{t}\right)$

(3) $x=\dfrac{1}{1+t^2}$, $y=\dfrac{t}{1+t^2}$

(4) $x=\dfrac{a}{\cos\theta}$, $y=b\tan\theta$ $(ab\neq0)$

## HINT

**1** 2次曲線の定義にしたがって式を作る。

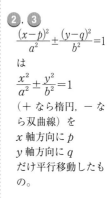

**2**, **3** $\dfrac{(x-p)^2}{a^2}\pm\dfrac{(y-q)^2}{b^2}=1$ は $\dfrac{x^2}{a^2}\pm\dfrac{y^2}{b^2}=1$（＋なら楕円，－なら双曲線）を $x$ 軸方向に $p$，$y$ 軸方向に $q$ だけ平行移動したもの。

**4** $y$ を消去する。$x$ についての2次方程式の判別式を活用する。

**5**

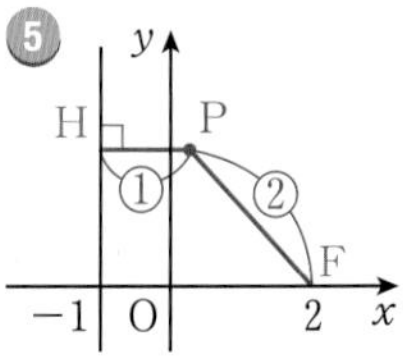


**6** 媒介変数を消去し，$x$, $y$ の方程式を作り，どんな図形か考える。

**7** 右の図のように，長さ $a$ の2つの線分OA，ABがある。点Bが $x$ 軸上を動くとき，線分ABを1：2に内分する点Pの軌跡を求めよ。

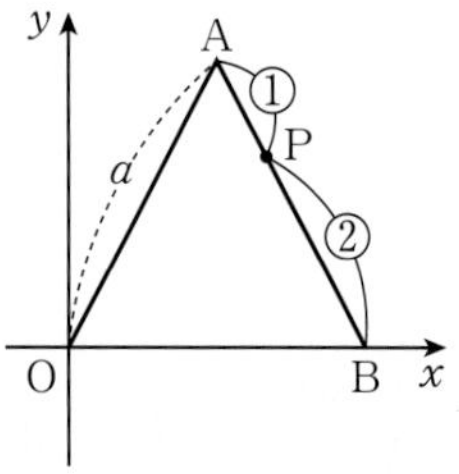


**7** ∠AOB$=\theta$ として，点P$(x,\ y)$ の座標を $a$ と $\theta$ で表す。

**8** 点P$(x,\ y)$ が $\theta$ を媒介変数として $x=\sin\theta+\cos\theta$，$y=\sin\theta-\cos\theta$ で表されているとき，次の問いに答えよ。

(1) 点P$(x,\ y)$ の軌跡の方程式を求め，それを図示せよ。

(2) $x+y=X$，$xy=Y$ とおくとき，点Q$(X,\ Y)$ の軌跡の方程式を求め，それを図示せよ。

**8** $\theta$ を消去して
(1) $x$，$y$ の方程式を求める。
(2) $X$，$Y$ の方程式を求める。
$X$ の範囲に注意。

**9** 次の極方程式を直交座標で表したときの方程式を求めよ。

(1) $r^2(1+\sin^2\theta)=1$

(2) $r^2\sin2\theta=1$

(3) $r\cos\left(\theta-\dfrac{\pi}{3}\right)=2$

(4) $r=\dfrac{3}{2-\cos\theta}$

**9** $x=r\cos\theta$，
$y=r\sin\theta$，
$x^2+y^2=r^2$ の活用。

**10** Oを極とする極座標で表された2点A$\left(3,\ \dfrac{\pi}{6}\right)$，B$\left(4,\ \dfrac{\pi}{3}\right)$ について，次の問いに答えよ。

(1) 線分ABの長さを求めよ。

(2) △OABの面積を求めよ。

**10** (1)は余弦定理，(2)は面積の公式を利用する。

**11** Oを極とする極座標でA$(a,\ 0)$ を通り，始線OXに垂直な直線を $l$ とする。点P$(r,\ \theta)$ とするとき，点Pから $l$ までの距離と，OPの長さが等しくなる点Pの軌跡の極方程式を求めよ。

**11**

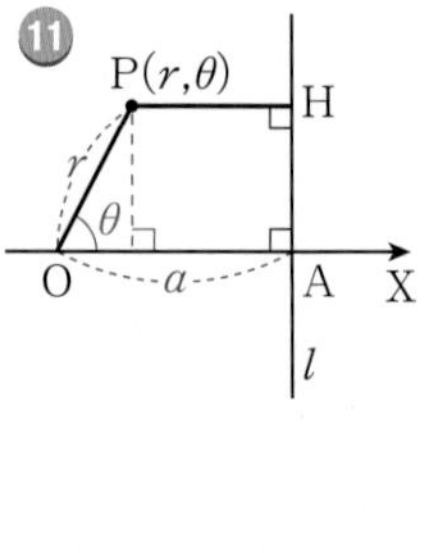

# 4章

# 関数と極限 数学Ⅲ

# 1節 いろいろな関数

この章の学習をはじめるにあたって，まずいろいろな関数を知っておこう。ここでは，分数関数，無理関数と，逆関数，合成関数について考えるよ。

## 1 分数関数のグラフ

$y=\dfrac{3}{x}$ や $y=\dfrac{2x+3}{x+1}$ のように，$x$ についての分数式（分母に $x$ を含む式）で表される関数を，$x$ の**分数関数**という。**基本形は** $\boldsymbol{y=\dfrac{k}{x}}$ $\boldsymbol{(k\neq 0)}$ である。

中学校で学んだように，$y=\dfrac{k}{x}$ $(k\neq 0)$ のグラフは反比例のグラフである。このような曲線を**双曲線**という。

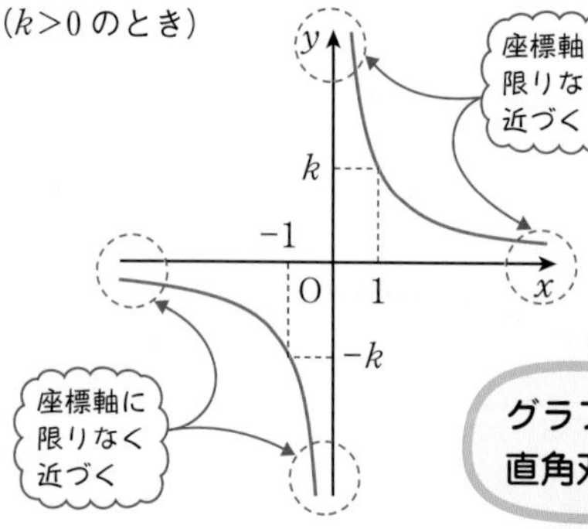


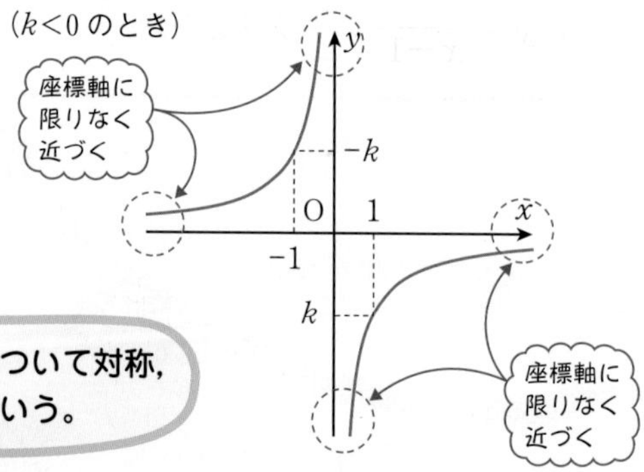


**グラフは原点について対称，直角双曲線ともいう。**

上の図の $x$ 軸，$y$ 軸のように，**曲線上の点が限りなく近づく直線**を**漸近線**（ぜんきんせん）という。

$y=\dfrac{k}{x-\boldsymbol{p}}+\boldsymbol{q}$ の形のグラフは，**基本形を平行移動**したグラフである。

ここで，**グラフの平行移動**について復習しておこう。

**ポイント** ［グラフの平行移動］

$x$ 軸方向に $\boldsymbol{p}$ だけ平行移動 → $x$ のかわりに $\boldsymbol{x-p}$ を代入する

$y$ 軸方向に $\boldsymbol{q}$ だけ平行移動 → $y$ のかわりに $\boldsymbol{y-q}$ を代入する

覚え得

関数 $y=\dfrac{cx+d}{ax+b}$ を割り算して，帯分数形 $\boldsymbol{y=\dfrac{k}{x-p}+q}$ **の形に変形**すれば，そのグラフがかける。

**ポイント** [分数関数のグラフ]　覚え得

$y=\dfrac{k}{x-p}+q$ のグラフは，$y=\dfrac{k}{x}$ のグラフを $\begin{cases} x \text{ 軸方向に } p \\ y \text{ 軸方向に } q \end{cases}$ だけ平行移動したグラフ

（$k>0$ のとき）

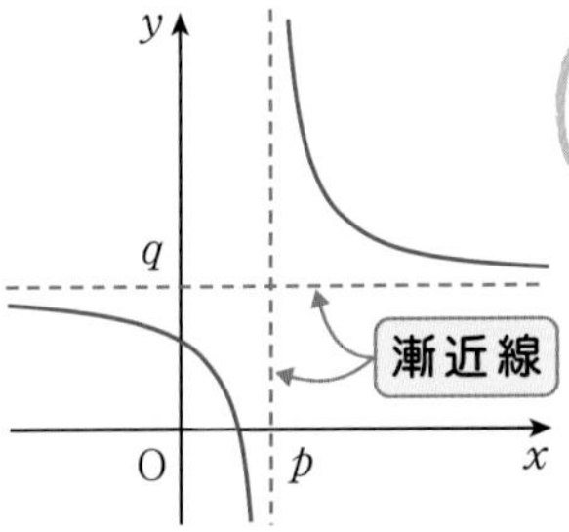

（$k<0$ のとき）

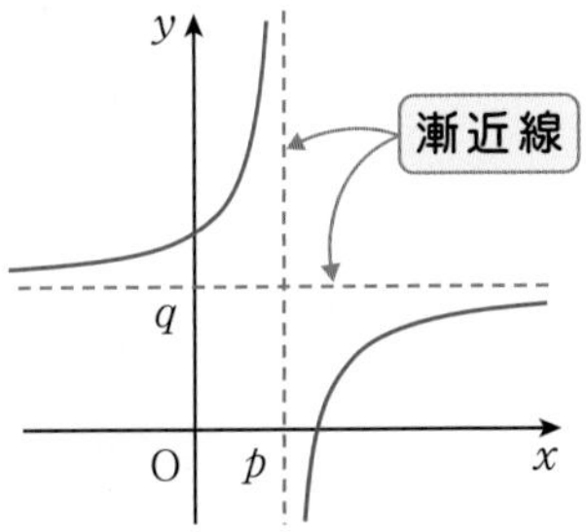


## 基本例題 106

分数関数のグラフ

関数 $y=\dfrac{2x+1}{x-1}$ のグラフをかけ。

**ねらい**
分数関数のグラフをかくこと。

**解法ルール**

1. **分子÷分母**　$(2x+1)\div(x-1)=2$ 余り3
2. **帯分数形**に直す　$y=\dfrac{3}{x-1}+2$
3. **基本形**を知る　$y=\dfrac{3}{x}$
4. **平行移動**をよむ　$\begin{cases} x \text{ 軸方向に } 1 \\ y \text{ 軸方向に } 2 \end{cases}$
5. **漸近線の方程式**　$x=1,\ y=2$

$$\begin{array}{r} 2 \\ x-1\,\overline{)\,2x+1} \\ \underline{2x-2} \\ 3 \end{array}$$

**解答例** $y=\dfrac{2x+1}{x-1}=\dfrac{3}{x-1}+2$

$y=\dfrac{3}{x}$ のグラフを $x$ 軸方向に1，$y$ 軸方向に2だけ平行移動したもの。（漸近線の方程式は　$x=1,\ y=2$）

答　**右の図の赤線**

●$x$ 軸との交点は，$y=0$ として $x=-\dfrac{1}{2}$

●$y$ 軸との交点は，$x=0$ として $y=-1$

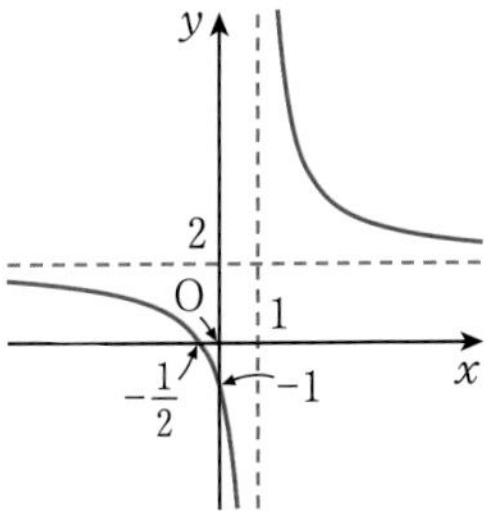


**類題 106** 関数 $y=\dfrac{2x-7}{x-3}$ のグラフをかけ。

## 基本例題 107　分数関数のグラフと不等式(1)

関数 $y=\dfrac{2x+3}{x+1}$ ……① について，次の問いに答えよ。

(1) 関数①のグラフをかけ。また，漸近線の方程式を求めよ。

(2) この関数の値が $y\geqq 1$ を満たすとき，グラフを利用して $x$ の値の範囲を求めよ。

**ねらい**
分数関数のグラフを利用して不等式を解くこと。

**解法ルール** 分数関数 $y=\dfrac{cx+d}{ax+b}$ のグラフは

$$\frac{cx+d}{ax+b}=\frac{\triangle}{x+\frac{b}{a}}+\square \text{ の形}$$

帯分数の形。

に変形してグラフをかけばよい。

このとき，**漸近線の方程式は**　$x=-\dfrac{b}{a}$，$y=\square$

**解答例** (1) $\dfrac{2x+3}{x+1}=\dfrac{1}{x+1}+2$

$$x+1\,\overline{)\,2x+3\,}\quad \text{商 } 2,\quad \frac{2x+2}{1}$$

これより，

関数 $y=\dfrac{2x+3}{x+1}$ のグラフは，

関数 $y=\dfrac{1}{x}$ のグラフを

$x$ 軸方向に $-1$，$y$ 軸方向に 2 だけ平行移動したもの。

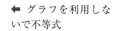

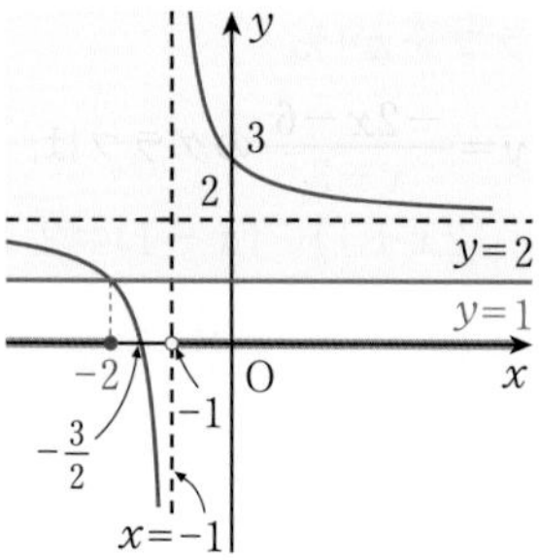


答　**右の図の赤線**

このとき，漸近線の方程式は

**$x=-1$，$y=2$** …答

(2) $\dfrac{2x+3}{x+1}=1$ を満たす $x$ の値は　$x=-2$

グラフより，$y\geqq 1$ となる $x$ の値の範囲は

**$x\leqq -2$ または $-1<x$** …答

⬅ グラフを利用しないで不等式 $\dfrac{2x+3}{x+1}\geqq 1$ を解くときは，注意が必要である。分母を払うために両辺に $x+1$ を掛ける場合，$x+1$ の正負によって不等号の向きが変わるので，場合分けをしなくてはならないからだ。場合分けを避けるには，$(x+1)^2$ を掛けるとよい。

$(2x+3)(x+1)\geqq (x+1)^2$

$x^2+3x+2\geqq 0$ より

$x\leqq -2$，$-1\leqq x$

$x\neq -1$ だから

$x\leqq -2$，$-1<x$

**類題 107** 関数 $y=f(x)=\dfrac{2x+c}{ax+b}$ のグラフが点 $\left(-2,\ \dfrac{9}{5}\right)$ を通り，かつ $x=-\dfrac{1}{3}$，$y=\dfrac{2}{3}$ を漸近線にもつとき，

(1) 定数 $a$，$b$，$c$ の値を求めよ。

(2) 関数 $y=f(x)$ の値域が $y\geqq 1$ となるとき，$f(x)$ の定義域を求めよ。

**応用例題 108**　分数関数のグラフの平行移動

$x$ の関数 $y=\dfrac{-2x-6}{x-3}$ ……① について，次の問いに答えよ。

(1) 関数①のグラフは，双曲線 $y=\dfrac{a}{x}$ を $x$ 軸方向に $b$，$y$ 軸方向に $c$ だけ平行移動したものである。$a$，$b$，$c$ の値を求めよ。

(2) 関数①のグラフを，$x$ 軸方向に $-2$，$y$ 軸方向に $3$ だけ平行移動したものをグラフとする関数の式を求めよ。

**ねらい**
漸近線の変化に着目して，分数関数のグラフの平行移動をすること。

**解法ルール** (1) 分数関数 $y=\dfrac{a}{x-b}+c$ ……① のグラフは，

基本形 $y=\dfrac{a}{x}$ のグラフを $x$ 軸方向に $b$，$y$ 軸方向に $c$ だけ平行移動したものである。

(2) ①をさらに平行移動する場合も基本形 $y=\dfrac{a}{x}$ をどのように平行移動するかで対応する。

**解答例** (1) $y=\dfrac{-2x-6}{x-3}=-\dfrac{12}{x-3}-2$

$x-3$ ) $-2x-6$ の割り算：商 $-2$，$-2x+6$，余り $-12$

よって，関数 $y=\dfrac{-2x-6}{x-3}$ のグラフは，関数 $y=-\dfrac{12}{x}$ のグラフを $x$ 軸方向に $3$，$y$ 軸方向に $-2$ だけ平行移動したもの。

答 $\boldsymbol{a=-12}$，$\boldsymbol{b=3}$，$\boldsymbol{c=-2}$

(2) ①のグラフを $x$ 軸方向に $-2$，$y$ 軸方向に $3$ だけ平行移動することを，基本形 $y=-\dfrac{12}{x}$ を平行移動すると考えると

| | ① | 求める曲線 |
|---|---|---|
| $x$ 軸方向に | $3$ | $\longrightarrow 3+(-2)=1$ |
| $y$ 軸方向に | $-2$ | $\longrightarrow -2+3=1$ |

これより $\boldsymbol{y=-\dfrac{12}{x-1}+1=\dfrac{x-13}{x-1}}$ …答

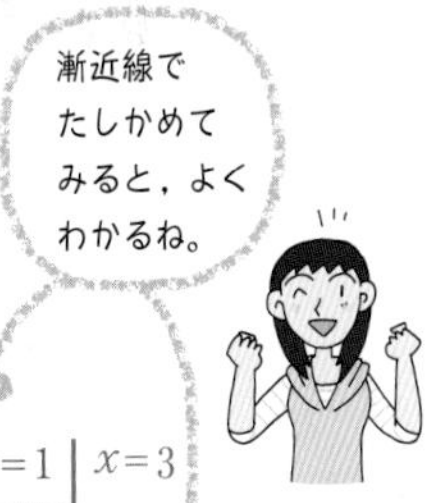

漸近線でたしかめてみると，よくわかるね。

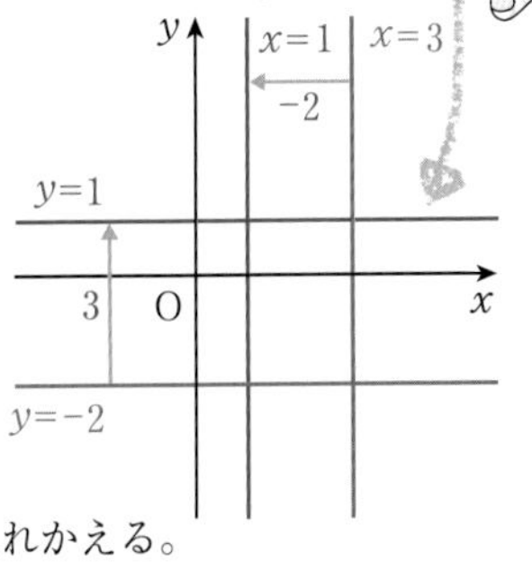

y
x=1
x=3
−2
y=1
3
O
x
y=−2

**(別解)** ①を平行移動するから，$\left.\begin{array}{l} x\longrightarrow x+2 \\ y\longrightarrow y-3 \end{array}\right\}$ と入れかえる。

$y-3=\dfrac{-2(x+2)-6}{(x+2)-3}$　　$y=\dfrac{-2x-10}{x-1}+3$　　$y=\dfrac{x-13}{x-1}$

**類題 108** 関数 $y=\dfrac{3x-9}{2x+5}$ のグラフは双曲線 $y=\dfrac{\boxed{\phantom{00}}}{x}$ を $x$ 軸方向に $\boxed{\phantom{00}}$，$y$ 軸方向に $\boxed{\phantom{00}}$ だけ平行移動したものである。

分数関数のグラフと直線との交点

関数 $y=\dfrac{5}{x-3}$ のグラフと直線 $y=x+1$ との交点の座標を求めよ。

テストに出るぞ!

**ねらい**

分数関数のグラフと直線との交点の座標を求めること。

**解法ルール**

1. $y$ を消去して，$x$ についての方程式を作る。
2. 分母を払って方程式を解く。
3. グラフをかいて，交点であることを確認する。
   （または，分母を $0$ にする解を除いておく。）

**解答例**

$y=\dfrac{5}{x-3}$ ……①

$y=x+1$ ……②

①，②から $y$ を消去すると

$\dfrac{5}{x-3}=x+1$

分母を払った。

両辺に $x-3$ を掛けると　$5=(x+1)(x-3)$

整理して　$x^2-2x-8=0$　　$(x+2)(x-4)=0$

よって　$x=-2,\ 4$

これは，グラフの交点の $x$ 座標である。

②に代入すると，$x=-2$ のとき　$y=-1$，

$\qquad\qquad\qquad x=4$ のとき　$y=5$

よって，グラフの交点の座標は　$(-2,\ -1)$, $(4,\ 5)$

である。　　[答] $\ (-2,\ -1)$, $(4,\ 5)$

左の計算は，$y$ を消去したから，双曲線（青）と直線（緑）との交点の $x$ 座標が求まるよ。

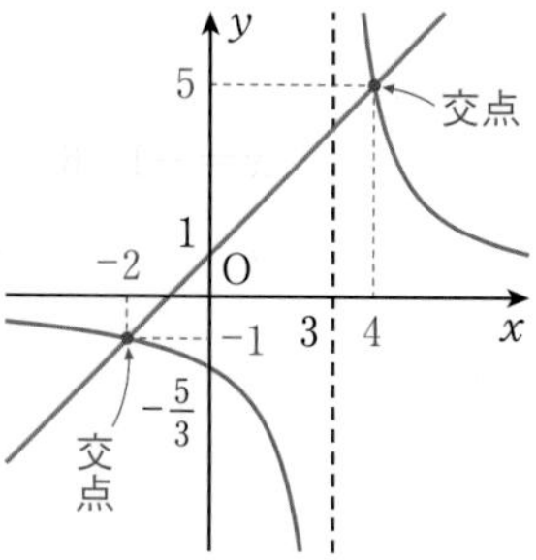

解法ルールの **3** がなぜ必要かというと，「分母を払う」という変形が同値変形ではないからなんだ。つまり，

$A=B \implies AC=BC$ ……③ は成り立つが，

$AC=BC \implies A=B$ ……④ は必ずしも成り立たないからね。

④が成り立つのは $C\neq0$ のとき。そこで，分母を払って（両辺に分母と同じ式を掛けて）得た解のなかから，**分母を $0$ にする値を除いておく必要がある**よ。

なお，グラフをかいて解が交点の座標になっていることを確かめておけば，この作業は不要だ。

**類題 109** 次の問いに答えよ。

(1) 関数 $y=\dfrac{3}{x-2}$ のグラフと直線 $y=x$ との交点の座標を求めよ。

(2) 方程式 $\dfrac{x^2}{x+1}=1+\dfrac{1}{x+1}$ を解け。

**応用例題 110**　　分数関数のグラフと不等式(2)

$x$ の関数 $y=\dfrac{-2x-6}{x-3}$ ……①について，次の問いに答えよ。 テストに出るぞ！

(1) 不等式 $\dfrac{-2x-6}{x-3}>-x$ を満たす $x$ の値の範囲を関数①のグラフを利用して求めよ。

(2) 関数①のグラフが直線 $y=kx$ $(k\neq 0)$ と共有点をもたないとき，$k$ の値の範囲を求めよ。

**ねらい**

分数関数 $y=\dfrac{cx+d}{ax+b}$ のグラフと，直線 $y=px+q$ の上下関係から，不等式 $\dfrac{cx+d}{ax+b}>px+q$ を解くこと。

**解法ルール** $\dfrac{cx+d}{ax+b}>px+q$ を満たす $x$ の値の範囲は，

**関数 $y=\dfrac{cx+d}{ax+b}$ のグラフが直線 $y=px+q$ より上に**

ある $x$ の値の範囲を求めればよい。

分数関数
$y=\dfrac{-2x-6}{x-3}$ のグラフ(青)
が直線 $y=-x$(緑)
より上にある $x$ の値の範囲を
求めているよ。

**解答例** (1)　$y=\dfrac{-2x-6}{x-3}=-\dfrac{12}{x-3}-2$

より，グラフは右のようになる。

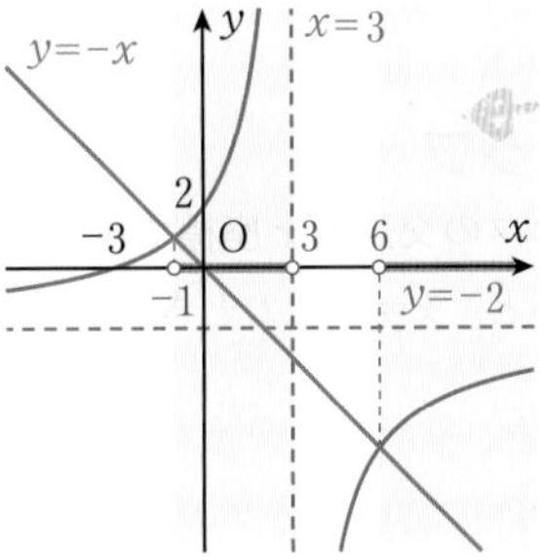


$\dfrac{-2x-6}{x-3}=-x$ を満たす $x$ の値は

$x=-1,\ 6$

したがって，$\dfrac{-2x-6}{x-3}>-x$

を満たす $x$ の値の範囲は

$\boldsymbol{-1<x<3,\ 6<x}$ …答

(2)　曲線 $y=\dfrac{-2x-6}{x-3}$ と直線 $y=kx$ の共有点の $x$ 座標は，

方程式　$\dfrac{-2x-6}{x-3}=kx$　……②

の実数解として求められる。

分母を払って方程式②を整理すると

$kx^2+(2-3k)x+6=0$　……③

曲線 $y=\dfrac{-2x-6}{x-3}$ と直線 $y=kx$ が共有点をもたないのは2次方程式 $kx^2+(2-3k)x+6=0$ $(k\neq 0)$ が実数解をもたないときである。

すなわち，判別式を $D$ とすると，$D=(2-3k)^2-24k<0$ となる $k$ の値の範囲が求めるもの。

$9k^2-36k+4<0$ より　$\dfrac{18-\sqrt{324-36}}{9}<k<\dfrac{18+\sqrt{324-36}}{9}$

$\boldsymbol{\dfrac{6-4\sqrt{2}}{3}<k<\dfrac{6+4\sqrt{2}}{3}}$　…答

この問題では $k\neq 0$ という条件がある。もし $k\neq 0$ という条件がなかったら
i) $k=0$ のとき
ii) $k\neq 0$ のとき
というように場合分けをして考えなくてはならないね。

# 2 無理関数のグラフ

## ● 無理関数

$\sqrt{x}$ や $\sqrt{2x-1}$ のように，根号の中に文字を含む式を**無理式**という。また，$y=\sqrt{x}$ や $y=\sqrt{2x-1}$ のように，$x$ の無理式で表される関数を，$x$ の**無理関数**という。

### ❖ $y=\sqrt{x}$ のグラフ

$x<0$ では $\sqrt{x}$ が実数にならないから $x \geqq 0$

無理関数 $y=\sqrt{x}$ ……①

の**定義域は $x \geqq 0$，値域は $y \geqq 0$** である。

①の両辺を 2 乗すると　$y^2=x$　　これを　$x=y^2$ ……②

と考えると，②のグラフは，右の［図Ⅰ］のような放物線である。

ところで，①では $y \geqq 0$ であるから，①のグラフは②のグラフの上半分である（［図Ⅱ］赤線）。

また，$y=-\sqrt{x}$ では $y \leqq 0$ であるから，そのグラフは②のグラフの下半分である（［図Ⅱ］青線）。

［図Ⅰ］

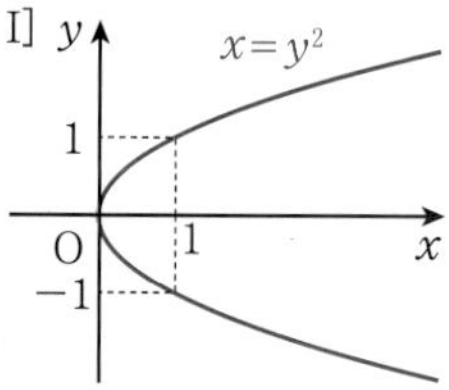


［図Ⅱ］

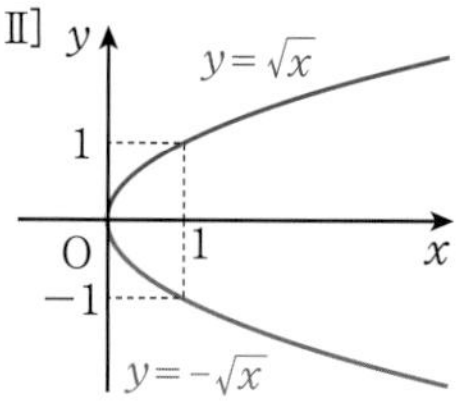


### ❖ $y=\sqrt{-x}$ のグラフ

**$y=\sqrt{-x}$ は $y=\sqrt{x}$ の $x$ を $-x$ でおき換えたもの**であるから，$y=\sqrt{x}$ のグラフを $y$ 軸に関して対称に移動した右の図の赤線のような曲線である。また，**$y=-\sqrt{-x}$ のグラフは，$y=\sqrt{-x}$ のグラフを $x$ 軸に関して対称に移動したもの**である（右の図の青線）。

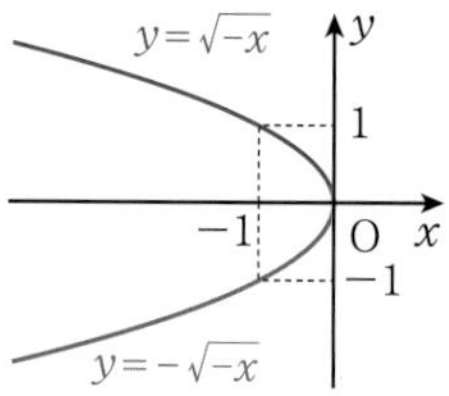


### ❖ $y=\sqrt{ax}$ $(a \neq 0)$ のグラフ

一般に，$a \neq 0$ のとき，**$y=\sqrt{ax}$ のグラフは放物線の上半分，$y=-\sqrt{ax}$ のグラフは放物線の下半分**である。

［$a>0$ のとき］

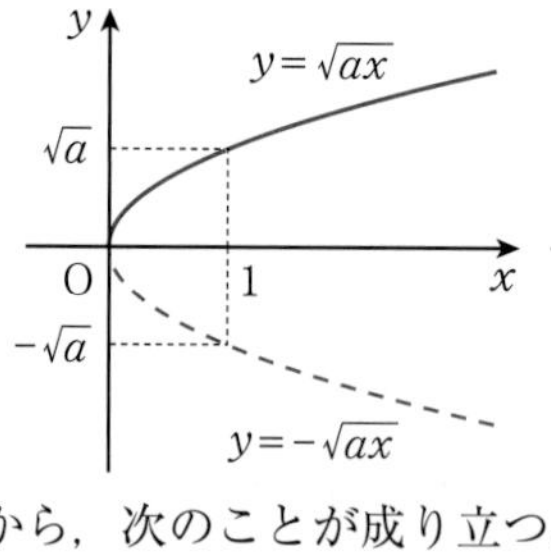


［$a<0$ のとき］

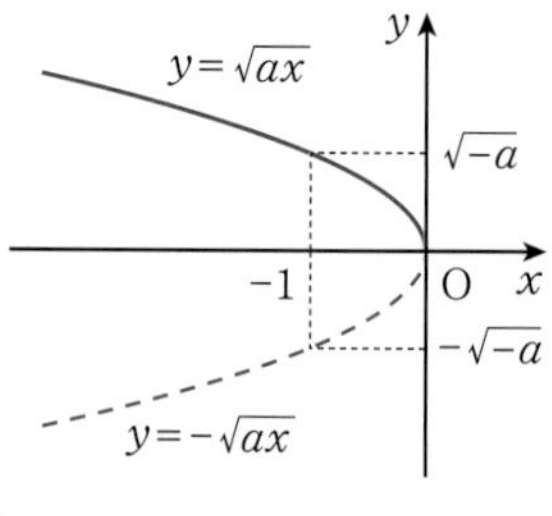


### ❖ $y=\sqrt{ax+b}$ $(a \neq 0)$ のグラフ

$\sqrt{ax+b}=\sqrt{a\left(x+\dfrac{b}{a}\right)}$ と変形できるから，次のことが成り立つ。

**ポイント**　［無理関数のグラフ］　覚え得

無理関数 $y=\sqrt{ax+b}$ のグラフは，$y=\sqrt{ax}$ のグラフを，

**$x$ 軸方向に $-\dfrac{b}{a}$ だけ平行移動したもの**である。

グラフをかくときは，定義域，値域を調べるのも有効。

## 基本例題 111　無理関数のグラフ

次の関数のグラフをかけ。

(1) $y=\sqrt{2x+4}$　　(2) $y=-\sqrt{3-x}$

**ねらい**
無理関数のグラフをかくこと。

**解法ルール** $y=\sqrt{ax+b}\ (a\neq 0)$ のグラフは，$y=\sqrt{ax}$ のグラフを，

└─ $ax+b=0$ より　$x=-\dfrac{b}{a}$

**$x$ 軸方向に $-\dfrac{b}{a}$ だけ平行移動したものである。**

定義域を考えると
(1) $2x+4\geqq 0$ より
$x\geqq -2$
(2) $3-x\geqq 0$ より
$x\leqq 3$

**解答例** (1) $y=\sqrt{2x+4}=\sqrt{2(x+2)}$

したがって，このグラフは，関数 $y=\sqrt{2x}$ のグラフを，
$x$ 軸方向に $-2$ だけ平行移動したものである。

答　**右の図**

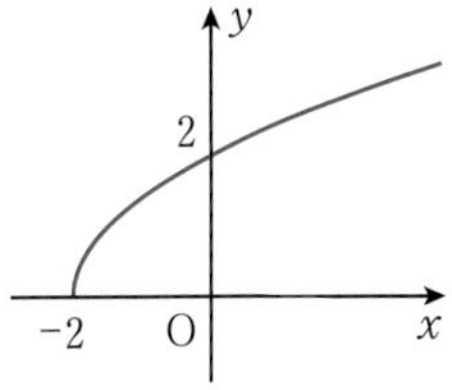


(2) $y=-\sqrt{3-x}=-\sqrt{-(x-3)}$

したがって，このグラフは，関数 $y=-\sqrt{-x}$ のグラフを，
$x$ 軸方向に 3 だけ平行移動したものである。

答　**右の図**

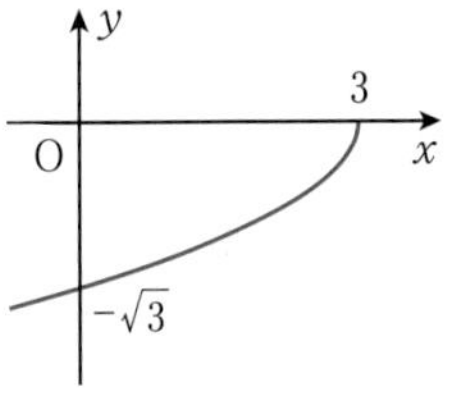


**類題 111** 次の関数のグラフをかけ。

(1) $y=-\sqrt{x+1}$　　(2) $y=\sqrt{5-2x}$

## 基本例題 112　無理関数のグラフと直線との交点

関数 $y=-\sqrt{x+3}$ のグラフと直線 $y=x-3$ の交点の座標を求めよ。

テストに出るぞ！

**ねらい**
無理関数のグラフと直線の交点の座標を求めること。

**解法ルール**
1. $y$を消去して，**$x$ についての方程式**をつくる。
2. 両辺を 2 乗して，**方程式を解く**。
3. グラフをかいて，求めた解のうち，**交点の座標になっているものを解**とする。

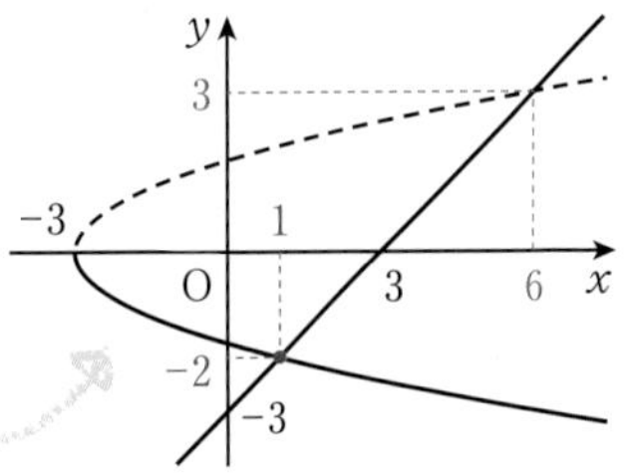


定義域　$x\geqq -3$
値域　$y\leqq 0$

**解答例** $y$ を消去すると　$-\sqrt{x+3}=x-3$

両辺を 2 乗すると　$x+3=(x-3)^2$

整理して　$x^2-7x+6=0$　　$(x-1)(x-6)=0$

よって　$x=1,\ 6$　　グラフより　$x=1$

このとき　$y=-2$

よって，交点の座標は　**$(1,\ -2)$**　…答

**類題 112** 関数 $y=\sqrt{x+1}$ のグラフと直線 $y=-x+5$ の交点の座標を求めよ。

## 応用例題 113　無理関数のグラフと不等式

次の 2 つの関数について，次の問いに答えよ。　テストに出るぞ！

$y=x+2$　……①　　$y=\sqrt{4x+9}$　……②

(1) ②のグラフをかけ。

(2) 方程式 $x+2=\sqrt{4x+9}$ を満たす $x$ の値を求めよ。

(3) 関数①，②のグラフを利用して，不等式 $x+2<\sqrt{4x+9}$ を満たす $x$ の値の範囲を求めよ。

**ねらい**
グラフを利用して無理関数を含む不等式を解くこと。

**解法ルール**　不等式 $\sqrt{ax+b}>px+q$ **を満たす $x$ の値の範囲**は，**関数 $y=\sqrt{ax+b}$ のグラフが直線 $y=px+q$ より上にある $x$ の値の範囲**を求めればよい。

定義域　$x \geqq -\frac{9}{4}$
値域　$y \geqq 0$

**解答例**　(1)　$y=\sqrt{4x+9}=\sqrt{4\left(x+\frac{9}{4}\right)}$

より，関数 $y=\sqrt{4x+9}$ のグラフは，関数 $y=\sqrt{4x}$ のグラフを $x$ 軸方向に $-\frac{9}{4}$ だけ平行移動したもの。

答　**右の図の赤線**

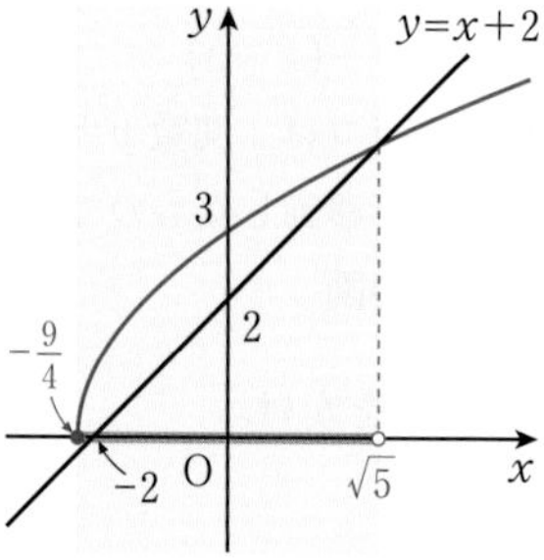

もとの方程式に代入して調べてもいいよ。

(2)　方程式 $x+2=\sqrt{4x+9}$ について

両辺を 2 乗すると　$(x+2)^2=4x+9$

整理すると　$x^2-5=0$　　$x=\pm\sqrt{5}$

グラフより

$\boldsymbol{x=\sqrt{5}}$　…答

(3)　不等式 $x+2<\sqrt{4x+9}$ を満たす $x$ の値の範囲は，$y=x+2$ のグラフが $y=\sqrt{4x+9}$ のグラフより下にある $x$ の値の範囲を求めて

$\boldsymbol{-\frac{9}{4} \leqq x < \sqrt{5}}$　…答

グラフを見て，
- (2)の方程式の解は交点の $x$ 座標を答える。
- (3)の不等式の解は，無理関数のグラフが，直線のグラフより上にある $x$ の値の範囲を答えるんですね。

**類題 113**　2 つの関数 $y=2\sqrt{x-1}$ および $y=\frac{1}{2}x+1$ のグラフをかき，不等式 $2\sqrt{x-1} \geqq \frac{1}{2}x+1$ を解け。

## 応用例題 114　無理関数のグラフと直線との共有点

テストに出るぞ！

関数 $y=-\sqrt{-2x+1}$ ……① について，次の問いに答えよ。

(1) 関数①のグラフをかけ。

(2) 関数①のグラフと直線 $y=x-k$ が異なる2つの交点をもつとき，$k$ の値の範囲を求めよ。

**ねらい**
グラフを利用して，2つの関数のグラフが2つの共有点をもつ $k$ の値の範囲を求めること。

**解法ルール** (2) 直線 $y=x-k$ について，$k$ が変化するとき直線は傾きが変わらないことから，**平行移動することに着目する。**

関数 $y=-\sqrt{-2x+1}$ のグラフは次のようにかいてもいいよ。

**解答例** (1)　$y=-\sqrt{-2x+1}=-\sqrt{-2\left(x-\frac{1}{2}\right)}$ より

$$y=\sqrt{-2x}\xrightarrow{x\text{ 軸方向に }\frac{1}{2}\text{ だけ平行移動}}y=\sqrt{-2\left(x-\frac{1}{2}\right)}\xrightarrow{x\text{ 軸に関して対称移動}}y=-\sqrt{-2\left(x-\frac{1}{2}\right)}$$

答　**右の図の赤線**

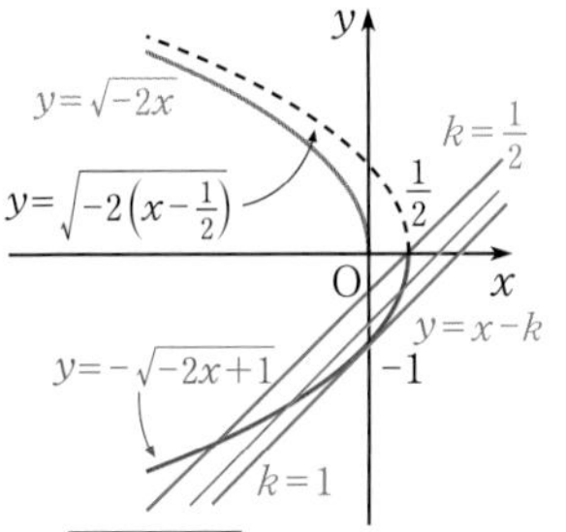


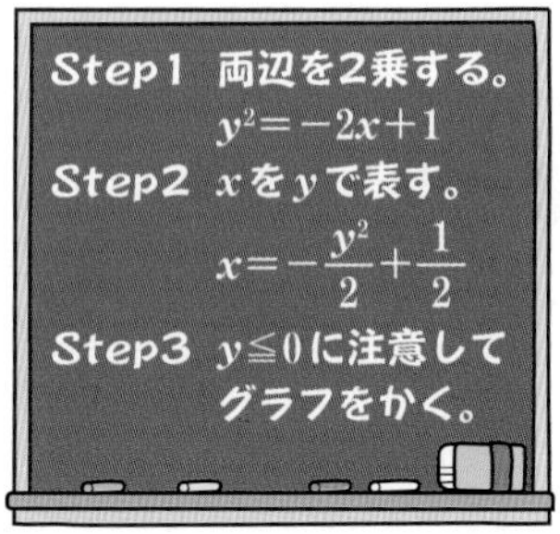


(2)　関数 $y=-\sqrt{-2x+1}$ のグラフと，直線 $y=x-k$ が異なる2つの交点をもつ $k$ の値の範囲を，右の図をもとに求める。

それには，まず，関数 $y=-\sqrt{-2x+1}$ のグラフと直線 $y=x-k$ が接するときの $k$ の値を求める。

方程式 $-\sqrt{-2x+1}=x-k$ の両辺を2乗すると

$-2x+1=(x-k)^2 \iff x^2+(2-2k)x+k^2-1=0$

この方程式が重解をもつ $k$ の値は，判別式を $D$ とすると

$\frac{D}{4}=(1-k)^2-(k^2-1)=0$　　$-2k+2=0$ より　$k=1$

直線 $y=x-k$ が点 $\left(\frac{1}{2},\ 0\right)$ を通るとき，$k$ の値は　$k=\frac{1}{2}$

以上より，求める $k$ の値の範囲は　$\boldsymbol{\frac{1}{2}\leqq k<1}$　…答

接する場合の $k$ の値は，図からは正確にわからない。そこで解答例のように判別式を利用するんだよ。

## 類題 114　次の問いに答えよ。

(1) 方程式 $2\sqrt{x-1}=\frac{1}{2}x+k$ が異なる2つの実数解をもつような定数 $k$ の値の範囲を求めよ。

(2) 方程式 $\sqrt{x-2}=a(x-1)$ が異なる2つの実数解をもつのは，定数 $a$ の値がどのような範囲のときか。

# 3 逆関数と合成関数

## 逆関数

$x$ の関数 $y=f(x)$ において，**$y$ の値を定めると，$x$ の値がただ1つ定まるとき，**つまり，$x$ が $y$ の関数として $x=g(y)$ と表されるとき，変数 $y$ を $x$ で書きかえた関数 $g(x)$ を，$f(x)$ の**逆関数**といい，$f^{-1}(x)$ で表す。

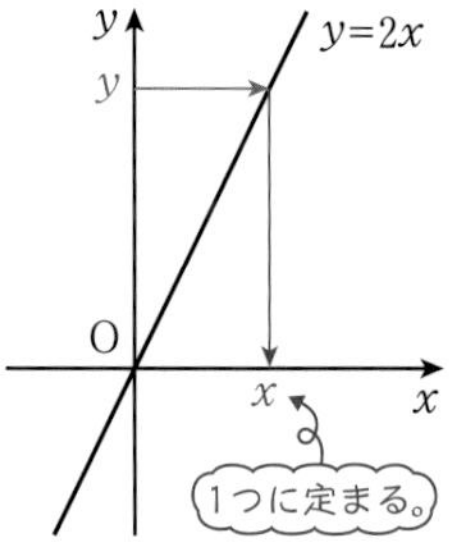


たとえば，関数　$y=2x$

で，$x$ について解くと　$x=\dfrac{1}{2}y$

となるから，関数 $y=2x$ の逆関数は

$$y=\frac{1}{2}x$$

（$x$ と $y$ を入れかえる。）

である。

**ポイント**　［逆関数の求め方］
① 関数 $y=f(x)$ で，$x$ を $y$ で表す。$(x=f^{-1}(y))$
② $x$ と $y$ を入れかえる。$(y=f^{-1}(x))$
覚え得

どんな関数でも逆関数があるわけではない。
"**$y$ の値を定めると，$x$ の値がただ1つ定まる**" ことに注意すること。たとえば，関数 $y=x^2$ は，**$y=2$ に対応する $x$ の値は $\sqrt{2}$ と $-\sqrt{2}$ の2つ**あるので，**逆関数は存在しない**！
しかし，関数 $y=x^2$ **$(x\geqq 0)$** については，$y$ の値を定めると，$x$ の値がただ1つ定まるので，逆関数が存在する。

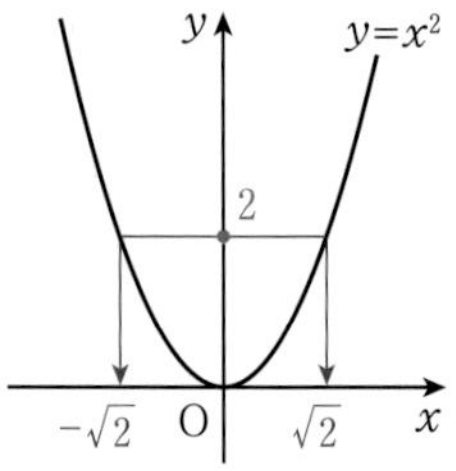


## 逆関数のグラフ

関数 $y=2x$ とその逆関数 $y=\dfrac{1}{2}x$ のグラフをかくと，右の図のようになり，2つのグラフは直線 $y=x$ に関して対称になっている。一般に，逆関数のグラフについて，次のことが成り立つ。

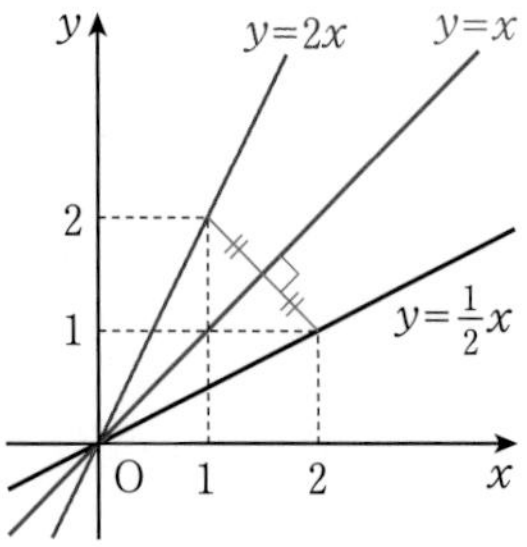


**ポイント**　**関数 $y=f(x)$ とその逆関数 $y=f^{-1}(x)$ のグラフは，直線 $y=x$ に関して対称である。**
覚え得

当然，関数 $f(x)$ とその逆関数 $f^{-1}(x)$ とでは，**定義域と値域が入れかわっている。**

## 基本例題 115　逆関数

次の関数の逆関数を求めよ。

(1) $y=3x-1$　　(2) $y=\dfrac{2}{x+1}$

**ねらい**
1次関数，分数関数の逆関数を求めること。

**解法ルール** 逆関数は次の手順で求められる。

**1** **$x$ を $y$ で表す。**

**2** **$x$ と $y$ を入れかえる。**

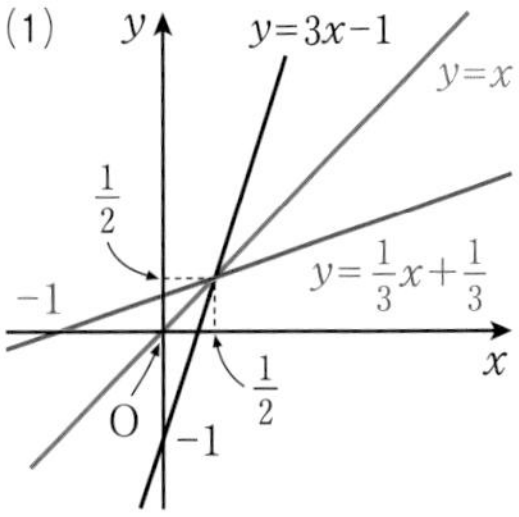


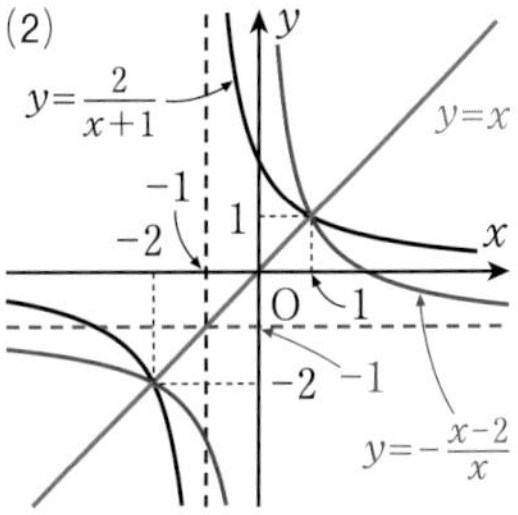


**解答例** (1)　$x$ について解くと　$x=\dfrac{1}{3}(y+1)=\dfrac{1}{3}y+\dfrac{1}{3}$

$x$ と $y$ を入れかえて，**逆関数は**　$\boldsymbol{y=\dfrac{1}{3}x+\dfrac{1}{3}}$　…答

(2)　分母を払って　$y(x+1)=2$

$xy=-y+2$

よって　$x=-\dfrac{y-2}{y}$

$x$ と $y$ を入れかえて，**逆関数は**　$\boldsymbol{y=-\dfrac{x-2}{x}}$　…答

## 基本例題 116　逆関数とグラフ(1)

関数 $y=2x+1\ (0\leqq x\leqq 1)$ の逆関数を求めよ。また，そのグラフをかけ。

テストに出るぞ！

**ねらい**
定義域が $a\leqq x\leqq b$ の1次関数の逆関数を求めて，そのグラフをかくこと。

**解法ルール** 逆関数の式を求める手順は上と同じ。

**逆関数の定義域は，もとの関数の値域と同じ**である。

**解答例** $y=2x+1$ を $x$ について解くと　$x=\dfrac{1}{2}y-\dfrac{1}{2}$

$x$ と $y$ を入れかえると　$y=\dfrac{1}{2}x-\dfrac{1}{2}$

もとの関数の値域は　$1\leqq y\leqq 3$

よって，逆関数の定義域は　$1\leqq x\leqq 3$

答　**逆関数は**　$\boldsymbol{y=\dfrac{1}{2}x-\dfrac{1}{2}\ (1\leqq x\leqq 3)}$，

**グラフは右の図の赤の実線**

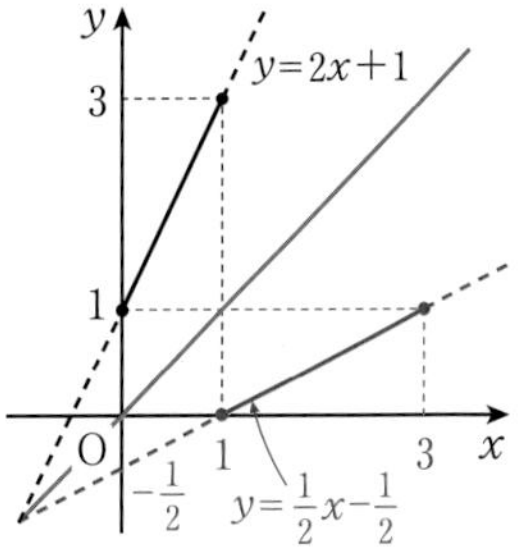


**類題 116** 次の関数の逆関数を求めよ。また，そのグラフをかけ。

(1) $y=\dfrac{1}{2}x-2$　　(2) $y=x+2\ (-1\leqq x<1)$　　(3) $y=\dfrac{x}{x-1}\ (x\leqq 0)$

**応用例題 117** 逆関数とグラフ(2)

次の関数の逆関数を求めよ。また，そのグラフをかけ。

(1) $y=x^2\ (x\geqq 0)$　　(2) $y=-x^2\ (x\geqq 0)$

(3) $y=3^x\ (0\leqq x\leqq 2)$

**ねらい**
定義域が $x\geqq a$ または $x\leqq a$ の2次関数の逆関数を求めること。

**解法ルール** $x$ について解くとき，次の同値関係に注意する。

$$A^2=B\ (A\geqq 0)\iff A=\sqrt{B}$$
$$A^2=B\ (A\leqq 0)\iff A=-\sqrt{B}$$

**解答例** (1) $y=x^2\ (x\geqq 0)$

$x$ を $y$ で表すと，$x\geqq 0$ より　$x=\sqrt{y}$

$x$ と $y$ を入れかえて　$y=\sqrt{x}$

関数の値域は $y\geqq 0$ であるから，逆関数の定義域は　$x\geqq 0$

└→値域が定義域になる。

である。

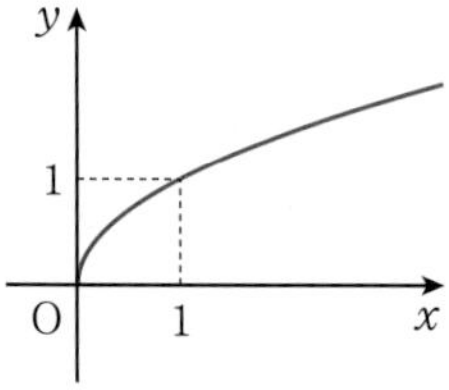


答　**逆関数は　$y=\sqrt{x}$，グラフは右の図**

(2) $y=-x^2\ (x\geqq 0)$

$x$ を $y$ で表すと，$x\geqq 0$ より　$x=\sqrt{-y}$

$x$ と $y$ を入れかえて　$y=\sqrt{-x}$

関数の値域は $y\leqq 0$ であるから，逆関数の定義域は　$x\leqq 0$

である。

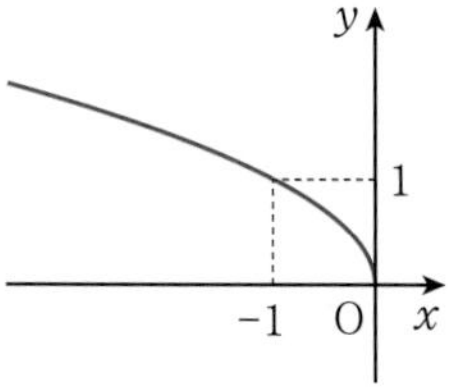


答　**逆関数は　$y=\sqrt{-x}$，グラフは右の図**

(3) $y=3^x\ (0\leqq x\leqq 2)$

$x$ を $y$ で表すと，$\log_3 y=\log_3 3^x=x$ より　$x=\log_3 y$

└→3を底とする両辺の対数をとる。

$x$ と $y$ を入れかえて　$y=\log_3 x$

関数の値域は $1\leqq y\leqq 9$ であるから，

逆関数の定義域は　$1\leqq x\leqq 9$　である。

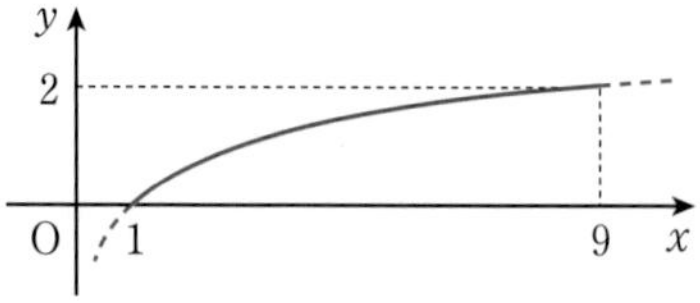


答　**逆関数は　$y=\log_3 x$，グラフは右の図**

**類題 117-1** 関数 $y=-\sqrt{2-x}$ の逆関数を求めよ。また，逆関数の値域を求めよ。

**類題 117-2** 定義域を $x\leqq 0$ としたときの，関数 $y=x^2+1$ の逆関数を $y=g(x)$ とするとき，グラフを利用して，$g(x)<-x+3$ を満たす $x$ の値の範囲を求めよ。

## 応用例題 118　逆関数とグラフ(3)

定義域が $x \leqq 0$ である関数 $y=-\dfrac{1}{2}x^2+2$ の逆関数を $y=g(x)$ とする。

(1) 関数 $y=g(x)$ を求め，グラフをかけ。

(2) 関数 $y=-\dfrac{1}{2}x^2+2$ と $y=g(x)$ のグラフの位置関係を述べよ。

**ねらい**
逆関数を求めること。ある関数のグラフとその逆関数のグラフの位置関係について学ぶこと。

**解法ルール** 逆関数の求め方

1 定義域に注意して，$x$ を $y$ で表す。

2 $x$ と $y$ の文字を入れかえる。

**解答例** (1) $y=-\dfrac{1}{2}x^2+2$ より　$x^2=-2y+4$

$x \leqq 0$ より　$x=-\sqrt{-2y+4}$

$x$ と $y$ を入れかえると　$y=-\sqrt{-2x+4}$

関数 $y=-\sqrt{-2x+4}=-\sqrt{-2(x-2)}$ のグラフは

$y=\sqrt{-2x} \xrightarrow{x軸方向に2だけ平行移動。} y=\sqrt{-2(x-2)}=\sqrt{-2x+4} \xrightarrow{x軸に関して対称移動。} y=-\sqrt{-2x+4}$

答　$\boldsymbol{g(x)=-\sqrt{-2x+4}}$，
**グラフは右の図の赤線**

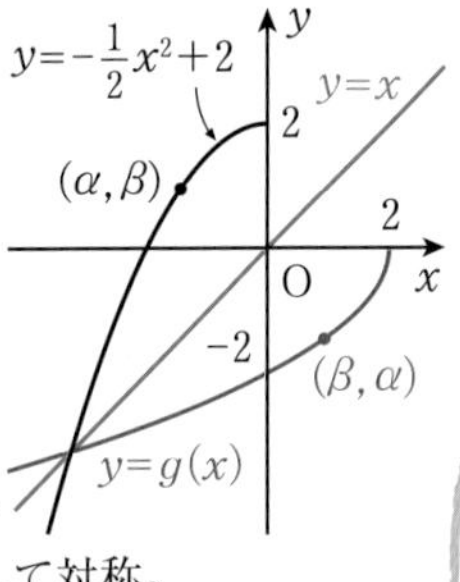


← 関数 $y=-\sqrt{-2x+4}$ のグラフは
Step 1.
両辺を2乗する。
$y^2=-2x+4$
Step 2.
$x$ を $y$ で表す。
$x=-\dfrac{y^2}{2}+2\ (y \leqq 0)$
としてかくこともできる。

(2) 関数 $y=f(x)$ の逆関数が $y=g(x)$ であるとき，点 $(\alpha,\ \beta)$ が関数 $y=f(x)$ のグラフ上の点とすると

$\beta=f(\alpha)$ より　$\alpha=g(\beta)$

よって，$(\beta,\ \alpha)$ は関数 $y=g(x)$ 上の点。

2点 $(\alpha,\ \beta)$，$(\beta,\ \alpha)$ は直線 $y=x$ に関して対称。

これは，関数 $y=f(x)$ のグラフを直線 $y=x$ について対称移動すると，関数 $y=g(x)$ のグラフになることを示している。

したがって，関数 $y=-\dfrac{1}{2}x^2+2$ とその逆関数 $y=g(x)$ のグラフは**直線 $y=x$ に関して対称**となっている。…答

関数 $y=f(x)$ のグラフと逆関数 $y=f^{-1}(x)$ のグラフは直線 $y=x$ について対称である。このことは重要なことだから，しっかり覚えておきましょう！

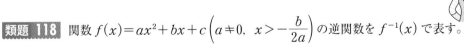

## 類題 118

関数 $f(x)=ax^2+bx+c\left(a \neq 0,\ x>-\dfrac{b}{2a}\right)$ の逆関数を $f^{-1}(x)$ で表す。

(1) $f^{-1}(0)=\dfrac{4}{3}$，$f^{-1}(2)=2$，$f^{-1}(10)=3$ のとき，係数 $a$，$b$，$c$ の値を定めよ。

(2) 係数 $a$，$b$ は(1)で得られた値を用い，係数 $c$ の値だけ変化させることを考える。この場合，関数 $f(x)$ と逆関数 $f^{-1}(x)$ のグラフが1点で接するように係数 $c$ の値を定めよ。

## ● 合成関数

2つの関数 $f(x)$，$g(x)$ について，

$f(x)$ の値域が $g(x)$ の定義域に含まれるとき，関数 $g(f(x))$ を考えることができる。

$$\boldsymbol{x} \xrightarrow{\ f\ } \boldsymbol{f(x)} \xrightarrow{\ g\ } \boldsymbol{g(f(x))}$$

関数 $g(f(x))$ を関数 $\boldsymbol{f(x)}$ と $\boldsymbol{g(x)}$ の**合成関数**といい

$$(g\circ f)(x)$$

で表す。

$$\boxed{(g\circ f)(x)=g(f(x))}$$

> ⬅ $f(x)=x+1$，
> $g(x)=2x$ とすると
> $(g\circ f)(x)=2(x+1)$
> $=2x+2$
> $(f\circ g)(x)=2x+1$
> となり，一般的には
> $(g\circ f)(x)\neq(f\circ g)(x)$
> である。
> ただし，特別な関数，たとえば
> $f(x)=3x$，
> $g(x)=4x$
> をとれば
> $(g\circ f)(x)=g(3x)$
> $=12x$
> $(f\circ g)(x)=f(4x)$
> $=12x$
> のように，等しくなることもある。

“合成”という言葉を使うと，写真なんかの“合成”写真の“合成”の感じを受ける人が多いようだね。

ここでは“合成”写真の“合成”はひとまず忘れてまっ白な状態で考えて欲しいな。

2つの関数の合成って，要するに

**「2種類の対応を続けて行う」**

ことなんだ。

だから2つの関数 $f(x)$ と $g(x)$ の合成，つまり $(g\circ f)(x)$ なら

$$\boldsymbol{x} \xrightarrow{\ f\ } \boldsymbol{f(x)} \xrightarrow{\ g\ } \boldsymbol{g(f(x))}$$
$$\boldsymbol{x} \xrightarrow{\quad g\circ f\quad} \boldsymbol{g(f(x))}$$

の意味だから

**Step 1**　まず関数 $f$ によって $x$ を $f(x)$ に写す

**Step 2**　関数 $g$ によって $f(x)$ を $g(f(x))$ に写す

ということだ。

すると

$$\boldsymbol{h}:\boldsymbol{x} \longrightarrow \boldsymbol{g(f(x))}$$

という新しい関数ができるね。

これが**2つの関数 $f$，$g$ よりつくられた関数**，すなわち**合成関数**ということだよ。

くれぐれも“合成”写真のように関数 $f(x)$ の上に関数 $g(x)$ を重ねるようなイメージはもたないでほしい！

また，$f(x)$ が逆関数 $f^{-1}(x)$ をもつとき

$(f\circ f^{-1})(x)=x$

$(f^{-1}\circ f)(x)=x$

が成り立つよ。

合成関数

次の関数 $f(x)$, $g(x)$ に対して，合成関数 $(g \circ f)(x)$, $(f \circ g)(x)$, $(f \circ f)(x)$ を求めよ。

$$f(x) = \frac{2}{x-1} \qquad g(x) = 2x+1$$

**解法ルール**
- $(g \circ f)(x) = g(f(x))$, $(f \circ g)(x) = f(g(x))$, $(f \circ f)(x) = f(f(x))$
- 定義にもとづいて計算する。

$$\bullet\, x \xrightarrow{\quad f \quad} f(x) \xrightarrow{\quad g \quad} g(f(x))$$

$f(x)$ が定義されていない範囲では定義されない。

**解答例**

$$(g \circ f)(x) = g(f(x)) = g\left(\frac{2}{x-1}\right)$$

$$= 2\left(\frac{2}{x-1}\right) + 1$$

$$= \frac{4}{x-1} + 1 \quad \cdots \text{答}$$

$$(f \circ g)(x) = f(g(x)) = f(2x+1)$$

$$= \frac{2}{2x+1-1}$$

$$= \frac{1}{x} \quad \cdots \text{答}$$

$$(f \circ f)(x) = f(f(x)) = f\left(\frac{2}{x-1}\right)$$

$$= \frac{2}{\dfrac{2}{x-1} - 1} = \frac{2(x-1)}{2-(x-1)} = \frac{2(x-1)}{-x+3}$$

一見，$x=3$ 以外の範囲では定義されているように見えるけど，$f(x)$ が $x=1$ で定義されていないから，$(f \circ f)(x)$ も $x=1$ では定義されない。無理関数や，分数関数などを合成する場合には注意が必要だ。

$f(x)$ は $x=1$ で定義されないので $(f \circ f)(x)$ も $x=1$ で定義されない。

よって $(f \circ f)(x) = -\dfrac{2(x-1)}{x-3} \quad (x \neq 1) \quad \cdots \text{答}$

**類題 119** 次の関数 $f(x)$, $g(x)$ に対して，合成関数 $(g \circ f)(x)$, $(f \circ g)(x)$, $(g \circ g)(x)$ を求めよ。

$$f(x) = x+1 \qquad g(x) = \frac{5}{x-2} + 2$$

# 2節 数列の極限

## 4 数列の極限

**項が限りなく続く数列　$a_1$, $a_2$, $a_3$, …, $a_n$, …　を無限数列**という。この数列で $a_n$ を**一般項**といい，この数列を $\{a_n\}$ で表す。
さて
「$n$ を限りなく大きくしていったとき，$a_n$ の値がどのようになっていくか」
すなわち
「数列 $\{a_n\}$ の極限」
を調べてみよう。

**example 1**　数列 $\dfrac{3}{2}$, $\dfrac{4}{3}$, $\dfrac{5}{4}$, …, $\dfrac{n+2}{n+1}$, …

の極限は $\dfrac{n+2}{n+1}=1+\dfrac{1}{n+1}$ と変形でき，

$n\to\infty$ のとき，$\dfrac{1}{n+1}\to 0$ となることから，

$n\to\infty$ のとき，$\dfrac{n+2}{n+1}=1+\dfrac{1}{n+1}\to 1$ となる。

← ∞ は無限大（むげんだい）と読む。$n\to\infty$ とは，$n$ が限りなく大きくなることを表している。（無限大という数があるのではない。）

**example 2**　数列 $1$, $-\dfrac{1}{3}$, $\dfrac{1}{9}$, $-\dfrac{1}{27}$, $\dfrac{1}{81}$, …, $\left(-\dfrac{1}{3}\right)^{n-1}$, …

の極限は，$n\to\infty$ のとき $\left|\left(-\dfrac{1}{3}\right)^{n-1}\right|=\left(\dfrac{1}{3}\right)^{n-1}\to 0$

となる。

**example 1**，**example 2** のように，数列 $\{a_n\}$ において，

**$n\to\infty$ のとき，$a_n$ の値が一定の値 $\alpha$ に限りなく近づくならば，**
**数列 $\{a_n\}$ は $\alpha$ に収束する**

といい，

$$\lim_{n\to\infty} a_n=\alpha$$

と表す。

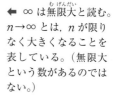

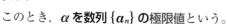

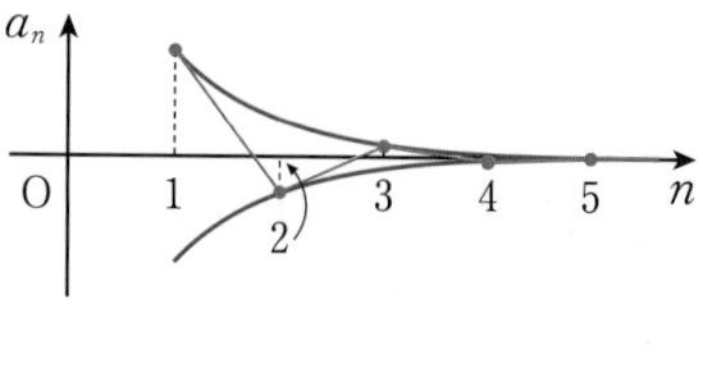


このとき，**$\alpha$ を数列 $\{a_n\}$ の極限値**という。

また，数列には**一定の値に収束しない**ものもある。このようなとき，**数列は発散する**という。発散する数列としては，次のようなものがある。

**example 3**　数列 1, 2, 3, 4, …, $n$, …は,
$n\to\infty$ のとき $a_n$ は限りなく大きくなる。

このとき

**数列 $\{a_n\}$ は正の無限大に発散する**

といい,

$$\lim_{n\to\infty} a_n=\infty$$

と表す。

**example 4**　数列 $-1$, $-2^2$, $-3^2$, …, $-n^2$, …は, $n\to\infty$ のとき,
$a_n=-n^2$ は負の値をとりながらもその絶対値は限りなく大きくなる。

このとき,

**数列 $\{a_n\}$ は負の無限大に発散する**

といい,

$$\lim_{n\to\infty} a_n=-\infty$$

と表す。

**example 5**　数列 $-1$, 1, $-1$, 1, $-1$, …, $(-1)^n$, …は,
$n\to\infty$ のとき, 一定の値に収束することなく, また,
正の無限大にも負の無限大にも発散しない。

このとき,

**数列 $\{a_n\}$ は振動する**

という。

以上, 無限数列 $\{a_n\}$ の極限は, 次のように整理することができる。

**ポイント**　[数列の極限]　数列の収束と発散は次のようになる。　覚え得

- **収束する**…$\lim_{n\to\infty} a_n=\alpha$（一定の値）
- **発散する**
  - **正の無限大に発散する**…$\lim_{n\to\infty} a_n=\infty$ ｝極限がある
  - **負の無限大に発散する**…$\lim_{n\to\infty} a_n=-\infty$ ｝極限がある
  - **振動する**…………………………………… 極限がない

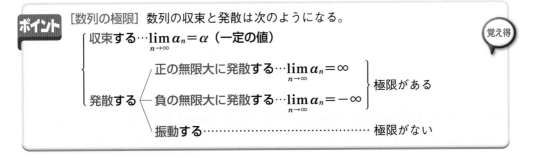

$\lim_{n\to\infty} a_n=\alpha$ と「$n\to\infty$ のとき $a_n\to\alpha$」とを混同して, $\lim_{n\to\infty} a_n\to\alpha$ などと書かないようにしよう。
なお,「$n\to\infty$ のとき $a_n\to\alpha$」を「$a_n\to\alpha$ $(n\to\infty)$」と書くことがあるよ。

## 基本例題 120　　数列の収束・発散

次の数列の収束，発散を調べよ。

(1) $\left\{1-\dfrac{1}{n}\right\}$　　(2) $\{1-n\}$　　(3) $\{n^2\}$

**ねらい**
一般項で表された数列の収束，発散を調べること。

**解法ルール** $(n,\ a_n)$ を座標とする点を座標平面上にとっていくと，変化のようすがよくわかる。
（$a_n$：一般項）

**解答例** (1) $n\to\infty$ のとき　$1-\dfrac{1}{n}\to1$　　答 **1に収束**

(2) $n\to\infty$ のとき　$1-n\to-\infty$　　答 **負の無限大に発散**

(3) $n\to\infty$ のとき　$n^2\to\infty$　　答 **正の無限大に発散**

(1)
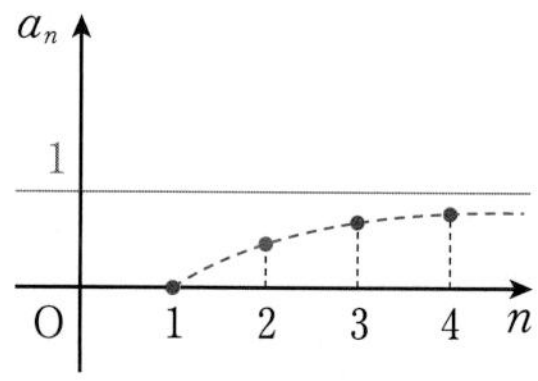


**類題 120** 次の数列の収束，発散を調べよ。

(1) $\{\sqrt{n}\}$　　(2) $\left\{-\dfrac{1}{n}\right\}$　　(3) $\{-2n+100\}$　　(4) $\{2^{-n}\}$

## ● 極限値の性質

収束する数列の極限値については，次の性質が成り立つ。

数列 $\{a_n\}$，$\{b_n\}$ について，$\lim\limits_{n\to\infty}a_n=\alpha$，$\lim\limits_{n\to\infty}b_n=\beta$ であるとき

1. $\lim\limits_{n\to\infty}ka_n=k\alpha$ （$k$ は定数）
2. $\lim\limits_{n\to\infty}(a_n+b_n)=\alpha+\beta$，$\lim\limits_{n\to\infty}(a_n-b_n)=\alpha-\beta$
3. $\lim\limits_{n\to\infty}a_nb_n=\alpha\beta$
4. $\beta\neq0$ のとき　$\lim\limits_{n\to\infty}\dfrac{a_n}{b_n}=\dfrac{\alpha}{\beta}$

1. 数列を $k$ 倍すれば，数列が近づく値，すなわち極限も $k$ 倍になるということ。
2. 数列 $\{a_n\}$，$\{b_n\}$ のそれぞれが，$n\to\infty$ のとき $a_n\to\alpha$，$b_n\to\beta$ となれば，

$n\to\infty$ のとき　$a_n+b_n\to\alpha+\beta$

$a_n-b_n\to\alpha-\beta$

となるのは直観的に受け入れやすいね。

3. 2 の場合と同様に考えればよい。
4. 2 の場合と同様に考えればよい。

高校の段階では，厳密な証明はしないので，感覚的に納得できればよい。

**基本例題 121**   （数列の極限 (1)）

次の極限を調べよ。

(1) $\displaystyle\lim_{n\to\infty}(n^2-3n)$　　　(2) $\displaystyle\lim_{n\to\infty}(2\sqrt{n}-n)$

(3) $\displaystyle\lim_{n\to\infty}\{n^2+(-1)^n n\}$　　　(4) $\displaystyle\lim_{n\to\infty}(\sqrt{n^2+1}-\sqrt{n})$

**ねらい**

整式や無理式の極限（$\infty-\infty$ 型の極限）を求めること。

**解法ルール** $\displaystyle\lim_{n\to\infty}(an^3+bn^2+cn+d)$ 型は，$\displaystyle\lim_{n\to\infty}n^3\!\left(a+\dfrac{b}{n}+\dfrac{c}{n^2}+\dfrac{d}{n^3}\right)$

のように変形する。

**$n$ の次数の最も高い項をくくりだそう。**

$\infty-\infty$ 型の極限は，積の型へ変形しよう。$\infty-\infty=0$ としてはいけないね！だって，$\infty$ というのは数ではなくて状態を表す記号なんだから。

**解答例** (1) $\displaystyle\lim_{n\to\infty}(n^2-3n)$

$\displaystyle=\lim_{n\to\infty}n^2\left(1-\dfrac{3}{n}\right)$　　$\substack{\infty\\1}$

$=\infty$　…答

(2) $\displaystyle\lim_{n\to\infty}(2\sqrt{n}-n)$

$\displaystyle=\lim_{n\to\infty}n\left(\dfrac{2}{\sqrt{n}}-1\right)$　　$\substack{\infty\\-1}$

$=-\infty$　…答

(3) $\displaystyle\lim_{n\to\infty}\{n^2+(-1)^n n\}$

$\displaystyle=\lim_{n\to\infty}n^2\left\{1+\dfrac{(-1)^n}{n}\right\}$　　$\substack{\infty\\1}$

$=\infty$　…答

$\Leftarrow$ $\displaystyle\lim_{n\to\infty}|a_n|=0$

$\Longrightarrow \displaystyle\lim_{n\to\infty}a_n=0$

を利用すると

$\displaystyle\lim_{n\to\infty}\left|\dfrac{(-1)^n}{n}\right|$

$\displaystyle=\lim_{n\to\infty}\dfrac{1}{n}=0$ より

$\displaystyle\lim_{n\to\infty}\dfrac{(-1)^n}{n}=0$

(4) $\displaystyle\lim_{n\to\infty}(\sqrt{n^2+1}-\sqrt{n})$

$\displaystyle=\lim_{n\to\infty}n\left(\sqrt{1+\dfrac{1}{n^2}}-\dfrac{1}{\sqrt{n}}\right)$　　$\substack{\infty\\1}$

$=\infty$　…答

**類題 121** 次の極限を調べよ。

(1) $\displaystyle\lim_{n\to\infty}(3n-n^2)$　　　(2) $\displaystyle\lim_{n\to\infty}(n-3\sqrt{n})$

(3) $\displaystyle\lim_{n\to\infty}\{n^3-(-1)^n n^2\}$　　　(4) $\displaystyle\lim_{n\to\infty}(\sqrt{n+1}-\sqrt{n^2-1})$

## 基本例題 122

数列の極限(2)

次の極限を調べよ。

(1) $\displaystyle\lim_{n\to\infty}\frac{n}{n+2}$　(2) $\displaystyle\lim_{n\to\infty}\frac{n^2+2n}{3n^2-n+2}$　(3) $\displaystyle\lim_{n\to\infty}\frac{n+1}{n^2-2}$

(4) $\displaystyle\lim_{n\to\infty}\frac{1-2n}{\sqrt{n^2+1}+n}$　(5) $\displaystyle\lim_{n\to\infty}\frac{n^2-1}{2n+1}$

**ねらい**

分数式の極限を求めること。

**解法ルール**

● 分数タイプ $\displaystyle\lim_{n\to\infty}\frac{f(n)}{g(n)}$ の極限を求めるときは，

**分母の最高次の項で分母，分子を割る。**

● $n$ の値によって，**一般項の正，負が変化するときは，その絶対値**を考えてみよう。

$\frac{\infty}{\infty}$ 型は変形が必要だよ！

**解答例**

(1) $\displaystyle\lim_{n\to\infty}\frac{n}{n+2}=\lim_{n\to\infty}\frac{1}{1+\frac{2}{n}}=\mathbf{1}$ …答

(2) $\displaystyle\lim_{n\to\infty}\frac{n^2+2n}{3n^2-n+2}=\lim_{n\to\infty}\frac{1+\frac{2}{n}}{3-\frac{1}{n}+\frac{2}{n^2}}=\mathbf{\frac{1}{3}}$ …答

(3) $\displaystyle\lim_{n\to\infty}\frac{n+1}{n^2-2}=\lim_{n\to\infty}\frac{\frac{1}{n}+\frac{1}{n^2}}{1-\frac{2}{n^2}}=\mathbf{0}$ …答

(4) $\displaystyle\lim_{n\to\infty}\frac{1-2n}{\sqrt{n^2+1}+n}=\lim_{n\to\infty}\frac{\frac{1}{n}-2}{\sqrt{1+\frac{1}{n^2}}+1}=\mathbf{-1}$ …答

$n>0$ のとき

$\sqrt{n^2+1}=\sqrt{n^2\left(1+\frac{1}{n^2}\right)}=n\sqrt{1+\frac{1}{n^2}}$

$\sqrt{n^2}=n$ より，$n$ で分母・分子を割ると考えてよい。

(5) $\displaystyle\lim_{n\to\infty}\frac{n^2-1}{2n+1}=\lim_{n\to\infty}\frac{n-\frac{1}{n}}{2+\frac{1}{n}}=\infty$ …答

**類題 122** 次の極限を調べよ。

(1) $\displaystyle\lim_{n\to\infty}\frac{5n-1}{2n+3}$　(2) $\displaystyle\lim_{n\to\infty}\frac{n^2-n+1}{2n^2-1}$　(3) $\displaystyle\lim_{n\to\infty}\frac{n-5}{n^2+n+1}$

(4) $\displaystyle\lim_{n\to\infty}\frac{\sqrt{n}+1}{n-1}$　(5) $\displaystyle\lim_{n\to\infty}\frac{n-2}{\sqrt{n}+2}$

## 基本例題 123　数列の極限(3)

次の極限を調べよ。　テストに出るぞ！

(1) $\lim_{n\to\infty}(\sqrt{n^2+3n+2}-n)$　　(2) $\lim_{n\to\infty}\dfrac{2}{\sqrt{n^2+n+2}-n}$

**ねらい**
$\infty-\infty$ 型を
$\infty+\infty$ 型に直して
無理式の極限を求めること。

**解法ルール** $\lim_{n\to\infty}(\sqrt{○}-\sqrt{△})$ 型は，$\lim_{n\to\infty}\dfrac{○-△}{\sqrt{○}+\sqrt{△}}$ のように変形する。

また，

$\lim_{n\to\infty}\dfrac{□}{\sqrt{○}-\sqrt{△}}$ 型は，$\lim_{n\to\infty}\dfrac{□(\sqrt{○}+\sqrt{△})}{○-△}$ のように変形する。

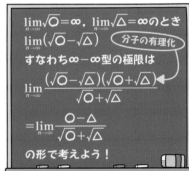

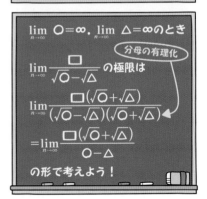

**解答例** (1) $\lim_{n\to\infty}\left(\sqrt{n^2+3n+2}-n\right)$　（$\sqrt{n^2+3n+2}\to\infty$，$n\to\infty$　いわゆる $(\infty-\infty)$ の形）

$$=\lim_{n\to\infty}\frac{(n^2+3n+2)-n^2}{\sqrt{n^2+3n+2}+n}$$

$$=\lim_{n\to\infty}\frac{3n+2}{\sqrt{n^2+3n+2}+n}$$

分母・分子を $n$ で割る。

$$=\lim_{n\to\infty}\frac{3+\frac{2}{n}}{\sqrt{1+\frac{3}{n}+\frac{2}{n^2}}+1}$$

$$=\frac{3}{2}$$ …答

(2) $\lim_{n\to\infty}\dfrac{2}{\sqrt{n^2+n+2}-n}$

$$=\lim_{n\to\infty}\frac{2(\sqrt{n^2+n+2}+n)}{(n^2+n+2)-n^2}$$

$$=\lim_{n\to\infty}\frac{2(\sqrt{n^2+n+2}+n)}{n+2}$$

分母・分子を $n$ で割る。

$$=\lim_{n\to\infty}\frac{2\left(\sqrt{1+\frac{1}{n}+\frac{2}{n^2}}+1\right)}{1+\frac{2}{n}}$$

$=4$ …答

$\lim_{n\to\infty}\sqrt{○}=\infty$，$\lim_{n\to\infty}\sqrt{△}=\infty$ のとき
$\lim(\sqrt{○}-\sqrt{△})$　分子の有理化
すなわち $\infty-\infty$ 型の極限は

$$\lim_{n\to\infty}\frac{(\sqrt{○}-\sqrt{△})(\sqrt{○}+\sqrt{△})}{\sqrt{○}+\sqrt{△}}$$

$$=\lim_{n\to\infty}\frac{○-△}{\sqrt{○}+\sqrt{△}}$$

の形で考えよう！

$\lim_{n\to\infty}○=\infty$，$\lim_{n\to\infty}△=\infty$ のとき
分母の有理化

$\lim_{n\to\infty}\dfrac{□}{\sqrt{○}-\sqrt{△}}$ の極限は

$$\lim_{n\to\infty}\frac{□(\sqrt{○}+\sqrt{△})}{(\sqrt{○}-\sqrt{△})(\sqrt{○}+\sqrt{△})}$$

$$=\lim_{n\to\infty}\frac{□(\sqrt{○}+\sqrt{△})}{○-△}$$

の形で考えよう！

**類題 123** 次の極限を調べよ。

(1) $\lim_{n\to\infty}(\sqrt{n^2+n+2}-n)$　　(2) $\lim_{n\to\infty}\dfrac{1}{\sqrt{n^2+5n+2}-n}$

(3) $\lim_{n\to\infty}\sqrt{n+1}(\sqrt{n}-\sqrt{n+1})$　　(4) $\lim_{n\to\infty}\dfrac{\sqrt{n+5}-\sqrt{n+3}}{\sqrt{n+1}-\sqrt{n}}$

# 5 無限等比数列 $\{r^n\}$ の極限

ここでは，無限等比数列 $\{r^n\}$ の極限を調べてみよう。

たとえば

●$r=2$ のとき　2，4，8，16，32，…，$2^{100}$，…　より　$\lim_{n\to\infty}2^n=\infty$

●$r=\frac{1}{2}$ のとき　$\frac{1}{2}$，$\frac{1}{4}$，$\frac{1}{8}$，$\frac{1}{16}$，$\frac{1}{32}$，…，$\frac{1}{2^{100}}$，…　より　$\lim_{n\to\infty}\left(\frac{1}{2}\right)^n=0$

●$r=-\frac{1}{2}$ のとき　$-\frac{1}{2}$，$\frac{1}{4}$，$-\frac{1}{8}$，$\frac{1}{16}$，$-\frac{1}{32}$，…，$\left(-\frac{1}{2}\right)^{100}$，…

$$\lim_{n\to\infty}\left|\left(-\frac{1}{2}\right)^n\right|=\lim_{n\to\infty}\left(\frac{1}{2}\right)^n=0 \text{ より }\quad \lim_{n\to\infty}\left(-\frac{1}{2}\right)^n=0$$

●$r=-1$ のとき　$-1$，1，$-1$，1，$-1$，…，$(-1)^{100}$，…　より，**振動する**。

●$r=-2$ のとき　$-2$，4，$-8$，16，$-32$，…，$(-2)^{100}$，…より，**振動する**。

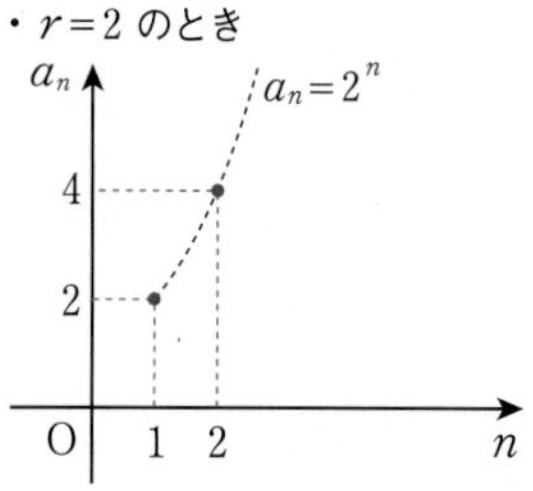


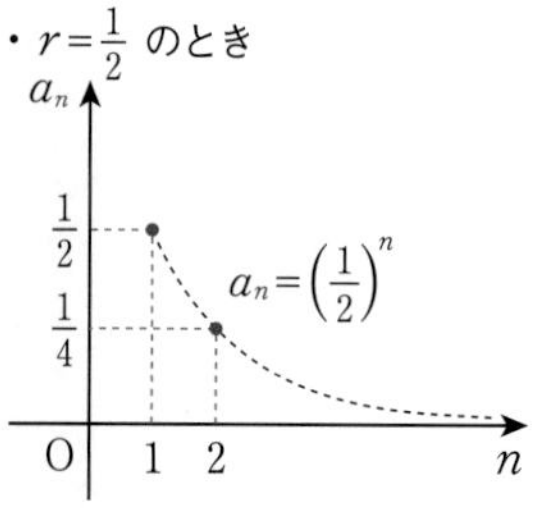


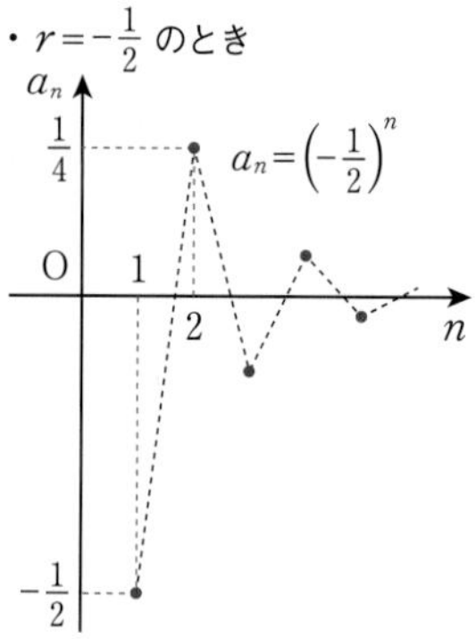


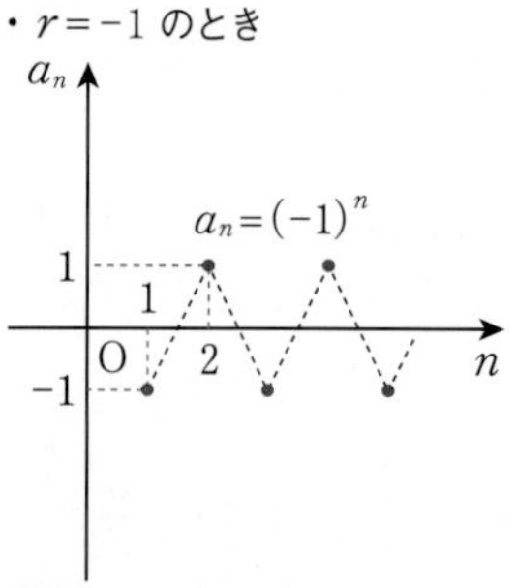


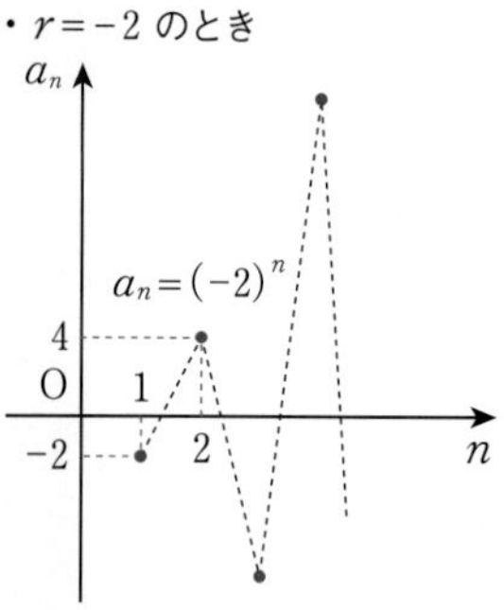


以上をまとめると

**ポイント**　[無限等比数列 $\{r^n\}$ の極限]　覚え得

●$r>1$ のとき　$\lim_{n\to\infty}r^n=\infty$…発散

●$r=1$ のとき　$\lim_{n\to\infty}r^n=1$

●$|r|<1$ のとき　$\lim_{n\to\infty}r^n=0$

（$r=1$，$|r|<1$ の場合）…収束

●$r\leqq-1$ のとき　$\{r^n\}$ **は振動する**…極限はなし

前のページではかなり直観的に $\{r^n\}$ の極限について説明したんだけど，もう少し正確に理解したい人のために，少し難しい内容になるけど説明してみよう。

**$r>1$ のとき**，$r=1+h\ (h>0)$ の形で表される。

このとき

$$r^n=(1+h)^n$$

となるが，二項定理により

$$\boldsymbol{(1+h)^n=1+{}_n\mathrm{C}_1h+\boxed{{}_n\mathrm{C}_2h^2+{}_n\mathrm{C}_3h^3+\cdots+{}_n\mathrm{C}_nh^n}\quad(n\geqq 2)}$$

とできる。ところで，□ で囲んだ部分は，$h>0$ より当然正だから

$$\boldsymbol{r^n=(1+h)^n>1+{}_n\mathrm{C}_1h=1+nh}$$

が成り立つ。これより

$$\lim_{n\to\infty}r^n\geqq\lim_{n\to\infty}(1+nh)$$

$\displaystyle\lim_{n\to\infty}(1+nh)=\infty$ より

$$\boxed{\lim_{n\to\infty}r^n=\infty}$$

となる。

**$|r|<1$ のとき**，$|r|=\dfrac{1}{1+h}\ (h>0)$ とおける。

すると　$\displaystyle |r^n|=\left|\left(\frac{1}{1+h}\right)^n\right|=\frac{1}{(1+h)^n}$

したがって　$\displaystyle \lim_{n\to\infty}|r^n|=\lim_{n\to\infty}\frac{1}{(1+h)^n}=0$

これから　$\displaystyle \lim_{n\to\infty}r^n=0$

$\displaystyle\lim_{n\to\infty}(1+h)^n=\infty$ に着目！

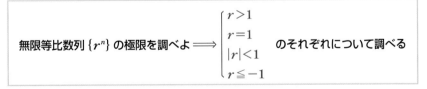

まあ，以上のようなことになるんだけれど，直観的に理解できれば大丈夫だよ。大事なことは

**無限等比数列 $\{r^n\}$ の極限を調べよ $\Longrightarrow$ $\begin{cases} r>1 \\ r=1 \\ |r|<1 \\ r\leqq -1 \end{cases}$ のそれぞれについて調べる**

と，即反応できることなんだ。

このことから，次のことがいえる。

**ポイント**　[$\{r^n\}$ の収束条件]　覚え得

無限等比数列 $\{r^n\}$ が収束する $\Longleftrightarrow$ $-1<r\leqq 1$

$\{r^n\}$ の極限 (1)

次の極限を調べよ。

(1) $\displaystyle\lim_{n \to \infty} \frac{2^n + (\sqrt{5})^n}{3^n}$

(2) $\displaystyle\lim_{n \to \infty} \frac{3^{n+1} - 2^{2n+2}}{3^n - 2^{2n}}$

(3) $\displaystyle\lim_{n \to \infty} \frac{(0.3)^n - (0.5)^n}{(0.3)^n + (0.5)^n}$

(4) $\displaystyle\lim_{n \to \infty} (3^n - 2^{2n})$

テストに出るぞ！

**ねらい**

$|r| < 1$ のとき $\displaystyle\lim_{n \to \infty} r^n = 0$ であることを用いて極限を求めること。

**解法ルール** いくつかの $r^n$ の形が登場する場合，たとえば，

$$\lim_{n \to \infty} \frac{2^n - 3^n}{2^n + 3^n}$$ では $$\lim_{n \to \infty} \frac{\dfrac{2^n - 3^n}{3^n}}{\dfrac{2^n + 3^n}{3^n}} = \lim_{n \to \infty} \frac{\left(\dfrac{2}{3}\right)^n - 1}{\left(\dfrac{2}{3}\right)^n + 1}$$

と変形する。

$$\lim_{n \to \infty} (2^n - 3^n)$$ では $$\lim_{n \to \infty} 3^n\left(\frac{2^n}{3^n} - 1\right) = \lim_{n \to \infty} 3^n\left\{\left(\frac{2}{3}\right)^n - 1\right\}$$

というように，$|r|$ が最大のものに着目して変形しよう。

$|r|$ が最大のものに着目！

**解答例** (1) $\displaystyle\lim_{n \to \infty} \frac{2^n + (\sqrt{5})^n}{3^n}$

$$= \lim_{n \to \infty}\left\{\left(\frac{2}{3}\right)^n + \left(\frac{\sqrt{5}}{3}\right)^n\right\}$$

$$= \mathbf{0} \quad \cdots 答$$

$\left|\dfrac{2}{3}\right| < 1,\ \left|\dfrac{\sqrt{5}}{3}\right| < 1$ より

$\displaystyle\lim_{n \to \infty}\left(\frac{2}{3}\right)^n = 0,\ \lim_{n \to \infty}\left(\frac{\sqrt{5}}{3}\right)^n = 0$

(2) $\displaystyle\lim_{n \to \infty} \frac{3^{n+1} - 2^{2n+2}}{3^n - 2^{2n}} = \lim_{n \to \infty} \frac{3^{n+1} - 4^{n+1}}{3^n - 4^n}$

$2^{2n} = (2^2)^n = 4^n$

$$= \lim_{n \to \infty} \frac{3 \cdot \left(\dfrac{3}{4}\right)^n - 4}{\left(\dfrac{3}{4}\right)^n - 1} = \mathbf{4} \quad \cdots 答$$

$4^n$ で分母・分子を割る。

分数型では $r^n$，しかも $|r| < 1$ の形をつくるように工夫するんだ。すると $\displaystyle\lim_{n \to \infty} r^n = 0$ を利用できる。

(3) $\displaystyle\lim_{n \to \infty} \frac{(0.3)^n - (0.5)^n}{(0.3)^n + (0.5)^n} = \lim_{n \to \infty} \frac{\left(\dfrac{0.3}{0.5}\right)^n - 1}{\left(\dfrac{0.3}{0.5}\right)^n + 1}$

$|r|$ が最大のものは $(0.5)^n$ だから，分母・分子を $(0.5)^n$ で割ります。

$$= \lim_{n \to \infty} \frac{\left(\dfrac{3}{5}\right)^n - 1}{\left(\dfrac{3}{5}\right)^n + 1} = \mathbf{-1} \quad \cdots 答$$

(4) $\displaystyle\lim_{n \to \infty} (3^n - 2^{2n}) = \lim_{n \to \infty} (3^n - 4^n)$

$|r|$ が最大のものは $4^n$ だから，$4^n$ でくくります。

$$= \lim_{n \to \infty} 4^n\left\{\left(\frac{3}{4}\right)^n - 1\right\} = \mathbf{-\infty} \quad \cdots 答$$

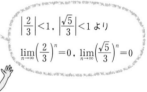

**類題 124** 次の極限を調べよ。

(1) $\displaystyle\lim_{n\to\infty}\frac{2^n}{4^n-3^n}$

(2) $\displaystyle\lim_{n\to\infty}\frac{2^{n+1}}{2^n+1}$

(3) $\displaystyle\lim_{n\to\infty}\frac{2^{2n}+1}{3^n+2^n}$

(4) $\displaystyle\lim_{n\to\infty}\frac{3^n-4^n}{2^{2n}+1}$

---

**基本例題 125** 　　　　　　　　　　　　　$\{r^n\}$ の極限 (2)

$a_n=\dfrac{r^{n+2}+2r+2}{r^n+1}$ （ただし $r \neq -1$）であるとき，次の場合について，数列 $\{a_n\}$ の極限を調べよ。

(1) $|r|<1$ 　　　　　(2) $r=1$ 　　　　　(3) $|r|>1$

**ねらい**

$\displaystyle\lim_{n\to\infty}r^n$ については，$r>1$, $r=1$, $|r|<1$, $r\leqq-1$ の各場合について考えればよいと理解すること。

**解法ルール** $r^n$ を含む極限を調べるときは

$$r>1, \ r=1, \ |r|<1, \ r\leqq-1$$

の場合に分けて考えていこう。

**解答例** (1) $|r|<1$ のとき

$$\lim_{n\to\infty}\frac{r^{n+2}+2r+2}{r^n+1}$$

$$=2r+2 \quad \cdots 答$$

$n\to\infty$ ならば $n+2\to\infty$ は当然。したがって，
$|r|<1$ のとき $\displaystyle\lim_{n\to\infty}r^{n+2}=0$

(2) $r=1$ のとき

$$\lim_{n\to\infty}\frac{r^{n+2}+2r+2}{r^n+1}=\frac{1+2+2}{1+1}=\frac{5}{2} \quad \cdots 答$$

(3) $|r|>1$ のとき

$$\lim_{n\to\infty}\frac{r^{n+2}+2r+2}{r^n+1}$$

$$=\lim_{n\to\infty}\frac{r^2+\dfrac{2}{r^{n-1}}+\dfrac{2}{r^n}}{1+\dfrac{1}{r^n}}=r^2 \quad \cdots 答$$

$|r|>1$ のとき
$|r^{n+2}|\to\infty$
$|r^n|\to\infty$
$\dfrac{\infty}{\infty}$ だから変形が必要だよ。

---

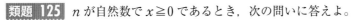

**類題 125** $n$ が自然数で $x\geqq0$ であるとき，次の問いに答えよ。

(1) 極限値 $\displaystyle\lim_{n\to\infty}\frac{x^{n+3}-2x+3}{x^n+1}$ を求めよ。

(2) 上の極限値を $f(x)$ とするとき，$y=f(x)$ のグラフをかけ。

# 6 極限と大小関係

2つの収束する数列 $\{a_n\}$，$\{b_n\}$ について，大小関係 $a_n \leqq b_n$ が成り立っているとき，それぞれの数列の極限の大小関係は次のようになる。

1. $a_n \leqq b_n\ (n=1,\ 2,\ 3,\ \cdots)$ のとき
   $\displaystyle\lim_{n\to\infty} a_n=\alpha$，$\displaystyle\lim_{n\to\infty} b_n=\beta$ **ならば** $\alpha \leqq \beta$
2. $a_n \leqq c_n \leqq b_n\ (n=1,\ 2,\ 3,\ \cdots)$ のとき
   $\displaystyle\lim_{n\to\infty} a_n=\lim_{n\to\infty} b_n=\alpha$ **ならば** $\displaystyle\lim_{n\to\infty} c_n=\alpha$

1の性質は「数列の極限の追い越し禁止」をいっている。
すなわち，

| |
|---|
| 常に $a_n \leqq b_n$ ならば，その極限も $\displaystyle\lim_{n\to\infty} a_n \leqq \lim_{n\to\infty} b_n$ |

極限だけが追い越して $\displaystyle\lim_{n\to\infty} b_n < \lim_{n\to\infty} a_n$ となることはないといっているんだ。

2は「はさみうちの原理」といわれる。
数列 $\{c_n\}$ が2つの数列$\{a_n\}$，$\{b_n\}$ ではさまれている，すなわち $a_n \leqq c_n \leqq b_n$ であるとき，$\displaystyle\lim_{n\to\infty} a_n=\lim_{n\to\infty} b_n=\alpha$ ならば，1より $\displaystyle\lim_{n\to\infty} a_n \leqq \lim_{n\to\infty} c_n \leqq \lim_{n\to\infty} b_n$ となり，$\displaystyle\lim_{n\to\infty} c_n$ は前後からはさみうちになり，$\displaystyle\lim_{n\to\infty} c_n=\alpha$ となるという意味です。

**基本例題 126** はさみうちの原理

次の問いに答えよ。

(1) $\displaystyle\lim_{n\to\infty} \frac{\sin n\theta}{n}$ を求めよ。

(2) $h>0$ のとき，自然数 $n\ (n \geqq 3)$ について

$\displaystyle(1+h)^n > 1+nh+\frac{n(n-1)}{2}h^2$ が成り立つことを用いて，

$\displaystyle r=\frac{1}{1+h}\ (h>0)$ のとき，$\displaystyle\lim_{n\to\infty} nr^n=0$ であることを示せ。

(3) $\displaystyle 2(\sqrt{n+1}-1) < \frac{1}{\sqrt{1}}+\frac{1}{\sqrt{2}}+\frac{1}{\sqrt{3}}+\cdots+\frac{1}{\sqrt{n}}$ が成り立つことを

用いて，$\displaystyle\lim_{n\to\infty}\left(\frac{1}{\sqrt{1}}+\frac{1}{\sqrt{2}}+\cdots+\frac{1}{\sqrt{n}}\right)$ を調べよ。

**ねらい**
$a_n \leqq b_n$ であるとき，$\displaystyle\lim_{n\to\infty} a_n \leqq \lim_{n\to\infty} b_n$ であることを利用して極限を調べること。

⬅ $a_n > b_n$ であるとき，$\displaystyle\lim_{n\to\infty} a_n \geqq \lim_{n\to\infty} b_n$ が成り立つことに着目しよう。

**解法ルール** (1) $\displaystyle\lim_{n\to\infty}\frac{\sin n\theta}{n}$ の極限は $\displaystyle\lim_{n\to\infty}\left|\frac{\sin n\theta}{n}\right|$ を考えてみよう。

● $\displaystyle\lim_{n\to\infty}f(n)$ について

㋐ $f(n)$ の値が正，負をとる。

㋑ $\displaystyle\lim_{n\to\infty}f(n)=0$ が予想される。

こんなとき，$\displaystyle\lim_{n\to\infty}|f(n)|$ を調べる。

**解答例** (1) $-1\le\sin n\theta\le 1$ より $0\le|\sin n\theta|\le 1$

よって，$0\le\left|\dfrac{\sin n\theta}{n}\right|\le\dfrac{1}{n}$ より $0\le\displaystyle\lim_{n\to\infty}\left|\dfrac{\sin n\theta}{n}\right|\le\lim_{n\to\infty}\dfrac{1}{n}=0$

よって $\displaystyle\lim_{n\to\infty}\frac{\sin n\theta}{n}=0$ …答

(2) $r^n=\left(\dfrac{1}{1+h}\right)^n=\dfrac{1}{(1+h)^n}<\dfrac{1}{1+nh+\dfrac{n(n-1)}{2}h^2}$

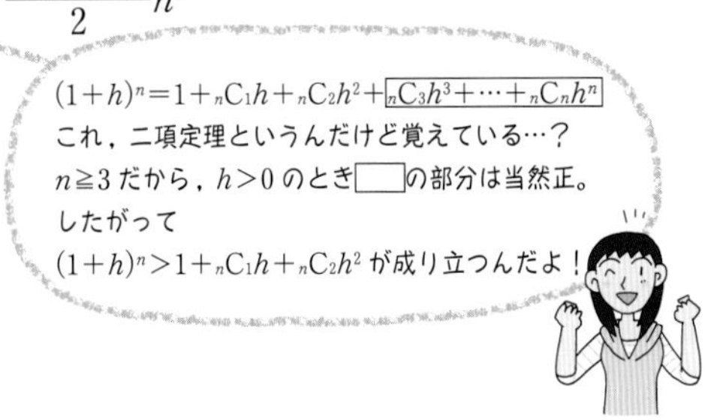

$0<nr^n<\dfrac{n}{1+nh+\dfrac{n(n-1)}{2}h^2}$ より

$(1+h)^n=1+{}_nC_1h+{}_nC_2h^2+\boxed{{}_nC_3h^3+\cdots+{}_nC_nh^n}$

これ，二項定理というんだけど覚えている…？
$n\ge 3$ だから，$h>0$ のとき $\boxed{\phantom{xx}}$ の部分は当然正。
したがって
$(1+h)^n>1+{}_nC_1h+{}_nC_2h^2$ が成り立つんだよ！

$0\le\displaystyle\lim_{n\to\infty}nr^n$

$\le\displaystyle\lim_{n\to\infty}\dfrac{n}{1+nh+\dfrac{n(n-1)}{2}h^2}$

(2)で $0<r<1$ のとき $\displaystyle\lim_{n\to\infty}nr^n=0$ であることが示せたよ。

$=\displaystyle\lim_{n\to\infty}\dfrac{\dfrac{1}{n}}{\dfrac{1}{n^2}+\dfrac{h}{n}+\dfrac{1}{2}\left(1-\dfrac{1}{n}\right)h^2}=0$

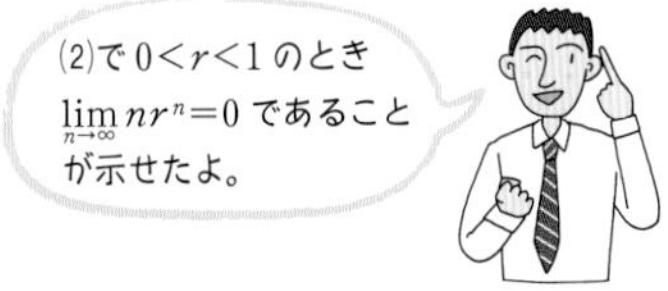

よって $\displaystyle\lim_{n\to\infty}nr^n=0$ 終

(3) $2(\sqrt{n+1}-1)<\dfrac{1}{\sqrt 1}+\dfrac{1}{\sqrt 2}+\dfrac{1}{\sqrt 3}+\cdots+\dfrac{1}{\sqrt n}$

$\displaystyle\lim_{n\to\infty}\dfrac{1}{\sqrt n}=0$ でも
$\dfrac{1}{\sqrt 1}+\dfrac{1}{\sqrt 2}+\dfrac{1}{\sqrt 3}+\cdots+\dfrac{1}{\sqrt n}+\cdots$ は∞
ちりもつもれば山となる！

$\displaystyle\lim_{n\to\infty}2(\sqrt{n+1}-1)\le\lim_{n\to\infty}\left(\dfrac{1}{\sqrt 1}+\dfrac{1}{\sqrt 2}+\cdots+\dfrac{1}{\sqrt n}\right)$

$\displaystyle\lim_{n\to\infty}2(\sqrt{n+1}-1)=\infty$ より

$\displaystyle\lim_{n\to\infty}\left(\dfrac{1}{\sqrt 1}+\dfrac{1}{\sqrt 2}+\cdots+\dfrac{1}{\sqrt n}\right)=\infty$ …答

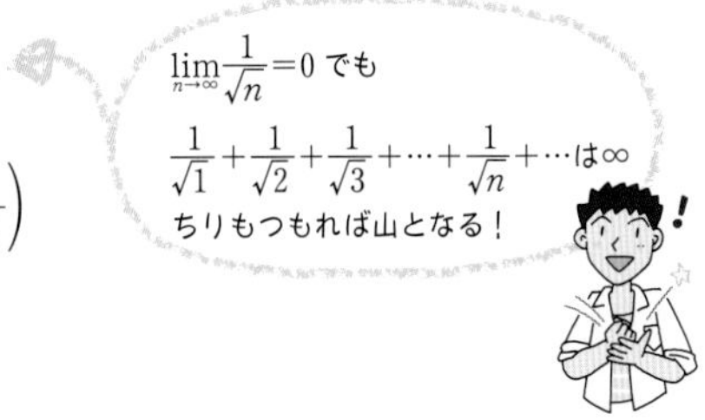

**類題 126** **基本例題 126** (2)の結果「$0<r<1$ のとき $\displaystyle\lim_{n\to\infty}nr^n=0$」であることを利用して，「$-1<r<0$ のとき $\displaystyle\lim_{n\to\infty}nr^n=0$」であることを示せ。

## 応用例題 127　隣接2項間の漸化式と数列の極限

次のように定義される数列 $\{a_n\}$ について，$\lim_{n\to\infty} a_n$ を求めよ。 テストに出るぞ！

$$a_1=2,\ a_{n+1}=-\frac{1}{2}a_n+\frac{1}{2}\quad (n=1,\ 2,\ 3,\ \cdots)$$

**ねらい**
隣接2項間の漸化式で定義される数列の極限値を求めること。

**解法ルール**　漸化式 $a_{n+1}=pa_n+q$，$a_1=a$ で定められる数列の極限は

**Step 1**　まず，$a_n$ を求める。

$$\begin{array}{rrl} & a_{n+1}= & pa_n+q \\ -) & \alpha= & p\alpha+q \\ \hline & a_{n+1}-\alpha= & p(a_n-\alpha) \end{array}$$

よって　$a_n-\alpha=p^{n-1}(a_1-\alpha)$

**Step 2**　$\displaystyle\lim_{n\to\infty}\boldsymbol{a_n}=\lim_{n\to\infty}\{(\boldsymbol{a_1-\alpha})\boldsymbol{p^{n-1}+\alpha}\}$

**解答例**

$$\begin{array}{rrl} & a_{n+1}= & -\frac{1}{2}a_n+\frac{1}{2} \\ -) & \alpha= & -\frac{1}{2}\alpha+\frac{1}{2} \\ \hline & a_{n+1}-\alpha= & -\frac{1}{2}(a_n-\alpha) \end{array}$$

$\alpha=-\frac{1}{2}\alpha+\frac{1}{2}$ を満たす $\alpha$ は　$\alpha=\frac{1}{3}$

以上より，　漸化式 $a_{n+1}=-\frac{1}{2}a_n+\frac{1}{2}$ は

$$a_{n+1}-\frac{1}{3}=-\frac{1}{2}\left(a_n-\frac{1}{3}\right)$$

と変形できる。

このとき　$a_n-\frac{1}{3}=\left(a_1-\frac{1}{3}\right)\left(-\frac{1}{2}\right)^{n-1}$

$$=\frac{5}{3}\cdot\left(-\frac{1}{2}\right)^{n-1}$$

よって　$a_n=\frac{5}{3}\cdot\left(-\frac{1}{2}\right)^{n-1}+\frac{1}{3}$

$$\lim_{n\to\infty}\boldsymbol{a_n}=\lim_{n\to\infty}\left\{\frac{5}{3}\cdot\left(-\frac{1}{2}\right)^{n-1}+\frac{1}{3}\right\}$$

$$=\boldsymbol{\frac{1}{3}}\quad\cdots\text{答}$$

$a_{n+1}=-\frac{1}{2}a_n+\frac{1}{2}$　…①
で表される数列は，等比数列でも等差数列でもない。では $\alpha$ だけずらした数列 $\{a_n-\alpha\}$ はどうかな？　つまり
$a_{n+1}-\alpha=-\frac{1}{2}(a_n-\alpha)$　…②
となる $\alpha$ があると都合がいい。
この $\alpha$ は，①−②より導いた
方程式 $\alpha=-\frac{1}{2}\alpha+\frac{1}{2}$ の解として
求められる。
この方程式は①の $a_{n+1}$，$a_n$ を $\alpha$ でおき換えたものになっているんだ。

$a_{n+1}-\frac{1}{3}=-\frac{1}{2}\left(a_n-\frac{1}{3}\right)$ が成り立つ
ということは，
数列 $\left\{a_n-\frac{1}{3}\right\}$ は，初項 $a_1-\frac{1}{3}=\frac{5}{3}$，
公比 $-\frac{1}{2}$ の等比数列になるということね。


**類題 127**　$a_1=2$，$2a_{n+1}=a_n+1$（$n=1,\ 2,\ 3,\ \cdots$）で定められる数列 $\{a_n\}$ について，$\lim_{n\to\infty}a_n$，$\lim_{n\to\infty}\sum_{k=1}^{n}(a_k-1)$ を求めよ。

## これも知っ得 漸化式の解法

### ●隣接 2 項間の漸化式

$a_{n+1}+pa_n+q=0$ を $a_{n+1}-\alpha=\beta(a_n-\alpha)$ の形に変形できれば，この式より，
数列 $\{a_n-\alpha\}$ は，初項 $a_1-\alpha$，公比 $\beta$ の等比数列であることがわかる。
この方法で，一般項 $a_n$ を求めることができる。応用例題 127 ではこの方法を使って解いている。

### ●隣接 3 項間の漸化式

$a_{n+2}+pa_{n+1}+qa_n=0$ を $a_{n+2}-\alpha a_{n+1}=\beta(a_{n+1}-\alpha a_n)$ に変形できれば，この式より，
数列 $\{a_{n+1}-\alpha a_n\}$ は，初項 $a_2-\alpha a_1$，公比 $\beta$ の等比数列であることがわかる。
したがって，$a_{n+1}-\alpha a_n=(a_2-\alpha a_1)\beta^{n-1}$ と 2 項間の漸化式となる。

具体的に，$a_1=0$，$a_2=1$，$a_{n+2}=\dfrac{1}{4}\left(a_{n+1}+3a_n\right)$ ……①から $a_n$ を求めてみよう。

$a_{n+2}-\alpha a_{n+1}=\beta(a_{n+1}-\alpha a_n)$ ……②と変形できないか調べる。

$a_{n+2}=(\alpha+\beta)a_{n+1}-\alpha\beta a_n$ ……②′

①，②′の係数を比較して，$\alpha+\beta=\dfrac{1}{4}$，$\alpha\beta=-\dfrac{3}{4}$

を満たす $\alpha$，$\beta$ を求める。

$\alpha$，$\beta$ は　$t^2-\dfrac{1}{4}t-\dfrac{3}{4}=0$ の 2 つの解である。

> ①の漸化式で
> $a_{n+2}\to t^2$
> $a_{n+1}\to t$
> $a_n\ \to 1$
> とおき換えると，
> $t$ の 2 次方程式
> $t^2=\dfrac{1}{4}(t+3)$
> を得る。

$4t^2-t-3=0$ より　$(4t+3)(t-1)=0$

よって　$(\alpha,\ \beta)=\left(1,\ -\dfrac{3}{4}\right)$，$\left(-\dfrac{3}{4},\ 1\right)$

(i)　$(\alpha,\ \beta)=\left(1,\ -\dfrac{3}{4}\right)$ のとき，②より　$a_{n+2}-a_{n+1}=-\dfrac{3}{4}(a_{n+1}-a_n)$

数列 $\{a_{n+1}-a_n\}$ は，初項 $a_2-a_1=1$，公比 $-\dfrac{3}{4}$ の等比数列だから

$$a_{n+1}-a_n=\left(-\frac{3}{4}\right)^{n-1}\quad\cdots\cdots\text{Ⓐ}$$

(ii)　$(\alpha,\ \beta)=\left(-\dfrac{3}{4},\ 1\right)$ のとき，②より　$a_{n+2}+\dfrac{3}{4}a_{n+1}=a_{n+1}+\dfrac{3}{4}a_n=\cdots=a_2+\dfrac{3}{4}a_1=1$

数列 $\left\{a_{n+1}+\dfrac{3}{4}a_n\right\}$ は，初項 1，公比 1 の等比数列だから　$a_{n+1}+\dfrac{3}{4}a_n=1$ ……Ⓑ

Ⓑ－Ⓐ より，$a_{n+1}$ を消去して，$\dfrac{7}{4}a_n=1-\left(-\dfrac{3}{4}\right)^{n-1}$

したがって　$\boldsymbol{a_n=\dfrac{4}{7}\left\{1-\left(-\dfrac{3}{4}\right)^{n-1}\right\}}$ …答

> **ポイント**
> **隣接 2 項間の漸化式　→　$a_{n+1}-\alpha=\beta(a_n-\alpha)$**
> **隣接 3 項間の漸化式　→　$a_{n+2}-\alpha a_{n+1}=\beta(a_{n+1}-\alpha a_n)$**

この他に階差数列を使って解く方法もあるが，ここで示した**等比数列の活用**が有効である。

# 7 無限級数

無限数列 $\{a_n\}$ の各項を順に加えていった式，すなわち $a_1+a_2+a_3+\cdots+a_n+\cdots$ を**無限級数**という。

$\Sigma$ を用いて　　$a_1+a_2+\cdots+a_n+\cdots=\sum_{n=1}^{\infty}a_n$　とかく。

無限級数の和は次のように定める。

**Step 1**　無限級数の初項から第 $n$ 項までの和

$$S_n=a_1+a_2+\cdots+a_n$$

（これを**部分和**という）を考える。

**Step 2**　$\lim_{n\to\infty}S_n$ **が有限な値**であるとき，この**無限級数は収束する**といい，

$\lim_{n\to\infty}S_n$ を**無限級数の和**と定める。

$\lim_{n\to\infty}S_n$ **が有限な値でない**ときは，この**無限級数は発散する**という。

Step 1 の $S_n$ を求める部分は，要するに数列の和を求めればいいんだ。
これって，数学Bで扱ったことだよ，覚えているかな？
異なる点といえば，

数学Bでは $S_n$ を求める。

数学Ⅲでは $\lim_{n\to\infty}S_n$ を求める。

すなわち，**和を求める項の数が有限か無限か**という点になるね。

**基本例題 128**　無限級数　テストに出るぞ！

無限級数 $\sum_{n=1}^{\infty}\frac{1}{(n+1)^2-1}$ について，

$$S_n=\frac{1}{2^2-1}+\frac{1}{3^2-1}+\cdots+\frac{1}{(n+1)^2-1}$$

とおくとき，次の問いに答えよ。

(1) $\frac{1}{(k+1)^2-1}=\frac{1}{2}\left(\frac{1}{k}-\frac{1}{k+2}\right)$ を利用して，$S_n$ を $n$ の式で表せ。

(2) 無限級数 $\sum_{n=1}^{\infty}\frac{1}{(n+1)^2-1}$ の和を求めよ。

**ねらい**

1. 部分和 $S_n=\sum_{k=1}^{n}a_k$ を求める。
2. $\lim_{n\to\infty}S_n$ を求める。

の手順で無限級数 $\sum_{n=1}^{\infty}a_n$ の和を求めること。

**解法ルール** 無限級数の和の求め方

**Step 1** 初項から第 $n$ 項までの和 $S_n$ を求める。

**Step 2** $\lim_{n\to\infty} S_n$ を計算する。

← $\sum_{n=1}^{\infty} a_n = \lim_{n\to\infty} S_n$

**解答例** (1)

$$\frac{1}{2^2-1}=\frac{1}{2}\left(1-\frac{1}{3}\right)$$
$$\frac{1}{3^2-1}=\frac{1}{2}\left(\frac{1}{2}-\frac{1}{4}\right)$$
$$\frac{1}{4^2-1}=\frac{1}{2}\left(\frac{1}{3}-\frac{1}{5}\right)$$
$$\frac{1}{5^2-1}=\frac{1}{2}\left(\frac{1}{4}-\frac{1}{6}\right)$$
$$\vdots$$
$$\frac{1}{(n-1)^2-1}=\frac{1}{2}\left(\frac{1}{n-2}-\frac{1}{n}\right)$$
$$\frac{1}{n^2-1}=\frac{1}{2}\left(\frac{1}{n-1}-\frac{1}{n+1}\right)$$
$$+)\ \frac{1}{(n+1)^2-1}=\frac{1}{2}\left(\frac{1}{n}-\frac{1}{n+2}\right)$$
$$S_n=\frac{1}{2}\left(1+\frac{1}{2}-\frac{1}{n+1}-\frac{1}{n+2}\right)$$

$\frac{1}{(k+1)^2-1}=\frac{1}{2}\left(\frac{1}{k}-\frac{1}{k+2}\right)$ に

$k=1$ を代入する。
$k=2$ 〃
$k=3$ 〃
⋮
$k=n-2$ 〃
$k=n-1$ 〃
$k=n$ 〃

よって $\boldsymbol{S_n=\frac{3}{4}-\frac{1}{2}\left(\frac{1}{n+1}+\frac{1}{n+2}\right)}$ …答

(2) $\sum_{n=1}^{\infty}\frac{1}{(n+1)^2-1}=\lim_{n\to\infty}S_n$

$$=\lim_{n\to\infty}\left\{\frac{3}{4}-\frac{1}{2}\left(\frac{1}{n+1}+\frac{1}{n+2}\right)\right\}$$
$$=\boldsymbol{\frac{3}{4}}$$ …答

よく，最初と最後をいくつずつ書けばいいんですかって質問されるんだけれど，消し合うものがでるところまで書けばいいんだ。
今回は，最初に消す $\frac{1}{3}$ が3つ目ででてきたので，最初の3つ，最後の3つを書いている。互いに消し合う感じがわかればいいんだ。

**類題 128** $a_n=3n+2$ $(n=1,\ 2,\ 3,\ \cdots)$ で与えられる数列 $\{a_n\}$ がある。

(1) 数列 $\{a_n\}$ は等差数列であることを示し，初項と公差を求めよ。

(2) $b_n=\frac{1}{a_na_{n+1}}$ $(n=1,\ 2,\ 3,\ \cdots)$ で与えられる数列 $\{b_n\}$ の初項から第 $n$ 項までの和を求めよ。

(3) 無限級数 $\frac{1}{40}+\frac{1}{88}+\cdots+\frac{1}{(3n+2)(3n+5)}+\cdots$ の和を求めよ。

## 応用例題 129

無限級数の収束・発散

次の問いに答えよ。

(1) 無限級数 $a_1+a_2+\cdots+a_n+\cdots$ が収束するならば，$\lim_{n\to\infty} a_n=0$ であることを示せ。

(2) 次の無限級数の収束・発散を調べ，収束するときはその和を求めよ。

① $2+(-4)+6+(-8)+10+(-12)+\cdots$

② $\dfrac{1}{2}+\dfrac{2}{3}+\dfrac{3}{4}+\dfrac{4}{5}+\cdots$

**ねらい**
無限級数の収束・発散について考察すること。

**解法ルール** $S_n=a_1+a_2+\cdots+a_n$ とするとき

$$\boldsymbol{a_n=S_n-S_{n-1}\ (n\geqq 2),\ \ a_1=S_1}$$

$$\lim_{n\to\infty} a_n=\lim_{n\to\infty}(S_n-S_{n-1})$$

$\lim_{n\to\infty} S_n=\lim_{n\to\infty} S_{n-1}$ であることは大丈夫かな？ どちらも $\sum_{n=1}^{\infty} a_n$ を表しているものね。

**解答例** (1) $S_n=a_1+a_2+\cdots+a_n$ とすると $\sum_{n=1}^{\infty} a_n=\lim_{n\to\infty} S_n$

いま，$\lim_{n\to\infty} S_n=S$ とするとき，$\lim_{n\to\infty} S_{n-1}=S$ が成立する。

$a_n=S_n-S_{n-1}$ より

$\boldsymbol{\lim_{n\to\infty} a_n}=\lim_{n\to\infty}(S_n-S_{n-1})=\lim_{n\to\infty} S_n-\lim_{n\to\infty} S_{n-1}=S-S=\boldsymbol{0}$ 終

(2) (1)は「無限級数 $\sum_{n=1}^{\infty} a_n$ が収束するとき $\lim_{n\to\infty} a_n=0$」が成り立つことを示しているので，この命題の**対偶**

**「$\lim_{n\to\infty} a_n\neq 0$ ならば，無限級数 $\sum_{n=1}^{\infty} a_n$ は発散する」**が成り立つ。

① $a_n=(-1)^{n-1}(2n)$ と表され $\lim_{n\to\infty} a_n\neq 0$ 　答 **発散する**

② $a_n=\dfrac{n}{n+1}$ と表され $\lim_{n\to\infty} a_n=1\neq 0$ 　答 **発散する**

『無限級数 $\sum_{n=1}^{\infty} a_n$ が収束するならば $\lim_{n\to\infty} a_n=0$』は成立するが，この逆は必ずしも成り立つとは限らない。次の問いを考えることでこのことを確かめてほしい。

**類題 129** 無限級数 $\sum_{n=1}^{\infty}(\sqrt{n+1}-\sqrt{n})$ について，次の問いに答えよ。

(1) $a_n=\sqrt{n+1}-\sqrt{n}$ とするとき，$\lim_{n\to\infty} a_n$ を求めよ。

(2) $S_m=\sum_{n=1}^{m}(\sqrt{n+1}-\sqrt{n})$ を，$m$ を用いて表し，$\lim_{m\to\infty} S_m$ を求めよ。

# 8 無限等比級数

初項 $a$，公比 $r$ の無限等比数列を次々に加えていって得られる**無限級数**

$$a+ar+ar^2+\cdots+ar^{n-1}+\cdots=\sum_{n=1}^{\infty}ar^{n-1}$$

を

**初項 $a$，公比 $r$ の無限等比級数**

という。

無限等比級数の収束・発散は，$a\neq0$ なら

$r=1$ のとき

**Step 1** 部分和 $S_n=a_1+\cdots+a_n=a+\cdots+a=na$

**Step 2** $\lim_{n\to\infty}S_n=\lim_{n\to\infty}na$

$a>0$ ならば $\lim_{n\to\infty}na=\infty$

$a<0$ ならば $\lim_{n\to\infty}na=-\infty$

より，**発散する**。

$r\neq1$ のとき

**Step 1** 部分和 $S_n=a+ar+\cdots+ar^{n-1}=\dfrac{a(1-r^n)}{1-r}$

**Step 2** $\lim_{n\to\infty}S_n=\lim_{n\to\infty}\dfrac{a(1-r^n)}{1-r}$

$r\neq1$ のときで $\lim_{n\to\infty}r^n$ が収束するのは $|r|<1$ のとき。

すなわち，$|r|<1$ のとき $\lim_{n\to\infty}S_n=\dfrac{a}{1-r}$

← $a\neq0$ のとき，無限等比数列 $\{ar^{n-1}\}$ の収束条件は $-1<r\leqq1$（← 注意）であるが，無限等比級数 $\sum_{n=1}^{\infty}ar^{n-1}$ の収束条件は $-1<r<1$ である。

以上をまとめると

**ポイント** ［無限等比級数の収束・発散］ 覚え得

$a\neq0$ のとき，無限等比級数 $a+ar+\cdots+ar^{n-1}+\cdots=\sum_{n=1}^{\infty}ar^{n-1}$ は

$|r|<1$ のとき　収束し，その和は $\dfrac{a}{1-r}$

$|r|\geqq1$ のとき　発散する

## 基本例題 130 無限等比級数

テストに出るぞ！

無限等比級数 $1-\frac{1}{5}+\frac{1}{5^2}-\frac{1}{5^3}+\cdots$ の和を $S$，第 $n$ 項までの部分和を $S_n$ とするとき

(1) $S_n$，$S$ を求めよ。

(2) $|S-S_n|<\frac{1}{10^5}$ となる最小の自然数 $n$ を求めよ。

**ねらい**
公比に注目して無限等比級数の和を求めること。

**解法ルール** 初項 $a$，公比 $r$ の無限等比級数 $\boldsymbol{a+ar+ar^2+\cdots+ar^{n-1}+\cdots}$ は

$r\neq1$ のとき　$S_n=\frac{a(1-r^n)}{1-r}$

**$|r|<1$ のとき**　$\lim\limits_{n\to\infty}S_n=\frac{a}{1-r}$

**解答例** (1) $1-\frac{1}{5}+\frac{1}{5^2}-\frac{1}{5^3}+\cdots$　は初項 1，公比 $-\frac{1}{5}$ の無限等比級数。

したがって　$S_n=\dfrac{1-\left(-\frac{1}{5}\right)^n}{1-\left(-\frac{1}{5}\right)}=\boldsymbol{\frac{5}{6}\left\{1-\left(-\frac{1}{5}\right)^n\right\}}$　…答

$S=\lim\limits_{n\to\infty}S_n=\lim\limits_{n\to\infty}\frac{5}{6}\left\{1-\left(-\frac{1}{5}\right)^n\right\}=\boldsymbol{\frac{5}{6}}$　…答

(2) $|S-S_n|=\left|\frac{5}{6}-\frac{5}{6}\left\{1-\left(-\frac{1}{5}\right)^n\right\}\right|=\left|\frac{5}{6}\left(-\frac{1}{5}\right)^n\right|$

$=\frac{5}{6}\left(\frac{1}{5}\right)^n=\frac{1}{6}\cdot\frac{1}{5^{n-1}}$

$|S-S_n|<\frac{1}{10^5}\iff\frac{1}{6}\cdot\frac{1}{5^{n-1}}<\frac{1}{10^5}$

したがって，$6\cdot5^{n-1}>10^5$ を満たす最小の自然数 $n$ を求めればよい。$10^5=(5\cdot2)^5=5^5\cdot2^5$ より

$6\cdot5^{n-1}>5^5\cdot2^5\iff5^{n-6}>\frac{2^5}{6}=\frac{2^4}{3}=5.3\cdots$

$n-6\geqq2$ を満たす最小の自然数だから　$\boldsymbol{n=8}$　…答

●**無限等比級数**
$\boldsymbol{a+ar+ar^2+\cdots}$**の和**
$|r|<1$ のとき
$\lim\limits_{n\to\infty}\frac{a(1-r^n)}{1-r}=\frac{a}{1-r}$
つまり
① **初項，公比を確認**
② $|r|<1$ ならばその和は $\frac{a}{1-r}$
といった手順で求められる。

この部分何か理屈っぽくやっているけれど
$6\cdot5^{n-1}>10^5=100000$
$5^{n-1}>\frac{100000}{6}=16666.\cdots$
5，$5^2$，$5^3$，$5^4$，$5^5$，$5^6$，…
と順に調べていっても大丈夫！

**類題 130** 初項 $r^2$，公比 $r$ の無限等比級数の和 $S$ が $\frac{9}{10}$ であるとき

(1) $r$ の値を求めよ。

(2) 初項から第 $n$ 項までの和を $S_n$ とするとき，$|S-S_n|<\frac{1}{10}$ を満たす最小の自然数 $n$ の値を求めよ。

## ● 循環小数

循環小数は無限等比級数の考え方を用いて分数に直すことができる。

**基本例題 131**　　循環小数

次の循環小数を分数で表せ。

(1) $0.\dot{3}$　　(2) $0.\dot{2}3\dot{4}$　　(3) $1.1\dot{2}\dot{3}$

**ねらい**
循環小数を分数に直すこと。

**解法ルール**
1 循環小数を，具体的に和の形に書く。
2 それが無限等比級数になっていることを確認する。
3 初項 $a$，公比 $r$ を調べる。
4 $-1<r<1$ なら収束して，和は　$S=\dfrac{a}{1-r}$

**解答例**
(1)　$0.\dot{3}=0.3+0.03+0.003+\cdots$
初項 0.3，公比 0.1 の無限等比級数。
$-1<0.1<1$ より，収束して和をもつ。
よって　$0.\dot{3}=\dfrac{0.3}{1-0.1}=\dfrac{0.3}{0.9}=\mathbf{\dfrac{1}{3}}$　…答

(2)　$0.\dot{2}3\dot{4}=0.234+0.000234+0.000000234+\cdots$
初項 0.234，公比 0.001 の無限等比級数。
$-1<0.001<1$ より，収束して和をもつ。
よって　$0.\dot{2}3\dot{4}=\dfrac{0.234}{1-0.001}=\dfrac{234}{999}=\mathbf{\dfrac{26}{111}}$　…答

(3)　$1.1\dot{2}\dot{3}=1.1+0.023+0.00023+0.0000023+\cdots$
1.1 をのぞいて，初項 0.023，公比 0.01 の無限等比級数。
$-1<0.01<1$ より，収束して和をもつ。
よって　$1.1\dot{2}\dot{3}=1.1+\dfrac{0.023}{1-0.01}=\dfrac{11}{10}+\dfrac{23}{990}$
$=\dfrac{1089}{990}+\dfrac{23}{990}=\dfrac{1112}{990}=\mathbf{\dfrac{556}{495}}$　…答

数学Ⅰ+Aの p. 24 では，別の方法で循環小数を分数に直したよね。


**類題 131**　$0.\dot{3}\dot{6}\times0.\dot{6}$ の結果を循環小数で表せ。

**応用例題 132** 　無限等比級数の収束条件

$c$ を 0 でない定数とする。$a_1=6$，$a_{n+1}=\dfrac{5}{c}a_n$（$n=1, 2, 3, \cdots$）で定義された数列がある。
次の問いに答えよ。
(1) この数列が収束するような $c$ の値の範囲を求めよ。
(2) $\displaystyle\sum_{n=1}^{\infty}a_n=21$ となるとき，$c$ の値を求めよ。

**ねらい**
等比数列が収束する条件，無限等比級数が収束する条件を考えること。

**解法ルール** 初項 $a$，公比 $r$ の等比数列 $\{a_n\}$ について，$a \neq 0$ なら

$\displaystyle\lim_{n\to\infty}a_n$ **が収束するのは**　$-1<r\leqq 1$

$\displaystyle\sum_{n=1}^{\infty}a_n$ **が収束するのは**　$-1<r<1$

**解答例** (1) 初項 6，公比 $\dfrac{5}{c}$ の等比数列より　$a_n=6\cdot\left(\dfrac{5}{c}\right)^{n-1}$

この数列が収束するのは　$-1<\dfrac{5}{c}\leqq 1$

右の図のグラフより　$c\geqq 5$，$c<-5$ …答

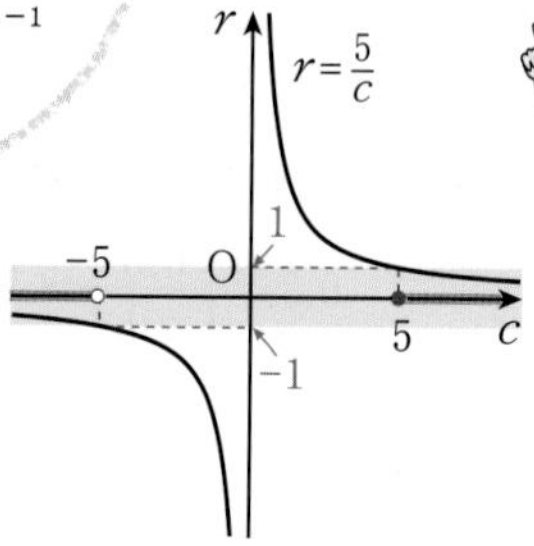

(2) 初項 6，公比 $\dfrac{5}{c}$ の無限等比級数 $\displaystyle\sum_{n=1}^{\infty}a_n$ が

収束するのは，$\left|\dfrac{5}{c}\right|<1$ の場合

$\left|\dfrac{5}{c}\right|<1 \Longleftrightarrow -1<\dfrac{5}{c}<1$

したがって　$c<-5$ または $c>5$　……①

このとき　$\displaystyle\sum_{n=1}^{\infty}a_n=\frac{6}{1-\frac{5}{c}}=\frac{6c}{c-5}$　　条件より　$\dfrac{6c}{c-5}=21$

$6c=21c-105$ より　$c=7$　（①に適する）

答　$c=7$

**類題 132** $0\leqq x<\dfrac{\pi}{2}$ のとき，無限級数

$$\tan x+(\tan x)^3+(\tan x)^5+\cdots+(\tan x)^{2n-1}+\cdots \quad\cdots\cdots①$$

について

(1) 無限級数①が収束するような $x$ の値の範囲を求めよ。

(2) 無限級数の和が $\dfrac{\sqrt{3}}{2}$ となるように $x$ の値を定めよ。

## 応用例題 133　無限等比級数で表される関数

**ねらい**
無限等比級数で定義される関数のグラフをかくこと。

実数 $x$ に対して，無限等比級数

$$x+x(x^2-x+1)+x(x^2-x+1)^2+\cdots+x(x^2-x+1)^{n-1}+\cdots$$

……① がある。

(1) 無限等比級数①が収束するような実数 $x$ の値の範囲を求めよ。

(2) ①の和を $f(x)$ として，関数 $f(x)$ のグラフをかけ。

**解法ルール** 初項 $a(x)$，公比 $r(x)$ の無限等比級数

$$\boldsymbol{a(x)+a(x)r(x)+a(x)\{r(x)\}^2+\cdots+a(x)\{r(x)\}^{n-1}+\cdots}$$

が収束するのは

$$\boldsymbol{a(x)=0}\quad \textbf{または}\quad \boldsymbol{|r(x)|<1}$$

の場合であることに着目しよう。

**解答例** (1) (i) $x=0$ のとき　明らかに収束する。

(ii) $x\neq0$ のとき　①は初項 $x$，公比 $x^2-x+1$ の無限等比級数であり，$|x^2-x+1|<1$ のときに収束する。

$|x^2-x+1|<1 \iff -1<x^2-x+1<1$

- $-1<x^2-x+1 \iff x^2-x+2>0$　については常に成立する。
- $x^2-x+1<1 \iff x^2-x<0 \iff x(x-1)<0$

よって　$0<x<1$

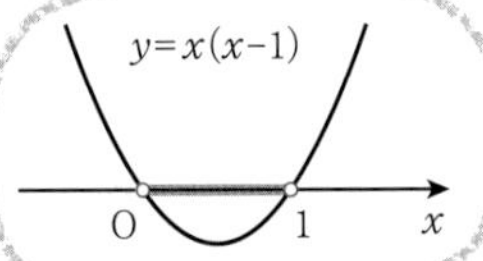


以上より　$\boldsymbol{0\leqq x<1}$　…答

(2) $x=0$ のとき　$f(0)=0$

$x\neq0$のとき　$0<x<1$において

$$f(x)=\frac{x}{1-(x^2-x+1)}$$
$$=\frac{x}{x-x^2}$$
$$=\frac{1}{1-x}$$

答　**右の図**

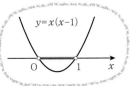

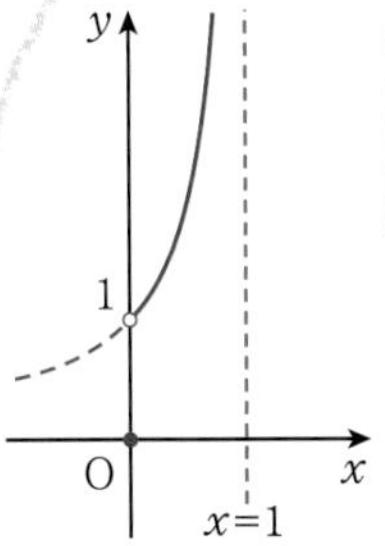


$x\neq0$ のとき
$\dfrac{x}{x-x^2}=\dfrac{1}{1-x}$
一般には $f(x)=\dfrac{x}{x-x^2}$ と
$g(x)=\dfrac{1}{1-x}$ は同じ関数ではない。
$f(x)$ は $x=0$ では定義されない。
$g(x)$ は $x=0$ で定義される。

**類題 133-1** $x$ は $x=-1$ 以外の実数，$n$ は自然数として，

$$S_n(x)=1+\frac{x}{1+x}+\left(\frac{x}{1+x}\right)^2+\cdots+\left(\frac{x}{1+x}\right)^{n-1}\text{ とおく。}$$

(1) $n\to\infty$ のとき，$S_n(x)$ が収束するように $x$ の値の範囲を定めよ。

(2) $S_n(x)$ の $n\to\infty$ での極限を $S(x)$ とおくとき，関数 $y=S(x)$ のグラフをかけ。

**類題 133-2** 無限等比級数 $\displaystyle\sum_{n=1}^{\infty}(1-\cos\theta-\cos2\theta)^n$（ただし $0\leqq\theta<2\pi$）が収束するための必要十分条件を求めよ。

**ねらい**
無限等比級数の和で表される動点の座標を求めること。

図のように，点 P が原点 O から出発して $P_1$，$P_2$，$P_3$，… と進んでいく。ただし，$OP_1=a$，$P_1P_2=\dfrac{1}{2}OP_1$，$P_2P_3=\dfrac{1}{2}P_1P_2$，

…，$P_{n-1}P_n=\dfrac{1}{2}P_{n-2}P_{n-1}$，

$OP_1+P_1P_2+\cdots+P_{n-1}P_n+\cdots=10$

(1) $a$ の値を求めよ。

(2) 点 P が近づいていく点の座標を求めよ。

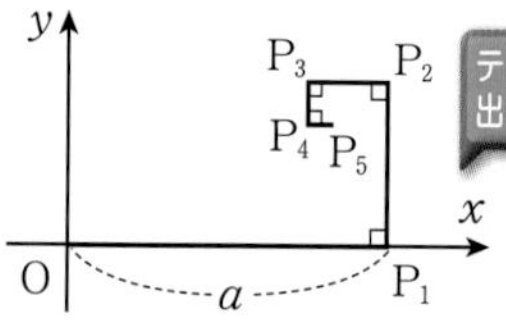

**テストに出るぞ！**

**解法ルール** 点 P の $x$ 座標，$y$ 座標はそれぞれ，無限級数の和で表されることに着目しよう。

**解答例** (1)　$OP_1+P_1P_2+\cdots+P_{n-1}P_n+\cdots$ は初項 $a$，公比 $\dfrac{1}{2}$ の無限等比級数で，和が 10 であるから　$\dfrac{a}{1-\dfrac{1}{2}}=10$　　【答】$a=5$

(2)　まず，点 P の $x$ 軸方向の変化に着目すると

$$a-\left(\dfrac{1}{2}\right)^2a+\left(\dfrac{1}{2}\right)^4a-\left(\dfrac{1}{2}\right)^6a+\cdots \quad \cdots\cdots①$$

①は初項 $a$，公比 $-\dfrac{1}{4}$ の無限等比級数より，その和は

$$\sum_{n=1}^{\infty}a\left(-\dfrac{1}{4}\right)^{n-1}=\dfrac{a}{1-\left(-\dfrac{1}{4}\right)}=\dfrac{4}{5}a=4 \quad \leftarrow a=5\,だから$$

点 P の $y$ 軸方向の変化に着目すると

$$\dfrac{1}{2}a-\left(\dfrac{1}{2}\right)^3a+\left(\dfrac{1}{2}\right)^5a-\left(\dfrac{1}{2}\right)^7a+\cdots \quad \cdots\cdots②$$

②は初項 $\dfrac{1}{2}a$，公比 $-\dfrac{1}{4}$ の無限等比級数より，その和は

$$\sum_{n=1}^{\infty}\dfrac{1}{2}a\left(-\dfrac{1}{4}\right)^{n-1}=\dfrac{\dfrac{1}{2}a}{1-\left(-\dfrac{1}{4}\right)}=\dfrac{2}{5}a=2 \quad 【答】(4,\ 2)$$
$a=5$

平面上を動く点の座標に関する問題では，
・$x$ 軸方向の変化
・$y$ 軸方向の変化
に分けて考えていくことが Point。解答例のように具体的に書いてみるとわかりやすいよ。

**類題 134** 座標平面上で点 P が A(1, 0) を出発して右の図のように 90° ずつ向きを変えながら $P_1$，$P_2$，$P_3$，… と動くとき，点 P はどのような点に近づくか。ただし $AP_1=1$，$P_1P_2=\dfrac{3}{4}AP_1$，$P_2P_3=\dfrac{3}{4}P_1P_2$，$P_3P_4=\dfrac{3}{4}P_2P_3$，… とする。

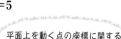

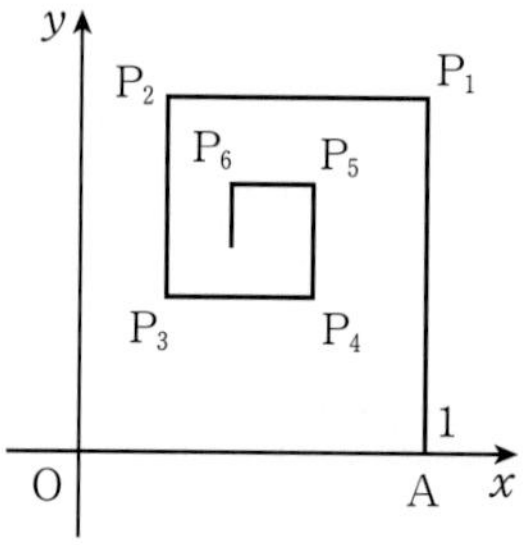

## 応用例題 135　無限等比級数と図形(2)

面積が2の $\triangle P_1Q_1R_1$ がある。$\triangle P_1Q_1R_1$ の辺 $P_1Q_1$, $Q_1R_1$, $R_1P_1$ をそれぞれ2：1に内分する点を $R_2$, $P_2$, $Q_2$ として $\triangle P_2Q_2R_2$ を作る。以下同様にして作られた三角形

$\triangle P_1Q_1R_1$, $\triangle P_2Q_2R_2$, $\triangle P_3Q_3R_3$, …, $\triangle P_nQ_nR_n$, …

について，各三角形の面積の総和を求めよ。

テストに出るぞ！

**ねらい**
無限等比級数の図形への応用を考えること。

**解法ルール** $\triangle P_1Q_1R_1+\triangle P_2Q_2R_2+\cdots+\triangle P_nQ_nR_n+\cdots$ は無限等比級数になっている。**初項は $\triangle P_1Q_1R_1$ の面積より　2**
これより公比を求めればよい。

**解答例** 右の図より

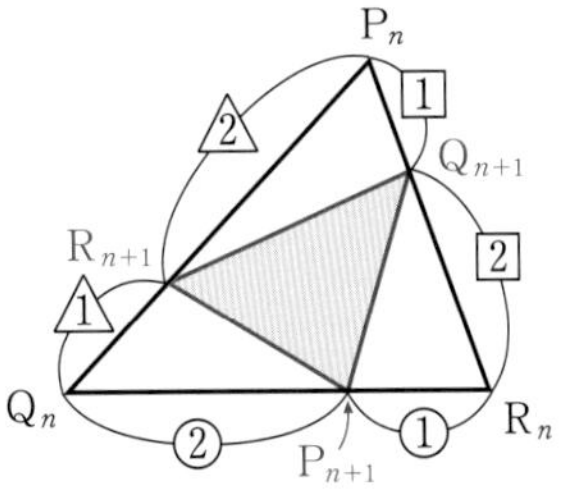


$\triangle P_nR_{n+1}Q_{n+1}=\dfrac{2}{3}\times\dfrac{1}{3}\times\triangle P_nQ_nR_n$

$\triangle Q_nP_{n+1}R_{n+1}=\dfrac{2}{3}\times\dfrac{1}{3}\times\triangle P_nQ_nR_n$

$\triangle R_nQ_{n+1}P_{n+1}=\dfrac{2}{3}\times\dfrac{1}{3}\times\triangle P_nQ_nR_n$

$$\begin{aligned}\triangle P_{n+1}Q_{n+1}R_{n+1}&=\triangle P_nQ_nR_n-(\triangle P_nR_{n+1}Q_{n+1}\\&\quad+\triangle Q_nP_{n+1}R_{n+1}+\triangle R_nQ_{n+1}P_{n+1})\\&=\triangle P_nQ_nR_n-3\times\frac{2}{9}\triangle P_nQ_nR_n\\&=\frac{1}{3}\triangle P_nQ_nR_n\end{aligned}$$

$\triangle P_1Q_1R_1+\triangle P_2Q_2R_2+\cdots+\triangle P_nQ_nR_n+\cdots$ は初項2，公比 $\dfrac{1}{3}$ の無限等比級数。

これより，この和は

$$\sum_{n=1}^{\infty}\triangle P_nQ_nR_n=\frac{2}{1-\dfrac{1}{3}}=\mathbf{3}\quad\cdots\text{答}$$

←

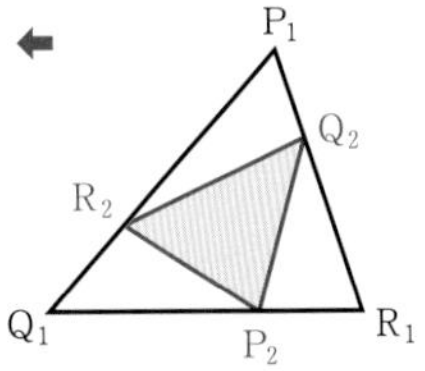


よくこの図をかいて
$\triangle P_2Q_2R_2$
$=\dfrac{1}{3}\triangle P_1Q_1R_1$
を求め，すぐに
$\triangle P_1Q_1R_1+\cdots$
$+\triangle P_nQ_nR_n+\cdots$
は初項2，公比 $\dfrac{1}{3}$ の無限等比級数と結論づけている人がいるけれどこれはダメ。なぜなら，一般に
$\triangle \mathbf{P}_{n+1}\mathbf{Q}_{n+1}\mathbf{R}_{n+1}$
$=\dfrac{1}{3}\triangle \mathbf{P}_n\mathbf{Q}_n\mathbf{R}_n$
**が成り立つことが示されていない**から。

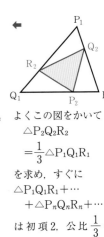

**類題 135** 面積が1の $\triangle P_1Q_1R_1$ がある。$\triangle P_1Q_1R_1$ の辺 $P_1Q_1$, $Q_1R_1$, $R_1P_1$ の中点を $R_2$, $P_2$, $Q_2$ として $\triangle P_2Q_2R_2$ を作る。以下同様に作られた三角形

$\triangle P_1Q_1R_1$, $\triangle P_2Q_2R_2$, $\triangle P_3Q_3R_3$, …, $\triangle P_nQ_nR_n$, …について，各三角形の面積の総和を求めよ。

## 応用例題 136

漸化式と無限等比級数

半直線 $y=\sqrt{3}x$ $(x \geqq 0)$ と $x$ 軸に接する円の列 $O_n$ $(n=1, 2, 3, \cdots)$ が図のように互いに接しながら並んでいる。円 $O_n$ の中心の座標を $(x_n, y_n)$ とし，面積を $S_n$ とする。

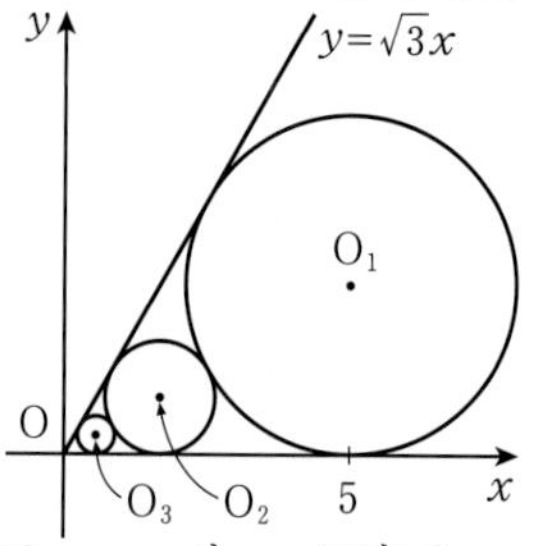


(1) $x_1=5$ のとき，$y_1$ の値を求めよ。

(2) 円 $O_n$ と円 $O_{n+1}$ の位置関係に着目して，$y_{n+1}$ を $y_n$ で表せ。

(3) 無限級数 $\sum_{n=1}^{\infty} S_n$ の和を求めよ。

**ねらい**
漸化式を用いて無限等比級数を求めること。

**解法ルール** 円 $O_n$ の半径 $r_n$ は　$r_n=y_n$　右の図より，$\triangle O_nO_{n+1}H$ は直角三角形。よって　$\dfrac{\mathbf{O_nH}}{\mathbf{O_nO_{n+1}}}=\mathbf{\sin 30^\circ}$

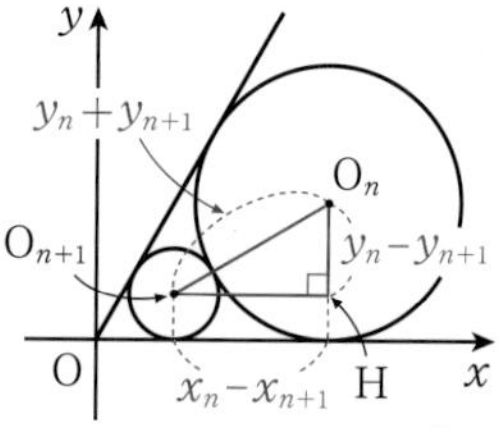


**解答例** (1)　半直線 $y=\sqrt{3}x$ と $x$ 軸の正の部分とのなす角 $\theta$ は，傾きが $\sqrt{3}$ より

$\tan\theta=\sqrt{3}$　　これより　$\theta=60^\circ$

よって，図で　$\angle O_1OP=30^\circ$

$O_1P=OP\times\tan 30^\circ$ より

$\boldsymbol{y_1}=5\times\dfrac{1}{\sqrt{3}}=\mathbf{\dfrac{5\sqrt{3}}{3}}$　…答

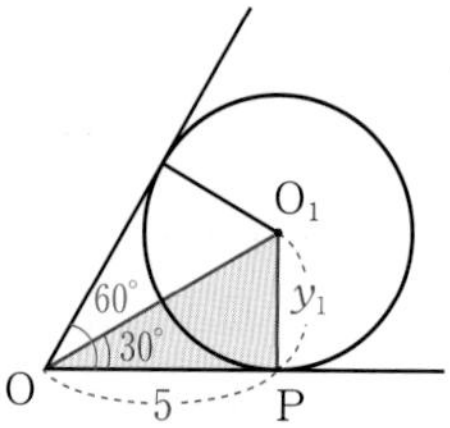

このような問題では $(x_n, y_n)$，$(x_{n+1}, y_{n+1})$ を用いて，問題の条件を表していこうとすればいいよ。

(2)　右の図より　$\dfrac{O_nH}{O_nO_{n+1}}=\dfrac{y_n-y_{n+1}}{y_n+y_{n+1}}$

$\sin 30^\circ=\dfrac{1}{2}$ より　$\dfrac{y_n-y_{n+1}}{y_n+y_{n+1}}=\dfrac{1}{2}$

これより　$\boldsymbol{y_{n+1}=\dfrac{1}{3}y_n}$　…答

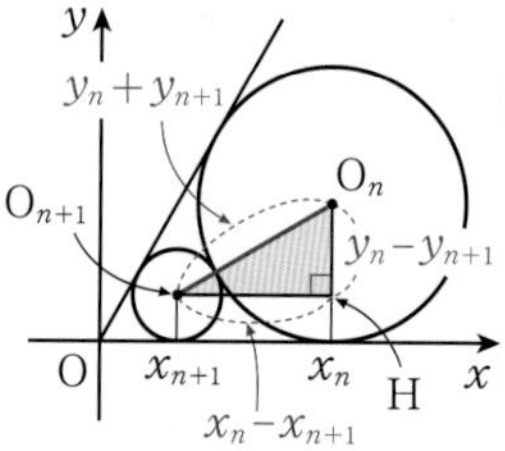


(3)　$\sum_{n=1}^{\infty} S_n$ は初項 $\left(\dfrac{5}{\sqrt{3}}\right)^2\pi=\dfrac{25}{3}\pi$，公比 $\dfrac{1}{9}$ の無限等比級数より　　⬅ 面積比＝(相似比)$^2$

$$\sum_{n=1}^{\infty} S_n=\frac{\frac{25}{3}\pi}{1-\frac{1}{9}}=\boldsymbol{\frac{75}{8}\pi}\quad\cdots\text{答}$$

**類題 136** $B_0C_0=1$，$\angle A=30^\circ$，$\angle B_0=90^\circ$ の直角三角形 $AB_0C_0$ の内部に正方形 $B_0B_1C_1D_1$，$B_1B_2C_2D_2$，…と限りなく作る。$n$ 番目の正方形 $B_{n-1}B_nC_nD_n$ の1辺の長さを $a_n$，面積を $S_n$ とおくとき，$\sum_{n=1}^{\infty} a_n$，$\sum_{n=1}^{\infty} S_n$ を求めよ。

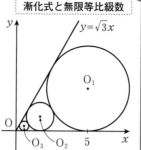

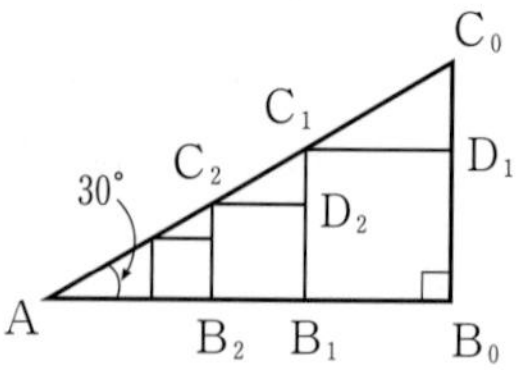

# 3節 関数の極限

## 9 関数の極限

関数 $f(x)$ において

「$x(\neq a)$ が限りなく $a$ に近づくとき，$f(x)$ の値が限りなく一定の値 $\alpha$ に近づく」

ことを

「$x \to a$ のとき，$f(x)$ は $\alpha$ に収束する」

といい，

「$\displaystyle\lim_{x \to a} f(x) = \alpha$」

と表す。

このとき，$\alpha$ を $x \to a$ のときの $f(x)$ の極限値という。

> 極限値は，有限な数値で確定した値だよ。

関数の極限値についても，数列の極限値と同様のことが成り立つ。

---

**ポイント**　[関数の極限]

$\displaystyle\lim_{x \to a} f(x) = \alpha,\ \lim_{x \to a} g(x) = \beta$ のとき

① $\displaystyle\lim_{x \to a} kf(x) = k\alpha$ （$k$ は定数）

② $\displaystyle\lim_{x \to a} \{f(x) \pm g(x)\} = \alpha \pm \beta$ （複号同順）

③ $\displaystyle\lim_{x \to a} f(x)g(x) = \alpha\beta$

④ $\beta \neq 0$ のとき　$\displaystyle\lim_{x \to a} \frac{f(x)}{g(x)} = \frac{\alpha}{\beta}$

⑤ $a$ の近くで，$f(x) \leqq g(x)$ ならば
　　$\displaystyle\lim_{x \to a} f(x) \leqq \lim_{x \to a} g(x)$ すなわち $\alpha \leqq \beta$

⑥ $a$ の近くで，$f(x) \leqq h(x) \leqq g(x)$ かつ $\displaystyle\lim_{x \to a} f(x) = \lim_{x \to a} g(x) = \alpha$ ならば
　　$\displaystyle\lim_{x \to a} h(x) = \alpha$

覚え得

**基本例題 137** 　　　　　　　　　　　　　　　　関数の極限 (1)

次の極限を調べよ。

(1) $\displaystyle\lim_{x \to \infty} \frac{2x-3}{x+2}$ 　　　　　　　(2) $\displaystyle\lim_{x \to -\infty} \frac{x^2-3x+2}{2x^2+1}$

(3) $\displaystyle\lim_{x \to \infty} \frac{x^2+1}{2x^3+1}$ 　　　　　　(4) $\displaystyle\lim_{x \to -\infty} \left(1-\frac{2}{x}\right)\left(2+\frac{1}{x^2}\right)$

(5) $\displaystyle\lim_{x \to \infty} (x^3-2x+3)$ 　　　　　(6) $\displaystyle\lim_{x \to -\infty} (x^3+3x-1)$

> **ねらい**
> $\displaystyle\lim_{x \to \infty} f(x),\ \lim_{x \to -\infty} f(x)$
> の極限を調べること。

**解法ルール** $\displaystyle\lim_{x \to \infty} \frac{k}{x^n}=0,\ \lim_{x \to -\infty} \frac{k}{x^n}=0 \quad (n=1,\ 2,\ 3,\ \cdots)$

**解答例** (1) $\displaystyle\lim_{x \to \infty} \frac{2x-3}{x+2}=\lim_{x \to \infty} \frac{2-\dfrac{3}{x}^{\nearrow 0}}{1+\dfrac{2}{x}_{\searrow 0}}=\mathbf{2}$ 　…答

　　　　　　└── 分母・分子を $x$ で割る。

(2) $\displaystyle\lim_{x \to -\infty} \frac{x^2-3x+2}{2x^2+1}=\lim_{x \to -\infty} \frac{1-\dfrac{3}{x}^{\nearrow 0}+\dfrac{2}{x^2}^{\nearrow 0}}{2+\dfrac{1}{x^2}_{\searrow 0}}=\mathbf{\frac{1}{2}}$ 　…答

基本的な考え方は
数列の極限と同じだね。

(3) $\displaystyle\lim_{x \to \infty} \frac{x^2+1}{2x^3+1}=\lim_{x \to \infty} \frac{\dfrac{1}{x}^{\nearrow 0}+\dfrac{1}{x^3}^{\nearrow 0}}{2+\dfrac{1}{x^3}_{\searrow 0}}=\mathbf{0}$ 　…答

(4) $\displaystyle\lim_{x \to -\infty} \left(1-\dfrac{2}{x}^{\nearrow 0}\right)\left(2+\dfrac{1}{x^2}^{\nearrow 0}\right)=\mathbf{2}$ 　…答

(5) $\displaystyle\lim_{x \to \infty} (x^3-2x+3)=\lim_{x \to \infty} x^3\left(1-\dfrac{2}{x^2}^{\nearrow 0}+\dfrac{3}{x^3}^{\nearrow 0}\right)=\infty \cdot 1=\infty$ 　…答

(6) $\displaystyle\lim_{x \to -\infty} (x^3+3x-1)=\lim_{x \to -\infty} x^3\left(1+\dfrac{3}{x^2}_{\searrow 0}-\dfrac{1}{x^3}_{\searrow 0}\right)$
　　　　　　　　　　　　$=-\infty \cdot 1=-\infty$ 　…答

**類題 137** 次の極限を調べよ。

(1) $\displaystyle\lim_{x \to -\infty} \frac{1}{x+2}$ 　　　　(2) $\displaystyle\lim_{x \to \infty} \frac{1}{1-x^2}$ 　　　　(3) $\displaystyle\lim_{x \to -\infty} \frac{1-x^2}{x^2}$

(4) $\displaystyle\lim_{x \to \infty} (x^3-x^2-2)$ 　　(5) $\displaystyle\lim_{x \to -\infty} (x^3+2x^2-1)$

## 基本例題 138

関数の極限(2)

次の極限を調べよ。

テストに出るぞ！

(1) $\displaystyle\lim_{x\to3}\frac{x^2-9}{x-3}$　　(2) $\displaystyle\lim_{x\to0}\frac{1}{x}\left(1-\frac{2}{x+2}\right)$

(3) $\displaystyle\lim_{x\to1}\frac{\sqrt{x+3}-2}{x-1}$　　(4) $\displaystyle\lim_{x\to2}\frac{x-2}{\sqrt{x+7}-3}$

(5) $\displaystyle\lim_{x\to\infty}(\sqrt{x^2+x+2}-x)$　　(6) $\displaystyle\lim_{x\to-\infty}(\sqrt{x^2+x+1}+x)$

**ねらい**

$\frac{0}{0}$ 型，$0\times\infty$ 型，$\infty-\infty$ 型の極限を調べること。

**解法ルール**

● $\displaystyle\lim_{x\to a}\frac{f(x)}{g(x)}$ の極限は，$\displaystyle\lim_{x\to a}g(x)=0$ でも $\displaystyle\lim_{x\to a}f(x)=0$ となるときは有限な値に定まることがある。

● $\displaystyle\lim_{x\to\infty}f(x)=\infty$，$\displaystyle\lim_{x\to\infty}g(x)=\infty$ の場合でも，$\displaystyle\lim_{x\to\infty}\{f(x)-g(x)\}$ の極限が有限になる場合がある。

← $\displaystyle\lim_{x\to a}\frac{f(x)}{g(x)}$ で $\displaystyle\lim_{x\to a}f(x)=0$，$\displaystyle\lim_{x\to a}g(x)=0$ のときの計算は $f(x)=(x-a)f_1(x)$，$g(x)=(x-a)g_1(x)$ と表されて

$$\lim_{x\to a}\frac{f(x)}{g(x)}=\lim_{x\to a}\frac{(x-a)f_1(x)}{(x-a)g_1(x)}=\lim_{x\to a}\frac{f_1(x)}{g_1(x)}$$

**解答例**

(1) $\displaystyle\lim_{x\to3}\frac{x^2-9}{x-3}=\lim_{x\to3}\frac{(x+3)(x-3)}{x-3}=\lim_{x\to3}(x+3)=\mathbf{6}$ …答

(2) $\displaystyle\lim_{x\to0}\frac{1}{x}\left(1-\frac{2}{x+2}\right)=\lim_{x\to0}\frac{1}{x}\cdot\frac{(x+2)-2}{x+2}=\lim_{x\to0}\frac{1}{x+2}$
$\displaystyle=\mathbf{\frac{1}{2}}$ …答

(3) $\displaystyle\lim_{x\to1}\frac{\sqrt{x+3}-2}{x-1}=\lim_{x\to1}\frac{(x+3)-4}{(x-1)(\sqrt{x+3}+2)}=\lim_{x\to1}\frac{1}{\sqrt{x+3}+2}=\mathbf{\frac{1}{4}}$ …答

(4) $\displaystyle\lim_{x\to2}\frac{x-2}{\sqrt{x+7}-3}=\lim_{x\to2}\frac{(x-2)(\sqrt{x+7}+3)}{(x+7)-9}=\lim_{x\to2}(\sqrt{x+7}+3)=\mathbf{6}$ …答

(5) $\displaystyle\lim_{x\to\infty}(\sqrt{x^2+x+2}-x)=\lim_{x\to\infty}\frac{x^2+x+2-x^2}{\sqrt{x^2+x+2}+x}=\lim_{x\to\infty}\frac{1+\frac{2}{x}}{\sqrt{1+\frac{1}{x}+\frac{2}{x^2}}+1}=\mathbf{\frac{1}{2}}$ …答

(6) $t=-x$ とおく。$x\to-\infty$ のとき　$t\to\infty$

$$\lim_{x\to-\infty}(\sqrt{x^2+x+1}+x)=\lim_{t\to\infty}(\sqrt{t^2-t+1}-t)=\lim_{t\to\infty}\frac{(t^2-t+1)-t^2}{\sqrt{t^2-t+1}+t}$$

$\displaystyle=\lim_{t\to\infty}\frac{-1+\frac{1}{t}}{\sqrt{1-\frac{1}{t}+\frac{1}{t^2}}+1}=\mathbf{-\frac{1}{2}}$ …答

極限を求めるとき，
x→−∞と√　が同時に
出現したときは，
t=−x (>0) と
おき換えるのがコツ！


**類題 138** 次の極限を調べよ。

(1) $\displaystyle\lim_{x\to0}\frac{1}{x}\left(1-\frac{1}{x+1}\right)$　　(2) $\displaystyle\lim_{x\to3}\frac{\sqrt{x+6}-3}{x-3}$　　(3) $\displaystyle\lim_{x\to2}\frac{x-2}{\sqrt{x+2}-\sqrt{2x}}$

(4) $\displaystyle\lim_{x\to\infty}(\sqrt{x+1}-\sqrt{x})$　　(5) $\displaystyle\lim_{x\to-\infty}\{\sqrt{x(x-3)}+x+1\}$

## 右側極限・左側極限

$x$ が $a$ に限りなく近づくといっても，その近づき方はいろいろである。
そこで

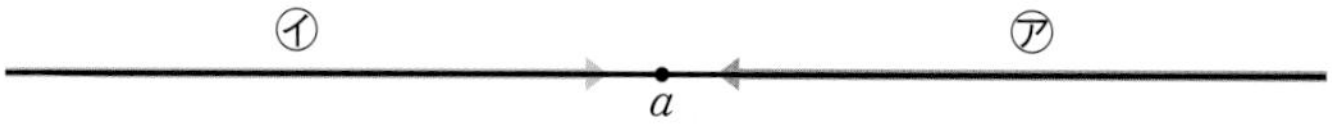


●**$x$ が $a$ より大きい値をとりながら近づく**，すなわち
㋐のように，**数直線上で $a$ の右側から $a$ に近づく**とき，**$x \to a+0$** と表す。

●**$x$ が $a$ より小さい値をとりながら近づく**，すなわち
㋑のように，**数直線上で $a$ の左側から $a$ に近づく**とき，**$x \to a-0$** と表す。

そこで

$\lim_{x \to a+0} f(x)$ は **$x$ が $a$ に右側から近づいたときの極限**ということで **右側極限**，

$\lim_{x \to a-0} f(x)$ は **$x$ が $a$ に左側から近づいたときの極限**ということで **左側極限**という。

**ポイント** [右側極限・左側極限] 覚え得

一般に

$$\left.\begin{array}{l}\lim_{x \to a+0} f(x)=\alpha \\ \lim_{x \to a-0} f(x)=\alpha\end{array}\right\} \Longleftrightarrow \lim_{x \to a} f(x)=\alpha$$

要するに

「$\lim_{x \to a} f(x)=\alpha$」と表すことは「**右側極限 $\lim_{x \to a+0} f(x)$ も左側極限 $\lim_{x \to a-0} f(x)$ も存在して，これらの極限値がともに $\alpha$ である**」

ということをいっている。

「$\lim_{x \to a} f(x)=\alpha$」は，実は「**$x$ が限りなく $a$ に近づくとき，その近づき方に関係なく関数 $f(x)$ の値は限りなく $\alpha$ に近づく**」ことをいっているんだ。

先生，でも「近づき方はいろいろある」って言っているのに $x \to a+0$，$x \to a-0$ の 2 つの場合だけしか調べていませんが？

いい質問だ！　でも，右側極限と左側極限の 2 つの場合を調べる，すなわち

$\lim_{x \to a+0} f(x)=\alpha$，$\lim_{x \to a-0} f(x)=\alpha$ **ならば** $\lim_{x \to a} f(x)=\alpha$

としてよいという定理があるんだ。これも大学でのお楽しみだね。

また，$\lim_{x \to a+0} f(x) \neq \lim_{x \to a-0} f(x)$ **ならば** $\lim_{x \to a} f(x)$ **は極限をもたないんだ。**

## 基本例題 139　　右側極限・左側極限

次の極限を求めよ。

(1) $\displaystyle\lim_{x\to 2+0}\frac{x}{x-2}$　(2) $\displaystyle\lim_{x\to 2-0}\frac{x}{x-2}$　(3) $\displaystyle\lim_{x\to 2}\frac{x}{x-2}$

(4) $\displaystyle\lim_{x\to 1+0}\frac{2}{(x-1)^2}$　(5) $\displaystyle\lim_{x\to 1-0}\frac{2}{(x-1)^2}$　(6) $\displaystyle\lim_{x\to 1}\frac{2}{(x-1)^2}$

**ねらい**
右側極限・左側極限を求めること。

**解法ルール**　右側極限 $\displaystyle\lim_{x\to a+0}f(x)$ の考え方

1 関数 $y=f(x)$ の $x=a$ 周辺のグラフを考える。

2 $x$ が $x>a$ の値をとりながら $a$ に限りなく近づくときの $f(x)$ の極限を考える。

左側極限 $\displaystyle\lim_{x\to a-0}f(x)$ については上の2で $(x>a)$ の部分を $(x<a)$ に変えて考えればよい。

**$\displaystyle\lim_{x\to a}f(x)$ は右側極限と左側極限が一致すれば極限があり，一致しなければ「極限なし」と答える。**

⬅ $a=0$ のとき，つまり
$x\to 0+0$ を $x\to +0$
$x\to 0-0$ を $x\to -0$
と書く。

**解答例**

(1) $\displaystyle\lim_{x\to 2+0}\frac{x}{x-2}=\infty$ …答　（$x\to 2$，$x-2\to +0$）

(2) $\displaystyle\lim_{x\to 2-0}\frac{x}{x-2}=-\infty$ …答　（$x\to 2$，$x-2\to -0$）

(3) (1)，(2)で異なる極限をもつから　**極限なし**　…答

(4) $\displaystyle\lim_{x\to 1+0}\frac{2}{(x-1)^2}=\infty$ …答　（$(x-1)^2\to +0$）

(5) $\displaystyle\lim_{x\to 1-0}\frac{2}{(x-1)^2}=\infty$ …答　（$(x-1)^2\to +0$）

(6) (4)，(5)で同じ極限をもつから

$\displaystyle\lim_{x\to 1}\frac{2}{(x-1)^2}=\infty$ …答

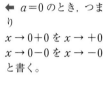

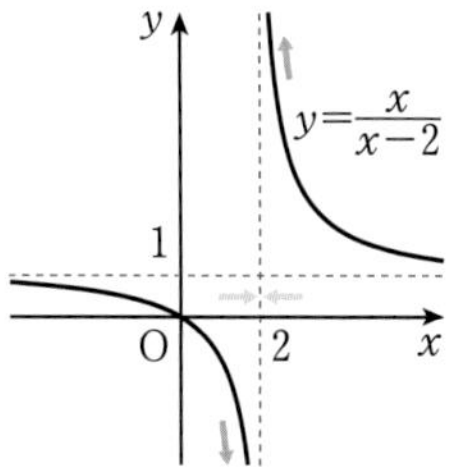


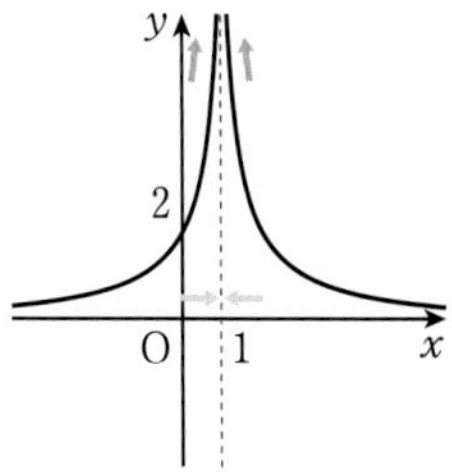


## 類題 139　次の極限を求めよ。

(1) $\displaystyle\lim_{x\to +0}\frac{x^2+x}{|x|}$　(2) $\displaystyle\lim_{x\to -0}\frac{x^2+x}{|x|}$　(3) $\displaystyle\lim_{x\to 0}\frac{x^2+x}{|x|}$

(4) $\displaystyle\lim_{x\to -2+0}\frac{x}{x+2}$　(5) $\displaystyle\lim_{x\to -2-0}\frac{x}{x+2}$　(6) $\displaystyle\lim_{x\to -2}\frac{x}{x+2}$

## 応用例題 140　　極限と係数の決定(1)

次の等式が成り立つように，定数 $a$，$b$ の値を定めよ。

$$\lim_{x\to4}\frac{a\sqrt{x}+b}{x-4}=2$$

テストに出るぞ！

**ねらい**
$\displaystyle\lim_{x\to a}\frac{f(x)}{g(x)}$ が $\displaystyle\lim_{x\to a}g(x)=0$ のときに有限な極限値をもつ場合を考えること。

**解法ルール** $\displaystyle\lim_{x\to a}\frac{f(x)}{g(x)}=\alpha$ **（有限な値）の場合**では

$$\lim_{x\to a}g(x)=0 \text{ ならば } \lim_{x\to a}f(x)=0$$

**解答例** $\displaystyle\lim_{x\to4}(x-4)=0$ のとき，

$\displaystyle\lim_{x\to4}\frac{a\sqrt{x}+b}{x-4}=2$ となるためには

$\displaystyle\lim_{x\to4}(a\sqrt{x}+b)=2a+b=0$

であることが必要。

ゆえに　$b=-2a$

このとき　$\displaystyle\lim_{x\to4}\frac{a\sqrt{x}+b}{x-4}$

$\displaystyle=\lim_{x\to4}\frac{a\sqrt{x}-2a}{x-4}$

$\displaystyle=\lim_{x\to4}\frac{a(\sqrt{x}-2)}{x-4}$

$\displaystyle=\lim_{x\to4}\frac{a(x-4)}{(x-4)(\sqrt{x}+2)}$

$\displaystyle=\lim_{x\to4}\frac{a}{\sqrt{x}+2}$

$\displaystyle=\frac{a}{4}$

条件より　$\dfrac{a}{4}=2$　　よって　$a=8$

$b=-2a$より　$b=-16$

逆に，$a=8$，$b=-16$のとき与式は成り立つ。

答　$\boldsymbol{a=8}$，$\boldsymbol{b=-16}$

なぜ $\displaystyle\lim_{x\to4}(a\sqrt{x}+b)=0$ とならなくてはいけないの？とよくきかれるんだけれど，こんな疑問がでてきたら，$\displaystyle\lim_{x\to4}(a\sqrt{x}+b)\neq0$ のとき $\displaystyle\lim_{x\to4}\frac{a\sqrt{x}+b}{x-4}$ がどのようになるか考えてみるといいよ。**分母→0 でも分子→$\alpha$ ($\alpha\neq0$) になると $\dfrac{a\sqrt{x}+b}{x-4}$ の極限は有限な値にならない**よね。ということは，まず，$\displaystyle\lim_{x\to4}(a\sqrt{x}+b)=0$ **が成り立っていなくてはならないんだ。**

**類題 140-1** $\displaystyle\lim_{x\to1}\frac{x^2+ax+b}{x^2-3x+2}=2$ となるように，定数 $a$，$b$ の値を定めよ。

**類題 140-2** 定数 $a$，$b$ が等式 $\displaystyle\lim_{x\to3}\frac{ax-b\sqrt{x+1}}{x-3}=5$ を満たすように，定数 $a$，$b$ の値を定めよ。

## 発展例題 141　　極限と係数の決定(2)

次の等式が成り立つように，定数 $a$，$b$ の値を定めよ。

$$\lim_{x\to\infty}\{\sqrt{x^2-1}-(ax+b)\}=2$$

**ねらい**
$\infty-\infty$ 型の極限を考えること。

**解法ルール** $\displaystyle\lim_{x\to\infty}(\sqrt{\bigcirc}-\triangle)$ 型の極限は $\displaystyle\lim_{x\to\infty}\frac{(\sqrt{\bigcirc}-\triangle)(\sqrt{\bigcirc}+\triangle)}{\sqrt{\bigcirc}+\triangle}$

として考えよう。

**解答例**

$$\lim_{x\to\infty}\{\sqrt{x^2-1}-(ax+b)\}=\lim_{x\to\infty}\frac{(x^2-1)-(ax+b)^2}{\sqrt{x^2-1}+ax+b}$$

$$=\lim_{x\to\infty}\frac{(1-a^2)x^2-2abx-(1+b^2)}{\sqrt{x^2-1}+ax+b}$$

$$=\lim_{x\to\infty}\frac{(1-a^2)x-2ab-\dfrac{1+b^2}{x}}{\sqrt{1-\dfrac{1}{x^2}}+a+\dfrac{b}{x}}$$

分母に $\sqrt{x^2-1}$ があるので分母・分子を $x$ で割ればいいんだ。$\dfrac{\sqrt{x^2-1}}{x}=\sqrt{1-\dfrac{1}{x^2}}$ となる。

分母の極限について，

$$\lim_{x\to\infty}\left\{\sqrt{1-\frac{1}{x^2}}+a+\frac{b}{x}\right\}=1+a \qquad これは有限。$$

ここで，分子の極限を考える。

$$\lim_{x\to\infty}\left\{(1-a^2)\underbrace{x}_{\to\infty}-2ab-\underbrace{\frac{1+b^2}{x}}_{\to 0}\right\}$$

これが有限な値になることが必要だから，$1-a^2=0$ が成り立つ。

これより，$a=\pm1$ であることが必要。

$x\to\infty$ のとき
$\sqrt{x^2-1}\to\infty$
$x-b\to\infty$

$a=-1$ のとき　$\displaystyle\lim_{x\to\infty}(\sqrt{x^2-1}+x-b)=\infty$ となり適さない。

$a=1$ のとき　$\displaystyle\lim_{x\to\infty}\frac{-2b-\dfrac{1+b^2}{x}}{\sqrt{1-\dfrac{1}{x^2}}+1+\dfrac{b}{x}}=-b$

$x\to\infty$ のとき
$\dfrac{1+b^2}{x}\to0$
$\dfrac{1}{x^2}\to0$
$\dfrac{b}{x}\to0$

したがって，$-b=2$ より　$b=-2$

逆に，$a=1$，$b=-2$ のとき与式は成り立つ。

答　$\boldsymbol{a=1}$，$\boldsymbol{b=-2}$

**類題 141**　$\displaystyle\lim_{x\to-\infty}(\sqrt{x^2+ax+2}-\sqrt{x^2+2x+3})=3$ が成り立つとき，定数 $a$ の値を求めよ。

# 10 いろいろな関数の極限

## ● 指数関数・対数関数の極限

指数関数・対数関数の極限については，次のようにグラフで考えるとわかりやすい。

### ❖ 指数関数の極限のまとめ

$a>1$ のとき $\lim_{x\to\infty} a^x=\infty$

$\lim_{x\to-\infty} a^x=0$

$0<a<1$ のとき $\lim_{x\to\infty} a^x=0$

$\lim_{x\to-\infty} a^x=\infty$

$y=a^x(a>1)$

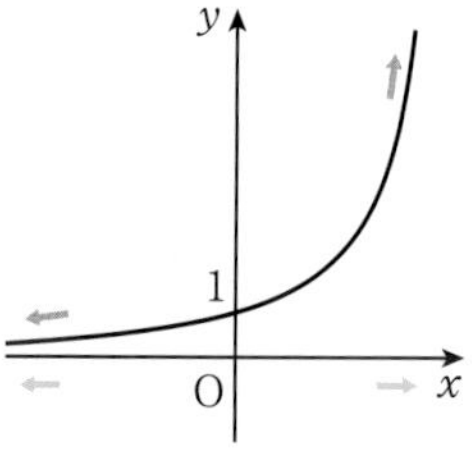


$y=a^x(0<a<1)$

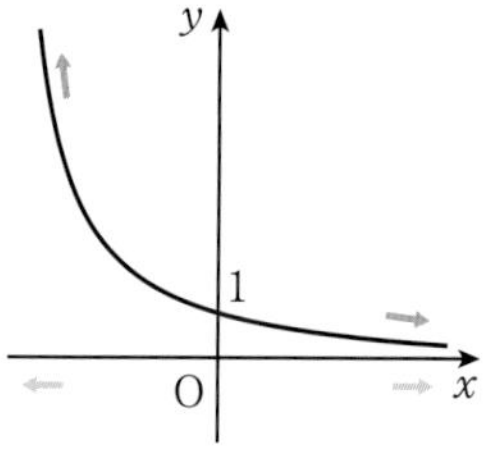


### ❖ 対数関数の極限のまとめ

$a>1$ のとき $\lim_{x\to\infty}\log_a x=\infty$

$\lim_{x\to+0}\log_a x=-\infty$

$0<a<1$ のとき $\lim_{x\to\infty}\log_a x=-\infty$

$\lim_{x\to+0}\log_a x=\infty$

$y=\log_a x(a>1)$

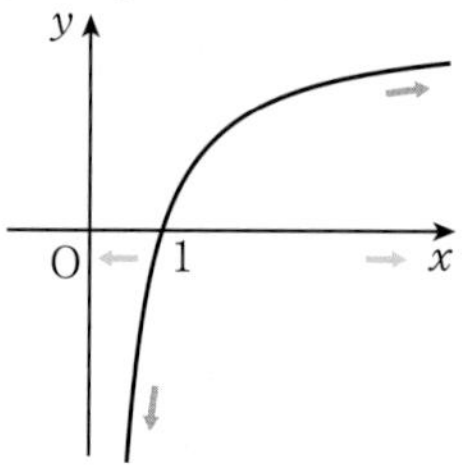


$y=\log_a x(0<a<1)$

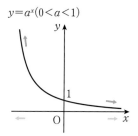

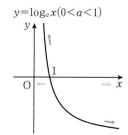

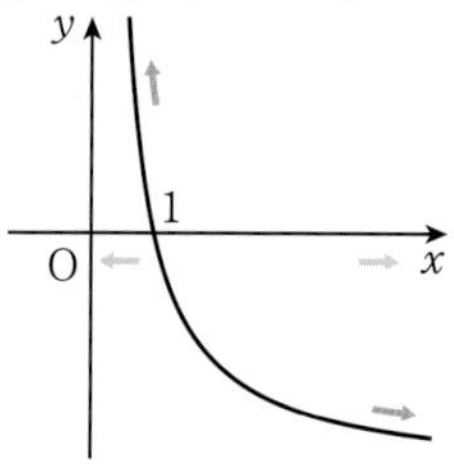


**基本例題 142** 指数関数・対数関数の極限

次の極限を求めよ。

(1) $\lim_{x\to-\infty} 2^x$　(2) $\lim_{x\to\infty} 3^{-x^2}$　(3) $\lim_{x\to\infty}\log_2\frac{1}{x}$

**ねらい**
指数関数・対数関数の極限を求めること。

**解法ルール** 上のまとめやグラフを考え，極限を求める。

**解答例**

(1) $\lim_{x\to-\infty} 2^x=\mathbf{0}$ …答

$t=-x$ とすると
$\lim_{x\to-\infty}2^x=\lim_{t\to\infty}2^{-t}=\lim_{t\to\infty}\frac{1}{2^t}=0$

(2) $\lim_{x\to\infty} 3^{-x^2}=\mathbf{0}$ …答

$\lim_{x\to\infty}3^{-x^2}=\lim_{x\to\infty}\frac{1}{3^{x^2}}=0$

(3) $\lim_{x\to\infty}\log_2\frac{1}{x}=\lim_{x\to\infty}(-\log_2 x)=-\infty$ …答

**類題 142** 次の極限を求めよ。

(1) $\lim_{x\to\infty}\left(\frac{1}{2}\right)^x$　(2) $\lim_{x\to\infty}\log_{\frac{1}{2}}x$　(3) $\lim_{x\to\infty}\log_3\frac{3x+1}{x}$

# 三角関数の極限(1)

三角関数の極限を調べる場合もグラフを参考にする。

$y=\sin x$　$(-1\leqq y\leqq 1)$

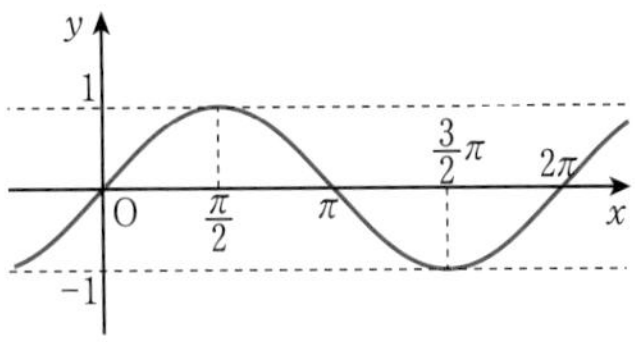


$y=\cos x$　$(-1\leqq y\leqq 1)$

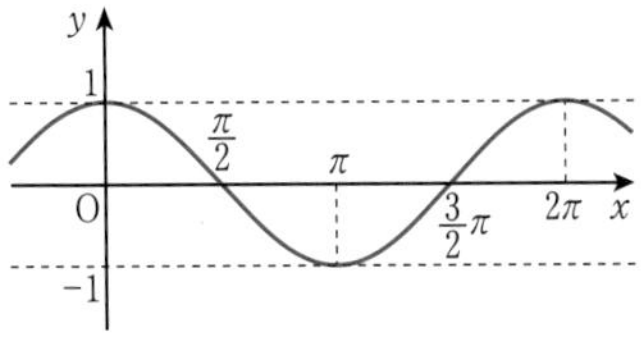


$y=\tan x$　（$y$はすべての実数値をとる）

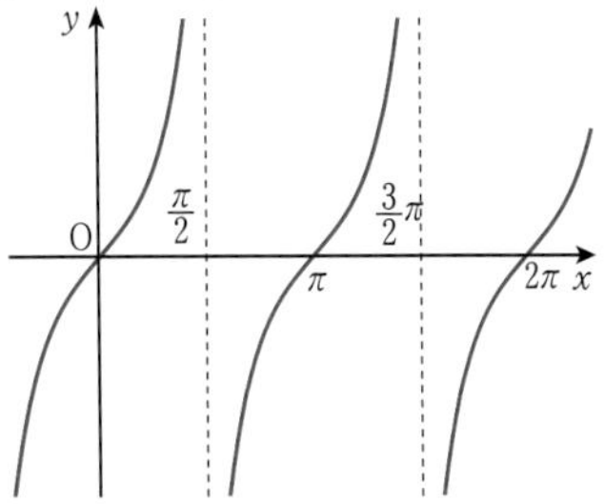


**基本例題 143**　三角関数の極限(1)

次の極限を求めよ。

(1) $\displaystyle\lim_{x\to-\infty}\sin\frac{1}{x}$　(2) $\displaystyle\lim_{x\to-\infty}\cos\frac{1}{x}$　(3) $\displaystyle\lim_{x\to\frac{\pi}{2}}\tan x$

**ねらい**
三角関数の極限を求めること。

**解法ルール**　上のグラフを参考にして極限を求める。

**解答例**　(1) $\displaystyle\lim_{x\to-\infty}\sin\frac{1}{x}=\mathbf{0}$　…答　(2) $\displaystyle\lim_{x\to-\infty}\cos\frac{1}{x}=\mathbf{1}$　…答

(3) $\displaystyle\lim_{x\to\frac{\pi}{2}+0}\tan x=-\infty$, $\displaystyle\lim_{x\to\frac{\pi}{2}-0}\tan x=\infty$ より　**極限なし**　…答

← $x\to-\infty$
$\Rightarrow\dfrac{1}{x}\to-0$
よって　$\sin\dfrac{1}{x}\to 0$
$\cos\dfrac{1}{x}\to 1$

**類題 143**　次の極限を求めよ。

(1) $\displaystyle\lim_{x\to\pi}\sin x$　(2) $\displaystyle\lim_{x\to\pi}\cos x$　(3) $\displaystyle\lim_{x\to\pi}\tan x$

**基本例題 144**　はさみうちの原理

極限 $\displaystyle\lim_{x\to\infty}\frac{\sin x}{x}$ を求めよ。

**ねらい**
はさみうちの原理の使い方を知ること。

**解法ルール**　$a$ の近くで $f(x)\leqq h(x)\leqq g(x)$ かつ

$$\lim_{x\to a}f(x)=\lim_{x\to a}g(x)=\alpha\Longrightarrow\lim_{x\to a}h(x)=\alpha$$

← *p. 161* 参照

**解答例**　$0\leqq|\sin x|\leqq 1$ より　$0\leqq\left|\dfrac{1}{x}\right||\sin x|\leqq\left|\dfrac{1}{x}\right|$

$\left|\dfrac{1}{x}\right||\sin x|=\left|\dfrac{\sin x}{x}\right|$ ですよ。

ここで $\displaystyle\lim_{x\to\infty}\left|\frac{1}{x}\right|=0$ だから　$\displaystyle\lim_{x\to\infty}\frac{\sin x}{x}=\mathbf{0}$　…答

**類題 144**　次の極限を求めよ。

(1) $\displaystyle\lim_{x\to 0}x\sin\frac{1}{x}$　(2) $\displaystyle\lim_{x\to-\infty}\frac{\cos x}{x}$

# 三角関数の極限(2)

三角関数の極限では，$\displaystyle\lim_{x\to0}\frac{\sin x}{x}=1$ という公式が重要になる。

まずは証明からだ！

右の図で，$0<x<\dfrac{\pi}{2}$ のとき

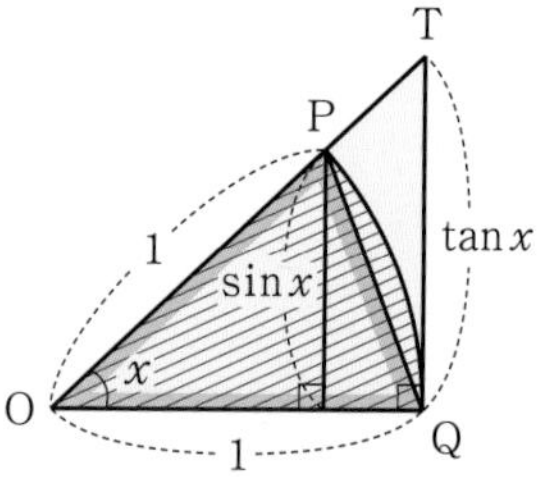


$\triangle \mathrm{OPQ}=\dfrac{1}{2}\cdot1\cdot1\cdot\sin x=\dfrac{1}{2}\sin x$

扇形 $\mathrm{OPQ}=\dfrac{1^2\cdot x}{2}=\dfrac{1}{2}x$

$\triangle \mathrm{OTQ}=\dfrac{1}{2}\cdot1\cdot\tan x=\dfrac{1}{2}\tan x$

で，面積を比べると

$\triangle \mathrm{OPQ}<$扇形$\mathrm{OPQ}<\triangle \mathrm{OTQ}$

だから

$\boldsymbol{\sin x<x<\tan x}$

各辺を$\sin x$で割り，逆数をとると

$\boldsymbol{1>\dfrac{\sin x}{x}>\cos x}$

$x\to+0$ のとき，$\cos x\to1$ だから

$\displaystyle\lim_{x\to+0}\frac{\sin x}{x}=1$ ……①

$x\to-0$ のとき，$h=-x$ とおくと　$h\to+0$

よって　$\displaystyle\lim_{x\to-0}\frac{\sin x}{x}=\lim_{h\to+0}\frac{\sin(-h)}{-h}=\lim_{h\to+0}\frac{\sin h}{h}=1$ ……②

①，②より，$\displaystyle\lim_{x\to0}\frac{\sin x}{x}=1$ が導ける。

⬅ **扇形の弧の長さと面積**

中心角$\theta$に対する弧の長さ$l$は，弧度法の定義より

$l=r\theta$

扇形の面積$S$は，中心角に比例することから

$S=\pi r^2\times\dfrac{\theta}{2\pi}$

$=\dfrac{r^2\theta}{2}=\dfrac{lr}{2}$

⬅ **はさみうちの原理**

$f(x)\leqq h(x)\leqq g(x)$

$\displaystyle\lim_{x\to a}f(x)=\alpha$,

$\displaystyle\lim_{x\to a}g(x)=\alpha$

**ならば**

$\displaystyle\lim_{x\to a}h(x)=\alpha$

**ポイント**　[三角関数の極限]

$$\lim_{x\to0}\frac{\sin x}{x}=1$$

覚え得

## 基本例題 145　　三角関数の極限(2)

次の極限を求めよ。

(1) $\displaystyle\lim_{x\to0}\frac{\sin3x}{x}$　(2) $\displaystyle\lim_{x\to0}\frac{\sin2x}{\sin3x}$　(3) $\displaystyle\lim_{x\to0}\frac{\tan x}{2x}$

(4) $\displaystyle\lim_{x\to0}\frac{\sin x^\circ}{x}$　(5) $\displaystyle\lim_{x\to0}\frac{1-\cos x}{x^2}$

**ねらい**

$\displaystyle\lim_{x\to0}\frac{\sin x}{x}=1$ の結果を用いて極限を求めること。

**解法ルール** $\displaystyle\lim_{x\to0}\frac{\sin x}{x}=1$ が利用できるように与式を変形する。

**解答例** (1) $\displaystyle\lim_{x\to0}\frac{\sin3x}{x}=\lim_{x\to0}\frac{\sin3x}{3x}\cdot3=\mathbf{3}$ …答

(2) $\displaystyle\lim_{x\to0}\frac{\sin2x}{\sin3x}=\lim_{x\to0}\frac{\sin2x}{2x}\cdot\frac{3x}{\sin3x}\cdot\frac{2}{3}=\boldsymbol{\frac{2}{3}}$ …答

(3) $\displaystyle\lim_{x\to0}\frac{\tan x}{2x}=\lim_{x\to0}\frac{\sin x}{\cos x}\cdot\frac{1}{2x}=\lim_{x\to0}\frac{1}{\cos x}\cdot\frac{\sin x}{x}\cdot\frac{1}{2}$

$\displaystyle=\boldsymbol{\frac{1}{2}}$ …答

(4) $\displaystyle\lim_{x\to0}\frac{\sin x^\circ}{x}=\lim_{x\to0}\frac{\sin\frac{\pi}{180}x}{x}=\lim_{x\to0}\frac{\sin\frac{\pi}{180}x}{\frac{\pi}{180}x}\cdot\frac{\pi}{180}$

$\displaystyle=\boldsymbol{\frac{\pi}{180}}$ …答

(5) $\displaystyle\lim_{x\to0}\frac{1-\cos x}{x^2}=\lim_{x\to0}\frac{1-\cos^2x}{x^2}\cdot\frac{1}{1+\cos x}$

$\displaystyle=\lim_{x\to0}\left(\frac{\sin x}{x}\right)^2\cdot\frac{1}{1+\cos x}=\boldsymbol{\frac{1}{2}}$ …答

●$\displaystyle\lim_{x\to0}\frac{\sin x}{x}=1$ の使い方

**sin○$x$ に対して $\dfrac{\sin○x}{○x}$** の形をつくる。

sin○$x$ の (○$x$) 部分は変えようがないからまず優先。

●**$x\fallingdotseq0$ のとき $x\fallingdotseq\sin x\fallingdotseq\tan x$**

$\displaystyle\lim_{x\to0}\frac{\sin x}{x}=1$ が成り立つのは $x$ がラジアンで表されているときだということを忘れないで！もし度数で表されていたら，ラジアンに直さなくてはならないよ。

$1^\circ=\dfrac{\pi}{180}$ ラジアンだったよね。

## 類題 145 次の極限を求めよ。

(1) $\displaystyle\lim_{x\to0}\frac{\sin3x}{2x}$　(2) $\displaystyle\lim_{x\to0}\frac{\sin2x}{\sin5x}$　(3) $\displaystyle\lim_{x\to0}\frac{x+\sin x}{\sin2x}$

(4) $\displaystyle\lim_{x\to0}\frac{x\sin x}{1-\cos x}$　(5) $\displaystyle\lim_{x\to0}\frac{\tan x^\circ}{x}$

## 基本例題 146　　三角関数の極限(3)

次の極限を求めよ。

(1) $\displaystyle\lim_{x\to\frac{\pi}{2}}\frac{\cos x}{2x-\pi}$　　(2) $\displaystyle\lim_{x\to\pi}\frac{1+\cos x}{(x-\pi)^2}$　　(3) $\displaystyle\lim_{x\to\infty}x\sin\frac{1}{x}$

テストに出るぞ！

**ねらい**
適当に変数を置換して，$\displaystyle\lim_{x\to 0}\frac{\sin x}{x}=1$ を利用すること。

**解法ルール** $x\to a$ のとき $t=x-a$ とおき換えて，$\displaystyle\lim_{t\to 0}\frac{\sin t}{t}=1$

を利用する。

**解答例** (1) $x-\dfrac{\pi}{2}=t$ とおくと，$x\to\dfrac{\pi}{2}$ のとき　$t\to 0$

$$\lim_{x\to\frac{\pi}{2}}\frac{\cos x}{2x-\pi}=\lim_{t\to 0}\frac{\cos\left(t+\frac{\pi}{2}\right)}{2t}$$
$$=\lim_{t\to 0}\frac{-\sin t}{2t}$$
$$=\lim_{t\to 0}\frac{\sin t}{t}\cdot\frac{-1}{2}=\mathbf{-\frac{1}{2}}\quad\cdots\text{答}$$

変数の置換のコツは，
深く考えないで
$t\to 0$ となるように
$t$ を決めればいいんだ。
$\lim_{x\to a}f(x)$ の場合は
$t=x-a$ となるね。

?
なぜ $t\to 0$ となるようにするんですか？

(2) $x-\pi=t$ とおくと，$x\to\pi$ のとき　$t\to 0$

$$\lim_{x\to\pi}\frac{1+\cos x}{(x-\pi)^2}=\lim_{t\to 0}\frac{1+\cos(t+\pi)}{t^2}$$
$$=\lim_{t\to 0}\frac{1-\cos t}{t^2}$$
$$=\lim_{t\to 0}\frac{1-\cos^2 t}{t^2}\cdot\frac{1}{1+\cos t}$$
$$=\lim_{t\to 0}\left(\frac{\sin t}{t}\right)^2\cdot\frac{1}{1+\cos t}=\mathbf{\frac{1}{2}}\quad\cdots\text{答}$$

$t\to 0$ とすることで，
$\lim_{t\to 0}\frac{\sin t}{t}=1$
を使いたいからだよ。

(3) $\dfrac{1}{x}=t$ とおくと，$x\to\infty$ のとき　$t\to 0$

$$\lim_{x\to\infty}x\sin\frac{1}{x}=\lim_{t\to +0}\frac{\sin t}{t}=\mathbf{1}\quad\cdots\text{答}$$

**類題 146** 次の極限を求めよ。

(1) $\displaystyle\lim_{x\to\frac{\pi}{2}}\frac{1-\sin x}{(2x-\pi)^2}$　　(2) $\displaystyle\lim_{x\to\frac{\pi}{2}}(\pi-2x)\tan x$

# 11 連続関数

## 関数の連続性

関数 $y=f(x)$ の定義域に属する値 $a$ において

「関数 $y=f(x)$ は $x=a$ で連続である」

とは

$$\lim_{x\to a+0} f(x)=\lim_{x\to a-0} f(x)$$

すなわち

$\lim_{x\to a} f(x)$ が存在し，かつ $f(a)$ も存在して $\lim_{x\to a} f(x)=f(a)$

が成り立つことである。

**ポイント** [関数の連続性] 覚え得

関数 $f(x)$ が $x=a$ で連続であるとは

① $x=a$ が関数 $f(x)$ の定義域に属する。すなわち $f(a)$ が存在する。

② $\lim_{x\to a+0} f(x)=\lim_{x\to a-0} f(x)$ すなわち $\lim_{x\to a} f(x)$ が存在する。

③ $\lim_{x\to a} f(x)=f(a)$ が成立する。

の 3 つの条件がすべて成立していることである。

①は $f(a)$ が存在することを，
②は $y=f(x)$ のグラフにおいて，点 $(x,\ f(x))$ が右側そして左側から同じ点に近づいていくことを，
③は，$x$ が $a$ に限りなく近づくとき，点 $(x,\ f(x))$ は $y=f(x)$ のグラフ上の点 $(a,\ f(a))$ に限りなく近づくことを

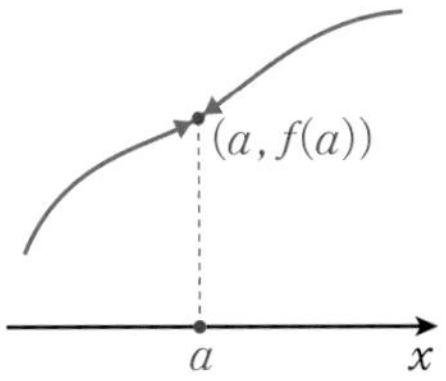


主張しているよ。

なお，$x=a$ が定義域の端であるときは，$\lim_{x\to a} f(x)$ は $\lim_{x\to a+0} f(x)$ または $\lim_{x\to a-0} f(x)$ のどちらかになる。

# 連続関数の性質

## 区　間

$a \leqq x \leqq b$ を閉区間，$a < x < b$ を開区間といい，それぞれ，記号 $[a,\ b]$，$(a,\ b)$ で表す。また，区間 $a < x \leqq b$ は $(a,\ b]$，$a \leqq x$ は $[a,\ \infty)$ と表す。つまり，$(-\infty,\ a)$ と表される区間は，$x < a$ である。さらに，実数全体も区間と考え，$(-\infty,\ \infty)$ と表す。

連続関数の性質として

「**$f(x)$ が閉区間 $[a,\ b]$ で連続で $f(a)$ と $f(b)$ が異符号**ならば，
**$a$ と $b$ の間に $f(c)=0$ となる $c$ が少なくとも 1 つある**」

がある。

これは，$y=f(x)$ のグラフで，
たとえば **$f(a)<0$，$f(b)>0$** とすると，
**点 $(a,\ f(a))$ は $x$ 軸より下，点 $(b,\ f(b))$ は $x$ 軸より上**にある。
いま $y=f(x)$ のグラフはつながっているから
区間 $[a,\ b]$ の間で **$y=f(x)$ のグラフは $x$ 軸の下から上へ行く**，つまり **$x$ 軸を通過**することになるよね。
すなわち，**$a$ と $b$ の間に $f(c)=0$ となる $c$ がある**ということになるね。

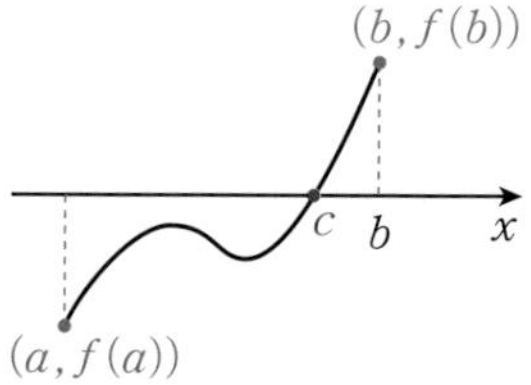


一般に，次の**中間値の定理**がよく知られている。

> **ポイント**　［中間値の定理］　覚え得
>
> **関数 $f(x)$ が閉区間 $[a,\ b]$ で連続で $f(a) \neq f(b)$ のとき，**
> 　**$f(a)$ と $f(b)$ の間の任意の値 $k$ に対して　$f(c)=k$ $(a<c<b)$**
> **となる $c$ が少なくとも 1 つ存在する。**
> とくに，**$f(a)$ と $f(b)$ が異符号**のとき，**$f(c)=0$ となる $c$ が $a$ と $b$ の間に少なくとも 1 つ存在する。**

この定理は，**関数 $f(x)$ が連続ならば，$f(x)$ は $f(a)$ と $f(b)$ の中間の値を，区間 $[a,\ b]$ の間で必ずとる**といっているんだ。$y=f(x)$ が連続ならグラフはつながっているわけで，点 $(a,\ f(a))$ から $(b,\ f(b))$ までグラフをつなげてかこうとすれば，関数 $f(x)$ が $a \leqq x \leqq b$ の間で $f(a)$ から $f(b)$ の間の値をすべてとるのは直観的に理解できるだろう。でもね，この定理はきちんと示そうとするとやっかいなんだ。きちんと証明するのは大学生になってからの楽しみとしておこう。

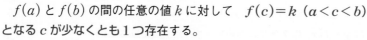

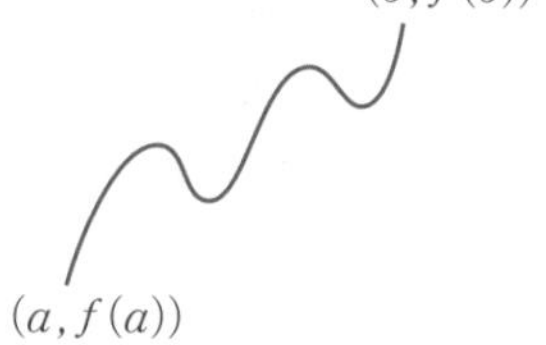

## 基本例題 147　関数の連続性

**ねらい**
関数の連続性を確認すること。

次の関数の連続性を調べよ。

(1) $f(x)=\begin{cases} \dfrac{x^2}{|x|} & (x \neq 0) \\ 0 & (x=0) \end{cases}$ の $x=0$ における連続性

(2) $f(x)=\begin{cases} \dfrac{x}{|x|} & (x \neq 0) \\ 0 & (x=0) \end{cases}$ の $x=0$ における連続性

(3) $f(x)=\begin{cases} x^2+1 & (x \neq 0) \\ 0 & (x=0) \end{cases}$ の $x=0$ における連続性

**解法ルール** 関数 $f(x)$ が $x=a$ で連続であるとは

1. 関数 $f(x)$ が $x=a$ で**定義**されている。
2. $\displaystyle\lim_{x \to a+0} f(x)=\lim_{x \to a-0} f(x)$
3. $\displaystyle\lim_{x \to a} f(x)=f(a)$

のすべての条件を満たしていることである。

$f(a)$ と $\displaystyle\lim_{x \to a} f(x)$ が存在して，$\displaystyle\lim_{x \to a} f(x)=f(a)$ であれば，$x=a$ で連続。

**解答例** (1) $\displaystyle\lim_{x \to +0}\frac{x^2}{|x|}=\lim_{x \to +0}\frac{x^2}{x}=\lim_{x \to +0} x=0$

$\displaystyle\lim_{x \to -0}\frac{x^2}{|x|}=\lim_{x \to -0}\frac{x^2}{-x}=\lim_{x \to -0}(-x)=0$

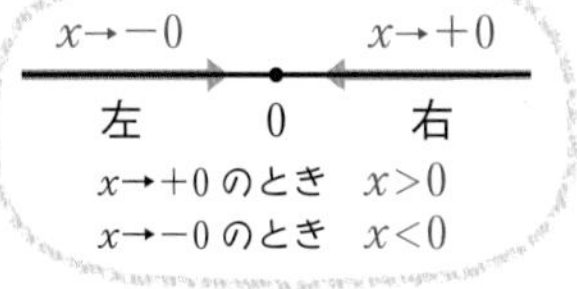


以上より，$\displaystyle\lim_{x \to 0} f(x)=f(0)$ が成立する。

したがって，関数 $f(x)$ は **$x=0$ で連続**である。 …答

(2) $\displaystyle\lim_{x \to +0}\frac{x}{|x|}=\lim_{x \to +0}\frac{x}{x}=1$

$\displaystyle\lim_{x \to -0}\frac{x}{|x|}=\lim_{x \to -0}\frac{x}{-x}=-1$

以上より　$\displaystyle\lim_{x \to +0} f(x) \neq \lim_{x \to -0} f(x)$

したがって，関数 $f(x)$ は **$x=0$ で不連続**である。 …答

(2)
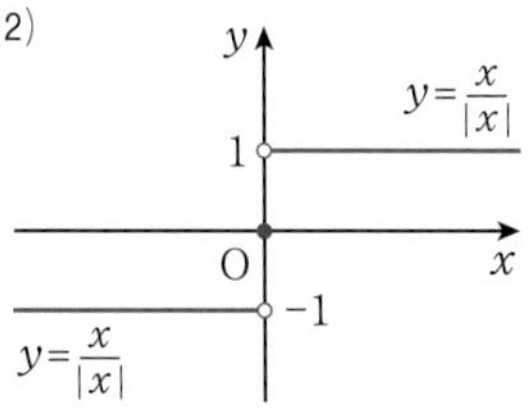


(3) $\displaystyle\lim_{x \to +0}(x^2+1)=1$，$\displaystyle\lim_{x \to -0}(x^2+1)=1$，$f(0)=0$

以上より　$\displaystyle\lim_{x \to 0} f(x)=1 \neq f(0)$

したがって，関数 $f(x)$ は **$x=0$ で不連続**である。 …答

(3)
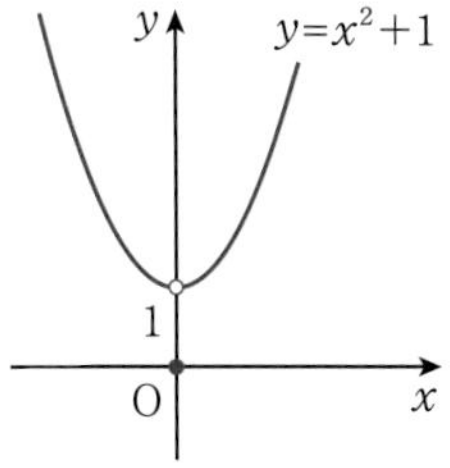


**類題 147** 実数 $a$ に対して $a$ を超えない最大の整数を $[a]$ と書く。
このとき，次の関数の連続性を調べよ。

(1) $f(x)=[x]$　$(-1<x<1)$　　(2) $f(x)=[\sin x]$　$(0 \leqq x \leqq \pi)$

**基本例題 148**　　　　　　　　　中間値の定理

**ねらい**

中間値の定理の活用の仕方を学ぶこと。

次の方程式は，（　）内の区間に少なくとも 1 つの実数解をもつことを示せ。

テストに出るぞ！

(1) $x^3-3x+1=0$　$(-1<x<1)$

(2) $\sin x+x-1=0$　$\left(0<x<\dfrac{\pi}{2}\right)$

**解法ルール** ◫ $f(x)$ が閉区間 $[a,\ b]$ で連続であることを示す。

　　　　　◪ $f(a)$ と $f(b)$ が異符号であることを示す。

　　　　　◫ ◫，◪ が示せれば，$a$ と $b$ の間に $f(c)=0$ なる $c$ が少なくとも 1 つあり，$x=c$ が解である。

**解答例** (1)　$f(x)=x^3-3x+1$ とおくと，

　　　　$f(x)$ は $-1\leqq x\leqq 1$ で連続である。

　　　　　$f(-1)=-1+3+1=3>0$

　　　　　$f(1)=1-3+1=-1<0$

　　　　中間値の定理により，

　　　　　**方程式 $x^3-3x+1=0$ は，**

　　　　　**$-1<x<1$ に少なくとも 1 つの実数解をもつ。** 終

$x^3, -3x, 1$ は連続関数だから，その和 $x^3-3x+1$ も連続関数だよ。

　　　　(2)　$f(x)=\sin x+x-1$ とおくと，

　　　　$f(x)$ は $0\leqq x\leqq \dfrac{\pi}{2}$ で連続である。

　　　　　$f(0)=-1<0$

　　　　　$f\left(\dfrac{\pi}{2}\right)=1+\dfrac{\pi}{2}-1=\dfrac{\pi}{2}>0$

　　　　中間値の定理により，

　　　　　**方程式 $\sin x+x-1=0$ は，**

　　　　　**$0<x<\dfrac{\pi}{2}$ に少なくとも 1 つの実数解をもつ。** 終

一般に $f(x),\ g(x)$ が連続関数のとき，$f(x)+g(x),\ f(x)-g(x)$，$f(x)\cdot g(x)$ は連続関数だ。また，$g(x)\neq 0$ なら $\dfrac{f(x)}{g(x)}$ も連続であるといえるよ。

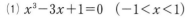

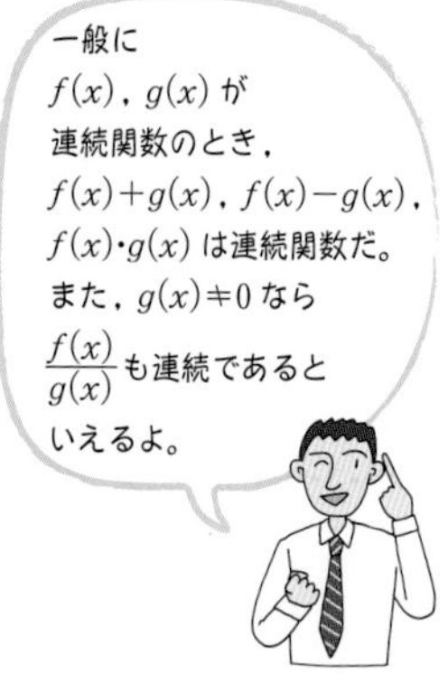

**類題 148** 次の方程式は（　）内の区間に少なくとも 1 つの実数解をもつことを示せ。

(1) $x^4-4x^3+2=0$　$(0<x<1)$

(2) $x\sin x-\cos x=0$　$(0<x<\pi)$

**応用例題 149**　極限で表された関数

$a$ を定数とする。$f(x)=\lim_{n\to\infty}\dfrac{2x^{2n+1}+ax+1}{x^{2n+2}+4x^{2n+1}+5}$ で定義される関数について，次の問いに答えよ。

(1) (i) $x>1$　(ii) $0<x<1$ のそれぞれの場合について，関数を求めよ。

(2) 関数 $f(x)$ が $x>0$ で連続であるように，定数 $a$ の値を定めよ。

**ねらい**

関数の極限で定義された関数を求め，その連続性を調べること。

**解法ルール**　関数 $f(x)$ が $x>0$ で連続であるためには，**"つなぎ目"** すなわち，$\boldsymbol{x=1}$ **で連続**であればよい。

**解答例**　(1)　(i)　**$\boldsymbol{x>1}$ のとき**　$\lim_{n\to\infty}x^n=\infty$

$$f(x)=\lim_{n\to\infty}\frac{2x^{2n+1}+ax+1}{x^{2n+2}+4x^{2n+1}+5}=\lim_{n\to\infty}\frac{2+\dfrac{a}{x^{2n}}+\dfrac{1}{x^{2n+1}}}{x+4+\dfrac{5}{x^{2n+1}}}$$

$$=\boldsymbol{\frac{2}{x+4}}\quad\cdots\text{答}$$

分母・分子を $x^{2n+1}$ で割る。

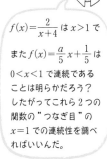

(ii)　**$\boldsymbol{0<x<1}$ のとき**　$\lim_{n\to\infty}x^n=0$

$$f(x)=\lim_{n\to\infty}\frac{2x^{2n+1}+ax+1}{x^{2n+2}+4x^{2n+1}+5}=\frac{ax+1}{5}=\boldsymbol{\frac{a}{5}x+\frac{1}{5}}\quad\cdots\text{答}$$

(2)　(1)より，$f(x)$ は $x>1$，$0<x<1$ でそれぞれ連続であるから，関数 $f(x)$ が $x>0$ で連続であるための条件は，$f(x)$ が $x=1$ で連続，すなわち $\lim_{x\to1+0}f(x)=\lim_{x\to1-0}f(x)=f(1)$ となることである。ゆえに

$$\lim_{x\to1+0}f(x)=\lim_{x\to1+0}\frac{2}{x+4}=\frac{2}{5}$$

$$\lim_{x\to1-0}f(x)=\lim_{x\to1-0}\left(\frac{a}{5}x+\frac{1}{5}\right)=\frac{a}{5}+\frac{1}{5}$$

$$f(1)=\lim_{n\to\infty}\frac{2+a+1}{1+4+5}=\frac{a+3}{10}$$

したがって　$\dfrac{2}{5}=\dfrac{a}{5}+\dfrac{1}{5}=\dfrac{a+3}{10}$　　これより　$\boldsymbol{a=1}$　$\cdots$答

$f(x)=\dfrac{2}{x+4}$ は $x>1$ で　また $f(x)=\dfrac{a}{5}x+\dfrac{1}{5}$ は $0<x<1$ で連続であることは明らかだろう？　したがってこれら 2 つの関数の"つなぎ目"の $x=1$ での連続性を調べればいいんだ。

**類題 149**　$a$，$b$ を定数とする。$f(x)=\lim_{n\to\infty}\dfrac{2x^{2n+1}+ax+b}{x^{2n+2}+4x^{2n+1}+5}$ で定義される関数について，次の問いに答えよ。

(1) (i) $|x|>1$　(ii) $|x|<1$ のそれぞれの場合について関数 $f(x)$ を求めよ。

(2) 関数 $f(x)$ が定義域で連続であるように，定数 $a$，$b$ の値を定めよ。

**応用例題 150**　　無限級数で表された関数

$f(x)=\sum_{n=0}^{\infty}\frac{x^2}{(1+x^2)^n}$ で定義される関数について，

テストに出るぞ！

(1) 関数 $y=f(x)$ を求め，そのグラフをかけ。

(2) 関数 $y=f(x)$ は $x=0$ で連続かどうか調べよ。

**ねらい**
無限級数で定義された関数を求め，その連続性を調べること。

**解法ルール** $\sum_{n=0}^{\infty}\frac{x^2}{(1+x^2)^n}=x^2+\frac{x^2}{1+x^2}+\frac{x^2}{(1+x^2)^2}+\cdots$

は**初項 $x^2$，公比 $\frac{1}{1+x^2}$** の無限等比級数になっている。

一般に，初項 $a(x)$，公比 $r(x)$ の無限等比級数の収束条件は

$$a(x)=0 \quad \text{または} \quad |r(x)|<1\ (a(x)\neq 0)$$

**解答例** (1) $f(x)=\sum_{n=0}^{\infty}\frac{x^2}{(1+x^2)^n}$ は初項 $x^2$，公比 $\frac{1}{1+x^2}$ の無限等比級数である。

(i) $x=0$ のとき　$f(0)=0$

(ii) $x\neq 0$ のとき　$\left|\frac{1}{1+x^2}\right|<1$ より，この無限等比級数は収束し

$$f(x)=\frac{x^2}{1-\frac{1}{1+x^2}}=1+x^2$$

(i), (ii)より

$$f(x)=\begin{cases}1+x^2 & (x\neq 0)\\ 0 & (x=0)\end{cases}$$ …答

答　**グラフは右の図**

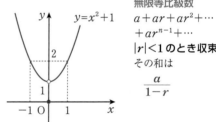

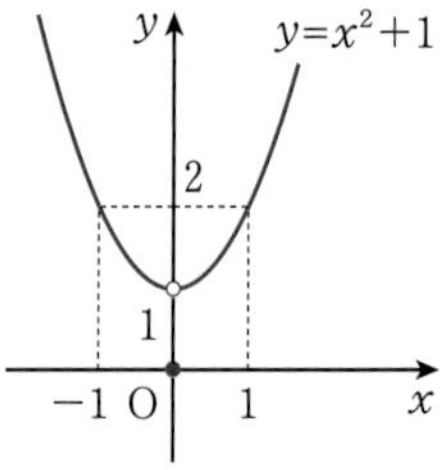


← 初項 $a$，公比 $r$ の無限等比級数
$a+ar+ar^2+\cdots+ar^{n-1}+\cdots$
$|r|<1$ のとき収束し，その和は
$\frac{a}{1-r}$

(2) $\lim_{x\to+0}(1+x^2)=1$，$\lim_{x\to-0}(1+x^2)=1$，$f(0)=0$

以上より　$\lim_{x\to 0}f(x)=1\neq f(0)$

したがって，関数 $f(x)$ は **$x=0$ で不連続**である。…答

← 関数 $f(x)$ が $x=a$ で連続
$\Updownarrow$
$\lim_{x\to a+0}f(x)=\lim_{x\to a-0}f(x)=f(a)$

**類題 150** 無限級数 $\sum_{n=0}^{\infty}\frac{x}{(1-x)^n}$ ……① について，次の問いに答えよ。

(1) 無限級数①が収束する $x$ の値の範囲を求めよ。

(2) 無限級数①が収束するとき，$f(x)=\sum_{n=0}^{\infty}\frac{x}{(1-x)^n}$ とする。

(i) 関数 $f(x)$ を求め，このグラフをかけ。

(ii) 関数 $f(x)$ の連続性を調べよ。

# 定期テスト予想問題 解答→p. 44~47

**1** 関数 $y=\dfrac{x-1}{x-3}$ ……① について，次の問いに答えよ。

(1) 関数①のグラフをかけ。また，漸近線の方程式を求めよ。

(2) 関数①の逆関数を求めよ。

(3) 関数①のグラフを平行移動したグラフの漸近線の方程式が $x=2$，$y=-3$ であるグラフを表す関数を求めよ。

(4) 方程式 $\dfrac{x-1}{x-3}=-2x+n$ の異なる実数解の個数が2個であるとき，$n$ の値の範囲を求めよ。

**2** 関数 $y=\sqrt{-2x+4}$ ……① について，次の問いに答えよ。

(1) 関数①のグラフをかけ。また，関数①のグラフと $y$ 軸に関して対称なグラフを表す関数を求めよ。

(2) 不等式 $\sqrt{-2x+4}>-x+1$ を解け。

**3** 第 $n$ 項が次の式で表される数列の収束・発散を調べよ。

(1) $\dfrac{2n^2-n}{3n^2+1}$　(2) $\dfrac{(-2)^n(n+3)}{2n}$

(3) $\dfrac{\sqrt{n^2-n+1}+\sqrt{2n-1}}{\sqrt{n^2+n+1}-\sqrt{2n+1}}$　(4) $\sqrt{n^2+n}-n$　(5) $\log_2\dfrac{1}{4^n}$

(6) $\cos\dfrac{n\pi}{2}$　(7) $\dfrac{\sin\frac{n}{2}\pi}{n+1}$　(8) $\dfrac{1+2+3+\cdots+n}{n^2}$

(9) $\log_2(2n^2+1)-\log_2(n^2+3)$　(10) $\dfrac{3^n-2^{2n+2}}{4^n+2^n}$

**4** 次の無限級数の収束・発散について調べよ。収束するときはその和を求めよ。

(1) $\dfrac{1}{2\cdot4}+\dfrac{1}{4\cdot6}+\dfrac{1}{6\cdot8}+\cdots+\dfrac{1}{2n(2n+2)}+\cdots$

(2) $\dfrac{1}{\sqrt{3}+1}+\dfrac{1}{\sqrt{5}+\sqrt{3}}+\dfrac{1}{\sqrt{7}+\sqrt{5}}+\cdots+\dfrac{1}{\sqrt{2n+1}+\sqrt{2n-1}}+\cdots$

(3) $\displaystyle\sum_{n=1}^{\infty}\frac{2^n+3^{n+1}}{5^n}$

**5** 次の無限等比級数が収束するような実数 $x$ の値の範囲を求めよ。

$x+x(x^2-3)+x(x^2-3)^2+\cdots+x(x^2-3)^{n-1}+\cdots$

### HINT

**1** $y-q=\dfrac{a}{x-p}$ は $y=\dfrac{a}{x}$ のグラフを
$\begin{cases} x\text{軸方向に}p \\ y\text{軸方向に}q \end{cases}$
だけ平行移動したグラフで，漸近線の方程式は $x=p$，$y=q$ である。

**2** (2) グラフを利用して不等式を解く。

**3** (7) $0\leqq\left|\sin\dfrac{n}{2}\pi\right|\leqq1$ を活用。
(8) まず分子の和を求める。

**4** (1)，(2) 部分和 $S_n$ を求め，$\lim\limits_{n\to\infty}S_n$ を計算する。

**5** 無限等比級数が収束する条件は
初項 $=0$
または　|公比|$<1$

**6** 右の図のように，半直線 OX，OY 上に，それぞれ点 $A_1$，$A_2$，$A_3$，…，点 $B_1$，$B_2$，$B_3$，…をとると，直角三角形 $S_1$，$S_2$，$S_3$，…が限りなく並ぶ。これらの三角形の面積の総和を求めよ。ただし $A_1B_1=2$ とする。

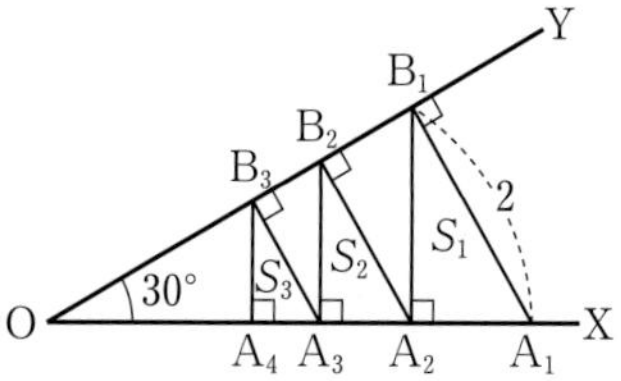


**6** $A_nB_n=a_n$ とし，$a_{n+1}$ と $a_n$ の関係式を求める。

**7** $\displaystyle\lim_{x\to1}\frac{6\sqrt{x+a}+b}{x-1}=3$ となるように定数 $a$，$b$ の値を定めよ。

**7** $x\to1$ のとき
分母 $\to0$ なら
極限値をもつ条件は
分子 $\to0$

**8** 次の極限値を求めよ。

(1) $\displaystyle\lim_{x\to1}\frac{x^3-x^2-2x+2}{x^2-3x+2}$　(2) $\displaystyle\lim_{x\to0}\frac{1-\cos x}{x\sin x}$

(3) $\displaystyle\lim_{x\to0}\frac{x}{\tan3x}$　(4) $\displaystyle\lim_{x\to\infty}x\sin\frac{2}{x}$

(5) $\displaystyle\lim_{x\to1}\log_2|x-1|$　(6) $\displaystyle\lim_{x\to\infty}\frac{2^{2x+1}+3^x}{4^x+3^{x+1}}$

(7) $\displaystyle\lim_{x\to0}3^{\frac{1}{x}}$　(8) $\displaystyle\lim_{x\to\frac{\pi}{2}}\left(x-\frac{\pi}{2}\right)\tan x$

(9) $\displaystyle\lim_{x\to1}\frac{x+1}{x^2-1}$

**8** (2), (3), (4)
$\displaystyle\lim_{x\to0}\frac{\sin x}{x}=1$
(5), (7) グラフを利用する。
(8) $x-\dfrac{\pi}{2}=t$ とおく。
$x\to\dfrac{\pi}{2}$ なら $t\to0$

**9** $\displaystyle f(x)=\lim_{n\to\infty}\frac{x^n-x}{x^n+1}$ $(x\neq-1)$ のグラフをかけ。

**9** $n\to\infty$ のとき
・$|x|<1$ のとき
　$x^n\to0$
・$x=1$ のとき
　$x^n\to1$
・$|x|>1$ のとき
　$x^n\to\pm\infty$ より
　$\dfrac{1}{x^n}\to0$

**10** $a_1=1$，$2a_{n+1}+a_n=1$ $(n=1,\ 2,\ 3,\ \cdots)$ で定まる数列 $\{a_n\}$ の一般項 $a_n$ を求めよ。また，$\displaystyle\lim_{n\to\infty}a_n$ を求めよ。

**10** 漸化式の解法
➡ *p. 149* 参照

# 5章

# 微分法とその応用 数学Ⅲ

# 1節 微分法

## 1 微分可能と連続

**「関数 $f(x)$ が $x=a$ で微分可能である」**とは**「微分係数 $f'(a)=\lim_{h\to0}\dfrac{f(a+h)-f(a)}{h}$ が存在する」**ことである。

$\dfrac{f(a+h)-f(a)}{h}$ は右の図のように，**$y=f(x)$ のグラフ上の2点 A，B を通る直線** AB の傾きを表している。

さて，**$h\to0$ のとき点 B は点 A に限りなく近づき，直線 AB は点 A における接線に限りなく近づく**ことをイメージできるかな。

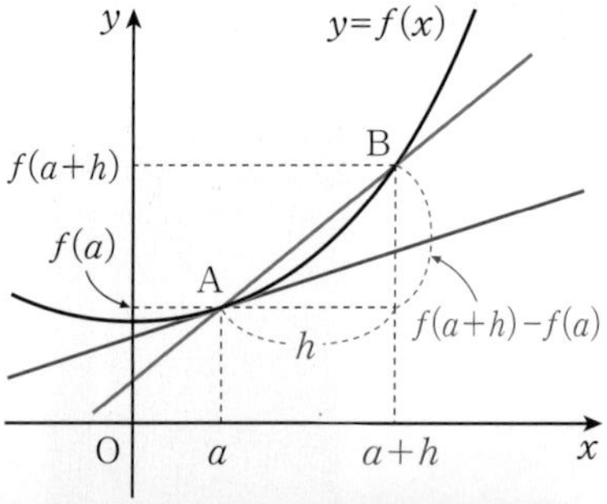


| | | |
|---|---|---|
| **$h\to0$ のとき** | **直線 AB** | **→点 A における接線** |
| **このとき** | **直線 AB の傾き** | **→ ？** |
| | | **‖** |
| | | $\lim_{h\to0}\dfrac{f(a+h)-f(a)}{h}$ |

というわけで，**微分係数 $f'(a)=\lim_{h\to0}\dfrac{f(a+h)-f(a)}{h}$ は，$y=f(x)$ のグラフ上の点 $(a,\ f(a))$ における**接線の傾き**を表している**んだ。

**ポイント** [微分可能と連続] 覚え得

$f(x)$ が $x=a$ において**微分可能ならば**，$f(x)$ は $x=a$ において**連続**である。

しかし，$x=a$ において**連続であっても**，**微分可能とは限らない。**



これは，「関数 $y=f(x)$ のグラフ上の点 $(a,\ f(a))$ で，**接線が存在すればグラフは連続**であるけれども，**グラフが連続であるからといって必ず接線が存在するわけではない**」といっているんだ。

たとえば，**$y=|x|$ のグラフは $x=0$ で連続だけれども，この点で接線は存在しない**だろう？

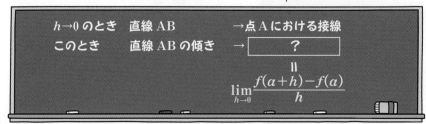

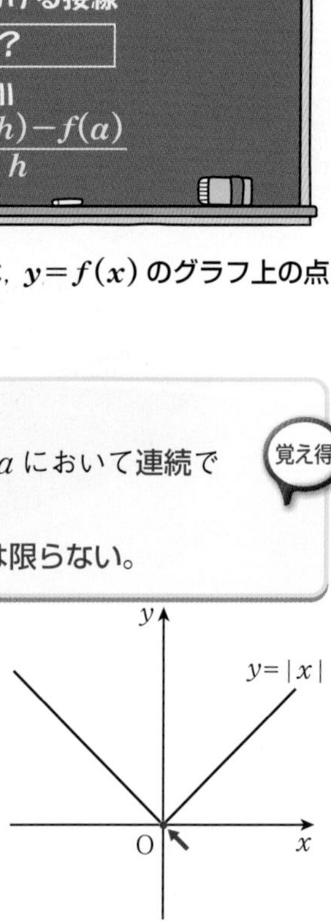

## ● 接線って何？

先生，右のような $l$ って接線ではないんですか。

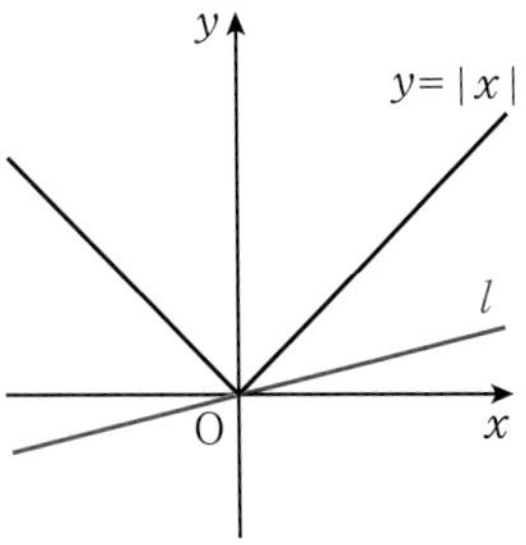

え！　どうしてそう思うの？

だって，$l$ は $y=|x|$ のグラフと共有点を1つしかもってないでしょう。

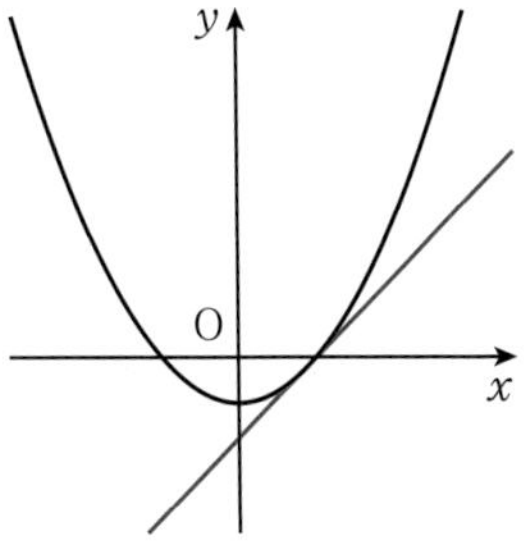

共有点が1つだったら，接線といっていいの？

2次関数のグラフと直線の関係のときは，共有点が1つのとき，接線でしたよ。

確かに，2次関数のグラフと直線の場合，接線となるのは共有点が1つのときなんだけど，一般的にはそうではないんだよ。

“接線”ってどんな直線のことを言うんですか。

たとえば，$y=f(x)$ のグラフ上の点 $\mathrm{A}(a,\ f(a))$ の近くで2点 $\mathrm{P}(a-h,\ f(a-h))$，$\mathrm{Q}(a+h,\ f(a+h))$ を考えてみよう。いま，$h$ を限りなく0に近づけると，曲線PQはどうなるかな？　グラフがどんなに曲がっていても，短く短くしていくとまっすぐな直線になっていくよね？　点Aにおける接線って，$y=f(x)$ のグラフが点Aの十分近くではどんな直線になっているかを表しているといえるんだ。

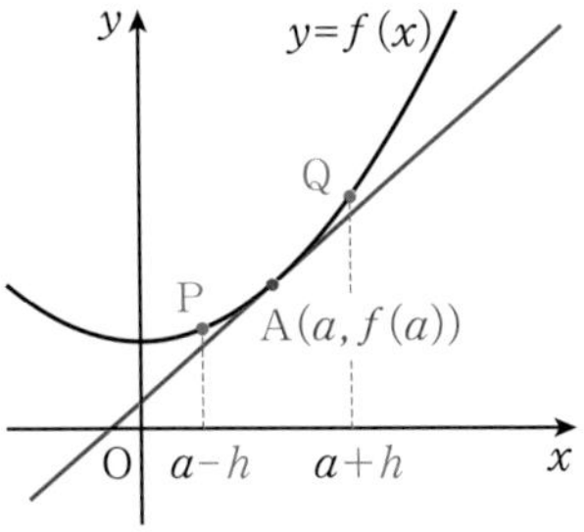

ということは共有点の数だけでは接線かどうかは決められないんですね。

なるほど $y=|x|$ のグラフは，$x=0$ の近くでは，どんなに拡大しても  となって直線にはなりませんね。だから，接線は存在しないわけですね。

わかったかな？　接線って，少し乱暴な言い方をすれば，**「どんなに曲がっている曲線でもそのグラフの一部を拡大すれば直線だ。さてどんな直線か？」**ということなんだ。

**基本例題 151** 関数の微分可能性

関数 $f(x)$ を次のように定める。

$$f(x)=\begin{cases} ax^2+bx & (x\geqq 1) \\ x^3+2ax^2 & (x<1) \end{cases}$$

関数 $f(x)$ が $x=1$ で微分可能となるように $a$，$b$ の値を定めよ。

**ねらい**

関数 $f(x)$ が $x=a$ で微分可能であるとはどういうことかを知ること。

**解法ルール** ●**関数 $f(x)$ が $x=1$ で微分可能**であるとは

$\displaystyle\lim_{h\to 0}\frac{f(1+h)-f(1)}{h}$ **が存在する**

$\displaystyle\iff \lim_{h\to +0}\frac{f(1+h)-f(1)}{h}=\lim_{h\to -0}\frac{f(1+h)-f(1)}{h}$

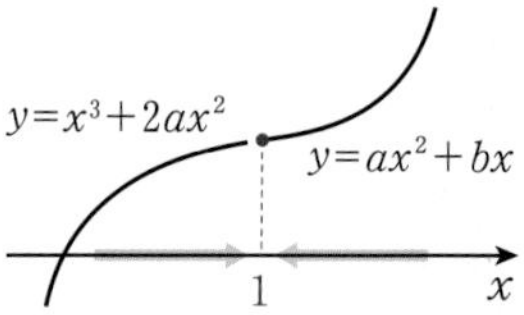


●**微分可能であれば連続**であるが，**連続であっても微分可能とは限らない。**

**解答例**

$$\lim_{h\to +0}\frac{f(1+h)-f(1)}{h}$$

$$=\lim_{h\to +0}\frac{a(1+h)^2+b(1+h)-(a+b)}{h}$$

$$=\lim_{h\to +0}(2a+b+ah)=2a+b \quad \cdots\cdots ①$$

$$\lim_{h\to -0}\frac{f(1+h)-f(1)}{h}$$

$$=\lim_{h\to -0}\frac{(1+h)^3+2a(1+h)^2-(a+b)}{h}$$

$$=\lim_{h\to -0}\left\{4a+3+(2a+3)h+h^2+\frac{a-b+1}{h}\right\} \quad \cdots\cdots ②$$

②が極限値をもつことより

$a-b+1=0$ ……③

①と②が等しいことより

$2a+b=4a+3 \iff 2a-b+3=0$ ……④

③，④より　$\boldsymbol{a=-2,\ b=-1}$ …答

$a(1+h)^2+b(1+h)-(a+b)$
$=a(1+2h+h^2)+b+bh-a-b$
$=2ah+ah^2+bh$
$=h(2a+ah+b)$

$(1+h)^3+2a(1+h)^2-(a+b)$
$=1+3h+3h^2+h^3$
$\quad+2a(1+2h+h^2)-a-b$
$=h^3+(2a+3)h^2$
$\quad+(4a+3)h+a-b+1$
$=h\{(4a+3)+(2a+3)h$
$\quad+h^2\}+a-b+1$

**類題 151** 関数 $f(x)=\begin{cases} x^2+1 & (x\leqq 1) \\ \dfrac{ax+b}{x+1} & (x>1) \end{cases}$ が $x=1$ で微分可能であるとき，定数 $a$，$b$ の値を求めよ。

# 2 導関数の計算

関数 $y = f(x)$ の導関数とは

    $x$ の値 $a$ に対して，微分係数 $f'(a)$ を対応させる関数

であって

$$f'(x) = \lim_{h \to 0} \frac{f(x+h) - f(x)}{h}$$

のことである。**関数 $f(x)$ の導関数を求めることを，$f(x)$ を微分するという。**

---

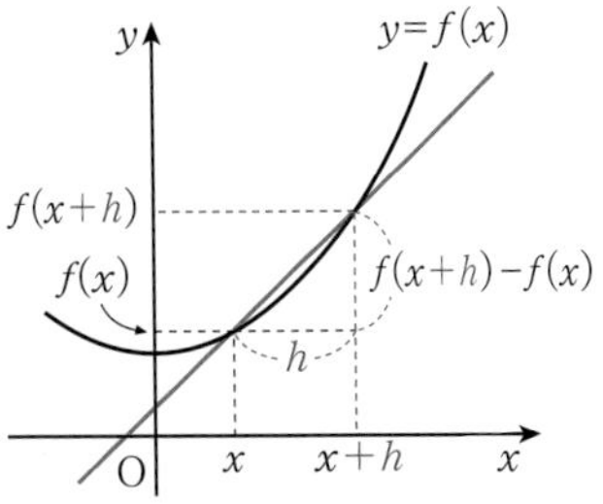

**基本例題 152**　　　　　　　　　　　　　**定義による微分**

定義に従って，次の関数を微分せよ。

(1) $y = \sqrt{x}$　　　　　　　　　(2) $y = \dfrac{x}{x+1}$

**ねらい**

定義に従って微分をすること。

**解法ルール** ●導関数の定義　　$y' = \lim_{h \to 0} \dfrac{f(x+h) - f(x)}{h}$

    (1) $f(x) = \sqrt{x}$ のとき　　$f(x+h) = \sqrt{x+h}$

    (2) $f(x) = \dfrac{x}{x+1}$ のとき　$f(x+h) = \dfrac{x+h}{(x+h)+1}$

**解答例** (1) $\displaystyle y' = \lim_{h \to 0} \frac{\sqrt{x+h} - \sqrt{x}}{h}$

        $\displaystyle = \lim_{h \to 0} \frac{(\sqrt{x+h} - \sqrt{x})(\sqrt{x+h} + \sqrt{x})}{h(\sqrt{x+h} + \sqrt{x})}$　　←分子の有理化

        $\displaystyle = \lim_{h \to 0} \frac{x+h-x}{h(\sqrt{x+h} + \sqrt{x})} = \lim_{h \to 0} \frac{1}{\sqrt{x+h} + \sqrt{x}} = \frac{1}{2\sqrt{x}}$　…答

    (2) $\displaystyle y' = \lim_{h \to 0} \frac{\dfrac{x+h}{x+h+1} - \dfrac{x}{x+1}}{h}$

        $\displaystyle = \lim_{h \to 0} \frac{(x+h)(x+1) - x(x+h+1)}{h(x+h+1)(x+1)}$

        $\displaystyle = \lim_{h \to 0} \frac{h}{h(x+h+1)(x+1)}$

        $\displaystyle = \lim_{h \to 0} \frac{1}{(x+h+1)(x+1)} = \frac{1}{(x+1)^2}$　…答

> 「微分せよ」という問題で，「定義に従って」とあれば，公式による微分でなく，必ず左のような極限の計算で導関数を求めること。

**類題 152**　定義に従って，次の関数を微分せよ。

    (1) $y = \sqrt{2x-1}$　　(2) $y = \dfrac{1}{x^2}$　　(3) $y = \dfrac{1}{\sqrt{x}}$　　(4) $y = \dfrac{x^2}{x-1}$

関数を微分するとき，いつも定義に従って計算するのは大変なので，ここでは，簡単に微分できるようにいくつかの公式を紹介しよう。

**微分の公式**

**関数 $f(x)$，$g(x)$ が微分可能なとき**

**1．** $\{kf(x)\}'=kf'(x)$

**2．** $\{f(x)+g(x)\}'=f'(x)+g'(x)$

$\{f(x)-g(x)\}'=f'(x)-g'(x)$

**3．** $\{f(x)g(x)\}'=f'(x)g(x)+f(x)g'(x)$

**4．** $\left\{\dfrac{f(x)}{g(x)}\right\}'=\dfrac{f'(x)g(x)-f(x)g'(x)}{\{g(x)\}^2}$

**特に** $\left\{\dfrac{1}{g(x)}\right\}'=-\dfrac{g'(x)}{\{g(x)\}^2}$

**5．** $n$ **が整数のとき** $(x^n)'=nx^{n-1}$

微分の公式って，導関数の求め方なんだけれど，**1** と **2** はすでに使っているよね。ここに新しく **3** と **4** が登場したことになる。

なぜこのようになるかは，導関数の定義，すなわち

$$f'(x)=\lim_{h\to 0}\frac{f(x+h)-f(x)}{h}$$

にもどって考えていかなくてはならないんだ。

**3** については，$F(x)=f(x)g(x)$（$f(x)$，$g(x)$ は微分可能な関数）とおくと

$$\{f(x)g(x)\}'=\lim_{h\to 0}\frac{F(x+h)-F(x)}{h}=\lim_{h\to 0}\frac{f(x+h)g(x+h)-f(x)g(x)}{h}$$

$f(x)g(x+h)$ を引いて加える。

$$=\lim_{h\to 0}\frac{f(x+h)g(x+h)-f(x)g(x+h)+f(x)g(x+h)-f(x)g(x)}{h}$$

$$=\lim_{h\to 0}\frac{\{f(x+h)-f(x)\}g(x+h)+f(x)\{g(x+h)-g(x)\}}{h}$$

$$=\lim_{h\to 0}\left\{\frac{f(x+h)-f(x)}{h}\cdot g(x+h)+f(x)\cdot\frac{g(x+h)-g(x)}{h}\right\}$$

（$\to f'(x)$，$\to g(x)$，$\to g'(x)$）

$$=f'(x)g(x)+f(x)g'(x)$$

覚え方！
一方を微分して加える。

**4** については，$F(x)=\dfrac{f(x)}{g(x)}$ ($f(x)$，$g(x)$ は微分可能な関数)とおくと

$$\left\{\frac{\boldsymbol{f(x)}}{\boldsymbol{g(x)}}\right\}'=\lim_{h\to0}\frac{F(x+h)-F(x)}{h}=\lim_{h\to0}\frac{\dfrac{f(x+h)}{g(x+h)}-\dfrac{f(x)}{g(x)}}{h}$$

$$=\lim_{h\to0}\frac{\dfrac{f(x+h)g(x)-f(x)g(x+h)}{g(x+h)g(x)}}{h}$$

$f(x)g(x)$ を引いて加える。

$$=\lim_{h\to0}\frac{1}{h}\cdot\frac{f(x+h)g(x)-f(x)g(x)-f(x)g(x+h)+f(x)g(x)}{g(x+h)g(x)}$$

$$=\lim_{h\to0}\frac{1}{h}\cdot\frac{\{f(x+h)-f(x)\}g(x)-f(x)\{g(x+h)-g(x)\}}{g(x+h)g(x)}$$

$$=\lim_{h\to0}\frac{1}{g(x+h)g(x)}\cdot\left\{\frac{f(x+h)-f(x)}{h}\cdot g(x)-f(x)\cdot\frac{g(x+h)-g(x)}{h}\right\}$$

$g(x+h)\to \boldsymbol{g(x)}$，$\dfrac{f(x+h)-f(x)}{h}\to \boldsymbol{f'(x)}$，$\dfrac{g(x+h)-g(x)}{h}\to \boldsymbol{g'(x)}$

$$=\frac{\boldsymbol{f'(x)g(x)-f(x)g'(x)}}{\boldsymbol{\{g(x)\}^2}}$$

覚え方！
$\dfrac{(分子)'(分母)-(分子)(分母)'}{(分母)^2}$
…少し楽？

**5** については，**$n$ が自然数のときはすでに使っている**。さて，$n$ が負の整数のときなんだけれど，このときは **$n=-m$（$m$ は自然数）** とおける。すると

$$x^n=x^{-m}=\frac{1}{x^m}$$

ここで **4** の公式を用いると

$$\left(\frac{1}{x^m}\right)'=-\frac{(x^m)'}{(x^m)^2}=-\frac{mx^{m-1}}{x^{2m}}=-mx^{m-1-2m}=-mx^{-m-1}$$

$-m=n$ より　$-mx^{-m-1}=nx^{n-1}$

要するに，「**$x^n$ の導関数は，$n$ が負の整数のときでも正の整数と同様に**

$$\boldsymbol{(x^n)'=nx^{n-1}}$$

**である。**」ということだ。

**ポイント**　[$x^n$ の導関数]　覚え得

$x^n$ の導関数は，$n$ が整数のとき

$$\boldsymbol{(x^n)'=nx^{n-1}}$$

**基本例題 153** 　関数の積の導関数

次の関数を微分せよ。

(1) $y=(x+1)(2x-1)$ 　(2) $y=(x^2-x)(x+3)$

(3) $y=(x+1)(2x-1)(3x+1)$ 　(4) $y=(x^2+x+1)^2$

**ねらい**
積の微分の仕方を学習すること。

**解法ルール**
● $F(x)=f(x)g(x)$ であるとき

$$F'(x)=f'(x)g(x)+f(x)g'(x)$$

● $F(x)=f(x)g(x)h(x)$ であるとき

$$F'(x)=f'(x)g(x)h(x)+f(x)g'(x)h(x)+f(x)g(x)h'(x)$$

**解答例**

(1) $y'=(x+1)'(2x-1)+(x+1)(2x-1)'$
$=2x-1+2(x+1)$
$=\mathbf{4x+1}$ …答

(2) $y'=(x^2-x)'(x+3)+(x^2-x)(x+3)'$
$=(2x-1)(x+3)+(x^2-x)$
$=2x^2+5x-3+x^2-x$
$=\mathbf{3x^2+4x-3}$ …答

(3) $y'=(x+1)'(2x-1)(3x+1)+(x+1)(2x-1)'(3x+1)+(x+1)(2x-1)(3x+1)'$
$=(2x-1)(3x+1)+2(x+1)(3x+1)+3(x+1)(2x-1)$
$=6x^2-x-1+6x^2+8x+2+6x^2+3x-3$
$=\mathbf{18x^2+10x-2}$ …答

(4) $y'=\{(x^2+x+1)^2\}'$
$=2(x^2+x+1)(x^2+x+1)'$
$=\mathbf{2(x^2+x+1)(2x+1)}$ …答

● $F(x)=f(x)g(x)h(x)$ の形の微分
$F(x)$ が $\{f(x)g(x)\}$ と $h(x)$ の2つの関数の積と考えると
$F'(x)=\{f(x)g(x)\}'h(x)+\{f(x)g(x)\}h'(x)$
$=\{f'(x)g(x)+f(x)g'(x)\}h(x)+f(x)g(x)h'(x)$
$=f'(x)g(x)h(x)+f(x)g'(x)h(x)+f(x)g(x)h'(x)$

● $F(x)=\{f(x)\}^2$ の形の微分
$F(x)=f(x)f(x)$ と考えると
$F'(x)=f'(x)f(x)+f(x)f'(x)=2f(x)f'(x)$

**類題 153** 次の関数を微分せよ。

(1) $y=(x-1)(2x+3)$ 　(2) $y=(x^2-1)(x^2+3x-2)$

(3) $y=(x^2-x-1)^2$ 　(4) $y=(x+1)(x+2)(x-3)$

(5) $y=(x-1)^2(x^2+2)$

## 基本例題 154　関数の商の導関数

次の関数を微分せよ。

(1) $y=\dfrac{1}{x+2}$　(2) $y=\dfrac{2x+1}{x^2+2}$　(3) $y=x+\dfrac{1}{x}$

(4) $y=\dfrac{x-1}{x}$　(5) $y=\dfrac{3x+2}{x+1}$

**ねらい**
商の微分の仕方を学習すること。

**解法ルール** $F(x)=\dfrac{1}{g(x)}$ のとき

$$\boldsymbol{F'(x)=-\frac{g'(x)}{\{g(x)\}^2}}$$

$F(x)=\dfrac{f(x)}{g(x)}$ のとき

$$\boldsymbol{F'(x)=\frac{f'(x)g(x)-f(x)g'(x)}{\{g(x)\}^2}}$$

● $F(x)=\dfrac{f(x)}{g(x)}$ の微分の仕方の覚え方

$$F'(x)=\frac{(分子)'分母-分子(分母)'}{(分母)^2}$$

と言葉で覚える。
すなわち

$$F'(x)=\frac{f'(x)g(x)-f(x)g'(x)}{\{g(x)\}^2}$$

分子の微分・分母－分子・分母の微分。

**解答例** (1) $y'=-\dfrac{(x+2)'}{(x+2)^2}=\boldsymbol{-\dfrac{1}{(x+2)^2}}$ …答

(2) $y'=\dfrac{(2x+1)'(x^2+2)-(2x+1)(x^2+2)'}{(x^2+2)^2}$

$=\dfrac{2(x^2+2)-2x(2x+1)}{(x^2+2)^2}$

$=\dfrac{-2x^2-2x+4}{(x^2+2)^2}$

$=\boldsymbol{-\dfrac{2x^2+2x-4}{(x^2+2)^2}}$ …答

(3) $y'=\left(x+\dfrac{1}{x}\right)'=\boldsymbol{1-\dfrac{1}{x^2}}$ …答

(4) $y'=\left(\dfrac{x-1}{x}\right)'=\left(1-\dfrac{1}{x}\right)'=\boldsymbol{\dfrac{1}{x^2}}$ …答

そのまま計算すると
$y'=\dfrac{(x-1)'x-(x-1)x'}{x^2}$

(5) $y'=\left(\dfrac{3x+2}{x+1}\right)'=\left(3-\dfrac{1}{x+1}\right)'$

$=\dfrac{(x+1)'}{(x+1)^2}$

$=\boldsymbol{\dfrac{1}{(x+1)^2}}$ …答

そのまま計算すると
$y'=\dfrac{(3x+2)'(x+1)-(3x+2)(x+1)'}{(x+1)^2}$

⬅ (分子の次数)≧(分母の次数) の場合は計算して**帯分数の形に直す**とよい。

$\dfrac{cx+d}{ax+b}$ の場合

$$\frac{cx+d}{ax+b}=\frac{c}{a}+\frac{d-\frac{bc}{a}}{ax+b}$$

定数

商の微分では，分子をできるだけ簡単にすると微分が楽になる。

## 類題 154　次の関数を微分せよ。

(1) $y=\dfrac{1}{x+1}$　(2) $y=\dfrac{x}{x^2+2}$　(3) $y=x^2-\dfrac{1}{x}$

(4) $y=\dfrac{x^2+3}{2x}$　(5) $y=\dfrac{(x+1)^2}{x-1}$

# 3 合成関数・逆関数の導関数

## ❖ 合成関数の導関数

合成関数の微分法について考えてみよう。

合成関数 $y=f(g(x))$ を，2 つの関数 $y=f(u)$ と $u=g(x)$ との合成とみる。

関数 $y=f(u)$ と $u=g(x)$ がともに微分可能であるとき，

$x$ の増分 $\Delta x$ に対する $u$ の増分を $\Delta u$，また，$u$ の増分 $\Delta u$ に対する $y$ の増分を $\Delta y$ とす

ると，$\dfrac{\Delta y}{\Delta x}=\dfrac{\Delta y}{\Delta u}\cdot\dfrac{\Delta u}{\Delta x}$ と表せるから

$$\frac{dy}{dx}=\lim_{\Delta x\to 0}\frac{\Delta y}{\Delta x}=\lim_{\Delta x\to 0}\left(\frac{\Delta y}{\Delta u}\cdot\frac{\Delta u}{\Delta x}\right)$$

 $\Delta x\to 0$ のとき $\Delta u\to 0$ だから

$$=\lim_{\Delta u\to 0}\frac{\Delta y}{\Delta u}\cdot\lim_{\Delta x\to 0}\frac{\Delta u}{\Delta x}=\frac{dy}{du}\cdot\frac{du}{dx} \quad \text{が成り立つ。}$$

> **ポイント** [合成関数の導関数]
>
> 覚え得
>
> 一般に，関数 $y=f(u)$，$u=g(x)$ の合成関数 $y=f(g(x))$ において，
>
> 2 つの関数 $f$, $g$ が微分可能であるとき
>
> $$\frac{dy}{dx}=\frac{dy}{du}\cdot\frac{du}{dx} \qquad \{f(g(x))\}'=f'(g(x))\cdot g'(x)$$
>
> 特に　$y=\{f(x)\}^n$ （$n$：整数）の導関数は　$y'=n\{f(x)\}^{n-1}\cdot f'(x)$

---

**基本例題 155**　　　　　　　　　　合成関数の導関数(1)

次の関数を微分せよ。

(1) $y=(2x+1)^4$　　　　　　　(2) $y=\dfrac{1}{(3x+1)^3}$

**ねらい**
$y=\{f(x)\}^n$ タイプの微分の計算をすること。

**解法ルール**　$y=\{f(x)\}^n$ （$n$：整数）のとき

$$y'=n\{f(x)\}^{n-1}\cdot f'(x)$$

**解答例**　(1)　$y=(2x+1)^4$

$y'=4(2x+1)^3\cdot(2x+1)'=\boldsymbol{8(2x+1)^3}$　…答

(2)　$y=(3x+1)^{-3}$

$y'=-3(3x+1)^{-4}\cdot(3x+1)'=-\dfrac{\boldsymbol{9}}{\boldsymbol{(3x+1)^4}}$　…答

慣れないうちはおき換えればいいよ。
慣れてくるとかかなくても頭に浮かぶようになる。
頭にいきなり浮かべようとするのはあわてすぎ！
とにかく最初のうちはかいてみよう。

**類題 155**　次の関数を微分せよ。

(1) $y=(1-2x)^4$　　　　　　　(2) $y=\dfrac{1}{(3x-1)^2}$

## ❖ 逆関数の導関数

ここでは逆関数の微分を考えよう。

関数 $y=f(x)$ の逆関数を $x=g(y)$ とする。

$x=g(y)$ の両辺を $x$ で微分すると　$1=\dfrac{dg(y)}{dy}\cdot\dfrac{dy}{dx}$

ここで，$x=g(y)$ だから　$1=\dfrac{dx}{dy}\cdot\dfrac{dy}{dx}$

したがって　$\boldsymbol{\dfrac{dy}{dx}=\dfrac{1}{\dfrac{dx}{dy}}}$　が成り立つ。

実際に，逆関数の導関数を使って $y=\sqrt[3]{x}$ を $x$ で微分してみると，

両辺を 3 乗して　$x=y^3$　　$\dfrac{dx}{dy}=3y^2$

よって　$\dfrac{dy}{dx}=\dfrac{1}{\dfrac{dx}{dy}}=\dfrac{1}{3y^2}=\dfrac{1}{3\sqrt[3]{x^2}}$

**ポイント**　[逆関数の導関数]　覚え得

$$\boldsymbol{\frac{dy}{dx}=\frac{1}{\dfrac{dx}{dy}}}$$

上の説明は，まあ証明の outline だけれど，まず流れをつかむことって大切だよ。

さて，ここで何をおさえるかなんだけれど

**$\dfrac{dy}{dx}$ と $\dfrac{dx}{dy}$ の関係**

ということになるかな。

高校の段階では　$\boldsymbol{\dfrac{dy}{dx}=\dfrac{1}{\dfrac{dx}{dy}}}$ を用いることが多いね。

でもね，このことは，たとえば **$y=f(x)$ の逆関数 $x=g(y)$ の微分可能性については，逆関数を具体的に求めなくても判定できる**といっているんだ。

すなわち　$x_0 \underset{g}{\overset{f}{\rightleftarrows}} f(x_0)$

「$f'(x_0)\neq 0$ ならば，$f$ の逆関数 $g$ は $f(x_0)$ で微分可能で

$g'(f(x_0))=\dfrac{1}{f'(x_0)}$　であることを示している」

と考えられないかな。

## ❖ $x^r$ の導関数

いままで，微分の公式

$$(x^n)' = nx^{n-1}$$

が成り立つのは $n$ が整数の場合だけだったけれど，$n$ が有理数のときも成り立つかどうか調べてみよう。

微分の公式 $(x^{\triangle})' = \triangle x^{\triangle - 1}$ の適用される範囲がどんどん拡大してきたね。
簡単に説明しておくよ。

・まず，$r=\dfrac{1}{n}$ のときを考えてみよう。

$y=x^{\frac{1}{n}}$ を $x$ について解くと　$x=y^n$

両辺を $y$ で微分すると　$\dfrac{dx}{dy}=ny^{n-1}$

よって　$\dfrac{dy}{dx}=\dfrac{1}{\dfrac{dx}{dy}}=\dfrac{1}{ny^{n-1}}=\dfrac{1}{n(x^{\frac{1}{n}})^{n-1}}=\dfrac{1}{nx^{1-\frac{1}{n}}}=\dfrac{1}{n}\cdot x^{\frac{1}{n}-1}$

したがって　$(x^{\frac{1}{n}})'=\dfrac{1}{n}x^{\frac{1}{n}-1}$

・次に，$r=\dfrac{m}{n}$ のときは

$(x^{\frac{m}{n}})'=\{(x^{\frac{1}{n}})^m\}'=m(x^{\frac{1}{n}})^{m-1}\cdot(x^{\frac{1}{n}})'$

$\quad =mx^{\frac{m-1}{n}}\cdot\dfrac{1}{n}x^{\frac{1}{n}-1}=\dfrac{m}{n}x^{\frac{m-1}{n}+\frac{1}{n}-1}=\dfrac{m}{n}x^{\frac{m}{n}-1}$

したがって　$(x^{\frac{m}{n}})'=\dfrac{m}{n}x^{\frac{m}{n}-1}$

以上より，$r$ が有理数のとき　$(x^r)'=rx^{r-1}$

**ポイント**　**[$x^r$ の導関数]**

$r$ が有理数のとき

$$(x^r)' = rx^{r-1} \quad (x>0)$$

覚え得

**合成関数の微分や逆関数の微分**を知ることで，微分公式 $(x^{\triangle})' = \triangle x^{\triangle - 1}$ の適用範囲が有理数まで拡大されたね。
実は，実数まで拡大されるんだよ。$(x^{\sqrt{3}})'=\sqrt{3}x^{\sqrt{3}-1}$ も可能なんだ。
しかし，これを示すにはもう少し道具が必要なんだ。お楽しみに！

関数 $y=\{f(x)\}^r$ についても，$r$ が有理数でも整数の場合と同様に微分できるよ。

$y=\{f(x)\}^r$ で $u=f(x)$ とおくと　$y=u^r$

よって，$\dfrac{dy}{du}=ru^{r-1}$，$\dfrac{du}{dx}=f'(x)$ だから

$$\dfrac{dy}{dx}=\dfrac{dy}{du}\cdot\dfrac{du}{dx}=ru^{r-1}\cdot u'=r\{f(x)\}^{r-1}\cdot f'(x)$$

$u=f(x)$ とおいたとき $u'$ を忘れずに！

**ポイント** [$y=\{f(x)\}^r$ の導関数]
　　　$y=\{f(x)\}^r$ （$r$：有理数）のとき
　　　　　$y'=r\{f(x)\}^{r-1}\cdot f'(x)$

---

**基本例題 156**　　　　　　　　　　　合成関数の導関数(2)

次の関数を微分せよ。

(1) $y=\sqrt{2x-3}$　　　　　　(2) $y=\dfrac{1}{\sqrt{1+x^2}}$

**ねらい**
$F(x)=\sqrt{f(x)}$ のタイプの微分の仕方を学ぶこと。

**解法ルール** $y=\{f(x)\}^n$ のとき，$u=f(x)$ とおくと　$y=u^n$

$$\dfrac{dy}{dx}=nu^{n-1}\cdot\dfrac{du}{dx}$$

$n$ は整数でも分数でも
$(u^n)'$
$=nu^{n-1}\cdot u'$
と覚えよう！

**解答例** (1)　$y=\sqrt{2x-3}$ で $u=2x-3$ とおくと

$$y=\sqrt{u}=u^{\frac{1}{2}}\qquad \sqrt[n]{a^m}=a^{\frac{m}{n}}$$

$$\dfrac{dy}{dx}=\dfrac{1}{2}\cdot u^{-\frac{1}{2}}\cdot\dfrac{du}{dx}=\dfrac{1}{2\sqrt{2x-3}}\cdot(2x-3)'$$

$$=\dfrac{2}{2\sqrt{2x-3}}=\dfrac{1}{\sqrt{2x-3}}\quad\cdots\text{答}$$

(2)　$y=\dfrac{1}{\sqrt{1+x^2}}$ で $u=1+x^2$ とおくと

$$y=\dfrac{1}{\sqrt{u}}=u^{-\frac{1}{2}}\qquad \dfrac{1}{a^n}=a^{-n}$$

$$\dfrac{dy}{dx}=-\dfrac{1}{2}u^{-\frac{3}{2}}\cdot\dfrac{du}{dx}=-\dfrac{1}{2\sqrt{(1+x^2)^3}}\cdot(1+x^2)'$$

$$=-\dfrac{2x}{2\sqrt{(1+x^2)^3}}=-\dfrac{x}{\sqrt{(1+x^2)^3}}\quad\cdots\text{答}$$

---

**類題 156**　次の関数を微分せよ。

(1) $y=\sqrt{2-x}$　　　　(2) $y=\sqrt{5-x^2}$　　　　(3) $y=\sqrt{(2x+3)^3}$

(4) $y=\dfrac{1}{\sqrt{2x^2+3}}$　　(5) $y=\sqrt{\dfrac{1-x}{1+x}}$

## 基本例題 157　逆関数の導関数

関数 $y=\sqrt[3]{x+3}$ について，次の問いに答えよ。

(1) $\dfrac{dy}{dx}$ を求めよ。

(2) $x$ を $y$ で表し，$\dfrac{dx}{dy}$ を求めよ。

(3) (1)，(2)より，$\dfrac{dy}{dx}=\dfrac{1}{\dfrac{dx}{dy}}$ であることを示せ。

**ねらい**
逆関数の微分の仕方を学ぶこと。

**解法ルール** 逆関数の微分　$\boldsymbol{\dfrac{dy}{dx}=\dfrac{1}{\dfrac{dx}{dy}}}$

**解答例** (1)　$u=x+3$ とおくと　$y=u^{\frac{1}{3}}$

$$\boldsymbol{\frac{dy}{dx}}=\frac{dy}{du}\cdot\frac{du}{dx}=\frac{1}{3}u^{-\frac{2}{3}}\cdot 1$$

$$=\boldsymbol{\frac{1}{3}(x+3)^{-\frac{2}{3}}}\quad\cdots\text{答}$$

(2)　$y=\sqrt[3]{x+3}$ より，両辺を 3 乗すると　$y^3=x+3$

したがって　$x=y^3-3$

両辺を $y$ で微分すると

$$\boldsymbol{\frac{dx}{dy}}=3y^2=3\{(x+3)^{\frac{1}{3}}\}^2=\boldsymbol{3(x+3)^{\frac{2}{3}}}\quad\cdots\text{答}$$

(3)　$\dfrac{dy}{dx}=\dfrac{1}{3}(x+3)^{-\frac{2}{3}}$，$\dfrac{dx}{dy}=3(x+3)^{\frac{2}{3}}$ より

$$\frac{dy}{dx}\cdot\frac{dx}{dy}=\frac{1}{3}(x+3)^{-\frac{2}{3}}\cdot 3(x+3)^{\frac{2}{3}}=(x+3)^0=1$$

$$\Longleftrightarrow\boldsymbol{\frac{dy}{dx}=\frac{1}{\dfrac{dx}{dy}}}\quad\text{終}$$

← $\dfrac{dx}{dy}$ を求めるために $x$ を $y$ で表すことは必ずしも必要ではない。
$\dfrac{dx}{dy}=\dfrac{1}{\dfrac{dy}{dx}}$ が成り立つので，逆関数の導関数 $\dfrac{dx}{dy}$ は導関数 $\dfrac{dy}{dx}$ が存在すれば求められる。

**類題 157** 関数 $x=\sqrt[3]{y^2-3}\ (y>0)$ について，次の 2 つの方法で $\dfrac{dy}{dx}$ を求め，$y$ の式で表せ。

(1) $y$ を $x$ で表してから求めよ。

(2) 逆関数の微分を利用して求めよ。

どちらの方法
もできるように
なるといいね。

合成関数の微分や
逆関数の微分ができると，
いろいろな関数の微分が
できるようになるね。

# 4 三角関数の導関数

ここでは，三角関数の導関数を考えるよ。
結論から示すと，次のようになる。

**ポイント** ［三角関数の導関数］ 覚え得

① $(\sin x)'=\cos x$　　② $(\cos x)'=-\sin x$

③ $(\tan x)'=\dfrac{1}{\cos^2 x}$

ほとんどの場合，この結果を用いればいいんだけど，理由もわからずに使うのは気持ちが悪いので，簡単に説明しよう。

① $(\sin x)'=\lim_{h\to 0}\dfrac{\sin(x+h)-\sin x}{h}$　　← $f'(x)=\lim_{h\to 0}\dfrac{f(x+h)-f(x)}{h}$

$=\lim_{h\to 0}\dfrac{2\cos\left(x+\frac{h}{2}\right)\sin\frac{h}{2}}{h}$　　← $\sin A-\sin B=2\cos\dfrac{A+B}{2}\sin\dfrac{A-B}{2}$

$=\lim_{h\to 0}\dfrac{\sin\frac{h}{2}}{\frac{h}{2}}\cdot\cos\left(x+\dfrac{h}{2}\right)$　　← $\lim_{x\to 0}\dfrac{\sin x}{x}=1$

$=\cos x$

② $(\cos x)'=\lim_{h\to 0}\dfrac{\cos(x+h)-\cos x}{h}$　　← $\cos A-\cos B=-2\sin\dfrac{A+B}{2}\sin\dfrac{A-B}{2}$

$=\lim_{h\to 0}\dfrac{-2\sin\left(x+\frac{h}{2}\right)\sin\frac{h}{2}}{h}$

$=\lim_{h\to 0}\dfrac{\sin\frac{h}{2}}{\frac{h}{2}}\cdot\left\{-\sin\left(x+\dfrac{h}{2}\right)\right\}$

$=-\sin x$

③ $(\tan x)'=\left(\dfrac{\sin x}{\cos x}\right)'$

$=\dfrac{(\sin x)'\cos x-\sin x(\cos x)'}{\cos^2 x}$　　← $\left\{\dfrac{f(x)}{g(x)}\right\}'=\dfrac{f'(x)g(x)-f(x)g'(x)}{\{g(x)\}^2}$

$=\dfrac{\cos^2 x+\sin^2 x}{\cos^2 x}$

$=\dfrac{1}{\cos^2 x}$

**基本例題 158**　　　　　　　　　　　三角関数の導関数

次の関数を微分せよ。

(1) $y=\sin(2x+1)$　　　　　　(2) $y=\tan 3x$

(3) $y=\cos^3 2x$　　　　　　　(4) $y=(1-\sin x)\cos x$

(5) $y=\dfrac{\sin x}{3+\cos x}$

**ねらい**

三角関数の微分について学習すること。

**解法ルール** $(\sin x)'=\cos x,\ (\cos x)'=-\sin x,\ (\tan x)'=\dfrac{1}{\cos^2 x}$

$\{f(ax+b)\}'=af'(ax+b),\ \{g(x)^n\}'=n\{g(x)\}^{n-1}g'(x)$

$y=\sin(ax+b)$ は，$u=ax+b$ とおくと，$y=\sin u$ だから

$$\dfrac{dy}{dx}=\cos u\cdot\dfrac{du}{dx}=a\cos(ax+b)$$

**解答例** (1)　$u=2x+1$ とおくと，$y=\sin u$ だから

$$\dfrac{dy}{dx}=\dfrac{dy}{du}\cdot\dfrac{du}{dx}=(\cos u)\cdot 2=\mathbf{2\cos(2x+1)}\quad\cdots\text{答}$$

(2)　$u=3x$ とおくと，$y=\tan u$ だから

$$\dfrac{dy}{dx}=\dfrac{dy}{du}\cdot\dfrac{du}{dx}=\dfrac{1}{\cos^2 u}\cdot 3=\dfrac{\mathbf{3}}{\mathbf{\cos^2 3x}}\quad\cdots\text{答}$$

(3)　$u=2x,\ v=\cos u$ とおくと，$y=v^3$ だから

$$\dfrac{dy}{dx}=\dfrac{dy}{dv}\cdot\dfrac{dv}{du}\cdot\dfrac{du}{dx}$$

$$=3v^2\cdot(-\sin u)\cdot 2$$

$$=\mathbf{-6\cos^2 2x\sin 2x}\quad\cdots\text{答}$$

> $y=v^3$ より　$\dfrac{dy}{dv}=3v^2$
> $v=\cos u$ より　$\dfrac{dv}{du}=-\sin u$
> $u=2x$ より　$\dfrac{du}{dx}=2$

← 三角関数の微分では

$\sin(ax+b)$
$\cos(ax+b)$
$\tan(ax+b)$
$\sin^n(ax+b)$
$\cos^n(ax+b)$
$\tan^n(ax+b)$

がよく登場するのでしっかり練習しておこう。いずれも**合成関数の微分**になる。

(4)　$y'=(1-\sin x)'\cos x+(1-\sin x)(\cos x)'$

$$=-\cos x\cdot(\cos x)+(1-\sin x)(-\sin x)\quad\leftarrow\cos^2 x=1-\sin^2 x$$

$$=\mathbf{2\sin^2 x-\sin x-1}\quad\cdots\text{答}$$

(5)　$y'=\dfrac{(\sin x)'(3+\cos x)-\sin x(3+\cos x)'}{(3+\cos x)^2}$

$$=\dfrac{\cos x(3+\cos x)-\sin x(-\sin x)}{(3+\cos x)^2}\quad\leftarrow\cos^2 x+\sin^2 x=1$$

$$=\dfrac{\mathbf{3\cos x+1}}{\mathbf{(3+\cos x)^2}}\quad\cdots\text{答}$$

> $\dfrac{du}{dx}(=u')$
> を掛けることを忘れずに！

**類題 158**　次の関数を微分せよ。

(1) $y=\cos(3x+1)$　　　(2) $y=\tan 2x$　　　(3) $y=\sin^3 x$

(4) $y=\tan^2 x$　　　　　(5) $y=\sin^3 2x$　　　(6) $y=\dfrac{1}{1+\sin x}$

# 5 対数関数の導関数

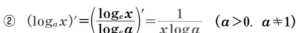

対数関数 $f(x)=\log_a x$ の導関数を考えてみよう。導関数の定義に基づいて

$f'(x)=\lim_{h\to 0}\dfrac{f(x+h)-f(x)}{h}$ より

$$\lim_{h\to 0}\frac{\log_a(x+h)-\log_a x}{h}=\lim_{h\to 0}\frac{1}{h}\log_a\left(\frac{x+h}{x}\right)=\lim_{h\to 0}\frac{1}{h}\log_a\left(1+\frac{h}{x}\right)$$

$$=\lim_{h\to 0}\frac{1}{x}\log_a\left(1+\frac{h}{x}\right)^{\frac{x}{h}}\quad\cdots\cdots①$$

ここで，実は $\lim_{t\to 0}(1+t)^{\frac{1}{t}}$ **は確定した極限値をもつ**ことがわかっている。その極限値を $e$ とすると，$e$ **は無理数で，その値は** $2.71828\cdots$ である。

すなわち　$\lim_{t\to 0}(1+t)^{\frac{1}{t}}=e$

①で　$\log_a\left(1+\dfrac{h}{x}\right)^{\frac{x}{h}}=\log_a\left(1+\dfrac{h}{x}\right)^{\frac{1}{\frac{h}{x}}}$　　$\lim_{h\to 0}\left(1+\dfrac{h}{x}\right)^{\frac{x}{h}}=\lim_{t\to 0}(1+t)^{\frac{1}{t}}=e$

以上より　$\lim_{h\to 0}\dfrac{1}{x}\log_a\left(1+\dfrac{h}{x}\right)^{\frac{x}{h}}=\dfrac{1}{x}\log_a e$　　（$\dfrac{h}{x}=t$ とおく。$h\to 0$ のとき $\dfrac{h}{x}\to 0$）

すなわち，$f(x)=\log_a x$ **の導関数** $f'(x)$ は　$f'(x)=\dfrac{1}{x}\log_a e=\dfrac{1}{x\log_e a}$

微分法では**自然対数**（底を $e$ とする対数）を使う。

**自然対数 $\log_e x$ では底の $e$ を省略**して $\log x$ と書く。

特に，$a=e$ **のとき** $\log_e a=\log_e e=1$ だから $(\log x)'=\dfrac{1}{x}$ となる。

また，$y=\log|x|$ の導関数は

(i)　$x>0$ のとき　$y'=(\log|x|)'=(\log x)'=\dfrac{1}{x}$

(ii)　$x<0$ のとき　$y=\log|x|=\log(-x)$ で $u=-x$ とおくと，

$y=\log u$ より　$\dfrac{dy}{dx}=\dfrac{1}{u}\cdot\dfrac{du}{dx}=\dfrac{1}{-x}\cdot(-1)=\dfrac{1}{x}$

(i)，(ii)より　$(\log|x|)'=\dfrac{1}{x}$

**ポイント**　[対数関数の導関数]　覚え得

①　$(\log x)'=\dfrac{1}{x}$　　また　$(\log|x|)'=\dfrac{1}{x}$

②　$(\log_a x)'=\left(\dfrac{\log_e x}{\log_e a}\right)'=\dfrac{1}{x\log a}$　$(a>0,\ a\neq 1)$

③　$(\log|f(x)|)'=\dfrac{f'(x)}{f(x)}$

## 基本例題 159　　対数関数の導関数

テストに出るぞ！

次の関数を微分せよ。

(1) $y=\log(3x+2)$　　(2) $y=\log|2x+3|$

(3) $y=(\log x)^3$　　(4) $y=\log_{10}2x$

(5) $y=x\log x$　　(6) $y=\log\left|\dfrac{x+2}{1-x}\right|$

**ねらい**

対数関数の微分について学習すること。

**解法ルール** $(\log x)'=\dfrac{1}{x}$，$(\log|x|)'=\dfrac{1}{x}$

$$(\log_a x)'=\left(\frac{\log x}{\log a}\right)'=\frac{1}{x\log a}$$

$$(\log|f(x)|)'=\frac{f'(x)}{f(x)}$$

底の変換公式より，

$y=\log_a x=\dfrac{\log x}{\log a}$

として微分すると

$y'=\dfrac{1}{\log a}(\log x)'$

$=\dfrac{1}{x\log a}$

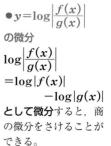

**解答例** (1)　$u=3x+2$ とおくと，$y=\log u$ だから

$$\frac{dy}{dx}=\frac{dy}{du}\cdot\frac{du}{dx}=\frac{1}{u}\cdot(3x+2)'=\boldsymbol{\frac{3}{3x+2}}\quad\cdots答$$

(2)　$u=2x+3$ とおくと，$y=\log|u|$ だから

$$\frac{dy}{dx}=\frac{dy}{du}\cdot\frac{du}{dx}=\frac{1}{u}\cdot(2x+3)'=\boldsymbol{\frac{2}{2x+3}}\quad\cdots答$$

(3)　$u=\log x$ とおくと，$y=u^3$ だから

$$\frac{dy}{dx}=\frac{dy}{du}\cdot\frac{du}{dx}=3u^2\cdot(\log x)'=\boldsymbol{\frac{3}{x}(\log x)^2}\quad\cdots答$$

(4)　$y=\log_{10}2x=\dfrac{\log 2x}{\log 10}$ より

$$y'=\frac{1}{\log 10}\cdot(\log 2x)'=\frac{1}{\log 10}\cdot\frac{(2x)'}{2x}=\boldsymbol{\frac{1}{x\log 10}}\quad\cdots答$$

(5)　$y'=(x\log x)'=(x)'\log x+x(\log x)'$

$$=\log x+x\cdot\frac{1}{x}=\boldsymbol{\log x+1}\quad\cdots答$$

(6)　$y=\log\left|\dfrac{x+2}{1-x}\right|=\log|x+2|-\log|1-x|$

$$y'=\frac{(x+2)'}{x+2}-\frac{(1-x)'}{1-x}=\frac{1}{x+2}+\frac{1}{1-x}$$

$$=\boldsymbol{\frac{3}{(x+2)(1-x)}}\quad\cdots答$$

● $\boldsymbol{y=\log\left|\dfrac{f(x)}{g(x)}\right|}$ **の微分**

$\boldsymbol{\log\left|\dfrac{f(x)}{g(x)}\right|}$

$\boldsymbol{=\log|f(x)|}$

$\boldsymbol{-\log|g(x)|}$

**として微分**すると，商の微分をさけることができる。

## 類題 159　次の関数を微分せよ。

(1) $y=\log 2x$　　(2) $y=\log|3x-2|$　　(3) $y=(\log x)^2$

(4) $y=\log_2(x^2+1)$　　(5) $y=\dfrac{\log x}{x}$　　(6) $y=\log\left|\dfrac{1+x}{1-x}\right|$

**基本例題 160**

次の関数を微分せよ。

$(1)\ y=\dfrac{x}{(x+1)(x+2)^3}$ 　　　　$(2)\ y=x^{\log x}$

対数微分法

**ねらい**

対数微分法（両辺の対数をとる）を学習すること。

**解法ルール** $y=\dfrac{(x+c)^r}{(x+a)^p(x+b)^q}$ の導関数を求めるには,

両辺の絶対値の対数をとって

$$\log|y|=\log\left|\dfrac{(x+c)^r}{(x+a)^p(x+b)^q}\right|$$

$$=r\log|x+c|-p\log|x+a|-q\log|x+b|$$

として**両辺を $x$ について微分**すればよい。

$y=\dfrac{x}{(x+1)(x+2)^3}$ は商の微分で

微分することもできるけれど

やる気しないよね。とっても

面倒…。

そこでこの方法なんだ。

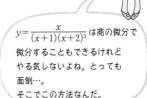

**解答例** (1) 両辺の絶対値の自然対数をとると

$$\log|y|=\log\left|\dfrac{x}{(x+1)(x+2)^3}\right|$$

$$=\log|x|-\log|x+1|-3\log|x+2|$$

両辺を $x$ で微分すると

$$\dfrac{y'}{y}=\dfrac{1}{x}-\dfrac{1}{x+1}\cdot(x+1)'-\dfrac{3}{x+2}\cdot(x+2)'$$

$$=\dfrac{-3x^2-2x+2}{x(x+1)(x+2)}$$

よって　$y'=y\cdot\dfrac{-3x^2-2x+2}{x(x+1)(x+2)}$

$$=\dfrac{x}{(x+1)(x+2)^3}\cdot\dfrac{-3x^2-2x+2}{x(x+1)(x+2)}$$

$$=\dfrac{-3x^2-2x+2}{(x+1)^2(x+2)^4}\quad\cdots\text{答}$$

$z=\log y$ と考えて $x$ で微分する。
$$\dfrac{dz}{dx}=\dfrac{dz}{dy}\cdot\dfrac{dy}{dx}$$
$$=\dfrac{1}{y}\cdot y'=\dfrac{y'}{y}$$

(2) 両辺の自然対数をとると

$$\log y=\log x^{\log x}=(\log x)^2$$

両辺を $x$ で微分すると

$$\dfrac{y'}{y}=2\log x\cdot(\log x)'=2\log x\cdot\left(\dfrac{1}{x}\right)=\dfrac{2}{x}\log x$$

よって　$y'=y\cdot\dfrac{2}{x}\log x=x^{\log x}\cdot\dfrac{2}{x}\log x$

$$=2x^{\log x-1}\log x\quad\cdots\text{答}$$

この場合は

明らかに $x>0$ だから,

両辺の絶対値の

対数をとらなくても

大丈夫だよ。

**類題 160** 次の関数を微分せよ。

$(1)\ y=x^3\sqrt{1+x^2}$ 　　　　$(2)\ y=x^x$ 　　　　$(3)\ y=\sqrt{\dfrac{1-x}{1+x}}$

# 6 指数関数の導関数

指数関数 $f(x)=a^x$ の導関数を求めよう。

$y=a^x$ として両辺の自然対数をとると

$\log y=\log a^x=x\log a$

$\log y=x\log a$ の両辺を $x$ で微分すると

$$\frac{y'}{y}=\log a$$

よって　$\boldsymbol{y'=y\log a=a^x\log a}$

特に，$a=e$ のとき　$(e^x)'=e^x\log e=\boldsymbol{e^x}$

まとめると，次のようになる。

**ポイント** **[指数関数の導関数]** 覚え得

① $(e^x)'=e^x$

② $(a^x)'=a^x\log a$　$(a>0,\ a\neq 0)$

指数関数と対数関数の微分法について，本書では $\lim_{h\to 0}(1+h)^{\frac{1}{h}}=e$ を用いて，対数関数，そして指数関数といった順に説明したけれど，教科書によっては指数関数，そして対数関数の順に説明していることもある。

いずれにしても，それぞれの流れで理解すればいいんだ。納得したあとはしっかり結果を覚えて使っていこう。

さて，$(x^r)'=rx^{r-1}$ の公式が $r$ が実数でも使用可能になるって話，覚えているかな。いま，その時がきたんだ。

$y=x^r$（$r$は実数）とする。両辺の自然対数をとると　$\log y=r\log x$

両辺を $x$ で微分すると　$\dfrac{y'}{y}=r\cdot\dfrac{1}{x}$

これより　$y'=r\cdot\dfrac{y}{x}=r\cdot\dfrac{x^r}{x}=rx^{r-1}$

すなわち，$y=x^r$ のとき，$y'=rx^{r-1}$（$r$は実数）が成り立つ。

**微分公式** $\boldsymbol{(x^{\triangle})'=\triangle x^{\triangle-1}}$ **が自然数，整数，有理数，実数と適用範囲が拡張**されてきた道筋は描けるかな？　拡大への旅はひとまずここで終着点！

## 基本例題 161　指数関数の導関数

次の関数を微分せよ。

(1) $y=e^{2x}$　(2) $y=3^{-x}$　(3) $y=e^{-x^2}$

(4) $y=x^2e^{-x}$　(5) $y=e^{-x}\sin x$

**ねらい**
指数関数の微分について学習すること。

**解法ルール** $(e^x)'=e^x$，$(a^x)'=a^x\log a$

$y=e^{f(x)}$ の微分は，

$u=f(x)$ とおくと，$y=e^u$ だから

$$\frac{dy}{dx}=e^u\cdot\frac{du}{dx}=e^{f(x)}\cdot f'(x)$$

**解答例** (1) $u=2x$ とおくと，$y=e^u$ だから

$$\frac{dy}{dx}=e^u\cdot\frac{du}{dx}=e^{2x}\cdot(2x)'=\boldsymbol{2e^{2x}}\ \cdots 答$$

(2) $u=-x$ とおくと，$y=3^u$ だから

$$\frac{dy}{dx}=3^u\log 3\cdot\frac{du}{dx}=3^{-x}\log 3\cdot(-x)'=\boldsymbol{-3^{-x}\log 3}\ \cdots 答$$

(3) $u=-x^2$ とおくと，$y=e^u$ だから

$$\frac{dy}{dx}=e^u\cdot\frac{du}{dx}=e^{-x^2}\cdot(-x^2)'=\boldsymbol{-2xe^{-x^2}}\ \cdots 答$$

(4) $y'=(x^2e^{-x})'=(x^2)'e^{-x}+x^2(e^{-x})'$

$=2xe^{-x}+x^2e^{-x}\cdot(-x)'$

$=2xe^{-x}-x^2e^{-x}$

$=(2x-x^2)e^{-x}$

$\boldsymbol{=-x(x-2)e^{-x}}\ \cdots 答$

(5) $y'=(e^{-x}\sin x)'=(e^{-x})'\sin x+e^{-x}(\sin x)'$

$=-e^{-x}\cdot\sin x+e^{-x}\cdot\cos x$

$=(-\sin x+\cos x)e^{-x}$

$\boldsymbol{=(\cos x-\sin x)e^{-x}}\ \cdots 答$

●指数関数の微分でよく登場するもの

**1. $e^{f(x)}$ タイプの微分**

$u=f(x)$ とおく。

$\{e^{f(x)}\}'=\dfrac{dy}{du}\cdot\dfrac{du}{dx}$

$=e^{f(x)}\cdot f'(x)$

↑忘れないように

**2. $g(x)e^{f(x)}$ タイプの微分**

$\{g(x)e^{f(x)}\}'$

$=g'(x)e^{f(x)}$

$+g(x)e^{f(x)}\cdot f'(x)$

$=\{g'(x)$

$+g(x)f'(x)\}e^{f(x)}$

$e^{f(x)}$ でくくることができるのが特徴。

**類題 161** 次の関数を微分せよ。

(1) $y=e^{3x}$　(2) $y=2^{-3x+1}$　(3) $y=(e^x-e^{-x})^2$

(4) $y=e^{-x}\cos x$　(5) $y=(3x-2x^2)e^{-x}$

# 7 微分係数と極限 発展

求めにくい極限も，微分係数の定義を利用すると簡単に求めることができる場合がある。

**発展例題 162**　微分係数と極限(1)

関数 $f(x)$ が $x=a$ で微分可能であるとき，次の極限値を $a$, $f(a)$, $f'(a)$ を用いて表せ。

(1) $\displaystyle\lim_{h\to0}\frac{f(a+2h)-f(a)}{h}$　　(2) $\displaystyle\lim_{x\to a}\frac{a^2f(x)-x^2f(a)}{x-a}$

**ねらい**
微分係数の定義の式を利用すること。

**解法ルール** 微分係数の定義の式には，次の２つの形がある。

① $\displaystyle f'(a)=\lim_{h\to0}\frac{f(a+h)-f(a)}{h}$

② $\displaystyle f'(a)=\lim_{x\to a}\frac{f(x)-f(a)}{x-a}$

●$x-a$ や $f(a+h)$, $f(x)-f(a)$ などとあったら，微分係数の定義が利用できないかを考えてみよう。

**解答例** (1) $\displaystyle\lim_{h\to0}\frac{f(a+2h)-f(a)}{h}=\lim_{h\to0}2\cdot\frac{f(a+2h)-f(a)}{2h}$

$\displaystyle=2\lim_{h\to0}\frac{f(a+2h)-f(a)}{2h}$

$=\boldsymbol{2f'(a)}$ …答

(2) $a^2f(x)-x^2f(a)=a^2f(x)-\boldsymbol{a^2f(a)}+\boldsymbol{a^2f(a)}-x^2f(a)$

$=a^2\{f(x)-f(a)\}-(x^2-a^2)f(a)$

よって

$\displaystyle\lim_{x\to a}\frac{a^2f(x)-x^2f(a)}{x-a}=\lim_{x\to a}\frac{a^2\{f(x)-f(a)\}-(x^2-a^2)f(a)}{x-a}$

$\displaystyle=\lim_{x\to a}\left\{a^2\cdot\frac{f(x)-f(a)}{x-a}-(x+a)f(a)\right\}$

$\displaystyle=a^2\lim_{x\to a}\frac{f(x)-f(a)}{x-a}-\lim_{x\to a}(x+a)f(a)$

$=\boldsymbol{a^2f'(a)-2af(a)}$ …答

●$\dfrac{0}{0}$ の形の極限も，微分係数の定義が利用できることがある。

**類題 162-1** 関数 $f(x)$ が $x=a$ で微分可能であるとき，次の極限値を $a$, $f(a)$, $f'(a)$ を用いて表せ。

(1) $\displaystyle\lim_{h\to0}\frac{f(a+h)-f(a-h)}{h}$　　(2) $\displaystyle\lim_{x\to a}\frac{af(x)-xf(a)}{x-a}$

**類題 162-2** 関数 $f(x)$ が $x=a$ で微分可能で $f'(a)=2$ のとき，

極限 $\displaystyle\lim_{h\to0}\frac{f(a+h^2+2h)-f(a-h)}{h}$ を求めよ。

関数 $f(x)$ が具体的に与えられることもある。特に，三角関数や指数・対数関数の場合は難しいので練習しよう。まず，自然対数の底 $e$ の復習だ。

$\lim_{x\to0}(1+x)^{\frac{1}{x}}=e$ や $\lim_{x\to\infty}\left(1+\frac{1}{x}\right)^x=e$ が $e$ の定義だったね。

例えば，$\lim_{t\to\infty}\left(\frac{t}{t+1}\right)^t$ のような極限を求めるときに利用するよ。

$t=\frac{1}{h}$ とおくと $\left(\frac{t}{t+1}\right)^t=\left(\frac{\frac{1}{h}}{\frac{1}{h}+1}\right)^{\frac{1}{h}}=\left(\frac{1}{1+h}\right)^{\frac{1}{h}}=\frac{1}{(1+h)^{\frac{1}{h}}}$

$t\to\infty$ のとき $h\to0$ であるから $\lim_{t\to\infty}\left(\frac{t}{t+1}\right)^t=\lim_{h\to0}\frac{1}{(1+h)^{\frac{1}{h}}}=\frac{1}{e}$

## 発展例題 163

微分係数と極限(2)

次の極限値を求めよ。ただし，$a$ は定数とする。

(1) $\lim_{x\to0}\frac{3^x-1}{x}$　　(2) $\lim_{x\to a}\frac{\sin x-\sin a}{\sin(x-a)}$

**ねらい**

三角関数や指数・対数に対しても，微分係数の定義の式を利用すること。

**解法ルール** 微分係数の定義

$$f'(a)=\lim_{h\to0}\frac{f(a+h)-f(a)}{h}\qquad f'(a)=\lim_{x\to a}\frac{f(x)-f(a)}{x-a}$$

を利用する。

具体的に $f(x)$ をどうおくかを考えよう。

**解答例**

(1) $f(x)=3^x$ とすると　$f'(x)=3^x\log3$

$$\lim_{x\to0}\frac{3^x-1}{x}=\lim_{x\to0}\frac{3^x-3^0}{x-0}=\lim_{x\to0}\frac{f(x)-f(0)}{x-0}=f'(0)$$

$f'(0)=3^0\log3=\log3$

よって　$\lim_{x\to0}\frac{3^x-1}{x}=\boldsymbol{\log3}$ …答

(2) $\lim_{x\to a}\frac{\sin x-\sin a}{\sin(x-a)}=\lim_{x\to a}\frac{\sin x-\sin a}{x-a}\cdot\frac{x-a}{\sin(x-a)}$

ここで，$f(x)=\sin x$ とすると　$f'(x)=\cos x$

$$\lim_{x\to a}\frac{\sin x-\sin a}{x-a}=\lim_{x\to a}\frac{f(x)-f(a)}{x-a}=f'(a)=\cos a$$

また　$\lim_{x\to a}\frac{x-a}{\sin(x-a)}=1$　←$\lim_{x\to0}\frac{\sin x}{x}=1$ より

よって　$\lim_{x\to a}\frac{\sin x-\sin a}{\sin(x-a)}=\cos a\cdot1=\boldsymbol{\cos a}$ …答

● $f(x)-f(a)$ などとあったら，微分係数の定義が利用できないかを考えてみよう。

**類題 163** 次の極限値を求めよ。ただし，$a$ は正の定数とする。

(1) $\lim_{h\to0}\frac{e^{2h+2}-e^2}{h}$　　(2) $\lim_{h\to0}\frac{\log(2a+h)-\log a-\log2}{\log(a+h)-\log a}$

# 8 高次導関数

関数 $y=f(x)$ の導関数 $f'(x)$ が微分可能であるとき，$f'(x)$ をさらに微分して得られる導関数を $f(x)$ の第2次導関数といい，$y''$，$f''(x)$，$\dfrac{d^2y}{dx^2}$，$\dfrac{d^2}{dx^2}f(x)$ などの記号で表す。

また，$f''(x)$ が微分可能であるとき，$f''(x)$ をさらに微分して得られる導関数を $f(x)$ の第3次導関数といい，$y'''$，$f'''(x)$，$\dfrac{d^3y}{dx^3}$，$\dfrac{d^3}{dx^3}f(x)$ などで表す。

一般に，関数 $y=f(x)$ を $n$ 回微分して得られる導関数を第 $n$ 次導関数といい，$y^{(n)}$，$f^{(n)}(x)$，$\dfrac{d^ny}{dx^n}$，$\dfrac{d^n}{dx^n}f(x)$ などの記号で表す。

このとき，第2次以上の導関数を**高次導関数**という。

---

**基本例題 164**　　　　　　　　　　　　　第2次導関数

次の関数の第2次導関数を求めよ。

(1) $y=\cos x$　　　　　　　　(2) $y=e^{-x}$

**ねらい**
第2次導関数を求めること。

**解法ルール**　第1次導関数 $f'(x)$ をさらに微分して，第2次導関数 $f''(x)$ を求める。

さらに微分すると第3次導関数だよ。
(1) $y'''=\sin x$
(2) $y'''=-e^{-x}$

**解答例**　(1)　$y=\cos x$ を微分して　$y'=-\sin x$
　　　　　　したがって　$\boldsymbol{y''=-\cos x}$　…答

(2)　$y=e^{-x}$ を微分して　$y'=-e^{-x}$
　　　したがって　$\boldsymbol{y''=e^{-x}}$　…答

**類題 164**　次の関数の第3次導関数を求めよ。

(1) $y=\sin x$　　　　　　　　(2) $y=\log x$

---

**基本例題 165**　　　　　　　　　　　　　第 $n$ 次導関数

次の関数の第 $n$ 次導関数を求めよ。

(1) $y=x^n$（$n$：自然数）　　　(2) $y=e^{ax}$

**ねらい**
第 $n$ 次導関数を求めること。

**解法ルール**　$n$ 回微分する。$y^{(n)}$ で表す。

数学的帰納法を使って証明すればいいんだけど，今回は推測の段階までにしておこう。

**解答例**　(1)　$y=x^n$ より　$y'=nx^{n-1}$，$y''=n(n-1)x^{n-2}$
　　　　　　$n$ 回繰り返すと　$\boldsymbol{y^{(n)}=n!}$　…答

(2)　$y=e^{ax}$ より　$y'=ae^{ax}$，$y''=a^2e^{ax}$
　　　$n$ 回繰り返すと　$\boldsymbol{y^{(n)}=a^ne^{ax}}$　…答

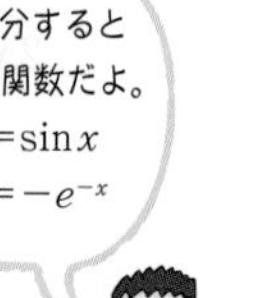

**類題 165** 次の関数の第 $n$ 次導関数を求めよ。

(1) $y=\sin x$　　(2) $y=e^{-x}$

## 基本例題 166　関数 $F(x,\ y)=0$ の導関数

次の方程式で定められる $x$ の関数 $y$ の導関数 $\dfrac{dy}{dx}$ を $x$ と $y$ で表せ。

(1) $x^2+2y^2=4$　　(2) $y^2=x+1$　　(3) $\sqrt{x}+\sqrt{y}=1$

**ねらい**
方程式 $F(x,\ y)=0$ で表される関数の微分について学ぶこと。

**解法ルール** $ax^n+by^n=c$ について両辺を $x$ で微分する。

$by^n$ を $x$ で微分するには，$y$ は $x$ の関数より，$z=y^n$ と考えて

$$\frac{dz}{dx}=\frac{dz}{dy}\cdot\frac{dy}{dx}=ny^{n-1}\cdot\frac{dy}{dx}$$

$$\boldsymbol{anx^{n-1}+bny^{n-1}\cdot\frac{dy}{dx}=0}$$

これより，$\dfrac{dy}{dx}$ を求めればよい。

関数 $F(x,\ y)=0$ の導関数 $\dfrac{dy}{dx}$ を求めるのに，$y=f(x)$ の形で表す必要はないことがわかったかな？ $\dfrac{dy}{dx}$ を求めるときに割り算をしているから，「0でない」ことのcheckが気になるかもしれないけれど，ここではおおらかに「0でない」として $\dfrac{dy}{dx}$ を求めていくことにしよう。

**解答例** (1) $x^2+2y^2=4$ の両辺を $x$ で微分すると

$$2x+4y\cdot\frac{dy}{dx}=0$$

$z=y^2$ と考えて $x$ で微分する。$\dfrac{dz}{dx}=2y\cdot\dfrac{dy}{dx}$

これより　$\boldsymbol{\dfrac{dy}{dx}=-\dfrac{x}{2y}}$　…答

(2) $y^2=x+1$ の両辺を $x$ で微分すると

$$2y\cdot\frac{dy}{dx}=1$$

これより　$\boldsymbol{\dfrac{dy}{dx}=\dfrac{1}{2y}}$　…答

(3) $\sqrt{x}+\sqrt{y}=1$ の両辺を $x$ で微分すると

$$\frac{1}{2}x^{-\frac{1}{2}}+\frac{1}{2}y^{-\frac{1}{2}}\cdot\frac{dy}{dx}=0$$

$z=\sqrt{y}=y^{\frac{1}{2}}$ と考えて $x$ で微分する。$\dfrac{dz}{dx}=\dfrac{1}{2}y^{-\frac{1}{2}}\cdot\dfrac{dy}{dx}$

これより　$\boldsymbol{\dfrac{dy}{dx}}=\dfrac{-\frac{1}{2}x^{-\frac{1}{2}}}{\frac{1}{2}y^{-\frac{1}{2}}}$

$$=\boldsymbol{-\sqrt{\frac{y}{x}}}\quad\cdots答$$

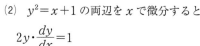

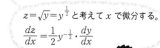

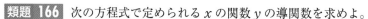

**類題 166** 次の方程式で定められる $x$ の関数 $y$ の導関数を求めよ。

(1) $\dfrac{x^2}{4}+y^2=1$　　(2) $y^2=4x$　　(3) $x^2+y^2-2x+2=0$

(4) $xy+x-y=0$　　(5) $x^{\frac{1}{3}}+y^{\frac{1}{3}}=1$

# 9 媒介変数で表された関数の導関数

平面上の曲線が，1つの**変数** $\boldsymbol{t}$ を用いて

$$\begin{cases} x=f(t) \\ y=g(t) \end{cases}$$

の形に表されたとき，これを曲線の**媒介変数表示**といい，$\boldsymbol{t}$ **を媒介変数**という。ここで，$x$ の値が決まれば，$t$ を媒介として $y$ の値が定まり，$y$ は $x$ の関数となる。

このとき $\dfrac{dy}{dx}$ を求めてみよう。

合成関数の微分法により，$\dfrac{dy}{dx}=\dfrac{dy}{dt}\cdot\dfrac{dt}{dx}=\dfrac{dy}{dt}\cdot\left(\dfrac{1}{\dfrac{dx}{dt}}\right)$ がいえる。

したがって，$\boldsymbol{\dfrac{dy}{dx}=\dfrac{\dfrac{dy}{dt}}{\dfrac{dx}{dt}}=\dfrac{g'(t)}{f'(t)}}$ が成り立つ。

**基本例題 167** 　媒介変数表示された関数の導関数

次の関数について，$\dfrac{dy}{dx}$ を $\theta$ で表せ。（$\theta$ は媒介変数とする）

(1) $x=\theta-\sin\theta,\ y=1-\cos\theta$ 　　(2) $x=\cos^3\theta,\ y=\sin^3\theta$

**ねらい**
媒介変数で表示された関数を微分すること。

**解法ルール** $x=f(t),\ y=g(t)$ のとき $\boldsymbol{\dfrac{dy}{dx}=\dfrac{\dfrac{dy}{dt}}{\dfrac{dx}{dt}}}$

**解答例** (1) $\boldsymbol{\dfrac{dy}{dx}}=\dfrac{\dfrac{dy}{d\theta}}{\dfrac{dx}{d\theta}}=\boldsymbol{\dfrac{\sin\theta}{1-\cos\theta}}$ …答

(2) $\boldsymbol{\dfrac{dy}{dx}}=\dfrac{\dfrac{dy}{d\theta}}{\dfrac{dx}{d\theta}}=\dfrac{3\sin^2\theta\cos\theta}{3\cos^2\theta(-\sin\theta)}=-\dfrac{\sin\theta}{\cos\theta}=\boldsymbol{-\tan\theta}$ …答

$\boldsymbol{\dfrac{dy}{dx}}=\dfrac{dy}{d\theta}\cdot\dfrac{d\theta}{dx}=\boldsymbol{\dfrac{\dfrac{dy}{d\theta}}{\dfrac{dx}{d\theta}}}$

$\dfrac{d\theta}{dx}=\dfrac{1}{\dfrac{dx}{d\theta}}$

**類題 167** 次の関数について，$\dfrac{dy}{dx}$ を媒介変数 $t$ で表せ。

(1) $x=4\cos t,\ y=\sin 2t$ 　　(2) $x=\cos t+\sin t,\ y=\cos t\sin t$

(3) $x=3\cos t+\cos 3t,\ y=3\sin t-\sin 3t$

(4) $x=e^{-t}\cos\pi t,\ y=e^{-t}\sin\pi t$

# 2節 微分法の応用

## 10 接線と法線

曲線 $y=f(x)$ 上の点 $P(t,\ f(t))$ における**接線の方程式**は，

$y-f(t)=f'(t)(x-t)$ で与えられる。

また，点Pを通り点Pにおける接線と垂直に交わる直線を，曲線 $y=f(x)$ 上の点Pにおける**法線**という。

点 $P(t,\ f(t))$ における**法線の方程式**は

$$y-f(t)=-\frac{1}{f'(t)}(x-t)\ (f'(t)\neq 0)$$ で与えられる。

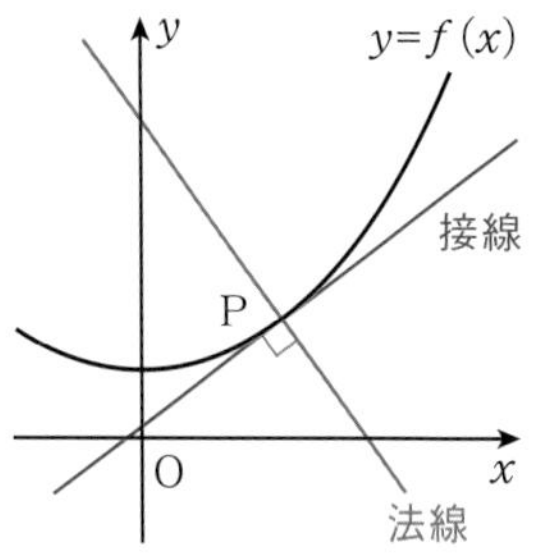


**基本例題 168** 　接線と法線

曲線 $y=x+\dfrac{2}{x}$ 上の点 $(1,\ 3)$ における，接線と法線の方程式を求めよ。

**ねらい**
曲線上の点での接線と法線の方程式を求めること。

**解法ルール** 曲線 $y=f(x)$ 上の点 $(t,\ f(t))$ における**接線の方程式**は

$$y-f(t)=f'(t)(x-t)$$

また，**法線の方程式**は

$$y-f(t)=-\frac{1}{f'(t)}(x-t)\quad (f'(t)\neq 0)$$

← 2直線 $y=m_1x+n_1$，$y=m_2x+n_2$ が垂直
$\Updownarrow$
$m_1\cdot m_2=-1$

**解答例** $f(x)=x+\dfrac{2}{x}$ とおくと，$f'(x)=1-\dfrac{2}{x^2}$ より　$f'(1)=-1$

したがって，**接線の方程式**は

$y-3=(-1)(x-1) \iff \boldsymbol{y=-x+4}$ …答

また，**法線の方程式**は

$y-3=1\cdot(x-1) \iff \boldsymbol{y=x+2}$ …答

**類題 168** 次の曲線上の点Pにおける，接線と法線の方程式を求めよ。

(1) $y=\dfrac{x+1}{2x-1}$，$P(1,\ 2)$　　(2) $y=\sin 2x$，$P\left(\dfrac{\pi}{6},\ \dfrac{\sqrt{3}}{2}\right)$

(3) $y=x\log x$，$P(e,\ e)$　　(4) $y=e^{-x^2}$，$P\left(1,\ \dfrac{1}{e}\right)$

## 基本例題 169　曲線外の点を通る接線

原点から曲線 $y=\log x$ に引いた接線の方程式を求めよ。

テストに出るぞ！

**ねらい**
曲線の外の点から曲線に引いた接線の方程式を求めること。

**解法ルール** 曲線 $y=\log x$ 上の点を $(t,\ \log t)$ とする。

**Step 1**　$(t,\ \log t)$ における接線の方程式を求める。

**Step 2**　接線が原点を通るように $t$ の値を定める。

**解答例** 曲線 $y=\log x$ 上の接点を $(t,\ \log t)$ とする。

$y'=\dfrac{1}{x}$ より，

点 $(t,\ \log t)$ における接線の傾きは $\dfrac{1}{t}$

よって，接線の方程式は

$$y-\log t=\frac{1}{t}(x-t)$$

$$\Longleftrightarrow y=\frac{1}{t}x+\log t-1$$

この接線が原点を通るとき

$$0=\log t-1 \Longleftrightarrow \log t=1$$

（$1=\log_e e$）

すなわち　$t=e$

以上より，求める接線の方程式は　$\boldsymbol{y=\dfrac{1}{e}x}$　…答

●曲線外の点を通る接線の方程式の求め方
1. 接点を $(t,\ f(t))$ とおく。
2. 点 $(t,\ f(t))$ における接線の方程式を求める。
3. 条件に適する $t$ の値を求める。
4. $t$ の値を2の方程式に代入して接線の方程式を求める。

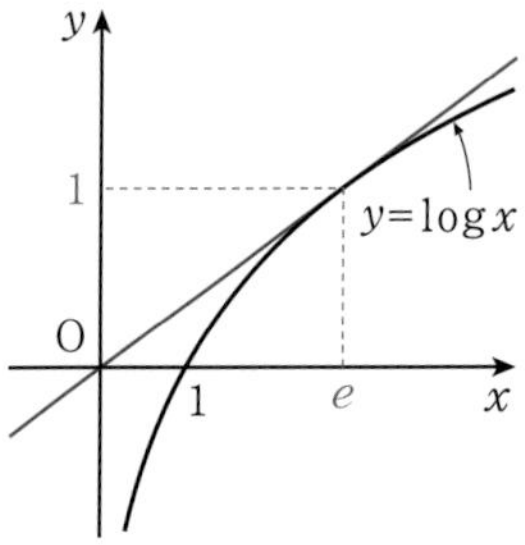

y
1
O
1
e
x
y=log x

●原点における接線
●原点から引いた接線（原点を通る接線）では，問題の解き方が異なるね。

**類題 169** 点 $(3,\ 0)$ から曲線 $y=e^{-\frac{x^2}{4}}$ に引いた接線の方程式と，その接点の座標を求めよ。

## 基本例題 170　媒介変数表示された曲線の接線と法線

曲線 $C$ が，$\theta$ を媒介変数として $x=a(\theta-\sin\theta)$，$y=a(1-\cos\theta)$（ただし $a>0$）と表されているとき，$C$ 上の $\theta=\dfrac{\pi}{3}$ に対応する点における接線と法線の方程式を求めよ。

テストに出るぞ！

**ねらい**
媒介変数表示された曲線の接線と法線の方程式を求めること。

**解法ルール**　$x=f(t)$，$y=g(t)$ で表される曲線の $t=\alpha$ における**接線の傾き**を求めるには，

**Step 1**　$\dfrac{dy}{dx}=\dfrac{\frac{dy}{dt}}{\frac{dx}{dt}}$ を求める。

**Step 2**　$\dfrac{dy}{dx}$ の $t=\alpha$ における値を求める。

この曲線は
p.109 で出てきた
サイクロイドだよ。
覚えているかな？


**解答例**　$\dfrac{dy}{dx}=\dfrac{\frac{dy}{d\theta}}{\frac{dx}{d\theta}}=\dfrac{a\sin\theta}{a(1-\cos\theta)}=\dfrac{\sin\theta}{1-\cos\theta}$

これより，$\theta=\dfrac{\pi}{3}$ における**接線の傾き**は　$\dfrac{\sin\frac{\pi}{3}}{1-\cos\frac{\pi}{3}}=\sqrt{3}$

また，接点の $x$ 座標は　$x=a\left(\dfrac{\pi}{3}-\sin\dfrac{\pi}{3}\right)=a\left(\dfrac{\pi}{3}-\dfrac{\sqrt{3}}{2}\right)$

$y$ 座標は　$y=a\left(1-\cos\dfrac{\pi}{3}\right)=\dfrac{a}{2}$

よって，接点は　$\left(a\left(\dfrac{\pi}{3}-\dfrac{\sqrt{3}}{2}\right),\ \dfrac{a}{2}\right)$

以上より，**接線の方程式**は　$y-\dfrac{a}{2}=\sqrt{3}\left\{x-\left(\dfrac{\pi}{3}-\dfrac{\sqrt{3}}{2}\right)a\right\}$

すなわち　$\boldsymbol{y=\sqrt{3}x+\left(2-\dfrac{\sqrt{3}}{3}\pi\right)a}$　…答

また，**法線の方程式**は，傾きが $-\dfrac{1}{\sqrt{3}}$ より

$$y-\frac{a}{2}=-\frac{1}{\sqrt{3}}\left\{x-\left(\frac{\pi}{3}-\frac{\sqrt{3}}{2}\right)a\right\}=-\frac{1}{\sqrt{3}}x+\frac{\sqrt{3}}{9}\pi a-\frac{1}{2}a$$

すなわち　$\boldsymbol{y=-\dfrac{\sqrt{3}}{3}x+\dfrac{\sqrt{3}}{9}\pi a}$　…答

あたりまえのことなんだけれど，
「接線の傾きを求めるには
dy/dx を求める。」
ことを忘れないこと。
変数がたくさん出てくると
何を何で微分したものが
接線の傾きを表すのか，
忘れる人がときどきいるみたい
だよ。注意！


**類題 170**　曲線 $C$ が $t$ を媒介変数として $x=4\cos t$，$y=\sin 2t$ と表されているとき，曲線 $C$ 上の $t=\dfrac{\pi}{6}$ に対応する点における接線の傾きを求めよ。

## 基本例題 171　楕円の接線

楕円 $\dfrac{x^2}{a^2}+\dfrac{y^2}{b^2}=1$ 上の点 $(x_0,\ y_0)$ における接線の方程式を求めよ。

**ねらい**
楕円の接線を求めること。

**解法ルール**　$ax^n+by^n=c$ の両辺を $x$ で微分すると

$$anx^{n-1}+bny^{n-1}\cdot\frac{dy}{dx}=0$$

これを利用して接線の傾きを求める。

*p.*205 で学んだ $F(x,\ y)=0$ の微分法を思い出そう。

**解答例**　$\dfrac{x^2}{a^2}+\dfrac{y^2}{b^2}=1$ の両辺を $x$ で微分すると

$$\frac{2x}{a^2}+\frac{2y}{b^2}\cdot\frac{dy}{dx}=0$$

*p.*103 の楕円の接線の求め方と比較してみよう。

(i)　$y_0\neq0$ のとき

$\dfrac{dy}{dx}=-\dfrac{b^2x}{a^2y}$ だから，楕円上の点 $(x_0,\ y_0)$ における接線の傾きは　$-\dfrac{b^2x_0}{a^2y_0}$

よって，求める接線の方程式は

$$y-y_0=-\frac{b^2x_0}{a^2y_0}(x-x_0)$$

両辺に $\dfrac{y_0}{b^2}$ を掛けて　$\dfrac{y_0y}{b^2}-\dfrac{{y_0}^2}{b^2}=-\dfrac{x_0x}{a^2}+\dfrac{{x_0}^2}{a^2}$

移項して　$\dfrac{x_0x}{a^2}+\dfrac{y_0y}{b^2}=\dfrac{{x_0}^2}{a^2}+\dfrac{{y_0}^2}{b^2}$

ここで $(x_0,\ y_0)$ は楕円上の点だから　$\dfrac{{x_0}^2}{a^2}+\dfrac{{y_0}^2}{b^2}=1$

接線の方程式は　$\dfrac{x_0x}{a^2}+\dfrac{y_0y}{b^2}=1$　……①

(ii)　$y_0=0$ のとき

接点は $(\pm a,\ 0)$ で，接線は $y$ 軸に平行となる。

よって　$x=\pm a$

これは，①で $x_0=\pm a$，$y_0=0$ とした場合である。

(i)，(ii)より，求める接線の方程式は　$\boldsymbol{\dfrac{x_0x}{a^2}+\dfrac{y_0y}{b^2}=1}$　…答

同様にすれば，双曲線 $\dfrac{x^2}{a^2}-\dfrac{y^2}{b^2}=\pm1$ 上の点 $(x_0,\ y_0)$ における接線の方程式は $\dfrac{x_0x}{a^2}-\dfrac{y_0y}{b^2}=\pm1$

**類題 171**　放物線 $y^2=4px$ 上の点 $(x_0,\ y_0)$ における接線の方程式を求めよ。

**基本例題 172**　　　　　　　　　 曲線 $x^{\alpha}+y^{\alpha}=1$ の接線の方程式

曲線 $x^{\frac{2}{3}}+y^{\frac{2}{3}}=1$ 上の点を $(x_0, y_0)$ とする。

ただし，$x_0 y_0 \neq 0$ である。このとき，次の問いに答えよ。

(1) 点 $(x_0, y_0)$ における接線の方程式を求めよ。

(2) (1)の接線と $x$ 軸，$y$ 軸との交点をそれぞれ P，Q とするとき，線分 PQ の長さを求めよ。

 テストに出るぞ！

**ねらい**

関数 $F(x, y)=0$ で表された曲線の接線の方程式を求めること。

この曲線をアステロイドというんだ。

**解法ルール**　点 $(x_0, y_0)$ における**接線の傾き**を求めるには

**Step 1**　$\dfrac{dy}{dx}$ を $x$ と $y$ で表す。

**Step 2**　$x=x_0$，$y=y_0$ のときの $\dfrac{dy}{dx}$ の値を求める。

**解答例** (1) $x^{\frac{2}{3}}+y^{\frac{2}{3}}=1$ の両辺を $x$ で微分すると，

$$\frac{2}{3}x^{-\frac{1}{3}}+\frac{2}{3}y^{-\frac{1}{3}}\cdot\frac{dy}{dx}=0 \text{ より }\quad \frac{dy}{dx}=-\frac{x^{-\frac{1}{3}}}{y^{-\frac{1}{3}}}=-\frac{y^{\frac{1}{3}}}{x^{\frac{1}{3}}}=-\left(\frac{y}{x}\right)^{\frac{1}{3}}$$

したがって，点 $(x_0, y_0)$ における**接線の傾き**は　$-\left(\dfrac{y_0}{x_0}\right)^{\frac{1}{3}}$

以上より，接線の方程式は

$$y-y_0=-\left(\frac{y_0}{x_0}\right)^{\frac{1}{3}}(x-x_0) \Longleftrightarrow y=-\left(\frac{y_0}{x_0}\right)^{\frac{1}{3}}x+x_0^{\frac{2}{3}}y_0^{\frac{1}{3}}+y_0$$

$$=-\left(\frac{y_0}{x_0}\right)^{\frac{1}{3}}x+y_0^{\frac{1}{3}}(x_0^{\frac{2}{3}}+y_0^{\frac{2}{3}})$$

点 $(x_0, y_0)$ は曲線 $x^{\frac{2}{3}}+y^{\frac{2}{3}}=1$ 上の点であるから　$x_0^{\frac{2}{3}}+y_0^{\frac{2}{3}}=1$

よって　$\boldsymbol{y=-\left(\dfrac{y_0}{x_0}\right)^{\frac{1}{3}}x+y_0^{\frac{1}{3}}}$　…答

$\Leftarrow$ $y_0^{\frac{1}{3}}x+x_0^{\frac{1}{3}}y$

$=(x_0 y_0)^{\frac{1}{3}}$　または，

$\dfrac{x}{x_0^{\frac{1}{3}}}+\dfrac{y}{y_0^{\frac{1}{3}}}=1$

の形に変形すると，もとの曲線の式と比較しやすい。

(2)　点 P は $x$ 軸との交点より　$0=-\left(\dfrac{y_0}{x_0}\right)^{\frac{1}{3}}x+y_0^{\frac{1}{3}}$

よって　$x=x_0^{\frac{1}{3}}$　　したがって，点 P の座標は　$\left(x_0^{\frac{1}{3}}, 0\right)$

点 Q は $y$ 軸との交点より　$y=-\left(\dfrac{y_0}{x_0}\right)^{\frac{1}{3}}\times 0+y_0^{\frac{1}{3}}$

よって　$y=y_0^{\frac{1}{3}}$　　したがって，点 Q の座標は　$\left(0, y_0^{\frac{1}{3}}\right)$

$$PQ^2=(x_0^{\frac{1}{3}})^2+(y_0^{\frac{1}{3}})^2=x_0^{\frac{2}{3}}+y_0^{\frac{2}{3}}=1$$

答　**線分 PQ の長さは　1**

**類題 172**　曲線 $\sqrt{x}+\sqrt{y}=1$ 上の点 $(x_0, y_0)$ $(0<x_0<1)$ における接線が $x$ 軸，$y$ 軸と交わる点をそれぞれ A，B とするとき，原点 O からの距離の和 OA＋OB は点 $(x_0, y_0)$ に関係なく一定であることを示せ。

# 11 平均値の定理

ここでは，いきなり結論から示そう。

**ポイント** ［平均値の定理］

**関数 $f(x)$ が，閉区間 $[a,\ b]$ で連続で，**
**開区間 $(a,\ b)$ で微分可能**ならば，

$$\frac{f(b)-f(a)}{b-a}=f'(c),\ a<c<b$$

**を満たす $c$ が存在する。**

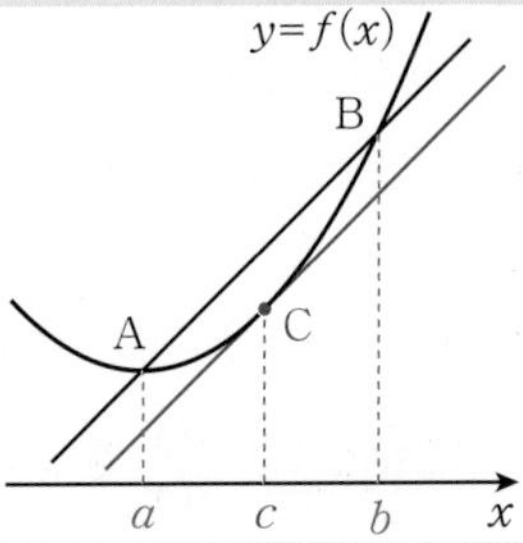


覚え得

例えば，関数 $f(x)=x^2$ は，閉区間 $[0,\ 2]$ で連続で開区間 $(0,\ 2)$ で微分可能である。

$$\frac{f(2)-f(0)}{2-0}=\frac{2^2-0^2}{2}=2$$

$f'(x)=2x$ だから，$f'(c)=2$ となる $c$ を求めると　$c=1$　　確かに開区間 $(0,\ 2)$ に $c$ が存在する。

また，平均値の定理の特別な場合として，次の**ロルの定理**が成り立つ。

**ポイント** ［ロルの定理］

**関数 $f(x)$ が，閉区間 $[a,\ b]$ で連続で，**
**開区間 $(a,\ b)$ で微分可能で，$f(a)=f(b)$**
ならば，

$$f'(c)=0,\ a<c<b$$

**を満たす $c$ が存在する。**
（平均値の定理で，$f(a)=f(b)$ となる場合。）

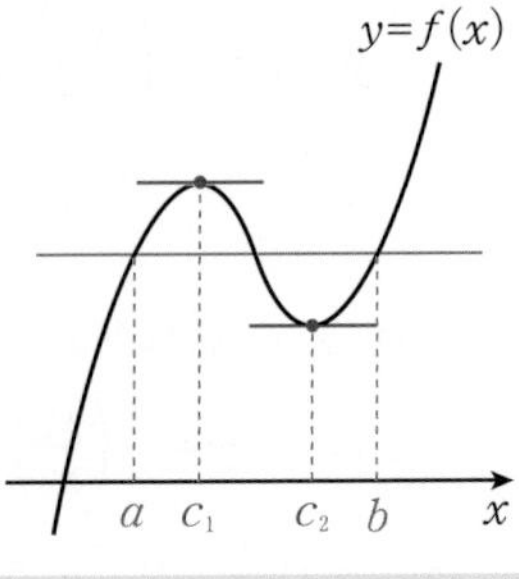


覚え得

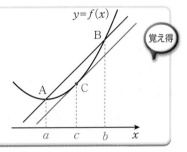

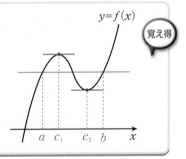

平均値の定理は，上の図でもわかるように，「**$y=f(x)$ のグラフの曲線 AB 上のどこかで，少なくとも 1 つは直線 AB に平行な接線が存在する**」ぐらいに理解していればいいよ。
このような感じで理解した方が

$$\frac{f(b)-f(a)}{b-a}=f'(c)$$

も覚えやすいしね。
この定理を使わなくては解けない問題というのはそれほど多くなくて，まあ，ある種の不等式の証明なんかに用いられるくらいだ。この定理を用いる不等式って結構それらしき（？）形をしているので，1〜2 回練習すると感じがわかるよ。

## 基本例題 173　平均値の定理の利用

テストに出るぞ！

$t>0$ のとき，不等式

$$\frac{1}{t+1}<\log(t+1)-\log t<\frac{1}{t}$$

を示せ。

**ねらい**
平均値の定理の不等式への応用を学習すること。

**解法ルール** $\log(t+1)-\log t=\dfrac{\log(t+1)-\log t}{(t+1)-t}$ より

**平均値の定理** $\dfrac{f(b)-f(a)}{b-a}=f'(c)$，$a<c<b$

を利用する。

**解答例** $f(x)=\log x$ とすると，$f(x)$ は $x>0$ で微分可能な関数である。
したがって

**関数 $f(x)$ は，閉区間 $[t,\ t+1]$ $(t>0)$ で連続であり，また開区間 $(t,\ t+1)$ で微分可能である**ことから

$$\frac{f(t+1)-f(t)}{(t+1)-t}=f'(c),\ \ t<c<t+1$$

を満たす実数 $c$ が存在する。

$f'(x)=\dfrac{1}{x}$ より　$f'(c)=\dfrac{1}{c}$

すなわち

$$f(t+1)-f(t)=\frac{1}{c},\ \ t<c<t+1 \quad \cdots\cdots①$$

ところで，$t>0$ より　$\dfrac{1}{t+1}<\dfrac{1}{c}<\dfrac{1}{t}$　$\cdots\cdots②$

①，②より　$\dfrac{1}{t+1}<f(t+1)-f(t)<\dfrac{1}{t}$

すなわち　$\boldsymbol{\dfrac{1}{t+1}<\log(t+1)-\log t<\dfrac{1}{t}}$

**が成り立つ。** 終

この部分は，何かくどい感じをもつ人がいるかもしれないけれど，定理を用いるとき一番大事なことは「定理が成り立つための条件を満たしていることを確認する」ことなんだよ。だから必ず明記すること！薬でいう使用上の注意，みたいなものだね。

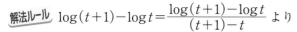

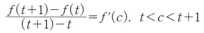

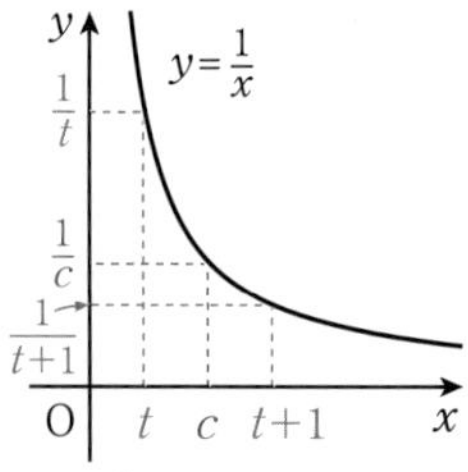


**類題 173** 平均値の定理を利用して，次のことを示せ。

(1) $0<a<c<b$ のとき　$\dfrac{\log c-\log a}{c-a}>\dfrac{\log b-\log c}{b-c}$

(2) $0<a<c<b<\pi$ のとき　$\dfrac{\sin c-\sin a}{c-a}>\dfrac{\sin b-\sin c}{b-c}$

関数の値の増減と，その導関数 $f'(x)$ の符号の関係は，

区間 $a<x<b$ で　$f'(x)>0$　ならば　$f(x)$ の値は区間 $a\leqq x\leqq b$ で増加する

区間 $a<x<b$ で　$f'(x)<0$　ならば　$f(x)$ の値は区間 $a\leqq x\leqq b$ で減少する

となる。

## ❖ 関数の極大・極小

連続な関数 $f(x)$ の値が $x=a$ を境に

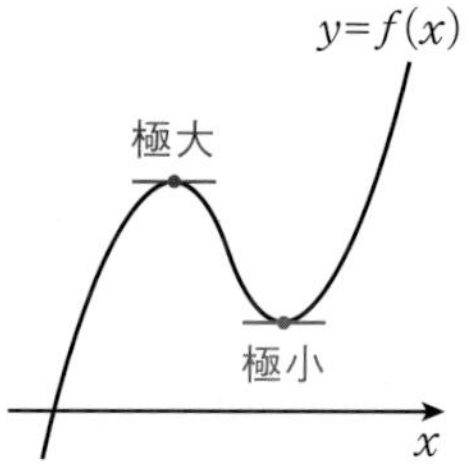

● 増加から減少に変わるとき

関数 $f(x)$ は $x=a$ で極大になるといい，

そのときの値 $f(a)$ を極大値という。

● 減少から増加に変わるとき

関数 $f(x)$ は $x=a$ で極小になるといい，

そのときの値 $f(a)$ を極小値という。

極大値と極小値をあわせて極値という。

## ❖ 極値をとるための条件

関数 $f(x)$ が $x=a$ で極値をとり，かつ $x=a$ で微分可能ならば　$f'(a)=0$

数学Ⅱでごく当然のようにやっていたことを，わざわざいまどうしてと思う人がいるかもしれないね。

数学Ⅱでは，扱う関数が整関数 $y=ax^3+bx^2+cx+d$ だけだったので，言うまでもなく微分可能な関数だったんだ。でも，数学Ⅲでは関数について，連続であるとか，微分可能であるかといった性質を扱うようになったね。

すると，極大・極小の考え方と関数の連続性，微分可能性といった性質の間の関係を明確にする必要がでてきたわけ。この意味でもう1度上の本文を読んでほしいな。

「$x=a$ で関数 $f(x)$ が極値をとる」ということと

「$x=a$ で関数 $f(x)$ が微分可能である」ということは，まあ，他人同志といった感じがわかってもらえるかな。

$y=|x|$ は，$x=0$ で微分可能ではないが，$x=0$ を境に減少から増加に変わるので，$x=0$ で極小となり極小値 0 である。

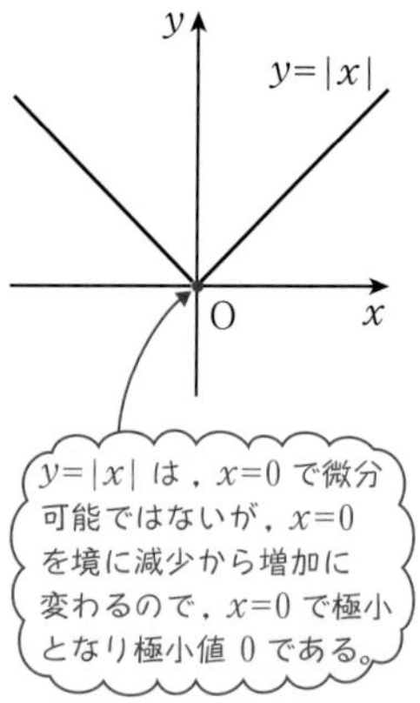

$x=a$ で関数 $f(x)$ が極値をとる

　　……$x=a$ を境に関数 $f(x)$ の増加，減少が入れかわる

$x=a$ で関数 $f(x)$ が微分可能である

　　……$y=f(x)$ のグラフ上の点 $(a,\ f(a))$ において接線が引ける

## 基本例題 174　関数の値の増減と極値(1)

次の関数について，増減を調べ，極値を求めよ。

(1) $y=\dfrac{x^2+3}{2x}$　(2) $y=\dfrac{1}{x-3}-\dfrac{1}{x-1}$　(3) $y=\dfrac{2x+1}{x^2+2}$

**ねらい**
分数関数の増減と極値を求めること。

**解法ルール** $\left\{\dfrac{f(x)}{g(x)}\right\}'=\dfrac{f'(x)g(x)-f(x)g'(x)}{\{g(x)\}^2}$

**解答例** (1) $y=\dfrac{x^2+3}{2x}=\dfrac{x^2}{2x}+\dfrac{3}{2x}=\dfrac{x}{2}+\dfrac{3}{2x}$

$y'=\dfrac{1}{2}-\dfrac{3}{2}\cdot\dfrac{1}{x^2}=\dfrac{x^2-3}{2x^2}$

$y'$ の分子または分母が0となる $x$ の値。

| $x$ | $\cdots$ | $-\sqrt{3}$ | $\cdots$ | 0 | $\cdots$ | $\sqrt{3}$ | $\cdots$ |
|---|---|---|---|---|---|---|---|
| $y'$ | $+$ | 0 | $-$ | ／ | $-$ | 0 | $+$ |
| $y$ | ↗ | 極大<br>$-\sqrt{3}$ | ↘ | ／ | ↘ | 極小<br>$\sqrt{3}$ | ↗ |

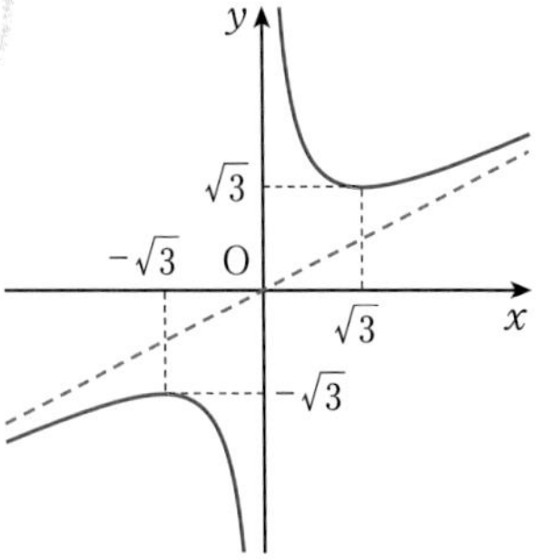


答　**極大値 $-\sqrt{3}$　($x=-\sqrt{3}$)，極小値 $\sqrt{3}$　($x=\sqrt{3}$)**

(2) $y'=-\dfrac{1}{(x-3)^2}+\dfrac{1}{(x-1)^2}=-\dfrac{4(x-2)}{(x-1)^2(x-3)^2}$

| $x$ | $\cdots$ | 1 | $\cdots$ | 2 | $\cdots$ | 3 | $\cdots$ |
|---|---|---|---|---|---|---|---|
| $y'$ | $+$ | ／ | $+$ | 0 | $-$ | ／ | $-$ |
| $y$ | ↗ | ／ | ↗ | 極大<br>$-2$ | ↘ | ／ | ↘ |

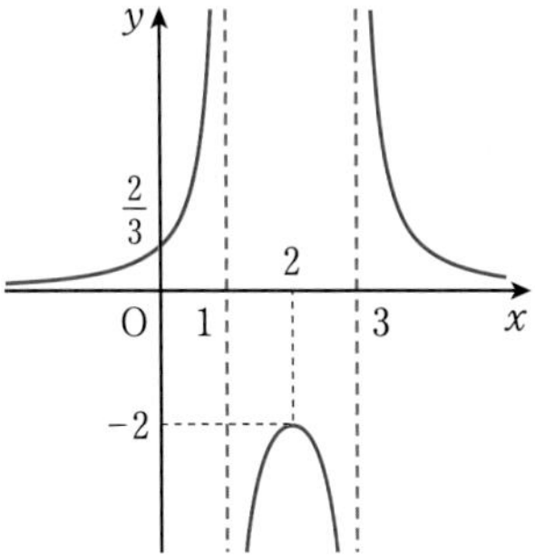


答　**極大値 $-2$　($x=2$)，極小値　なし**

(3) $y'=\dfrac{2(x^2+2)-(2x+1)\cdot 2x}{(x^2+2)^2}=\dfrac{-2(x^2+x-2)}{(x^2+2)^2}$

$=-\dfrac{2(x+2)(x-1)}{(x^2+2)^2}$

| $x$ | $\cdots$ | $-2$ | $\cdots$ | 1 | $\cdots$ |
|---|---|---|---|---|---|
| $y'$ | $-$ | 0 | $+$ | 0 | $-$ |
| $y$ | ↘ | 極小<br>$-\frac{1}{2}$ | ↗ | 極大<br>1 | ↘ |

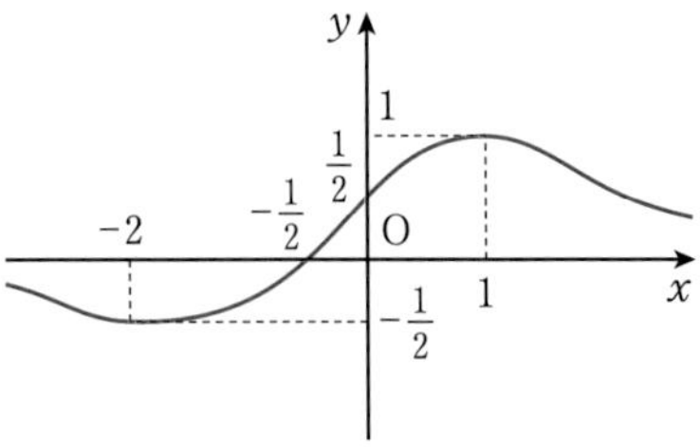


答　**極大値 1　($x=1$)，極小値 $-\dfrac{1}{2}$　($x=-2$)**

**類題 174**　次の関数について，増減を調べ，極値を求めよ。

(1) $y=\dfrac{x^2+3x+6}{x+1}$　(2) $y=\dfrac{x}{x^2-2x+2}$

**基本例題 175** 関数の値の増減と極値(2)

次の関数について，増減を調べ，極値を求めよ。

(1) $y=x+2\cos x \quad (0 \leqq x \leqq 2\pi)$

(2) $y=\dfrac{1}{2}\sin 2x+\sin x \quad (0 \leqq x \leqq 2\pi)$

**ねらい**
三角関数を含む関数の増減と極値を求めること。

**解法ルール 極値の調べ方**

Step 1 $f'(x)=0$ となる $x$ の値を求める。

Step 2 $f'(x)=0$ となる $x$ の値の前後で，$f'(x)$ の符号が変化しているかを増減表で調べる。

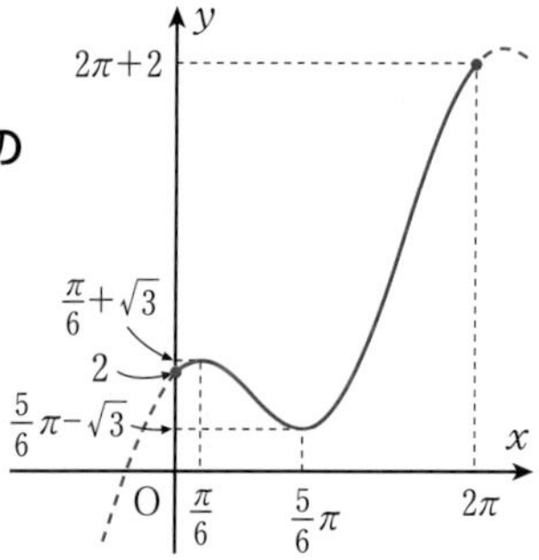


**解答例** (1) $y'=1-2\sin x \qquad y'=0 \iff \sin x=\dfrac{1}{2}$

$0 \leqq x \leqq 2\pi$ で，$y'=0$ となるのは $x=\dfrac{\pi}{6},\ \dfrac{5}{6}\pi$

| $x$ | $0$ | $\cdots$ | $\dfrac{\pi}{6}$ | $\cdots$ | $\dfrac{5}{6}\pi$ | $\cdots$ | $2\pi$ |
|---|---|---|---|---|---|---|---|
| $y'$ | | $+$ | $0$ | $-$ | $0$ | $+$ | |
| $y$ | $2$ | ↗ | 極大 $\dfrac{\pi}{6}+\sqrt{3}$ | ↘ | 極小 $\dfrac{5}{6}\pi-\sqrt{3}$ | ↗ | $2\pi+2$ |

答 **極大値 $\dfrac{\pi}{6}+\sqrt{3}\ \left(x=\dfrac{\pi}{6}\right)$，極小値 $\dfrac{5}{6}\pi-\sqrt{3}\ \left(x=\dfrac{5}{6}\pi\right)$**

(2) $y'=\cos 2x+\cos x=2\cos^2 x+\cos x-1$

$0 \leqq x \leqq 2\pi$ において，$y'=0$ となる $x$ の値を求める。

$2\cos^2 x+\cos x-1$

$=(2\cos x-1)(\cos x+1)$ より

$\cos x=\dfrac{1}{2}$ または $\cos x=-1$

よって

$x=\dfrac{\pi}{3},\ \dfrac{5}{3}\pi$ または $x=\pi$

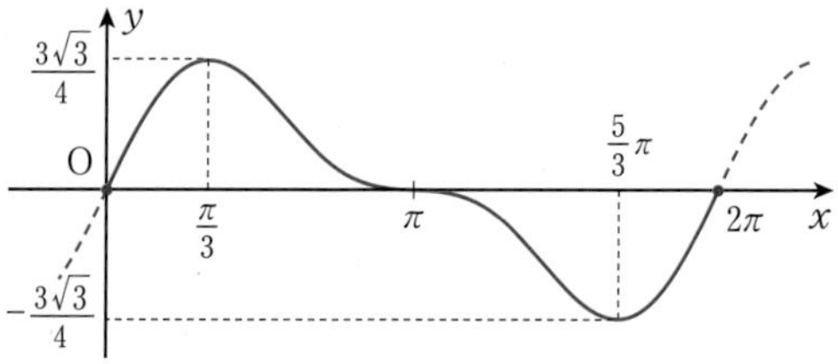


| $x$ | $0$ | $\cdots$ | $\dfrac{\pi}{3}$ | $\cdots$ | $\pi$ | $\cdots$ | $\dfrac{5}{3}\pi$ | $\cdots$ | $2\pi$ |
|---|---|---|---|---|---|---|---|---|---|
| $y'$ | | $+$ | $0$ | $-$ | $0$ | $-$ | $0$ | $+$ | |
| $y$ | $0$ | ↗ | 極大 $\dfrac{3\sqrt{3}}{4}$ | ↘ | $0$ | ↘ | 極小 $-\dfrac{3\sqrt{3}}{4}$ | ↗ | $0$ |

← $(2\cos x-1)\times(\cos x+1)>0$
$\cos x+1 \geqq 0$ だから，$y'>0$ となるのは
$\cos x>\dfrac{1}{2}$
よって $0<x<\dfrac{\pi}{3}$，$\dfrac{5}{3}\pi<x<2\pi$

答 **極大値 $\dfrac{3\sqrt{3}}{4}\ \left(x=\dfrac{\pi}{3}\right)$，極小値 $-\dfrac{3\sqrt{3}}{4}\ \left(x=\dfrac{5}{3}\pi\right)$**

**類題 175** 次の関数について，増減を調べ，極値を求めよ。

(1) $y=x-2\sin x\ (0\leqq x\leqq 2\pi)$　　(2) $y=(1-\sin x)\cos x\ (0\leqq x\leqq 2\pi)$

## 基本例題 176

関数の値の増減と極値(3)

次の関数について，増減を調べ，極値を求めよ。

テストに出るぞ！

(1) $y=(x^2-3)e^x$　(2) $y=e^x+e^{-x}$　(3) $y=\dfrac{\log x}{x}\ (x>0)$

**ねらい**

指数関数，対数関数を含む関数の増減と極値を求めること。

**解法ルール** 増減表を利用する。

$$(e^x)'=e^x,\ \{e^{f(x)}\}'=e^{f(x)}f'(x),\ (\log x)'=\frac{1}{x}$$

**解答例** (1) $y'=2xe^x+(x^2-3)e^x=(x^2+2x-3)e^x$

$=(x+3)(x-1)e^x$

| $x$ | $\cdots$ | $-3$ | $\cdots$ | $1$ | $\cdots$ |
|---|---|---|---|---|---|
| $y'$ | $+$ | $0$ | $-$ | $0$ | $+$ |
| $y$ | ↗ | 極大 $6e^{-3}$ | ↘ | 極小 $-2e$ | ↗ |

答 **極大値 $6e^{-3}$ ($x=-3$)，極小値 $-2e$ ($x=1$)**

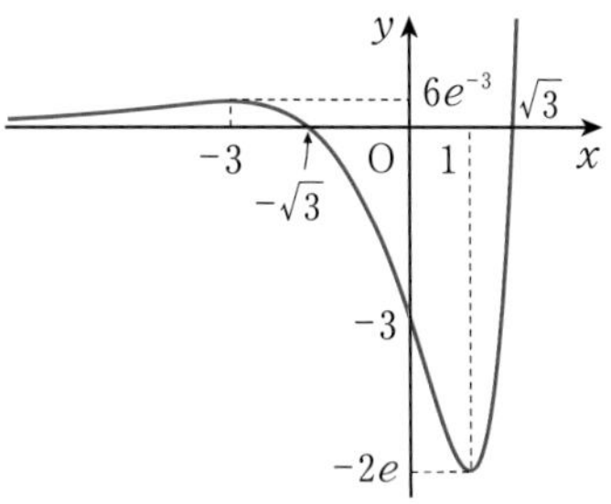


(2) $y'=e^x-e^{-x}=e^x-\dfrac{1}{e^x}=\dfrac{e^{2x}-1}{e^x}=\dfrac{(e^x+1)(e^x-1)}{e^x}$

$y'=0$ となるのは $e^x=1$，すなわち $x=0$ のとき。

| $x$ | $\cdots$ | $0$ | $\cdots$ |
|---|---|---|---|
| $y'$ | $-$ | $0$ | $+$ |
| $y$ | ↘ | 極小 $2$ | ↗ |

答 **極小値 2 ($x=0$)**
**極大値　なし**

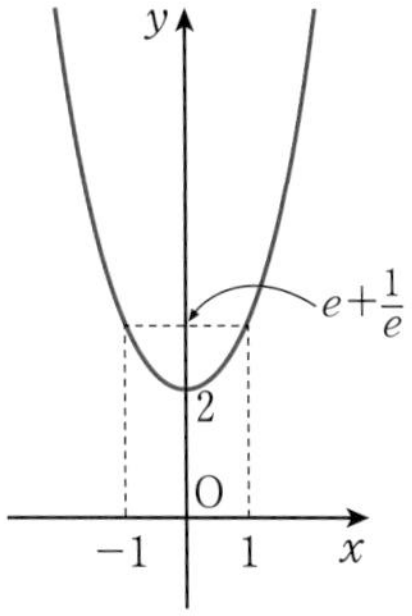


(3) $y'=\dfrac{\dfrac{1}{x}\cdot x-\log x}{x^2}=\dfrac{1-\log x}{x^2}$

$y'=0$ となるのは，$1-\log x=0$ より
$x=e$ のとき。

| $x$ | $0$ | $\cdots$ | $e$ | $\cdots$ |
|---|---|---|---|---|
| $y'$ | ／ | $+$ | $0$ | $-$ |
| $y$ | $-\infty$ | ↗ | 極大 $\dfrac{1}{e}$ | ↘ |

答 **極大値 $\dfrac{1}{e}$ ($x=e$)**
**極小値　なし**

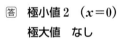

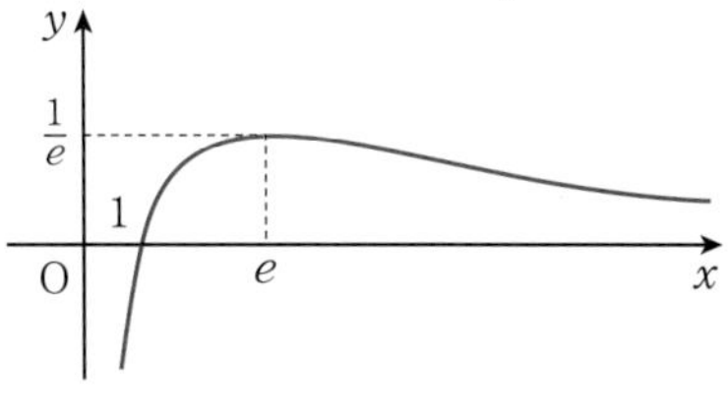


**類題 176** 次の関数について，増減を調べ，極値を求めよ。

(1) $y=(x^2-1)e^x$　　(2) $y=x\log x$

## 応用例題 177

極値をもつ条件

テストに出るぞ!

関数 $f(x)=\dfrac{e^x}{1+ax^2}$ について，次の問いに答えよ。

ただし，$a>0$ とする。

(1) $f'(x)$ を求めよ。

(2) $f(x)$ が極値をもつ $a$ の値の範囲を求めよ。

**ねらい**

関数が極値をもつ条件について考えること。

**解法ルール** 微分可能な関数 $f(x)$ が極値をもつ条件は

1 **$f'(x)=0$ が実数解をもつ**

2 **1の解の前後で $f'(x)$ の符号が変わる**

の 2 つである。

**解答例** (1) $\boldsymbol{f'(x)}=\dfrac{(e^x)'(1+ax^2)-e^x(1+ax^2)'}{(1+ax^2)^2}$

$=\dfrac{\boldsymbol{(ax^2-2ax+1)e^x}}{\boldsymbol{(1+ax^2)^2}}$ …答

(2) $f(x)$ が極値をもつためには，$f'(x)=0$ が実数解をもち，その解の前後で導関数 $f'(x)$ の符号が変わればよい。

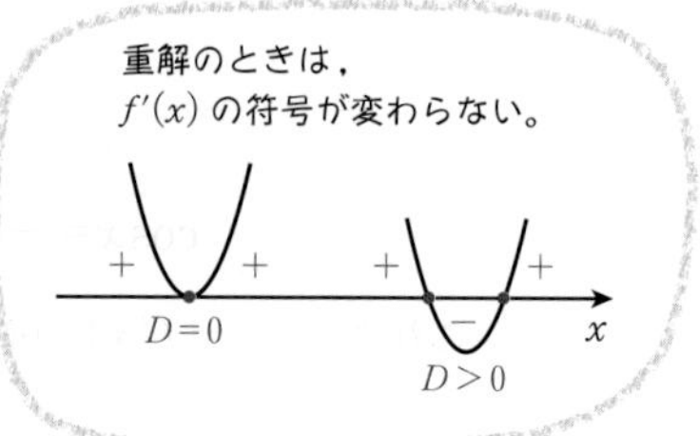

重解のときは，
$f'(x)$ の符号が変わらない。
+
+
+
−
+
$D=0$
$D>0$
$x$

$f'(x)=\dfrac{(ax^2-2ax+1)e^x}{(1+ax^2)^2}$ について，

$(1+ax^2)^2>0$，$e^x>0$ より，

2 次方程式 $ax^2-2ax+1=0$ が異なる 2 つの実数解をもてばよい。したがって，判別式を $D$ とすると，$D>0$ を満たす $a$ の値の範囲が求めるもの。

$\dfrac{D}{4}=a^2-a=a(a-1)>0$ より　$a<0$ または $a>1$

いま，条件より　$a>0$　　　ゆえに　$\boldsymbol{a>1}$ …答

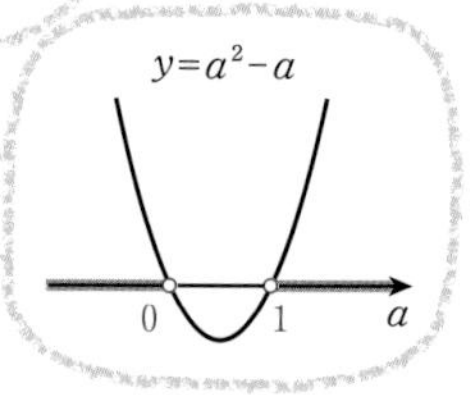

$y=a^2-a$
0
1
$a$

**類題 177** 関数 $f(x)=(x^2+ax+3)e^x$ が極値をもたないような，定数 $a$ の値の範囲を求めよ。

極値をもたないときは，$f'(x)$ の符号は変化していないよ。

すべての $x$ について $e^x>0$ にも注意しよう。

## 基本例題 178　関数の最大・最小

関数 $f(x)=\cos x+\cos^2 x\ (0 \leqq x \leqq \pi)$ を考える。

(1) $f(x)$ の導関数を求めよ。

(2) $f(x)$ の増減を調べ，そのグラフをかけ。

(3) $f(x)$ の最大値と最小値を求めよ。

テストに出るぞ！

**ねらい**
グラフをかいて，最大値と最小値を求めること。

**解法ルール** 関数 $f(x)$ の最大・最小については

1 **導関数 $f'(x)$ を求める**

2 **関数 $f(x)$ の増減**を調べる

3 **極値と端点での値**を調べる

で解決する。

**解答例** (1) $f'(x)=-\sin x+2\cos x(-\sin x)$

$=\boldsymbol{-\sin x(2\cos x+1)}$ …答

(2) $f'(x)=0$ となるのは　$\sin x=0$　または　$\cos x=-\dfrac{1}{2}$

$0 \leqq x \leqq \pi$ で　$\sin x=0$ となるのは　$x=0,\ \pi$

$\cos x=-\dfrac{1}{2}$ となるのは　$x=\dfrac{2}{3}\pi$

これより，$y=f(x)$ の増減表は

| $x$ | 0 | … | $\frac{2}{3}\pi$ | … | $\pi$ |
|---|---|---|---|---|---|
| $y'$ | 0 | $-$ | 0 | $+$ | 0 |
| $y$ | 2 | ↘ | 極小 $-\frac{1}{4}$ | ↗ | 0 |

答 **右の図**

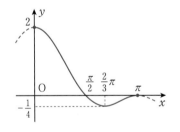

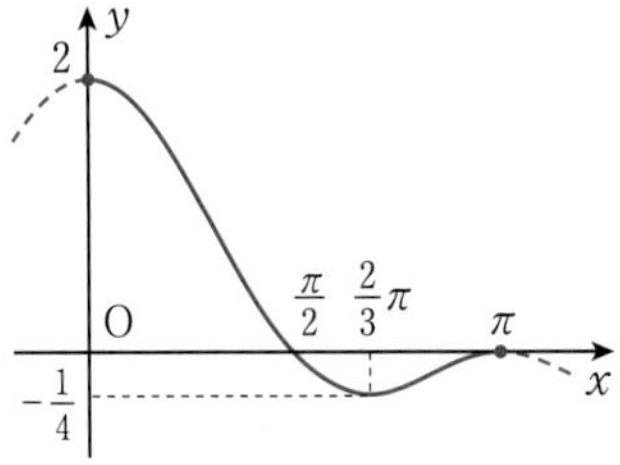


(3) (2)の結果より　**最大値 2 $(x=0)$**

**最小値 $-\dfrac{1}{4}\left(x=\dfrac{2}{3}\pi\right)$** …答

**類題 178** 次の問いに答えよ。

(1) 関数 $f(x)=\dfrac{x-1}{x^2+1}$ のグラフをかき，最大値と最小値を求めよ。

(2) 関数 $f(x)=(3x-2x^2)e^{-x}\ (x \geqq 0)$ のグラフをかき，最大値と最小値を求めよ。ただし，必要ならば $\displaystyle\lim_{x\to\infty} xe^{-x}=0$，$\displaystyle\lim_{x\to\infty} x^2e^{-x}=0$ を用いよ。

(3) 関数 $f(x)=x^3\sqrt{1-x^2}\ (|x| \leqq 1)$ のグラフをかき，最大値と最小値を求めよ。

# 13 第2次導関数の応用

## ❖ グラフの凹凸

ここでは，第 2 次導関数 $f''(x)$ の値の正，負が関数 $f(x)$ のグラフの凹凸とどのような関係があるか考えてみよう。

●**下に凸**なグラフ　例 $y=x^2$ のグラフ
**接線の傾き**に着目すると，
**負から正へ増加**している。
$(l_1 \to l_2 \to l_3 \to l_4)$

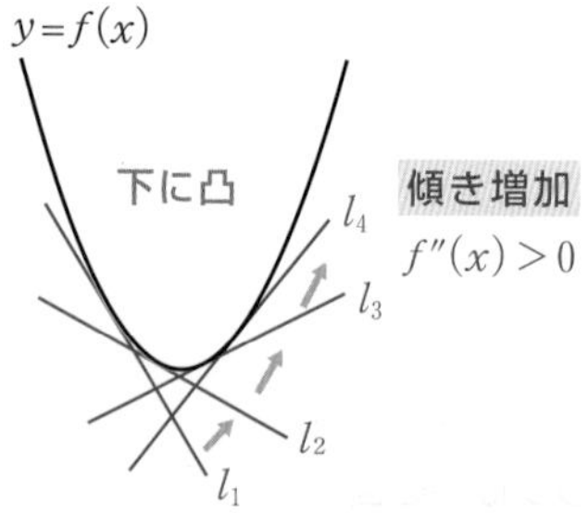


●**上に凸**なグラフ　例 $y=-x^2$ のグラフ
**接線の傾き**に着目すると，
**正から負へ減少**している。
$(l_1 \to l_2 \to l_3 \to l_4)$

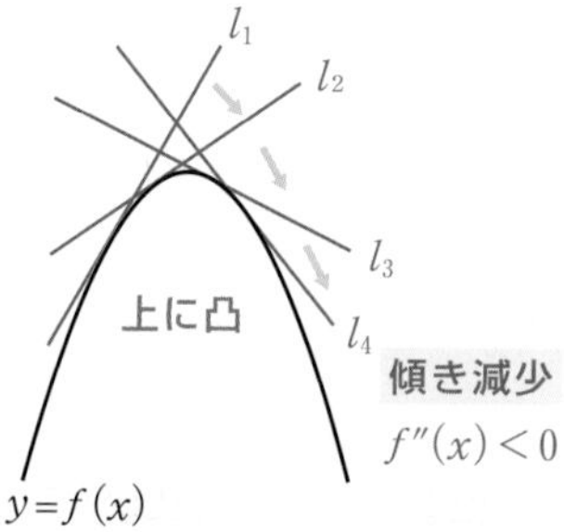


まとめると，

**ポイント**　**[グラフの凹凸]**　覚え得

関数 $y=f(x)$ が区間 $a<x<b$ で第 2 次導関数 $f''(x)$ をもつとき，
$y=f(x)$ のグラフは，区間 $a<x<b$ において

$f''(x)>0$　ならば　**下に凸**
$f''(x)<0$　ならば　**上に凸**

である。

グラフで**凹凸が入れかわる境の点**を，**変曲点**という。

グラフの凹凸については，少し説明が簡略すぎる感もあるけれど，結果をどんどん使ってグラフをかいていきましょう。
変曲点というのは，グラフの凹凸の入れかわる境の点だから，この点の前後で第 2 次導関数の符号が変わることに着目するといいよ。

**ポイント**　**[変曲点の見つけ方]**　覚え得

① $f''(x)=0$ となる $x$ の値を求める。
② ①で求められた点の前後で $f''(x)$ の**符号が変わるか**どうかを確認する。

どこか，極値となる点の見つけ方と似ていると思いませんか？

## 基本例題 179　関数のグラフ

次の関数の極値，グラフの変曲点を調べて，そのグラフをかけ。

(1) $y=e^{-\frac{1}{2}x^2}$

(2) $y=\dfrac{\log x}{x^2}$ $\left(必要ならば \lim\limits_{x\to\infty}\dfrac{\log x}{x^2}=0 を用いてもよい。\right)$

**ねらい**
複雑な曲線の凹凸を確認すること。

**解法ルール**　関数 $y=f(x)$ について，$f'(x)$，$f''(x)$ の符号の変化を調べてグラフをかく。

**解答例** (1) $y'=(e^{-\frac{1}{2}x^2})'=-xe^{-\frac{1}{2}x^2}$　　$y'=0$ となる $x$ の値は　$x=0$

$y''=(-x)'e^{-\frac{1}{2}x^2}+(-x)(e^{-\frac{1}{2}x^2})'$

$=(x^2-1)e^{-\frac{1}{2}x^2}=(x+1)(x-1)e^{-\frac{1}{2}x^2}$

$y''=0$ となる $x$ の値は　$x=\pm1$

これより，増減および曲線の凹凸は右の通り。

| $x$ | $\cdots$ | 0 | $\cdots$ |
|---|---|---|---|
| $y'$ | $+$ | 0 | $-$ |
| $y$ | ↗ | 1 | ↘ |

⬇ ↷：上に凸，⤻：下に凸を表す。

| $x$ | $\cdots$ | $-1$ | $\cdots$ | 1 | $\cdots$ |
|---|---|---|---|---|---|
| $y''$ | $+$ | 0 | $-$ | 0 | $+$ |
| $y$ | ⤻ | $e^{-\frac{1}{2}}$ | ↷ | $e^{-\frac{1}{2}}$ | ⤻ |

また　$\lim\limits_{x\to\infty}e^{-\frac{1}{2}x^2}=0$，$\lim\limits_{x\to-\infty}e^{-\frac{1}{2}x^2}=0$　　答 **グラフは下の図**

(2) $y'=\dfrac{\frac{1}{x}\cdot x^2-(\log x)\cdot 2x}{x^4}=\dfrac{1-2\log x}{x^3}$

$y'=0$ となる $x$ の値は，$1-2\log x=0$ より　$x=e^{\frac{1}{2}}$

$y''=\dfrac{-\frac{2}{x}\cdot x^3-(1-2\log x)\cdot 3x^2}{x^6}=\dfrac{6\log x-5}{x^4}$

$y''=0$ となる $x$ の値は，$6\log x-5=0$ より　$x=e^{\frac{5}{6}}$

これより，増減および曲線の凹凸は右の通り。

| $x$ | 0 | $\cdots$ | $e^{\frac{1}{2}}$ | $\cdots$ |
|---|---|---|---|---|
| $y'$ | ／ | $+$ | 0 | $-$ |
| $y$ | $-\infty$ | ↗ | $\dfrac{1}{2e}$ | ↘ |

| $x$ | 0 | $\cdots$ | $e^{\frac{5}{6}}$ | $\cdots$ |
|---|---|---|---|---|
| $y''$ | ／ | $-$ | 0 | $+$ |
| $y$ | $-\infty$ | ↷ | $\dfrac{5}{6}e^{-\frac{5}{3}}$ | ⤻ |

また　$\lim\limits_{x\to+0}\dfrac{\log x}{x^2}=-\infty$，$\lim\limits_{x\to\infty}\dfrac{\log x}{x^2}=0$　　答 **グラフは下の図**

(1)

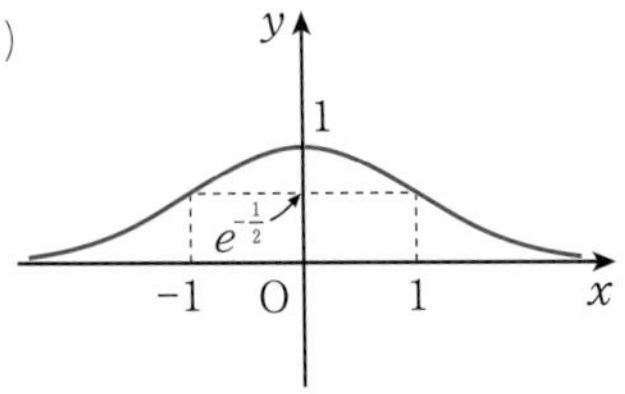


(2)

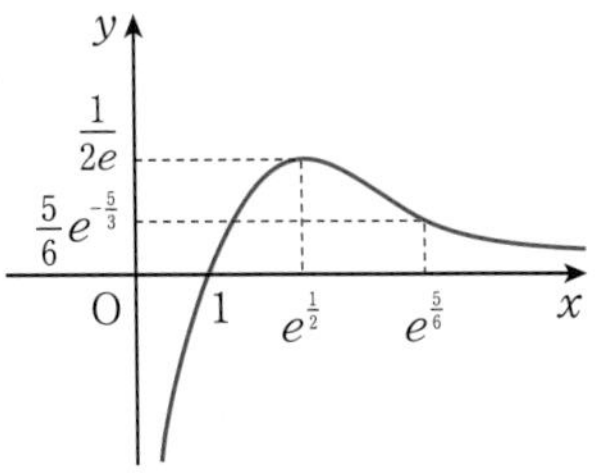


**類題 179**　次の関数の極値およびグラフの変曲点を調べて，そのグラフをかけ。

(1) $y=xe^{-x^2}$ (必要ならば，$\lim\limits_{x\to\infty}xe^{-x^2}=0$，$\lim\limits_{x\to-\infty}xe^{-x^2}=0$ を用いよ。)

(2) $y=\log(x^2+1)$　　(3) $y=(\log x)^2$

## 応用例題 180　グラフの凹凸

関数 $f(x)=e^{-x}\sin x\ (0\leqq x\leqq 2\pi)$ について，次の問いに答えよ。

(1) $f'(x)$，$f''(x)$ を求めよ。

(2) 関数 $f(x)$ の増減を調べ，極値を求めよ。

(3) 曲線 $y=f(x)$ の凹凸を調べ，変曲点の座標を求めよ。

**ねらい**
複雑な曲線の増減と凹凸について学ぶこと。

**解法ルール**　増減は $f'(x)$ の正，負の変化を，
凹凸は $f''(x)$ の正，負の変化を調べる。

(2)のように，$f'(x)=0$ となる $x$ の値を求めるために三角関数の合成を用いるものもある。この部分さえクリアすればあとは同じ。

**解答例** (1) $f'(x)=(e^{-x})'\sin x+e^{-x}(\sin x)'$

$=-e^{-x}\sin x+e^{-x}\cos x=\boldsymbol{e^{-x}(-\sin x+\cos x)}$ …答

$f''(x)=(e^{-x})'(-\sin x+\cos x)+e^{-x}(-\sin x+\cos x)'$

$=-e^{-x}(-\sin x+\cos x)+e^{-x}(-\cos x-\sin x)$

$=\boldsymbol{-2e^{-x}\cos x}$ …答

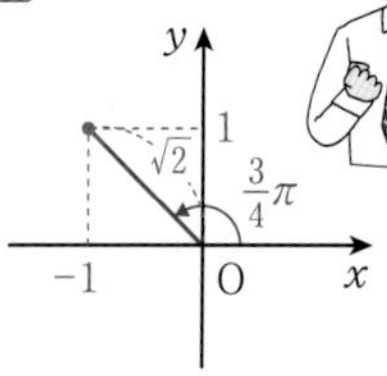


(2) $f'(x)=e^{-x}(-\sin x+\cos x)=\sqrt{2}e^{-x}\sin\left(x+\dfrac{3}{4}\pi\right)$　←三角関数の合成

$-\sin x+\cos x=\sqrt{2}\left(\left(-\dfrac{1}{\sqrt{2}}\right)\sin x+\left(\dfrac{1}{\sqrt{2}}\right)\cos x\right)$　（$-\dfrac{1}{\sqrt{2}}$ → $\cos\dfrac{3}{4}\pi$，$\dfrac{1}{\sqrt{2}}$ → $\sin\dfrac{3}{4}\pi$）

$=\sqrt{2}\left(\sin x\cos\dfrac{3}{4}\pi+\cos x\sin\dfrac{3}{4}\pi\right)$

$=\sqrt{2}\sin\left(x+\dfrac{3}{4}\pi\right)$

$0\leqq x\leqq 2\pi$ より　$\dfrac{3}{4}\pi\leqq x+\dfrac{3}{4}\pi\leqq 2\pi+\dfrac{3}{4}\pi$

この範囲で $\sin\left(x+\dfrac{3}{4}\pi\right)=0$ となるのは　$x+\dfrac{3}{4}\pi=\pi,\ 2\pi$

これより　$x=\dfrac{\pi}{4},\ \dfrac{5}{4}\pi$　　増減表は下の通り。

| $x$ | 0 | … | $\frac{\pi}{4}$ | … | $\frac{5}{4}\pi$ | … | $2\pi$ |
|---|---|---|---|---|---|---|---|
| $f'(x)$ | | + | 0 | − | 0 | + | |
| $f(x)$ | 0 | ↗ | $\frac{\sqrt{2}}{2}e^{-\frac{\pi}{4}}$ | ↘ | $-\frac{\sqrt{2}}{2}e^{-\frac{5}{4}\pi}$ | ↗ | 0 |

答　**極大値** $\boldsymbol{\dfrac{\sqrt{2}}{2}e^{-\frac{\pi}{4}}\left(x=\dfrac{\pi}{4}\right)}$，

**極小値** $\boldsymbol{-\dfrac{\sqrt{2}}{2}e^{-\frac{5}{4}\pi}\left(x=\dfrac{5}{4}\pi\right)}$

(3) $f''(x)=-2e^{-x}\cos x$ より，$0\leqq x\leqq 2\pi$ で $f''(x)=0$ となるのは　$x=\dfrac{\pi}{2},\ \dfrac{3}{2}\pi$

このとき，曲線 $y=f(x)$ の凹凸は

| $x$ | … | $\frac{\pi}{2}$ | … | $\frac{3}{2}\pi$ | … |
|---|---|---|---|---|---|
| $f''(x)$ | − | 0 | + | 0 | − |
| $f(x)$ | ⌒ | $e^{-\frac{\pi}{2}}$ | ∪ | $-e^{-\frac{3}{2}\pi}$ | ⌒ |

答　**変曲点の座標は** $\boldsymbol{\left(\dfrac{\pi}{2},\ e^{-\frac{\pi}{2}}\right),\ \left(\dfrac{3}{2}\pi,\ -e^{-\frac{3}{2}\pi}\right)}$

$y=e^{-x}\sin x$ のグラフ

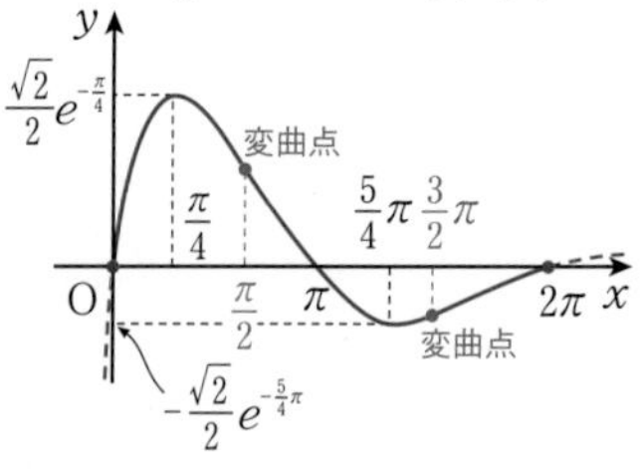


**類題 180**　$f(x)=e^{x}\sin x\ (0\leqq x\leqq 2\pi)$ とするとき，次の問いに答えよ。

(1) $f'(x)$，$f''(x)$ を求めよ。　(2) 関数 $f(x)$ の増減を調べ，極値を求めよ。

(3) 曲線 $y=f(x)$ の凹凸を調べ，変曲点の座標を求めよ。

## ● 第2次導関数と極大・極小の判定

関数 $f(x)$ の第2次導関数 $f''(x)$ が連続のとき，$f''(x)$ の符号で関数の極大・極小を判定する方法を紹介しておこう。

(i) $f'(a)=0$，$f''(a)>0$ のとき　　　(ii) $f'(a)=0$，$f''(a)<0$ のとき

| $x$ | $\cdots$ | $a$ | $\cdots$ |
|---|---|---|---|
| $f'(x)$ | $-$ | $0$ | $+$ |
| $f''(x)$ | $+$ | $+$ | $+$ |
| $f(x)$ | ↘ | 極小 | ↗ |

| $x$ | $\cdots$ | $a$ | $\cdots$ |
|---|---|---|---|
| $f'(x)$ | $+$ | $0$ | $-$ |
| $f''(x)$ | $-$ | $-$ | $-$ |
| $f(x)$ | ↗ | 極大 | ↘ |

**ポイント**

[極大・極小の判定]

　第2次導関数が連続のとき

覚え得

(i)　$f'(a)=0$，$f''(a)>0 \Longrightarrow x=a$ で極小

(ii)　$f'(a)=0$，$f''(a)<0 \Longrightarrow x=a$ で極大

**基本例題 181**　　　　　　　　　第2次導関数の活用

関数 $y=x+2\sin x\,(0\leqq x\leqq 2\pi)$ の極値を求めよ。

**ねらい**

第2次導関数を利用して極値を求めること。

**解法ルール**　■ まず $f'(x)=0$ を満たす $x$ の値を求める。

■ $f'(a)=0$ のとき $f''(a)$ の正負を調べる。

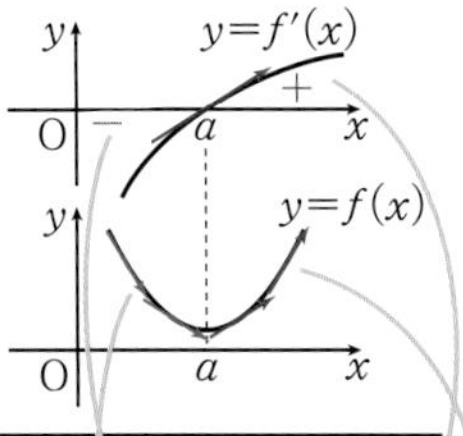

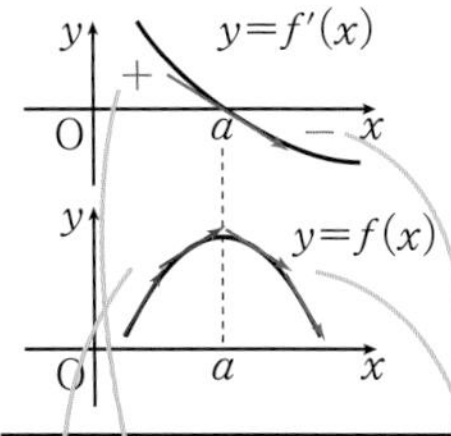

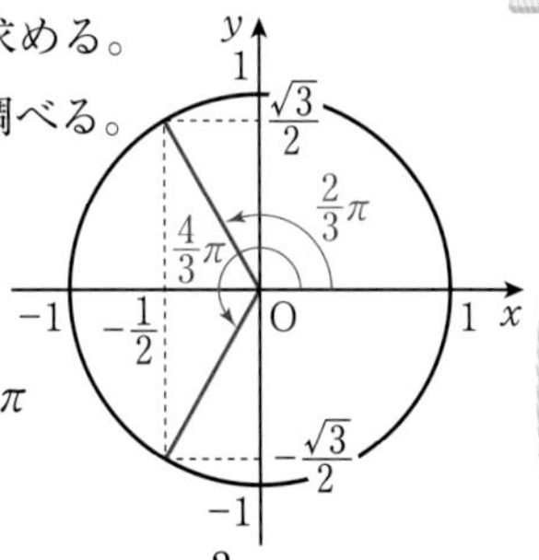

**解答例**　$f(x)=x+2\sin x$ とおく。

$f'(x)=1+2\cos x$

この方法をマスターすると，$f'(x)$ の正負の判定が難しいときも，極大か極小かがわかるよ。

$f'(x)=0$ となる $x$ の値は　$x=\dfrac{2}{3}\pi,\ \dfrac{4}{3}\pi$

また，$f''(x)=-2\sin x$ より

$f''\left(\dfrac{2}{3}\pi\right)=-2\sin\dfrac{2}{3}\pi=-\sqrt{3}<0$　　よって　$x=\dfrac{2}{3}\pi$ で極大

$f''\left(\dfrac{4}{3}\pi\right)=-2\sin\dfrac{4}{3}\pi=\sqrt{3}>0$　　よって　$x=\dfrac{4}{3}\pi$ で極小

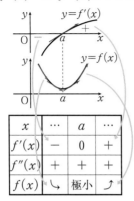

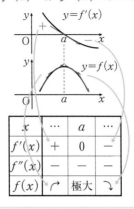

**答**　極大値 $\dfrac{2}{3}\pi+\sqrt{3}\ \left(x=\dfrac{2}{3}\pi\right)$，極小値 $\dfrac{4}{3}\pi-\sqrt{3}\ \left(x=\dfrac{4}{3}\pi\right)$

**類題 181**　関数 $y=x-2\cos x\,(0\leqq x\leqq 2\pi)$ の極値を求めよ。

# 14 グラフのかき方

グラフのかき方をまとめておこう。

① **対称性**を調べる（$x$ 軸対称，$y$ 軸対称，原点対称）

② **定義域，値域**の確認（主に無理関数，対数関数）

③ **周期性**を調べる（主に三角関数）

④ **増減表**作成（$f'(x)$ の符号を調べる）

⑤ **曲線の凹凸**と**変曲点**（$f''(x)$ の符号を調べる）

⑥ **漸近線**の存在（主に分数関数，指数関数，対数関数）

⑦ **座標軸との交点の座標**

$$\left.\begin{array}{l}\displaystyle\lim_{x\to\infty}f(x)=a\\\displaystyle\lim_{x\to-\infty}f(x)=a\end{array}\right\}\Rightarrow y=a$$

$$\left.\begin{array}{l}\displaystyle\lim_{x\to p+0}f(x)=\infty,\ \lim_{x\to p-0}f(x)=-\infty\\\displaystyle\lim_{x\to p+0}f(x)=-\infty,\ \lim_{x\to p-0}f(x)=\infty\end{array}\right\}\Rightarrow x=p$$

$$\left.\begin{array}{l}\displaystyle\lim_{x\to\infty}\{f(x)-(ax+b)\}=0\\\displaystyle\lim_{x\to-\infty}\{f(x)-(ax+b)\}=0\end{array}\right\}\Rightarrow y=ax+b$$

## 基本例題 182 　　　　　　関数のグラフ(1)

関数 $y=x\sqrt{4-x^2}$ のグラフをかけ。

**ねらい**

グラフのかき方の手順を覚えること。

**解法ルール** 上記のかき方の①対称性，②定義域，④増減表，⑤凹凸と変曲点，⑦座標軸との交点の座標

**解答例** $f(x)=x\sqrt{4-x^2}$ とおくと，

$f(-x)=-x\sqrt{4-x^2}=-f(x)$ だから原点対称。

$4-x^2\geqq0$ より，定義域は　$-2\leqq x\leqq2$

よって，$f(x)=x\sqrt{4-x^2}$ $(0\leqq x\leqq2)$ のグラフを原点対称にする。

$$f'(x)=\sqrt{4-x^2}-\frac{x^2}{\sqrt{4-x^2}}=\frac{4-x^2-x^2}{\sqrt{4-x^2}}=\frac{2(2-x^2)}{\sqrt{4-x^2}}$$

$f'(x)=0$ $(0\leqq x\leqq2)$ の解は　$x=\sqrt{2}$

$$f''(x)=\frac{-4x\sqrt{4-x^2}-2(2-x^2)\cdot\dfrac{-x}{\sqrt{4-x^2}}}{4-x^2}$$

$$=\frac{4x(x^2-4)-2x(x^2-2)}{(4-x^2)\sqrt{4-x^2}}=\frac{2x(x^2-6)}{(4-x^2)\sqrt{4-x^2}}$$

←
$$f'(x)=(x)'\cdot\sqrt{4-x^2}$$
$$+x\{(4-x^2)^{\frac{1}{2}}\}'$$
$$=\sqrt{4-x^2}$$
$$+x\cdot\frac{1}{2}(4-x^2)^{-\frac{1}{2}}\cdot(-2x)$$
$$=\sqrt{4-x^2}-x^2\cdot\frac{1}{\sqrt{4-x^2}}$$

増減表を作成する。

| $x$ | $0$ | $\cdots$ | $\sqrt{2}$ | $\cdots$ | $2$ |
|---|---|---|---|---|---|
| $f'(x)$ | $+$ | $+$ | $0$ | $-$ | |
| $f''(x)$ | $0$ | $-$ | $-$ | $-$ | |
| $f(x)$ | $0$ | $\nearrow$ | 極大 $2$ | $\searrow$ | $0$ |

*p.221* や *p.222* のように，増減表は分けてかいてもいいよ。

**答** 右の図

変曲点

原点対称のグラフ

## 類題 182 次の関数の増減，極値，グラフの凹凸および変曲点を調べてグラフをかけ。

(1) $y=x^4-6x^2$ 　　　　　　　　(2) $y=x+2\sin x$ $(-2\pi\leqq x\leqq2\pi)$

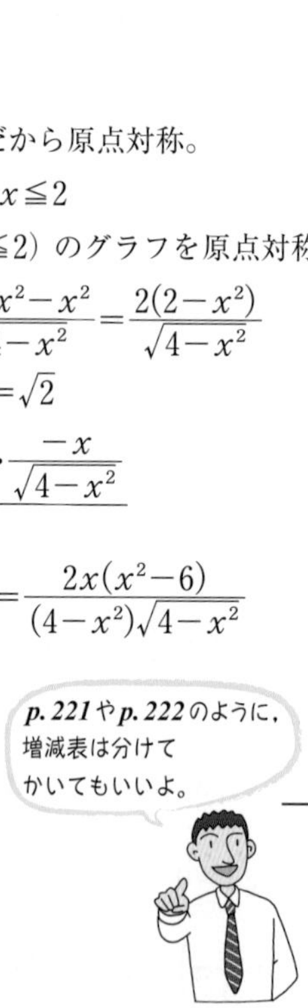

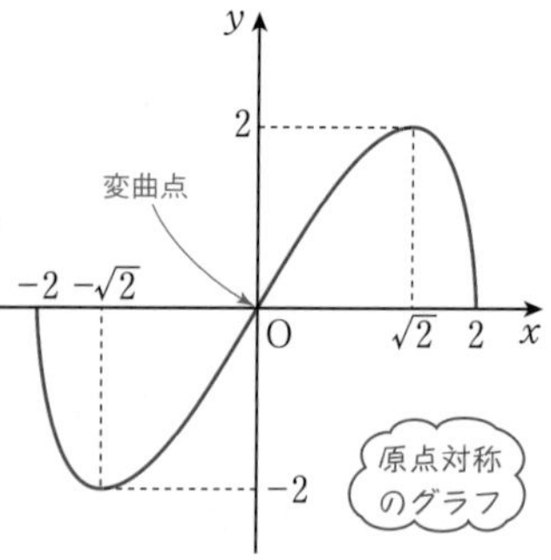

**応用例題 183**　　　　　　　　　　　　**関数のグラフ⑵**

$f(x)=\dfrac{x^3}{x^2-1}$ とするとき，次の問いに答えよ。

⑴ $f'(x)$，$f''(x)$ を求めよ。

⑵ 曲線 $f(x)$ の漸近線の方程式を求めよ。

⑶ 関数 $f(x)$ の増減表を作成し，そのグラフをかけ。

**解法ルール**　⑶ グラフは，**p.224** のかき方より

①対称性，②定義域と値域，④増減表，⑤凹凸と変曲点，

⑥漸近線，⑦座標軸との交点

を調べてかく。

点 $(\boldsymbol{a},\ \boldsymbol{f(a)})$ が変曲点 $\Longrightarrow \boldsymbol{f''(a)=0}$

● 分数関数において
$$y=ax+b+\dfrac{k}{x-p}$$
のときの漸近線は
① $x$ 軸に垂直なもの
$$x=p$$
② $x$ 軸に垂直でない
もの
$$y=ax+b$$

**解答例**　⑴　$f'(\boldsymbol{x})=\dfrac{3x^2(x^2-1)-x^3\cdot 2x}{(x^2-1)^2}=\dfrac{\boldsymbol{x^2(x^2-3)}}{\boldsymbol{(x^2-1)^2}}$　…答

$f''(\boldsymbol{x})=\dfrac{(4x^3-6x)(x^2-1)^2-(x^4-3x^2)\{2(x^2-1)\cdot 2x\}}{(x^2-1)^4}$

$=\dfrac{\boldsymbol{2x(x^2+3)}}{\boldsymbol{(x^2-1)^3}}$　…答

⑵　$\dfrac{x^3}{x^2-1}=x+\dfrac{x}{x^2-1}$

$\displaystyle\lim_{x\to -1-0}f(x)=-\infty$　$\displaystyle\lim_{x\to -1+0}f(x)=\infty$　$\displaystyle\lim_{x\to 1-0}f(x)=-\infty$　$\displaystyle\lim_{x\to 1+0}f(x)=\infty$

$\displaystyle\lim_{x\to\pm\infty}\{f(x)-x\}=\lim_{x\to\pm\infty}\dfrac{x}{x^2-1}=\lim_{x\to\pm\infty}\dfrac{1}{x-\dfrac{1}{x}}=0$

$x\geqq 0$ の範囲のグラフを
原点対称にしたから
凹凸も原点対称。
$(0,\ 0)$ は変曲点。

漸近線の方程式は　$\boldsymbol{y=x}$，$\boldsymbol{x=\pm 1}$　…答

⑶　$f(-x)=\dfrac{(-x)^3}{(-x)^2-1}=-f(x)$ だから，原点対称。

よって，$x\geqq 0$ の範囲のグラフを原点対称にする。

⑴より増減表を作成する。

| $x$ | 0 | … | 1 | … | $\sqrt{3}$ | … |
|---|---|---|---|---|---|---|
| $f'(x)$ | 0 | − | | − | 0 | + |
| $f''(x)$ | 0 | − | | + | + | + |
| $f(x)$ | 0 | ↘ | $-\infty$ ┃ $\infty$ | ↘ | $\dfrac{3\sqrt{3}}{2}$ | ↗ |

　　　　↑　　　　　　　　↑
　　　変曲点　　　　　　 極小

答　**グラフは右の図**

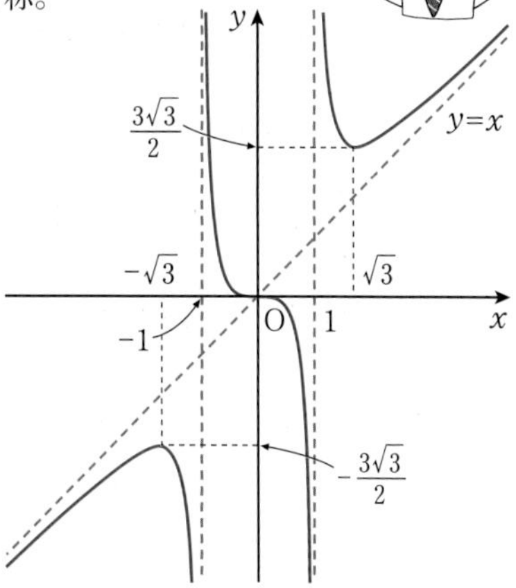

**類題 183**　関数 $f(x)=\dfrac{x}{1+x^2}$ の増減，極値，グラフの凹凸および変曲点を調べてグラフ
をかけ。

## 基本例題 184

方程式への応用

方程式 $x^3=ke^x$ ……① $(k>0)$ について，次の問いに答えよ。

(1) 関数 $f(x)=x^3e^{-x}$ の増減を調べ，グラフをかけ。(必要ならば $\lim_{x\to\infty}x^3e^{-x}=0$ を用いよ)

(2) (1)の結果を利用して，方程式①の異なる実数解の個数を調べよ。

**ねらい**

グラフを利用して方程式の実数解の個数を調べること。

**解法ルール** $x^3=ke^x \iff \dfrac{x^3}{e^x}=k$

**方程式 $\dfrac{x^3}{e^x}=k$ の実数解は，曲線 $y=\dfrac{x^3}{e^x}$ と直線 $y=k$ の共有点の $x$ 座標**であることに着目。

**解答例** (1) $f(x)=x^3e^{-x}$ より

$$f'(x)=3x^2e^{-x}+x^3(-e^{-x})$$
$$=(3x^2-x^3)e^{-x}$$
$$=x^2(3-x)e^{-x}$$

これより，増減表は右の通り。

| $x$ | … | 0 | … | 3 | … |
|---|---|---|---|---|---|
| $f'(x)$ | + | 0 | + | 0 | − |
| $f(x)$ | ↗ | 0 | ↗ | $\frac{27}{e^3}$ | ↘ |

また $\lim_{x\to\infty}x^3e^{-x}=0$，$\lim_{x\to-\infty}x^3e^{-x}=-\infty$

答 **右の図の赤線**

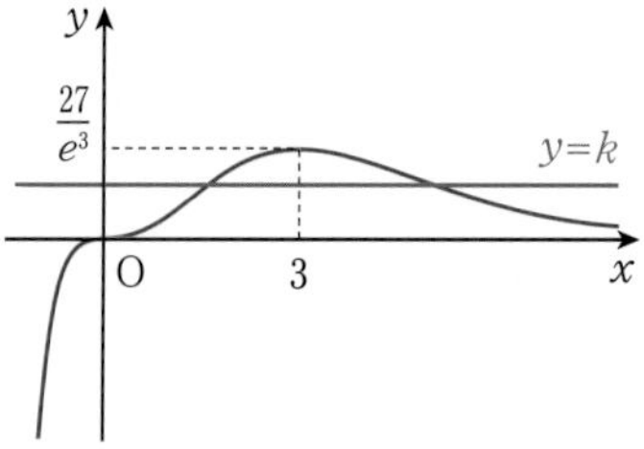


(2) 方程式 $x^3=ke^x \iff$ 方程式 $\dfrac{x^3}{e^x}=k$

方程式 $x^3e^{-x}=k$ の実数解は，曲線 $y=x^3e^{-x}$ と直線 $y=k$ の共有点の $x$ 座標を表すことから，方程式①の実数解の個数を調べるには，曲線 $y=x^3e^{-x}$ と直線 $y=k$ の共有点の個数を調べればよい。

(1)のグラフより

$$\begin{cases} k>\dfrac{27}{e^3} \text{ のとき } 0\text{個},\ k=\dfrac{27}{e^3} \text{ のとき } 1\text{個}, \\ 0<k<\dfrac{27}{e^3} \text{ のとき } 2\text{個} \end{cases}$$ …答

「増減を調べてグラフをかけ。」と指示されているときは，凹凸まで調べる必要はないよ。
要するに，この問題の解決にはグラフの凹凸は関係ない，ということだね。

**類題 184** 関数 $f(x)=x+2\cos x\ (0\leqq x\leqq 2\pi)$ について

(1) $y=f(x)$ の増減を調べて，そのグラフの概形をかけ。

(2) $m$ が定数のとき，方程式 $x+2\cos x=m$ の $0\leqq x\leqq 2\pi$ における異なる実数解の個数を調べよ。

## 応用例題 185

不等式への応用

次の問いに答えよ。

(1) $x>0$ のとき，$e^x>\dfrac{x^2}{2}$ が成り立つことを示せ。

(2) (1)の結果を利用して，$\displaystyle\lim_{x\to\infty}x^2e^{-x^2}=0$ を示せ。

**ねらい**
関数のグラフを用いて不等式の成立を示すこと。

**解法ルール** 「$x>0$ において　$p(x)>q(x)$」を示すには
「$x>0$ における $\boldsymbol{f(x)=p(x)-q(x)}$ **の最小値** $\boldsymbol{>0}$」を示す。

**解答例** (1)　$f(x)=e^x-\dfrac{x^2}{2}$ とおく。

$f'(x)=e^x-x$

$f''(x)=e^x-1$

$x>0$ より　$e^x>e^0=1$　　これより　$f''(x)>0$

ゆえに，$x>0$ において $f'(x)$ は常に増加する　……①

かつ　$f'(0)=e^0-0=1>0$　……②

①，②より，$x>0$ で　$f'(x)>0$

ゆえに，$x>0$ において $f(x)$ は常に増加する　……③

かつ　$f(0)=e^0-0=1>0$　……④

③，④より，$x>0$ で　$f(x)>0$

以上より，$x>0$ において

$$e^x-\frac{x^2}{2}>0 \Longleftrightarrow \boldsymbol{e^x>\frac{x^2}{2}}$$ 終

$e^x>\dfrac{x^2}{2}$ は $e^{\triangle}>\dfrac{\triangle^2}{2}$ と考えられる。そこで $\triangle=x^2$ とすれば…

(2)　(1)の結果より，$e^{x^2}>\dfrac{(x^2)^2}{2}=\dfrac{x^4}{2}$ が成り立つ。

これより，$x^2e^{-x^2}=\dfrac{x^2}{e^{x^2}}<\dfrac{x^2}{\frac{x^4}{2}}=\dfrac{2}{x^2}$ を得る。

$x>0$ より　$0<x^2e^{-x^2}<\dfrac{2}{x^2}$

はさみうちの原理
$f(x)<h(x)<g(x)$ のとき
$\displaystyle\lim_{x\to\infty}f(x)\leqq\lim_{x\to\infty}h(x)\leqq\lim_{x\to\infty}g(x)$

このとき

$$0\leqq\lim_{x\to\infty}x^2e^{-x^2}\leqq\lim_{x\to\infty}\frac{2}{x^2}=0$$

したがって　$\displaystyle\boldsymbol{\lim_{x\to\infty}x^2e^{-x^2}=0}$ 終

**●∞になる速さ**
$\displaystyle\boldsymbol{\lim_{x\to\infty}x^2e^{-x^2}}$
$\displaystyle\boldsymbol{=\lim_{x\to\infty}\frac{x^2}{e^{x^2}}=0}$
これは
$\displaystyle\lim_{x\to\infty}x^2=\infty$,
$\displaystyle\lim_{x\to\infty}e^{x^2}=\infty$
**でも∞になる速さは $\boldsymbol{x^2}$ より $\boldsymbol{e^{x^2}}$ の方がずっと大きい**ということ。
例　$\displaystyle\lim_{x\to\infty}\frac{\log x}{x}=0$,
$\displaystyle\lim_{x\to\infty}\frac{x}{e^x}=0$
これらより，**∞になる速さは**
$\boldsymbol{\log x<x<e^x}$
ということになる。

**類題 185**　次の問いに答えよ。ただし，対数は自然対数とする。

(1) 関数 $f(x)=ax-\log x\ (a>0)$ の増減を調べよ。

(2) $x$ についての不等式 $ax\geqq\log x\ (a>0)$ が $x>0$ を満たすすべての $x$ について成り立つような $a$ の値の範囲を求めよ。

# 15 速度・加速度

## ● 速度と加速度

### ❖ 直線上の点の運動

数直線上を運動する**点 P の時刻 $t$ の座標**が $x=f(t)$ であるとき，この導関数が何を表すか考えてみよう。

導関数の定義より　$f'(t)=\lim\limits_{h\to 0}\dfrac{f(t+h)-f(t)}{h}$

ここで，$\dfrac{f(t+h)-f(t)}{h}$ は位置の変化量を経過した時間で割っているわけだから

時刻 $t$ から $t+h$ までの点 P の平均速度になる。すると

$$\dfrac{f(t+h)-f(t)}{h}=\text{平均速度}$$
$$\downarrow \qquad\qquad \downarrow$$
$$\lim\limits_{h\to 0}\dfrac{f(t+h)-f(t)}{h}=\text{時刻 } t \text{ における瞬間の速度}$$

となる。すなわち $f'(t)$ は時刻 $t$ における点 P の**速度**を表している。

同じように考えると，$f'(t)$ の導関数 $f''(t)$ は点 P の時刻 $t$ における**加速度**を表している。

> $y=f(x)$ の導関数 $f'(x)$ は $y=f(x)$ のグラフの接線の傾きを表しているんだけど，それだけではないことに注意！

### ❖ 平面上の点の運動

座標平面上を動く点 P の時刻 $t$ の座標 $(x,\ y)$ が $x=f(t),\ y=g(t)$ であるとき，この点の時刻 $t$ における速度，加速度を求めてみよう。

$\dfrac{dx}{dt}=\lim\limits_{h\to 0}\dfrac{f(t+h)-f(t)}{h}$ ……**時刻 $t$ における点 P の $x$ 軸方向の速度**

$\dfrac{dy}{dt}=\lim\limits_{h\to 0}\dfrac{g(t+h)-g(t)}{h}$ ……**時刻 $t$ における点 P の $y$ 軸方向の速度**

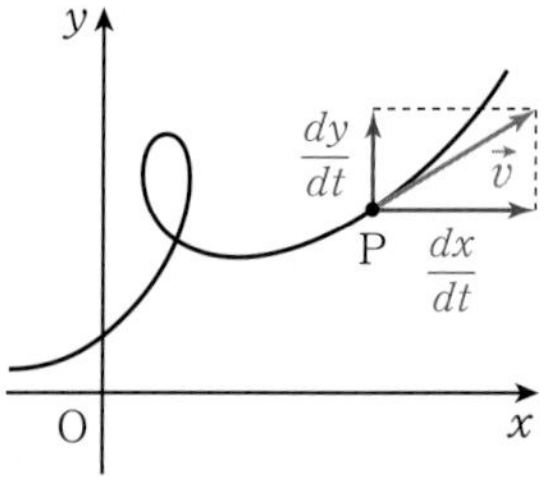

そこで

$\vec{v}=\left(\dfrac{dx}{dt},\ \dfrac{dy}{dt}\right)$ を**時刻 $t$ における点 P の速度**といい，

速度の大きさ，すなわち**速さ**を $|\vec{v}|=\sqrt{\left(\dfrac{dx}{dt}\right)^2+\left(\dfrac{dy}{dt}\right)^2}$ と定める。

また，$\vec{\alpha}=\left(\dfrac{d^2x}{dt^2},\ \dfrac{d^2y}{dt^2}\right)$ を**時刻 $t$ における点 P の加速度**といい，

加速度の大きさを $|\vec{\alpha}|=\sqrt{\left(\dfrac{d^2x}{dt^2}\right)^2+\left(\dfrac{d^2y}{dt^2}\right)^2}$ と定める。

## 基本例題 186　等速円運動の速度・加速度

動点 P が原点 O を中心とする半径 $r$ の円周上を点 $A(r\cos\theta,\ r\sin\theta)$ から出発して，OP が 1 秒間に角 $\omega$ の割合で回転するように等速円運動をするとき，動点 P の速度，加速度とそれぞれの大きさを求めよ。

**ねらい**
平面上を運動する点の速度・加速度を求めること。

**解法ルール** 点 $(x,\ y)$ が時刻 $t$ の関数として $(x,\ y)=(f(t),\ g(t))$ で与えられているとき

**速度**　$\vec{v}=\left(\dfrac{dx}{dt},\ \dfrac{dy}{dt}\right)=(f'(t),\ g'(t))$

**加速度**　$\vec{\alpha}=\left(\dfrac{d^2x}{dt^2},\ \dfrac{d^2y}{dt^2}\right)=(f''(t),\ g''(t))$

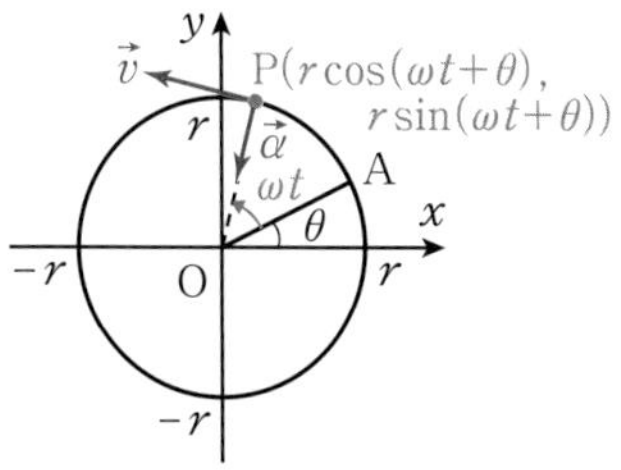


**解答例** $t$ 秒後の点 P の座標は

$(r\cos(\omega t+\theta),\ r\sin(\omega t+\theta))$

点 P の**速度 $\vec{v}$ は**

$$\vec{v}=\left(\frac{dx}{dt},\ \frac{dy}{dt}\right)$$
$$=(-r\omega\sin(\omega t+\theta),\ r\omega\cos(\omega t+\theta)) \quad \cdots 答$$

**速さ $|\vec{v}|$ は**

$$|\vec{v}|=\sqrt{r^2\omega^2\sin^2(\omega t+\theta)+r^2\omega^2\cos^2(\omega t+\theta)}$$
$$=\sqrt{r^2\omega^2\{\sin^2(\omega t+\theta)+\cos^2(\omega t+\theta)\}}$$
$$=r|\omega| \quad \cdots 答$$

点 P の**加速度 $\vec{\alpha}$ は**

$$\vec{\alpha}=\left(\frac{d^2x}{dt^2},\ \frac{d^2y}{dt^2}\right)$$
$$=(-r\omega^2\cos(\omega t+\theta),\ -r\omega^2\sin(\omega t+\theta)) \quad \cdots 答$$

**加速度の大きさ $|\vec{\alpha}|$ は**

$$|\vec{\alpha}|=\sqrt{r^2\omega^4\cos^2(\omega t+\theta)+r^2\omega^4\sin^2(\omega t+\theta)}$$
$$=\sqrt{r^2\omega^4\{\cos^2(\omega t+\theta)+\sin^2(\omega t+\theta)\}}$$
$$=r\omega^2 \quad \cdots 答$$

$\overrightarrow{OP}=(r\cos(\omega t+\theta),\ r\sin(\omega t+\theta))$

$\vec{v}\cdot\overrightarrow{OP}$
$=-r^2\omega\cos(\omega t+\theta)\times\sin(\omega t+\theta)+r^2\omega\cos(\omega t+\theta)\times\sin(\omega t+\theta)$
$=0 \iff \vec{v}\perp\overrightarrow{OP}$

これより，速度の向きは点 P の接線の方向であることがわかる。

$\vec{\alpha}=(-r\omega^2\cos(\omega t+\theta),\ -r\omega^2\sin(\omega t+\theta))$
$=-\omega^2(r\cos(\omega t+\theta),\ r\sin(\omega t+\theta))$
$=-\omega^2\overrightarrow{OP}$

これより，加速度の向きは点 P から中心の方向であることがわかる。

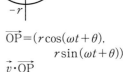

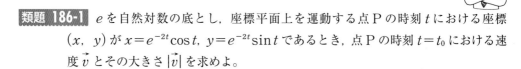

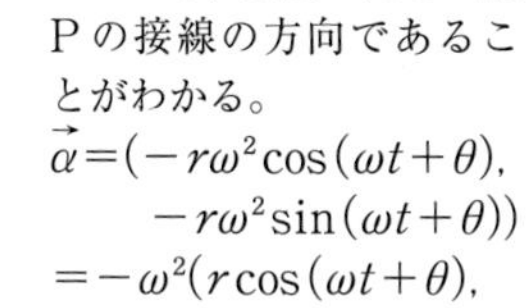


**類題 186-1** $e$ を自然対数の底とし，座標平面上を運動する点 P の時刻 $t$ における座標 $(x,\ y)$ が $x=e^{-2t}\cos t$, $y=e^{-2t}\sin t$ であるとき，点 P の時刻 $t=t_0$ における速度 $\vec{v}$ とその大きさ $|\vec{v}|$ を求めよ。

**類題 186-2** 点 $P(x,\ y)$ が時刻 $t$ を媒介変数として $x=a(t-\sin t)$, $y=a(1-\cos t)$ で表されるサイクロイドを描くとき，点 P の加速度 $\vec{\alpha}$ の大きさは一定であることを示せ。ただし，$a>0$ とする。

# 16 関数の近似式

関数 $y=f(x)$ のグラフ上で

**点 $(a,\ f(a))$ における接線 ≒ $(a,\ f(a))$ 周辺のグラフ**

と考えてよい。

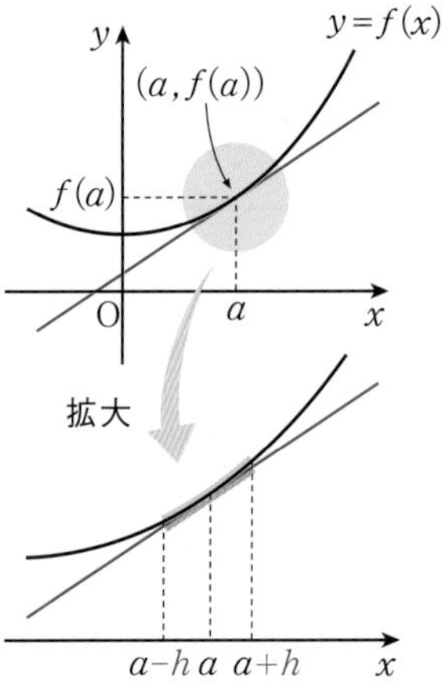


点 $(a,\ f(a))$ における接線の方程式は

$$y-f(a)=f'(a)(x-a) \iff y=f'(a)(x-a)+f(a)$$

さて，$x$ が十分 $a$ に近いとき

$$\underbrace{f(x)}_{\text{曲線}} \fallingdotseq \underbrace{f'(a)(x-a)+f(a)}_{\text{直線}}$$

**$x=a+h$** とおくと（$h$ が十分 0 に近い）

$$f(a+h) \fallingdotseq f'(a)h+f(a)$$

$f(a+h)$ の値を1次式で近似する式

関数 $f(x)$ について，$h$ が十分小さいときの $f(a+h)$ の値の近似値は

**Step 1** 関数 $y=f(x)$ のグラフ上の点 $(a,\ f(a))$ における接線の方程式を求める。

➡ $y=f'(a)(x-a)+f(a)$

**Step 2** 点 $(a,\ f(a))$ の十分近くでは，グラフはほぼ接線だと考える。

➡ $f(x) \fallingdotseq f'(a)(x-a)+f(a)$

$x=a+h$ とすると　$f(a+h) \fallingdotseq f'(a)h+f(a)$

の手順で求められる。

特に，$a=0$ のとき，点 $(0,\ f(0))$ における接線の方程式は

$$y-f(0)=f'(0)(x-0) \iff y=f'(0)x+f(0)$$

したがって，$x$ が十分 0 に近いときの $f(x)$ の近似値は，

$$f(x) \fallingdotseq f'(0)x+f(0)$$

と表せる。

**ポイント** ［関数の近似式］　覚え得

① $x$ が十分 $a$ に近いとき　$f(x) \fallingdotseq f'(a)(x-a)+f(a)$

特に，$x$ が十分 0 に近いとき　$f(x) \fallingdotseq f'(0)x+f(0)$

② $h$ が十分 0 に近いとき　$f(a+h) \fallingdotseq f'(a)h+f(a)$

近似式の“こころ”は，「関数 $y=f(x)$ のグラフは短く切れば接線だ」といえるよ。**接線とは，単に曲線に接する直線ということだけではなく，区間は短いけれど，それぞれの区間の曲線とほぼ同じものを表しているといえる**ね。

近似式

$x$ が十分 $0$ に近いとき，次の関数について，$1$ 次の近似式を作れ。

(1) $(1+x)^5$

(2) $\dfrac{1}{1+x}$

(3) $\sqrt{1+x}$

(4) $\sin x$

**ねらい**

関数の，$1$ 次の近似式を作る方法について考えること。

**解法ルール** 関数 $y=f(x)$ について，$x$ が $0$ に十分近いとき，点 $(0, \ f(0))$ における接線の方程式は，

$y-f(0)=f'(0)(x-0)$ より，$y=f'(0)x+f(0)$ だから

$$f(x)\fallingdotseq f'(0)x+f(0)$$

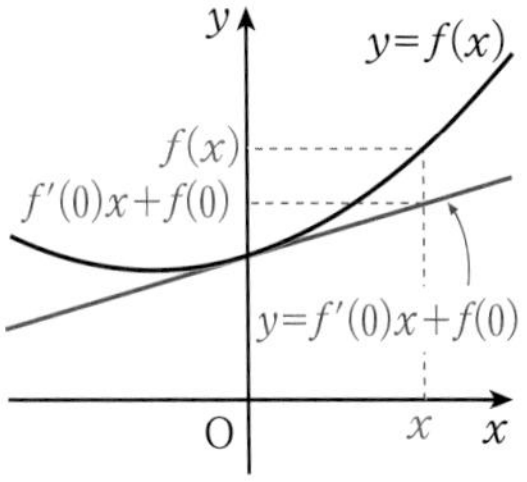

**解答例** (1) $f(x)=(1+x)^5$ とする。$f'(x)=5(1+x)^4$

点 $(0, \ f(0))$ における接線の方程式は，

$f(0)=1$，$f'(0)=5$ より $y=5x+1$

$|x|$ が十分小さいとき $(1+x)^5\fallingdotseq 5x+1$ …答

(2) $f(x)=\dfrac{1}{1+x}$ とする。$f'(x)=-\dfrac{1}{(1+x)^2}$

点 $(0, \ f(0))$ における接線の方程式は，

$f(0)=1$，$f'(0)=-1$ より $y=-x+1$

$|x|$ が十分小さいとき $\dfrac{1}{1+x}\fallingdotseq -x+1$ …答

(3) $f(x)=\sqrt{1+x}$ とする。$f'(x)=\dfrac{1}{2\sqrt{1+x}}$

点 $(0, \ f(0))$ における接線の方程式は，

$f(0)=1$，$f'(0)=\dfrac{1}{2}$ より $y=\dfrac{1}{2}x+1$

$|x|$ が十分小さいとき $\sqrt{1+x}\fallingdotseq \dfrac{1}{2}x+1$ …答

(4) $f(x)=\sin x$ とする。$f'(x)=\cos x$

点 $(0, \ f(0))$ における接線の方程式は，

$f(0)=0$，$f'(0)=1$ より $y=x$

$|x|$ が十分小さいとき $\sin x\fallingdotseq x$ …答

曲線 $y=f(x)$ と点 $(0, \ f(0))$ におけるこの曲線の接線は，$x=0$ の十分近くでは区別がつかないほど重なっている。したがって，関数の値もほぼ同じというわけだ！

**類題 187-1** $x$ が $\dfrac{\pi}{4}$ に十分近い値のとき，$\tan x$ について，$1$ 次の近似式を作れ。

**類題 187-2** $|x|$ が十分小さいとき，関数 $f(x)=\tan\left(\dfrac{x}{2}-\dfrac{\pi}{4}\right)$ について，$1$ 次の近似式を作れ。

## 応用例題 188　近似値

1 次の近似式を用いて，次の数の近似値を小数第 3 位まで求めよ。ただし，$\sqrt{3}=1.73$，$\pi=3.14$ とする。

(1) $\sqrt{1.01}$　　(2) $\sin 61^\circ$

**ねらい**
近似式を利用して，近似値を求めること。

**解法ルール** $|x|$ が十分小さいとき　$\boldsymbol{f(x) \fallingdotseq f'(0)x+f(0)}$

(1) $f(x)=\sqrt{1+x}$　　(2) $f(x)=\sin\left(\dfrac{\pi}{3}+x\right)$

とする。

← 三角関数の変数は弧度法で表す。

**解答例** (1) $\sqrt{1.01}=\sqrt{1+0.01}$

そこで，$f(x)=\sqrt{1+x}$ とおくと

$$f'(x)=\frac{1}{2}(1+x)^{-\frac{1}{2}}=\frac{1}{2\sqrt{1+x}}$$

$x$ が 0 に近いとき　$f(x) \fallingdotseq f'(0)x+f(0)=\dfrac{1}{2}x+1$

したがって　$\sqrt{1.01} \fallingdotseq \dfrac{1}{2}\times 0.01+1=1.005$

答　**1.005**

(2) $\sin 61^\circ=\sin(60^\circ+1^\circ)=\sin\left(\dfrac{\pi}{3}+\dfrac{\pi}{180}\right)$

そこで，$f(x)=\sin\left(\dfrac{\pi}{3}+x\right)$ とおくと

$$f'(x)=\cos\left(\frac{\pi}{3}+x\right)$$

$x$ が 0 に近いとき　$f(x) \fallingdotseq f'(0)x+f(0)=\dfrac{1}{2}x+\dfrac{\sqrt{3}}{2}$

したがって　$\sin 61^\circ \fallingdotseq \dfrac{1}{2}\times\dfrac{\pi}{180}+\dfrac{\sqrt{3}}{2}=\dfrac{3.14}{360}+\dfrac{1.73}{2}$

$=0.8737$

答　**0.874**

**● 有効数字**
(2)のように，概数を使って近似値を求める場合，どの位まで求めるという指示がない場合は，問題に与えられた数と同じ有効数字で答えるのが一般的である。つまり，この場合の有効数字は 3 桁。

**類題 188** 1 次の近似式を用いて，次の数の近似値を小数第 3 位まで求めよ。ただし，$e=2.718$ とする。

(1) $\sqrt{4.02}$　　(2) $\log 2.8$

# 定期テスト予想問題 解答→p. 64~68

**1** 定義に従って，関数 $f(x)=\sqrt{3x}$ を微分せよ。

**2** 関数 $f(x)=[x]$ は $x=3$ で連続か。ただし，実数 $x$ に対して，$x$ を超えない最大の整数を $[x]$ で表す。

**3** 次の関数を微分せよ。

(1) $y=(x-1)(2x^2+3x+1)$　(2) $y=(x+1)(x+2)(x+3)$

(3) $y=(3x^2+1)^5$　(4) $y=\dfrac{1}{x\sqrt[3]{x}}$　(5) $y=\dfrac{x^3+1}{x^2+1}$

(6) $y=\dfrac{1}{(x^2+x)^3}$　(7) $y=\sin x\cos x$

(8) $y=\cos 2x$　(9) $y=\tan^3 x$　(10) $y=\log_2(3x+1)$

(11) $y=\log|\cos x|$　(12) $y=e^{2x}\log x$　(13) $y=3^{2x+1}$

(14) $y=\dfrac{(x-1)^2}{(x+2)^3}$　(15) $y=\sqrt{\dfrac{(x+1)(x+2)}{x}}$

**4** 次の方程式で定められる $x$ の関数 $y$ について，$\dfrac{dy}{dx}$ を求めよ。

(1) $\dfrac{x^2}{4}+\dfrac{y^2}{9}=1$　(2) $\dfrac{x^2}{9}-\dfrac{y^2}{25}=1$　(3) $y^2=4x+1$

**5** 次の関数について，$\dfrac{dy}{dx}$ を $t$ の式で表せ。

(1) $\begin{cases} x=\dfrac{1}{2}t^2 \\ y=t^4-t^2 \end{cases}$　(2) $\begin{cases} x=\sin 2t \\ y=\cos 2t \end{cases}$　(3) $\begin{cases} x=\log t \\ y=t+\dfrac{1}{t} \end{cases}$

**6** $y=xe^{-x}$ について，等式 $xy''+xy'+y=0$ が成り立つことを示せ。

**7** $y=e^x$ について，原点 $(0,\ 0)$ から引いた接線の方程式を求めよ。また，接点における法線の方程式を求めよ。

**8** 楕円 $\dfrac{x^2}{4}+y^2=1$ 上の点 $\mathrm{P}\left(\sqrt{2},\ \dfrac{1}{\sqrt{2}}\right)$ における接線の方程式を求めよ。

---

**HINT**

**1** 定義

$f'(x)=\lim_{h\to 0}\dfrac{f(x+h)-f(x)}{h}$

**2** $n$ は整数で

$n\leqq x<n+1$ のとき

$[x]=n$

**3** 積，商，合成関数の微分法を使う。

(14)，(15)は対数微分法を用いる。

**4** $Ax^n+By^n=C$ のとき両辺を $x$ で微分すると

$Anx^{n-1}+Bny^{n-1}\cdot\dfrac{dy}{dx}=0$

**5** $\dfrac{dy}{dx}=\dfrac{\dfrac{dy}{dt}}{\dfrac{dx}{dt}}$

**7** 曲線 $y=f(x)$ 上の点 $(x_1,\ y_1)$ における接線の方程式は

$y-y_1=f'(x_1)(x-x_1)$

法線の方程式は

$y-y_1=-\dfrac{1}{f'(x_1)}(x-x_1)$

$(f'(x_1)\neq 0)$

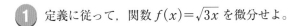

**9** $y=\log x$ と $y=ax^2$ $(a \neq 0)$ のグラフが共有点をもち，この点で共通の接線をもつとき

(1) $a$ の値を求めよ。

(2) 2つのグラフの共通の接線の方程式を求めよ。

**10** 次の関数の増減，凹凸を調べてグラフをかけ。

(1) $y=\dfrac{(x-1)^2}{x^2+1}$　(2) $y=\dfrac{x^2}{x-1}$

(3) $y=x+\sqrt{1-x^2}$

**11** 次の関数の $f''(x)$ の符号を調べて，極値と変曲点の座標を求めよ。

(1) $f(x)=xe^{-x}$　(2) $f(x)=\dfrac{\log x}{x}$

**12** 不等式 $\log(x+1) \geqq \dfrac{x}{x+1}$ を証明せよ。

**13** 方程式 $\cos x - x=0$ は $0<x<\dfrac{\pi}{2}$ にただ1つの実数解をもつことを示せ。

**14** $x \fallingdotseq 0$ のとき，$f(x) \fallingdotseq f(0)+f'(0)x$ である。
このことを用いて，$x$ が0に十分近い値のとき，次の関数について，1次の近似式を求めよ。

(1) $\dfrac{1}{\sqrt{x+1}}$　(2) $\log(x+1)$　(3) $e^x$

**15** 座標平面上を運動する点 $\mathrm{P}(x,\ y)$ の，時刻 $t$ における座標が $x=\cos 3t+2$，$y=\sin 3t+1$ で与えられているとき，次の問いに答えよ。

(1) 時刻 $t$ における速度ベクトル $\vec{v}$ を求めよ。

(2) 速度の大きさを求めよ。

(3) 時刻 $t$ における加速度ベクトル $\vec{\alpha}$ を求めよ。

(4) 加速度の大きさを求めよ。

(5) $\vec{v}$ と $\vec{\alpha}$ は垂直であることを示せ。

**9** $f(x)=\log x$，$g(x)=ax^2$ とおく。$x=t$ で共有点をもつとき
$f(t)=g(t)$
$f'(t)=g'(t)$

**10** グラフのかき方
①対称性，②定義域，③増減，④凹凸，⑤漸近線
などを調べる。

**11** $f'(a)=0$ で
$f''(a)>0$ なら
極小値 $f(a)$
$f''(a)<0$ なら
極大値 $f(a)$

**12** $f(x)=\log(x+1)-\dfrac{x}{x+1}$ の最小値を考える。

**13** $f(x)=\cos x - x$ とおき，$f(x)$ の連続性と $f(0)$，$f\left(\dfrac{\pi}{2}\right)$ の正負から中間値の定理を用いる。

**15** 速度ベクトル
$\vec{v}=\left(\dfrac{dx}{dt},\ \dfrac{dy}{dt}\right)$
加速度ベクトル
$\vec{\alpha}=\left(\dfrac{d^2x}{dt^2},\ \dfrac{d^2y}{dt^2}\right)$

# 6章

# 積分法とその応用 数学Ⅲ

# 1節 積分法

## 1 不定積分

$x$ の関数 $f(x)$ が与えられているとき，$F'(x)=f(x)$ となる関数 $F(x)$ を，$f(x)$ の原始関数という。

関数 $f(x)$ の原始関数は無数にあるが，その1つを $F(x)$ とすると，どの原始関数も $F(x)+C$（$C$ は定数）の形で表される。この定数 $C$ を含んだ $F(x)+C$ を $f(x)$ の不定積分といい，$\displaystyle\int f(x)\,dx$ で表す。つまり

> ─ 以下，この $C$ は積分定数として
> ことわりなく用いる。

$$\int f(x)\,dx = F(x)+C \quad (C \text{ は積分定数})$$

$f(x)$ の不定積分を求めることを，$f(x)$ を積分するという。

積分は微分の逆の演算だから，次の公式が成り立つ。

> 無数にあると
> いっても，定数項
> の部分が異なる，
> という意味だよ。
> だって定数を微分
> するとすべて0に
> なるからね。

**ポイント** 　$[x^\alpha\ (\alpha \text{ は実数}) \text{ の不定積分}]$

覚え得

① $\alpha \neq -1$ のとき 　　$\displaystyle\int x^\alpha dx = \frac{1}{\alpha+1}x^{\alpha+1}+C$

② $\alpha = -1$ のとき 　　$\displaystyle\int \frac{1}{x}\,dx = \log|x|+C$

---

**基本例題 189** 　　　　　　　　　　　　　　 不定積分の計算(1)

次の不定積分を求めよ

(1) $\displaystyle\int x^3 dx$ 　　　(2) $\displaystyle\int \frac{1}{x^3}\,dx$ 　　　(3) $\displaystyle\int \frac{1}{\sqrt{x}}\,dx$

**ねらい**
$f(x)=x^\triangle$ の形の
不定積分を求めるこ
と。

**解法ルール** 　$r$ が $r \neq -1$ の有理数のとき 　$\displaystyle\int x^r dx = \frac{1}{r+1}x^{r+1}+C$ ◀ $\displaystyle\int x^\triangle dx = \boxed{\frac{1}{\boxed{\triangle+1}}}x^{\boxed{\triangle+1}}+\boxed{C}$

①，②，③ の順にすれ
ばよい。

**解答例** (1) $\displaystyle\int x^3 dx = \frac{1}{4}x^4+C$ …答

(2) $\displaystyle\int \frac{1}{x^3}\,dx = \int x^{-3}dx = -\frac{1}{2}x^{-2}+C = -\frac{1}{2x^2}+C$ …答

(3) $\displaystyle\int \frac{1}{\sqrt{x}}\,dx = \int x^{-\frac{1}{2}}dx = 2x^{\frac{1}{2}}+C = 2\sqrt{x}+C$ …答

## 基本例題 190　　不定積分の計算(2)

次の不定積分を求めよ。

(1) $\displaystyle\int x^3(x^2-x)\,dx$　　(2) $\displaystyle\int\left(1-\frac{1}{x}+\frac{1}{x^2}\right)dx$

(3) $\displaystyle\int\frac{(x-1)^2}{x^3}\,dx$　　(4) $\displaystyle\int\frac{(\sqrt{x}+1)^2}{x}\,dx$

**ねらい**
$f(x)=x^{\alpha}$ の形に直してから不定積分を求めること。

**解法ルール**　$\alpha \neq -1$ のとき　$\displaystyle\int x^{\alpha}dx=\frac{1}{\alpha+1}x^{\alpha+1}+C$

$\alpha=-1$ のとき　$\displaystyle\int x^{-1}dx=\log|x|+C$

$$\int\{kf(x)\pm lg(x)\}dx=k\int f(x)\,dx\pm l\int g(x)\,dx$$

（複号同順）

**解答例**

(1) $\displaystyle\int x^3(x^2-x)\,dx=\int(x^5-x^4)\,dx$

$\displaystyle=\boldsymbol{\frac{x^6}{6}-\frac{x^5}{5}+C}$ …答

(2) $\displaystyle\int\left(1-\frac{1}{x}+\frac{1}{x^2}\right)dx=\int\left(1-\frac{1}{x}+x^{-2}\right)dx$　← $\displaystyle\int\frac{1}{x}dx=\log|x|+C$

$=x-\log|x|-x^{-1}+C$

$\displaystyle=\boldsymbol{x-\log|x|-\frac{1}{x}+C}$ …答

$\dfrac{1}{x}$ の顔を見たら $\log|x|$ と反応できるようにしよう！

(3) $\displaystyle\int\frac{(x-1)^2}{x^3}\,dx=\int\frac{x^2-2x+1}{x^3}\,dx=\int\left(\frac{1}{x}-\frac{2}{x^2}+\frac{1}{x^3}\right)dx$

$\displaystyle=\int\left(\frac{1}{x}-2x^{-2}+x^{-3}\right)dx$

$\displaystyle=\log|x|+2x^{-1}-\frac{1}{2}x^{-2}+C$

$\displaystyle=\boldsymbol{\log|x|+\frac{2}{x}-\frac{1}{2x^2}+C}$ …答

← $\dfrac{(多項式)}{\triangle}$ のタイプは展開してから積分しよう。

基本は，和の形にして1つずつ積分するのがコツだよ。

(4) $\displaystyle\int\frac{(\sqrt{x}+1)^2}{x}\,dx=\int\frac{x+2\sqrt{x}+1}{x}\,dx=\int\left(1+2x^{-\frac{1}{2}}+\frac{1}{x}\right)dx$

$=x+4x^{\frac{1}{2}}+\log|x|+C$

$=\boldsymbol{x+4\sqrt{x}+\log|x|+C}$ …答

**類題 190**　次の不定積分を求めよ。

(1) $\displaystyle\int\frac{x^2+x}{x^3}\,dx$　　(2) $\displaystyle\int\frac{(x+1)^2}{x}\,dx$

(3) $\displaystyle\int\frac{x+1}{\sqrt{x}}\,dx$　　(4) $\displaystyle\int\frac{\sqrt{x}+1}{x^2}\,dx$

## 基本例題 191　$(ax+b)^p$ の不定積分

次の不定積分を求めよ。

(1) $\displaystyle\int(2x+1)^2dx$　(2) $\displaystyle\int\frac{1}{(1-x)^2}dx$　(3) $\displaystyle\int\sqrt{4x+1}\,dx$

(4) $\displaystyle\int\frac{dx}{\sqrt{1-x}}$　(5) $\displaystyle\int\frac{dx}{1-x}$

**ねらい**
合成関数の微分の手順を思い浮かべながら積分すること。

**解法ルール**　$p\neq-1$ のとき　$\displaystyle\int(ax+b)^p dx=\frac{1}{a(p+1)}(ax+b)^{p+1}+C$

$p=-1$ のとき　$\displaystyle\int(ax+b)^{-1}dx=\frac{1}{a}\log|ax+b|+C$

← $y=(ax+b)^{p+1}$ を微分する。
$u=ax+b$ とおくと
$y=u^{p+1}$ だから
$y'=(p+1)u^p\cdot u'$
$=(p+1)\times(ax+b)^p\cdot a$

**解答例**

(1) $\displaystyle\int(2x+1)^2dx=\frac{1}{2\cdot3}(2x+1)^3+C$

$\displaystyle=\boldsymbol{\frac{1}{6}(2x+1)^3+C}$ …答

(2) $\displaystyle\int\frac{1}{(1-x)^2}dx=\int(1-x)^{-2}dx$

$\displaystyle=\frac{1}{(-1)\cdot(-1)}(1-x)^{-1}+C$

$=(1-x)^{-1}+C$

$\displaystyle=\boldsymbol{\frac{1}{1-x}+C}$ …答

(3) $\displaystyle\int\sqrt{4x+1}\,dx=\int(4x+1)^{\frac{1}{2}}dx=\frac{1}{4\cdot\frac{3}{2}}\cdot(4x+1)^{\frac{3}{2}}+C$

$\displaystyle=\boldsymbol{\frac{1}{6}(4x+1)\sqrt{4x+1}+C}$ …答

(4) $\displaystyle\int\frac{dx}{\sqrt{1-x}}=\int(1-x)^{-\frac{1}{2}}dx$

$\displaystyle=\frac{1}{(-1)\cdot\frac{1}{2}}(1-x)^{\frac{1}{2}}+C$

$=-2(1-x)^{\frac{1}{2}}+C$

$=\boldsymbol{-2\sqrt{1-x}+C}$ …答

(5) $\displaystyle\int\frac{dx}{1-x}=\boldsymbol{-\log|1-x|+C}$ …答

● $\displaystyle\int(ax+b)^n dx$ の求め方

① まず次数を1上げ $(ax+b)^{n+1}$

② 次に係数を求めて $\displaystyle\frac{1}{n+1}\cdot\frac{1}{(ax+b)'}=\frac{1}{a(n+1)}$

③ 最後に積分定数をつける。

$\displaystyle\frac{1}{a(n+1)}(ax+b)^{n+1}+C$

**類題 191**　次の不定積分を求めよ。

(1) $\displaystyle\int(2x-1)^3dx$　(2) $\displaystyle\int\frac{1}{(1-2x)^2}dx$　(3) $\displaystyle\int\frac{dx}{1+2x}$

(4) $\displaystyle\int\sqrt{1-3x}\,dx$　(5) $\displaystyle\int\frac{dx}{\sqrt{2x+1}}$

## ● 三角関数の不定積分

**ポイント** ［三角関数の不定積分］ 覚え得

① $\displaystyle\int \sin x\,dx = -\cos x + C$　② $\displaystyle\int \cos x\,dx = \sin x + C$

③ $\displaystyle\int \frac{1}{\cos^2 x}\,dx = \tan x + C$

**基本例題 192**　三角関数の不定積分

次の不定積分を求めよ。

(1) $\displaystyle\int \sin 3x\,dx$　(2) $\displaystyle\int \cos(2x+3)\,dx$　(3) $\displaystyle\int \frac{dx}{\cos^2 2x}$

(4) $\displaystyle\int \sin^2 x\,dx$　(5) $\displaystyle\int \sin x\cos x\,dx$　(6) $\displaystyle\int \tan^2 x\,dx$

**ねらい**
基本的な三角関数の不定積分を求めること。

**解法ルール** $\displaystyle\int \sin(ax+b)\,dx = -\frac{1}{a}\cos(ax+b) + C$

$\displaystyle\int \cos(ax+b)\,dx = \frac{1}{a}\sin(ax+b) + C$

**解答例** (1) $\displaystyle\int \sin 3x\,dx = -\frac{1}{3}\cos 3x + C$ …答

(2) $\displaystyle\int \cos(2x+3)\,dx = \frac{1}{2}\sin(2x+3) + C$ …答

(3) $\displaystyle\int \frac{1}{\cos^2 2x}\,dx = \frac{1}{2}\tan 2x + C$ …答

(4) $\displaystyle\int \sin^2 x\,dx = \int \frac{1-\cos 2x}{2}\,dx = \frac{x}{2} - \frac{1}{4}\sin 2x + C$ …答

(5) $\displaystyle\int \sin x\cos x\,dx = \int \frac{1}{2}\sin 2x\,dx$

$\displaystyle = -\frac{1}{4}\cos 2x + C$ …答

(6) $\displaystyle\int \tan^2 x\,dx = \int \left(\frac{1}{\cos^2 x} - 1\right)dx = \tan x - x + C$ …答

● $\displaystyle\int \sin(ax+b)\,dx$ の求め方

① 導関数が $\sin(ax+b)$ のスタイルになるのは $-\cos(ax+b)$

② $\{-\cos(ax+b)\}'$ を求めると

$\{-\cos(ax+b)\}'$
$= \sin(ax+b)$
$\times (ax+b)'$ ← $= a$
$= a\sin(ax+b)$

この部分に注意！

③ **係数を調整**する。

$\displaystyle\int \sin(ax+b)\,dx$
$\displaystyle = -\frac{1}{a}$
$\times \cos(ax+b) + C$

(4), (5), (6)の変形は「この形を見るとコレ！」といった感じで覚えておくしかないんだ。
即反応できるように慣れよう！

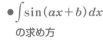

**類題 192** 次の不定積分を求めよ。

(1) $\displaystyle\int \sin(1-2x)\,dx$　(2) $\displaystyle\int \cos 3x\,dx$　(3) $\displaystyle\int \cos^2 x\,dx$

# 指数関数の不定積分

**ポイント** [指数関数の不定積分]　覚え得

① $\int e^x dx = e^x + C$

② $\int a^x dx = \frac{1}{\log a}a^x + C \quad (a \neq 1,\ a > 0)$

①は $(e^x)' = e^x$，②は $(a^x)' = a^x \log a$ だから，それぞれ上の公式が導ける。

**基本例題 193**　指数関数の不定積分

次の不定積分を求めよ。

(1) $\int e^{3x} dx$　　(2) $\int (e^x + e^{-x})^2 dx$

(3) $\int 3^x dx$　　(4) $\int (2^x - 2^{-x})^2 dx$

**ねらい**
基本的な指数関数の不定積分を求めること。

**解法ルール** $\int e^x dx = e^x + C \qquad \int a^x dx = \frac{1}{\log a} a^x + C$

**解答例** (1) $\int e^{3x} dx = \frac{1}{3}e^{3x} + C$ …答

(2) $\int (e^x + e^{-x})^2 dx = \int (e^{2x} + 2 + e^{-2x}) dx$

$= \frac{1}{2}e^{2x} + 2x - \frac{1}{2}e^{-2x} + C$

$= \frac{1}{2}(e^{2x} - e^{-2x}) + 2x + C$ …答

(3) $\int 3^x dx = \frac{1}{\log 3} \cdot 3^x + C$ …答

(4) $\int (2^x - 2^{-x})^2 dx = \int (2^{2x} - 2 + 2^{-2x}) dx$

$= \int (4^x + 4^{-x} - 2) dx$

$= \frac{1}{\log 4}(4^x - 4^{-x}) - 2x + C$ …答

● $\int e^{ax+b} dx$ の求め方

① $y = e^{ax+b}$ を微分する。

$u = ax + b$ とおくと

$y = e^u$

$y' = (e^u)' \cdot u'$

$= e^{ax+b} \cdot (ax+b)'$

$= ae^{ax+b}$

② $\int e^{ax+b} dx$

$= \frac{1}{a} \cdot e^{ax+b} + C$

**類題 193** 次の不定積分を求めよ。

(1) $\int e^{-2x} dx$　　(2) $\int (e^x + e^{-x})^3 dx$　　(3) $\int (2^x + 2^{-x}) dx$

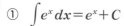

# 2 置換積分法

**置換積分法**というのは，「変数をおき換えて，積分しやすい形に変えよう」という積分の仕方といえる。

たとえば

$$\boxed{\int f(x)\,dx}$$

というのは，

**$x$ で微分したら $f(x)$ になる関数 $F(x)$**

のことである。

この不定積分を，たとえば $x=v(t)$ であるような変数 $t$ に変更したい。すなわち

$$\int f(x)\,dx=\int \boxed{\qquad\quad}\,dt$$

としたいとき，$\boxed{\qquad\quad}$ の部分は $\boxed{F(x)\text{ を } t \text{ で微分した関数}}$ にならなくてはならない。

ここで，$x=v(t)$ より

$$\boxed{\frac{dF(x)}{dt}}=\frac{dF(x)}{dx}\cdot\frac{dx}{dt}=\boxed{f(x)\frac{dx}{dt}}$$

これから $\displaystyle \int f(x)\,dx=\int \boxed{f(x)\cdot\frac{dx}{dt}}\,dt=\int f(v(t))v'(t)\,dt$ がいえる。

**ポイント** **[置換積分法]** 覚え得

$x=v(t)$ とすれば

$$\int f(x)\,dx=\int f(x)\cdot\frac{dx}{dt}\,dt=\int f(v(t))v'(t)\,dt$$

このように，不定積分では，積分する変数を変えて積分しやすい形にすることが多い。ただ，実際の問題では，上で扱った形よりも $g(x)=u$ とおいて変数を $u$ に変換するパターンが多いので，次のページでこのタイプについて調べてみよう。

$u=g(x)$ とする。

$$\int f(x)\,dx=\int \boxed{\frac{dF(x)}{du}}\,du$$ としたいとき

$$f(x)=\frac{dF(x)}{dx}=\frac{dF(x)}{du}\cdot\frac{du}{dx}$$

が導ける。

これより

$$\int f(x)\,dx=\int\frac{dF(x)}{du}\cdot\frac{du}{dx}dx$$

ところで

$$\int f(x)\,dx=\int\frac{dF(x)}{du}du$$ だから

$$\int \frac{dF(x)}{du}\,\frac{du}{dx}dx=\int\frac{dF(x)}{du}\,du$$ を比較すると，

共通

形の上では $\frac{du}{dx}dx$ を $du$ に変えればいいことになる。

置換積分では
ほとんどこの
Step 1～3の
方法で機械的に
計算しているよ。

それでは具体的な計算の手順を整理しよう。$g(x)=u$ とおけたとき，

つまり，$\int f(g(x))g'(x)dx$ となっている不定積分のとき

**Step 1** $\boldsymbol{\frac{du}{dx}=g'(x)}$ を計算する。

**Step 2** $\frac{du}{dx}$ をまるで**分数のように**考えて，$\boldsymbol{du=g'(x)dx}$ とする。

**Step 3** $\boldsymbol{\int f(g(x))g'(x)dx}$ **で** $\boldsymbol{g(x)}$ **の部分を** $\boldsymbol{u}$ **に**，$\boldsymbol{g'(x)dx}$ **の部分を** $\boldsymbol{du}$ に入れ換える。

となる。

**Step 2** で分数でもないのに，$\frac{du}{dx}$ を分数のように扱っている。

このように，本来意味のないことでも。

- **正しい結果**が得られる。
- **計算の手順が容易**になる。

とき，形式的に分数のように扱うことがある。

この置換積分がこのような例の代表的なものなんだ。

**基本例題 194** | $ax+b=t$ と置換する不定積分

**ねらい**

$ax+b=t$ とおいて，置換積分をすること。

次の不定積分を求めよ。

(1) $\displaystyle\int x(2-x)^3\,dx$　　(2) $\displaystyle\int x\sqrt{1-x}\,dx$　　(3) $\displaystyle\int \frac{x}{(x+2)^3}\,dx$

**解法ルール** $ax+b=t\,(a\neq0)$ とするとき　$x=\dfrac{1}{a}t-\dfrac{b}{a}$

このとき　$\dfrac{dx}{dt}=\dfrac{1}{a}$　　$dx=\dfrac{1}{a}\,dt$　← p. 242 の Step2 を有効に使おう！

$$\int f(x)\,dx=\int f\Big(\frac{1}{a}t-\frac{b}{a}\Big)\cdot\frac{1}{a}\,dt$$

置換積分で何を置換すればよいかを考える。

**解答例** (1) $2-x=t$ とおく。　$x=2-t$ より　$\dfrac{dx}{dt}=-1$　　$dx=(-1)\,dt$

$$\int x(2-x)^3\,dx=\int(2-t)t^3(-1)\,dt=\int(t-2)t^3\,dt$$

$$=\int(t^4-2t^3)\,dt=\frac{t^5}{5}-\frac{t^4}{2}+C$$

$$=\frac{1}{10}t^4(2t-5)+C$$

$$=-\frac{1}{10}(2x+1)(2-x)^4+C\quad\cdots\boxed{答}$$

(2) $1-x=t$ とおく。

$x=1-t$ より　$\dfrac{dx}{dt}=-1$　　$dx=(-1)\,dt$

$$\int x\sqrt{1-x}\,dx=\int(1-t)\sqrt{t}(-1)\,dt=\int(t-1)\sqrt{t}\,dt$$

$$=\int(t^{\frac{3}{2}}-t^{\frac{1}{2}})\,dt=\frac{2}{5}t^{\frac{5}{2}}-\frac{2}{3}t^{\frac{3}{2}}+C$$

$$=\frac{2}{15}t^{\frac{3}{2}}(3t-5)+C$$

$$=-\frac{2}{15}(3x+2)(1-x)\sqrt{1-x}+C\quad\cdots\boxed{答}$$

(3) $x+2=t$ とおく。　$x=t-2$ より　$\dfrac{dx}{dt}=1$　　$dx=dt$

$$\int \frac{x}{(x+2)^3}\,dx=\int \frac{t-2}{t^3}\,dt=\int(t^{-2}-2t^{-3})\,dt$$

$$=-t^{-1}+t^{-2}+C$$

$$=-\frac{1}{x+2}+\frac{1}{(x+2)^2}+C\quad\cdots\boxed{答}$$

$\displaystyle\int x(2-x)^3\,dx$ の場合は

$\displaystyle\int x\underset{\sim\sim\sim}{(2-x)^3}\,dx$

$\displaystyle\int x\sqrt{1-x}\,dx$ の場合は

$\displaystyle\int x\underset{\sim\sim\sim}{\sqrt{1-x}}\,dx$

$\displaystyle\int \frac{x}{(x+2)^3}\,dx$ の場合は

$\displaystyle\int \frac{x}{\underset{\sim\sim\sim}{(x+2)^3}}\,dx$

というように，積分（微分の逆演算）しにくい部分が簡単な形になるようにする方向で考えればよい（$\sim\sim\sim$ 部）。ここで“簡単”というのは，$ax+b=t$ とおくと $(ax+b)^n=t^n$ となって積分が楽になるという意味。

**類題 194** 次の不定積分を求めよ。

(1) $\displaystyle\int x(2x-1)^3\,dx$　　(2) $\displaystyle\int x\sqrt{1+3x}\,dx$　　(3) $\displaystyle\int \frac{x}{(1-2x)^2}\,dx$

## 基本例題 195

$\displaystyle\int \frac{f'(x)}{f(x)}dx$ 型の不定積分

次の不定積分を求めよ。

(1) $\displaystyle\int \frac{2x}{x^2+2}dx$　(2) $\displaystyle\int \tan x\,dx$　(3) $\displaystyle\int \frac{e^x}{e^x+2}dx$

**ねらい**

$\{\log|f(x)|\}'=\dfrac{f'(x)}{f(x)}$ を利用して不定積分 $\displaystyle\int \frac{f'(x)}{f(x)}dx$ を求めること。

**解法ルール** $\displaystyle\int \frac{f'(x)}{f(x)}dx=\log|f(x)|+C$

**解答例** (1) $\displaystyle\int \frac{2x}{x^2+2}dx=\int \frac{(x^2+2)'}{x^2+2}dx$

$=\boldsymbol{\log(x^2+2)+C}$ …答

$x^2+2>0$ より $\log|x^2+2|=\log(x^2+2)$

(2) $\displaystyle\int \tan x\,dx=\int \frac{\sin x}{\cos x}dx$

$\displaystyle=\int \frac{-(\cos x)'}{\cos x}dx$

$=\boldsymbol{-\log|\cos x|+C}$ …答

(3) $\displaystyle\int \frac{e^x}{e^x+2}dx=\int \frac{(e^x+2)'}{e^x+2}dx$

$=\boldsymbol{\log(e^x+2)+C}$ …答

$e^x+2>0$ より $\log|e^x+2|=\log(e^x+2)$

← $\displaystyle\int \frac{g(x)}{f(x)}dx$ 型（分数関数）の不定積分
最初にする check は「分母を微分して分子にならないか」すなわち「$\dfrac{f'(x)}{f(x)}$ となっていないか」

**類題 195** 次の不定積分を求めよ。

(1) $\displaystyle\int \frac{2x+1}{x^2+x+1}dx$　(2) $\displaystyle\int \frac{x^2}{x^3+1}dx$　(3) $\displaystyle\int \frac{1}{\tan x}dx$

(4) $\displaystyle\int \frac{e^x-e^{-x}}{e^x+e^{-x}}dx$　(5) $\displaystyle\int \frac{1+\cos x}{x+\sin x}dx$

## 基本例題 196

$\displaystyle\int f(g(x))g'(x)\,dx$ 型の不定積分

次の不定積分を求めよ。

(1) $\displaystyle\int x(x^2-1)^3dx$　(2) $\displaystyle\int \sin^3x\cos x\,dx$　(3) $\displaystyle\int \sin^3x\,dx$

(4) $\displaystyle\int \frac{\log x}{x}dx$　(5) $\displaystyle\int x^2e^{x^3}dx$

**ねらい**

$\displaystyle\int f(g(x))g'(x)\,dx$ 型の不定積分を求めること。

**解法ルール** $\displaystyle\int f(g(x))g'(x)\,dx$ タイプは $\boldsymbol{g(x)=t}$ とおく。

$g'(x)=\dfrac{dt}{dx}$ より　$g'(x)dx=dt$

$\displaystyle\int f(g(x))\boxed{g'(x)dx}=\int f(t)\boxed{dt}$

**解答例** (1) $x^2-1=t$ とおく。$2x=\dfrac{dt}{dx}$ より $2x\,dx=dt$

$$\int x(x^2-1)^3dx=\frac{1}{2}\int(x^2-1)^3\cdot 2x\,dx$$
$$=\frac{1}{2}\int t^3dt$$
$$=\frac{1}{8}t^4+C=\boldsymbol{\frac{1}{8}(x^2-1)^4+C}\quad\cdots 答$$

(2) $\sin x=t$ とおく。$\cos x=\dfrac{dt}{dx}$ より $\cos x\,dx=dt$

$$\int\sin^3x\cos x\,dx=\int t^3dt$$
$$=\frac{t^4}{4}+C=\boldsymbol{\frac{\sin^4x}{4}+C}\quad\cdots 答$$

(3) $\cos x=t$ とおく。$-\sin x=\dfrac{dt}{dx}$ より $-\sin x\,dx=dt$

$$\int\sin^3x\,dx=\int\sin^2x\cdot\sin x\,dx$$
$$=\int(\cos^2x-1)(-\sin x)dx$$
$$=\int(t^2-1)dt=\frac{t^3}{3}-t+C$$
$$=\boldsymbol{\frac{\cos^3x}{3}-\cos x+C}\quad\cdots 答$$

(4) $\log x=t$ とおく。$\dfrac{1}{x}=\dfrac{dt}{dx}$ より $\dfrac{1}{x}dx=dt$

$$\int\frac{\log x}{x}dx=\int\log x\cdot\frac{1}{x}dx=\int t\,dt=\frac{t^2}{2}+C$$
$$=\boldsymbol{\frac{1}{2}(\log x)^2+C}\quad\cdots 答$$

(5) $x^3=t$ とおく。$3x^2=\dfrac{dt}{dx}$ より $3x^2dx=dt$

$$\int x^2e^{x^3}dx=\frac{1}{3}\int e^{x^3}\cdot 3x^2dx=\frac{1}{3}\int e^tdt=\frac{e^t}{3}+C$$
$$=\boldsymbol{\frac{e^{x^3}}{3}+C}\quad\cdots 答$$

● $\int f(g(x))g'(x)\,dx$（$g'(x)\,dx$ が $dt$）タイプで $\boldsymbol{g(x)=t}$ **とおく**と，$g'(x)=\dfrac{dt}{dx}$ より，形式的に $g'(x)dx=dt$ と表せるから，$\int f(t)dt$ と変換できる。
ポイントは，何を $g(x)$ にすればよいのか。

● $\int$ □ $dx$ の □ の部分は多くても2～3個の関数しかない。
　そこで，適当に「$g(x)=\triangle$ として $g'(x)$ が □ のなかにあるか」をチェックし，あればその関数を $t$ でおき換えればよい。

**類題 196** 次の不定積分を求めよ。

(1) $\int x^2(x^3+1)^3dx$　(2) $\int\cos^2x\sin x\,dx$　(3) $\int x\sqrt{x^2+1}\,dx$

(4) $\int e^x(e^x+1)^3dx$　(5) $\int xe^{-x^2}dx$

# 3 部分積分法

2つの関数 $f(x)$, $g(x)$ の積の導関数は

$$\{f(x)g(x)\}'=f'(x)g(x)+f(x)g'(x)$$

これを利用して $f(x)g'(x)$ タイプの不定積分を

$$\int f(x)g'(x)\,dx=\int \{f(x)g(x)\}'\,dx-\int f'(x)g(x)\,dx$$

$$=f(x)g(x)-\int f'(x)g(x)\,dx$$

として求める方法を**部分積分法**という。

この積分をする
"ココロ" は「型に当て
はめていく」という
ところかな？

**ポイント**

[部分積分法]

$$\int f(x)g'(x)\,dx=f(x)g(x)-\int f'(x)g(x)\,dx$$

覚え得

---

**基本例題 197**　　　　　　　　　　　　部分積分法 (1)

次の不定積分を求めよ。

(1) $\displaystyle\int x\sin x\,dx$　　　(2) $\displaystyle\int \log x\,dx$　　　(3) $\displaystyle\int xe^x\,dx$

**ねらい**
基本的な部分積分法
を理解すること。

**解法ルール** $\displaystyle\int f(x)g'(x)\,dx=f(x)g(x)-\int f'(x)g(x)\,dx$
　　　　　　　└──積分しやすいものを選ぶ

**解答例** (1) $\displaystyle\int x\sin x\,dx=\int x(-\cos x)'\,dx$

$$=x(-\cos x)-\int (x)'(-\cos x)\,dx$$

$$=-x\cos x+\int \cos x\,dx=\boldsymbol{-x\cos x+\sin x+C}\quad\cdots\text{答}$$

$\displaystyle\int \boxed{x}\,\boxed{\sin x}\,dx$
$\quad f(x)\ \ g'(x)$
$\qquad g(x)=-\cos x$

(2) $\displaystyle\int \log x\,dx=\int (x)'\log x\,dx=x\log x-\int x(\log x)'\,dx$

$$=x\log x-\int x\cdot\frac{1}{x}\,dx=\boldsymbol{x\log x-x+C}\quad\cdots\text{答}$$

$\displaystyle\int \log x\,dx=\int \boxed{\log x}\cdot\boxed{1}\,dx$
$\qquad\quad f(x)\ \ g'(x)$
$\qquad\qquad g(x)=x$

(3) $\displaystyle\int xe^x\,dx=\int x(e^x)'\,dx=xe^x-\int (x)'e^x\,dx$

$$=xe^x-\int e^x\,dx=xe^x-e^x+C=\boldsymbol{(x-1)e^x+C}\quad\cdots\text{答}$$

$\displaystyle\int \boxed{x}\,\boxed{e^x}\,dx$
$\quad f(x)\ \ g'(x)$
$\qquad g(x)=e^x$

**類題 197** 次の不定積分を求めよ。

(1) $\displaystyle\int x\cos x\,dx$　　　(2) $\displaystyle\int (x+1)\log x\,dx$　　　(3) $\displaystyle\int (x+1)e^x\,dx$

**ねらい**

部分積分をくり返すことで不定積分を求めること。

次の不定積分を求めよ。

(1) $\displaystyle\int x^2 \sin x\, dx$　　(2) $\displaystyle\int (\log x)^2\, dx$　　(3) $\displaystyle\int x^2 e^x\, dx$

**解法ルール** 1回の部分積分で解決しないときは，**部分積分をくり返すことで積分できる形に変形する。**

**解答例** (1) $\displaystyle\int x^2 \sin x\, dx = \int x^2 (-\cos x)'\, dx$

$$= x^2(-\cos x) - \int (x^2)'(-\cos x)\, dx$$

$$= -x^2 \cos x + 2\int x \cos x\, dx$$

$\displaystyle\int x \cos x\, dx = \int x(\sin x)'\, dx = x \sin x - \int (x)' \sin x\, dx$

$$= x \sin x + \cos x + C_1$$

よって　$\displaystyle\int x^2 \sin x\, dx = -x^2 \cos x + 2x \sin x + 2\cos x + C$

$$= (-x^2 + 2)\cos x + 2x \sin x + C \quad \cdots 答$$

(2) $\displaystyle\int (\log x)^2\, dx = \int (x)'(\log x)^2\, dx$

$$= x(\log x)^2 - \int x\{(\log x)^2\}'\, dx$$

$$= x(\log x)^2 - \int x \cdot 2(\log x)\frac{1}{x}\, dx$$

$$= x(\log x)^2 - 2\int \log x\, dx$$

$\displaystyle\int \log x\, dx = \int (x)' \log x\, dx = x \log x - \int x(\log x)'\, dx$

$$= x \log x - x + C_1$$

よって　$\displaystyle\int (\log x)^2\, dx = x(\log x)^2 - 2x \log x + 2x + C$

$$= x\{(\log x)^2 - 2\log x + 2\} + C \quad \cdots 答$$

(3) $\displaystyle\int x^2 e^x\, dx = \int x^2(e^x)'\, dx = x^2 e^x - \int (x^2)' e^x\, dx$

$$= x^2 e^x - 2\int x e^x\, dx$$

$\displaystyle\int x e^x\, dx = \int x(e^x)'\, dx = x e^x - \int (x)' e^x\, dx$

$$= (x-1)e^x + C_1$$

よって　$\displaystyle\int x^2 e^x\, dx = x^2 e^x - 2(x-1)e^x + C$

$$= (x^2 - 2x + 2)e^x + C \quad \cdots 答$$

← $\displaystyle\int x^2 \sin x\, dx$ と $\displaystyle\int x^2 e^x\, dx$ は，$x^2$ があるので積分しにくい。そこで，$x^2$ を消去する方向，すなわち

$$\int \underset{f(x)}{\boxed{x^2}}\ \underset{g'(x)}{\boxed{\sin x}}\, dx$$

$$\int \underset{f(x)}{\boxed{x^2}}\ \underset{g'(x)}{\boxed{e^x}}\, dx$$

と考えればよい。

$\sin x$ は

$$\sin x \xrightarrow{\text{微分}} \cos x$$
$$\xrightarrow{\text{微分}} -\sin x$$
$$\xrightarrow{\text{微分}} -\cos x$$

$e^x$ は

$$e^x \xrightarrow{\text{微分}} e^x \xrightarrow{\text{微分}} e^x$$

のように**微分しても簡単にならない。**

しかし

$$x^2 \xrightarrow{\text{微分}} 2x \xrightarrow{\text{微分}} 2$$

のように $x^n$ は何回か微分すると定数になってしまうことに注目している。

$f(x)$，$g(x)$ の決め方がわからないという声をよく聞くけど，$\displaystyle\int f'(x)g(x)dx$ の部分が積分しやすいように $f(x)$，$g(x)$ を決めればいいんだ。

**類題 198** $\displaystyle I = \int e^x \sin x\, dx$ について2回部分積分をすることで $I$ を求めよ。

# 4 いろいろな不定積分

## 基本例題 199

分数関数の不定積分

次の不定積分を求めよ。

(1) $\displaystyle\int\frac{2x^2+3x}{x+1}dx$　　(2) $\displaystyle\int\frac{x+4}{x^2-x-2}dx$

**ねらい**
分数関数を積分すること。

**解法ルール** (1) (分子の次数)≧(分母の次数) のときは割り算実行。(帯分数化する)

(2) 分数の和や差の形に直す。(部分分数に分解する)

**解答例** (1) 割り算をして，整式＋分数式 にする。

$$\frac{2x^2+3x}{x+1}=2x+1-\frac{1}{x+1}$$

よって $\displaystyle\int\frac{2x^2+3x}{x+1}dx=\int\left(2x+1-\frac{1}{x+1}\right)dx$

$$=\boldsymbol{x^2+x-\log|x+1|+C}\quad\cdots\text{答}$$

⬅
$$\begin{array}{r} 2x\ +1 \\ x+1\,\big)\,\overline{2x^2+3x} \\ \underline{2x^2+2x} \\ x \\ \underline{x+1} \\ -1 \end{array}$$

(2) $\displaystyle\frac{x+4}{x^2-x-2}=\frac{x+4}{(x-2)(x+1)}$

$$=\frac{a}{x-2}+\frac{b}{x+1}=\frac{(a+b)x+a-2b}{(x-2)(x+1)}$$

係数を比較して　$a+b=1$，$a-2b=4$

これを解いて

$a=2$，$b=-1$

よって

$$\int\frac{x+4}{x^2-x-2}dx=\int\left(\frac{2}{x-2}-\frac{1}{x+1}\right)dx$$

$$=2\log|x-2|-\log|x+1|+C$$

$$=\boldsymbol{\log\frac{(x-2)^2}{|x+1|}+C}\quad\cdots\text{答}$$

⬅ $\displaystyle\frac{a}{x-2}+\frac{b}{x+1}$
と部分分数に分解できるとして，$a$，$b$ を求める。

$$\begin{array}{r} a+\ b=1 \\ -)\ a-2b=4 \\ \hline 3b=-3 \end{array}$$

$b=-1$ より
$a=2$

**類題 199** 次の不定積分を求めよ。

(1) $\displaystyle\int\frac{3x^2-5x+4}{x-1}dx$　　(2) $\displaystyle\int\frac{1}{x^2-1}dx$

**基本例題 200** 三角関数の積の不定積分

次の不定積分を求めよ。

(1) $\int \sin 2x \cos x\,dx$　　(2) $\int \sin 4x \sin 2x\,dx$

(3) $\int \cos x \cos 3x\,dx$

**ねらい**
三角関数の積を和に変える公式を用いて不定積分を求めること。

**解法ルール**

$$\sin\alpha\cos\beta=\frac{1}{2}\{\sin(\alpha+\beta)+\sin(\alpha-\beta)\}$$

$$\cos\alpha\sin\beta=\frac{1}{2}\{\sin(\alpha+\beta)-\sin(\alpha-\beta)\}$$

$$\cos\alpha\cos\beta=\frac{1}{2}\{\cos(\alpha+\beta)+\cos(\alpha-\beta)\}$$

$$\sin\alpha\sin\beta=-\frac{1}{2}\{\cos(\alpha+\beta)-\cos(\alpha-\beta)\}$$

**解答例**

(1)
$$\int \sin 2x\cos x\,dx=\int\frac{1}{2}\{\sin(2x+x)+\sin(2x-x)\}dx$$
$$=\frac{1}{2}\int(\sin 3x+\sin x)\,dx$$
$$=\boldsymbol{-\frac{1}{6}\cos 3x-\frac{1}{2}\cos x+C}\quad \cdots 答$$

(2)
$$\int \sin 4x\sin 2x\,dx$$
$$=\int\left[-\frac{1}{2}\{\cos(4x+2x)-\cos(4x-2x)\}\right]dx$$
$$=-\frac{1}{2}\int(\cos 6x-\cos 2x)\,dx$$
$$=\boldsymbol{-\frac{1}{12}\sin 6x+\frac{1}{4}\sin 2x+C}\quad \cdots 答$$

(3)
$$\int \cos x\cos 3x\,dx=\int\cos 3x\cos x\,dx$$
$$=\int\frac{1}{2}\{\cos(3x+x)+\cos(3x-x)\}dx$$
$$=\frac{1}{2}\int(\cos 4x+\cos 2x)\,dx$$
$$=\boldsymbol{\frac{1}{8}\sin 4x+\frac{1}{4}\sin 2x+C}\quad \cdots 答$$

● $\int \sin 3x\,dx$ の求め方

① まず，おおまかに微分して $\sin 3x$ になる関数，すなわち $-\cos 3x$ を考える。

② $(-\cos 3x)'$ を求める。
$u=3x$ とおくと
$(-\cos u)'$
$=\sin u\cdot u'$
$=\sin 3x\cdot(3x)'$
$=3\sin 3x$

③ ②の結果をもとにして
$\int\sin 3x\,dx$
$=\frac{1}{3}(-\cos 3x)+C$
$=-\frac{1}{3}\cos 3x+C$

$\int\cos 6x\,dx$，
$\int\cos 2x\,dx$，
$\int\cos 4x\,dx$
も，すべて同様に求められる。

**類題 200** 次の不定積分を求めよ。

(1) $\int \sin 2x\cos 3x\,dx$　　(2) $\int \cos 2x\cos 4x\,dx$　　(3) $\int \sin x\sin 3x\,dx$

## 応用例題 201 部分分数分解を利用した不定積分

次の問いに答えよ。

(1) 等式 $\dfrac{1}{x(x-1)^2}=\dfrac{a}{x}+\dfrac{b}{x-1}+\dfrac{c}{(x-1)^2}$ がすべての実数 $x$ について成立するように，$a$，$b$，$c$ の値を定めよ。

(2) 不定積分 $\displaystyle\int\frac{dx}{x(x-1)^2}$ を求めよ。

**ねらい**
分数関数を部分分数に分解して不定積分を求めること。

**解法ルール** $\dfrac{1}{x(x-1)^2}=\dfrac{a}{x}+\dfrac{b}{x-1}+\dfrac{c}{(x-1)^2}$ が恒等式となるように $a$，$b$，$c$ の値を定めればよい。

**解答例** (1) $\dfrac{a}{x}+\dfrac{b}{x-1}+\dfrac{c}{(x-1)^2}=\dfrac{a(x-1)^2+bx(x-1)+cx}{x(x-1)^2}$ ←等式の右辺を通分する。

分子 $=(a+b)x^2+(-2a-b+c)x+a$

$\dfrac{1}{x(x-1)^2}=\dfrac{a}{x}+\dfrac{b}{x-1}+\dfrac{c}{(x-1)^2}$ が $x$ に関する恒等式となることより　$a+b=0$，$-2a-b+c=0$，$a=1$

答　$\boldsymbol{a=1,\ b=-1,\ c=1}$

(2) $\displaystyle\int\frac{dx}{x(x-1)^2}=\int\left\{\frac{1}{x}-\frac{1}{x-1}+\frac{1}{(x-1)^2}\right\}dx$

$=\log|x|-\log|x-1|-\dfrac{1}{x-1}+C$

$=\boldsymbol{\log\left|\dfrac{x}{x-1}\right|-\dfrac{1}{x-1}+C}$ …答

● $\displaystyle\int\frac{1}{(x-1)^r}dx$ （$\frac{1}{(x-1)^r}$ は $(x-1)^{-r}$）（$r\neq1$）の求め方

① $(x-1)^{-r+1}$ を考える。

② $\{(x-1)^{-r+1}\}'$
$=(-r+1)(x-1)^{-r}\times(x-1)'$（$(x-1)'=1$）
$=(-r+1)(x-1)^{-r}$

③ $\displaystyle\int\frac{1}{(x-1)^r}dx$
$=\dfrac{1}{-r+1}(x-1)^{-r+1}+C$

## 類題 201

$f(x)=\dfrac{5x^3-x^2+3x-3}{x^3+x^2-x-1}$ とする。

(1) $f(x)$ は，定数 $a$，$b$，$c$，$d$ を用いて，$f(x)=a+\dfrac{b}{x-1}+\dfrac{c}{x+1}+\dfrac{d}{(x+1)^2}$ と表せる。定数 $a$，$b$，$c$，$d$ の値を求めよ。

(2) 不定積分 $\displaystyle\int f(x)dx$ を求めよ。

# 5 定積分

## ● 定積分の定義

**ポイント** $f(x)$ の原始関数の１つを $F(x)$ とすると

$$\int_a^b f(x)\,dx=\Big[F(x)\Big]_a^b=F(b)-F(a)$$

覚え得

『$\int_a^b f(x)\,dx$ を求めよ。』といわれたときは，『$F(b)-F(a)$ を求めよ。』といわれていると思えばいいんだよ。これを忘れてしまうと，定積分を求められなくなる。くれぐれも忘れないように!!

定積分については次のような性質がある。

① $\int_a^a f(x)\,dx=0$　　② $\int_a^b f(x)\,dx=-\int_b^a f(x)\,dx$

③ $\int_a^c f(x)\,dx=\int_a^b f(x)\,dx+\int_b^c f(x)\,dx$

### 基本例題 202　定積分の計算

次の定積分を求めよ。

(1) $\int_0^1 \sqrt{x}\,dx$　　(2) $\int_1^3 \frac{1}{x}\,dx$　　(3) $\int_1^2 \frac{2x^3-1}{x^2}\,dx$

**ねらい**
基本的な定積分の計算をすること。

**解法ルール** 連続な関数 $f(x)$ の原始関数の１つを $F(x)$ とするとき

$$\int_a^b f(x)\,dx=\Big[F(x)\Big]_a^b=F(b)-F(a)$$

**解答例** (1) $\int_0^1 \sqrt{x}\,dx=\left[\frac{2}{3}x^{\frac{3}{2}}\right]_0^1=\frac{2}{3}$ …答

(2) $\int_1^3 \frac{1}{x}\,dx=\Big[\log|x|\Big]_1^3=\log 3$ …答

(3) $\int_1^2 \frac{2x^3-1}{x^2}\,dx=\int_1^2\left(2x-\frac{1}{x^2}\right)dx=\left[x^2+\frac{1}{x}\right]_1^2$

$=\left(4+\frac{1}{2}\right)-(1+1)=\frac{5}{2}$ …答

$\int_1^3 \frac{1}{x}\,dx$ では，$1\leqq x\leqq 3$ より
$\int_1^3 \frac{1}{x}\,dx=\Big[\log x\Big]_1^3$ とできる
↑
絶対値記号がない
けれど，$\int \frac{1}{x}\,dx=\log|x|+C$ ですべて対応してもよい。

●不定積分 $\int x^r\,dx$

$r\neq -1$ のとき
$\int x^r\,dx=\frac{1}{r+1}x^{r+1}+C$

$r=-1$ のとき
$\int \frac{1}{x}\,dx=\log|x|+C$

**類題 202** 次の定積分を求めよ。

(1) $\int_1^3 \frac{x+1}{x^2}\,dx$　　(2) $\int_0^1 \frac{x^2}{x+1}\,dx$

(3) $\int_1^2 \frac{x+1}{\sqrt{x}}\,dx$　　(4) $\int_1^2 (\sqrt{x}+1)^2\,dx$

**基本例題 203**　　三角関数の定積分

次の定積分を求めよ。

(1) $\displaystyle\int_0^{\frac{\pi}{4}}\frac{1}{\cos^2 x}dx$　　(2) $\displaystyle\int_0^{\pi}(\sin x+\cos x)^2dx$

(3) $\displaystyle\int_0^{\frac{\pi}{4}}\cos^2 x\,dx$　　(4) $\displaystyle\int_{-\frac{\pi}{4}}^{\frac{\pi}{2}}|\sin x|\,dx$

**ねらい**
三角関数の基本的な定積分の求め方を理解すること。

**解法ルール** 連続な関数 $f(x)$ の原始関数の1つを $F(x)$ とするとき

$$\int_a^b f(x)\,dx=\Big[F(x)\Big]_a^b=F(b)-F(a)$$

**解答例** (1) $\displaystyle\int_0^{\frac{\pi}{4}}\frac{1}{\cos^2 x}dx=\Big[\tan x\Big]_0^{\frac{\pi}{4}}$

$=\tan\dfrac{\pi}{4}-\tan 0=\mathbf{1}$　…答

(2) $\displaystyle\int_0^{\pi}(\sin x+\cos x)^2dx$

$=\displaystyle\int_0^{\pi}(\sin^2 x+2\sin x\cos x+\cos^2 x)\,dx$

$=\displaystyle\int_0^{\pi}(1+\sin 2x)\,dx=\Big[x-\frac{1}{2}\cos 2x\Big]_0^{\pi}$

$=\left(\pi-\dfrac{1}{2}\cos 2\pi\right)-\left(0-\dfrac{1}{2}\cos 0\right)=\boldsymbol{\pi}$　…答

$\sin 2x=2\sin x\cos x$
↓
$\displaystyle\int_\alpha^\beta \mathbf{2\sin x\cos x\,dx}$
$=\displaystyle\int_\alpha^\beta \mathbf{\sin 2x\,dx}$

(3) $\displaystyle\int_0^{\frac{\pi}{4}}\cos^2 x\,dx=\int_0^{\frac{\pi}{4}}\frac{1+\cos 2x}{2}dx$

$=\Big[\dfrac{1}{2}x+\dfrac{1}{4}\sin 2x\Big]_0^{\frac{\pi}{4}}$

$=\dfrac{\pi}{8}+\dfrac{1}{4}\sin\dfrac{\pi}{2}=\boldsymbol{\dfrac{\pi}{8}+\dfrac{1}{4}}$　…答

$\cos 2x=2\cos^2 x-1=1-2\sin^2 x$
↓
$\displaystyle\int_\alpha^\beta \mathbf{\cos^2 x\,dx}=\int_\alpha^\beta \mathbf{\frac{1+\cos 2x}{2}dx}$
$\displaystyle\int_\alpha^\beta \mathbf{\sin^2 x\,dx}=\int_\alpha^\beta \mathbf{\frac{1-\cos 2x}{2}dx}$

(4) $\displaystyle\int_{-\frac{\pi}{4}}^{\frac{\pi}{2}}|\sin x|\,dx=\int_{-\frac{\pi}{4}}^{0}(-\sin x)\,dx+\int_0^{\frac{\pi}{2}}\sin x\,dx$

$=\Big[\cos x\Big]_{-\frac{\pi}{4}}^{0}+\Big[-\cos x\Big]_0^{\frac{\pi}{2}}$

$=\cos 0-\cos\left(-\dfrac{\pi}{4}\right)+\left(-\cos\dfrac{\pi}{2}\right)-(-\cos 0)$

$=1-\dfrac{\sqrt{2}}{2}+0+1=\mathbf{2-\dfrac{\sqrt{2}}{2}}$　…答

・$-\dfrac{\pi}{4}\leqq x\leqq 0$ のとき
$|\sin x|=-\sin x$
・$0\leqq x\leqq\dfrac{\pi}{2}$ のとき
$|\sin x|=\sin x$

**類題 203** 次の定積分を求めよ。

(1) $\displaystyle\int_0^{\frac{\pi}{2}}\cos 3x\,dx$　　(2) $\displaystyle\int_0^{\pi}\sin^2 x\,dx$

(3) $\displaystyle\int_0^{\frac{\pi}{2}}(1-\cos x)\sin x\,dx$　　(4) $\displaystyle\int_0^{\pi}|\cos x|\,dx$

## 基本例題 204　指数関数の定積分・部分分数分解の利用

次の定積分を求めよ。

(1) $\displaystyle\int_0^1 e^{3x}dx$　　(2) $\displaystyle\int_0^2 3^x dx$

(3) $\displaystyle\int_0^1 (e^t-e^{-t})^2 dt$　　(4) $\displaystyle\int_1^2 \frac{dx}{x(x+1)}$

**ねらい**
指数関数の基本的な定積分の計算をすること。部分分数に分解して定積分を計算すること。

**解法ルール** $\displaystyle\int e^x dx=e^x+C$, $\displaystyle\int a^x dx=\frac{a^x}{\log a}+C$,

$\displaystyle\int \frac{1}{x}dx=\log|x|+C$

を利用する。

**解答例** (1) $\displaystyle\int_0^1 e^{3x}dx=\left[\frac{1}{3}e^{3x}\right]_0^1$

$\displaystyle=\frac{1}{3}e^3-\frac{1}{3}=\boldsymbol{\frac{e^3-1}{3}}$ …答

$\displaystyle\int e^{ax+b}dx=\frac{1}{a}e^{ax+b}+C$

(2) $\displaystyle\int_0^2 3^x dx=\left[\frac{3^x}{\log 3}\right]_0^2=\frac{9-1}{\log 3}=\boldsymbol{\frac{8}{\log 3}}$ …答

(3) $\displaystyle\int_0^1 (e^t-e^{-t})^2 dt=\int_0^1 (e^{2t}-2+e^{-2t})dt$　（$2e^t\cdot e^{-t}=2e^0=2$）

$\displaystyle=\left[\frac{1}{2}e^{2t}-2t-\frac{1}{2}e^{-2t}\right]_0^1$

$\displaystyle=\frac{1}{2}e^2-2-\frac{1}{2}e^{-2}-\left(\frac{1}{2}-0-\frac{1}{2}\right)$

$\displaystyle=\boldsymbol{\frac{1}{2}(e^2-e^{-2})-2}$ …答

(4) $\displaystyle\int_1^2 \frac{1}{x(x+1)}dx=\int_1^2\left(\frac{1}{x}-\frac{1}{x+1}\right)dx$

$=\Big[\log|x|-\log|x+1|\Big]_1^2$

$=(\log 2-\log 3)-(\log 1-\log 2)$

$=2\log 2-\log 3$

$=\log 2^2-\log 3$

$\displaystyle=\boldsymbol{\log\frac{4}{3}}$ …答

← $\displaystyle(\log|x|)'=\frac{1}{x}$

$\displaystyle(\log|x+1|)'=\frac{(x+1)'}{x+1}=\frac{1}{x+1}$

## 類題 204　次の定積分を求めよ。

(1) $\displaystyle\int_0^1 (e^x+e^{-x})dx$　　(2) $\displaystyle\int_0^2 2^x dx$

(3) $\displaystyle\int_0^2 \frac{dx}{e^x}$　　(4) $\displaystyle\int_1^2 \frac{dx}{4x^2-1}$

# 6　定積分の置換積分法

## $x=u(t)$ とおいたとき

定積分 $\int_a^b f(x)dx=\int_a^b \frac{d}{dx}F(x)dx$（$F(x)$ は $f(x)$ の不定積分）は

$\frac{dF(x)}{dt}=\frac{dF(x)}{dx}\cdot\frac{dx}{dt}$

$\int f(x)dx=\int f(x)\frac{dx}{dt}dt$ となるから，次の手順で積分する。

step1～3の
要領で機械的に
$t$ で積分できる
式におき換える！

**Step 1**　積分区間の変更

$a=v(\alpha)$，$b=v(\beta)$

| $x$ | $a\ \to\ b$ |
|---|---|
| $t$ | $\alpha\ \to\ \beta$ |

**Step 2**　積分変数の変更

$x=v(t)$ のとき　$\frac{dx}{dt}=v'(t)$

$dx=v'(t)dt$ より，$dx$ を $v'(t)dt$ におき換える。

**Step 3**　$\int_a^b f(x)\,dx=\int_\alpha^\beta f(v(t))v'(t)dt$

（$b\to\beta$，$a\to\alpha$，$x\to v(t)$，$dx\to v'(t)dt$）

## $g(x)=u$ とおいたとき

定積分 $\int_a^b f(g(x))g'(x)dx$ は

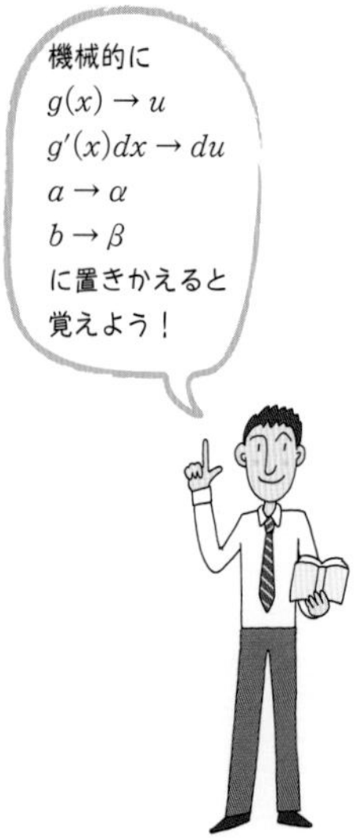
機械的に
$g(x)\to u$
$g'(x)dx\to du$
$a\to\alpha$
$b\to\beta$
に置きかえると
覚えよう！

**Step 1**　積分区間の変更

$g(a)=\alpha$，$g(b)=\beta$

| $x$ | $a\ \to\ b$ |
|---|---|
| $u$ | $\alpha\ \to\ \beta$ |

**Step 2**　積分変数の変更

$\frac{du}{dx}=g'(x)$ より　$g'(x)dx=du$

$g'(x)dx$ を $du$ におき換える。

**Step 3**　$\int_a^b f(\,g(x)\,)\,g'(x)dx=\int_\alpha^\beta f(u)du$

（$b\to\beta$，$a\to\alpha$，$g(x)\to u$，$g'(x)dx\to du$）

最初に少しとまどうかもしれないけれど，ひとつひとつあせらずにやってごらん！ ゆっくりと使い慣れていくことって，大事なことだよ。新しいくつだって，すぐには自分のものにはならないだろう。それと同じなんだ。自分の頭にしみこませるつもりでやってみよう。

## 基本例題 205　　$ax+b=t$ とおく置換積分

次の定積分を求めよ。

(1) $\displaystyle\int_0^1(3x-1)^3dx$　　(2) $\displaystyle\int_{-1}^0\frac{dx}{(2x+3)^2}$

(3) $\displaystyle\int_{-1}^2(x-2)(x+1)^2dx$

**ねらい**
$ax+b=t$ とおき換えることで積分しやすい形になることを確かめること。

**解法ルール**

$ax+b=t\ (a\neq0)$ とすると

| $x$ | $x_1\longrightarrow x_2$ |
|---|---|
| $t$ | $ax_1+b\longrightarrow ax_2+b$ |

$x=\dfrac{t-b}{a}$

$\dfrac{dx}{dt}=\dfrac{1}{a}$ より　$dx=\dfrac{1}{a}dt$

$$\int_{x_1}^{x_2}f(x)\,dx=\int_{ax_1+b}^{ax_2+b}f\left(\frac{t-b}{a}\right)\cdot\frac{1}{a}dt$$

**解答例**

(1) $3x-1=t$ とおくと　$x=\dfrac{t+1}{3}$

| $x$ | $0\to1$ |
|---|---|
| $t$ | $-1\to2$ |

$\dfrac{dx}{dt}=\dfrac{1}{3}$ より　$dx=\dfrac{1}{3}dt$

$\displaystyle\int_0^1(3x-1)^3dx=\int_{-1}^2t^3\cdot\frac{1}{3}dt=\left[\frac{t^4}{12}\right]_{-1}^2$

$\displaystyle=\frac{2^4}{12}-\frac{(-1)^4}{12}=\boldsymbol{\frac{5}{4}}$　…答

(2) $2x+3=t$ とおくと　$x=\dfrac{t-3}{2}$

| $x$ | $-1\to0$ |
|---|---|
| $t$ | $1\to3$ |

$\dfrac{dx}{dt}=\dfrac{1}{2}$ より　$dx=\dfrac{1}{2}dt$

$\displaystyle\int_{-1}^0\frac{dx}{(2x+3)^2}=\int_1^3\frac{1}{t^2}\cdot\frac{1}{2}dt=\left[-\frac{1}{2}t^{-1}\right]_1^3$

$\displaystyle=-\frac{1}{6}+\frac{1}{2}=\boldsymbol{\frac{1}{3}}$　…答

(3) $x+1=t$ とおくと　$x=t-1$

| $x$ | $-1\to2$ |
|---|---|
| $t$ | $0\to3$ |

$\dfrac{dx}{dt}=1$ より　$dx=dt$

$\displaystyle\int_{-1}^2(x-2)(x+1)^2dx=\int_0^3(t-3)t^2dt=\int_0^3(t^3-3t^2)\,dt$

$\displaystyle=\left[\frac{t^4}{4}-t^3\right]_0^3=\frac{81}{4}-27=\boldsymbol{-\frac{27}{4}}$　…答

⬅ $\displaystyle\int_{-1}^2(x-2)(x+1)^2dx$
$\displaystyle=\int_{-1}^2\{(x+1)-3\}(x+1)^2dx$
$\displaystyle=\int_{-1}^2\{(x+1)^3-3(x+1)^2\}dx$
$\displaystyle=\left[\frac{1}{4}(x+1)^4\right]_{-1}^2-\left[(x+1)^3\right]_{-1}^2$
といった方法で計算することもできる。

**類題 205** 次の定積分を求めよ。

(1) $\displaystyle\int_0^1(2-x)^3dx$　　(2) $\displaystyle\int_{-1}^0\frac{dx}{(3x-1)^2}$　　(3) $\displaystyle\int_{-1}^1(2x-1)(x+1)^3dx$

## 基本例題 206　$\sqrt[n]{ax+b}=t$ とおく置換積分

次の定積分を求めよ。

(1) $\displaystyle\int_0^1 x\sqrt{1-x}\,dx$　　(2) $\displaystyle\int_0^1 \frac{x}{\sqrt[3]{x+1}}\,dx$

**ねらい**
$\sqrt[n]{ax+b}=t$ とおき換えることで積分しやすい形をつくること。

**解法ルール** $\sqrt[n]{ax+b}=t$ とおくとき
$ax+b=t^n$ だから

| $x$ | $x_1 \longrightarrow x_2$ |
|---|---|
| $t$ | $\sqrt[n]{ax_1+b} \longrightarrow \sqrt[n]{ax_2+b}$ |

$$\begin{cases} x=\dfrac{t^n-b}{a} \\ dx=\dfrac{1}{a}nt^{n-1}dt \end{cases}$$

と区間と積分変数をおき換え，定積分を求める。

**解答例** (1) $\sqrt{1-x}=t$ とおく。

| $x$ | $0 \to 1$ |
|---|---|
| $t$ | $1 \to 0$ |

$1-x=t^2$ より　$x=-t^2+1$

$\dfrac{dx}{dt}=-2t$ より　$dx=-2t\,dt$

$$\int_0^1 x\sqrt{1-x}\,dx=\int_1^0(-t^2+1)t(-2t)\,dt$$
$$=\int_1^0(2t^4-2t^2)\,dt=\left[\frac{2}{5}t^5-\frac{2}{3}t^3\right]_1^0$$
$$=0-\left(\frac{2}{5}-\frac{2}{3}\right)=\mathbf{\frac{4}{15}}$$ …答

(2) $\sqrt[3]{x+1}=t$ とおく。

| $x$ | $0 \to 1$ |
|---|---|
| $t$ | $1 \to \sqrt[3]{2}$ |

$x+1=t^3$ より　$x=t^3-1$

$\dfrac{dx}{dt}=3t^2$ より　$dx=3t^2\,dt$

$$\int_0^1 \frac{x}{\sqrt[3]{x+1}}\,dx=\int_1^{\sqrt[3]{2}}\frac{t^3-1}{t}\cdot 3t^2\,dt$$
$$=\int_1^{\sqrt[3]{2}}(3t^4-3t)\,dt=\left[\frac{3}{5}t^5-\frac{3}{2}t^2\right]_1^{\sqrt[3]{2}}$$
$$=\frac{3}{5}(\sqrt[3]{2})^5-\frac{3}{2}(\sqrt[3]{2})^2-\left(\frac{3}{5}-\frac{3}{2}\right)=\mathbf{\frac{3(3-\sqrt[3]{4})}{10}}$$ …答

**(別解) $ax+b=t$ とおく方法**

(1) $1-x=t$ とおく。
$dx=(-1)\,dt$

$$\int_0^1 x\sqrt{1-x}\,dx$$
$$=\int_1^0(1-t)\sqrt{t}(-1)\,dt$$
$$=\int_1^0\left(t^{\frac{3}{2}}-t^{\frac{1}{2}}\right)dt$$
$$=\left[\frac{2}{5}t^{\frac{5}{2}}-\frac{2}{3}t^{\frac{3}{2}}\right]_1^0$$
$$=\mathbf{\frac{4}{15}}$$

(2) $x+1=t$ とおく。
$dx=dt$

$$\int_0^1\frac{x}{\sqrt[3]{x+1}}\,dx$$
$$=\int_1^2\frac{t-1}{\sqrt[3]{t}}\,dt$$
$$=\int_1^2\left(t^{\frac{2}{3}}-t^{-\frac{1}{3}}\right)dt$$
$$=\left[\frac{3}{5}t^{\frac{5}{3}}-\frac{3}{2}t^{\frac{2}{3}}\right]_1^2$$
$$=\frac{3}{5}\cdot 2^{\frac{5}{3}}-\frac{3}{2}\cdot 2^{\frac{2}{3}}-\left(\frac{3}{5}-\frac{3}{2}\right)$$
$$=\mathbf{\frac{3(3-\sqrt[3]{4})}{10}}$$

**類題 206** 次の定積分を求めよ。

(1) $\displaystyle\int_1^2 x\sqrt[3]{x-1}\,dx$　　(2) $\displaystyle\int_0^1\frac{x}{\sqrt{x+1}}\,dx$

## 基本例題 207

**$f(g(x))\cdot g'(x)$ 型の置換積分**

次の定積分を求めよ。

(1) $\displaystyle\int_0^{\sqrt{2}} xe^{x^2}dx$　　(2) $\displaystyle\int_0^{\frac{\pi}{2}} \sin^3 x\cos x\,dx$

(3) $\displaystyle\int_0^1 x\sqrt{x^2+1}\,dx$　　(4) $\displaystyle\int_e^{e^2} \frac{\log x}{x}dx$

**ねらい**
$g(x)=t$ と置換して定積分を求めること。

**解法ルール** $\displaystyle\int_a^b f(g(x))g'(x)\,dx=\int_\alpha^\beta f(t)\,dt$

$g(x)=t,\ g(a)=\alpha,\ g(b)=\beta$

← $g(x)$ を見つけることがポイント。

**解答例** (1) $x^2=t$ とおくと，$2x=\dfrac{dt}{dx}$ より $2x\,dx=dt$

| $x$ | $0 \to \sqrt{2}$ |
|---|---|
| $t$ | $0 \to 2$ |

$$\int_0^{\sqrt{2}} xe^{x^2}dx=\frac{1}{2}\int_0^{\sqrt{2}} e^{x^2}\cdot 2x\,dx=\frac{1}{2}\int_0^2 e^t\,dt$$

$$=\left[\frac{1}{2}e^t\right]_0^2=\boldsymbol{\frac{e^2-1}{2}}\quad\cdots\text{答}$$

(2) $\sin x=t$ とおくと，$\cos x=\dfrac{dt}{dx}$ より $\cos x\,dx=dt$

| $x$ | $0 \to \frac{\pi}{2}$ |
|---|---|
| $t$ | $0 \to 1$ |

$$\int_0^{\frac{\pi}{2}} \sin^3 x\cos x\,dx=\int_0^1 t^3\,dt=\left[\frac{t^4}{4}\right]_0^1=\boldsymbol{\frac{1}{4}}\quad\cdots\text{答}$$

(3) $x^2+1=t$ とおくと，$2x=\dfrac{dt}{dx}$ より $2x\,dx=dt$

| $x$ | $0 \to 1$ |
|---|---|
| $t$ | $1 \to 2$ |

$$\int_0^1 x\sqrt{x^2+1}\,dx=\frac{1}{2}\int_0^1 \sqrt{x^2+1}\cdot 2x\,dx=\frac{1}{2}\int_1^2 \sqrt{t}\,dt$$

$$=\left[\frac{1}{3}t^{\frac{3}{2}}\right]_1^2=\boldsymbol{\frac{2\sqrt{2}-1}{3}}\quad\cdots\text{答}$$

(4) $\log x=t$ とおくと，$\dfrac{1}{x}=\dfrac{dt}{dx}$ より $\dfrac{1}{x}dx=dt$

| $x$ | $e \to e^2$ |
|---|---|
| $t$ | $1 \to 2$ |

$$\int_e^{e^2} \frac{\log x}{x}dx=\int_e^{e^2}(\log x)\frac{1}{x}dx=\int_1^2 t\,dt$$

$$=\left[\frac{t^2}{2}\right]_1^2=\boldsymbol{\frac{3}{2}}\quad\cdots\text{答}$$

**類題 207** 次の定積分を求めよ。

(1) $\displaystyle\int_0^{\sqrt{2}} xe^{-x^2}dx$　　(2) $\displaystyle\int_0^1 x\sqrt{5x^2+4}\,dx$

(3) $\displaystyle\int_1^e \frac{(\log x)^2}{x}dx$　　(4) $\displaystyle\int_0^{\frac{\pi}{2}} \sin^3 x\,dx$

## 基本例題 208

$\displaystyle\int_a^b \frac{f'(x)}{f(x)}dx$ 型の置換積分

次の定積分を求めよ。

(1) $\displaystyle\int_1^2 \frac{x}{x^2+1}dx$　　(2) $\displaystyle\int_0^1 \frac{e^x-e^{-x}}{e^x+e^{-x}}dx$

(3) $\displaystyle\int_e^{e^2} \frac{dx}{x\log x}$

**ねらい**

$\displaystyle\int \frac{f'(x)}{f(x)}dx$
$=\log|f(x)|+C$
を利用して定積分を計算すること。

**解法ルール** $\displaystyle\int_a^b \frac{f'(x)}{f(x)}dx=\Big[\log|f(x)|\Big]_a^b$ を利用して，即計算する。

**解答例** (1) $\displaystyle\int_1^2 \frac{x}{x^2+1}dx=\int_1^2 \frac{1}{2}\cdot\frac{(x^2+1)'}{x^2+1}dx$

$\displaystyle=\left[\frac{1}{2}\log|x^2+1|\right]_1^2$

$\displaystyle=\frac{1}{2}(\log 5-\log 2)$

$\displaystyle=\boldsymbol{\frac{1}{2}\log\frac{5}{2}}$ …答

← $\displaystyle\int_a^b \frac{g(x)}{f(x)}dx$ 型では，まず，$g(x)=kf'(x)$（$k$ は定数）の形になっていないかを調べる。
ここまでは小問などの誘導がなくてもできるようにしたい。

(2) $\displaystyle\int_0^1 \frac{e^x-e^{-x}}{e^x+e^{-x}}dx=\int_0^1 \frac{(e^x+e^{-x})'}{e^x+e^{-x}}dx$

$\displaystyle=\Big[\log|e^x+e^{-x}|\Big]_0^1$

$\displaystyle=\log\left(e+\frac{1}{e}\right)-\log 2$

$\displaystyle=\boldsymbol{\log\frac{e^2+1}{2e}}$ …答

(3) $\displaystyle\int_e^{e^2} \frac{dx}{x\log x}=\int_e^{e^2}\frac{1}{x}\cdot\frac{1}{\log x}dx=\int_e^{e^2}\frac{(\log x)'}{\log x}dx$

$\displaystyle=\Big[\log|\log x|\Big]_e^{e^2}$

$=\log|\log e^2|-\log|\log e|$

$=\log 2-\log 1$

$=\boldsymbol{\log 2}$ …答

**類題 208** 次の定積分を求めよ。

(1) $\displaystyle\int_0^1 \frac{2x+1}{x^2+x+2}dx$　　(2) $\displaystyle\int_0^{\frac{\pi}{4}}\tan x\,dx$　　(3) $\displaystyle\int_1^2 \frac{e^x}{e^x-1}dx$

## 基本例題 209

$\int_a^b \sqrt{p^2-x^2}\,dx$ 型の置換積分

次の定積分を求めよ。

(1) $\displaystyle\int_0^{\frac{\sqrt{2}}{2}} \sqrt{1-x^2}\,dx$　　(2) $\displaystyle\int_0^{\frac{\sqrt{3}}{2}} \sqrt{3-x^2}\,dx$

(3) $\displaystyle\int_{-1}^{\sqrt{3}} \frac{1}{\sqrt{4-x^2}}\,dx$

**ねらい**

$\sqrt{p^2-x^2}$ の形があれば $x=p\sin\theta$ と置換して定積分を計算すること。

**解法ルール** $\displaystyle\int_a^b \sqrt{p^2-x^2}\,dx$, $\displaystyle\int_a^b \frac{k}{\sqrt{p^2-x^2}}\,dx$ タイプは $x=p\sin\theta$ とおいてみるとよい。

⬅ $\displaystyle\int_a^b \sqrt{p^2-x^2}\,dx$ の図形的な意味は ***p.278*** を参照。

**解答例** (1) $x=\sin\theta$ とおくと

| $x$ | $0 \to \frac{\sqrt{2}}{2}$ |
|---|---|
| $\theta$ | $0 \to \frac{\pi}{4}$ |

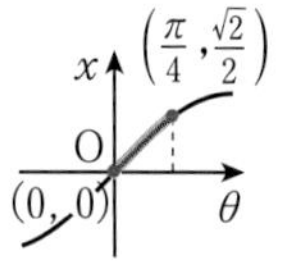


$\dfrac{dx}{d\theta}=\cos\theta$ より　$dx=\cos\theta\,d\theta$

$\displaystyle\int_0^{\frac{\sqrt{2}}{2}} \sqrt{1-x^2}\,dx=\int_0^{\frac{\pi}{4}} \sqrt{1-\sin^2\theta}\cos\theta\,d\theta$

$\displaystyle=\int_0^{\frac{\pi}{4}} \sqrt{\cos^2\theta}\cos\theta\,d\theta=\int_0^{\frac{\pi}{4}} \cos^2\theta\,d\theta=\int_0^{\frac{\pi}{4}} \frac{1+\cos 2\theta}{2}\,d\theta$

$\displaystyle=\left[\frac{\theta}{2}+\frac{\sin 2\theta}{4}\right]_0^{\frac{\pi}{4}}=\boldsymbol{\frac{\pi}{8}+\frac{1}{4}}$　…答

⬅ $\sqrt{\cos^2\theta}=|\cos\theta|$
積分区間が
$0 \leqq \theta \leqq \frac{\pi}{4}$ より
$\cos\theta \geqq 0$
これより
$\sqrt{\cos^2\theta}=\cos\theta$

(2) $x=\sqrt{3}\sin\theta$ とおくと

| $x$ | $0 \to \frac{\sqrt{3}}{2}$ |
|---|---|
| $\theta$ | $0 \to \frac{\pi}{6}$ |

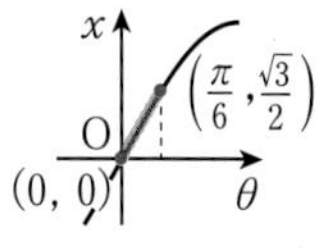


$\dfrac{dx}{d\theta}=\sqrt{3}\cos\theta$ より　$dx=\sqrt{3}\cos\theta\,d\theta$

$\displaystyle\int_0^{\frac{\sqrt{3}}{2}} \sqrt{3-x^2}\,dx=\int_0^{\frac{\pi}{6}} \sqrt{3-3\sin^2\theta}\sqrt{3}\cos\theta\,d\theta=\int_0^{\frac{\pi}{6}} 3\cos^2\theta\,d\theta$

$\displaystyle=\int_0^{\frac{\pi}{6}} \frac{3}{2}(1+\cos 2\theta)\,d\theta=\left[\frac{3}{2}\theta+\frac{3}{4}\sin 2\theta\right]_0^{\frac{\pi}{6}}=\boldsymbol{\frac{\pi}{4}+\frac{3\sqrt{3}}{8}}$　…答

⬅ $\sqrt{3(1-\sin^2\theta)}$
$=\sqrt{3\cos^2\theta}$
$=\sqrt{3}|\cos\theta|$
$\left(\begin{array}{l}0 \leqq \theta \leqq \frac{\pi}{6} \text{ より} \\ \cos\theta \geqq 0 \text{ だから}\end{array}\right)$
$=\sqrt{3}\cos\theta$

(3) $x=2\sin\theta$ とおくと

| $x$ | $-1 \to \sqrt{3}$ |
|---|---|
| $\theta$ | $-\frac{\pi}{6} \to \frac{\pi}{3}$ |

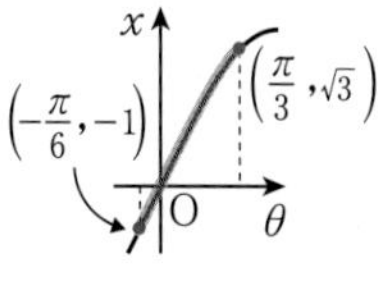


$\dfrac{dx}{d\theta}=2\cos\theta$ より　$dx=2\cos\theta\,d\theta$

$\displaystyle\int_{-1}^{\sqrt{3}} \frac{1}{\sqrt{4-x^2}}\,dx=\int_{-\frac{\pi}{6}}^{\frac{\pi}{3}} \frac{2\cos\theta}{\sqrt{4-4\sin^2\theta}}\,d\theta=\int_{-\frac{\pi}{6}}^{\frac{\pi}{3}} d\theta=\Big[\theta\Big]_{-\frac{\pi}{6}}^{\frac{\pi}{3}}=\boldsymbol{\frac{\pi}{2}}$

…答

⬅ $\sqrt{4(1-\sin^2\theta)}$
$=\sqrt{4\cos^2\theta}$
$=2|\cos\theta|$
$\left(\begin{array}{l}-\frac{\pi}{6} \leqq \theta \leqq \frac{\pi}{3} \text{ より} \\ \cos\theta \geqq 0 \text{ だから}\end{array}\right)$
$=2\cos\theta$

**類題 209** 次の定積分を求めよ。

(1) $\displaystyle\int_{-\sqrt{3}}^{1} \sqrt{4-x^2}\,dx$　　(2) $\displaystyle\int_0^{\frac{1}{2}} \frac{dx}{\sqrt{1-x^2}}$　　(3) $\displaystyle\int_{-\frac{1}{2}}^{\frac{\sqrt{2}}{2}} \frac{x^2}{\sqrt{1-x^2}}\,dx$

## 基本例題 210

$\displaystyle\int_a^b \frac{1}{p^2+x^2}dx$ 型の置換積分

次の定積分を求めよ。

(1) $\displaystyle\int_0^{\sqrt{3}} \frac{dx}{1+x^2}$　　(2) $\displaystyle\int_0^{2} \frac{dx}{x^2+4}$　　(3) $\displaystyle\int_0^{1} \frac{x^2}{(1+x^2)^2}dx$

**ねらい**

$\displaystyle\int_a^b \frac{1}{p^2+x^2}dx$ 型では $x=p\tan\theta$ と置換して定積分を計算すること。

**解法ルール**　$\displaystyle\int_a^b \frac{1}{p^2+x^2}dx$ タイプは $x=p\tan\theta$ とおく。

**解答例**　(1)　$x=\tan\theta$ とおくと

| $x$ | $0\ \to\ \sqrt{3}$ |
|---|---|
| $\theta$ | $0\ \to\ \dfrac{\pi}{3}$ |

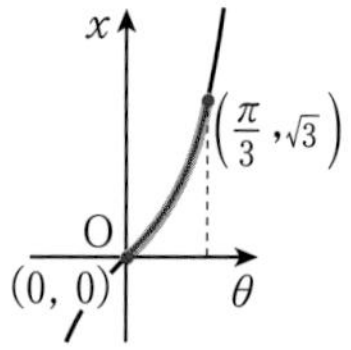


$\dfrac{dx}{d\theta}=\dfrac{1}{\cos^2\theta}$ より　$dx=\dfrac{1}{\cos^2\theta}d\theta$

$\displaystyle\int_0^{\sqrt{3}} \frac{dx}{1+x^2}=\int_0^{\frac{\pi}{3}} \frac{1}{1+\tan^2\theta}\cdot\frac{1}{\cos^2\theta}d\theta$　　← $1+\tan^2\theta=\dfrac{1}{\cos^2\theta}$

$\displaystyle=\int_0^{\frac{\pi}{3}} \cos^2\theta\cdot\frac{1}{\cos^2\theta}d\theta=\int_0^{\frac{\pi}{3}}d\theta=\Big[\theta\Big]_0^{\frac{\pi}{3}}=\boldsymbol{\frac{\pi}{3}}$　…答

(2)　$x=2\tan\theta$ とおくと

| $x$ | $0\ \to\ 2$ |
|---|---|
| $\theta$ | $0\ \to\ \dfrac{\pi}{4}$ |

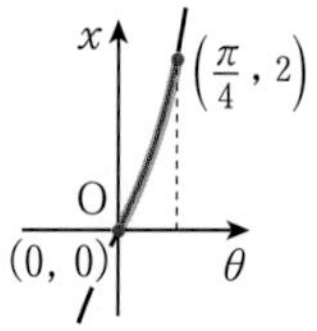


$\dfrac{dx}{d\theta}=\dfrac{2}{\cos^2\theta}$ より　$dx=\dfrac{2}{\cos^2\theta}d\theta$

$\displaystyle\int_0^{2} \frac{dx}{x^2+4}=\int_0^{\frac{\pi}{4}} \frac{1}{4\tan^2\theta+4}\cdot\frac{2}{\cos^2\theta}d\theta=\int_0^{\frac{\pi}{4}}\frac{1}{2}d\theta$

$\displaystyle=\Big[\frac{1}{2}\theta\Big]_0^{\frac{\pi}{4}}=\boldsymbol{\frac{\pi}{8}}$　…答

(3)　$x=\tan\theta$ とおくと

| $x$ | $0\ \to\ 1$ |
|---|---|
| $\theta$ | $0\ \to\ \dfrac{\pi}{4}$ |

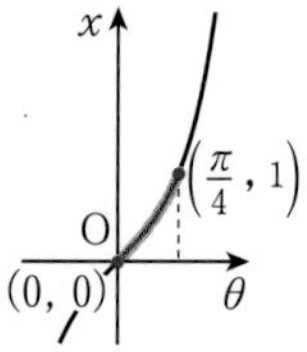


$\dfrac{dx}{d\theta}=\dfrac{1}{\cos^2\theta}$ より　$dx=\dfrac{1}{\cos^2\theta}d\theta$

$\displaystyle\int_0^{1} \frac{x^2}{(1+x^2)^2}dx=\int_0^{\frac{\pi}{4}} \frac{\tan^2\theta}{(1+\tan^2\theta)^2}\cdot\frac{1}{\cos^2\theta}d\theta$

$\displaystyle=\int_0^{\frac{\pi}{4}} \tan^2\theta\cdot(\cos^2\theta)^2\cdot\frac{1}{\cos^2\theta}d\theta=\int_0^{\frac{\pi}{4}}\sin^2\theta\,d\theta$

$\displaystyle=\int_0^{\frac{\pi}{4}} \frac{1-\cos2\theta}{2}d\theta=\Big[\frac{\theta}{2}-\frac{\sin2\theta}{4}\Big]_0^{\frac{\pi}{4}}=\boldsymbol{\frac{\pi}{8}-\frac{1}{4}}$　…答

$\displaystyle\int_0^{\sqrt{3}} \frac{1}{x^2+3}dx$ のときはどうする？
そう，$x=\sqrt{3}\tan\theta$ とおけばいいんだよ。
雑な言い方だけれど，分母に $x^2+p^2$ の形があったら，$x=p\tan\theta$ とおいてみるといいよ。

**類題 210**　次の定積分を求めよ。

(1) $\displaystyle\int_{-\sqrt{3}}^{3} \frac{dx}{x^2+9}$　　(2) $\displaystyle\int_{-\frac{\sqrt{2}}{2}}^{\frac{\sqrt{2}}{2}} \frac{dx}{2x^2+1}$　　(3) $\displaystyle\int_0^{\sqrt{3}} \frac{x^2}{1+x^2}dx$

**応用例題 211**　部分分数分解を利用した定積分

次の問いに答えよ。

(1) 等式 $\dfrac{1}{t^2(t+1)}=\dfrac{a}{t}+\dfrac{b}{t^2}+\dfrac{c}{t+1}$ がすべての実数 $t$ について成り立つように定数 $a$, $b$, $c$ の値を定めよ。

(2) 定積分 $\displaystyle\int_0^1\frac{dx}{e^x(1+e^x)}$ の値を求めよ。

**ねらい**
部分分数分解を利用して定積分の値を求めること。

**解法ルール** **恒等式の性質の利用**。分母を通分して(分母を同じ形にして)，**分子の係数を比較**する。

**解答例** (1) $\dfrac{a}{t}+\dfrac{b}{t^2}+\dfrac{c}{t+1}=\dfrac{at(t+1)+b(t+1)+ct^2}{t^2(t+1)}$

分子$=(a+c)t^2+(a+b)t+b$

$\dfrac{1}{t^2(t+1)}=\dfrac{a}{t}+\dfrac{b}{t^2}+\dfrac{c}{t+1}$ が $t$ についての恒等式だから

$a+c=0$, $a+b=0$, $b=1$

答 $\boldsymbol{a=-1,\ b=1,\ c=1}$

同じ形ではないけれど，$\dfrac{1}{e^x(1+e^x)}$ を $\dfrac{1}{t^2(t+1)}$ の形へと考えれば，$e^x=t$ とおいてみる気が起こらないかな？

(2) $\displaystyle\int_0^1\frac{dx}{e^x(1+e^x)}$ について，$e^x=t$ とおくと

| $x$ | $0\to1$ |
|---|---|
| $t$ | $1\to e$ |

また，$e^x=\dfrac{dt}{dx}$ より　$e^x dx=dt$

以上から　$\displaystyle\int_0^1\frac{dx}{e^x(1+e^x)}=\int_0^1\frac{e^x dx}{(e^x)^2(1+e^x)}$

$\displaystyle=\int_1^e\frac{dt}{t^2(1+t)}$

この問題のように小問(1)，(2)と並んでいるとき，(2)は(1)の結果を用いることと考えていいよ。

(1)の結果より

$\displaystyle\int_1^e\frac{dt}{t^2(1+t)}=\int_1^e\left(-\frac{1}{t}+\frac{1}{t^2}+\frac{1}{t+1}\right)dt$

$\displaystyle=\left[-\log|t|-\frac{1}{t}+\log|t+1|\right]_1^e$

$\displaystyle=\left\{-1-\frac{1}{e}+\log(e+1)\right\}-(-1+\log2)$

$\displaystyle=\boldsymbol{\log\frac{e+1}{2}-\frac{1}{e}}$ …答

**類題 211** 次の問いに答えよ。

(1) $\dfrac{4x-1}{2x^2+5x+2}=\dfrac{a}{x+2}+\dfrac{b}{2x+1}$ となる定数 $a$, $b$ の値を求めよ。

(2) 定積分 $\displaystyle\int_0^1\frac{4x-1}{2x^2+5x+2}dx$ の値を求めよ。

# 7 定積分の部分積分法

$$\int f(x)g'(x)\,dx = f(x)g(x) - \int f'(x)g(x)\,dx$$

であるから

$$\int_a^b f(x)g'(x)\,dx = \Big[f(x)g(x)\Big]_a^b - \int_a^b f'(x)g(x)\,dx$$

で求めることができる。

**基本例題 212** 定積分の部分積分法

次の定積分を求めよ。

(1) $\displaystyle\int_0^{\frac{\pi}{2}} x\cos x\,dx$ (2) $\displaystyle\int_1^2 xe^x\,dx$ (3) $\displaystyle\int_1^e x\log x\,dx$

**ねらい**
部分積分法を用いて定積分を求めること。

**解法ルール** $\displaystyle\int_\alpha^\beta xf'(x)\,dx$ タイプは

$$\int_\alpha^\beta xf'(x)\,dx = \Big[xf(x)\Big]_\alpha^\beta - \int_\alpha^\beta f(x)\,dx$$

└ $\displaystyle\int_\alpha^\beta (x)'f(x)\,dx$

**解答例** (1) $\displaystyle\int_0^{\frac{\pi}{2}} x\cos x\,dx = \int_0^{\frac{\pi}{2}} x(\sin x)'\,dx$

$$= \Big[x\sin x\Big]_0^{\frac{\pi}{2}} - \int_0^{\frac{\pi}{2}} \sin x\,dx = \frac{\pi}{2} + \Big[\cos x\Big]_0^{\frac{\pi}{2}}$$

└ $\displaystyle\int_0^{\frac{\pi}{2}} (x)'\sin x\,dx$

$$= \frac{\pi}{2} - 1 \quad \cdots 答$$

(2) $\displaystyle\int_1^2 xe^x\,dx = \int_1^2 x(e^x)'\,dx$

$$= \Big[xe^x\Big]_1^2 - \int_1^2 e^x\,dx = 2e^2 - e - \Big[e^x\Big]_1^2$$

└ $\displaystyle\int_1^2 (x)'e^x\,dx$

$$= e^2 \quad \cdots 答$$

(3) $\displaystyle\int_1^e x\log x\,dx = \int_1^e \left(\frac{1}{2}x^2\right)'\log x\,dx$

$$= \left[\frac{1}{2}x^2\log x\right]_1^e - \int_1^e \frac{1}{2}x\,dx = \frac{1}{2}e^2 - \left[\frac{1}{4}x^2\right]_1^e$$

└ $\displaystyle\int_1^e \frac{1}{2}x^2\cdot(\log x)'\,dx = \int_1^e \frac{1}{2}x^2\cdot\frac{1}{x}\,dx$

$$= \frac{1}{4}e^2 + \frac{1}{4} \quad \cdots 答$$

**類題 212** 次の定積分を求めよ。

(1) $\displaystyle\int_0^{\frac{\pi}{2}} x\sin x\,dx$ (2) $\displaystyle\int_1^e \log x\,dx$ (3) $\displaystyle\int_1^2 x^2e^x\,dx$

## 基本例題 213　奇関数・偶関数の定積分

次の定積分を求めよ。

(1) $\displaystyle\int_{-1}^{1}x^3\,dx$　(2) $\displaystyle\int_{-2}^{2}(x^4+x+1)\,dx$

(3) $\displaystyle\int_{-\frac{\pi}{2}}^{\frac{\pi}{2}}(\sin x+\cos x)\,dx$　(4) $\displaystyle\int_{-\frac{\pi}{3}}^{\frac{\pi}{3}}x\cos x\,dx$

(5) $\displaystyle\int_{-\pi}^{\pi}x\sin x\,dx$

**ねらい**
関数 $f(x)$ が奇関数のとき
$\displaystyle\int_{-a}^{a}f(x)\,dx=0$
関数 $f(x)$ が偶関数のとき
$\displaystyle\int_{-a}^{a}f(x)\,dx=2\int_{0}^{a}f(x)\,dx$
を利用して定積分の計算をすること。

**解法ルール** $f(-x)=-f(x)$（奇関数）ならば

$$\int_{-a}^{a}f(x)\,dx=0$$

$f(-x)=f(x)$（偶関数）ならば

$$\int_{-a}^{a}f(x)\,dx=2\int_{0}^{a}f(x)\,dx$$

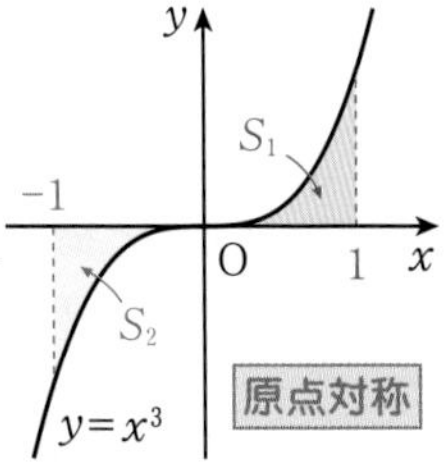


**解答例** (1) $\displaystyle\int_{-1}^{1}x^3\,dx=\mathbf{0}$ …答

(2) $\displaystyle\int_{-2}^{2}(x^4+x+1)\,dx=2\int_{0}^{2}(x^4+1)\,dx$

$\displaystyle=2\left[\frac{1}{5}x^5+x\right]_0^2=\mathbf{\frac{84}{5}}$ …答

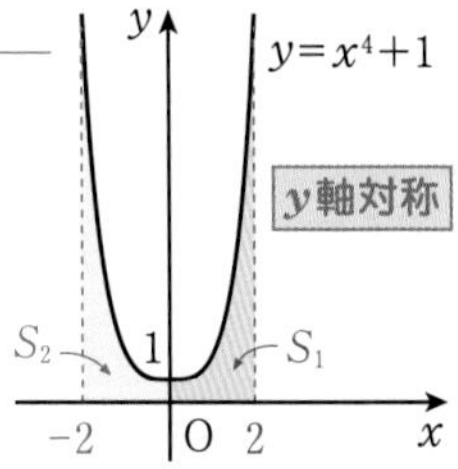


(3) $\displaystyle\int_{-\frac{\pi}{2}}^{\frac{\pi}{2}}(\sin x+\cos x)\,dx=2\int_{0}^{\frac{\pi}{2}}\cos x\,dx$

$\displaystyle=2\Big[\sin x\Big]_0^{\frac{\pi}{2}}=\mathbf{2}$ …答

(4) $\displaystyle\int_{-\frac{\pi}{3}}^{\frac{\pi}{3}}x\cos x\,dx=\mathbf{0}$ …答

← $f(x)=x$：奇関数
$f(x)=\sin x$：奇関数
$f(x)=\cos x$：偶関数
● 奇関数×偶関数＝奇関数
● 奇関数×奇関数＝偶関数

(5) $\displaystyle\int_{-\pi}^{\pi}x\sin x\,dx=2\int_{0}^{\pi}x\sin x\,dx$

$\displaystyle=2\left\{\Big[x\cdot(-\cos x)\Big]_0^{\pi}-\int_{0}^{\pi}(-\cos x)\,dx\right\}$

（$\displaystyle\int_{0}^{\pi}x'(-\cos x)\,dx$ に注意）

$\displaystyle=2\left(\pi+\Big[\sin x\Big]_0^{\pi}\right)$

$=\mathbf{2\pi}$ …答

**類題 213** 次の定積分を求めよ。

(1) $\displaystyle\int_{-1}^{1}(2x^3+x^2-x+1)\,dx$　(2) $\displaystyle\int_{-\frac{\pi}{4}}^{\frac{\pi}{4}}(\sin 2x+\cos 2x)\,dx$

(3) $\displaystyle\int_{-\frac{\pi}{6}}^{\frac{\pi}{6}}\sin x\cos x\,dx$　(4) $\displaystyle\int_{-1}^{1}\frac{1-x}{1+x^2}\,dx$

# 8 定積分と微分

**関数 $f(t)$ の原始関数の 1 つを $F(t)$** とするとき

$$\int_a^x f(t)\,dt = F(x) - F(a)$$

である。

これから，$a$ が定数のとき，$\int_a^x f(t)\,dt$ **は $x$ の関数**であることがわかる。

この式の**両辺を $x$ で微分**すると

$$\frac{d}{dx}\int_a^x f(t)\,dt = \frac{d}{dx}\{F(x) - F(a)\} = F'(x) = f(x)$$

まとめると，次のようになる。

**ポイント** **[積分と微分の関係]**

$$\frac{d}{dx}\int_a^x f(t)\,dt = f(x) \quad (a \text{ は定数})$$

覚え得

$\dfrac{d}{dx}\left\{\int_a^x f(t)\,dt\right\}$ の形にとまどう人が多いようだけれど

$$\int_a^x f(t)\,dt = F(x) - F(a)$$

であることを思い出せば，

$$\left\{\int_a^x f(t)\,dt\right\}' = \{F(x) - F(a)\}'$$

だね。

ところで，$F'(x) = f(x)$，**$F(a)$ は定数**だから

$$\left\{\int_a^x f(t)\,dt\right\}' = F'(x) = f(x)$$

といった順に考えていくとわかると思うよ。

ポイントは，**$\int_a^x f(t)\,dt$ の部分を実際に $F(x) - F(a)$ と書き換える**ことだね。

慣れるまでは実際に書いてもいいけれど，慣れるにつれて実際に書かなくても頭で思い浮かべることができるようになるんだ。

頭で思い浮かべるには，まず実際に書くことだよ。

## 基本例題 214

定積分で定義された関数(1)

次の関数を $x$ で微分せよ。

テストに出るぞ!

(1) $\int_0^x \sin 2t\,dt$　(2) $\int_0^{2x} \log t\,dt$　(3) $\int_{-x^2}^{x^2} e^t\,dt$

**ねらい**

定積分で表された関数を微分すること。

**解法ルール** (1) 区間 $[a,\ x]$ のときは

$$\boldsymbol{\frac{d}{dx}\int_a^x f(t)\,dt=f(x)}$$

(2) 区間 $[g(x),\ h(x)]$ のときは

$F'(t)=f(t)$ とすると

$$\int_{g(x)}^{h(x)} f(t)\,dt=\Big[F(t)\Big]_{g(x)}^{h(x)}$$
$$=F(h(x))-F(g(x))$$

微分すると

$$\boldsymbol{\frac{d}{dx}\int_{g(x)}^{h(x)} f(t)\,dt=F'(h(x))\cdot h'(x)-F'(g(x))\cdot g'(x)}$$

← $\int_a^x f(t)\,dt$ を $x$ で微分するということを感覚的に理解するのが難しければ,

$\int_a^x f(t)\,dt$

$=F(x)-F(a)$

のように，右辺の形に直すと考えやすい。

**解答例** (1) $\dfrac{d}{dx}\int_0^x \sin 2t\,dt=\boldsymbol{\sin 2x}$ …答

(2) $F'(t)=\log t$ とすると

$$\int_0^{2x}\log t\,dt=\Big[F(t)\Big]_0^{2x}=F(2x)-F(0)$$

$$\left(\int_0^{2x}\log t\,dt\right)'=\{F(2x)-F(0)\}'$$
$$=F'(2x)\cdot(2x)'=\boldsymbol{2\log 2x}$$ …答

(3) $F'(t)=e^t$ とすると

$$\int_{-x^2}^{x^2} e^t\,dt=\Big[F(t)\Big]_{-x^2}^{x^2}=F(x^2)-F(-x^2)$$

$$\left(\int_{-x^2}^{x^2} e^t\,dt\right)'=\{F(x^2)-F(-x^2)\}'$$
$$=F'(x^2)\cdot(x^2)'-F'(-x^2)\cdot(-x^2)'$$
$$=e^{x^2}\cdot(2x)-e^{-x^2}\cdot(-2x)$$
$$=\boldsymbol{2x(e^{x^2}+e^{-x^2})}$$ …答

← $y=F(2x)$ を微分する。

$u=2x$ とおくと

$y=F(u)$

ここで

$y'=F'(u)\cdot u'$

$=F'(2x)\cdot(2x)'$

← (1)のように，$\int_a^x f(t)\,dt$ のときは公式を適用するが，(2)，(3)のように，区間が $[a,\ x]$ になっていない場合は，

(2)は $\Big[F(t)\Big]_0^{2x}$

(3)は $\Big[F(t)\Big]_{-x^2}^{x^2}$ を

計算して，$x$ で微分する。

**類題 214** 次の関数 $f(x)$ について，あとの問いに答えよ。

$$f(x)=\int_{-x}^{x} t\cos\left(\frac{\pi}{4}-t\right)dt$$

(1) $f(x)$ の導関数 $f'(x)$ を求めよ。

(2) $0\leqq x\leqq 2\pi$ における $f(x)$ の最大値と最小値を求めよ。

## 応用例題 215 　定積分で定義された関数(2)

関数 $f(x)=\int_1^x (xt+t^2)e^t\,dt$ の導関数を求めよ。

テストに出るぞ！

**ねらい**
定積分
$\int_{\triangle}^{\bigcirc}\square\,dt$ については，$t$ 以外の文字は定数と考えて扱う練習。すなわち
$\int_{\triangle}^{\bigcirc}x\square\,dt$
$=x\int_{\triangle}^{\bigcirc}\square\,dt$
を利用すること。

**解法ルール** $\int_a^x xf(t)\,dt=x\int_a^x f(t)\,dt$ と変形できる。

$x\int_a^x f(t)\,dt=g(x)\cdot h(x)$ のように，2つの $x$ の関数の積になっていることに注意。

**解答例**

$$f(x)=\int_1^x (xt+t^2)e^t\,dt$$
$$=\int_1^x xte^t\,dt+\int_1^x t^2e^t\,dt$$
$$=x\int_1^x te^t\,dt+\int_1^x t^2e^t\,dt$$

→2つの関数 $g(x)=x$ と $h(x)=\int_1^x te^t\,dt$ の積と考える。

$$f'(x)=(x)'\int_1^x te^t\,dt+x\left(\int_1^x te^t\,dt\right)'+\left(\int_1^x t^2e^t\,dt\right)'$$
$$=\int_1^x te^t\,dt+x\cdot(xe^x)+x^2e^x$$
$$=\int_1^x te^t\,dt+2x^2e^x$$

$$\int_1^x te^t\,dt=\int_1^x t(e^t)'\,dt$$
$$=\Big[te^t\Big]_1^x-\int_1^x e^t\,dt$$
$$=xe^x-e-\Big[e^t\Big]_1^x$$
$$=(x-1)e^x$$

答 $\boldsymbol{f'(x)=(2x^2+x-1)e^x}$

**類題 215-1** 関数 $f(x)=xe^{-x^2}$ とし，$F(x)=\int_0^x xf(t)\,dt$ とする。このとき，$F(x)$ の $x=1$ における微分係数を求めよ。

**類題 215-2** 次の関数の導関数を求めよ。

(1) 関数 $f(x)=\int_0^x (x-t)\cos t\,dt$

(2) 関数 $f(x)=\int_0^x (e^x-e^t)\sin t\,dt$

## 応用例題 216　部分積分法の活用

2つの定積分 $I=\int_0^{\frac{\pi}{2}} e^x \sin x\,dx$，$J=\int_0^{\frac{\pi}{2}} e^x \cos x\,dx$ について，$I$，$J$ の値を求めよ。

**ねらい**
$e^x \sin x$，$e^x \cos x$ を定積分すること。

**解法ルール** 部分積分の公式

$$\int_0^{\frac{\pi}{2}} f(x)g'(x)\,dx=\Big[f(x)g(x)\Big]_0^{\frac{\pi}{2}}-\int_0^{\frac{\pi}{2}} f'(x)g(x)\,dx$$

の活用

1. $I$ は　$f(x)=\sin x$，$g'(x)=e^x$ と考えて
   $f'(x)=\cos x$，$g(x)=e^x$
2. $J$ は　$f(x)=\cos x$，$g'(x)=e^x$ と考えて
   $f'(x)=-\sin x$，$g(x)=e^x$

**解答例**

$I=\int_0^{\frac{\pi}{2}} e^x \sin x\,dx=\int_0^{\frac{\pi}{2}} (e^x)' \sin x\,dx$

$=\Big[e^x \sin x\Big]_0^{\frac{\pi}{2}}-\int_0^{\frac{\pi}{2}} e^x \cos x\,dx$

$=e^{\frac{\pi}{2}}-0-J$

よって　$I+J=e^{\frac{\pi}{2}}$　……①

$\int \sin x \cdot e^x\,dx$（$\sin x = f(x)$，$e^x = g'(x)$，$g(x)=e^x$）

また

$J=\int_0^{\frac{\pi}{2}} e^x \cos x\,dx=\int_0^{\frac{\pi}{2}} (e^x)' \cos x\,dx$

$=\Big[e^x \cos x\Big]_0^{\frac{\pi}{2}}+\int_0^{\frac{\pi}{2}} e^x \sin x\,dx$

$=0-e^0+I$

よって　$I-J=1$　……②

$\int \cos x \cdot e^x\,dx$（$\cos x = f(x)$，$e^x = g'(x)$，$g(x)=e^x$）

①，②を解いて

$\boldsymbol{I=\frac{1}{2}(e^{\frac{\pi}{2}}+1)}$，$\boldsymbol{J=\frac{1}{2}(e^{\frac{\pi}{2}}-1)}$　…答

**類題 216**　2つの定積分 $A=\int_0^{\frac{\pi}{2}} e^{-x} \sin x\,dx$，$B=\int_0^{\frac{\pi}{2}} e^{-x} \cos x\,dx$ について $A$，$B$ の値を求めよ。

# 9 区分求積法と定積分

まず，区間 $[0,\ 1]$ を $n$ 等分して，各分点から $x$ 軸に垂線を立て，図Ⅰ，Ⅱのように外側と内側から長方形を作ってみよう。
さて，それぞれの場合の長方形の面積の和を求められるかな？

先生，長方形の面積ぐらいまかせてください。
まず図Ⅰの場合

それぞれの長方形の**底辺の長さはすべて** $\boldsymbol{\dfrac{1}{n}}$

**高さは**というと，左から順に，

$$\left(\frac{1}{n}\right)^2,\ \left(\frac{2}{n}\right)^2,\ \left(\frac{3}{n}\right)^2,\ \cdots,\ \left(\frac{n}{n}\right)^2$$

この場合，**$n$ 個の長方形の面積の和**だから

$$\frac{1}{n}\left(\frac{1}{n}\right)^2+\frac{1}{n}\left(\frac{2}{n}\right)^2+\cdots+\frac{1}{n}\left(\frac{n}{n}\right)^2$$

$$=\frac{1}{n}\left\{\left(\frac{1}{n}\right)^2+\left(\frac{2}{n}\right)^2+\cdots+\left(\frac{n}{n}\right)^2\right\}$$ となります。

図Ⅰ

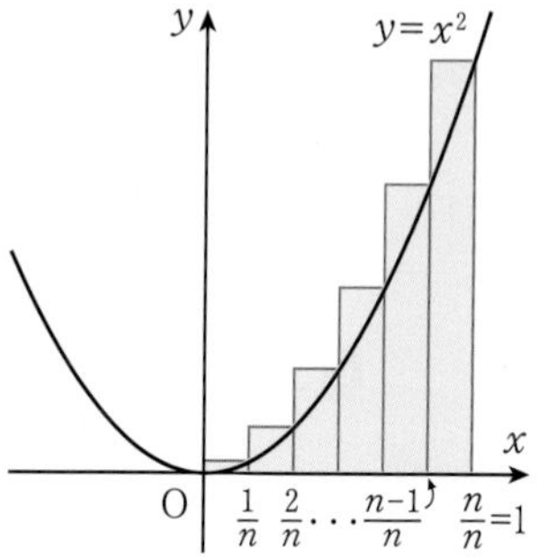


図Ⅱ

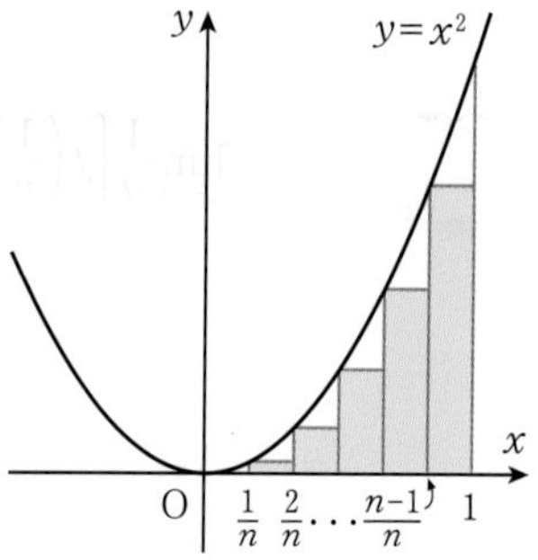

なかなか快調だね。では，図Ⅱの場合はどうかな？

図Ⅱの場合はというと

**底辺の長さはすべて** $\boldsymbol{\dfrac{1}{n}}$ で図Ⅰの場合と同じ。

**高さは**というと，左から順に

$$\left(\frac{1}{n}\right)^2,\ \left(\frac{2}{n}\right)^2,\ \cdots,\ \left(\frac{n-1}{n}\right)^2$$

この場合 **$n-1$ 個の長方形の面積の和**だから

$$\frac{1}{n}\left(\frac{1}{n}\right)^2+\frac{1}{n}\left(\frac{2}{n}\right)^2+\cdots+\frac{1}{n}\left(\frac{n-1}{n}\right)^2$$

$$=\frac{1}{n}\left\{\left(\frac{1}{n}\right)^2+\left(\frac{2}{n}\right)^2+\cdots+\left(\frac{n-1}{n}\right)^2\right\}$$ となります。

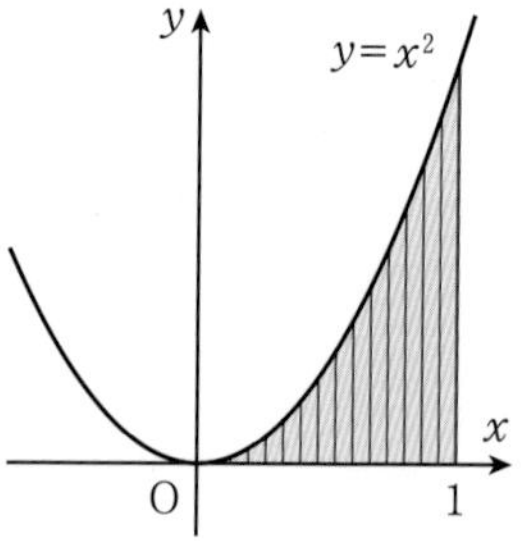

では，$\displaystyle\lim_{n\to\infty}\frac{1}{n}\left\{\left(\frac{1}{n}\right)^2+\left(\frac{2}{n}\right)^2+\cdots+\left(\frac{n}{n}\right)^2\right\}$ はどの部分の面積を表すかな？

$n\to\infty$ となると $\dfrac{1}{n}\to 0$ となるわけで，すると線のような長方形の集まりの面積の和…。
あっ，**つまり放物線 $y=x^2$ と $x$ 軸と直線 $x=1$ とで囲まれた部分の面積です。**

そうだね。すると，$\displaystyle\lim_{n\to\infty}\frac{1}{n}\left\{\left(\frac{1}{n}\right)^2+\left(\frac{2}{n}\right)^2+\cdots+\left(\frac{n}{n}\right)^2\right\}=\int_0^1 x^2\,dx$ で表されることは大丈夫かな？

はい。

では，$\displaystyle\lim_{n\to\infty}\frac{1}{n}\left\{\left(\frac{1}{n}\right)^2+\left(\frac{2}{n}\right)^2+\cdots+\left(\frac{n-1}{n}\right)^2\right\}$ はどの部分の面積を表すかな？

これも**放物線 $y=x^2$ と $x$ 軸と直線 $x=1$ とで囲まれた部分の面積**です。ということは

$$\lim_{n\to\infty}\frac{1}{n}\left\{\left(\frac{1}{n}\right)^2+\left(\frac{2}{n}\right)^2+\cdots+\left(\frac{n-1}{n}\right)^2\right\}=\int_0^1 x^2\,dx$$

ここで，$\displaystyle\int_0^1 x^2\,dx=\left[\frac{x^3}{3}\right]_0^1=\frac{1}{3}$ だから

$$\lim_{n\to\infty}\frac{1}{n}\left\{\left(\frac{1}{n}\right)^2+\left(\frac{2}{n}\right)^2+\cdots+\left(\frac{n}{n}\right)^2\right\}=\lim_{n\to\infty}\frac{1}{n}\left\{\left(\frac{1}{n}\right)^2+\left(\frac{2}{n}\right)^2+\cdots+\left(\frac{n-1}{n}\right)^2\right\}=\frac{1}{3}$$

となります。

さえているね。では，まとめにはいろう。

$$\lim_{n\to\infty}\frac{1}{n}\left\{f\left(\frac{1}{n}\right)+f\left(\frac{2}{n}\right)+\cdots+f\left(\frac{n}{n}\right)\right\}$$

青斜線の長方形の面積の和

または

$$\lim_{n\to\infty}\frac{1}{n}\left\{f(0)+f\left(\frac{1}{n}\right)+f\left(\frac{2}{n}\right)+\cdots+f\left(\frac{n-1}{n}\right)\right\}$$

緑斜線の長方形の面積の和

は，いずれも $y=f(x)$ と $x$ 軸，$x=1$ で囲まれた部分の面積の和の極限で，定積分 $\displaystyle\int_0^1 f(x)\,dx$を用いて求めることができるんだよ。

$$\lim_{n\to\infty}\frac{1}{n}\left\{f\left(\frac{1}{n}\right)+f\left(\frac{2}{n}\right)+f\left(\frac{3}{n}\right)+\cdots+f\left(\frac{n}{n}\right)\right\}=\int_0^1 f(x)\,dx$$

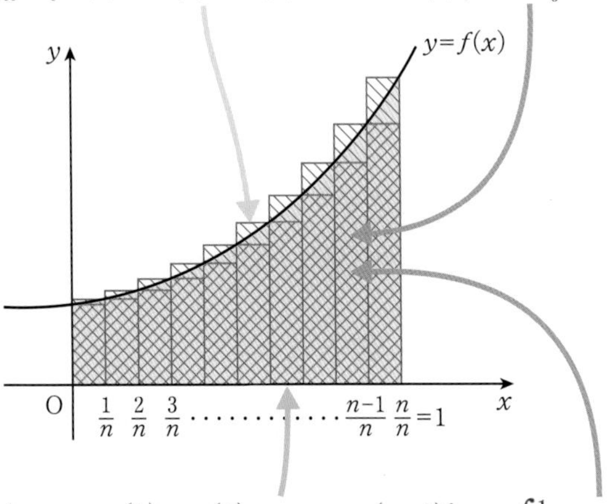


$$\lim_{n\to\infty}\frac{1}{n}\left\{f(0)+f\left(\frac{1}{n}\right)+f\left(\frac{2}{n}\right)+\cdots+f\left(\frac{n-1}{n}\right)\right\}=\int_0^1 f(x)\,dx$$

**応用例題 217**　　定積分と級数

$S_n=\dfrac{1}{n+1}+\dfrac{1}{n+2}+\dfrac{1}{n+3}+\cdots+\dfrac{1}{2n}$ について，　テストに出るぞ！

(1) $S_n=\dfrac{1}{n}\left(\dfrac{1}{1+\frac{1}{n}}+\dfrac{1}{1+\frac{2}{n}}+\cdots+\dfrac{1}{1+\frac{n}{n}}\right)$ と変形する。$S_n$ は曲線 $y=\dfrac{1}{1+x}$ に対し，どんな部分の面積を表すか図示せよ。

(2) $\displaystyle\lim_{n\to\infty}S_n$ が曲線 $y=\dfrac{1}{1+x}$ のどの部分の面積を表すかに着目し，定積分を用いて $\displaystyle\lim_{n\to\infty}S_n$ を求めよ。

**ねらい**

$\displaystyle\lim_{n\to\infty}S_n$ が，どの部分の面積を表すかを考えて，その部分の面積を定積分で求めること。

**解法ルール** $\displaystyle\lim_{n\to\infty}\sum_{k=1}^{n}\frac{1}{n}f\left(\frac{k}{n}\right)=\int_0^1 f(x)\,dx$ の利用。

← 与えられた級数を $\dfrac{1}{n}\left\{f\left(\dfrac{1}{n}\right)+f\left(\dfrac{2}{n}\right)+f\left(\dfrac{3}{n}\right)+\cdots+f\left(\dfrac{n}{n}\right)\right\}$ の形に変形すること。とりあえず $\dfrac{1}{n}\times(\quad)$ の形にしよう。

**解答例** (1) $S_n=\dfrac{1}{n}\cdot\dfrac{1}{1+\frac{1}{n}}+\dfrac{1}{n}\cdot\dfrac{1}{1+\frac{2}{n}}+\cdots+\dfrac{1}{n}\cdot\dfrac{1}{1+\frac{n}{n}}$

（$\dfrac{1}{n}$：1を $n$ 等分したもの(横)，$\dfrac{1}{1+\frac{1}{n}}$：$x=\dfrac{1}{n}$ のときの $y$ の値(縦)，長方形の面積）

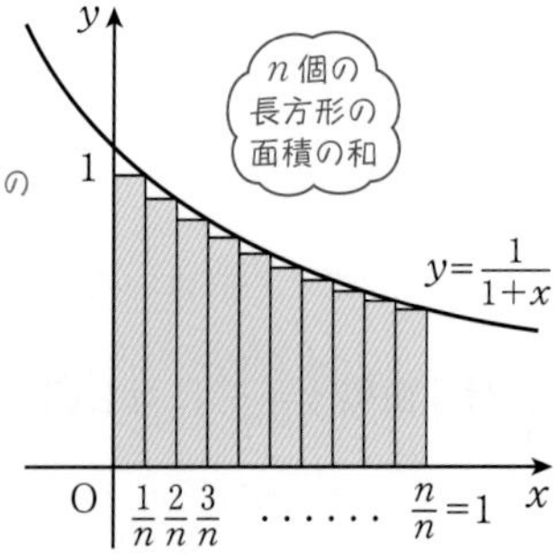


答 右の図の色の部分

(2) (1)で求めた通り，$S_n$ は閉区間 $[0,\ 1]$ を $n$ 等分した長さ $\dfrac{1}{n}$ の区間を横，$\dfrac{1}{1+\frac{k}{n}}$ $(k=1,\ 2,\ \cdots,\ n)$ を縦とする $n$ 個の長方形の面積の和を表す。

ここで $n$ を限りなく大きくすると長方形は“線”のように細くなり $x$ 軸，$y$ 軸，$y=\dfrac{1}{1+x}$，$x=1$ で囲まれる部分の面積に等しくなることがわかる。

$f\left(\dfrac{k}{n}\right)$ は $x=\dfrac{k}{n}$ のときの $f(x)$ の値。$f(x)$ を求めるには $f\left(\dfrac{k}{n}\right)=\dfrac{1}{1+\frac{k}{n}}$ で $\dfrac{k}{n}$ の部分を $x$ にかえる。すると $f(x)=\dfrac{1}{1+x}$

よって　$\displaystyle\lim_{n\to\infty}S_n=\int_0^1\frac{1}{1+x}dx=\Big[\log|1+x|\Big]_0^1=\mathbf{log\,2}$　…答

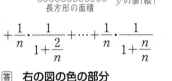

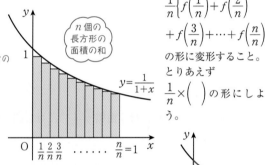

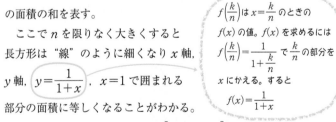

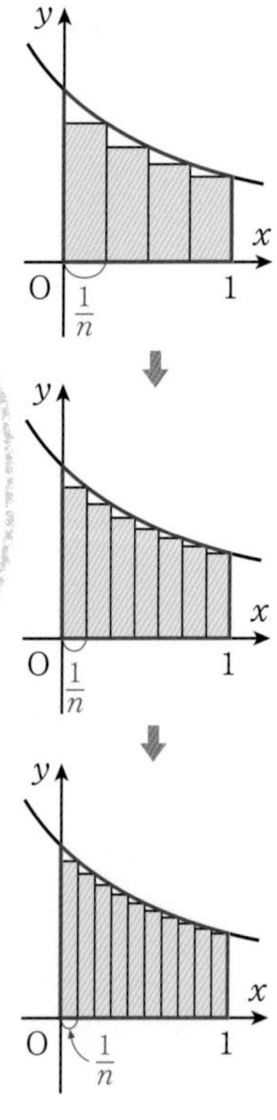


**類題 217** 定積分を利用して，次の極限値を求めよ。

(1) $\displaystyle\lim_{n\to\infty}\frac{1}{n^2}\{\sqrt{n^2-1}+\sqrt{n^2-4}+\sqrt{n^2-9}+\cdots+\sqrt{n^2-(n-1)^2}\}$

(2) $\displaystyle\lim_{n\to\infty}\sum_{k=1}^{n}\frac{n}{4n^2-k^2}$　　(3) $\displaystyle\lim_{n\to\infty}\frac{1}{n}\sum_{k=1}^{n}\frac{k}{\sqrt{3n^2+k^2}}$

## 応用例題 218　定積分と不等式(1)

テストに出るぞ！

$n$ を自然数とするとき，関数 $y=\dfrac{1}{x}$ のグラフを利用して，次の問いに答えよ。

(1) 定積分 $\displaystyle\int_1^{n+1}\frac{1}{x}dx$ を求めよ。

(2) $1+\dfrac{1}{2}+\dfrac{1}{3}+\cdots+\dfrac{1}{n}$ ……①，$\log(n+1)$ ……②が，それぞれ曲線 $y=\dfrac{1}{x}$ に対しどのような部分の面積を表すかに着目し，不等式 $\log(n+1)<1+\dfrac{1}{2}+\dfrac{1}{3}+\cdots+\dfrac{1}{n}$ が成り立つことを示せ。

(3) $\displaystyle\sum_{k=1}^{\infty}\frac{1}{k}$ が発散することを示せ。

**ねらい**
曲線と $x$ 軸とで囲まれた部分の面積と，$n$ 個の長方形の面積の和の大小を利用して，不等式を示すこと。

**解法ルール** 曲線 $y=\dfrac{1}{x}$ について，$1+\dfrac{1}{2}+\cdots+\dfrac{1}{n}$ が $n$ 個の長方形の面積の和を表していることに着目し，面積の大小を比較。

**解答例** (1) $\displaystyle\int_1^{n+1}\frac{1}{x}dx=\Big[\log x\Big]_1^{n+1}=\boldsymbol{\log(n+1)}$ …答

(2) $\dfrac{1}{k}=1\times\dfrac{1}{k}$ は，曲線 $y=\dfrac{1}{x}$ に対し図Ⅰのような面積を表す。したがって，①は図Ⅱのような $n$ 個の長方形の面積の和（色の部分）を表す。

一方，(1)より　$\displaystyle\log(n+1)=\int_1^{n+1}\frac{1}{x}dx$

これは，曲線 $y=\dfrac{1}{x}$，$x$ 軸，$x=1$，$x=n+1$ によって囲まれる部分の面積（図Ⅱの斜線部分）を表すので

$$\boldsymbol{\log(n+1)<1+\frac{1}{2}+\frac{1}{3}+\cdots+\frac{1}{n}}$$ 終

図Ⅰ

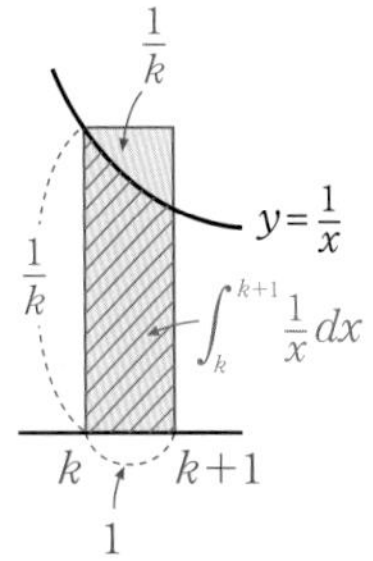


図Ⅱ

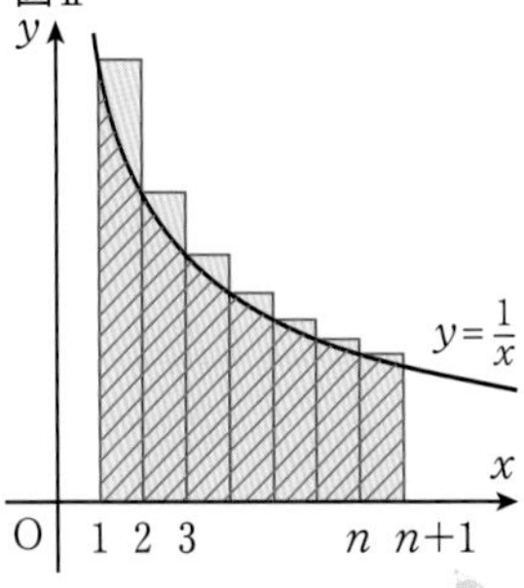


(3) (2)より　$\displaystyle\log(n+1)<1+\frac{1}{2}+\frac{1}{3}+\cdots+\frac{1}{n}=\sum_{k=1}^{n}\frac{1}{k}$

よって　$\displaystyle\lim_{n\to\infty}\log(n+1)\leqq\lim_{n\to\infty}\sum_{k=1}^{n}\frac{1}{k}=\sum_{k=1}^{\infty}\frac{1}{k}$

$\displaystyle\lim_{n\to\infty}\log(n+1)=\infty$ より　$\displaystyle\sum_{k=1}^{\infty}\frac{1}{k}=\infty$　つまり，**発散する。** 終

$1+\dfrac{1}{2}+\dfrac{1}{3}+\cdots+\dfrac{1}{n}$ は $n$ 個の長方形が集まった階段状の部分の面積を表すことに気づくのがポイント！

**類題 218** $n$ を自然数とするとき，次の問いに答えよ。

(1) $\displaystyle\int_1^{n}\log x\,dx$ を求めよ。

(2) $\log 1+\log 2+\cdots+\log n$ と $\displaystyle\int_1^{n}\log x\,dx$ の大小を比較せよ。

(3) 不等式 $\dfrac{\log 1+\log 2+\cdots+\log n}{n}-\log n+1>0$ が成り立つことを示せ。

**応用例題 219** 　定積分と不等式(2)

次の問いに答えよ。

(1) 定積分 $\displaystyle\int_0^1 \frac{1}{1+x^2}dx$ の値を求めよ。

(2) $0 \leqq x \leqq 1$ において $1 \leqq 1+x^4 \leqq 1+x^2$ が成り立つことを利用し，不等式 $\displaystyle\frac{\pi}{4} < \int_0^1 \frac{1}{1+x^4}dx < 1$ が成り立つことを示せ。

テストに出るぞ！

**ねらい**
区間 $[a,\ b]$ で $f(x) \geqq g(x)$ ならば $\displaystyle\int_a^b f(x)dx \geqq \int_a^b g(x)dx$ であることを理解すること。

**解法ルール** $[a,\ b]$ で，$\boldsymbol{f(x) \geqq 0}$ ならば $\displaystyle\int_a^b \boldsymbol{f(x)dx \geqq 0}$

$[a,\ b]$ で，$\boldsymbol{f(x) \geqq g(x)}$ ならば $\displaystyle\int_a^b \boldsymbol{f(x)dx} \geqq \int_a^b \boldsymbol{g(x)dx}$

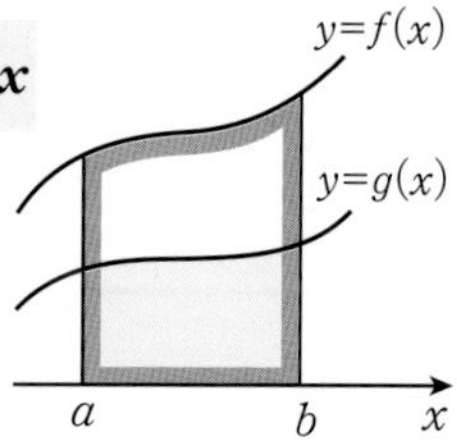


**解答例** (1) $x=\tan\theta$ とおくと

| $x$ | $0 \to 1$ |
|---|---|
| $\theta$ | $0 \to \frac{\pi}{4}$ |

$\displaystyle\frac{dx}{d\theta}=\frac{1}{\cos^2\theta}$ より $\displaystyle dx=\frac{1}{\cos^2\theta}d\theta$

$$\int_0^1 \frac{1}{1+x^2}dx=\int_0^{\frac{\pi}{4}} \frac{1}{1+\tan^2\theta}\cdot\frac{1}{\cos^2\theta}d\theta=\int_0^{\frac{\pi}{4}}d\theta=\boldsymbol{\frac{\pi}{4}}\quad\cdots\text{答}$$

(2) $0 \leqq x \leqq 1$ において $1 \leqq 1+x^4 \leqq 1+x^2$ が成立することから，

$0 \leqq x \leqq 1$ において $\displaystyle\frac{1}{1+x^2} \leqq \frac{1}{1+x^4} \leqq 1$ が成立する。

このとき $\displaystyle\int_0^1 \frac{1}{1+x^2}dx < \int_0^1 \frac{1}{1+x^4}dx < \int_0^1 dx$

(1)より $\displaystyle\int_0^1 \frac{1}{1+x^2}dx=\frac{\pi}{4}$ 　また $\displaystyle\int_0^1 dx=1$

以上より $\displaystyle\boldsymbol{\frac{\pi}{4} < \int_0^1 \frac{1}{1+x^4}dx < 1}$ 終

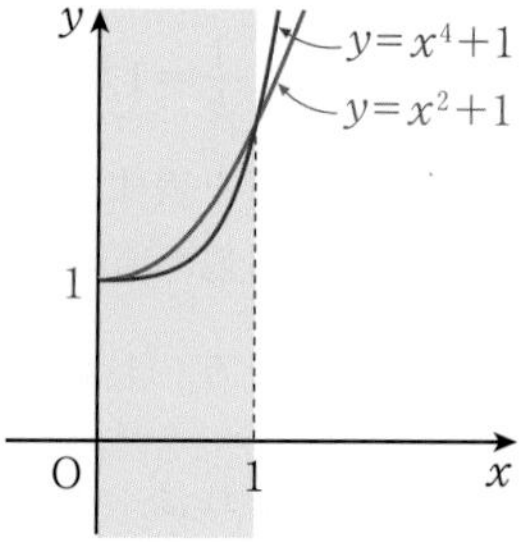


関数 $f(x)$ の不定積分は，$\int f(x)dx=F(x)+C$ と書けるが，**$F(x)$ を具体的に求めることのできる関数は意外に少ない。**上の例題も求められない関数の1つである。$F'(x)=f(x)$ となる関数 $F(x)$ が『存在する』が，『どんな形』かわからない。そこで，上のように，不定積分が具体的に求められるものでは**はさみうちをして定積分の近似値を調べる。**

**類題 219** 次の問いに答えよ。

(1) $0 \leqq x \leqq 1$ のとき $0 \leqq x^2 \leqq x$ であることを用いて，
不等式 $\displaystyle 2\left(1-\frac{1}{\sqrt{e}}\right) < \int_0^1 e^{-\frac{x^2}{2}}dx < 1$ を示せ。

(2) $0 \leqq x \leqq 1$ のとき $1-x^2 \leqq 1-x^4 \leqq 1$ であることを用いて，
不等式 $\displaystyle\frac{\pi}{4} < \int_0^1 \sqrt{1-x^4}\,dx < 1$ を示せ。

**発展例題 220** 漸化式と定積分

$I_n=\int_0^{\frac{\pi}{2}}\sin^n x\,dx$ とするとき，次の問いに答えよ。

(1) $I_0$，$I_1$，$I_2$ を求めよ。

(2) 漸化式　$I_n=\dfrac{n-1}{n}I_{n-2}$ $(n\geqq 2)$　が成り立つことを示せ。

(3) (2)の結果を利用して，定積分 $\int_0^{\frac{\pi}{2}}\sin^4 x\,dx$ を求めよ。

**ねらい**
漸化式を利用して定積分の値を求めること。

**解法ルール** $\displaystyle\int_0^{\frac{\pi}{2}}\sin^n x\,dx=\int_0^{\frac{\pi}{2}}\sin^{n-1}x\cdot\sin x\,dx=\int_0^{\frac{\pi}{2}}\sin^{n-1}x(-\cos x)'\,dx$

として部分積分の考え方を用いる。

**解答例** (1) $I_0=\int_0^{\frac{\pi}{2}}\sin^0 x\,dx=\int_0^{\frac{\pi}{2}}dx=\Big[x\Big]_0^{\frac{\pi}{2}}=\boldsymbol{\frac{\pi}{2}}$ …答

$I_1=\int_0^{\frac{\pi}{2}}\sin x\,dx=\Big[-\cos x\Big]_0^{\frac{\pi}{2}}=\mathbf{1}$ …答

$I_2=\int_0^{\frac{\pi}{2}}\sin^2 x\,dx=\int_0^{\frac{\pi}{2}}\frac{1-\cos 2x}{2}dx$

$=\left[\frac{x}{2}-\frac{1}{4}\sin 2x\right]_0^{\frac{\pi}{2}}=\boldsymbol{\frac{\pi}{4}}$ …答

(2) $I_n=\int_0^{\frac{\pi}{2}}\sin^n x\,dx=\int_0^{\frac{\pi}{2}}\sin^{n-1}x\cdot(-\cos x)'\,dx$

$=\Big[\sin^{n-1}x\cdot(-\cos x)\Big]_0^{\frac{\pi}{2}}$

$-\int_0^{\frac{\pi}{2}}(n-1)\sin^{n-2}x\cdot(\sin x)'(-\cos x)\,dx$

$=(n-1)\int_0^{\frac{\pi}{2}}\sin^{n-2}x\cos^2 x\,dx$

$=(n-1)\int_0^{\frac{\pi}{2}}\sin^{n-2}x(1-\sin^2 x)\,dx$

$=(n-1)\left(\int_0^{\frac{\pi}{2}}\sin^{n-2}x\,dx-\int_0^{\frac{\pi}{2}}\sin^n x\,dx\right)$

$=(n-1)(I_{n-2}-I_n)$

よって　$nI_n=(n-1)I_{n-2}$　　ゆえに　$\boldsymbol{I_n=\frac{n-1}{n}I_{n-2}}$ 終

(3) $\int_0^{\frac{\pi}{2}}\sin^4 x\,dx=I_4=\frac{3}{4}I_2=\frac{3}{4}\cdot\frac{\pi}{4}=\boldsymbol{\frac{3}{16}\pi}$ …答

← 定積分 $\int_0^{\frac{\pi}{2}}\cos^n x\,dx$ $(n\geqq 2)$ も同じやり方で求められる。

$I_n=\int_0^{\frac{\pi}{2}}\cos^n x\,dx$ とおく。

$I_n=\int_0^{\frac{\pi}{2}}\cos^n x\,dx$

$=\int_0^{\frac{\pi}{2}}\cos^{n-1}x\cdot\cos x\,dx$

$=\int_0^{\frac{\pi}{2}}\cos^{n-1}x\cdot(\sin x)'\,dx$

$=\Big[\cos^{n-1}x\cdot\sin x\Big]_0^{\frac{\pi}{2}}$

$-\int_0^{\frac{\pi}{2}}(n-1)\cos^{n-2}x$
$\times(\cos x)'\sin x\,dx$

$=\int_0^{\frac{\pi}{2}}(n-1)\cos^{n-2}x\sin^2 x\,dx$

$=\int_0^{\frac{\pi}{2}}(n-1)\cos^{n-2}x$
$\times(1-\cos^2 x)\,dx$

$=\int_0^{\frac{\pi}{2}}(n-1)\cos^{n-2}x\,dx$

$-\int_0^{\frac{\pi}{2}}(n-1)\cos^n x\,dx$

$=(n-1)I_{n-2}-(n-1)I_n$

よって　$I_n=\frac{n-1}{n}I_{n-2}$

**類題 220** 定積分 $I_n$，$J_n$ $(n=0,\ 1,\ 2,\ \cdots)$ を $I_n=\int_0^{\pi}x^n\cos x\,dx$，$J_n=\int_0^{\pi}x^n\sin x\,dx$ とする。

(1) $n\geqq 1$ のとき $I_n$ を $J_{n-1}$ で表せ。　　(2) $n\geqq 1$ のとき $J_n$ を $I_{n-1}$ で表せ。

(3) (1)，(2)の結果を利用して，$\int_{-\pi}^{\pi}x^4\cos x\,dx$ の値を求めよ。

# 2節 積分法の応用

## 10 面積と定積分

$a \leqq x \leqq b$ で $f(x) \geqq 0$ のとき
曲線 $y=f(x)$ と $x$ 軸および2直線 $x=a$,
$x=b$ とで囲まれた部分の面積 $S$ は

  **[曲線と $x$ 軸間の面積①]**   覚え得
$$S=\int_a^b f(x)\,dx$$

$a \leqq x \leqq b$ で $f(x) \geqq g(x)$ のとき
2つの曲線 $y=f(x)$, $y=g(x)$ と2直線
$x=a$, $x=b$ とで囲まれた部分の面積 $S$ は

  **[2曲線間の面積]**   覚え得
$$S=\int_a^b \{f(x)-g(x)\}\,dx$$
$$\underset{\text{上}}{\underline{\phantom{}}} \quad \underset{\text{下}}{\underline{\phantom{}}}$$

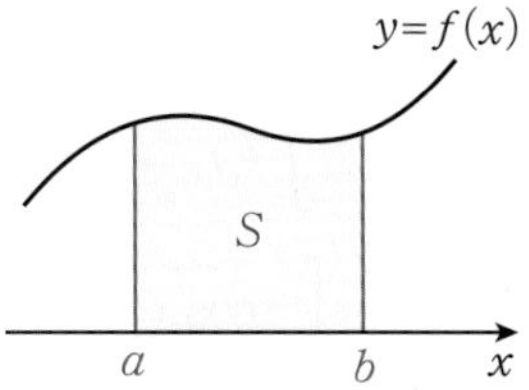

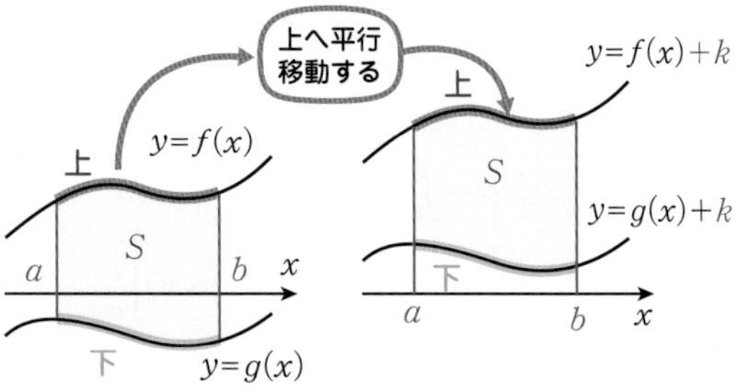

$$S=\int_a^b \{\{f(x)+k\}-\{g(x)+k\}\}\,dx = \int_a^b \{f(x)-g(x)\}\,dx$$

$a \leqq x \leqq b$ で $f(x) \leqq 0$ のとき
曲線 $y=f(x)$ と $x$ 軸および2直線 $x=a$,
$x=b$ とで囲まれた部分の面積 $S$ は

  **[曲線と $x$ 軸間の面積②]**   覚え得
$$S=-\int_a^b f(x)\,dx$$

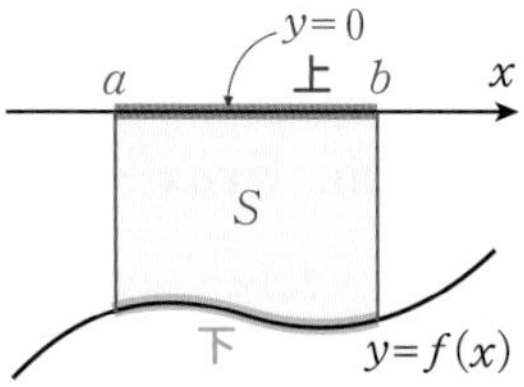

$$S=\int_a^b \{0-f(x)\}\,dx = \int_a^b \{-f(x)\}\,dx$$
$$\underset{\text{上}}{\underline{\phantom{}}} \quad \underset{\text{下}}{\underline{\phantom{}}}$$

定積分 $\displaystyle\int_a^b f(x)\,dx$ を用いて面積を求める際の重要なポイントは
「区間 $[a,\ b]$ で $f(x) \geqq 0$ である」ことの確認なんだ。
実際には関数 $y=f(x)$ のグラフを簡単にかいて
グラフが区間 $[a,\ b]$ で $x$ 軸より上か下かを見ればいいよ。

グラフが $x$ 軸より
上にあるか下にあるか
わかる程度でOK！

## 基本例題 221　面積と定積分

テストに出るぞ！

次の曲線や直線で囲まれた図形の面積を求めよ。

(1) $y=\sqrt{x}$, $y=x^2$　(2) $y=x$, $y=\dfrac{1}{x}$, $x=2$

(3) $y=\log x$, $x=e$, $x$ 軸　(4) $y=\sin 2x$, $y=\sin x$ $(0\leqq x\leqq \pi)$

**ねらい**
定積分を用いていろいろな部分の面積を求めること。

**解法ルール** 区間 $[a,\ b]$ で2つの曲線 $y=f(x)$, $y=g(x)$ で囲まれた部分の面積 $S$ は，$f(x)\geqq g(x)$ のとき

$$S=\int_a^b\{f(x)-g(x)\}\,dx$$

**解答例** (1) $y=\sqrt{x}$, $y=x^2$ の共有点の $x$ 座標は，

$\sqrt{x}=x^2$ より　$x=x^4$

$x^4-x=x(x^3-1)=x(x-1)(x^2+x+1)=0$

よって　$x=0,\ 1$

求める面積は

$$\int_0^1(\sqrt{x}-x^2)\,dx=\left[\frac{2}{3}x^{\frac{3}{2}}-\frac{x^3}{3}\right]_0^1=\boldsymbol{\frac{1}{3}}\quad\cdots\text{答}$$

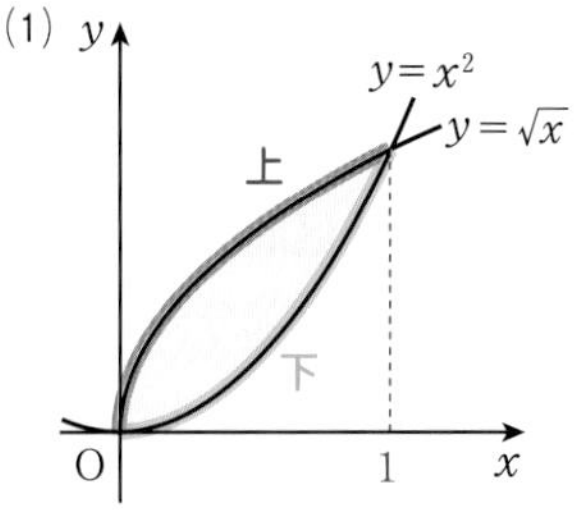


(2) $x=\dfrac{1}{x}$　すなわち，$x^2=1$ より　$x=\pm 1$

求める面積は

$$\int_1^2\left(x-\frac{1}{x}\right)dx=\left[\frac{x^2}{2}-\log|x|\right]_1^2=\boldsymbol{\frac{3}{2}-\log 2}\quad\cdots\text{答}$$

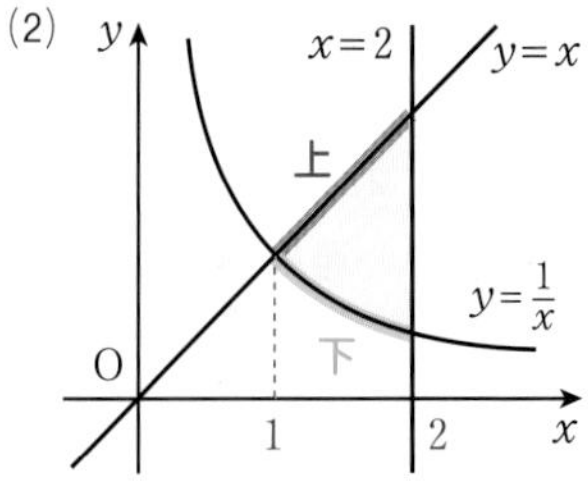


(3) $\displaystyle\int_1^e\log x\,dx=\int_1^e(x)'\log x\,dx$

$\displaystyle=\Big[x\log x\Big]_1^e-\int_1^e dx=e-\Big[x\Big]_1^e=\mathbf{1}\quad\cdots\text{答}$

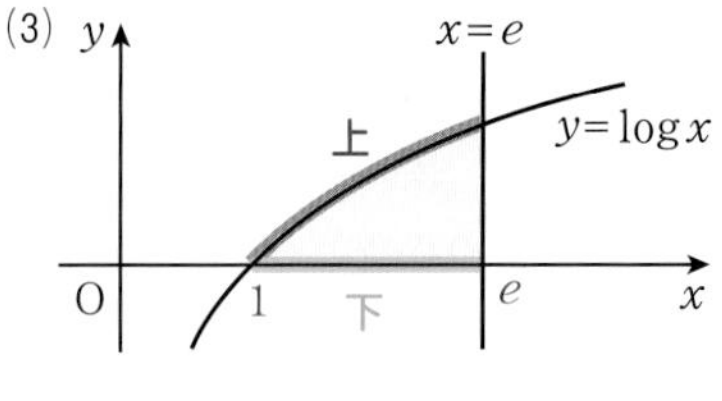


(4) $\sin 2x=\sin x$ より　$2\sin x\cos x=\sin x$

$\sin x(2\cos x-1)=0$

これより　$\sin x=0$ または $\cos x=\dfrac{1}{2}$

$0\leqq x\leqq\pi$ であることから　$x=0,\ \pi,\ \dfrac{\pi}{3}$

以上より

$$\int_0^{\frac{\pi}{3}}(\sin 2x-\sin x)\,dx+\int_{\frac{\pi}{3}}^{\pi}(\sin x-\sin 2x)\,dx$$

$$=\left[-\frac{1}{2}\cos 2x+\cos x\right]_0^{\frac{\pi}{3}}+\left[-\cos x+\frac{1}{2}\cos 2x\right]_{\frac{\pi}{3}}^{\pi}$$

$$=\left(\frac{1}{4}+\frac{1}{2}+\frac{1}{2}-1\right)+\left(1+\frac{1}{2}+\frac{1}{2}+\frac{1}{4}\right)=\boldsymbol{\frac{5}{2}}\quad\cdots\text{答}$$

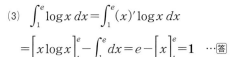

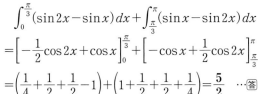

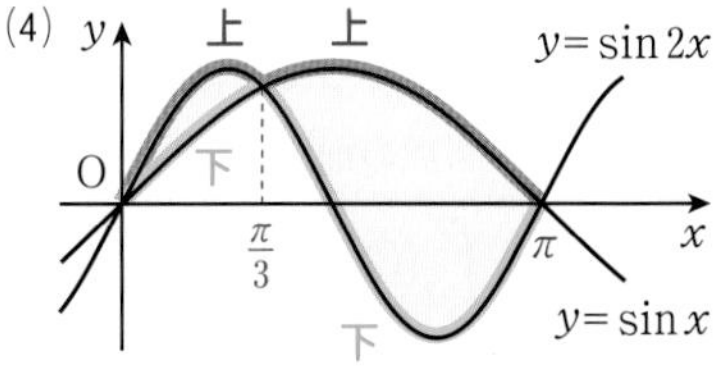


**類題 221** $xy$ 平面において，$a>1$ に対し曲線 $y=(a-x)\log x$ と $x$ 軸によって囲まれた図形の面積 $S(a)$ を求めよ。

## 基本例題 222　曲線とその接線で囲まれた部分の面積

曲線 $C: y=x^3$ の接線 $l$ が点 $(0,\ 2)$ を通るとする。

(1) 曲線 $C$ 上の点 $(t,\ t^3)$ における接線の方程式を求めよ。

(2) 接線 $l$ の方程式を求めよ。

(3) 曲線 $C$ と接線 $l$ とで囲まれた図形の面積を求めよ。

**ねらい**
接線と曲線とで囲まれた部分の面積を求めること。

**解法ルール**

● **曲線 $y=f(x)$ 上の点 $(t,\ f(t))$** における**接線の方程式**は

$$y-f(t)=f'(t)(x-t)$$

● **区間 $[a,\ b]$ で 2 つの曲線 $y=f(x)$, $y=g(x)$** で囲まれた部分の面積 $S$ は

$$f(x) \geqq g(x) \text{ のとき}\quad S=\int_a^b \{f(x)-g(x)\}\,dx$$

**解答例**

(1) $y'=3x^2$ より，点 $(t,\ t^3)$ における接線の方程式は

$y-t^3=3t^2(x-t)$　　よって　$\boldsymbol{y=3t^2x-2t^3}$　…答

(2) 点 $(t,\ t^3)$ における接線が点 $(0,\ 2)$ を通るとき

$2=-2t^3$

すなわち　$t^3+1=0$

$(t+1)(t^2-t+1)=0$

したがって　$t=-1$

これを(1)で求めた式に代入すればよい。

答　$\boldsymbol{y=3x+2}$

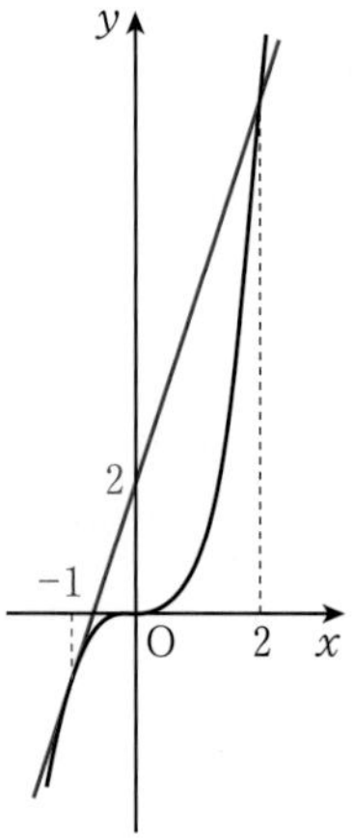


(3) 接線 $l$ と曲線 $C$ の共有点の $x$ 座標を求める。

$x^3=3x+2$ より　$x^3-3x-2=0$

$(x+1)^2(x-2)=0$　　よって　$x=-1,\ 2$

したがって，曲線 $C$ と接線 $l$ とで囲まれる図形の面積は

$$\int_{-1}^{2}\{(3x+2)-x^3\}\,dx=\left[\frac{3}{2}x^2+2x-\frac{1}{4}x^4\right]_{-1}^{2}$$

$$=(6+4-4)-\left(\frac{3}{2}-2-\frac{1}{4}\right)$$

$$=\frac{27}{4}\quad \text{…答}$$

⬅ 直線 $y=3x+2$ は曲線 $y=x^3$ の点 $(-1,\ -1)$ における接線だから，方程式 $x^3=3x+2$ が $x=-1$ を重解としてもつことは明らか。
よって，$x^3-3x-2=(x+1)^2(x+\square)$ まではすぐにわかる。
□の部分は，両辺の定数項を比較すると，$-2=1\cdot\square$ となるから
$x^3-3x-2=(x+1)^2(x-2)$
と因数分解できる。

**類題 222**　曲線 $y=e^{2x}$ について，次の問いに答えよ。

(1) 原点 O よりこの曲線に引いた接線の方程式を求めよ。

(2) この曲線と $y$ 軸および(1)で引いた接線によって囲まれる図形の面積を求めよ。

**応用例題 223**　　　　　　　　　　　　　　　部分積分法と面積

関数 $y=\log x-1$ の表す曲線を $C$ とする。

(1) 原点から曲線 $C$ に接線 $l$ を引く。$l$ の方程式を求めよ。

(2) 曲線 $C$ と接線 $l$ および $x$ 軸で囲まれた部分の面積を求めよ。

**ねらい**
部分積分法を用いて面積を求めること。

テストに出るぞ！

**解法ルール** 接点の座標を $(t, \log t-1)$ とおき，条件を満たす $t$ の値を求めればよい。

**解答例** (1) 接点の座標を $(t, \log t-1)$ とする。

$y'=\dfrac{1}{x}$ より，この点における接線の方程式は

$$y-(\log t-1)=\frac{1}{t}(x-t) \qquad y=\frac{1}{t}x+\log t-2$$

この接線が原点を通るとき　$\log t-2=0$

よって　$t=e^2$　　　　　图 $\boldsymbol{y=\dfrac{1}{e^2}\boldsymbol{x}}$

面積を求める問題では，2つの曲線の上下がわかる図をかくことがポイント。

(2) 求める図形の面積を右の図のように2つに分けて考える。

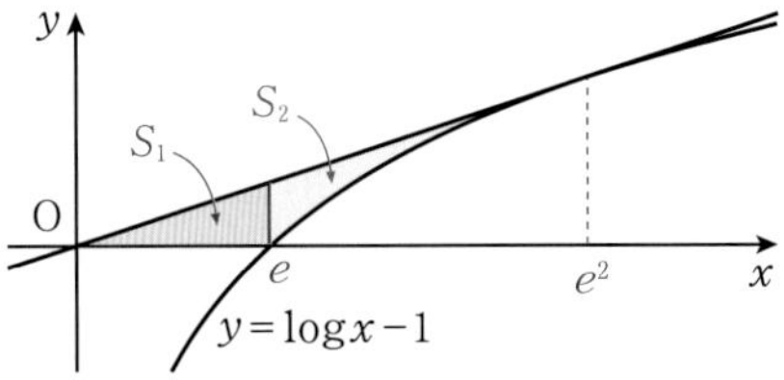

$$S_1=\frac{1}{2}e\cdot\frac{1}{e^2}\cdot e=\frac{1}{2}$$

$$S_2=\int_e^{e^2}\left\{\frac{1}{e^2}x-(\log x-1)\right\}dx$$

$$=\int_e^{e^2}\left(\frac{1}{e^2}x+1\right)dx-\int_e^{e^2}\log x\,dx$$

$$\int_e^{e^2}\left(\frac{1}{e^2}x+1\right)dx=\left[\frac{1}{2e^2}x^2+x\right]_e^{e^2}=\left(\frac{e^4}{2e^2}+e^2\right)-\left(\frac{e^2}{2e^2}+e\right)=\frac{3}{2}e^2-e-\frac{1}{2}$$

$$\int_e^{e^2}\log x\,dx=\int_e^{e^2}(x)'\log x\,dx=\left[x\log x\right]_e^{e^2}-\int_e^{e^2}dx=e^2\log e^2-e-\left[x\right]_e^{e^2}=e^2$$

したがって　$S_2=\left(\dfrac{3}{2}e^2-e-\dfrac{1}{2}\right)-e^2=\dfrac{1}{2}e^2-e-\dfrac{1}{2}$

以上より，求める図形の面積は　$S_1+S_2=\dfrac{1}{2}e^2-e$　…图

**類題 223-1** 関数 $f(x)=xe^{-x}$ について，次の問いに答えよ。$e$ は自然対数の底とし，必要であれば $\displaystyle\lim_{x\to\infty}f(x)=0$ を用いてもよい。

(1) $f(x)$ の増減，曲線の凹凸を調べ，$xy$ 平面上に曲線 $y=f(x)$ のグラフをかけ。

(2) 曲線 $y=f(x)$，直線 $x=a\,(a>0)$ と $x$ 軸とで囲まれた部分の面積 $S(a)$ を求め，$\displaystyle\lim_{a\to\infty}S(a)$ を求めよ。

**類題 223-2** 関数 $y=1-(\log x)^2\,(x>0)$ の増減を調べ，グラフをかけ。また，このグラフと $x$ 軸とで囲まれた図形の面積を求めよ。

## 応用例題 224

不等式で表された領域の面積

次の問いに答えよ。

(1) 不等式 $\dfrac{x^2}{3}+y^2\leqq 1$ が表す領域の面積を求めよ。

(2) 連立不等式 $x^2+\dfrac{y^2}{3}\leqq 1,\ \dfrac{x^2}{3}+y^2\leqq 1$ が表す領域の面積を求めよ。

テストに出るぞ！

**ねらい**

不等式で表された領域の面積を求めること。

**解法ルール** 楕円 $\dfrac{x^2}{a^2}+\dfrac{y^2}{b^2}=1\ (a>0,\ b>0)$ で囲まれた部分の面積は

$$2\int_{-a}^{a}y\,dx=2\int_{-a}^{a}\frac{b}{a}\sqrt{a^2-x^2}\,dx=4\int_{0}^{a}\frac{b}{a}\sqrt{a^2-x^2}\,dx$$

**解答例** (1) $2\displaystyle\int_{-\sqrt{3}}^{\sqrt{3}}y\,dx=2\int_{-\sqrt{3}}^{\sqrt{3}}\sqrt{1-\frac{x^2}{3}}\,dx$

$=4\displaystyle\int_{0}^{\sqrt{3}}\sqrt{\frac{3-x^2}{3}}\,dx$

$=\dfrac{4}{\sqrt{3}}\displaystyle\int_{0}^{\sqrt{3}}\sqrt{3-x^2}\,dx$

$=\dfrac{4}{\sqrt{3}}\cdot\dfrac{1}{4}(\sqrt{3})^2\pi$

$=\boldsymbol{\sqrt{3}\pi}$ …答

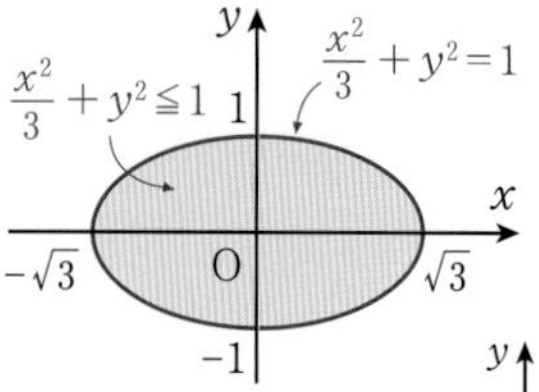


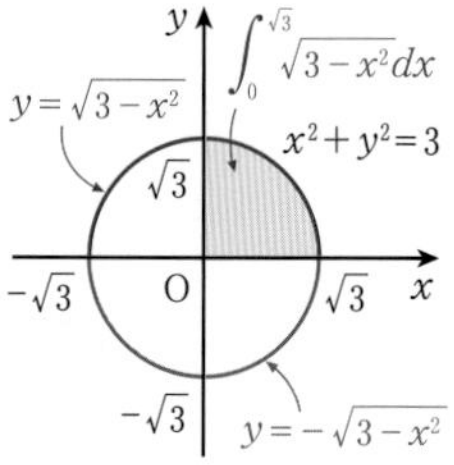


$\displaystyle\int_{0}^{\sqrt{3}}\sqrt{3-x^2}\,dx$ は，**半径 $\sqrt{3}$ の円の面積の $\dfrac{1}{4}$** を表していることに着目すれば，積分することなく値が求められる。

(2) 領域は，$x$ 軸，$y$ 軸について対称である。

また，楕円 $x^2+\dfrac{y^2}{3}=1$ と $\dfrac{x^2}{3}+y^2=1$ が直線 $y=x$ について対称であるから，領域は直線 $y=x$ についても対称となっている。

したがって，領域の面積は，図の斜線の部分の面積を 8 倍すれば求められる。

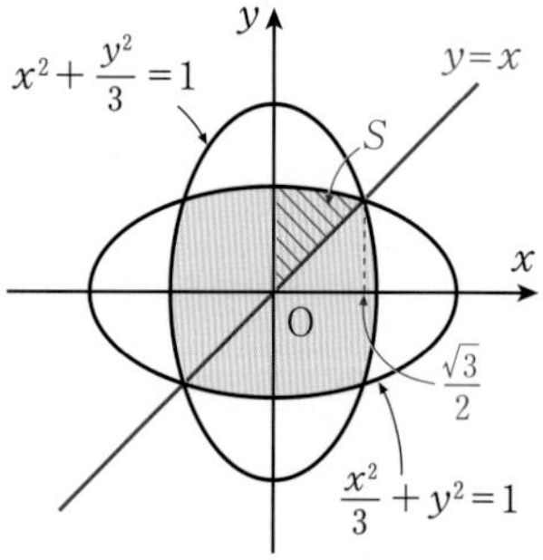


まず，2 つの楕円 $x^2+\dfrac{y^2}{3}=1$ と $\dfrac{x^2}{3}+y^2=1$ の第 1 象限の交点の座標を求める。

$x^2+\dfrac{y^2}{3}=1$ ……①　　$\dfrac{x^2}{3}+y^2=1$ ……②

①より　$y^2=3-3x^2$　　②に代入して　$\dfrac{x^2}{3}+3-3x^2=1$

$x^2=\dfrac{3}{4}$　　したがって　$x=\dfrac{\sqrt{3}}{2}$　$(x>0$ より$)$

これより，図の斜線の部分の面積 $S$ は

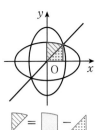

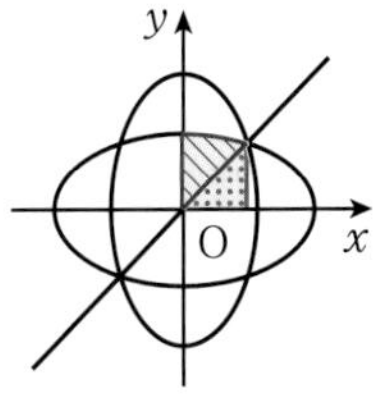

$$S=\int_0^{\frac{\sqrt{3}}{2}}\sqrt{1-\frac{x^2}{3}}\,dx-\frac{1}{2}\cdot\frac{\sqrt{3}}{2}\times\frac{\sqrt{3}}{2}$$

$$\int_0^{\frac{\sqrt{3}}{2}}\sqrt{\frac{3-x^2}{3}}\,dx=\frac{1}{\sqrt{3}}\int_0^{\frac{\sqrt{3}}{2}}\sqrt{3-x^2}\,dx$$

$x=\sqrt{3}\sin\theta$ とおくと

| $x$ | $0\ \to\ \frac{\sqrt{3}}{2}$ |
|---|---|
| $\theta$ | $0\ \to\ \frac{\pi}{6}$ |

$\dfrac{dx}{d\theta}=\sqrt{3}\cos\theta$ より　$dx=\sqrt{3}\cos\theta\,d\theta$

⬅ $\int_0^{\frac{\sqrt{3}}{2}}\sqrt{3-x^2}\,dx$ については，$x=\sqrt{3}\sin\theta$ とおいて，置換積分で求める。

以上より

$$\frac{1}{\sqrt{3}}\int_0^{\frac{\sqrt{3}}{2}}\sqrt{3-x^2}\,dx=\frac{1}{\sqrt{3}}\int_0^{\frac{\pi}{6}}\sqrt{3-3\sin^2\theta}\cdot\sqrt{3}\cos\theta\,d\theta$$

$$=\frac{1}{\sqrt{3}}\int_0^{\frac{\pi}{6}}3\cos^2\theta\,d\theta=\sqrt{3}\int_0^{\frac{\pi}{6}}\cos^2\theta\,d\theta$$

$$=\sqrt{3}\int_0^{\frac{\pi}{6}}\frac{1+\cos 2\theta}{2}\,d\theta$$

$$=\sqrt{3}\left[\frac{\theta}{2}+\frac{\sin 2\theta}{4}\right]_0^{\frac{\pi}{6}}$$

$$=\sqrt{3}\left(\frac{\pi}{12}+\frac{\sqrt{3}}{8}\right)=\frac{3}{8}+\frac{\sqrt{3}}{12}\pi$$

⬅ $0\leqq\theta\leqq\frac{\pi}{6}$ より
$\sqrt{1-\sin^2\theta}=\sqrt{\cos^2\theta}$
$=|\cos\theta|$
$=\cos\theta$
と区間を考えて絶対値をはずす。

したがって　$S=\left(\dfrac{3}{8}+\dfrac{\sqrt{3}}{12}\pi\right)-\dfrac{3}{8}=\dfrac{\sqrt{3}}{12}\pi$

以上より，領域の面積は $8S$ で求められるから

$8\times\dfrac{\sqrt{3}}{12}\pi=\boldsymbol{\dfrac{2\sqrt{3}}{3}\pi}$　…答

⬅ 領域は $x$ 軸，$y$ 軸および直線 $y=x$ について対称であることより，その面積は　$8S$

**類題 224-1** 次の問いに答えよ。

(1) 関数 $f(x)=x\sqrt{2-x}$ の増減を調べ，そのグラフをかけ。

(2) $2-x=t$ とおき，置換積分することで，(1)の曲線 $y=f(x)$ と $x$ 軸とで囲まれた部分の面積を求めよ。

**類題 224-2** $f(x)=xe^{-x^2}$ とする。次の問いに答えよ。

(1) $f(x)$ の導関数 $f'(x)$ を求めよ。

(2) 関数 $y=f(x)$ の増減，極値を調べ，グラフをかけ。必要であれば，$\displaystyle\lim_{x\to\infty}xe^{-x^2}=0$，$\displaystyle\lim_{x\to-\infty}xe^{-x^2}=0$ を用いてもよい。

(3) $0\leqq x\leqq a$ の範囲で，曲線 $y=f(x)$ と $x$ 軸ではさまれる部分の面積 $S$ を $a$ で表せ。

(4) $\displaystyle\lim_{a\to\infty}S$ を求めよ。

## 応用例題 225　媒介変数表示された曲線と面積

$\theta$ を媒介変数とする曲線 $\begin{cases} x=\theta-\sin\theta \\ y=1-\cos\theta \end{cases}$ $(0\leqq\theta\leqq2\pi)$

テストに出るぞ！

を $C$ とする。$C$ 上の点Pにおける接線の傾きが1であるとき，

(1) 点Pの座標を求めよ。

(2) 曲線 $C$ と $x$ 軸とで囲まれた部分の面積を求めよ。

**ねらい**
媒介変数表示された曲線と $x$ 軸とで囲まれた部分の面積を求めること。

**解法ルール** **曲線 $x=f(\theta)$，$y=g(\theta)$ と $x$ 軸，$x=a$ および $x=b$**
$(a<b)$で囲まれた部分の面積は

$\dfrac{dx}{d\theta}=f'(\theta)$ より　$dx=f'(\theta)d\theta$　　$a=f(\theta_1)$，$b=f(\theta_2)$ であるとき

$$\int_a^b y\,dx=\int_{\theta_1}^{\theta_2} y\cdot f'(\theta)\,d\theta=\int_{\theta_1}^{\theta_2} g(\theta)f'(\theta)\,d\theta$$

接線の傾きは $\dfrac{dy}{dx}$ で求められる。くれぐれも $\dfrac{dx}{d\theta}$ ではないことに注意！

**解答例** (1) $\dfrac{dy}{dx}=\dfrac{\dfrac{dy}{d\theta}}{\dfrac{dx}{d\theta}}=\dfrac{\sin\theta}{1-\cos\theta}$　$(1-\cos\theta\neq0)$

$\dfrac{\sin\theta}{1-\cos\theta}=1$ より　$\sin\theta+\cos\theta=1$

$\sin\theta+\cos\theta=\sqrt{2}\left(\dfrac{1}{\sqrt{2}}\sin\theta+\dfrac{1}{\sqrt{2}}\cos\theta\right)=\sqrt{2}\sin\left(\theta+\dfrac{\pi}{4}\right)$

上の2式より　$\sin\left(\theta+\dfrac{\pi}{4}\right)=\dfrac{1}{\sqrt{2}}$　　$\theta=0,\ \dfrac{\pi}{2},\ 2\pi$

← $\theta+\dfrac{\pi}{4}=t$ とおくと $\sin t=\dfrac{1}{\sqrt{2}}$ $0\leqq\theta\leqq2\pi$ より $\dfrac{\pi}{4}\leqq t\leqq\dfrac{9}{4}\pi$ だから $t=\dfrac{\pi}{4},\ \dfrac{3}{4}\pi,\ \dfrac{9}{4}\pi$

$1-\cos\theta\neq0$ より　$\theta=\dfrac{\pi}{2}$

以上より，**点Pの座標は**　$\left(\boldsymbol{\dfrac{\pi}{2}-1,\ 1}\right)$ …答

(2) 曲線 $C$ と $x$ 軸とで囲まれた部分の面積は，$y\geqq0$ より

$\displaystyle\int_0^{2\pi} y\,dx$ で求められる。

$\dfrac{dx}{d\theta}=1-\cos\theta$ より　$dx=(1-\cos\theta)d\theta$

| $x$ | $0\ \to\ 2\pi$ |
|---|---|
| $\theta$ | $0\ \to\ 2\pi$ |

← この曲線はサイクロイドである。




以上より　$\displaystyle\int_0^{2\pi} y\,dx=\int_0^{2\pi}(1-\cos\theta)(1-\cos\theta)\,d\theta$

$\displaystyle=\int_0^{2\pi}(1-2\cos\theta+\cos^2\theta)\,d\theta=\int_0^{2\pi}\left(1-2\cos\theta+\frac{1+\cos2\theta}{2}\right)d\theta$

$\displaystyle=\left[\frac{3}{2}\theta-2\sin\theta+\frac{\sin2\theta}{4}\right]_0^{2\pi}=\boldsymbol{3\pi}$ …答

**類題 225** 応用例題 225 で，点Pを通りPにおける $C$ の接線に垂直な直線を $l$ とするとき，$C$ と $x$ 軸で囲まれた図形で，$l$ より下の部分の面積 $S$ を求めよ。

# 11 体積と定積分

区間 $\boldsymbol{a} \leqq \boldsymbol{x} \leqq \boldsymbol{b}$ において，$x$ 軸に垂直な 2 平面 $A$，$B$ にはさまれた右の図のような立体の体積 $V$ は，次のように求められる。

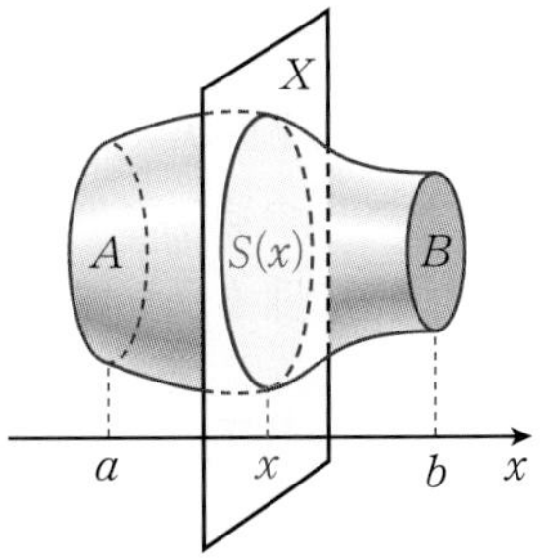


$x$ 座標が $x$ の点を通り，$x$ 軸に垂直な平面 $X$ による立体の切り口の面積を $S(x)$ とすると

**ポイント** **[断面積が与えられた立体の体積]** 覚え得

$$V=\int_a^b S(x)\,dx$$

特に，$\boldsymbol{a} \leqq \boldsymbol{x} \leqq \boldsymbol{b}$ において，**曲線 $\boldsymbol{y=f(x)}$ と $\boldsymbol{x}$ 軸**および **2 直線 $\boldsymbol{x=a}$，$\boldsymbol{x=b}$** とで囲まれた図形を $x$ 軸のまわりに 1 回転させてできる回転体の体積 $V$ は，**切り口の面積 $S(x)$** が

$$S(x)=\pi y^2=\pi\{f(x)\}^2$$

だから

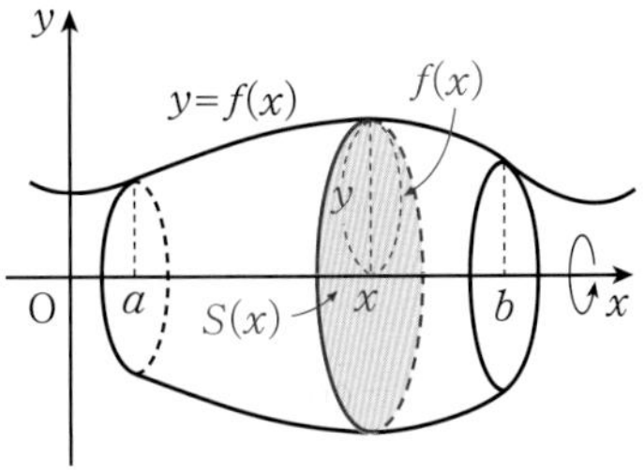


**ポイント** **[回転体の体積（$x$ 軸のまわり）]** 覚え得

$$V=\pi\int_a^b y^2\,dx=\pi\int_a^b \{f(x)\}^2\,d\,x$$

回転軸方向に積分している。

また，**曲線 $\boldsymbol{x=g(y)}$ と $\boldsymbol{y}$ 軸**および **2 直線 $\boldsymbol{y=c}$，$\boldsymbol{y=d}$** とで囲まれた図形を $y$ 軸のまわりに 1 回転させてできる回転体の体積 $V$ は，回転体の $y$ 軸に垂直な平面で**切った切り口の面積 $S(y)$** が

$$S(y)=\pi x^2=\pi\{g(y)\}^2$$

だから

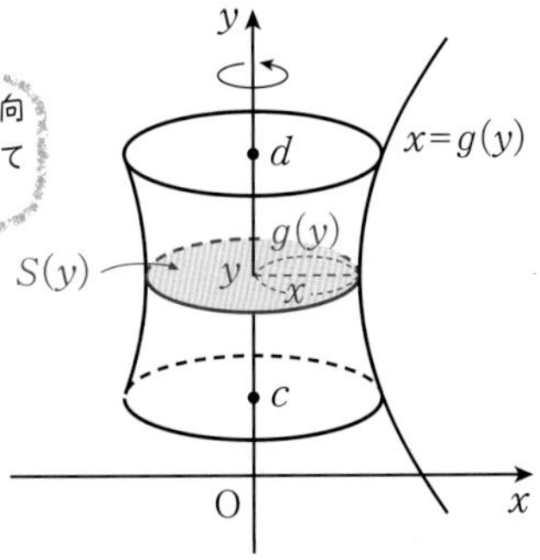


**ポイント** **[回転体の体積（$y$ 軸のまわり）]** 覚え得

$$V=\pi\int_c^d x^2\,dy=\pi\int_c^d \{g(y)\}^2\,d\,y$$

で求めることができる。

## 基本例題 226　立体の体積

底面の半径が $a$，高さが $a$ の直円柱がある。底面の直径を含み，底面と $45^\circ$ の角をなす平面でこの直円柱を2つの部分に分けるとき，小さい方の立体の体積を求めよ。

**ねらい**
立体図形の体積を求めること。

**解法ルール** $x$ 座標が $x$ の点を通り，$x$ 軸に垂直な平面で立体を切ったときの切り口の面積を $S(x)$ とするとき，2平面 $x=a$，$x=b$ で囲まれる立体の体積 $V$ は

$$V=\int_a^b S(x)\,dx$$

**解答例** 右の図のように，直円柱の底面の直径を $x$ 軸にとる。底面の円の中心をOとする。$x$ 軸上の点 $\mathrm{A}(x)$ における $x$ 軸に垂直な平面による切り口は，直角二等辺三角形ABCとなる。△ABCの面積を $S(x)$ とすると

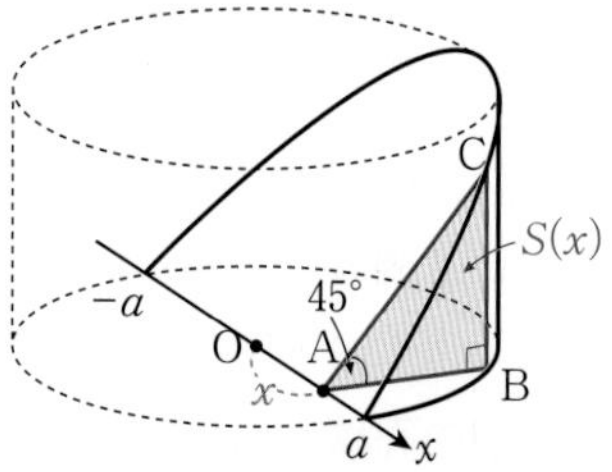


$$S(x)=\frac{1}{2}\mathrm{AB}\cdot\mathrm{BC}=\frac{1}{2}\mathrm{AB}^2$$
$$=\frac{1}{2}(\sqrt{a^2-x^2})^2=\frac{1}{2}(a^2-x^2)$$

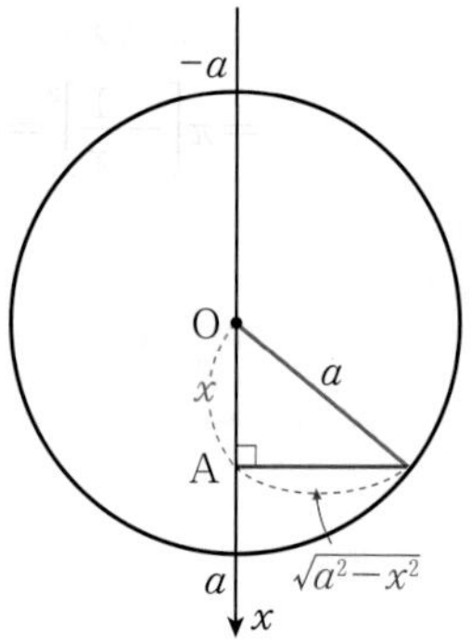


したがって，求める体積 $V$ は

$$V=\int_{-a}^{a}\frac{1}{2}(a^2-x^2)\,dx$$
$$=\int_0^a(a^2-x^2)\,dx$$
$$=\left[a^2x-\frac{x^3}{3}\right]_0^a$$
$$=\boldsymbol{\frac{2}{3}a^3}\quad\cdots\text{答}$$

**類題 226-1** 底面が1辺の長さ $a$ の正方形で，高さが $h$ の正四角錐の体積を，積分を使って求めよ。

**類題 226-2** $xyz$ 空間で，2点 $(t,\ 0,\ 0)$，$(t,\ \sqrt{2-t^2},\ 0)$ を結ぶ線分を底辺とし，$xy$ 平面に垂直な正三角形が，$t=-1$ から $t=1$ まで連続的に移動してできる立体の体積 $V$ を求めよ。

## 基本例題 227

回転体の体積

次の図形を $x$ 軸のまわりに1回転させてできる立体の体積 $V$ を求めよ。

(1) 曲線 $y=\dfrac{1}{x}$ と $x=1$, $x=2$ および $x$ 軸とで囲まれた部分。

(2) 曲線 $y=\cos x\ (0\leqq x\leqq \pi)$ と $x$ 軸, $y$ 軸および直線 $x=\pi$ とで囲まれた部分。

(3) 曲線 $y=e^x$ と $y$ 軸, $x=1$ および $x$ 軸とで囲まれた部分。

**ねらい**

定積分を用いて $x$ 軸を回転軸とする回転体の体積を求めること。

**解法ルール** $\boldsymbol{a<b}$ のとき, **曲線 $\boldsymbol{y=f(x)}$ と $\boldsymbol{x}$ 軸**および **2直線 $\boldsymbol{x=a}$, $\boldsymbol{x=b}$** とで囲まれた図形を, $x$ 軸のまわりに1回転させてできる立体の体積 $V$ は

$$V=\pi\int_a^b y^2\,dx=\pi\int_a^b \{f(x)\}^2\,dx$$

●回転体の体積の求め方

① 回転軸に垂直な平面で切った切り口(円)の面積($\pi y^2$)を求める。

② 切り口の面積を積分する。

**解答例** (1)

$$V=\pi\int_1^2 y^2\,dx=\pi\int_1^2\left(\frac{1}{x}\right)^2dx=\pi\left[-\frac{1}{x}\right]_1^2=\boldsymbol{\frac{\pi}{2}}$$ …答

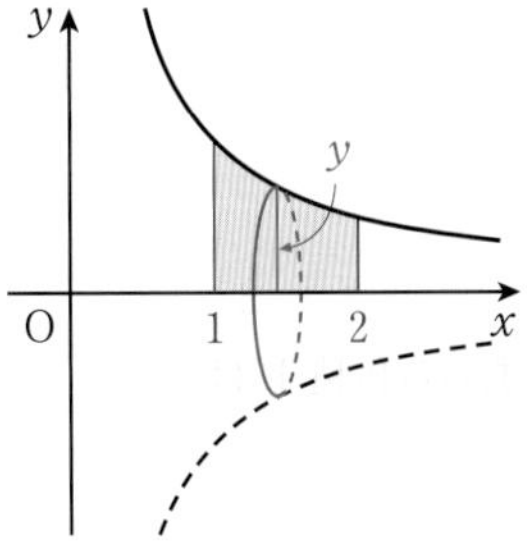


(2)

$$V=\pi\int_0^{\pi} y^2\,dx=\pi\int_0^{\pi}\cos^2 x\,dx=\pi\int_0^{\pi}\frac{1+\cos 2x}{2}\,dx=\pi\left[\frac{x}{2}+\frac{\sin 2x}{4}\right]_0^{\pi}=\boldsymbol{\frac{\pi^2}{2}}$$ …答

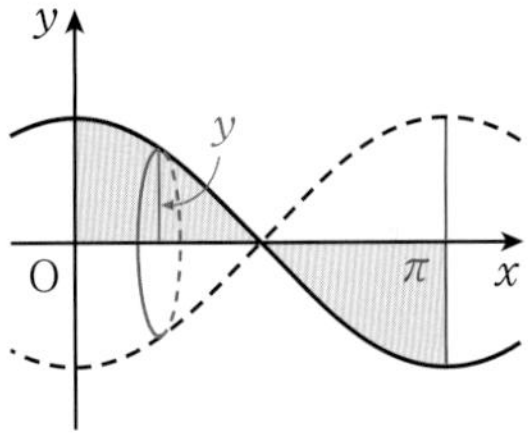


(3)

$$V=\pi\int_0^1 y^2\,dx=\pi\int_0^1 (e^x)^2\,dx=\pi\int_0^1 e^{2x}\,dx=\pi\left[\frac{1}{2}e^{2x}\right]_0^1=\boldsymbol{\frac{\pi}{2}(e^2-1)}$$ …答

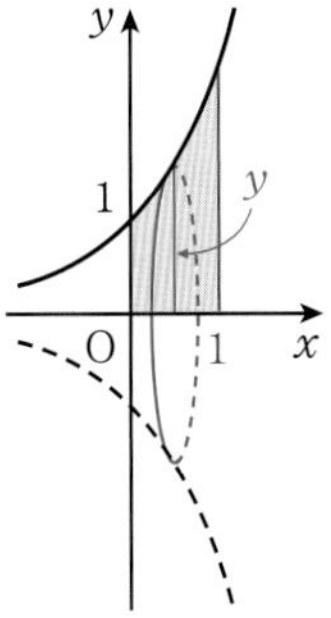


**類題 227-1** 曲線 $\sqrt{x}+\sqrt{y}=1$ と $x$ 軸, $y$ 軸とで囲まれた部分を, $x$ 軸のまわりに1回転させてできる立体の体積を求めよ。

**類題 227-2** 直線 $y=x$ と $y=-x$ が放物線 $y=x^2+a$ に接している。

(1) $a$ の値を求めよ。

(2) 上の2つの直線と放物線とで囲まれた図形を, $y$ 軸のまわりに1回転させてできる立体の体積を求めよ。

## 基本例題 228　楕円の回転体の体積

テストに出るぞ！

楕円 $\dfrac{x^2}{4}+y^2=1$ で囲まれた図形を，$x$ 軸のまわりに 1 回転してできる立体の体積 $V_x$ と，$y$ 軸のまわりに 1 回転させてできる立体の体積 $V_y$ をそれぞれ求めよ。

**ねらい**
$x$ 軸，$y$ 軸のそれぞれを回転軸とする回転体の体積を求めること。

**解法ルール**　$\boldsymbol{c<d}$ **のとき，曲線** $\boldsymbol{x=g(y)}$ **と** $\boldsymbol{y}$ **軸および 2 直線** $\boldsymbol{y=c}$，$\boldsymbol{y=d}$ とで囲まれた図形を，$y$ 軸のまわりに 1 回転させてできる立体の体積 $V$ は　$\boldsymbol{V=\pi\int_c^d x^2\,dy=\pi\int_c^d \{g(y)\}^2\,dy}$

**解答例**　●**$x$ 軸のまわり**に 1 回転させてできる立体の体積について

$$V_x=\pi\int_{-2}^{2}y^2\,dx$$
$$=\pi\int_{-2}^{2}\left(1-\frac{x^2}{4}\right)dx$$
$$=2\pi\int_{0}^{2}\left(1-\frac{x^2}{4}\right)dx$$
$$=2\pi\left[x-\frac{x^3}{12}\right]_0^2=\boldsymbol{\frac{8}{3}\pi}\quad\cdots\text{答}$$

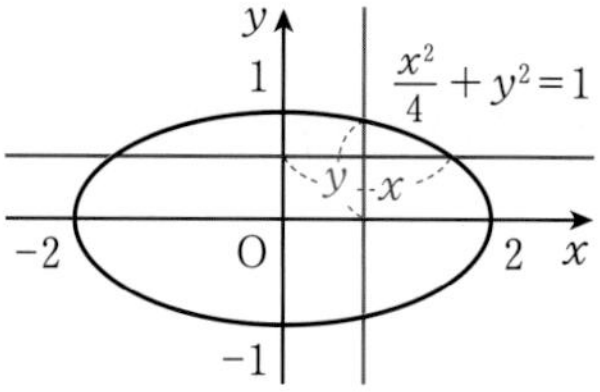


⬅ $x$ 軸が回転軸

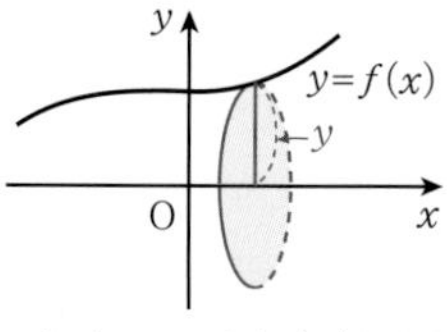


切り口は半径 $|y|$ の円だから，面積は　$\pi y^2$

●**$y$ 軸のまわり**に 1 回転させてできる立体の体積について

$$V_y=\pi\int_{-1}^{1}x^2\,dy=\pi\int_{-1}^{1}(4-4y^2)\,dy=2\pi\int_{0}^{1}(4-4y^2)\,dy$$
$$=2\pi\left[4y-\frac{4}{3}y^3\right]_0^1=\boldsymbol{\frac{16}{3}\pi}\quad\cdots\text{答}$$

⬅ $y$ 軸が回転軸

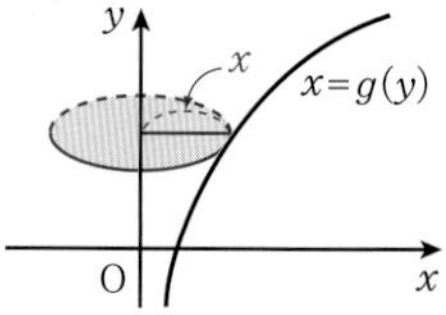


切り口は半径 $|x|$ の円だから，面積は　$\pi x^2$

楕円 $\dfrac{x^2}{4}+y^2=1$ を $x$ 軸のまわりに 1 回転させても $y$ 軸のまわりに 1 回転させても同じ形だと思っている人はいないでしょうね。

●$x$ 軸のまわりに 1 回転すると

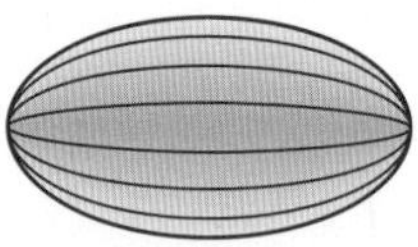

$x$ 軸に垂直な面で切ると，切り口は円。
$y$ 軸に垂直な面で切ると，切り口は楕円。

●$y$ 軸のまわりに 1 回転すると

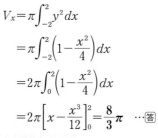

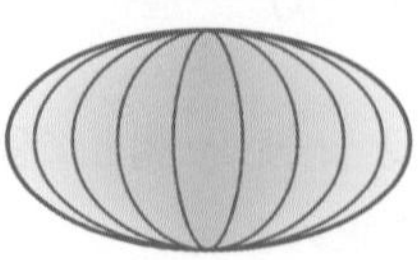

$x$ 軸に垂直な面で切ると，切り口は楕円
$y$ 軸に垂直な面で切ると，切り口は円

**類題 228**　双曲線 $x^2-\dfrac{y^2}{3}=1$ と 2 直線 $y=3$，$y=-3$ で囲まれた部分を $x$ 軸，$y$ 軸のまわりに 1 回転させてできる立体の体積をそれぞれ $V_1$，$V_2$ とする。$\dfrac{V_1}{V_2}$ を求めよ。

**基本例題 229** 　円の回転体の体積

次の問いに答えよ。

(1) 円 $x^2+y^2=r^2$ を $x$ 軸のまわりに1回転させてできる立体の体積 $V$ を求めよ。

(2) 円 $x^2+(y-2)^2=1$ を $x$ 軸のまわりに1回転させてできる立体の体積 $V$ を求めよ。

**ねらい**
円板を回転させてできる回転体の体積を求めること。

**解法ルール** $\boldsymbol{a<b}$ のとき **2曲線** $\boldsymbol{y=f(x)}$, $\boldsymbol{y=g(x)}$ と **2直線** $\boldsymbol{x=a}$, $\boldsymbol{x=b}$ とで囲まれた図形を $x$ 軸のまわりに1回転させてできる立体の体積 $V$ は, $\boldsymbol{f(x)>g(x)>0}$ であるとき

$$V=\pi\int_a^b\{f(x)\}^2dx-\pi\int_a^b\{g(x)\}^2dx$$
$$=\pi\int_a^b[\{f(x)\}^2-\{g(x)\}^2]\,dx$$

**解答例** (1) $x^2+y^2=r^2$ より　$y^2=r^2-x^2$

$$V=\pi\int_{-r}^r y^2dx$$
$$=2\pi\int_0^r(r^2-x^2)\,dx$$
$$=2\pi\left[r^2x-\frac{x^3}{3}\right]_0^r$$
$$=\frac{4}{3}\pi r^3 \quad \cdots \text{答}$$

円 $x^2+y^2=r^2$ を $x$ 軸のまわりに1回転させてできる立体は，当然，半径 $r$ の球！

(2) $x^2+(y-2)^2=1$ より　$(y-2)^2=1-x^2$

したがって　$y=2\pm\sqrt{1-x^2}$

$$V=\pi\int_{-1}^1(2+\sqrt{1-x^2})^2dx$$
$$-\pi\int_{-1}^1(2-\sqrt{1-x^2})^2dx$$
$$=\pi\int_{-1}^1\{(2+\sqrt{1-x^2})^2-(2-\sqrt{1-x^2})^2\}\,dx$$
$$=8\pi\int_{-1}^1\sqrt{1-x^2}\,dx$$
$$=16\pi\int_0^1\sqrt{1-x^2}\,dx$$
$$=16\pi\times\frac{\pi}{4}=4\pi^2 \quad \cdots \text{答}$$

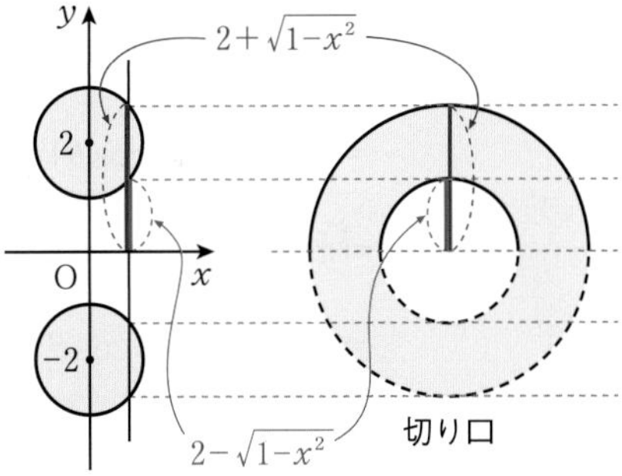

切り口

⬅ $x=\sin\theta$ とおいて置換積分するよりも，**半径1の円の面積の** $\boldsymbol{\frac{1}{4}}$ と考えて求める方が楽。（*p.278* 参照）

**類題 229** 区間 $[0,\ \pi]$ において，直線 $y=x$, $x=0$, $x=\pi$ と曲線 $y=x+\cos x$ で囲まれた図形を $x$ 軸のまわりに1回転させてできる回転体の体積を求めよ。

**応用例題 230**　媒介変数表示された曲線の回転体の体積

サイクロイド $x=a(\theta-\sin\theta)$, $y=a(1-\cos\theta)$ $(0\leqq\theta\leqq2\pi$, $a$ は正の定数) と $x$ 軸とで囲まれた図形を $x$ 軸のまわりに 1 回転させてできる回転体の体積を求めよ。

**ねらい**
媒介変数表示された曲線の回転体の体積を求めること。

**解法ルール**　**曲線 $x=f(\theta)$, $y=g(\theta)$ の $a\leqq x\leqq b$** の部分を $x$ 軸のまわりに 1 回転させてできる回転体の体積 $V$ は

$V=\pi\int_a^b y^2dx$ で求められる。

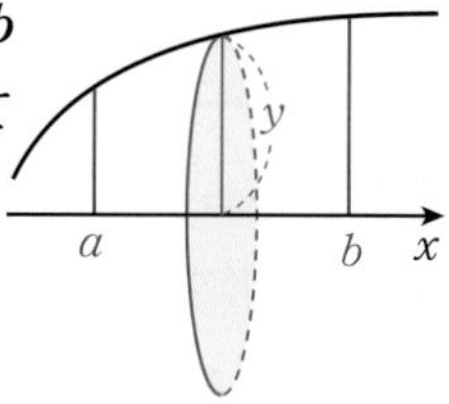


**解答例**　$0\leqq\theta\leqq2\pi$ におけるサイクロイドは右の図のようになる。

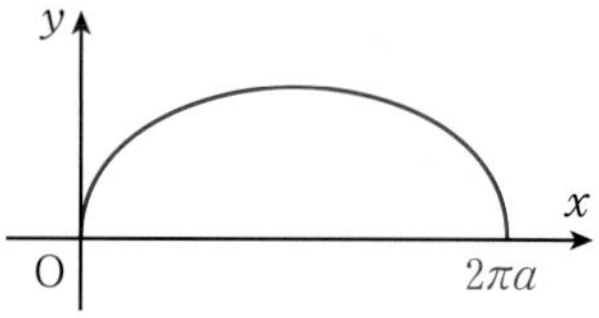


この部分を $x$ 軸のまわりに 1 回転させてできる回転体の体積は

$$V=\pi\int_0^{2\pi a}y^2dx$$

で求められる。

これを $\theta$ に置換すると,

$x=a(\theta-\sin\theta)$ より

| $\theta$ | $0\ \to\ 2\pi$ |
|---|---|
| $x$ | $0\ \to\ 2\pi a$ |

$$\frac{dx}{d\theta}=a(1-\cos\theta)\qquad これより\quad dx=a(1-\cos\theta)d\theta$$

$$V=\pi\int_0^{2\pi a}y^2dx$$
$$=\pi\int_0^{2\pi}\{a(1-\cos\theta)\}^2\cdot a(1-\cos\theta)d\theta$$
$$=\pi a^3\int_0^{2\pi}(1-\cos\theta)^3d\theta$$
$$=\pi a^3\int_0^{2\pi}(1-3\cos\theta+3\cos^2\theta-\cos^3\theta)d\theta$$
$$=\pi a^3\int_0^{2\pi}(1+3\cos^2\theta)d\theta$$
$$=\pi a^3\int_0^{2\pi}\left\{1+\frac{3(1+\cos2\theta)}{2}\right\}d\theta$$
$$=\pi a^3\int_0^{2\pi}\left(\frac{5}{2}+\frac{3}{2}\cos2\theta\right)d\theta=\pi a^3\left[\frac{5}{2}\theta+\frac{3}{4}\sin2\theta\right]_0^{2\pi}$$
$$=\mathbf{5\pi^2a^3}\quad\cdots答$$

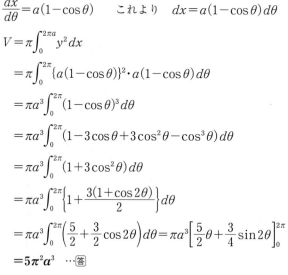

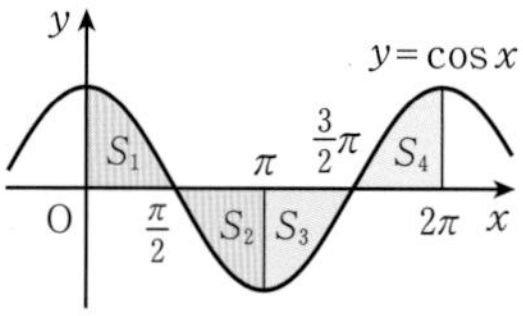


$\int_0^{2\pi}\cos x\,dx$
$=S_1-S_2-S_3+S_4$
$=0$
同じように
$\cos^3\theta=\dfrac{1}{4}(\cos3\theta+3\cos\theta)$
より
$\int_0^{2\pi}\cos^3x\,dx=0$
となる。
このように, **定積分を計算するときに, 関数のグラフを考えることで, 計算が楽になる**ことがある。

**類題 230**　曲線 $x=\sin\theta$, $y=\sin2\theta$ $\left(0\leqq\theta\leqq\dfrac{\pi}{2}\right)$ と $x$ 軸とで囲まれた図形を $x$ 軸のまわりに 1 回転させてできる回転体の体積を求めよ。

## 発展例題 231 部分積分法と面積

$a$，$b$をある実数とし，$I=\int_a^b e^{-x}\sin x\,dx$，$J=\int_a^b e^{-x}\cos x\,dx$ とする。また，$n$は正の整数とする。

(1) 2つの等式　$I-J=e^{-a}\sin a-e^{-b}\sin b$，
$I+J=e^{-a}\cos a-e^{-b}\cos b$ が成り立つことを示せ。

(2) 区間 $[(n-1)\pi,\ n\pi]$ において，関数 $y=e^{-x}\sin x$ のグラフと $x$ 軸とで囲まれた部分の面積 $S_n$ を求めよ。

(3) $S=\sum_{n=1}^{\infty}S_n$ を求めよ。

**ねらい**
$\int_a^b e^{-x}\sin x\,dx$ タイプの定積分の扱い方を理解すること。

**解法ルール** $\boldsymbol{I=\int_a^b e^{-x}\sin x\,dx=\int_a^b(-e^{-x})'\sin x\,dx}$

$\boldsymbol{J=\int_a^b e^{-x}\cos x\,dx=\int_a^b(-e^{-x})'\cos x\,dx}$

応用例題 216 で，よく似た問題を学習したね。

**解答例** (1) $I=\int_a^b e^{-x}\sin x\,dx=\int_a^b(-e^{-x})'\sin x\,dx$

$=\Big[-e^{-x}\sin x\Big]_a^b-\int_a^b(-e^{-x}\cos x)\,dx$

$=-e^{-b}\sin b+e^{-a}\sin a+J$

これより　$\boldsymbol{I-J=e^{-a}\sin a-e^{-b}\sin b}$　……①　終

$J=\int_a^b e^{-x}\cos x\,dx=\int_a^b(-e^{-x})'\cos x\,dx$

$=\Big[-e^{-x}\cos x\Big]_a^b-\int_a^b\{(-e^{-x})(-\sin x)\}\,dx$

$=-e^{-b}\cos b+e^{-a}\cos a-I$

これより　$\boldsymbol{I+J=e^{-a}\cos a-e^{-b}\cos b}$　……②　終

(2) $\dfrac{①+②}{2}$ より　$I=\dfrac{e^{-a}(\sin a+\cos a)-e^{-b}(\sin b+\cos b)}{2}$　⬅ $a=(n-1)\pi$，$b=n\pi$ と考える。

$\int_{(n-1)\pi}^{n\pi}e^{-x}\sin x\,dx=\dfrac{e^{-(n-1)\pi}\{\sin(n-1)\pi+\cos(n-1)\pi\}-e^{-n\pi}(\sin n\pi+\cos n\pi)}{2}$

$=\dfrac{e^{-(n-1)\pi}\cos(n-1)\pi-e^{-n\pi}\cos n\pi}{2}$

これより　$S_n=\dfrac{e^{-(n-1)\pi}+e^{-n\pi}}{2}=\boldsymbol{\dfrac{e^{-(n-1)\pi}(1+e^{-\pi})}{2}}$　…答

$n$ が奇数のとき
$\cos(n-1)\pi=1$，$\cos n\pi=-1$
$n$ が偶数のとき
$\cos(n-1)\pi=-1$，$\cos n\pi=1$
かつ，$S_n=\left|\int_{(n-1)\pi}^{n\pi}e^{-x}\sin x\,dx\right|$
であることを考えるとこうなる。

(3) $\sum_{n=1}^{\infty}S_n$ は，初項 $\dfrac{1+e^{-\pi}}{2}$，公比 $e^{-\pi}$ の無限等比級数。

$e^{-\pi}=\dfrac{1}{e^{\pi}}$ より　$0<e^{-\pi}<1$

したがって　$\sum_{n=1}^{\infty}S_n=\dfrac{\dfrac{1+e^{-\pi}}{2}}{1-e^{-\pi}}=\boldsymbol{\dfrac{e^{\pi}+1}{2(e^{\pi}-1)}}$　…答

**発展例題 232**　　減衰曲線の回転体の体積

区間 $[(k-1)\pi,\ k\pi]$ において，曲線 $y=e^{-x}\sin x$ と $x$ 軸で囲まれた図形を $x$ 軸のまわりに1回転させてできる立体の体積を $V_k$ とする。ただし，$k$ は自然数，$\pi$ は円周率とする。

(1) $\displaystyle\int e^{-2x}\cos 2x\,dx=\frac{1}{4}e^{-2x}(\sin 2x-\cos 2x)+C$（$C$ は定数）であることを示せ。

(2) (1)の結果を用いて，$V_k$ を $k$ を用いて表せ。

(3) $\dfrac{V_{k+1}}{V_k}$ を求めよ。

(4) $\displaystyle\sum_{k=1}^{\infty}V_k$ を求めよ。

**ねらい**
減衰曲線の回転体の体積を求めること。

**解法ルール** $x$ 軸を回転軸とする回転体の体積 $V$ は

$$V=\pi\int_a^b\{f(x)\}^2dx$$

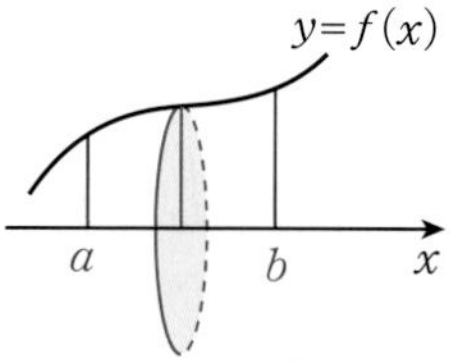


**解答例** (1) $f(x)=\dfrac{1}{4}e^{-2x}(\sin 2x-\cos 2x)+C$ とおく。

$$f'(x)=\frac{1}{4}(e^{-2x})'(\sin 2x-\cos 2x)+\frac{1}{4}e^{-2x}(\sin 2x-\cos 2x)'$$
$$=-\frac{1}{2}e^{-2x}(\sin 2x-\cos 2x)+\frac{1}{4}e^{-2x}(2\cos 2x+2\sin 2x)$$
$$=e^{-2x}\left(-\frac{1}{2}\sin 2x+\frac{1}{2}\cos 2x+\frac{1}{2}\cos 2x+\frac{1}{2}\sin 2x\right)$$
$$=e^{-2x}\cos 2x$$

以上より $\displaystyle\int \boldsymbol{e^{-2x}\cos 2x\,dx=\frac{1}{4}e^{-2x}(\sin 2x-\cos 2x)+C}$ 終

← 示す内容は「$e^{-2x}\cos 2x$ の不定積分が $\dfrac{1}{4}e^{-2x}(\sin 2x-\cos 2x)+C$」であるから，不定積分の意味を思い出して $\left\{\dfrac{1}{4}e^{-2x}(\sin 2x-\cos 2x)+C\right\}'=e^{-2x}\cos 2x$ をいえばよい。

(2) $$V_k=\pi\int_{(k-1)\pi}^{k\pi}(e^{-x}\sin x)^2dx$$
$$=\pi\int_{(k-1)\pi}^{k\pi}e^{-2x}\sin^2 x\,dx$$
$$=\pi\int_{(k-1)\pi}^{k\pi}e^{-2x}\cdot\frac{1-\cos 2x}{2}dx$$

←$\cos 2x=1-2\sin^2 x$ より　$\sin^2 x=\dfrac{1-\cos 2x}{2}$

$$=\frac{\pi}{2}\int_{(k-1)\pi}^{k\pi}e^{-2x}dx-\frac{\pi}{2}\int_{(k-1)\pi}^{k\pi}e^{-2x}\cos 2x\,dx$$
$$=\frac{\pi}{2}\left[-\frac{1}{2}e^{-2x}\right]_{(k-1)\pi}^{k\pi}-\frac{\pi}{2}\left[\frac{1}{4}e^{-2x}(\sin 2x-\cos 2x)\right]_{(k-1)\pi}^{k\pi}$$

$$=\frac{\pi}{2}\left\{-\frac{1}{2}e^{-2k\pi}+\frac{1}{2}e^{-2(k-1)\pi}\right\}-\frac{\pi}{2}\left[\frac{1}{4}e^{-2k\pi}(\underbrace{\sin 2k\pi}_{=0}-\underbrace{\cos 2k\pi}_{=1})\right.$$

$$\left.-\frac{1}{4}e^{-2(k-1)\pi}\{\underbrace{\sin 2(k-1)\pi}_{=0}-\underbrace{\cos 2(k-1)\pi}_{=1}\}\right]$$

$n$ が整数のとき
$\sin 2n\pi=0$
$\cos 2n\pi=1$

$$=\frac{\pi}{2}\left\{-\frac{1}{2}e^{-2k\pi}+\frac{1}{2}e^{-2(k-1)\pi}+\frac{1}{4}e^{-2k\pi}-\frac{1}{4}e^{-2(k-1)\pi}\right\}$$

$$=\frac{\pi}{8}\{e^{-2(k-1)\pi}-e^{-2k\pi}\}=\boldsymbol{\frac{\pi e^{-2k\pi}}{8}(e^{2\pi}-1)} \quad \cdots \text{答}$$

(3)　$V_{k+1}=\dfrac{\pi e^{-2(k+1)\pi}}{8}(e^{2\pi}-1)$ より

$$\frac{V_{k+1}}{V_k}=\frac{\dfrac{\pi e^{-2(k+1)\pi}}{8}(e^{2\pi}-1)}{\dfrac{\pi e^{-2k\pi}}{8}(e^{2\pi}-1)}=\frac{e^{-2(k+1)\pi}}{e^{-2k\pi}}=\boldsymbol{e^{-2\pi}} \quad \cdots \text{答}$$

(4)　$\displaystyle\sum_{k=1}^{\infty}V_k$ は，初項 $V_1=\dfrac{\pi e^{-2\pi}(e^{2\pi}-1)}{8}$，公比 $e^{-2\pi}$ の無限等比級数である。いま，公比が $e^{-2\pi}$ で，$0<e^{-2\pi}<1$ である。

したがって，無限等比級数 $\displaystyle\sum_{k=1}^{\infty}V_k$ は収束し，和は

$$\frac{\dfrac{\pi e^{-2\pi}(e^{2\pi}-1)}{8}}{1-e^{-2\pi}}=\frac{\dfrac{\pi}{8e^{2\pi}}(e^{2\pi}-1)}{\dfrac{e^{2\pi}-1}{e^{2\pi}}}=\boldsymbol{\frac{\pi}{8}} \quad \cdots \text{答}$$

⬅ $|r|<1$ のとき無限等比級数 $\displaystyle\sum_{k=1}^{\infty}ar^{k-1}$ は収束し，和は $\boldsymbol{\displaystyle\sum_{k=1}^{\infty}ar^{k-1}=\frac{a}{1-r}}$

曲線 $y=e^{-x}\sin x$ のグラフを $0\leqq x\leqq 2\pi$ で考えてみよう。

$$y'=(e^{-x}\sin x)'=-e^{-x}\sin x+e^{-x}\cos x$$
$$=-e^{-x}(\sin x-\cos x)$$
$$=-\sqrt{2}e^{-x}\sin\left(x-\frac{\pi}{4}\right)$$

これより，増減表は右の通り。

| $x$ | $0$ | $\cdots$ | $\frac{\pi}{4}$ | $\cdots$ | $\frac{5}{4}\pi$ | $\cdots$ | $2\pi$ |
|---|---|---|---|---|---|---|---|
| $y'$ | | $+$ | $0$ | $-$ | $0$ | $+$ | |
| $y$ | $0$ | ↗ | $\frac{\sqrt{2}}{2}e^{-\frac{\pi}{4}}$ | ↘ | $-\frac{\sqrt{2}}{2}e^{-\frac{5}{4}\pi}$ | ↗ | $0$ |

さて，$2k\pi\leqq t<2(k+1)\pi$ とするとき，
$t+2\pi$ は次の区間
$2(k+1)\pi\leqq t+2\pi<2(k+2)\pi$ に入る。
$f(x)=e^{-x}\sin x$ とすると

$$f(t+2\pi)=e^{-(t+2\pi)}\cdot\sin(t+2\pi)=e^{-2\pi}\cdot e^{-t}\sin t=e^{-2\pi}f(t)$$

これより，関数 $f(x)$ の値は区間 $[2k\pi,\ 2(k+1)\pi]$ と $[2(k+1)\pi,\ 2(k+2)\pi]$ で $e^{-2\pi}=\dfrac{1}{e^{2\pi}}$ 倍に縮小されていることがわかるね？
だから減衰曲線と呼ばれているんだ。

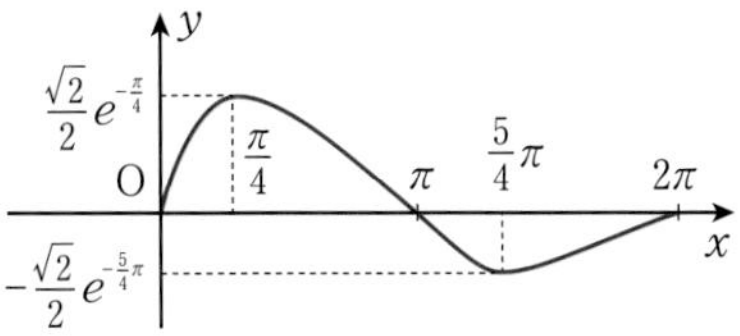

**発展例題 233**　　水面の上昇速度

半径 $r$ の球形の容器に，単位時間あたり $a$ の割合で体積が増えるように水を入れるとき，次の問いに答えよ。

(1) 水の深さが $h$ $(0<h<r)$ に達したときの水の体積 $V$ と水面の面積 $S$ をそれぞれ求めよ。

(2) 水の深さが $\dfrac{r}{2}$ になったときの水面の上昇する速度 $v_1$ と水面の面積の増加する速度 $v_2$ をそれぞれ求めよ。

**ねらい**
体積と水面の上昇速度の関係を理解すること。

**解法ルール** (1) 計算しやすいように，容器は $x^2+(y-r)^2=r^2(0\leqq y\leqq r)$ を $y$ 軸のまわりに1回転させた立体と考える。

(2) $v_1=\dfrac{dh}{dt}$　　$\dfrac{dV}{dt}=\dfrac{dV}{dh}\cdot\dfrac{dh}{dt}$

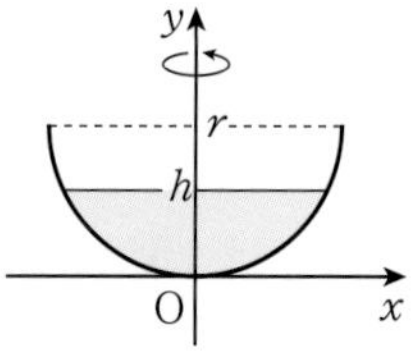


**解答例** (1) 半径 $r$ の球形の容器を，半円 $x^2+(y-r)^2=r^2(0\leqq y\leqq r)$ と直線 $y=r$ とで囲まれた図形を $y$ 軸のまわりに1回転させた立体だと考える。

よって　$S=\pi x^2=\pi\{r^2-(r-h)^2\}=\boldsymbol{\pi(2rh-h^2)}$ …答

$$V=\pi\int_0^h x^2dy=\pi\int_0^h(-y^2+2ry)dy$$
$$=\pi\left[-\frac{1}{3}y^3+ry^2\right]_0^h=\boldsymbol{\pi\left(-\frac{h^3}{3}+rh^2\right)}$$ …答

← $x^2+(y-r)^2=r^2$ より $x^2=r^2-(y-r)^2$ だから $x^2=-y^2+2ry$
容器の中の水の体積は $V=\pi\displaystyle\int_0^h x^2dy$

(2) $V=\pi\left(-\dfrac{h^3}{3}+rh^2\right)$ より　$\dfrac{dV}{dh}=\pi(-h^2+2rh)$

体積の増加速度は一定値 $a$ だから，$h=\dfrac{r}{2}$ のとき

$\dfrac{dV}{dt}=\dfrac{dV}{dh}\cdot\dfrac{dh}{dt}$ より　$a=\pi\left\{-\left(\dfrac{r}{2}\right)^2+2r\cdot\dfrac{r}{2}\right\}v_1=\dfrac{3}{4}\pi r^2v_1$

したがって　$\boldsymbol{v_1=\dfrac{4a}{3\pi r^2}}$ …答

$S=\pi(2rh-h^2)$ より　$\dfrac{dS}{dh}=\pi(-2h+2r)$

$\dfrac{dS}{dt}=\dfrac{dS}{dh}\cdot\dfrac{dh}{dt}$ より　$\boldsymbol{v_2}=\pi\left(-2\cdot\dfrac{r}{2}+2r\right)\cdot\dfrac{4a}{3\pi r^2}=\boldsymbol{\dfrac{4a}{3r}}$ …答

**類題 233** 曲線 $y=x^2$ $(0\leqq x\leqq 1)$ を $y$ 軸のまわりに1回転させてできる形の容器に水を満たす。この容器の底に排水口がある。時刻 $t=0$ に排水口を開けて排水を開始する。時刻 $t$ において容器に残っている水の深さを $h$，体積を $V$ とする。$V$ の変化率 $\dfrac{dV}{dt}$ は $\dfrac{dV}{dt}=-\sqrt{h}$ で与えられる。

(1) 水深 $h$ の変化率 $\dfrac{dh}{dt}$ を $h$ を用いて表せ。

(2) 容器内の水を完全に排水するのにかかる時間 $T$ を求めよ。

## これも知っ得　数学と物理

### ●鉛直投げ上げ運動

時間 $t$ の関数で表された位置を $t$ で微分すると速度を，速度を $t$ で微分すると加速度を求めることができた。

逆に，加速度を表す関数を $t$ で積分すると速度を，速度を $t$ で積分すると位置を求めることができる。

位置
微分 ↓ ↑ 積分
速度
微分 ↓ ↑ 積分
加速度

上向きを正として，鉛直投げ上げ運動の公式を確認してみよう。

高さが $h_0$ の位置から，初速度 $v_0$ で物体を真上に投げ上げたとする。

$t$ 秒後の位置を $y$，速度を $v$，加速度を $a$ とすると　$\boldsymbol{y=-\frac{1}{2}gt^2+v_0t+h_0}$

$t$ で微分すると　$\boldsymbol{v=\frac{dy}{dt}=-gt+v_0}$

さらに $t$ で微分すると　$\boldsymbol{a=\frac{dv}{dt}=-g}$　　となる。

逆に，加速度から考えると

重力加速度が下向きになるので　$\boldsymbol{a=-g}$

$t$ で積分すると　$\int(-g)dt=-gt+C_1$　　よって　$v=-gt+C_1$

$t=0$ のとき，速度は $v=v_0$ なので　$C_1=v_0$　したがって　$\boldsymbol{v=-gt+v_0}$

さらに $t$ で積分すると　$\int(-gt+v_0)dt=-\frac{1}{2}gt^2+v_0t+C_2$

$t=0$ のとき，高さは $y=h_0$ なので　$C_2=h_0$　　よって　$\boldsymbol{y=-\frac{1}{2}gt^2+v_0t+h_0}$

### ●等速円運動　基本例題 186 参照

点Pは，角速度 $\omega$ で円 $x^2+y^2=r^2$ 上を反時計まわりに動くとする。

P$(x,\ y)$ とすると　$x=r\cos\omega t$　　$y=r\sin\omega t$

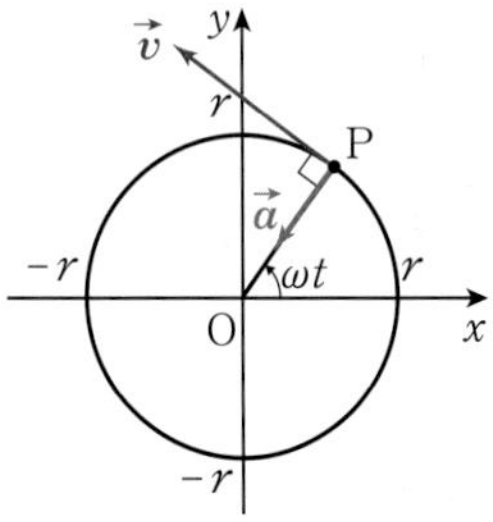


$\vec{v}=(v_x,\ v_y)$ とすると　$v_x=\frac{dx}{dt}=-r\omega\sin\omega t$

$v_y=\frac{dy}{dt}=r\omega\cos\omega t$

$\vec{a}=(a_x,\ a_y)$ とすると　$a_x=\frac{dv_x}{dt}=-r\omega^2\cos\omega t$

$a_y=\frac{dv_y}{dt}=-r\omega^2\sin\omega t$

また，$\vec{a}$ の各成分を $t$ で積分すると $\vec{v}$ の各成分となり，$\vec{v}$ の各成分を $t$ で積分すると $\overrightarrow{\mathrm{OP}}$ の各成分となる。各自で確認してほしい。

・$\overrightarrow{\mathrm{OP}}\cdot\vec{v}=r\cos\omega t\times(-r\omega\sin\omega t)+r\sin\omega t\times r\omega\cos\omega t=0$ より　$\overrightarrow{\mathrm{OP}}\perp\vec{v}$

　よって，速度の向きは $\overrightarrow{\mathrm{OP}}$ の接線方向。

・$\vec{a}=-\omega^2\overrightarrow{\mathrm{OP}}$ から，加速度ベクトルの向きは $\overrightarrow{\mathrm{OP}}$ と逆向き，つまり円の中心方向であることがわかる。

## 12 曲線の長さ・道のり

まず平面上の曲線の長さを求めてみよう。

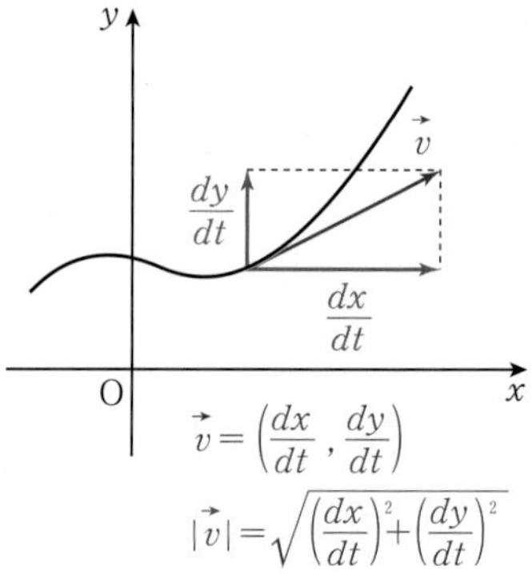

曲線が媒介変数 $t$ を用いて

$$x = f(t),\ y = g(t) \qquad (\alpha \leqq t \leqq \beta)$$

で表されるとき，この曲線の長さ $L$ は，次の式で求められる。

$$\vec{v} = \left( \frac{dx}{dt},\ \frac{dy}{dt} \right)$$

$$|\vec{v}| = \sqrt{\left(\frac{dx}{dt}\right)^2 + \left(\frac{dy}{dt}\right)^2}$$

 **ポイント** [曲線 $x = f(t),\ y = g(t)\ (\alpha \leqq t \leqq \beta)$ の長さ]

$$L = \int_\alpha^\beta \sqrt{\left(\frac{dx}{dt}\right)^2 + \left(\frac{dy}{dt}\right)^2}\, dt$$

特に，曲線 $y = f(x)\ (a \leqq x \leqq b)$ の長さは

$$x = t,\ y = f(t)\ (a \leqq t \leqq b)$$

と考えれば，$\dfrac{dx}{dt} = 1,\ \dfrac{dy}{dt} = \dfrac{dy}{dx}$ より

$$L = \int_a^b \sqrt{\left(\frac{dx}{dt}\right)^2 + \left(\frac{dy}{dt}\right)^2}\, dt = \int_a^b \sqrt{1 + \left(\frac{dy}{dx}\right)^2}\, dx$$

で求められる。

**ポイント** [曲線 $y = f(x)\ (a \leqq x \leqq b)$ の長さ]

$$L = \int_a^b \sqrt{1 + \left(\frac{dy}{dx}\right)^2}\, dx$$

 次に，運動する点 P の動いた道のりについて考えよう。

数直線上を運動する点 P は，時刻 $t$ の関数として $x = f(t)\ (\alpha \leqq t \leqq \beta)$ で表される。

速度 $v$ は $\quad v = \dfrac{dx}{dt} = f'(t)$

したがって，この点 P が動いた道のり $L$ は次の式で求められる。

**ポイント** [数直線上を運動する点が動いた道のり]

$$L = \int_\alpha^\beta |v|\, dt = \int_\alpha^\beta |f'(t)|\, dt$$

また，座標平面上を運動する点 P の座標 $(x,\ y)$ が時刻 $t$ の関数として

$$x = f(t),\ y = g(t) \qquad (\alpha \leqq t \leqq \beta)$$

で表されるとき，この式は $t$ を媒介変数とする曲線の式とみることができる。

したがって，点Pが $t=\alpha$ から $t=\beta$ までに動いた道のり $L$ は

曲線 $x=f(t)$，$y=g(t)$　$(\alpha \leqq t \leqq \beta)$ の長さ

だから，次の式で求められる。

**ポイント**　[座標平面上を運動する点が動いた道のり]

$$L=\int_{\alpha}^{\beta}\sqrt{\left(\frac{dx}{dt}\right)^2+\left(\frac{dy}{dt}\right)^2}\,dt$$

**基本例題 234**　曲線の長さ(1)

$\theta$ を媒介変数とする曲線 $x=\theta-\sin\theta$，$y=1-\cos\theta$ の $0 \leqq \theta \leqq \dfrac{\pi}{3}$ の部分の長さを求めよ。

テストに出るぞ！

**ねらい**
媒介変数表示された曲線の長さを求めること。

**解法ルール**　曲線 $x=f(\theta)$，$y=g(\theta)$ $(\theta_1 \leqq \theta \leqq \theta_2)$ の長さ $L$ は

$$L=\int_{\theta_1}^{\theta_2}\sqrt{\left(\frac{dx}{d\theta}\right)^2+\left(\frac{dy}{d\theta}\right)^2}\,d\theta$$

$$=\int_{\theta_1}^{\theta_2}\sqrt{\{f'(\theta)\}^2+\{g'(\theta)\}^2}\,d\theta$$

で求められる。

**解答例**　$x=\theta-\sin\theta$，$y=1-\cos\theta$ より

$\dfrac{dx}{d\theta}=1-\cos\theta$，$\dfrac{dy}{d\theta}=\sin\theta$

これより　$\sqrt{\left(\dfrac{dx}{d\theta}\right)^2+\left(\dfrac{dy}{d\theta}\right)^2}=\sqrt{(1-\cos\theta)^2+\sin^2\theta}$

$=\sqrt{2(1-\cos\theta)}$

$\cos\theta=1-2\sin^2\dfrac{\theta}{2}$ より　$1-\cos\theta=2\sin^2\dfrac{\theta}{2}$

したがって　$\sqrt{\left(\dfrac{dx}{d\theta}\right)^2+\left(\dfrac{dy}{d\theta}\right)^2}=\sqrt{2(1-\cos\theta)}=\sqrt{4\sin^2\dfrac{\theta}{2}}$

$L=\displaystyle\int_0^{\frac{\pi}{3}}\sqrt{\left(\frac{dx}{d\theta}\right)^2+\left(\frac{dy}{d\theta}\right)^2}\,d\theta=\int_0^{\frac{\pi}{3}}\sqrt{4\sin^2\frac{\theta}{2}}\,d\theta$

$=\displaystyle\int_0^{\frac{\pi}{3}}2\sin\frac{\theta}{2}\,d\theta=\left[-4\cos\frac{\theta}{2}\right]_0^{\frac{\pi}{3}}$

$=\mathbf{4-2\sqrt{3}}$　…答

← $\sqrt{4\sin^2\dfrac{\theta}{2}}=\left|2\sin\dfrac{\theta}{2}\right|$

$0 \leqq \theta \leqq \dfrac{\pi}{3}$ の範囲では

$\sin\dfrac{\theta}{2} \geqq 0$

$\displaystyle\int_{\alpha}^{\beta}\sqrt{\{f(x)\}^2}\,dx$ タイプは積分区間に注意して $\sqrt{\{f(x)\}^2}$ の部分を扱うこと！

**類題 234**　曲線 $C$ 上の座標が媒介変数 $\theta$ を用いて，$x=\cos^3\theta$，$y=\sin^3\theta$ で表されるとき，$0 \leqq \theta \leqq \dfrac{\pi}{3}$ における曲線 $C$ の長さを求めよ。

応用例題 235 曲線の長さ (2)

正の定数 $a$ に対して，関数 $f(x)=\dfrac{a}{2}(e^{\frac{x}{a}}+e^{-\frac{x}{a}})$ を考える。曲線 $C:y=f(x)$ 上の 2 点 P$(0,\ a)$，Q$(b,\ f(b))$ $(b>0)$ 間の弧の長さは $af'(b)$ に等しいことを示せ。

**ねらい**

曲線 $y=f(x)$ の長さについて考えること。

**解法ルール** 曲線 $y=f(x)$ $(a\leqq x\leqq b)$ の長さ $L$ は

$$L=\int_a^b\sqrt{1+\left(\frac{dy}{dx}\right)^2}\,dx$$

$$=\int_a^b\sqrt{1+\{f'(x)\}^2}\,dx$$

●曲線 $y=f(x)$ の長さ

$x=t,\ y=f(t)$ で表されると考えれば

$\dfrac{dx}{dt}=1,\ \dfrac{dy}{dt}=f'(t)$

$\displaystyle\int_\alpha^\beta\sqrt{\left(\frac{dx}{dt}\right)^2+\left(\frac{dy}{dt}\right)^2}\,dt$

$=\displaystyle\int_\alpha^\beta\sqrt{1+\{f'(t)\}^2}\,dt$

$=\displaystyle\int_a^b\sqrt{1+\{f'(x)\}^2}\,dx$

**解答例** $f(x)=\dfrac{a}{2}(e^{\frac{x}{a}}+e^{-\frac{x}{a}})$ より

$$f'(x)=\frac{a}{2}\left(\frac{1}{a}e^{\frac{x}{a}}-\frac{1}{a}e^{-\frac{x}{a}}\right)=\frac{1}{2}(e^{\frac{x}{a}}-e^{-\frac{x}{a}})$$

このとき $\sqrt{1+\{f'(x)\}^2}=\sqrt{1+\left(\dfrac{e^{\frac{x}{a}}-e^{-\frac{x}{a}}}{2}\right)^2}$

$$=\sqrt{\frac{(e^{\frac{x}{a}})^2+2+(e^{-\frac{x}{a}})^2}{4}}$$

$$=\sqrt{\left(\frac{e^{\frac{x}{a}}+e^{-\frac{x}{a}}}{2}\right)^2}$$

$$=\frac{e^{\frac{x}{a}}+e^{-\frac{x}{a}}}{2}$$

弧の長さを $L$ とすると

$$L=\int_0^b\sqrt{1+\{f'(x)\}^2}\,dx=\int_0^b\frac{e^{\frac{x}{a}}+e^{-\frac{x}{a}}}{2}\,dx$$

$$=\left[\frac{a}{2}e^{\frac{x}{a}}-\frac{a}{2}e^{-\frac{x}{a}}\right]_0^b=\frac{a}{2}\left(e^{\frac{b}{a}}-e^{-\frac{b}{a}}\right)$$

$f'(b)=\dfrac{1}{2}(e^{\frac{b}{a}}-e^{-\frac{b}{a}})$ より $\boldsymbol{L=af'(b)}$ 終

$1+\left(\dfrac{e^{\frac{x}{a}}-e^{-\frac{x}{a}}}{2}\right)^2 \quad =1$

$=1+\dfrac{(e^{\frac{x}{a}})^2-2\ e^{\frac{x}{a}}\cdot e^{-\frac{x}{a}}+(e^{-\frac{x}{a}})^2}{4}$

$=2\cdot e^{\frac{x}{a}}\cdot e^{-\frac{x}{a}}$

$=\dfrac{(e^{\frac{x}{a}})^2+4-2+(e^{-\frac{x}{a}})^2}{4}$

$=\dfrac{(e^{\frac{x}{a}})^2+2e^{\frac{x}{a}}\cdot e^{-\frac{x}{a}}+(e^{-\frac{x}{a}})^2}{4}$

$=\left(\dfrac{e^{\frac{x}{a}}+e^{-\frac{x}{a}}}{2}\right)^2$

**類題 235** $y=\dfrac{e^x+e^{-x}}{2}$ で表される曲線を $C$ とするとき，次の問いに答えよ。

(1) 曲線 $C$ の $a\leqq x\leqq a+1$ の部分の長さ $S(a)$ を求めよ。

(2) $S(a)$ の最小値を求めよ。

## 基本例題 236　道のり

**ねらい**
道のりを求めること。

次の問いに答えよ。

(1) 数直線上を動く点Pの速度が $v=6-2t$ で与えられている。時刻 $t=0$ から5までの点Pの動く道のり $S$ を求めよ。

(2) 座標平面上を動く点Pの時刻 $t$ における座標が $x=e^{-2t}\cos t$, $y=e^{-2t}\sin t$ で与えられている。時刻 $t=0$ から $u\ (u>0)$ までの点Pの動く道のり $L(u)$ を求めよ。

**解法ルール** (1)は，$\boldsymbol{S=\int_\alpha^\beta |v|\,dt}$ で求められる。

(2)は，$\boldsymbol{L=\int_\alpha^\beta \sqrt{\left(\frac{dx}{dt}\right)^2+\left(\frac{dy}{dt}\right)^2}\,dt}$ で求められる。

**解答例** (1)

$$S=\int_0^5|6-2t|dt$$
$$=\int_0^3(6-2t)dt+\int_3^5(2t-6)dt$$
$$=\Big[6t-t^2\Big]_0^3+\Big[t^2-6t\Big]_3^5=\boldsymbol{13}\quad\cdots\text{答}$$

(2) 道のり $L(u)$ は $\int_0^u\sqrt{\left(\frac{dx}{dt}\right)^2+\left(\frac{dy}{dt}\right)^2}dt$ で求められる。

$$\left(\frac{dx}{dt}\right)^2+\left(\frac{dy}{dt}\right)^2=(-2\cos t-\sin t)^2(e^{-2t})^2$$
$$+(-2\sin t+\cos t)^2(e^{-2t})^2$$
$$=5(\sin^2 t+\cos^2 t)e^{-4t}=5e^{-4t}$$

これより

$$\sqrt{\left(\frac{dx}{dt}\right)^2+\left(\frac{dy}{dt}\right)^2}=\sqrt{5e^{-4t}}=\sqrt{5}\,e^{-2t}$$

以上より

$$L(u)=\int_0^u\sqrt{\left(\frac{dx}{dt}\right)^2+\left(\frac{dy}{dt}\right)^2}dt=\int_0^u\sqrt{5}\,e^{-2t}dt$$
$$=\left[-\frac{\sqrt{5}}{2}e^{-2t}\right]_0^u$$
$$=\boldsymbol{\frac{\sqrt{5}}{2}(1-e^{-2u})}\quad\cdots\text{答}$$

$\int_0^u\sqrt{\left(\frac{dx}{dt}\right)^2+\left(\frac{dy}{dt}\right)^2}dt$ を計算するとき

① $\left(\frac{dx}{dt}\right)^2+\left(\frac{dy}{dt}\right)^2$ を求める。

② $\sqrt{\left(\frac{dx}{dt}\right)^2+\left(\frac{dy}{dt}\right)^2}$ を求める。

③ $\int_0^u\sqrt{\left(\frac{dx}{dt}\right)^2+\left(\frac{dy}{dt}\right)^2}dt$ を計算する。

このように計算を細かく区切ることで計算まちがいを減らせる。

**類題 236** 時刻 $t$ における動点Pの座標が $x=e^{-t}\cos t$, $y=e^{-t}\sin t$ で与えられているとき，次の問いに答えよ。

(1) $t=n$ から $t=2n$ までに点Pが動いた道のり $S_n$ を求めよ。ただし，$n$ は自然数とする。

(2) 無限級数 $\sum_{n=1}^{\infty}S_n$ の収束，発散を調べ，収束するならば，その和を求めよ。

# 13 微分方程式　発展

未知の関数の導関数を含む方程式を**微分方程式**という。その微分方程式を満たす関数をその**微分方程式の解**といい，解を求めることを，その**微分方程式を解く**という。
この項は発展的な内容であるので，授業の進度に合わせて学習しよう。

**ポイント**　[微分方程式の解き方]

微分方程式　$f(y)\dfrac{dy}{dx}=g(x)$　の解は

$\displaystyle\int f(y)\,dy=\int g(x)\,dx$　から求める。

$f(y)dy=g(x)dx$
に $\int$ をつけて
$\displaystyle\int f(y)dy=\int g(x)dx$
と覚えると便利。

**基本例題 237**　微分方程式

次の微分方程式を解け。

(1) $\dfrac{dy}{dx}=\dfrac{x}{2y}$　($x=2$，$y=1$ を満たす)

(2) $\dfrac{dy}{dx}=2xy$　($x=0$，$y=1$ を満たす)

**ねらい**
微分方程式を解くこと。

**解法ルール**　$f(y)\,dy=g(x)\,dx$ の形が作れれば

$\displaystyle\int f(y)\,dy=\int g(x)\,dx$ を解く。

**解答例**　(1)　$\dfrac{dy}{dx}=\dfrac{x}{2y}$ より，$2y\,dy=x\,dx$ と変形できる。

$\displaystyle\int 2y\,dy=\int x\,dx$ より　$y^2=\dfrac{1}{2}x^2+C$

$x=2$，$y=1$ を代入して，$1=2+C$ より　$C=-1$

したがって　$y^2=\dfrac{1}{2}x^2-1$　　よって　$\boldsymbol{\dfrac{x^2}{2}-y^2=1}$　…答

← $f(y)\,dy=g(x)\,dx$ と変形できるタイプの微分方程式を**変数分離形**の微分方程式という。

(2)　$\dfrac{dy}{dx}=2xy$ より，$y\neq 0$ のとき $\dfrac{1}{y}dy=2x\,dx$ と変形できる。

$\displaystyle\int\frac{1}{y}dy=\int 2x\,dx$ より　$\log|y|=x^2+C$

よって，$|y|=e^{x^2+C}$ より　$y=\pm e^C\cdot e^{x^2}$

ここで $\pm e^C=A$ とおくと　$y=Ae^{x^2}$

$x=0$，$y=1$ を代入して，$1=Ae^0$ より　$A=1$

$y=0$ のとき，条件を満たさない。

したがって　$\boldsymbol{y=e^{x^2}}$　…答

← $y=Ae^{x^2}$ を**一般解**といい，答えのような $y=e^{x^2}$ を**特殊解**という。

**類題 237** 次の微分方程式を解け。

(1) $\dfrac{dy}{dx} = 2x$  (2) $\dfrac{dy}{dx} = y$

---

**基本例題 238** 曲線の決定

原点を O とする座標平面上に曲線 C がある。

この曲線 C 上の任意の点 P$(x,\ y)$ における接線の傾きが OP と垂直であるという。この曲線が点 $(2,\ 3)$ を通るとき,この曲線 C の方程式を求めよ。

**ねらい**

微分方程式を作り,それを解くこと。

**解法ルール** 接線と OP が垂直だから,接線の傾き $\dfrac{dy}{dx}$ と,OP の傾き

$\dfrac{y}{x}$ の積は $-1$ になる。

**解答例** 点 P における接線の傾きは $\dfrac{dy}{dx}$

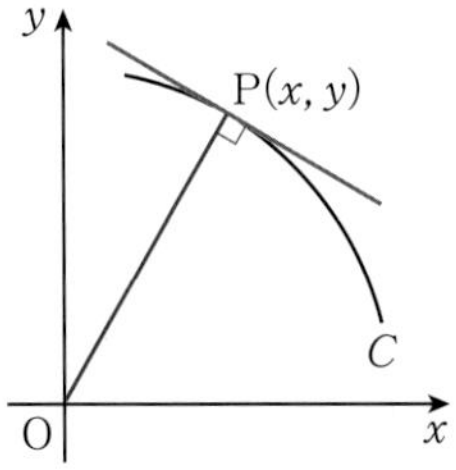

また,OP の傾きは $\dfrac{y}{x}\ (x \neq 0)$

垂直である条件から $\dfrac{dy}{dx} \cdot \dfrac{y}{x} = -1$

よって,$y\,dy = -x\,dx$ より

$$\int y\,dy = \int (-x)\,dx$$

よって

$$\frac{1}{2}y^2 = -\frac{1}{2}x^2 + C$$

$$x^2 + y^2 = 2C$$

ここで $x = 2,\ y = 3$ を代入して

$$4 + 9 = 2C \text{ より } 2C = 13$$

したがって

$$x^2 + y^2 = 13$$

この円は $x = 0$ のときも条件を満たすから

$$\boldsymbol{x^2 + y^2 = 13} \quad \cdots \text{答}$$

この問題は,曲線のもつ性質から微分方程式を作り,それを解いて曲線の方程式を求めるという良い問題だね。

---

**類題 238** 点 $(1,\ 2)$ を通る曲線 $y = f(x)\ (x > 0)$ がある。この曲線上の任意の点 P$(x,\ y)$ における接線が $x$ 軸,$y$ 軸と交わる点をそれぞれ Q, R とするとき,点 P が線分 QR を常に $2:1$ に内分するという。この曲線の方程式を求めよ。

# 定期テスト予想問題 解答→p. 85~91

**1** 次の不定積分を求めよ。

(1) $\int\left(x^3+\frac{1}{\sqrt[3]{x^2}}\right)dx$　(2) $\int\frac{1-\cos^3 x}{1-\sin^2 x}dx$

(3) $\int\frac{(x+1)^3}{x^2}dx$　(4) $\int\cos^2 3x\,dx$

(5) $\int 2^{3x}dx$　(6) $\int(2x+1)^3 dx$

(7) $\int\sin 4x\,dx$　(8) $\int e^{-3x}dx$

**2** 置換積分法を用いて，次の不定積分を求めよ。

(1) $\int\frac{1}{\sqrt[3]{2x+1}}dx$　(2) $\int\frac{3x^2+1}{x^3+x}dx$

(3) $\int\frac{1}{x}\sqrt{\log x}\,dx$　(4) $\int\frac{e^x}{e^x+1}dx$

**3** 部分積分法を用いて，次の不定積分を求めよ。

(1) $\int x\sin 2x\,dx$　(2) $\int\log(x+1)dx$

(3) $\int xe^{2x}dx$　(4) $\int x^2\cos x\,dx$

**4** 次の不定積分を求めよ。

(1) $\int\frac{x+3}{(x+1)(x+2)}dx$　(2) $\int\frac{2x+3}{4x^2-1}dx$

(3) $\int\cos 2x\sin 3x\,dx$　(4) $\int\sin 4x\sin 2x\,dx$

**5** 次の定積分を求めよ。

(1) $\int_0^1(e^x+e^{-x})dx$　(2) $\int_0^{\pi}\sin^2 3x\,dx$

(3) $\int_0^2\frac{2x-1}{x^2-x+1}dx$　(4) $\int_0^{\frac{1}{2}}\frac{1}{\sqrt{2x+1}}dx$

**HINT**

**1** (4), (5), (6), (7), (8)
$F'(x)=f(x)$ とする
$\int f(ax+b)dx$
$=\frac{1}{a}F(ax+b)+C$
↑忘れずに！

**2** どの式を $t$ とおくか考える。

**3** $\int f(x)g'(x)dx$
$=f(x)g(x)$
$-\int f'(x)g(x)dx$

**4** (1), (2)は部分分数に分ける。
(3), (4)積を和に直す。

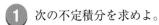

**6** 置換積分法を用いて，次の定積分を求めよ。

(1) $\displaystyle\int_0^1 \frac{x}{\sqrt{2x+1}}\,dx$　　(2) $\displaystyle\int_0^{\frac{\pi}{2}} \sin^2 x\cos x\,dx$

(3) $\displaystyle\int_0^1 \frac{1}{\sqrt{4-x^2}}\,dx$　　(4) $\displaystyle\int_0^{\sqrt{2}} \frac{1}{2+x^2}\,dx$

**6** (3) $x=2\sin\theta$
(4) $x=\sqrt{2}\tan\theta$

**7** 部分積分法を用いて，次の定積分を求めよ。

(1) $\displaystyle\int_1^e x^3\log x\,dx$　　(2) $\displaystyle\int_1^e \sqrt{x}\log x\,dx$

(3) $\displaystyle\int_0^{\frac{\pi}{4}} x\sin 2x\,dx$　　(4) $\displaystyle\int_0^1 xe^{-x}\,dx$

**7** **3**と同様に部分積分を考える。

**8** 関数 $G(x)=\displaystyle\int_x^{x^2} t\log t\,dt\ (x>0)$ について $G'(x)$ を求めよ。

**8** $F'(t)=t\log t$ とすると
$G(x)=\Big[F(t)\Big]_x^{x^2}$
$=F(x^2)-F(x)$

**9** 関数 $G(x)=\displaystyle\int_a^x (2x-t)\sin 2t\,dt$ について $G''(x)$ を求めよ。ただし，$a$ は定数とする。

**9** $G(x)$
$=2x\displaystyle\int_a^x \sin 2t\,dt$
$-\displaystyle\int_a^x t\sin 2t\,dt$
として微分する。

**10** 関数 $f(x)=\displaystyle\int_0^x t\sin t\,dt\ (0\leqq x\leqq 2\pi)$ の最大値，最小値を求めよ。

**10** $f(x)$ は部分積分法で求めておく。
$f'(x)=x\sin x$ を活用する。

**11** 曲線 $\sqrt{x}+\sqrt{y}=1$ と $x$ 軸，$y$ 軸で囲まれた部分の面積を求めよ。

**11**

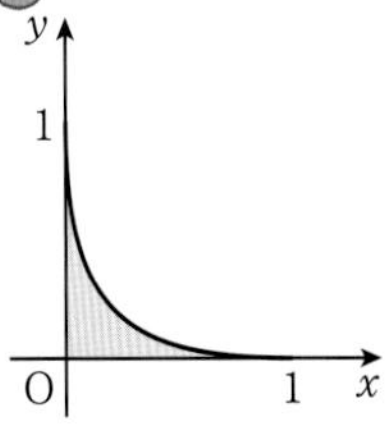


**12** 2 曲線 $y=\sin 2x$，$y=\cos x\left(0\leqq x\leqq \dfrac{\pi}{2}\right)$ で囲まれた部分の面積を求めよ。

**12**

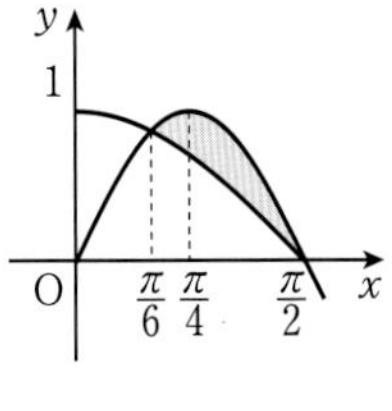

**13** 不等式 $x^2+\dfrac{y^2}{4}\leqq 1$ を満たす部分の面積を求めよ。

**13** 不等式を表す領域を図示し，対称を利用して面積を求める。

**14** 曲線 $y=e\log x$ 上の点 $\mathrm{A}(e,\ e)$ における接線の方程式を求めよ。また，この接線と曲線 $y=e\log x$ および $x$ 軸で囲まれた部分の面積を求めよ。

**14** 点 $\mathrm{A}(a,\ f(a))$ における接線の方程式
$y-f(a)$
$=f'(a)(x-a)$
$a\leqq x\leqq b$ で
$f(x)\geqq g(x)$ のとき，
2 曲線間の面積
$S=\int_{a}^{b}\{f(x)-g(x)\}dx$（$a$：小，$b$：大，$f(x)$：上，$g(x)$：下）

**15** 2 曲線 $y=\sin x$，$y=\cos x\left(0\leqq x\leqq\dfrac{\pi}{4}\right)$ と $y$ 軸で囲まれた図形を $x$ 軸のまわりに 1 回転させてできる回転体の体積を求めよ。

**15** 回転体の体積
（$x$ 軸のまわり）
$V=\pi\int_a^b y^2dx$
$=\pi\int_a^b\{f(x)\}^2dx$

**16** 曲線 $y=\sqrt{x}$ 上の点 $(1,\ 1)$ における接線と $y$ 軸および $y=\sqrt{x}$ で囲まれた図形を $y$ 軸のまわりに 1 回転させてできる回転体の体積を求めよ。

**16** 回転体の体積
（$y$ 軸のまわり）
$V=\pi\int_c^d x^2dy$
$=\pi\int_c^d\{g(y)\}^2dy$

**17** 次の曲線の長さ $L$ を求めよ。

(1) アステロイド $x=\cos^3\theta$，$y=\sin^3\theta\ (0\leqq\theta\leqq 2\pi)$ の全長 $L$

(2) 曲線 $y=\dfrac{1}{2}(e^x+e^{-x})\ (-1\leqq x\leqq 1)$ の長さ $L$

**17** (1) $L=\int_\alpha^\beta\sqrt{\left(\dfrac{dx}{dt}\right)^2+\left(\dfrac{dy}{dt}\right)^2}\,dt$
(2) $L=\int_a^b\sqrt{1+\left(\dfrac{dy}{dx}\right)^2}\,dx$

**18** 次の微分方程式を解け。

(1) $\dfrac{dy}{dx}=2y$　　(2) $\dfrac{dy}{dx}=\dfrac{y}{x}$（ただし，$x=1$ のとき $y=2$）

**18** 変数分離形の微分方程式
(1) $\int\dfrac{1}{y}dy=\int 2dx$
(2) $\int\dfrac{1}{y}dy=\int\dfrac{1}{x}dx$

# 平方・平方根・逆数表

| $n$ | $n^2$ | $\sqrt{n}$ | $\sqrt{10n}$ | $\frac{1}{n}$ | $n$ | $n^2$ | $\sqrt{n}$ | $\sqrt{10n}$ | $\frac{1}{n}$ |
|---|---|---|---|---|---|---|---|---|---|
| 1 | 1 | 1.0000 | 3.1623 | 1.0000 | 51 | 2601 | 7.1414 | 22.5832 | 0.0196 |
| 2 | 4 | 1.4142 | 4.4721 | 0.5000 | 52 | 2704 | 7.2111 | 22.8035 | 0.0192 |
| 3 | 9 | 1.7321 | 5.4772 | 0.3333 | 53 | 2809 | 7.2801 | 23.0217 | 0.0189 |
| 4 | 16 | 2.0000 | 6.3246 | 0.2500 | 54 | 2916 | 7.3485 | 23.2379 | 0.0185 |
| 5 | 25 | 2.2361 | 7.0711 | 0.2000 | 55 | 3025 | 7.4162 | 23.4521 | 0.0182 |
| 6 | 36 | 2.4495 | 7.7460 | 0.1667 | 56 | 3136 | 7.4833 | 23.6643 | 0.0179 |
| 7 | 49 | 2.6458 | 8.3666 | 0.1429 | 57 | 3249 | 7.5498 | 23.8747 | 0.0175 |
| 8 | 64 | 2.8284 | 8.9443 | 0.1250 | 58 | 3364 | 7.6158 | 24.0832 | 0.0172 |
| 9 | 81 | 3.0000 | 9.4868 | 0.1111 | 59 | 3481 | 7.6811 | 24.2899 | 0.0169 |
| 10 | 100 | 3.1623 | 10.0000 | 0.1000 | 60 | 3600 | 7.7460 | 24.4949 | 0.0167 |
| 11 | 121 | 3.3166 | 10.4881 | 0.0909 | 61 | 3721 | 7.8102 | 24.6982 | 0.0164 |
| 12 | 144 | 3.4641 | 10.9545 | 0.0833 | 62 | 3844 | 7.8740 | 24.8998 | 0.0161 |
| 13 | 169 | 3.6056 | 11.4018 | 0.0769 | 63 | 3969 | 7.9373 | 25.0998 | 0.0159 |
| 14 | 196 | 3.7417 | 11.8322 | 0.0714 | 64 | 4096 | 8.0000 | 25.2982 | 0.0156 |
| 15 | 225 | 3.8730 | 12.2474 | 0.0667 | 65 | 4225 | 8.0623 | 25.4951 | 0.0154 |
| 16 | 256 | 4.0000 | 12.6491 | 0.0625 | 66 | 4356 | 8.1240 | 25.6905 | 0.0152 |
| 17 | 289 | 4.1231 | 13.0384 | 0.0588 | 67 | 4489 | 8.1854 | 25.8844 | 0.0149 |
| 18 | 324 | 4.2426 | 13.4164 | 0.0556 | 68 | 4624 | 8.2462 | 26.0768 | 0.0147 |
| 19 | 361 | 4.3589 | 13.7840 | 0.0526 | 69 | 4761 | 8.3066 | 26.2679 | 0.0145 |
| 20 | 400 | 4.4721 | 14.1421 | 0.0500 | 70 | 4900 | 8.3666 | 26.4575 | 0.0143 |
| 21 | 441 | 4.5826 | 14.4914 | 0.0476 | 71 | 5041 | 8.4261 | 26.6458 | 0.0141 |
| 22 | 484 | 4.6904 | 14.8324 | 0.0455 | 72 | 5184 | 8.4853 | 26.8328 | 0.0139 |
| 23 | 529 | 4.7958 | 15.1658 | 0.0435 | 73 | 5329 | 8.5440 | 27.0185 | 0.0137 |
| 24 | 576 | 4.8990 | 15.4919 | 0.0417 | 74 | 5476 | 8.6023 | 27.2029 | 0.0135 |
| 25 | 625 | 5.0000 | 15.8114 | 0.0400 | 75 | 5625 | 8.6603 | 27.3861 | 0.0133 |
| 26 | 676 | 5.0990 | 16.1245 | 0.0385 | 76 | 5776 | 8.7178 | 27.5681 | 0.0132 |
| 27 | 729 | 5.1962 | 16.4317 | 0.0370 | 77 | 5929 | 8.7750 | 27.7489 | 0.0130 |
| 28 | 784 | 5.2915 | 16.7332 | 0.0357 | 78 | 6084 | 8.8318 | 27.9285 | 0.0128 |
| 29 | 841 | 5.3852 | 17.0294 | 0.0345 | 79 | 6241 | 8.8882 | 28.1069 | 0.0127 |
| 30 | 900 | 5.4772 | 17.3205 | 0.0333 | 80 | 6400 | 8.9443 | 28.2843 | 0.0125 |
| 31 | 961 | 5.5678 | 17.6068 | 0.0323 | 81 | 6561 | 9.0000 | 28.4605 | 0.0123 |
| 32 | 1024 | 5.6569 | 17.8885 | 0.0313 | 82 | 6724 | 9.0554 | 28.6356 | 0.0122 |
| 33 | 1089 | 5.7446 | 18.1659 | 0.0303 | 83 | 6889 | 9.1104 | 28.8097 | 0.0120 |
| 34 | 1156 | 5.8310 | 18.4391 | 0.0294 | 84 | 7056 | 9.1652 | 28.9828 | 0.0119 |
| 35 | 1225 | 5.9161 | 18.7083 | 0.0286 | 85 | 7225 | 9.2195 | 29.1548 | 0.0118 |
| 36 | 1296 | 6.0000 | 18.9737 | 0.0278 | 86 | 7396 | 9.2736 | 29.3258 | 0.0116 |
| 37 | 1369 | 6.0828 | 19.2354 | 0.0270 | 87 | 7569 | 9.3274 | 29.4958 | 0.0115 |
| 38 | 1444 | 6.1644 | 19.4936 | 0.0263 | 88 | 7744 | 9.3808 | 29.6648 | 0.0114 |
| 39 | 1521 | 6.2450 | 19.7484 | 0.0256 | 89 | 7921 | 9.4340 | 29.8329 | 0.0112 |
| 40 | 1600 | 6.3246 | 20.0000 | 0.0250 | 90 | 8100 | 9.4868 | 30.0000 | 0.0111 |
| 41 | 1681 | 6.4031 | 20.2485 | 0.0244 | 91 | 8281 | 9.5394 | 30.1662 | 0.0110 |
| 42 | 1764 | 6.4807 | 20.4939 | 0.0238 | 92 | 8464 | 9.5917 | 30.3315 | 0.0109 |
| 43 | 1849 | 6.5574 | 20.7364 | 0.0233 | 93 | 8649 | 9.6437 | 30.4959 | 0.0108 |
| 44 | 1936 | 6.6332 | 20.9762 | 0.0227 | 94 | 8836 | 9.6954 | 30.6594 | 0.0106 |
| 45 | 2025 | 6.7082 | 21.2132 | 0.0222 | 95 | 9025 | 9.7468 | 30.8221 | 0.0105 |
| 46 | 2116 | 6.7823 | 21.4476 | 0.0217 | 96 | 9216 | 9.7980 | 30.9839 | 0.0104 |
| 47 | 2209 | 6.8557 | 21.6795 | 0.0213 | 97 | 9409 | 9.8489 | 31.1448 | 0.0103 |
| 48 | 2304 | 6.9282 | 21.9089 | 0.0208 | 98 | 9604 | 9.8995 | 31.3050 | 0.0102 |
| 49 | 2401 | 7.0000 | 22.1359 | 0.0204 | 99 | 9801 | 9.9499 | 31.4643 | 0.0101 |
| 50 | 2500 | 7.0711 | 22.3607 | 0.0200 | 100 | 10000 | 10.0000 | 31.6228 | 0.0100 |

# さくいん

## は



## ま



## ら

＜著者紹介＞

●**松田親典**（まつだ・ちかのり）

神戸大学教育学部卒業後，奈良県の高等学校で長年にわたり数学の教諭として勤務。教頭，校長を経て退職。

奈良県数学教育会においては，教諭時代に役員を10年間，さらに校長時代には副会長，会長を務めた。

その後，奈良文化女子短期大学衛生看護学科で統計学を教える。この間，別の看護専門学校で数学の入試問題を作成。

のちに，同学の教授，学長，学校法人奈良学園常勤監事を経て，現在同学園の評議員。

趣味は，スキー，囲碁，水墨画。

著書に，

『高校これでわかる数学』シリーズ

『高校これでわかる問題集数学』シリーズ

『高校やさしくわかりやすい問題集数学』シリーズ

『看護医療系の数学Ⅰ＋A』

（いずれも文英堂）がある。

□ 執筆協力　木南俊亮　堀内秀紀

□ 編集協力　坂下仁也　関根正雄

□ 図版作成　㈲ Y-Yard

□ イラスト　ふるはしひろみ　よしのぶもとこ

シグマベスト

高校これでわかる　数学Ⅲ＋C



著　者　松田親典

発行者　益井英郎

印刷所　中村印刷株式会社

発行所　株式会社文英堂

〒601-8121　京都市南区上鳥羽大物町28

〒162-0832　東京都新宿区岩戸町17

（代表）03-3269-4231

●落丁・乱丁はおとりかえします。

ΣBEST シグマベスト

# 高校これでわかる
# 数学Ⅲ+C

## 正解答集

文英堂

☆類題番号のデザインの区別は下記の通りです。

　■■■…対応する本冊の例題が，基本例題のもの。

　■■■…対応する本冊の例題が，応用例題のもの。

　□□□…対応する本冊の例題が，発展例題のもの。

# 1章 ベクトル

## 類題の解答 本冊→p. 7～59

**1** (1) $\vec{d}$, $\vec{h}$　(2) $\vec{b}$, $\vec{c}$, $\vec{e}$, $\vec{f}$, $\vec{g}$, $\vec{h}$

(3) $\vec{a}$ と $\vec{h}$, $\vec{b}$ と $\vec{g}$

解き方 (3) 向きも大きさも等しいものである。

**2** 下の図

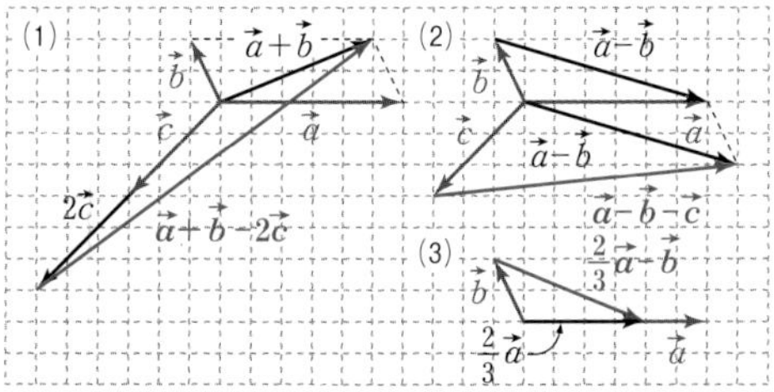


**3** (1) 左辺 $=\overrightarrow{AB}-\overrightarrow{CB}+\overrightarrow{CD}-\overrightarrow{AD}$

$=\overrightarrow{AB}+\overrightarrow{BC}+\overrightarrow{CD}+\overrightarrow{DA}=\overrightarrow{AA}=\vec{0}=$ 右辺

(2) 左辺 − 右辺 $=\overrightarrow{PA}-\overrightarrow{QA}-\overrightarrow{PB}+\overrightarrow{QB}$

$=\overrightarrow{PA}+\overrightarrow{AQ}+\overrightarrow{QB}+\overrightarrow{BP}=\overrightarrow{PP}=\vec{0}$

よって　$\overrightarrow{PA}-\overrightarrow{QA}=\overrightarrow{PB}-\overrightarrow{QB}$

**4** (1) $-\vec{a}+2\vec{b}$　(2) $\vec{x}=\dfrac{2\vec{a}+3\vec{b}}{3}$

解き方 (1) $5\vec{a}-2(3\vec{a}-\vec{b})=5\vec{a}-6\vec{a}+2\vec{b}$

$=-\vec{a}+2\vec{b}$

(2) $2(\vec{x}-\vec{a})=3\vec{b}-\vec{x}$ より

$2\vec{x}-2\vec{a}=3\vec{b}-\vec{x}$　$2\vec{x}+\vec{x}=2\vec{a}+3\vec{b}$

$3\vec{x}=2\vec{a}+3\vec{b}$　$\vec{x}=\dfrac{2\vec{a}+3\vec{b}}{3}$

**5-1** M, N は AB, AC を 2：1 に内分するから

$\overrightarrow{AM}=\dfrac{2}{3}\overrightarrow{AB}$, $\overrightarrow{AN}=\dfrac{2}{3}\overrightarrow{AC}$

よって　$\overrightarrow{MN}=\overrightarrow{AN}-\overrightarrow{AM}=\dfrac{2}{3}\overrightarrow{AC}-\dfrac{2}{3}\overrightarrow{AB}$

$=\dfrac{2}{3}(\overrightarrow{AC}-\overrightarrow{AB})=\dfrac{2}{3}\overrightarrow{BC}$

$\overrightarrow{MN}=\dfrac{2}{3}\overrightarrow{BC}$ だから　MN∥BC, $MN=\dfrac{2}{3}BC$

**5-2** $\overrightarrow{BP}=\overrightarrow{AP}-\overrightarrow{AB}=\dfrac{2}{3}\vec{a}+\dfrac{1}{3}\vec{b}-\vec{a}$

$=\dfrac{1}{3}\vec{b}-\dfrac{1}{3}\vec{a}=\dfrac{1}{3}(\vec{b}-\vec{a})$

$\overrightarrow{BD}=\overrightarrow{AD}-\overrightarrow{AB}=\vec{b}-\vec{a}$

ゆえに　$\overrightarrow{BP}=\dfrac{1}{3}\overrightarrow{BD}$

よって, 3 点 B, P, D は一直線上にある。

**6** $\overrightarrow{BC}=\vec{a}+\vec{b}$, $\overrightarrow{AE}=\vec{a}+2\vec{b}$, $\overrightarrow{CE}=\vec{b}-\vec{a}$

解き方 正六角形 ABCDEF の対角線の交点を O とする。

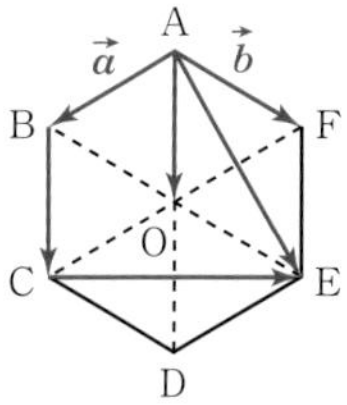


$\overrightarrow{BC}=\overrightarrow{AO}=\vec{a}+\vec{b}$

$\overrightarrow{AE}=\overrightarrow{AO}+\overrightarrow{AF}$

$=(\vec{a}+\vec{b})+\vec{b}=\vec{a}+2\vec{b}$

$\overrightarrow{CE}=\overrightarrow{BF}=\vec{b}-\vec{a}$

(別解) $\overrightarrow{CE}=\overrightarrow{AE}-\overrightarrow{AC}$

$=\overrightarrow{AE}-(\overrightarrow{AB}+\overrightarrow{BC})$

$=\vec{a}+2\vec{b}-\{\vec{a}+(\vec{a}+\vec{b})\}$

$=\vec{b}-\vec{a}$

**8** (1) $(-2,\ 4)$, 大きさ $2\sqrt{5}$

(2) $(4,\ -7)$, 大きさ $\sqrt{65}$

(3) $(5,\ -9)$, 大きさ $\sqrt{106}$

解き方 (1) $-2\vec{a}=-2(1,\ -2)=(-2,\ 4)$

$|-2\vec{a}|=\sqrt{(-2)^2+4^2}=\sqrt{20}=2\sqrt{5}$

(2) $2\vec{a}-\vec{b}=2(1,\ -2)-(-2,\ 3)=(4,\ -7)$

$|2\vec{a}-\vec{b}|=\sqrt{4^2+(-7)^2}=\sqrt{65}$

(3) $(\vec{a}+2\vec{b})+(2\vec{a}-3\vec{b})=3\vec{a}-\vec{b}$

$=3(1,\ -2)-(-2,\ 3)=(5,\ -9)$

$|3\vec{a}-\vec{b}|=\sqrt{5^2+(-9)^2}=\sqrt{106}$

**9** (1) $\vec{e}=\left(-\dfrac{2\sqrt{5}}{5},\ \dfrac{\sqrt{5}}{5}\right)$

(2) $(2\sqrt{5},\ -\sqrt{5})$

解き方 (1) $|\vec{a}|=\sqrt{(-2)^2+1^2}=\sqrt{5}$

$\vec{e}=\dfrac{\vec{a}}{|\vec{a}|}=\dfrac{1}{\sqrt{5}}(-2,\ 1)=\left(-\dfrac{2\sqrt{5}}{5},\ \dfrac{\sqrt{5}}{5}\right)$

(2) $\vec{a}$ と向きが反対で大きさが5だから　$-5\vec{e}$

$$-5\vec{e}=-5\left(-\frac{2\sqrt{5}}{5},\ \frac{\sqrt{5}}{5}\right)=(2\sqrt{5},\ -\sqrt{5})$$

**10** $\vec{c}=2\vec{a}-3\vec{b}$

**解き方** $\vec{c}=m\vec{a}+n\vec{b}$ を成分で表すと

$(-1,\ 9)=m(1,\ 3)+n(1,\ -1)$

$=(m+n,\ 3m-n)$

したがって　$m+n=-1,\ 3m-n=9$

よって　$m=2,\ n=-3$

**11** $(9,\ -12),\ (-9,\ 12)$

**解き方** $\vec{b}$ は $\vec{a}$ に平行だから

$\vec{b}=k\vec{a}=k(3,\ -4)=(3k,\ -4k)$

$|\vec{b}|=15$ より　$|\vec{b}|^2=15^2$

ゆえに　$(3k)^2+(-4k)^2=15^2$　　$k^2=9$

よって　$k=\pm3$

したがって　$\vec{b}=\pm3(3,\ -4)=\pm(9,\ -12)$

**12** $\overrightarrow{AB}=(6,\ -1),\ |\overrightarrow{AB}|=\sqrt{37}$

**解き方** $\overrightarrow{AB}=(5,\ -4)-(-1,\ -3)=(6,\ -1)$

$|\overrightarrow{AB}|=\sqrt{6^2+(-1)^2}=\sqrt{37}$

**13** $D(-3,\ 3)$

**解き方** $D(x,\ y)$ とする。

$\overrightarrow{AD}=(x,\ y)-(2,\ -1)=(x-2,\ y+1)$

$\overrightarrow{BC}=(-1,\ 5)-(4,\ 1)=(-5,\ 4)$

$\overrightarrow{AD}=\overrightarrow{BC}$ より　$x-2=-5,\ y+1=4$

したがって　$x=-3,\ y=3$

**14** $\overrightarrow{OA}\cdot\overrightarrow{AB}=0,\ \overrightarrow{AO}\cdot\overrightarrow{OB}=-3$

**解き方** $\overrightarrow{OA}\cdot\overrightarrow{AB}=\sqrt{3}\cdot1\cos90^\circ=0$

$\overrightarrow{AO}\cdot\overrightarrow{OB}=\sqrt{3}\cdot2\cos150^\circ=\sqrt{3}\cdot2\cdot\left(-\frac{\sqrt{3}}{2}\right)=-3$

$\overrightarrow{AB},\ \overrightarrow{AO}$ を，点Oを起点に平行移動して，なす角を考える。

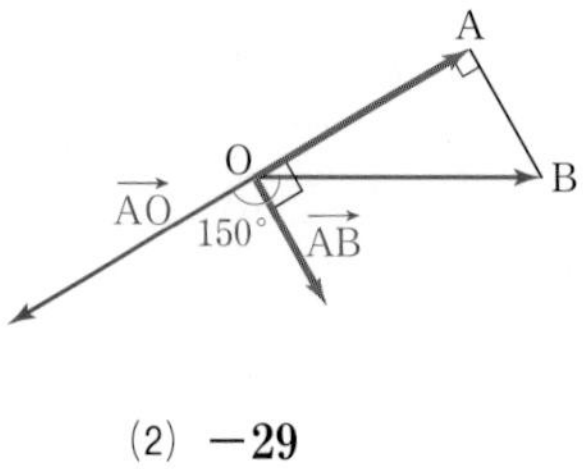


**15** (1) 2　　(2) $-29$

**解き方** (1) $\vec{a}\cdot\vec{b}=3\cdot(-2)+2\cdot4=2$

(2) $\vec{a}+\vec{b}=(3,\ 2)+(-2,\ 4)=(1,\ 6)$

$\vec{a}-2\vec{b}=(3,\ 2)-2(-2,\ 4)=(7,\ -6)$

$(\vec{a}+\vec{b})\cdot(\vec{a}-2\vec{b})=1\cdot7+6\cdot(-6)=-29$

**16** (1) $|\vec{a}|^2-2\vec{a}\cdot\vec{b}+3\vec{a}\cdot\vec{c}-6\vec{b}\cdot\vec{c}$

(2) $4|\vec{a}|^2-12\vec{a}\cdot\vec{b}+9|\vec{b}|^2$

**解き方** (1) $(\vec{a}-2\vec{b})\cdot(\vec{a}+3\vec{c})$

$=\vec{a}\cdot\vec{a}+3\vec{a}\cdot\vec{c}-2\vec{a}\cdot\vec{b}-6\vec{b}\cdot\vec{c}$

(2) $|2\vec{a}-3\vec{b}|^2=(2\vec{a}-3\vec{b})\cdot(2\vec{a}-3\vec{b})$

$=4\vec{a}\cdot\vec{a}-6\vec{a}\cdot\vec{b}-6\vec{a}\cdot\vec{b}+9\vec{b}\cdot\vec{b}$

$=4|\vec{a}|^2-12\vec{a}\cdot\vec{b}+9|\vec{b}|^2$

**17** (1) $|\vec{a}+2\vec{b}|^2=|\vec{a}-2\vec{b}|^2$

$(\vec{a}+2\vec{b})\cdot(\vec{a}+2\vec{b})=(\vec{a}-2\vec{b})\cdot(\vec{a}-2\vec{b})$

$|\vec{a}|^2+4\vec{a}\cdot\vec{b}+4|\vec{b}|^2=|\vec{a}|^2-4\vec{a}\cdot\vec{b}+4|\vec{b}|^2$

$8\vec{a}\cdot\vec{b}=0$

したがって　$\vec{a}\cdot\vec{b}=0$

(2) $\vec{a}+2\vec{b}=(a_1,\ a_2)+2(b_1,\ b_2)$

$=(a_1+2b_1,\ a_2+2b_2)$

$\vec{a}-2\vec{b}=(a_1,\ a_2)-2(b_1,\ b_2)$

$=(a_1-2b_1,\ a_2-2b_2)$

$|\vec{a}+2\vec{b}|=|\vec{a}-2\vec{b}|$ だから

$\sqrt{(a_1+2b_1)^2+(a_2+2b_2)^2}$

$=\sqrt{(a_1-2b_1)^2+(a_2-2b_2)^2}$

両辺を2乗して

$a_1{}^2+4a_1b_1+4b_1{}^2+a_2{}^2+4a_2b_2+4b_2{}^2$

$=a_1{}^2-4a_1b_1+4b_1{}^2+a_2{}^2-4a_2b_2+4b_2{}^2$

よって　$8(a_1b_1+a_2b_2)=0$

したがって　$\vec{a}\cdot\vec{b}=0$

**18** (1) 150°　　(2) 90°

**解き方** (1) $\vec{a}\cdot\vec{b}=1\cdot(-3)+\sqrt{3}\cdot(-\sqrt{3})=-6$

$|\vec{a}|=\sqrt{1^2+(\sqrt{3})^2}=2$

$|\vec{b}|=\sqrt{(-3)^2+(-\sqrt{3})^2}=2\sqrt{3}$

$\cos\theta=\frac{-6}{2\cdot2\sqrt{3}}=-\frac{\sqrt{3}}{2}$

$0^\circ\leqq\theta\leqq180^\circ$ だから　$\theta=150^\circ$

(2) $\vec{a}\cdot\vec{b}=2\cdot3+(-3)\cdot2=0$　　よって　$\theta=90^\circ$

**19** (1) $\vec{e}=\left(\frac{1}{2},\ -\frac{\sqrt{3}}{2}\right),\ \left(-\frac{1}{2},\ \frac{\sqrt{3}}{2}\right)$

(2) $\vec{b}=(0,\ -4),\ (-2\sqrt{3},\ 2)$

解き方 (1) $\vec{e}=(x,\ y)$ とすると，$|\vec{e}|=1$ より

$|\vec{e}|^2=x^2+y^2=1$ …①

$\vec{a}\perp\vec{e}$ だから　$\vec{a}\cdot\vec{e}=\sqrt{3}x+y=0$ …②

②より　$y=-\sqrt{3}x$

①に代入して　$x^2+3x^2=1$　　$x^2=\frac{1}{4}$

よって　$x=\pm\frac{1}{2},\ y=\mp\frac{\sqrt{3}}{2}$（複号同順）

(2) $\vec{b}=(x,\ y)$ とすると

$|\vec{b}|=4$ より　$|\vec{b}|^2=x^2+y^2=4^2$ …①

$\vec{a}\cdot\vec{b}=|\vec{a}||\vec{b}|\cos 120^\circ=2\cdot 4\cdot\left(-\frac{1}{2}\right)=-4$

一方　$\vec{a}\cdot\vec{b}=\sqrt{3}x+y=-4$

$y=-\sqrt{3}x-4$ …②

②を①に代入して　$x^2+(-\sqrt{3}x-4)^2=16$

$4x^2+8\sqrt{3}x=0$　　ゆえに　$x=0,\ -2\sqrt{3}$

よって　$(x,\ y)=(0,\ -4),\ (-2\sqrt{3},\ 2)$

**20** (1) **−6**　　(2) $\sqrt{37}$　　(3) **120°**

解き方 (1) $|\vec{a}+\vec{b}|^2=(\sqrt{13})^2$ より

$|\vec{a}|^2+2\vec{a}\cdot\vec{b}+|\vec{b}|^2=13$

$|\vec{a}|=3,\ |\vec{b}|=4$ より　$9+2\vec{a}\cdot\vec{b}+16=13$

よって　$\vec{a}\cdot\vec{b}=-6$

(2) $|\vec{a}-\vec{b}|^2=|\vec{a}|^2-2\vec{a}\cdot\vec{b}+|\vec{b}|^2$

$=9+12+16=37$

(3) $\cos\theta=\frac{-6}{3\cdot 4}=-\frac{1}{2}$

$0^\circ\leqq\theta\leqq 180^\circ$ だから　$\theta=120^\circ$

**21** $\sqrt{29}$

解き方 $|\vec{a}+\vec{b}|^2=6^2,\ |\vec{a}-\vec{b}|^2=2^2,\ |\vec{b}|=3$ より

$|\vec{a}|^2+2\vec{a}\cdot\vec{b}+|\vec{b}|^2=36$

$|\vec{a}|^2+2\vec{a}\cdot\vec{b}=27$ …①

$|\vec{a}|^2-2\vec{a}\cdot\vec{b}+|\vec{b}|^2=4$

$|\vec{a}|^2-2\vec{a}\cdot\vec{b}=-5$ …②

①，②を解いて　$|\vec{a}|^2=11,\ \vec{a}\cdot\vec{b}=8$

$|2\vec{a}-3\vec{b}|^2=4|\vec{a}|^2-12\vec{a}\cdot\vec{b}+9|\vec{b}|^2$

$=4\cdot 11-12\cdot 8+9\cdot 9=29$

よって　$|2\vec{a}-3\vec{b}|=\sqrt{29}$

**22** **45°**

解き方 $(3\vec{a}-\vec{b})\perp\vec{b}$ より

$(3\vec{a}-\vec{b})\cdot\vec{b}=0$　　$3\vec{a}\cdot\vec{b}-|\vec{b}|^2=0$

$3\vec{a}\cdot\vec{b}-9=0$　　$\vec{a}\cdot\vec{b}=3$

$\vec{a},\ \vec{b}$ のなす角を $\theta$ とすると，

$\vec{a}\cdot\vec{b}=|\vec{a}||\vec{b}|\cos\theta$ より

$\sqrt{2}\cdot 3\cos\theta=3$　　$\cos\theta=\frac{1}{\sqrt{2}}$

$0^\circ\leqq\theta\leqq 180^\circ$ だから　$\theta=45^\circ$

**23** **$t=-4$ のとき，$|\vec{a}+t\vec{b}|$ の最小値は $3\sqrt{5}$**

**$t=-4$ のとき**

**$\vec{a}+t\vec{b}=\vec{a}-4\vec{b}$**

**$=(5,\ 10)-4(2,\ 1)=(-3,\ 6)$**

**$(\vec{a}+t\vec{b})\cdot\vec{b}=(-3)\cdot 2+6\cdot 1=0$**

**よって　$(\vec{a}+t\vec{b})\perp\vec{b}$**

解き方 $\vec{a}\cdot\vec{b}=5\cdot 2+10\cdot 1=20$

$|\vec{a}+t\vec{b}|^2=|\vec{a}|^2+2t\vec{a}\cdot\vec{b}+t^2|\vec{b}|^2$

$=125+40t+5t^2=5(t+4)^2+45$

**24** **13**

解き方 $\overrightarrow{AB}=(5,\ 3),\ \overrightarrow{AC}=(3,\ 7)$

$\triangle ABC=\frac{1}{2}|5\cdot 7-3\cdot 3|=13$

**25** $\vec{p}=\frac{2\vec{a}+\vec{b}}{3},\ \vec{q}=2\vec{a}-\vec{b}$

解き方 $\vec{p}=\frac{2\vec{a}+\vec{b}}{1+2},\ \vec{q}=\frac{2\vec{a}-\vec{b}}{-1+2}$

**27** (1) $\overrightarrow{CB}=(-5,\ -3)$

(2) **D(−4, −1)**　　(3) $y=2x$

解き方 (2) 四角形 ADBC が平行四辺形

$\Longleftrightarrow\ \overrightarrow{AD}=\overrightarrow{CB}$

よって　$\overrightarrow{OD}-\overrightarrow{OA}=\overrightarrow{CB}$

$\overrightarrow{OD}=\overrightarrow{OA}+\overrightarrow{CB}$

$=(1,\ 2)+(-5,\ -3)=(-4,\ -1)$

(3) $\overrightarrow{AP}=k\overrightarrow{AB}$ より　$(x-1,\ y-2)=k(-2,\ -4)$

ゆえに　$x-1=-2k,\ y-2=-4k$

$k$ を消去して　$y-2=2(x-1)$

よって　$y=2x$

**28** $\overrightarrow{\mathrm{AB}}=\vec{b}$，$\overrightarrow{\mathrm{AD}}=\vec{d}$ とおくと

$$\overrightarrow{\mathrm{AP}}=\frac{\overrightarrow{\mathrm{AB}}+\overrightarrow{\mathrm{AC}}}{2}=\frac{\vec{b}+(\vec{b}+\vec{d})}{2}=\frac{2\vec{b}+\vec{d}}{2}$$

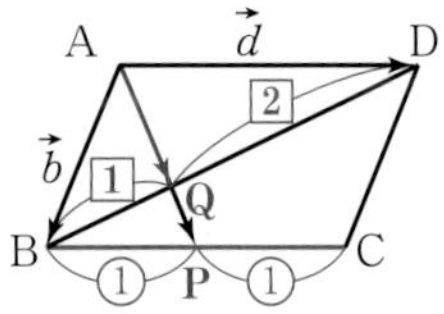


一方，BQ：QD＝1：2 だから

$$\overrightarrow{\mathrm{AQ}}=\frac{2\vec{b}+\vec{d}}{3}$$

よって　$\overrightarrow{\mathrm{AP}}=\frac{3}{2}\overrightarrow{\mathrm{AQ}}$

したがって，3 点 A，Q，P は一直線上にある。

**30** 2：3：4

解き方　A を始点とし，$\overrightarrow{\mathrm{AB}}=\vec{b}$，$\overrightarrow{\mathrm{AC}}=\vec{c}$，$\overrightarrow{\mathrm{AP}}=\vec{p}$ とする。$2\overrightarrow{\mathrm{AP}}+3\overrightarrow{\mathrm{BP}}+4\overrightarrow{\mathrm{CP}}=\vec{0}$ より

$2\vec{p}+3(\vec{p}-\vec{b})+4(\vec{p}-\vec{c})=\vec{0}$　　$9\vec{p}=3\vec{b}+4\vec{c}$

ゆえに　$\vec{p}=\frac{3\vec{b}+4\vec{c}}{9}=\frac{7}{9}\cdot\frac{3\vec{b}+4\vec{c}}{7}$

辺 BC を 4：3 に内分する点を D とすると，$\vec{p}=\frac{7}{9}\overrightarrow{\mathrm{AD}}$ となり，P は線分 AD を 7：2 に内分する。

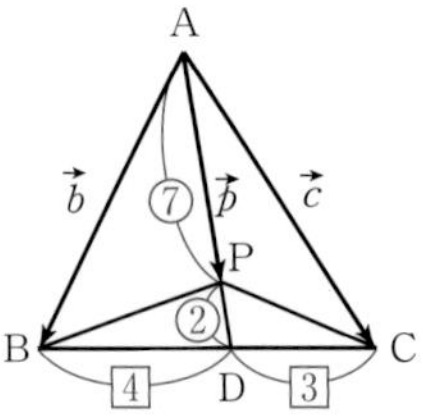


△ABC＝$S$ とおくと

△PBC＝$\frac{2}{9}S$

△PCA＝$\frac{3}{7}S\times\frac{7}{9}=\frac{1}{3}S$

△PAB＝$\frac{4}{7}S\times\frac{7}{9}=\frac{4}{9}S$

よって　△PBC：△PCA：△PAB

$=\frac{2}{9}S:\frac{1}{3}S:\frac{4}{9}S=2:3:4$

**（別解）** 始点を一般の点 O とし，A$(\vec{a})$，B$(\vec{b})$，C$(\vec{c})$，P$(\vec{p})$ とすると，与式は

$2(\vec{p}-\vec{a})+3(\vec{p}-\vec{b})+4(\vec{p}-\vec{c})=\vec{0}$

よって　$\vec{p}=\frac{2\vec{a}+3\vec{b}+4\vec{c}}{9}=\frac{1}{9}\left(2\vec{a}+7\cdot\frac{3\vec{b}+4\vec{c}}{7}\right)$

辺 BC を 4：3 に内分する点を D$(\vec{d})$ とすると，

$\vec{p}=\frac{2\vec{a}+7\vec{d}}{9}$ となり，P は線分 AD を 7：2 に内分することがわかる。

**31** (1) $\overrightarrow{\mathrm{OP}}=\frac{4}{13}\vec{a}+\frac{3}{13}\vec{b}$

(2) AQ：QB＝3：4

解き方　(1) AP：PN＝$t$：$(1-t)$ とおくと

$\overrightarrow{\mathrm{OP}}=(1-t)\overrightarrow{\mathrm{OA}}+t\overrightarrow{\mathrm{ON}}$

$=(1-t)\vec{a}+\frac{t}{3}\vec{b}$　…①

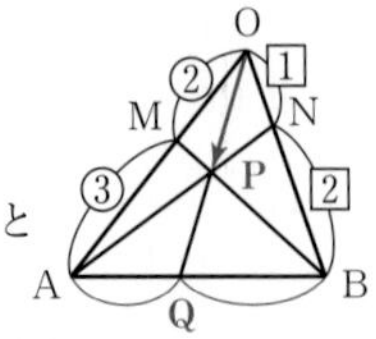


BP：PM＝$s$：$(1-s)$ とおくと

$\overrightarrow{\mathrm{OP}}=(1-s)\overrightarrow{\mathrm{OB}}+s\overrightarrow{\mathrm{OM}}$

$=(1-s)\vec{b}+\frac{2s}{5}\vec{a}$

$\vec{a}\neq\vec{0}$，$\vec{b}\neq\vec{0}$，$\vec{a}\not\parallel\vec{b}$ だから，$\overrightarrow{\mathrm{OP}}$ は 1 通りに表され

$1-t=\frac{2s}{5}$，$\frac{t}{3}=1-s$

これを解くと　$s=\frac{10}{13}$，$t=\frac{9}{13}$

①より　$\overrightarrow{\mathrm{OP}}=\frac{4}{13}\vec{a}+\frac{3}{13}\vec{b}$

(2) $\overrightarrow{\mathrm{OP}}=\frac{4\vec{a}+3\vec{b}}{13}=\frac{7}{13}\cdot\frac{4\vec{a}+3\vec{b}}{7}$

Q は直線 OP 上にあり，かつ辺 AB 上にあるから，

$\overrightarrow{\mathrm{OQ}}=\frac{4\vec{a}+3\vec{b}}{7}$ より　AQ：QB＝3：4

**32** (1) $\overrightarrow{\mathrm{AP}}=\frac{5}{9}\vec{a}+\frac{1}{3}\vec{b}$

(2) LP：PN＝1：2

解き方　(1) P は AM 上にあるから

$\overrightarrow{\mathrm{AP}}=k\overrightarrow{\mathrm{AM}}$

$=k\left(\vec{a}+\frac{3}{5}\vec{b}\right)$

$=k\vec{a}+\frac{3k}{5}\vec{b}$　…①

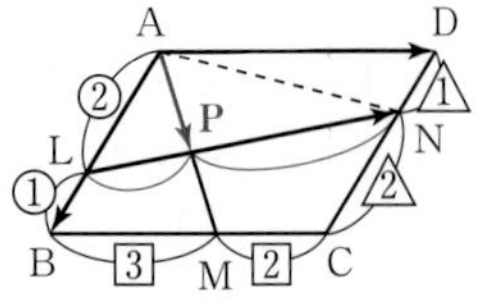


LP：PN＝$t$：$(1-t)$ とおく。

$\overrightarrow{\mathrm{AP}}=(1-t)\overrightarrow{\mathrm{AL}}+t\overrightarrow{\mathrm{AN}}$

$=\frac{2(1-t)}{3}\vec{a}+t\left(\vec{b}+\frac{1}{3}\vec{a}\right)=\frac{2-t}{3}\vec{a}+t\vec{b}$　…②

$\vec{a}\neq\vec{0}$，$\vec{b}\neq\vec{0}$，$\vec{a}\not\parallel\vec{b}$ だから，①，②より

$k=\frac{2-t}{3}$，$\frac{3k}{5}=t$　　よって　$k=\frac{5}{9}$，$t=\frac{1}{3}$

①に代入して　$\overrightarrow{\mathrm{AP}}=\frac{5}{9}\vec{a}+\frac{1}{3}\vec{b}$

(2) $t=\frac{1}{3}$ だから　LP：PN＝$\frac{1}{3}:\frac{2}{3}=1:2$

**33** $\overrightarrow{AB}=\vec{b}$, $\overrightarrow{AC}=\vec{c}$, $\overrightarrow{AG}=\vec{g}$ とおくと

$$\vec{g}=\frac{\vec{0}+\vec{b}+\vec{c}}{3}=\frac{\vec{b}+\vec{c}}{3}$$

$$|\overrightarrow{BG}|^2+|\overrightarrow{CG}|^2+4|\overrightarrow{AG}|^2$$

$$=\left|\frac{\vec{b}+\vec{c}}{3}-\vec{b}\right|^2+\left|\frac{\vec{b}+\vec{c}}{3}-\vec{c}\right|^2+4\left|\frac{\vec{b}+\vec{c}}{3}\right|^2$$

$$=\left|\frac{-2\vec{b}+\vec{c}}{3}\right|^2+\left|\frac{\vec{b}-2\vec{c}}{3}\right|^2+4\left|\frac{\vec{b}+\vec{c}}{3}\right|^2$$

$$=\frac{1}{9}(4|\vec{b}|^2-4\vec{b}\cdot\vec{c}+|\vec{c}|^2+|\vec{b}|^2-4\vec{b}\cdot\vec{c}$$
$$+4|\vec{c}|^2+4|\vec{b}|^2+8\vec{b}\cdot\vec{c}+4|\vec{c}|^2)$$

$$=\frac{1}{9}(9|\vec{b}|^2+9|\vec{c}|^2)=|\vec{b}|^2+|\vec{c}|^2$$

$$=|\overrightarrow{AB}|^2+|\overrightarrow{AC}|^2$$

よって　$AB^2+AC^2=BG^2+CG^2+4AG^2$

**34** (1) $\overrightarrow{OA}=\vec{a}$, $\overrightarrow{OB}=\vec{b}$, $\overrightarrow{OC}=\vec{c}$ とおく。O は △ABC の外心だから，外接円の半径は等しく

$|\vec{a}|=|\vec{b}|=|\vec{c}|$

$\overrightarrow{OH}=\overrightarrow{OA}+\overrightarrow{OB}+\overrightarrow{OC}$ より

$\overrightarrow{OH}-\overrightarrow{OA}=\overrightarrow{OB}+\overrightarrow{OC}$

よって　$\overrightarrow{AH}=\vec{b}+\vec{c}$

$\overrightarrow{AH}\cdot\overrightarrow{BC}=(\vec{b}+\vec{c})\cdot(\vec{c}-\vec{b})=|\vec{c}|^2-|\vec{b}|^2=0$

よって　$AH\perp BC$

同様に，$BH\perp CA$，$CH\perp AB$ がいえるから，H は △ABC の垂心である。

(2) △ABC の重心が G であるから

$$\overrightarrow{OG}=\frac{\vec{a}+\vec{b}+\vec{c}}{3}=\frac{1}{3}\overrightarrow{OH}$$

よって，3 点 O，G，H は一直線上にある。

**36** (1) $\begin{cases}x=2+3t\\ y=-1+4t\end{cases}$　(2) $\begin{cases}x=1-3t\\ y=2-t\end{cases}$

解き方 (1) $(x,\ y)=(2,\ -1)+t(3,\ 4)$
$=(2+3t,\ -1+4t)$

(2) 点 A を通り $\overrightarrow{AB}=(-3,\ -1)$ に平行な直線は

$(x,\ y)=(1,\ 2)+t(-3,\ -1)$
$=(1-3t,\ 2-t)$　…①

(別解) 点 B を通り $\overrightarrow{AB}$ に平行な直線は

$(x,\ y)=(-2,\ 1)+t(-3,\ -1)$
$=(-2-3t,\ 1-t)$　…②

①と②は式が異なるが同じ直線を表す。$t$ を消去すると，①，②とも　$x-3y+5=0$

**37** (1) $2x-3y-5=0$　(2) $2x-y+7=0$

解き方 (1) $\vec{p}-\vec{a}=(x-4,\ y-1)$，$\vec{n}=(2,\ -3)$

よって　$2(x-4)-3(y-1)=0$

(2) $\vec{p}-\vec{a}=(x+2,\ y-3)$，$\vec{n}=(-2,\ 1)$

よって　$-2(x+2)+(y-3)=0$

**38** 下の図の色の部分

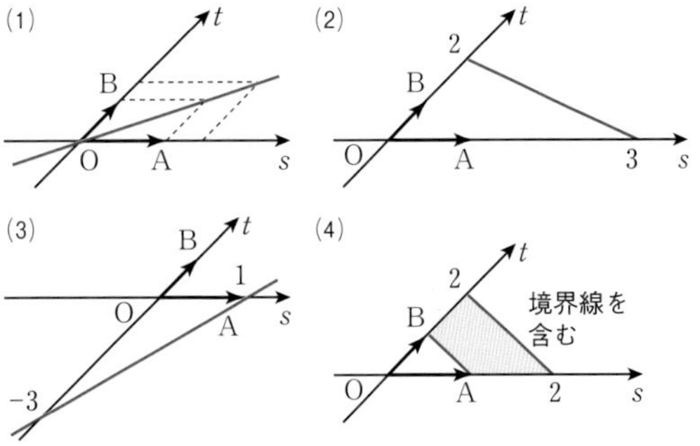


解き方 (1) $y=x$　➡　$t=s$

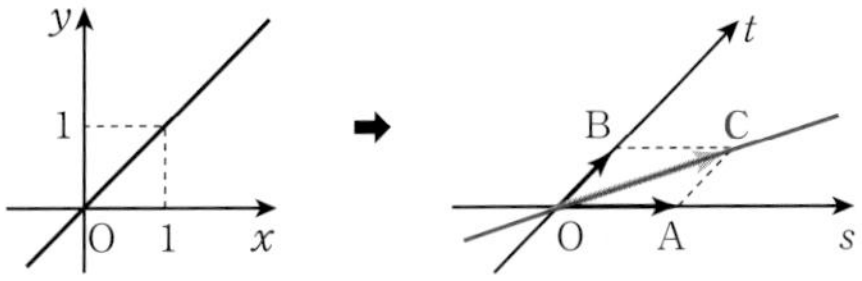


$\overrightarrow{OA}+\overrightarrow{OB}=\overrightarrow{OC}$ とおくと，点 P は直線 OC 上にある。

(2) $2x+3y=6$ より

$y=-\dfrac{2}{3}x+2$　➡　$2s+3t=6$，$s\geqq 0$，$t\geqq 0$

$x\geqq 0$，$y\geqq 0$

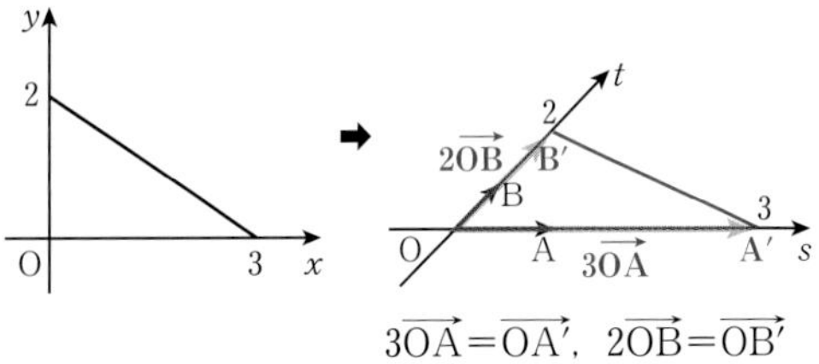


$3\overrightarrow{OA}=\overrightarrow{OA'}$，$2\overrightarrow{OB}=\overrightarrow{OB'}$ とおくと，点 P は線分 A′B′ 上にある。

(3) $3x-y=3$ より $y=3x-3$ ➡ $3s-t=3$

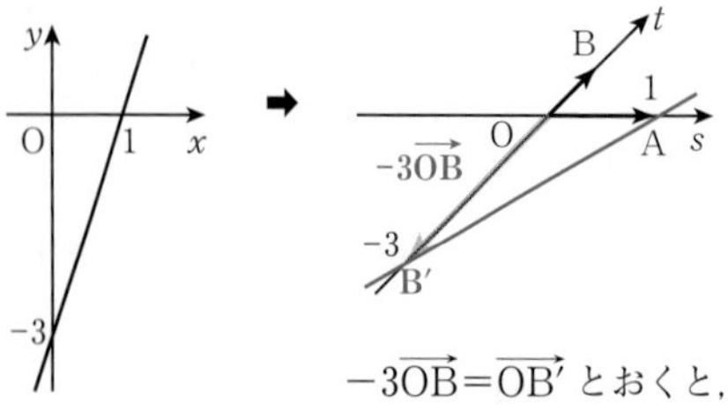


$-3\overrightarrow{OB}=\overrightarrow{OB'}$ とおくと，
点 P は直線 AB′ 上にある。

(4) $1\leqq x+y\leqq 2$
より　$y\geqq -x+1$
　　　$y\leqq -x+2$ ➡ $1\leqq s+t\leqq 2,\ s\geqq 0,\ t\geqq 0$
$x\geqq 0,\ y\geqq 0$

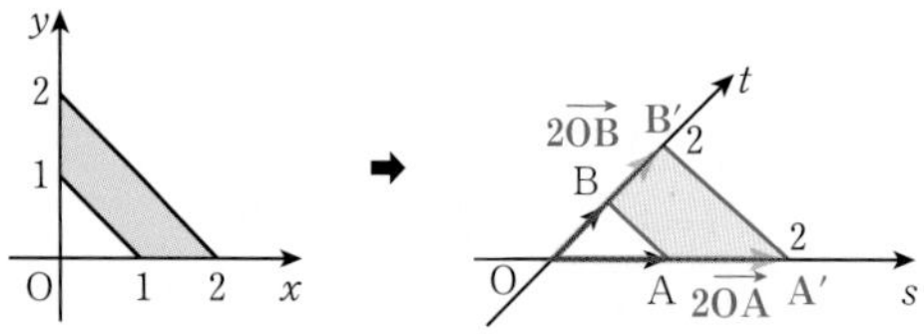


$2\overrightarrow{OA}=\overrightarrow{OA'}$，$2\overrightarrow{OB}=\overrightarrow{OB'}$ とおくと，点 P は境界を含む四角形 AA′B′B の内部にある。

## 39　45°

**解き方**　2 直線 $x-3y+2=0$，$2x-y-3=0$ の法線ベクトルをそれぞれ $\overrightarrow{n_1}$，$\overrightarrow{n_2}$ とすると

$\overrightarrow{n_1}=(1,\ -3)$，$\overrightarrow{n_2}=(2,\ -1)$

$\overrightarrow{n_1}\cdot\overrightarrow{n_2}=5$，$|\overrightarrow{n_1}|=\sqrt{10}$，$|\overrightarrow{n_2}|=\sqrt{5}$

$\overrightarrow{n_1}$，$\overrightarrow{n_2}$ のなす角を $\theta$ とすると

$$\cos\theta=\frac{\overrightarrow{n_1}\cdot\overrightarrow{n_2}}{|\overrightarrow{n_1}||\overrightarrow{n_2}|}=\frac{5}{\sqrt{10}\sqrt{5}}=\frac{1}{\sqrt{2}}$$

$0°\leqq\theta\leqq 180°$ だから　$\theta=45°$

2 直線のなす角も　45°

## 40　$\mathrm{PH}=3\sqrt{5}$，H(2, 0)

**解き方**　直線 $l$：$x-2y-2=0$ の法線ベクトルは

$\vec{n}=(1,\ -2)$

H$(x,\ y)$ とすると

$\overrightarrow{PH}\parallel\vec{n}$　　$\overrightarrow{PH}=(x+1,\ y-6)$

ゆえに　$(x+1,\ y-6)=t(1,\ -2)$

　　　　$(x,\ y)=(-1+t,\ 6-2t)$

点 H$(x,\ y)$ は直線 $l$ 上にあるから

$-1+t-2(6-2t)-2=0$　　$t=3$

よって　H(2, 0)　　$\overrightarrow{PH}=(3,\ -6)$

したがって　$|\overrightarrow{PH}|=\sqrt{3^2+(-6)^2}=3\sqrt{5}$

**(別解)** $d=\dfrac{|ax_0+by_0+c|}{\sqrt{a^2+b^2}}$ を公式として用いると

$$\mathrm{PH}=\frac{|-1-2\cdot 6-2|}{\sqrt{1^2+(-2)^2}}=\frac{15}{\sqrt{5}}=3\sqrt{5}$$

$|\overrightarrow{PH}|=3\sqrt{5}$ より　$(x+1)^2+(y-6)^2=45$　…①

H は $l$ 上の点より　$x-2y-2=0$　…②

①，②より　$x=2$，$y=0$

## 41　△ABC の重心を中心とする半径 2 の円

**解き方**　A$(\vec{a})$，B$(\vec{b})$，C$(\vec{c})$，P$(\vec{p})$ とすると，

$|\overrightarrow{AP}+\overrightarrow{BP}+\overrightarrow{CP}|=6$ より

$|\vec{p}-\vec{a}+\vec{p}-\vec{b}+\vec{p}-\vec{c}|=6$

$|3\vec{p}-(\vec{a}+\vec{b}+\vec{c})|=6$

両辺を 3 で割って　$\left|\vec{p}-\dfrac{\vec{a}+\vec{b}+\vec{c}}{3}\right|=2$

よって，点 P は△ABC の重心を中心とする半径 2 の円をえがく。

## 42　$(x-2)(x-4)+(y-1)(y-7)=0$

**解き方**　線分 AB を直径とする円周上に点 P$(\vec{p})$ をとる。

$p(x,\ y)$ とすると

$\vec{p}-\vec{a}=(x,\ y)-(2,\ 1)=(x-2,\ y-1)$

$\vec{p}-\vec{b}=(x,\ y)-(4,\ 7)=(x-4,\ y-7)$

$(\vec{p}-\vec{a})\cdot(\vec{p}-\vec{b})=0$ より

$(x-2)(x-4)+(y-1)(y-7)=0$

**(補足)** 解答の式を変形すると

$x^2-6x+8+y^2-8y+7=0$

$(x-3)^2+(y-4)^2=10$

よって，中心が (3, 4)，半径が $\sqrt{10}$ の円。

**43** (1) $(1,\ -2,\ -3)$　(2) $(-1,\ -2,\ 3)$

(3) $(1,\ 2,\ 3)$　(4) $(1,\ 2,\ -3)$

(5) $(-1,\ -2,\ -3)$　(6) $(-1,\ 2,\ 3)$

(7) $(-1,\ 2,\ -3)$

解き方 (1) $xy$ 平面に対称…$z$ 座標の符号だけ変わる

(2) $yz$ 平面に対称…$x$ 座標の符号だけ変わる

(3) $zx$ 平面に対称…$y$ 座標の符号だけ変わる

(4) $x$ 軸に対称…$x$ 座標だけ符号が変わらない

(5) $y$ 軸に対称…$y$ 座標だけ符号が変わらない

(6) $z$ 軸に対称…$z$ 座標だけ符号が変わらない

(7) 原点に対称…すべての座標の符号が変わる

**44** 順に　$x=2,\ y=-1,\ z=3$

解き方 $x$ 軸に垂直であれば，$x$ 座標は常に不変。$y$ 軸，$z$ 軸の場合も同じ。

**46** (1) $\frac{1}{2}\vec{a}-\vec{c}$　(2) $\vec{a}+\frac{1}{2}\vec{b}+\vec{c}$

(3) $\frac{3}{2}\vec{a}+\frac{1}{2}\vec{b}-\vec{c}$

解き方 (1) $\overrightarrow{EM}=\overrightarrow{AM}-\overrightarrow{AE}=\frac{1}{2}\vec{a}-\vec{c}$

(2) $\overrightarrow{AN}=\overrightarrow{AB}+\overrightarrow{BF}+\overrightarrow{FN}=\vec{a}+\vec{c}+\frac{1}{2}\vec{b}$

(3) $\overrightarrow{EN}+\overrightarrow{EM}=\left(\vec{a}+\frac{1}{2}\vec{b}\right)+\left(\frac{1}{2}\vec{a}-\vec{c}\right)$

$=\frac{3}{2}\vec{a}+\frac{1}{2}\vec{b}-\vec{c}$

**47** (1) $(-3,\ 1,\ -4),\ \sqrt{26}$

(2) $\vec{x}=(-3,\ -4,\ 1),\ |\vec{x}|=\sqrt{26}$

解き方 (1) $2\vec{a}-\vec{b}=2(-1,\ 2,\ -3)-(1,\ 3,\ -2)$

$=(-2,\ 4,\ -6)-(1,\ 3,\ -2)=(-3,\ 1,\ -4)$

$|2\vec{a}-\vec{b}|=\sqrt{(-3)^2+1^2+(-4)^2}=\sqrt{26}$

(2) $4\vec{x}+\vec{b}=2\vec{a}-3\vec{b}+2\vec{x}$ より

$2\vec{x}=2\vec{a}-4\vec{b}$

$\vec{x}=\vec{a}-2\vec{b}=(-1,\ 2,\ -3)-2(1,\ 3,\ -2)$

$=(-1,\ 2,\ -3)-(2,\ 6,\ -4)$

$=(-3,\ -4,\ 1)$

$|\vec{x}|=\sqrt{(-3)^2+(-4)^2+1^2}=\sqrt{26}$

**48** $\vec{p}=3\vec{a}+2\vec{b}-\vec{c}$

解き方 $\vec{p}=l\vec{a}+m\vec{b}+n\vec{c}$ を成分表示して

$(1,\ 5,\ 6)=l(2,\ 3,\ 1)+m(-1,\ 0,\ 1)+n(3,\ 4,\ -1)$

$=(2l-m+3n,\ 3l+4n,\ l+m-n)$

$$\begin{cases}2l-m+3n=1\\3l+4n=5\\l+m-n=6\end{cases}$$

これを解くと　$l=3,\ m=2,\ n=-1$

よって　$\vec{p}=3\vec{a}+2\vec{b}-\vec{c}$

**49** $t=1$ のとき，$|\vec{p}|$ の最小値　3

解き方 $\vec{p}=\vec{a}+t\vec{b}=(3,\ -2,\ 1)+t(-2,\ 0,\ 1)$

$=(3-2t,\ -2,\ 1+t)$

$|\vec{p}|^2=(3-2t)^2+(-2)^2+(1+t)^2=5t^2-10t+14$

$=5(t-1)^2+9$

よって，$t=1$ のとき，$|\vec{p}|^2$ の最小値　9

**50** $\overrightarrow{AB}=(-2,\ -2,\ 4),\ |\overrightarrow{AB}|=2\sqrt{6}$

解き方 $\overrightarrow{AB}=\overrightarrow{OB}-\overrightarrow{OA}$

$=(1,\ 2,\ 3)-(3,\ 4,\ -1)=(-2,\ -2,\ 4)$

$|\overrightarrow{AB}|=\sqrt{(-2)^2+(-2)^2+4^2}=2\sqrt{6}$

**51** (1) $P\left(\frac{5}{2},\ 5,\ 5\right),\ Q(4,\ 11,\ 8)$

(2) $G(2,\ 1,\ 3)$

解き方 $A(\vec{a}),\ B(\vec{b}),\ C(\vec{c})$ とする。

(1) $\overrightarrow{OP}=\frac{3\vec{a}+\vec{b}}{1+3}=\frac{1}{4}\{3(3,\ 7,\ 6)+(1,\ -1,\ 2)\}$

$=\frac{1}{4}(10,\ 20,\ 20)=\left(\frac{5}{2},\ 5,\ 5\right)$

$\overrightarrow{OQ}=\frac{-3\vec{a}+\vec{b}}{1-3}=\frac{1}{2}\{3(3,\ 7,\ 6)-(1,\ -1,\ 2)\}$

$=\frac{1}{2}(8,\ 22,\ 16)=(4,\ 11,\ 8)$

(2) $\overrightarrow{OG}=\frac{1}{3}(\vec{a}+\vec{b}+\vec{c})$

$=\frac{1}{3}\{(3,\ 7,\ 6)+(1,\ -1,\ 2)+(2,\ -3,\ 1)\}$

$=\frac{1}{3}(6,\ 3,\ 9)=(2,\ 1,\ 3)$

**52** (1) $\overrightarrow{\mathrm{OG_1}}=\dfrac{1}{3}(\vec{a}+\vec{b}+\vec{c})$,

$\overrightarrow{\mathrm{OG_2}}=\dfrac{2}{3}(\vec{a}+\vec{b}+\vec{c})$

(2) $\overrightarrow{\mathrm{OS}}=\overrightarrow{\mathrm{OA}}+\overrightarrow{\mathrm{AP}}+\overrightarrow{\mathrm{PS}}=\vec{a}+\vec{b}+\vec{c}$

これと(1)より　$\overrightarrow{\mathrm{OG_1}}=\dfrac{1}{3}\overrightarrow{\mathrm{OS}}$, $\overrightarrow{\mathrm{OG_2}}=\dfrac{2}{3}\overrightarrow{\mathrm{OS}}$

よって，$\mathrm{G_1}$，$\mathrm{G_2}$ は線分 OS の 3 等分点である。

解き方 (1) $\overrightarrow{\mathrm{OG_2}}=\dfrac{1}{3}(\overrightarrow{\mathrm{OP}}+\overrightarrow{\mathrm{OQ}}+\overrightarrow{\mathrm{OR}})$

$\overrightarrow{\mathrm{OP}}=\vec{a}+\vec{b}$, $\overrightarrow{\mathrm{OQ}}=\vec{b}+\vec{c}$, $\overrightarrow{\mathrm{OR}}=\vec{a}+\vec{c}$

よって　$\overrightarrow{\mathrm{OG_2}}=\dfrac{1}{3}(\vec{a}+\vec{b}+\vec{b}+\vec{c}+\vec{a}+\vec{c})$

$=\dfrac{2}{3}(\vec{a}+\vec{b}+\vec{c})$

**53** (1) 1　(2) −2　(3) 0

解き方 (1) $\overrightarrow{\mathrm{AC}}\cdot\overrightarrow{\mathrm{DG}}=\overrightarrow{\mathrm{AC}}\cdot\overrightarrow{\mathrm{AF}}$

$=\sqrt{2}\cdot\sqrt{2}\cos 60^\circ=1$（△CAF は正三角形）

(2) $\overrightarrow{\mathrm{AC}}\cdot\overrightarrow{\mathrm{GE}}=\overrightarrow{\mathrm{AC}}\cdot\overrightarrow{\mathrm{CA}}=-\overrightarrow{\mathrm{AC}}\cdot\overrightarrow{\mathrm{AC}}$

$=-|\overrightarrow{\mathrm{AC}}|^2=-(\sqrt{2})^2=-2$

(3) $\overrightarrow{\mathrm{AC}}\cdot\overrightarrow{\mathrm{HF}}=\overrightarrow{\mathrm{AC}}\cdot\overrightarrow{\mathrm{DB}}=\sqrt{2}\cdot\sqrt{2}\cos 90^\circ=0$

**55** (1) 120°　(2) 90°

解き方 (1) $\vec{a}\cdot\vec{b}=2\cdot(-2)+1\cdot2+1\cdot(-4)=-6$

$|\vec{a}|=\sqrt{2^2+1^2+1^2}=\sqrt{6}$

$|\vec{b}|=\sqrt{(-2)^2+2^2+(-4)^2}=\sqrt{24}$

$\cos\theta=\dfrac{-6}{\sqrt{6}\sqrt{24}}=-\dfrac{1}{2}$　よって　$\theta=120^\circ$

(2) $\vec{a}\cdot\vec{b}=1\cdot2+2\cdot2+6\cdot(-1)=0$

よって　$\theta=90^\circ$

**56** (2, −4, 2), (−2, 4, −2)

解き方 求めるベクトルを $\vec{p}=(x,\ y,\ z)$ とおく。

$|\vec{p}|=2\sqrt{6}$ より　$x^2+y^2+z^2=24$　…①

$\vec{a}\perp\vec{p}$ だから　$x+2y+3z=0$　…②

$\vec{b}\perp\vec{p}$ だから　$3x+y-z=0$　…③

②，③より　$z=x$, $y=-2x$

①に代入して　$x^2+(-2x)^2+x^2=24$　$x=\pm2$

$\vec{p}=(x,\ -2x,\ x)=\pm2(1,\ -2,\ 1)$

$=\pm(2,\ -4,\ 2)$

**57** (1) −3　(2) 120°　(3) $t=\dfrac{12}{7}$

解き方 (1) $|\vec{a}-\vec{b}|^2=(\sqrt{19})^2$ だから

$|\vec{a}|^2-2\vec{a}\cdot\vec{b}+|\vec{b}|^2=19$

$|\vec{a}|=3$, $|\vec{b}|=2$ より　$9-2\vec{a}\cdot\vec{b}+4=19$

よって　$\vec{a}\cdot\vec{b}=-3$

(2) $\cos\theta=\dfrac{\vec{a}\cdot\vec{b}}{|\vec{a}||\vec{b}|}=\dfrac{-3}{3\cdot2}=-\dfrac{1}{2}$

$0^\circ\leqq\theta\leqq180^\circ$ だから　$\theta=120^\circ$

(3) $(\vec{a}+t\vec{b})\perp(\vec{a}-\vec{b})\iff(\vec{a}+t\vec{b})\cdot(\vec{a}-\vec{b})=0$

$|\vec{a}|^2+(t-1)\vec{a}\cdot\vec{b}-t|\vec{b}|^2=0$

$9-3(t-1)-4t=0$　よって　$t=\dfrac{12}{7}$

**58** 線分 AB を 3 : 2 に内分する点と点 C を結ぶ線分を 4 : 5 に内分する点

解き方 O を始点とし，$\mathrm{A}(\vec{a})$，$\mathrm{B}(\vec{b})$，$\mathrm{C}(\vec{c})$，$\mathrm{P}(\vec{p})$ とおくと，$2\overrightarrow{\mathrm{AP}}+3\overrightarrow{\mathrm{BP}}+4\overrightarrow{\mathrm{CP}}=\vec{0}$ より

$2(\vec{p}-\vec{a})+3(\vec{p}-\vec{b})+4(\vec{p}-\vec{c})=\vec{0}$

よって　$9\vec{p}=2\vec{a}+3\vec{b}+4\vec{c}$

$\vec{p}=\dfrac{2\vec{a}+3\vec{b}+4\vec{c}}{9}$

$=\dfrac{5\times\dfrac{2\vec{a}+3\vec{b}}{5}+4\vec{c}}{9}$

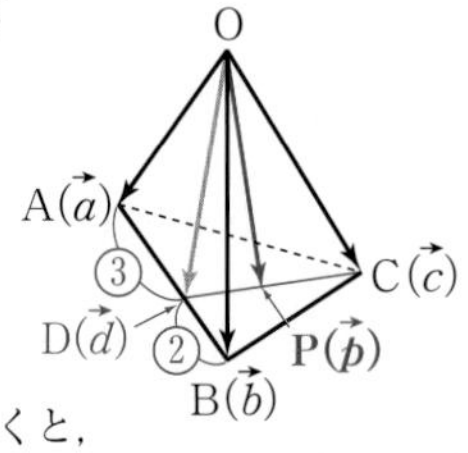


ここで，$\dfrac{2\vec{a}+3\vec{b}}{5}=\vec{d}$ とおくと，

点 $\mathrm{D}(\vec{d})$ は線分 AB を 3 : 2 に内分する点である。

このとき，$\vec{p}=\dfrac{5\vec{d}+4\vec{c}}{9}$ より，点 P は線分 DC を 4 : 5 に内分する点である。

**59** O を始点として，$\mathrm{A}(\vec{a})$, $\mathrm{B}(\vec{b})$, $\mathrm{C}(\vec{c})$ とする。

条件より　$|\overrightarrow{\mathrm{AB}}|^2+|\overrightarrow{\mathrm{OC}}|^2=|\overrightarrow{\mathrm{AC}}|^2+|\overrightarrow{\mathrm{OB}}|^2$

ゆえに　$|\vec{b}-\vec{a}|^2+|\vec{c}|^2=|\vec{c}-\vec{a}|^2+|\vec{b}|^2$

$|\vec{b}|^2-2\vec{a}\cdot\vec{b}+|\vec{a}|^2+|\vec{c}|^2$

$=|\vec{c}|^2-2\vec{a}\cdot\vec{c}+|\vec{a}|^2+|\vec{b}|^2$

したがって　$\vec{a}\cdot\vec{c}-\vec{a}\cdot\vec{b}=0$　$\vec{a}\cdot(\vec{c}-\vec{b})=0$

ゆえに　$\overrightarrow{\mathrm{OA}}\cdot\overrightarrow{\mathrm{BC}}=0$

$\overrightarrow{\mathrm{OA}}\neq\vec{0}$, $\overrightarrow{\mathrm{BC}}\neq\vec{0}$ だから　$\mathrm{OA}\perp\mathrm{BC}$

**60** $t=\frac{1}{3}$

解き方 4点A, B, C, Dが同一平面上にあるための条件は, ある実数 $k$, $l$ に対して

$\overrightarrow{AD}=k\overrightarrow{AB}+l\overrightarrow{AC}$

$(t-1,\ 2t,\ 3t)=k(-1,\ 2,\ 0)+l(-1,\ 0,\ 3)$

$=(-k-l,\ 2k,\ 3l)$

よって $\begin{cases} t-1=-k-l & \cdots① \\ 2t=2k & \cdots② \\ 3t=3l & \cdots③ \end{cases}$

②, ③より $k=t$, $l=t$

①に代入して $t-1=-t-t$ よって $t=\frac{1}{3}$

**61** $\frac{\sqrt{186}}{2}$

解き方 $\overrightarrow{AB}=(-3,\ -2,\ -2)$, $\overrightarrow{AC}=(1,\ 1,\ -3)$

$|\overrightarrow{AB}|^2=(-3)^2+(-2)^2+(-2)^2=17$

$|\overrightarrow{AC}|^2=1^2+1^2+(-3)^2=11$

$\overrightarrow{AB}\cdot\overrightarrow{AC}=(-3)\cdot1+(-2)\cdot1+(-2)\cdot(-3)=1$

$\triangle ABC=\frac{1}{2}\sqrt{|\overrightarrow{AB}|^2|\overrightarrow{AC}|^2-(\overrightarrow{AB}\cdot\overrightarrow{AC})^2}$

$=\frac{1}{2}\sqrt{17\cdot11-1^2}=\frac{\sqrt{186}}{2}$

**62** $H\left(\frac{8}{3},\ \frac{19}{3},\ \frac{14}{3}\right)$

解き方 $\overrightarrow{AB}=(1-0,\ 3-1,\ 3-2)=(1,\ 2,\ 1)$

直線ABのベクトル方程式は,

$\vec{p}=\vec{a}+t\overrightarrow{AB}$ より

$(x,\ y,\ z)=(0,\ 1,\ 2)+t(1,\ 2,\ 1)$

$=(t,\ 1+2t,\ 2+t)$

この直線上の点をHとするとき

$\overrightarrow{CH}=(t-4,\ 2t-4,\ t-4)$

$\overrightarrow{CH}\perp\overrightarrow{AB}$ より

$\overrightarrow{CH}\cdot\overrightarrow{AB}=t-4+2(2t-4)+t-4=0$

$6t=16$ $t=\frac{8}{3}$

よって $H\left(\frac{8}{3},\ \frac{19}{3},\ \frac{14}{3}\right)$

**63** (1) $(x+4)^2+(y-3)^2+(z-3)^2=81$

(2) $(x-1)(x-3)+(y+2)(y-2)$
$+(z-3)(z-5)=0$

解き方 (1) 求める球面の方程式を

$(x+4)^2+(y-3)^2+(z-3)^2=r^2$ とおく。

点 $(-3,\ -1,\ -5)$ を通るので

$(-3+4)^2+(-1-3)^2+(-5-3)^2=r^2$

よって $r^2=81$

求める方程式は

$(x+4)^2+(y-3)^2+(z-3)^2=81$

(2) $\vec{p}=(x,\ y,\ z)$ とおくと

$\vec{p}-\vec{a}=(x-1,\ y+2,\ z-3)$

$\vec{p}-\vec{b}=(x-3,\ y-2,\ z-5)$

2点A, Bを直径の両端とする球面のベクトル方程式は

$(\vec{p}-\vec{a})\cdot(\vec{p}-\vec{b})=0$

よって $(x-1)(x-3)+(y+2)(y-2)$
$+(z-3)(z-5)=0$

**(補足)** 解答の式を変形すると

$x^2-4x+3+y^2-4+z^2-8z+15=0$

$(x-2)^2+y^2+(z-4)^2=6$

よって, 中心が $(2,\ 0,\ 4)$, 半径が $\sqrt{6}$ の球面。

**64** $3x-4y+z+2=0$

解き方 点 $(x_1,\ y_1,\ z_1)$ を通り, 法線ベクトル $\vec{n}=(a,\ b,\ c)$ である平面の方程式は

$a(x-x_1)+b(y-y_1)+c(z-z_1)=0$

よって $3(x-2)-4(y-3)+1\cdot(z-4)=0$

$3x-4y+z+2=0$

## 定期テスト予想問題 の解答 —— 本冊→p. 61～62

**1** (1) $\vec{c}=(-9,\ 2)$, $|\vec{c}|=\sqrt{85}$

(2) $\vec{x}=(-4,\ 2)$　　(3) $\left(-\dfrac{3}{5},\ \dfrac{4}{5}\right)$

(4) $\vec{d}=3\vec{a}-2\vec{b}$

**解き方** (1) $\vec{c}=2\vec{a}-3\vec{b}=2(-3,\ 4)-3(1,\ 2)$

$=(-6,\ 8)-(3,\ 6)=(-9,\ 2)$

$|\vec{c}|=\sqrt{(-9)^2+2^2}=\sqrt{85}$

(2) 与えられた等式より

$3\vec{b}-\vec{a}+3\vec{x}=\vec{a}+\vec{b}+\vec{x}$

$2\vec{x}=2\vec{a}-2\vec{b}$

よって　$\vec{x}=\vec{a}-\vec{b}=(-3,\ 4)-(1,\ 2)=(-4,\ 2)$

(3) $|\vec{a}|=\sqrt{(-3)^2+4^2}=5$

求める単位ベクトルは　$\dfrac{\vec{a}}{|\vec{a}|}=\dfrac{1}{5}(-3,\ 4)$

(4) $\vec{d}=m\vec{a}+n\vec{b}$ を成分で表すと

$(-11,\ 8)=m(-3,\ 4)+n(1,\ 2)$

$=(-3m+n,\ 4m+2n)$

よって　$-3m+n=-11$, $4m+2n=8$

これを解いて　$m=3$, $n=-2$

よって　$\vec{d}=3\vec{a}-2\vec{b}$

**2** (1) $-2$　(2) $120°$　(3) $\sqrt{13}$

(4) $t=2$ のとき, $|\vec{c}|$ の最小値 $2\sqrt{3}$

**解き方** (1) $|\vec{a}-\vec{b}|^2=(\sqrt{21})^2$, $|\vec{a}|=4$, $|\vec{b}|=1$

ゆえに　$|\vec{a}|^2-2\vec{a}\cdot\vec{b}+|\vec{b}|^2=21$

$16-2\vec{a}\cdot\vec{b}+1=21$　　よって　$\vec{a}\cdot\vec{b}=-2$

(2) $\cos\theta=\dfrac{\vec{a}\cdot\vec{b}}{|\vec{a}||\vec{b}|}=\dfrac{-2}{4\cdot1}=-\dfrac{1}{2}$

$0°\leqq\theta\leqq180°$ だから　$\theta=120°$

(3) $|\vec{a}+\vec{b}|^2=|\vec{a}|^2+2\vec{a}\cdot\vec{b}+|\vec{b}|^2$

$=4^2+2\cdot(-2)+1^2=13$

$|\vec{a}+\vec{b}|\geqq0$ より　$|\vec{a}+\vec{b}|=\sqrt{13}$

(4) $\vec{c}=\vec{a}+t\vec{b}$ より

$|\vec{c}|^2=|\vec{a}+t\vec{b}|^2=|\vec{a}|^2+2t\vec{a}\cdot\vec{b}+t^2|\vec{b}|^2$

$=4^2+2t\cdot(-2)+t^2\cdot1^2=t^2-4t+16$

$=(t-2)^2+12$

$t=2$ のとき, $|\vec{c}|^2$ の最小値　12

**3** (1) 内分点 $\left(\dfrac{11}{5},\ \dfrac{2}{5}\right)$, 外分点 $(-5,\ 10)$

(2) $135°$　　(3) $\dfrac{5}{2}$

(4) 平行のとき $t=\dfrac{5}{9}$, 垂直のとき $t=\dfrac{5}{7}$

**解き方** $A(\vec{a})$, $B(\vec{b})$, $C(\vec{c})$ とする。

(1) 内分点を $P(\vec{p})$, 外分点を $Q(\vec{q})$ とすると

$\vec{p}=\dfrac{3\vec{a}+2\vec{c}}{2+3}=\dfrac{1}{5}\{3(1,\ 2)+2(4,\ -2)\}$

$=\dfrac{1}{5}(11,\ 2)$

$\vec{q}=\dfrac{3\vec{a}-2\vec{c}}{-2+3}=3(1,\ 2)-2(4,\ -2)$

$=(-5,\ 10)$

(2) $\overrightarrow{BA}=\vec{a}-\vec{b}=(1,\ 2)-(3,\ 1)=(-2,\ 1)$

$\overrightarrow{BC}=\vec{c}-\vec{b}=(4,\ -2)-(3,\ 1)=(1,\ -3)$

$\overrightarrow{BA}\cdot\overrightarrow{BC}=(-2)\cdot1+1\cdot(-3)=-5$

$|\overrightarrow{BA}|=\sqrt{(-2)^2+1^2}=\sqrt{5}$

$|\overrightarrow{BC}|=\sqrt{1^2+(-3)^2}=\sqrt{10}$

$\cos\angle ABC=\dfrac{\overrightarrow{BA}\cdot\overrightarrow{BC}}{|\overrightarrow{BA}||\overrightarrow{BC}|}=\dfrac{-5}{\sqrt{5}\sqrt{10}}=-\dfrac{1}{\sqrt{2}}$

$0°<\angle ABC<180°$ より　$\angle ABC=135°$

(3) $\triangle ABC=\dfrac{1}{2}|\overrightarrow{BA}||\overrightarrow{BC}|\sin135°$

$=\dfrac{1}{2}\cdot\sqrt{5}\cdot\sqrt{10}\cdot\dfrac{1}{\sqrt{2}}=\dfrac{5}{2}$

**(別解)** $\overrightarrow{BA}=(-2,\ 1)$, $\overrightarrow{BC}=(1,\ -3)$ だから

$\triangle ABC=\dfrac{1}{2}|(-2)\cdot(-3)-1\cdot1|=\dfrac{5}{2}$

(4) $\overrightarrow{AP}=(2t,\ 3t)-(1,\ 2)=(2t-1,\ 3t-2)$

$\overrightarrow{BC}=(1,\ -3)$

$AP /\!/ BC$ より　$\overrightarrow{AP}=k\overrightarrow{BC}$

$(2t-1,\ 3t-2)=k(1,\ -3)$

$2t-1=k$, $3t-2=-3k$

これを解いて　$k=\dfrac{1}{9}$, $t=\dfrac{5}{9}$

$AP\perp BC \Longleftrightarrow \overrightarrow{AP}\cdot\overrightarrow{BC}=0$

ゆえに　$(2t-1)\cdot1+(3t-2)\cdot(-3)=0$

$2t-1-9t+6=0$　　$-7t+5=0$

よって　$t=\dfrac{5}{7}$

**❹ 3：2：1**

解き方 $\overrightarrow{AB}=\vec{b}$，$\overrightarrow{AC}=\vec{c}$，

$\overrightarrow{AP}=\vec{p}$ とすると

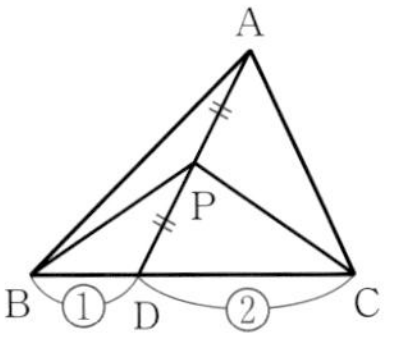


$3\overrightarrow{AP}+2\overrightarrow{BP}+\overrightarrow{CP}=\vec{0}$ より

$3\vec{p}+2(\vec{p}-\vec{b})+\vec{p}-\vec{c}=\vec{0}$

$6\vec{p}=2\vec{b}+\vec{c}$

BC を 1：2 に内分する点を D とすると，

$\vec{p}=\dfrac{3}{6}\cdot\dfrac{2\vec{b}+\vec{c}}{3}=\dfrac{1}{2}\overrightarrow{AD}$ となるから，P は線分 AD の中点である。△ABC の面積を $S$ とすると

$\triangle PBC=\dfrac{1}{2}S$，$\triangle PCA=\dfrac{2}{3}S\times\dfrac{1}{2}=\dfrac{1}{3}S$，

$\triangle PAB=\dfrac{1}{3}S\times\dfrac{1}{2}=\dfrac{1}{6}S$

△PBC：△PCA：△PAB

$=\dfrac{1}{2}S:\dfrac{1}{3}S:\dfrac{1}{6}S=3:2:1$

**❺** (1) $\overrightarrow{\mathbf{OP}}=\dfrac{1}{3}\vec{a}+\dfrac{4}{9}\vec{b}$

(2) **OQ：QB＝2：1**

解き方 (1) $\overrightarrow{OP}=k\overrightarrow{ON}$

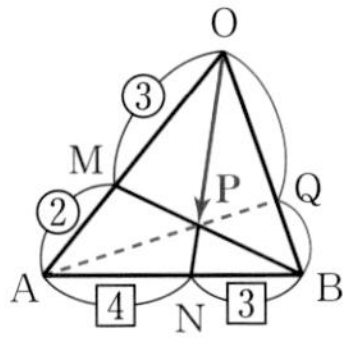


$=k\cdot\dfrac{3\vec{a}+4\vec{b}}{4+3}$

$=\dfrac{3k}{7}\vec{a}+\dfrac{4k}{7}\vec{b}$ …①

BP：PM＝$t$：$(1-t)$ とおくと

$\overrightarrow{OP}=(1-t)\overrightarrow{OB}+t\overrightarrow{OM}=(1-t)\vec{b}+\dfrac{3t}{5}\vec{a}$

$\vec{a}\neq\vec{0}$，$\vec{b}\neq\vec{0}$，$\vec{a}\not\parallel\vec{b}$ だから

$\dfrac{3k}{7}=\dfrac{3t}{5}$，$\dfrac{4k}{7}=1-t$　　よって　$k=\dfrac{7}{9}$，$t=\dfrac{5}{9}$

①に代入して　$\overrightarrow{OP}=\dfrac{1}{3}\vec{a}+\dfrac{4}{9}\vec{b}$

(2) $\overrightarrow{OQ}=l\vec{b}$，$\overrightarrow{AQ}=m\overrightarrow{AP}$ とおくと

$\overrightarrow{OQ}-\overrightarrow{OA}=m(\overrightarrow{OP}-\overrightarrow{OA})$

(1)より　$l\vec{b}-\vec{a}=m\left(\dfrac{1}{3}\vec{a}+\dfrac{4}{9}\vec{b}-\vec{a}\right)$

ゆえに　$-\vec{a}+l\vec{b}=-\dfrac{2}{3}m\vec{a}+\dfrac{4}{9}m\vec{b}$

$\vec{a}\neq\vec{0}$，$\vec{b}\neq\vec{0}$，$\vec{a}\not\parallel\vec{b}$ だから

$-1=-\dfrac{2}{3}m$，$l=\dfrac{4}{9}m$ より　$m=\dfrac{3}{2}$，$l=\dfrac{2}{3}$

よって，$\overrightarrow{OQ}=\dfrac{2}{3}\vec{b}=\dfrac{2}{3}\overrightarrow{OB}$ より

OQ：QB＝2：1

(参考) メネラウスの定理，チェバの定理を使うと，次のことがわかる。

△OAN に直線 MB が交わる。メネラウスの定理

より　$\dfrac{AB}{BN}\cdot\dfrac{NP}{PO}\cdot\dfrac{OM}{MA}=1$

ゆえに　$\dfrac{7}{3}\cdot\dfrac{NP}{PO}\cdot\dfrac{3}{2}=1$　　よって　$\dfrac{NP}{PO}=\dfrac{2}{7}$

また，△OAB でチェバの定理より

$\dfrac{AN}{NB}\cdot\dfrac{BQ}{QO}\cdot\dfrac{OM}{MA}=1$

ゆえに　$\dfrac{4}{3}\cdot\dfrac{BQ}{QO}\cdot\dfrac{3}{2}=1$

よって　$\dfrac{BQ}{QO}=\dfrac{1}{2}$

**❻** (1) $\overrightarrow{\mathbf{AP}}=\dfrac{6}{13}\vec{a}+\dfrac{9}{13}\vec{b}$

(2) **AQ：QD＝3：4**　　(3) $-\dfrac{36}{7}$

解き方 (1) P は AN 上の点だから

$\overrightarrow{AP}=k\overrightarrow{AN}$

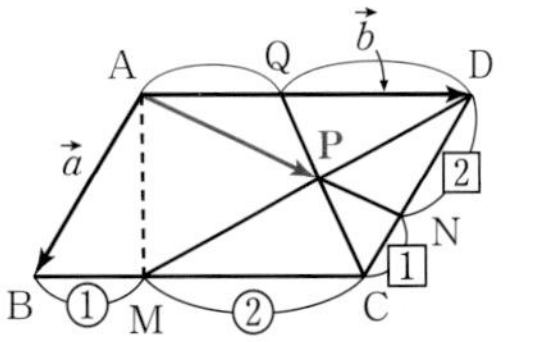


$=k(\overrightarrow{AD}+\overrightarrow{DN})$

$=k\left(\vec{b}+\dfrac{2}{3}\vec{a}\right)$

$=\dfrac{2k}{3}\vec{a}+k\vec{b}$ …①

DP：PM＝$t$：$(1-t)$ とおくと

$\overrightarrow{AP}=(1-t)\overrightarrow{AD}+t\overrightarrow{AM}$

$=(1-t)\vec{b}+t\left(\vec{a}+\dfrac{1}{3}\vec{b}\right)=t\vec{a}+\left(1-\dfrac{2t}{3}\right)\vec{b}$

$\vec{a}\neq\vec{0}$，$\vec{b}\neq\vec{0}$，$\vec{a}\not\parallel\vec{b}$ より　$\dfrac{2k}{3}=t$，$k=1-\dfrac{2t}{3}$

よって　$t=\dfrac{6}{13}$，$k=\dfrac{9}{13}$

①に代入して　$\overrightarrow{AP}=\dfrac{6}{13}\vec{a}+\dfrac{9}{13}\vec{b}$

(2) Q は AD 上の点だから　$\overrightarrow{AQ}=l\vec{b}$ …②

Q は CP 上の点だから　$\overrightarrow{CQ}=m\overrightarrow{CP}$

ゆえに　$\overrightarrow{AQ}-\overrightarrow{AC}=m(\overrightarrow{AP}-\overrightarrow{AC})$

$l\vec{b}-(\vec{a}+\vec{b})=m\left(\dfrac{6}{13}\vec{a}+\dfrac{9}{13}\vec{b}\right)-m(\vec{a}+\vec{b})$

$-\vec{a}+(l-1)\vec{b}=-\dfrac{7m}{13}\vec{a}-\dfrac{4m}{13}\vec{b}$

$\vec{a}\neq\vec{0}$，$\vec{b}\neq\vec{0}$，$\vec{a}\not\parallel\vec{b}$ より

$1=\dfrac{7m}{13}$，$l-1=-\dfrac{4m}{13}$

これより　$m=\dfrac{13}{7}$，$l=\dfrac{3}{7}$

②に代入して　$\overrightarrow{AQ}=\dfrac{3}{7}\vec{b}$

よって　AQ : QD$=3:4$

(3) $\overrightarrow{CQ}=\overrightarrow{AQ}-\overrightarrow{AC}=\dfrac{3}{7}\vec{b}-(\vec{a}+\vec{b})$

$=-\vec{a}-\dfrac{4}{7}\vec{b}$

$|\vec{a}|=2$，$|\vec{b}|=4$，$\angle BAD=120°$ だから

$\vec{a}\cdot\vec{b}=2\cdot4\cos120°=2\cdot4\cdot\left(-\dfrac{1}{2}\right)=-4$

$\overrightarrow{AD}\cdot\overrightarrow{CQ}=\vec{b}\cdot\left(-\vec{a}-\dfrac{4}{7}\vec{b}\right)=-\vec{a}\cdot\vec{b}-\dfrac{4}{7}|\vec{b}|^2$

$=-(-4)-\dfrac{4}{7}\cdot16=-\dfrac{36}{7}$

## 7 $\overrightarrow{OP}=\dfrac{1}{3}\vec{a}+\dfrac{1}{2}\vec{b}$

解き方　$\angle AOB$ を2等分するベクトルは $\dfrac{\vec{a}}{3}+\dfrac{\vec{b}}{2}$ で表されるから

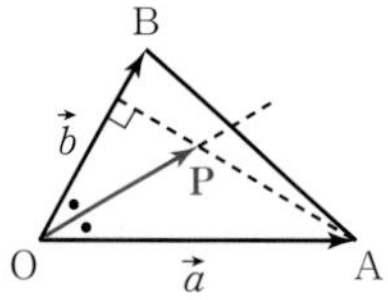


$\overrightarrow{OP}=k\left(\dfrac{\vec{a}}{3}+\dfrac{\vec{b}}{2}\right)$　…①

AP⊥OB だから　$\overrightarrow{AP}\cdot\overrightarrow{OB}=0$

よって　$(\overrightarrow{OP}-\overrightarrow{OA})\cdot\overrightarrow{OB}=0$

①を代入して　$\left(\dfrac{k}{3}\vec{a}+\dfrac{k}{2}\vec{b}-\vec{a}\right)\cdot\vec{b}=0$

ゆえに　$\left(\dfrac{k}{3}-1\right)\vec{a}\cdot\vec{b}+\dfrac{k}{2}|\vec{b}|^2=0$

ここで　$\vec{a}\cdot\vec{b}=3\cdot2\cos60°=3\cdot2\cdot\dfrac{1}{2}=3$

ゆえに　$\left(\dfrac{k}{3}-1\right)\cdot3+\dfrac{k}{2}\cdot2^2=0$

よって　$k=1$

①に代入して　$\overrightarrow{OP}=\dfrac{\vec{a}}{3}+\dfrac{\vec{b}}{2}$

## 8 $\vec{p}=4\vec{a}-3\vec{b}+2\vec{c}$

解き方　$\vec{p}=l\vec{a}+m\vec{b}+n\vec{c}$ を成分表示して

$(4,\ 6,\ 7)$

$=l(1,\ 2,\ 0)+m(2,\ 0,\ -1)+n(3,\ -1,\ 2)$

$=(l+2m+3n,\ 2l-n,\ -m+2n)$

ゆえに　$\begin{cases} l+2m+3n=4 \\ 2l-n=6 \\ -m+2n=7 \end{cases}$

これを解くと　$l=4$，$m=-3$，$n=2$

よって　$\vec{p}=4\vec{a}-3\vec{b}+2\vec{c}$

## 9 $\overrightarrow{OA}=\vec{a}$，$\overrightarrow{OB}=\vec{b}$，$\overrightarrow{OC}=\vec{c}$ とする。

**$\overrightarrow{OM}=\dfrac{2}{3}\vec{a}$，$\overrightarrow{ON}=\dfrac{\vec{b}+\vec{c}}{2}$**

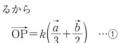

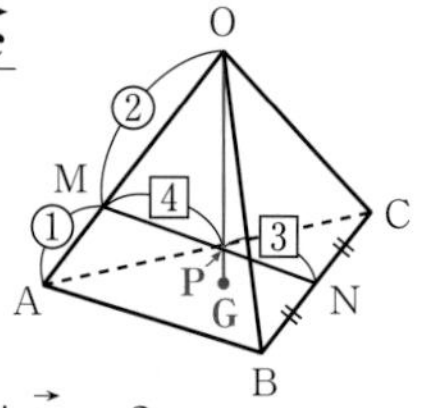


**MP : PN$=4:3$ だから**

**$\overrightarrow{OP}=\dfrac{3\overrightarrow{OM}+4\overrightarrow{ON}}{4+3}$**

**$=\dfrac{3}{7}\cdot\dfrac{2}{3}\vec{a}+\dfrac{4}{7}\cdot\dfrac{\vec{b}+\vec{c}}{2}=\dfrac{2}{7}(\vec{a}+\vec{b}+\vec{c})$**

**G は △ABC の重心だから**

**$\overrightarrow{OG}=\dfrac{1}{3}(\vec{a}+\vec{b}+\vec{c})$**

**ゆえに　$\overrightarrow{OP}=\dfrac{6}{7}\overrightarrow{OG}$**

**よって，3点 O，P，G は一直線上にある。**

## 10 (1) 内分点 $\left(\dfrac{7}{3},\ -\dfrac{1}{3},\ \dfrac{10}{3}\right)$，

**外分点 $(1,\ -3,\ 2)$**

(2) **D(5, 2, 3)**　　(3) **60°**

(4) $\left(-\dfrac{\sqrt{6}}{6},\ -\dfrac{\sqrt{6}}{3},\ -\dfrac{\sqrt{6}}{6}\right)$

解き方　$A(\vec{a})$，$B(\vec{b})$，$C(\vec{c})$ とする。

(1) 線分 AB を 2 : 1 に内分する点を $P(\vec{p})$，外分する点を $Q(\vec{q})$ とすると

$\vec{p}=\dfrac{\vec{a}+2\vec{b}}{2+1}=\dfrac{1}{3}\{(3,\ 1,\ 4)+2(2,\ -1,\ 3)\}$

$=\dfrac{1}{3}(7,\ -1,\ 10)$

$\vec{q}=\dfrac{-\vec{a}+2\vec{b}}{2-1}=-(3,\ 1,\ 4)+2(2,\ -1,\ 3)$

$=(1,\ -3,\ 2)$

(2) 四角形 ABCD が平行四辺形 $\Longleftrightarrow \overrightarrow{AD}=\overrightarrow{BC}$

よって　$\overrightarrow{OD}-\vec{a}=\vec{c}-\vec{b}$

$\overrightarrow{OD}=\vec{a}-\vec{b}+\vec{c}$

$=(3,\ 1,\ 4)-(2,\ -1,\ 3)+(4,\ 0,\ 2)$

$=(5,\ 2,\ 3)$

(3) $\overrightarrow{BA}=(1,\ 2,\ 1)$, $\overrightarrow{BC}=(2,\ 1,\ -1)$

$\overrightarrow{BA}\cdot\overrightarrow{BC}=1\cdot2+2\cdot1+1\cdot(-1)=3$

$|\overrightarrow{BA}|=\sqrt{1^2+2^2+1^2}=\sqrt{6}$

$|\overrightarrow{BC}|=\sqrt{2^2+1^2+(-1)^2}=\sqrt{6}$

$\cos\angle ABC=\dfrac{3}{\sqrt{6}\sqrt{6}}=\dfrac{1}{2}$

$0°<\angle ABC<180°$ より　$\angle ABC=60°$

(4) $\overrightarrow{AB}=(-1,\ -2,\ -1)$

$|\overrightarrow{AB}|=\sqrt{(-1)^2+(-2)^2+(-1)^2}=\sqrt{6}$

求める単位ベクトルは

$\dfrac{\overrightarrow{AB}}{|\overrightarrow{AB}|}=\dfrac{1}{\sqrt{6}}(-1,\ -2,\ -1)$

$=\left(-\dfrac{\sqrt{6}}{6},\ -\dfrac{\sqrt{6}}{3},\ -\dfrac{\sqrt{6}}{6}\right)$

**11** (1) **14**　　(2) **8**

(3) $\mathbf{H}\left(\dfrac{\mathbf{72}}{\mathbf{49}},\ \dfrac{\mathbf{36}}{\mathbf{49}},\ \dfrac{\mathbf{24}}{\mathbf{49}}\right)$

**解き方** (1) A(2, 0, 0), B(0, 4, 0), C(0, 0, 6) より

$\overrightarrow{AB}=(-2,\ 4,\ 0)$

$\overrightarrow{AC}=(-2,\ 0,\ 6)$

$|\overrightarrow{AB}|^2=(-2)^2+4^2=20$

$|\overrightarrow{AC}|^2=(-2)^2+6^2=40$

$\overrightarrow{AB}\cdot\overrightarrow{AC}=4$

$\triangle ABC=\dfrac{1}{2}\sqrt{|\overrightarrow{AB}|^2|\overrightarrow{AC}|^2-(\overrightarrow{AB}\cdot\overrightarrow{AC})^2}$

$=\dfrac{1}{2}\sqrt{20\cdot40-4^2}$

$=\dfrac{\sqrt{784}}{2}=14$

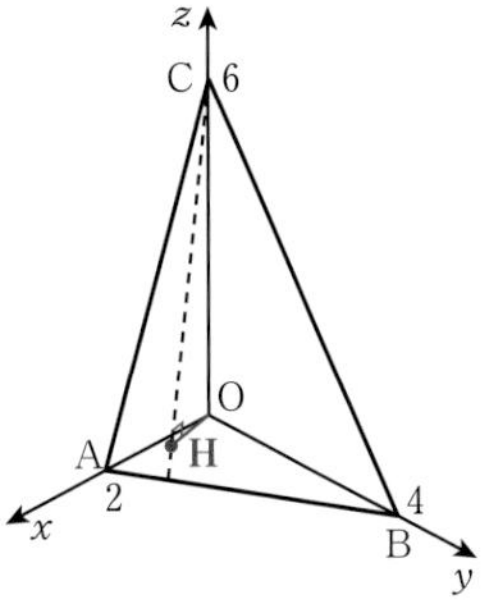


(2) $\dfrac{1}{3}\triangle OAB\cdot OC$

$=\dfrac{1}{3}\cdot\dfrac{2\cdot4}{2}\cdot6=8$

(3) $\dfrac{1}{3}\triangle ABC\cdot OH$

$=8$ だから

$OH=\dfrac{24}{\triangle ABC}=\dfrac{24}{14}=\dfrac{12}{7}$

$\overrightarrow{OH}=(x,\ y,\ z)$ とおくと，

OH⊥AB だから

$\overrightarrow{OH}\cdot\overrightarrow{AB}=-2x+4y=0$　…①

OH⊥AC だから

$\overrightarrow{OH}\cdot\overrightarrow{AC}=-2x+6z=0$　…②

$|\overrightarrow{OH}|^2=x^2+y^2+z^2=\left(\dfrac{12}{7}\right)^2$　…③

①より　$y=\dfrac{1}{2}x$　…④

②より　$z=\dfrac{1}{3}x$　…⑤

④, ⑤を③に代入して　$\left(1+\dfrac{1}{4}+\dfrac{1}{9}\right)x^2=\left(\dfrac{12}{7}\right)^2$

$\dfrac{49}{36}x^2=\left(\dfrac{12}{7}\right)^2$　　$x^2=\left(\dfrac{12}{7}\right)^2\times\left(\dfrac{6}{7}\right)^2$

ゆえに　$x=\dfrac{12}{7}\times\dfrac{6}{7}=\dfrac{72}{49}$　$(x>0)$

④, ⑤に代入して

$y=\dfrac{1}{2}\cdot\dfrac{72}{49}=\dfrac{36}{49}$, $z=\dfrac{1}{3}\cdot\dfrac{72}{49}=\dfrac{24}{49}$

よって　$\overrightarrow{OH}=\left(\dfrac{72}{49},\ \dfrac{36}{49},\ \dfrac{24}{49}\right)$

**(別解)** $A(a,\ 0,\ 0)$, $B(0,\ b,\ 0)$, $C(0,\ 0,\ c)$ を通る平面の方程式は，一般に

$\dfrac{x}{a}+\dfrac{y}{b}+\dfrac{z}{c}=1$ ← 切片方程式という。

で表される。

3点 A, B, C を通る平面の方程式は

$\dfrac{x}{2}+\dfrac{y}{4}+\dfrac{z}{6}=1$　…⑥

⑥の法線ベクトルは　$\vec{u}=\left(\dfrac{1}{2},\ \dfrac{1}{4},\ \dfrac{1}{6}\right)$

$\overrightarrow{OH}=t\left(\dfrac{1}{2},\ \dfrac{1}{4},\ \dfrac{1}{6}\right)=\left(\dfrac{t}{2},\ \dfrac{t}{4},\ \dfrac{t}{6}\right)$

点 H は⑥上にあるから

$\dfrac{1}{2}\left(\dfrac{t}{2}\right)+\dfrac{1}{4}\left(\dfrac{t}{4}\right)+\dfrac{1}{6}\left(\dfrac{t}{6}\right)=1$

これを解いて　$t=\dfrac{144}{49}$

よって　$\overrightarrow{OH}=\dfrac{144}{49}\left(\dfrac{1}{2},\ \dfrac{1}{4},\ \dfrac{1}{6}\right)$

$=\left(\dfrac{72}{49},\ \dfrac{36}{49},\ \dfrac{24}{49}\right)$

# 2章 複素数平面

## 類題の解答 ———— 本冊→p. 64～78

**65**

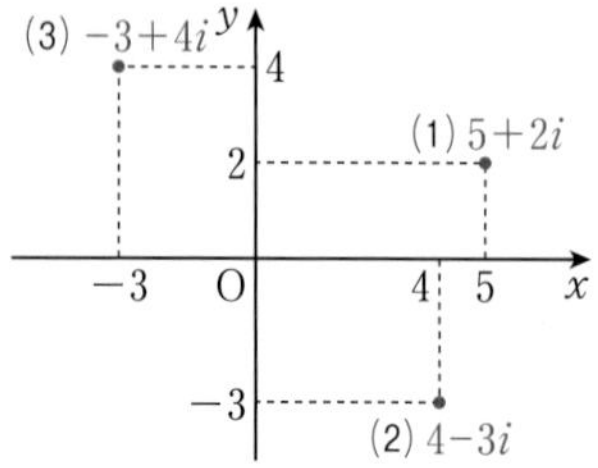


**66** (1) ① $\boldsymbol{5+3i}$　② $\boldsymbol{3-6i}$　③ $\boldsymbol{7-3i}$

(2) ① $\boldsymbol{\sqrt{34}}$　② $\boldsymbol{3\sqrt{5}}$　③ $\boldsymbol{\sqrt{58}}$

解き方 (1) ③ $(1-i)(2+5i)=2+3i-5i^2=7+3i$

$\overline{7+3i}=7-3i$

**(別解)** $\overline{(1-i)(2+5i)}=\overline{(1-i)}\,\overline{(2+5i)}$

$=(1+i)(2-5i)=7-3i$

**67** (1)

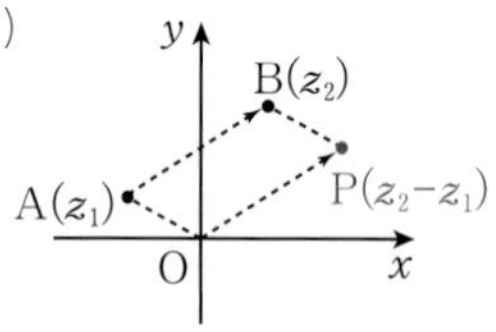


(2)

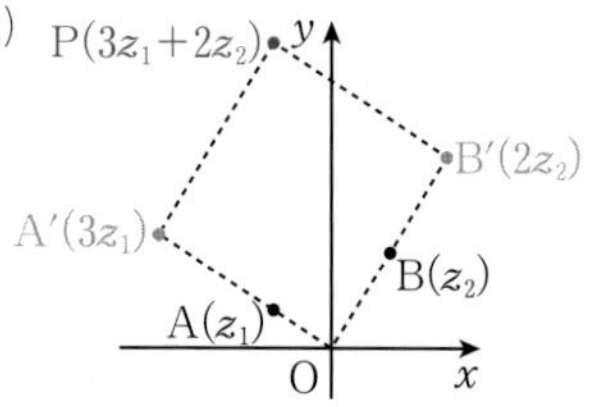


(3)

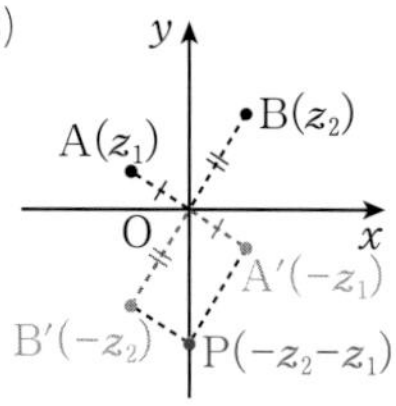


(4)

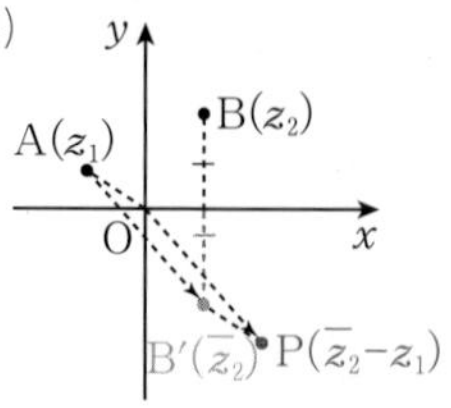


解き方 $A(z_1)$，$B(z_2)$ とする。

(1) $P(z_2-z_1)$ は $\overrightarrow{OP}=\overrightarrow{AB}$ を満たす点である。

(2) $A'(3z_1)$，$B'(2z_2)$をとると，$P(3z_1+2z_2)$ は $OA'$，$OB'$ を 2 辺とする平行四辺形の第 4 の頂点である。

(3) $A'(-z_1)$，$B'(-z_2)$ をとると，
$-z_2-z_1=(-z_2)+(-z_1)$ と考えて，
$P(-z_2-z_1)$ は $OA'$，$OB'$ を 2 辺とする平行四辺形の第 4 の頂点である。

(4) $B'(\overline{z_2})$ をとると，$P(\overline{z_2}-z_1)$ は $\overrightarrow{OP}=\overrightarrow{AB'}$ を満たす点である。

**68** (1) $\boldsymbol{2\left(\cos\frac{2}{3}\pi+i\sin\frac{2}{3}\pi\right)}$

(2) $\boldsymbol{4\left(\cos\frac{5}{3}\pi+i\sin\frac{5}{3}\pi\right)}$

(3) $\boldsymbol{2\left(\cos\frac{\pi}{2}+i\sin\frac{\pi}{2}\right)}$

(4) $\boldsymbol{\cos\frac{3}{4}\pi+i\sin\frac{3}{4}\pi}$

解き方 (1) $|-1+\sqrt{3}i|=\sqrt{(-1)^2+(\sqrt{3})^2}=2$

$-1+\sqrt{3}i=2\left(-\frac{1}{2}+\frac{\sqrt{3}}{2}i\right)$ より，偏角は $\frac{2}{3}\pi$

(2) $|2-2\sqrt{3}i|=\sqrt{2^2+(-2\sqrt{3})^2}=4$

$2-2\sqrt{3}i=4\left(\frac{1}{2}-\frac{\sqrt{3}}{2}i\right)$ より，偏角は $\frac{5}{3}\pi$

(3) $|2i|=2$　　偏角は $\frac{\pi}{2}$

(4) 与式$=-\frac{1}{\sqrt{2}}+\frac{1}{\sqrt{2}}i$　　絶対値は 1，偏角は $\frac{3}{4}\pi$

**69** $\boldsymbol{-2+2\sqrt{3}i}$

解き方 $\sqrt{3}-i$ に，絶対値 2，偏角 $\frac{5}{6}\pi$ の複素数

$2\left(\cos\frac{5}{6}\pi+i\sin\frac{5}{6}\pi\right)=-\sqrt{3}+i$ を掛けるとよい。

$(\sqrt{3}-i)(-\sqrt{3}+i)=-2+2\sqrt{3}i$

**70** $\angle \mathrm{OAB}=\dfrac{\pi}{2}$ **の直角二等辺三角形**

解き方 $\dfrac{-1+3i}{1+2i}=\dfrac{(-1+3i)(1-2i)}{(1+2i)(1-2i)}$

$=\dfrac{5+5i}{5}=1+i=\sqrt{2}\left(\cos\dfrac{\pi}{4}+i\sin\dfrac{\pi}{4}\right)$

よって　$\dfrac{\mathrm{OB}}{\mathrm{OA}}=\sqrt{2}$，$\angle \mathrm{AOB}=\dfrac{\pi}{4}$

ゆえに　$\mathrm{OA}=\mathrm{AB}$，$\angle \mathrm{OAB}=\dfrac{\pi}{2}$

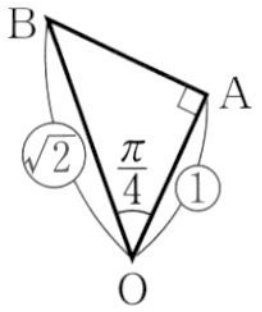

したがって，$\angle \mathrm{OAB}=\dfrac{\pi}{2}$ の直角二等辺三角形。

**(参考)** $\mathrm{A}(z_1)$，$\mathrm{B}(z_2)$ のとき

$\dfrac{z_2}{z_1}=r(\cos\theta+i\sin\theta)$ を読むと，

$\dfrac{|z_2|}{|z_1|}=\dfrac{\mathrm{OB}}{\mathrm{OA}}=r$，$\angle \mathrm{AOB}=\theta$ だから，

点Bは点Oを中心に点Aを $\theta$ だけ回転し，さらにOからの距離を $r$ 倍した点である。

**71** (1) **16**　(2) $-\dfrac{1}{32}-\dfrac{\sqrt{3}}{32}i$

解き方 (1) $1+i=\sqrt{2}\left(\cos\dfrac{\pi}{4}+i\sin\dfrac{\pi}{4}\right)$

$(1+i)^8=(\sqrt{2})^8\left(\cos\dfrac{\pi}{4}+i\sin\dfrac{\pi}{4}\right)^8$

$=16\left\{\cos\left(8\times\dfrac{\pi}{4}\right)+i\sin\left(8\times\dfrac{\pi}{4}\right)\right\}$

$=16(\cos 2\pi+i\sin 2\pi)=16$

(2) $(1-\sqrt{3}i)^{-1}=\dfrac{1+\sqrt{3}i}{(1-\sqrt{3}i)(1+\sqrt{3}i)}$

$=\dfrac{2}{4}\left(\cos\dfrac{\pi}{3}+i\sin\dfrac{\pi}{3}\right)$

よって　$(1-\sqrt{3}i)^{-4}=\{(1-\sqrt{3}i)^{-1}\}^4$

$=\left(\dfrac{1}{2}\right)^4\left(\cos\dfrac{\pi}{3}+i\sin\dfrac{\pi}{3}\right)^4$

$=\dfrac{1}{16}\left(\cos\dfrac{4}{3}\pi+i\sin\dfrac{4}{3}\pi\right)=\dfrac{1}{16}\left(-\dfrac{1}{2}-\dfrac{\sqrt{3}}{2}i\right)$

**(参考)**

$(1-\sqrt{3}i)^{-4}=\left[2\left\{\cos\left(-\dfrac{\pi}{3}\right)+i\sin\left(-\dfrac{\pi}{3}\right)\right\}\right]^{-4}$

$=2^{-4}\left(\cos\dfrac{4}{3}\pi+i\sin\dfrac{4}{3}\pi\right)=\dfrac{1}{16}\left(-\dfrac{1}{2}-\dfrac{\sqrt{3}}{2}i\right)$

このように，ド・モアブルの定理は $n$ が負の整数のときも成り立つ。

**72** (1) $z=-1$，$\dfrac{1}{2}\pm\dfrac{\sqrt{3}}{2}i$　(2) $z=\pm 2$，$\pm 2i$

(3) $z=\pm\dfrac{\sqrt{3}}{2}+\dfrac{1}{2}i$，$-i$

解き方 $z=r(\cos\theta+i\sin\theta)$ …①とおく。

(1) $z^3=-1$ より　$r^3(\cos\theta+i\sin\theta)^3=-1$

$r^3(\cos 3\theta+i\sin 3\theta)=1(\cos\pi+i\sin\pi)$

よって　$r^3=1$　$r>0$ だから　$r=1$

$3\theta=\pi+2k\pi$ より　$\theta=\dfrac{\pi+2k\pi}{3}$ $(k=0,\ 1,\ 2)$

よって　$\theta=\dfrac{\pi}{3}$，$\pi$，$\dfrac{5}{3}\pi$　これを①に代入する。

(2) $z^4=16$ より

$r^4(\cos 4\theta+i\sin 4\theta)=2^4(\cos 0+i\sin 0)$

よって　$r^4=2^4$　$r>0$ だから　$r=2$

$4\theta=0+2k\pi$ より　$\theta=\dfrac{k\pi}{2}$ $(k=0,\ 1,\ 2,\ 3)$

よって　$\theta=0$，$\dfrac{\pi}{2}$，$\pi$，$\dfrac{3}{2}\pi$　これを①に代入する。

(3) $z^3=i$ より

$r^3(\cos 3\theta+i\sin 3\theta)=1\left(\cos\dfrac{\pi}{2}+i\sin\dfrac{\pi}{2}\right)$

よって　$r^3=1$　$r>0$ だから　$r=1$

$3\theta=\dfrac{\pi}{2}+2k\pi$ より　$\theta=\dfrac{\pi}{6}+\dfrac{2}{3}k\pi$ $(k=0,\ 1,\ 2)$

よって　$\theta=\dfrac{\pi}{6}$，$\dfrac{5}{6}\pi$，$\dfrac{3}{2}\pi$　これを①に代入する。

**(参考)** 複素数平面上では，(1)，(3)の解はOを中心とする半径1の円周の三等分点，(2)の解はOを中心とする半径2の円周の四等分点である。

**73** (1) **13**　(2) $2\sqrt{10}$

解き方 (1) $\mathrm{AB}=|(-9+3i)-(3-2i)|=|-12+5i|$

$=\sqrt{(-12)^2+5^2}=\sqrt{169}=13$

(2) $\mathrm{PQ}=|(4-i)-(2+5i)|=|2-6i|$

$=\sqrt{2^2+(-6)^2}=\sqrt{40}=2\sqrt{10}$

**74** A : $\dfrac{9}{5}+\dfrac{4}{5}i$，B : $-3+8i$

解き方 内分点 $\dfrac{2(3-i)+3(1+2i)}{3+2}=\dfrac{9+4i}{5}$

外分点 $\dfrac{-2(3-i)+3(1+2i)}{3-2}=-3+8i$

**(注意)** 分けるのは線分QP。線分PQではない。

**75** $\mathbf{A(\alpha)}$，$\mathbf{B(\beta)}$，$\mathbf{C(\gamma)}$ **とおくと**

$$\mathbf{P}\left(\frac{2\alpha+\beta}{3}\right),\ \mathbf{Q}\left(\frac{2\beta+\gamma}{3}\right),\ \mathbf{R}\left(\frac{2\gamma+\alpha}{3}\right)$$

**よって，△PQR の重心を表す複素数は**

$$\frac{1}{3}\left(\frac{2\alpha+\beta}{3}+\frac{2\beta+\gamma}{3}+\frac{2\gamma+\alpha}{3}\right)$$

$$=\frac{1}{3}(\alpha+\beta+\gamma)$$

**これは△ABC の重心を表す複素数であるから，△ABC の重心と△PQR の重心は一致する。**

**76** (1) **点** $\dfrac{-1+i}{2}$ **を中心とする半径 2 の円**

(2) **原点と点** $1+i$ **を結ぶ線分の垂直二等分線**

解き方 (1) 与式より $\left|2\left(z-\dfrac{-1+i}{2}\right)\right|=4$

$2\left|z-\dfrac{-1+i}{2}\right|=4$ $\left|z-\dfrac{-1+i}{2}\right|=2$

(2) $|\overline{z}|=|z|$ であるから，与式は

$|z|=|z-(1+i)|$

よって，点 $z$ は，原点と点 $1+i$ を結ぶ線分の垂直二等分線を描く。

**77-1** **点 2 を中心とする半径 3 の円周上**

解き方 $w=2-iz$ より $z=\dfrac{w-2}{-i}$

$|z|=3$ に代入して $\left|\dfrac{w-2}{-i}\right|=3$ $\dfrac{|w-2|}{|-i|}=3$

よって $|w-2|=3$

**77-2** (1) **原点 O を中心とする半径 1 の円**

(2) **原点 O を中心とする半径** $\sqrt{2}$ **の円**

解き方 $|z|=1$

(1) $w=\dfrac{1}{z}$ より $|w|=\left|\dfrac{1}{z}\right|=\dfrac{1}{|z|}$

よって $|w|=1$

(2) $w=\dfrac{1+i}{z}$ より $|w|=\left|\dfrac{1+i}{z}\right|=\dfrac{\sqrt{2}}{|z|}$

よって $|w|=\sqrt{2}$

**(別解)** (1) $w=\dfrac{1}{z}$ のとき，$\overline{w}=\dfrac{\overline{z}}{z\overline{z}}=\dfrac{\overline{z}}{|z|^2}=\overline{z}$ より，$\overline{w}$ と $z$ は実軸に関して対称となっているから，点 $w$ の描く図形は $z$ の描く図形を実軸に関して対称移動したもの。

(2) $w=\dfrac{1+i}{z}=\sqrt{2}\left(\cos\dfrac{\pi}{4}+i\sin\dfrac{\pi}{4}\right)\cdot\dfrac{1}{z}$

これより点 $w$ の描く図形は，点 $\dfrac{1}{z}$ の描く図形を原点 O のまわりに $\dfrac{\pi}{4}$ だけ回転し，O を中心に $\sqrt{2}$ 倍に拡大したものとなる。

**78** (1) $\mathbf{AB:AC=1:\sqrt{2}}$，$\mathbf{\angle BAC=\dfrac{3}{4}\pi}$ **の三角形**

(2) $\mathbf{AB:AC=1:3}$，$\mathbf{\angle BAC=\dfrac{\pi}{2}}$ **の直角三角形**

(3) **3 点は C，A，B の順に一直線上にあり，**

$\mathbf{AB:AC=1:2}$

解き方 (1) $|-1+i|=\sqrt{(-1)^2+1^2}=\sqrt{2}$ より

$-1+i=\sqrt{2}\left(-\dfrac{1}{\sqrt{2}}+\dfrac{1}{\sqrt{2}}i\right)$

$=\sqrt{2}\left(\cos\dfrac{3}{4}\pi+i\sin\dfrac{3}{4}\pi\right)$

$\dfrac{AC}{AB}=\sqrt{2}$，$\angle BAC=\dfrac{3}{4}\pi$

したがって，$AB:AC=1:\sqrt{2}$，$\angle BAC=\dfrac{3}{4}\pi$ の三角形。

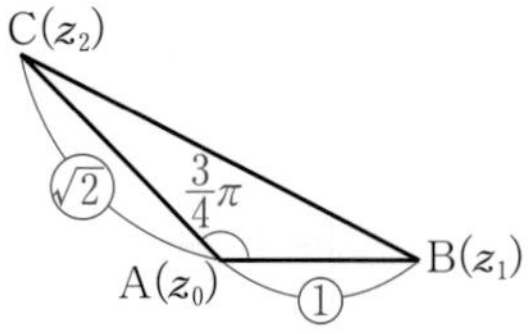


(2) $-3i=3\left(\cos\dfrac{3}{2}\pi+i\sin\dfrac{3}{2}\pi\right)$ より

$\dfrac{AC}{AB}=3$，$\angle BAC=\dfrac{3}{2}\pi$

したがって，$AB:AC=1:3$，$\angle BAC=\dfrac{\pi}{2}$ の直角三角形。

←$\dfrac{3}{2}\pi=2\pi-\dfrac{\pi}{2}$ より，偏角は $-\dfrac{\pi}{2}$ になる。

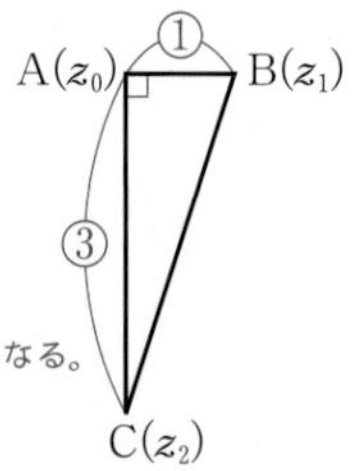


(3) $-2=2(\cos\pi+i\sin\pi)$ より

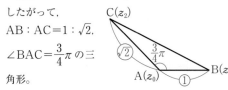

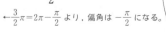

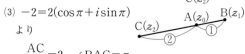

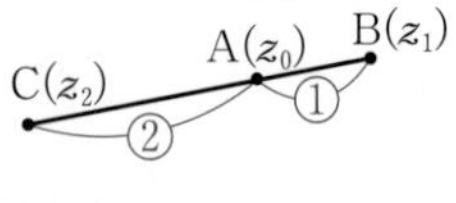


$\dfrac{AC}{AB}=2$，$\angle BAC=\pi$

したがって，3 点は C，A，B の順に一直線上にあり $AB:AC=1:2$ ←C は AB を 2：3 に外分する点

## 定期テスト予想問題 の解答 —— 本冊→p. 79〜80

**1** (1)

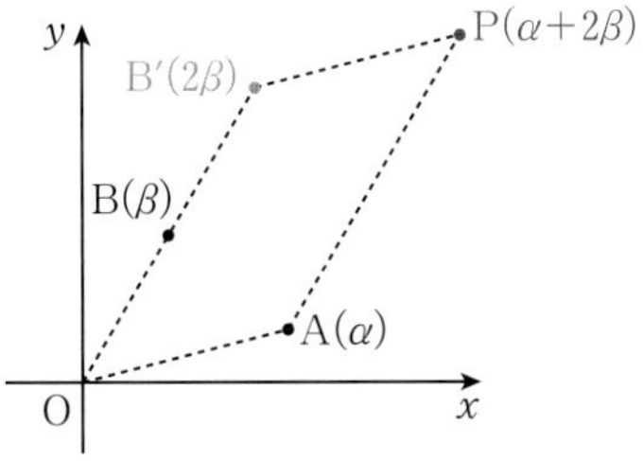


(2)

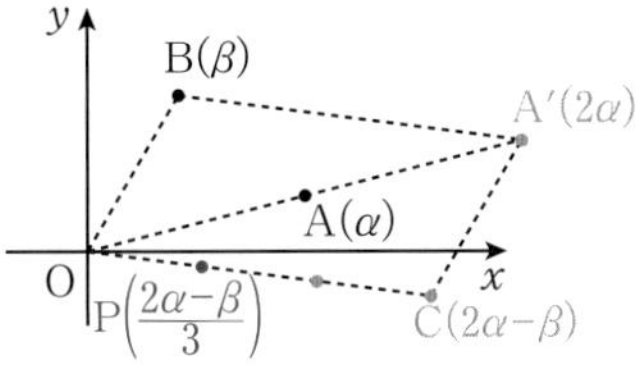


(3)

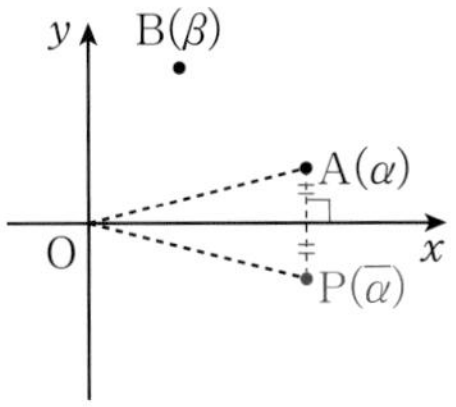


**解き方**

(2) **(別解)** $\frac{2}{3}\alpha+\left(-\frac{1}{3}\beta\right)$ としてPを図示する。

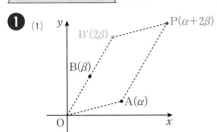

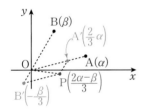

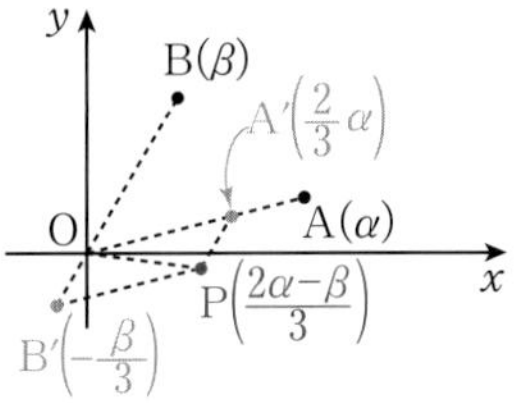


**2** $\boldsymbol{2(|\alpha|^2+|\beta|^2)}$

**解き方** $|\alpha+\beta|^2+|\alpha-\beta|^2$

$=(\alpha+\beta)(\overline{\alpha+\beta})+(\alpha-\beta)(\overline{\alpha-\beta})$

$=(\alpha+\beta)(\overline{\alpha}+\overline{\beta})+(\alpha-\beta)(\overline{\alpha}-\overline{\beta})$

$=\alpha\overline{\alpha}+\underline{\alpha\overline{\beta}}+\underline{\beta\overline{\alpha}}+\beta\overline{\beta}+\alpha\overline{\alpha}\underline{-\alpha\overline{\beta}}\underline{-\beta\overline{\alpha}}+\beta\overline{\beta}$

$=2(|\alpha|^2+|\beta|^2)$

**3** (1) $\boldsymbol{\cos\frac{3}{2}\pi+i\sin\frac{3}{2}\pi}$

(2) $\boldsymbol{\sqrt{2}\left(\cos\frac{\pi}{4}+i\sin\frac{\pi}{4}\right)}$

**解き方** (1) $-i=1\cdot(0-1\cdot i)=1\cdot\left(\cos\frac{3}{2}\pi+i\sin\frac{3}{2}\pi\right)$

(2) $1-i+\frac{2(1+i)}{1-i}=1-i+\frac{2(1+i)^2}{1^2-i^2}$

$=1-i+(1+2i+i^2)$

$=1+i=\sqrt{2}\left(\frac{1}{\sqrt{2}}+\frac{1}{\sqrt{2}}i\right)$

$=\sqrt{2}\left(\cos\frac{\pi}{4}+i\sin\frac{\pi}{4}\right)$

**4** (1) $\boldsymbol{\frac{1}{r}\{\cos(-\theta)+i\sin(-\theta)\}}$

(2) $\boldsymbol{2r\{\cos(\theta+\pi)+i\sin(\theta+\pi)\}}$

**解き方** (1) $\frac{1}{z}=\frac{1}{r(\cos\theta+i\sin\theta)}$

$=\frac{1}{r}\cdot\frac{\cos\theta-i\sin\theta}{\cos^2\theta+\sin^2\theta}$

$=\frac{1}{r}\{\cos(-\theta)+i\sin(-\theta)\}$

(2) $-2z=-2r(\cos\theta+i\sin\theta)$

$=2r(\cos\pi+i\sin\pi)(\cos\theta+i\sin\theta)$

$=2r\{\cos(\theta+\pi)+i\sin(\theta+\pi)\}$

**5** $\boldsymbol{\arg z_1z_2=\frac{5}{12}\pi,\ \arg\frac{z_2}{z_1}=\frac{\pi}{12}}$

**解き方** $z_1=\sqrt{3}+i=2\left(\frac{\sqrt{3}}{2}+\frac{1}{2}i\right)$

$=2\left(\cos\frac{\pi}{6}+i\sin\frac{\pi}{6}\right)$

$z_2=1+i=\sqrt{2}\left(\frac{1}{\sqrt{2}}+\frac{1}{\sqrt{2}}i\right)$

$=\sqrt{2}\left(\cos\frac{\pi}{4}+i\sin\frac{\pi}{4}\right)$

$\arg z_1z_2=\arg z_1+\arg z_2=\frac{\pi}{6}+\frac{\pi}{4}=\frac{5}{12}\pi$

$\arg\frac{z_2}{z_1}=\arg z_2-\arg z_1=\frac{\pi}{4}-\frac{\pi}{6}=\frac{\pi}{12}$

**6** (1) **64**　(2) **−64**

**解き方** (1) $1+\sqrt{3}i=2\left(\frac{1}{2}+\frac{\sqrt{3}}{2}i\right)$

$=2\left(\cos\frac{\pi}{3}+i\sin\frac{\pi}{3}\right)$

$(1+\sqrt{3}i)^6=2^6\left\{\cos\left(6\cdot\frac{\pi}{3}\right)+i\sin\left(6\cdot\frac{\pi}{3}\right)\right\}$

$=64(\cos2\pi+i\sin2\pi)=64$

(2) $\dfrac{2+2i}{1-\sqrt{3}i}=\dfrac{2\sqrt{2}\left(\cos\dfrac{\pi}{4}+i\sin\dfrac{\pi}{4}\right)}{2\left\{\cos\left(-\dfrac{\pi}{3}\right)+i\sin\left(-\dfrac{\pi}{3}\right)\right\}}$

$=\sqrt{2}\left\{\cos\left(\dfrac{\pi}{4}+\dfrac{\pi}{3}\right)+i\sin\left(\dfrac{\pi}{4}+\dfrac{\pi}{3}\right)\right\}$

$=\sqrt{2}\left(\cos\dfrac{7}{12}\pi+i\sin\dfrac{7}{12}\pi\right)$

$\left(\dfrac{2+2i}{1-\sqrt{3}i}\right)^{12}$

$=(\sqrt{2})^{12}\left\{\cos\left(12\times\dfrac{7}{12}\pi\right)+i\sin\left(12\times\dfrac{7}{12}\pi\right)\right\}$

$=(\sqrt{2})^{12}(\cos 7\pi+i\sin 7\pi)$

$=64(-1+0i)=-64$

**7** $\cos\left(\pm\dfrac{\pi}{6}\right)+i\sin\left(\pm\dfrac{\pi}{6}\right)$ **(複号同順)**

**解き方** $z+\dfrac{1}{z}=\sqrt{3}$

$z^2-\sqrt{3}z+1=0$

$z=\dfrac{\sqrt{3}\pm\sqrt{3-4}}{2}=\dfrac{\sqrt{3}}{2}\pm\dfrac{1}{2}i$

$=\cos\left(\pm\dfrac{\pi}{6}\right)+i\sin\left(\pm\dfrac{\pi}{6}\right)$

**8** $1+\sqrt{3}i$

**解き方**

与式$=\dfrac{2(\cos 3\theta+i\sin 3\theta)(\cos 5\theta+i\sin 5\theta)}{\cos(-2\theta)+i\sin(-2\theta)}$

$=2\{\cos(3\theta+5\theta+2\theta)+i\sin(3\theta+5\theta+2\theta)\}$

$=2(\cos 10\theta+i\sin 10\theta)$

$\theta=\dfrac{\pi}{30}$ を代入して

$2\left(\cos\dfrac{\pi}{3}+i\sin\dfrac{\pi}{3}\right)=2\left(\dfrac{1}{2}+\dfrac{\sqrt{3}}{2}i\right)$

$=1+\sqrt{3}i$

**9** (1) $z=\dfrac{\sqrt{2}}{2}\pm\dfrac{\sqrt{2}}{2}i,\ -\dfrac{\sqrt{2}}{2}\pm\dfrac{\sqrt{2}}{2}i$

(2) $z=\pm\dfrac{1}{2}\pm\dfrac{\sqrt{3}}{2}i,\ \mp\dfrac{\sqrt{3}}{2}\pm\dfrac{1}{2}i$ **(複号同順)**

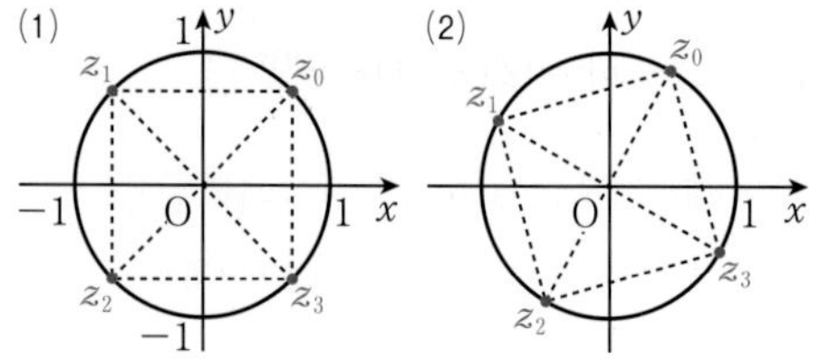


**解き方** $z=r(\cos\theta+i\sin\theta)$ とおく。

(1) $z^4=-1$ より

$r^4(\cos 4\theta+i\sin 4\theta)=1(\cos\pi+i\sin\pi)$

$r^4=1$ で，$r>0$ より　$r=1$

$4\theta=\pi+2k\pi$ より

$\theta=\dfrac{\pi}{4}+\dfrac{k\pi}{2}$ $(k=0,\ 1,\ 2,\ 3)$

$\theta=\dfrac{\pi}{4},\ \dfrac{3}{4}\pi,\ \dfrac{5}{4}\pi,\ \dfrac{7}{4}\pi$

$z_0=1\left(\cos\dfrac{\pi}{4}+i\sin\dfrac{\pi}{4}\right)=\dfrac{\sqrt{2}}{2}+\dfrac{\sqrt{2}}{2}i$

$z_1=1\left(\cos\dfrac{3}{4}\pi+i\sin\dfrac{3}{4}\pi\right)=-\dfrac{\sqrt{2}}{2}+\dfrac{\sqrt{2}}{2}i$

$z_2=1\left(\cos\dfrac{5}{4}\pi+i\sin\dfrac{5}{4}\pi\right)=-\dfrac{\sqrt{2}}{2}-\dfrac{\sqrt{2}}{2}i$

$z_3=1\left(\cos\dfrac{7}{4}\pi+i\sin\dfrac{7}{4}\pi\right)=\dfrac{\sqrt{2}}{2}-\dfrac{\sqrt{2}}{2}i$

(2) $z^4=-\dfrac{1}{2}-\dfrac{\sqrt{3}}{2}i$ より

$r^4(\cos 4\theta+i\sin 4\theta)=1\left(\cos\dfrac{4}{3}\pi+i\sin\dfrac{4}{3}\pi\right)$

$r^4=1$ で，$r>0$ より　$r=1$

$4\theta=\dfrac{4}{3}\pi+2k\pi$ より

$\theta=\dfrac{\pi}{3}+\dfrac{k\pi}{2}$ $(k=0,\ 1,\ 2,\ 3)$

$\theta=\dfrac{\pi}{3},\ \dfrac{5}{6}\pi,\ \dfrac{4}{3}\pi,\ \dfrac{11}{6}\pi$

$z_0=1\left(\cos\dfrac{\pi}{3}+i\sin\dfrac{\pi}{3}\right)=\dfrac{1}{2}+\dfrac{\sqrt{3}}{2}i$

$z_1=1\left(\cos\dfrac{5}{6}\pi+i\sin\dfrac{5}{6}\pi\right)=-\dfrac{\sqrt{3}}{2}+\dfrac{1}{2}i$

$z_2=1\left(\cos\dfrac{4}{3}\pi+i\sin\dfrac{4}{3}\pi\right)=-\dfrac{1}{2}-\dfrac{\sqrt{3}}{2}i$

$z_3=1\left(\cos\dfrac{11}{6}\pi+i\sin\dfrac{11}{6}\pi\right)=\dfrac{\sqrt{3}}{2}-\dfrac{1}{2}i$

**(参考)** (1)，(2)とも $r=1$ だから，解はすべて半径1の円周上にあり，また，$z_0$，$z_1$，$z_2$，$z_3$ は正方形の各頂点となる。

## ⓾ (1) $x=4$ (2) $x=8$

**解き方** $A(z_0)$, $B(z_1)$, $C(z_2)$ とするとき

$$\frac{z_2-z_0}{z_1-z_0}=\frac{(x+i)-(6-i)}{(3+2i)-(6-i)}=\frac{(x-6)+2i}{-3+3i}$$

$$=\frac{\{(x-6)+2i\}(1+i)}{-3(1-i)(1+i)}$$

$$=\frac{(x-6+2i^2)+(x-6+2)i}{-3(1-i^2)}$$

$$=\frac{(x-8)+(x-4)i}{-6}=\frac{8-x}{6}+\frac{4-x}{6}i \quad \cdots ①$$

(1) A, B, C が一直線上にあるのは偏角が 0 か $\pi$ のときだから①が実数となる。

したがって　$x=4$

(2) $AB\perp AC$ となるのは偏角が $\frac{\pi}{2}$ か $\frac{3}{2}\pi$ のときだから①が純虚数となる。したがって　$x=8$

## ⓫ AB=BC の直角二等辺三角形

**解き方** $A(z_0)$, $B(z_1)$, $C(z_2)$ とするとき

$$\frac{z_2-z_0}{z_1-z_0}=\frac{i-(4-i)}{3+2i-(4-i)}=\frac{-4+2i}{-1+3i}$$

$$=\frac{(-4+2i)(-1-3i)}{(-1+3i)(-1-3i)}$$

$$=\frac{4+12i-2i-6i^2}{1-9i^2}=\frac{10+10i}{10}=1+i$$

$$=\sqrt{2}\left(\cos\frac{\pi}{4}+i\sin\frac{\pi}{4}\right)$$

$\dfrac{|z_2-z_0|}{|z_1-z_0|}=\sqrt{2}$ より　$\dfrac{AC}{AB}=\sqrt{2}$

$\arg\dfrac{z_2-z_0}{z_1-z_0}=\dfrac{\pi}{4}$ より

$\angle BAC=\dfrac{\pi}{4}$

三角形の 2 辺の比とその間の角から，AB=BC の直角二等辺三角形。

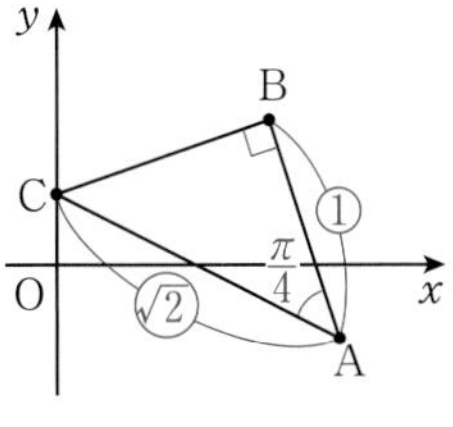


## ⓬ $\angle A=60°$, $\angle B=30°$, $\angle C=90°$ の直角三角形

**解き方** $A(z_0)$, $B(z_1)$, $C(z_2)$ とする。

$z_0=(\sqrt{3}+1)+i$　　$z_1=2+(2+\sqrt{3})i$

$z_2=(2+\sqrt{3})+2i$

$$\frac{z_2-z_0}{z_1-z_0}=\frac{(2+\sqrt{3})+2i-\{(\sqrt{3}+1)+i\}}{2+(2+\sqrt{3})i-\{(\sqrt{3}+1)+i\}}$$

$$=\frac{1+i}{(1-\sqrt{3})+(1+\sqrt{3})i}$$

$$=\frac{(1+i)\{(1-\sqrt{3})-(1+\sqrt{3})i\}}{\{(1-\sqrt{3})+(1+\sqrt{3})i\}\{(1-\sqrt{3})-(1+\sqrt{3})i\}}$$

$$=\frac{1-\sqrt{3}-(1+\sqrt{3})i+(1-\sqrt{3})i-(1+\sqrt{3})i^2}{(1-\sqrt{3})^2-(1+\sqrt{3})^2i^2}$$

$$=\frac{2-2\sqrt{3}i}{8}=\frac{1-\sqrt{3}i}{4}$$

$$=\frac{1}{2}\left(\frac{1}{2}-\frac{\sqrt{3}}{2}i\right)=\frac{1}{2}\left\{\cos\left(-\frac{\pi}{3}\right)+i\sin\left(-\frac{\pi}{3}\right)\right\}$$

$\left|\dfrac{z_2-z_0}{z_1-z_0}\right|=\dfrac{AC}{AB}=\dfrac{1}{2}$ より　$AB:AC=2:1$

$\arg\dfrac{z_2-z_0}{z_1-z_0}=-\dfrac{\pi}{3}$ より

$\angle BAC=\dfrac{\pi}{3}$

このことを図で表すと，右の図のようになる。

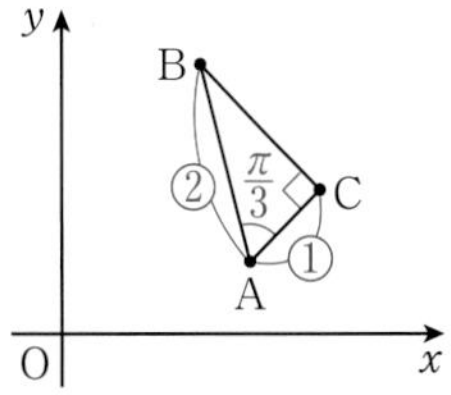


## ⓭ 点 2 を中心とする半径 2 の円

**解き方** $|z+2|=2|z-1|$ の両辺を 2 乗すると

$|z+2|^2=4|z-1|^2$

$(z+2)(\overline{z+2})=4(z-1)(\overline{z-1})$

$(z+2)(\overline{z}+2)=4(z-1)(\overline{z}-1)$

$z\overline{z}+2z+2\overline{z}+4=4(z\overline{z}-z-\overline{z}+1)$

$3z\overline{z}-6z-6\overline{z}=0$

$(z-2)(\overline{z}-2)-4=0$　　$(z-2)(\overline{z-2})-4=0$

$|z-2|^2=4$　　$|z-2|=2$

よって，点 $z$ の描く図形は点 2 を中心に半径 2 の円。

**(別解 1)**　$z=x+yi$ とおいて，$xy$ 平面の問題と考える。

$|z+2|=2|z-1|$ より　$|x+yi+2|=2|x+yi-1|$

$|(x+2)+yi|^2=\{2|(x-1)+yi|\}^2$

$(x+2)^2+y^2=4\{(x-1)^2+y^2\}$

$x^2+4x+4+y^2=4x^2-8x+4+4y^2$

$3x^2-12x+3y^2=0$　　$x^2-4x+y^2=0$

$(x-2)^2+y^2=4$

**(別解 2)**　図形的な意味を考える。

$|z+2|=2|z-1|$ より　$|z+2|:|z-1|=2:1$

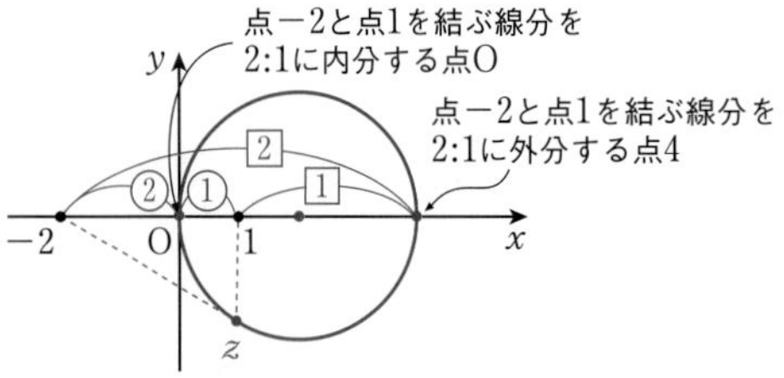


点 $z$ の描く図形は，点 $-2$ と点 $1$ を結ぶ線分を $2:1$ に内分する点と外分する点を直径の両端とする円。(2 定点からの距離の比が $m:n(m\neq n)$ である点の軌跡は円になる。この円をアポロニウスの円という。)

**14** (1) **点 $i$ を中心とする半径 3 の円**

(2) **点 $\dfrac{\sqrt{2}}{2}+\dfrac{\sqrt{2}}{2}i$ を中心とする半径 $\dfrac{\sqrt{2}}{2}$ の円**

(3) **2 点 1，$i$ を結ぶ線分の垂直二等分線**

解き方　(1) $w=i(3z+1)$ より

$$\frac{w}{i}-1=3z \qquad \frac{w-i}{3i}=z$$

よって　$\left|\dfrac{w-i}{3i}\right|=|z|$

$|z|=1$ より　$\dfrac{|w-i|}{3}=1$

$|w-i|=3$ だから，点 $w$ は点 $i$ を中心に半径 3 の円を描く。

(2) $w=\dfrac{z+\sqrt{2}i}{1+i}$ より　$(1+i)w-\sqrt{2}i=z$

$$(1+i)\left(w-\frac{\sqrt{2}i}{1+i}\right)=z$$

$$(1+i)\left\{w-\frac{\sqrt{2}i(1-i)}{(1+i)(1-i)}\right\}=z$$

$$(1+i)\left(w-\frac{\sqrt{2}i-\sqrt{2}i^2}{2}\right)=z$$

$$(1+i)\left(w-\frac{\sqrt{2}}{2}-\frac{\sqrt{2}}{2}i\right)=z$$

$$|1+i|\left|w-\left(\frac{\sqrt{2}}{2}+\frac{\sqrt{2}}{2}i\right)\right|=|z|$$

$$\sqrt{2}\left|w-\left(\frac{\sqrt{2}}{2}+\frac{\sqrt{2}}{2}i\right)\right|=|z|$$

$|z|=1$ より $\left|w-\left(\dfrac{\sqrt{2}}{2}+\dfrac{\sqrt{2}}{2}i\right)\right|=\dfrac{\sqrt{2}}{2}$ だから，

点 $w$ は点 $\left(\dfrac{\sqrt{2}}{2}+\dfrac{\sqrt{2}}{2}i\right)$ を中心に半径 $\dfrac{\sqrt{2}}{2}$ の円を描く。

(3) $w=\dfrac{z+i}{z+1}$ より　$w(z+1)=z+i$

$$(w-1)z=-w+i \qquad z=\frac{-w+i}{w-1}$$

$|z|=1$ より　$\left|\dfrac{-w+i}{w-1}\right|=1$

よって　$|w-i|=|w-1|$

点 $w$ は 2 点 1，$i$ を結ぶ線分の垂直二等分線を描く。

**(別解)**　$w=x+yi$ とおいて，$xy$ 平面の問題と考える。

$z=X+Yi$，$X^2+Y^2=1$

(1) $w=i(3z+1)=i(3X+3Yi+1)$
$=-3Y+(3X+1)i$

$x=-3Y$，$y=3X+1$

よって　$X=\dfrac{y-1}{3}$，$Y=-\dfrac{x}{3}$

$$\left(\frac{y-1}{3}\right)^2+\left(-\frac{x}{3}\right)^2=1 \qquad x^2+(y-1)^2=3^2$$

(2) $w=\dfrac{z+\sqrt{2}i}{1+i}=\dfrac{X+Yi+\sqrt{2}i}{1+i}$

$$=\frac{\{X+(Y+\sqrt{2})i\}(1-i)}{(1+i)(1-i)}$$

$$=\frac{X+(Y+\sqrt{2})i-Xi+(Y+\sqrt{2})}{2}$$

$$=\frac{(X+Y+\sqrt{2})+(-X+Y+\sqrt{2})i}{2}$$

$x=\dfrac{1}{2}(X+Y+\sqrt{2})$，$y=\dfrac{1}{2}(-X+Y+\sqrt{2})$

よって　$X=x-y$，$Y=x+y-\sqrt{2}$

$(x-y)^2+(x+y-\sqrt{2})^2=1$

整理して　$\left(x-\dfrac{\sqrt{2}}{2}\right)^2+\left(y-\dfrac{\sqrt{2}}{2}\right)^2=\dfrac{1}{2}$

(3) $w=\dfrac{z+i}{z+1}=\dfrac{X+Yi+i}{X+Yi+1}$

$$=\frac{\{X+(Y+1)i\}\{(X+1)-Yi\}}{\{(X+1)+Yi\}\{(X+1)-Yi\}}$$

$$=\frac{X(X+1)+Y(Y+1)+\{(X+1)(Y+1)-XY\}i}{(X+1)^2+Y^2}$$

$$=\frac{(X^2+X+Y^2+Y)+(XY+X+Y+1-XY)i}{X^2+2X+1+Y^2}$$

$$=\frac{(X+Y+1)+(X+Y+1)i}{2(X+1)}$$ ←$X^2+Y^2=1$ を利用。

$x=\dfrac{1}{2}\left(1+\dfrac{Y}{X+1}\right)$，$y=\dfrac{1}{2}\left(1+\dfrac{Y}{X+1}\right)$

よって　$x=y$

**15** 点 A(0)，B($z_1$)，C($z_2$) とおくと，

点 E は点 A を中心に点 B を $-\frac{\pi}{2}$ だけ回転した点だから E($-z_1 i$) と表せる。

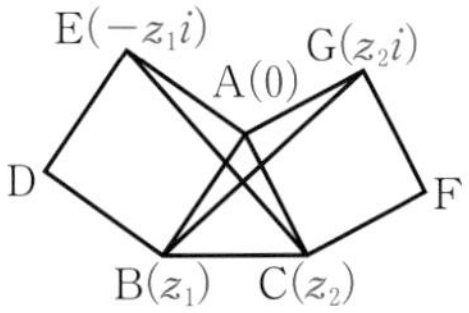


点 G は点 A を中心に点 C を $\frac{\pi}{2}$ だけ回転した点だから G($z_2 i$) と表せる。

$$\frac{-z_1i-z_2}{z_2i-z_1}=\frac{-(z_2+z_1i)}{i(z_2+z_1i)}=-\frac{1}{i}=i$$

$$=1\left(\cos\frac{\pi}{2}+i\sin\frac{\pi}{2}\right)$$

$\left|\frac{-z_1i-z_2}{z_2i-z_1}\right|=1$ より $\frac{CE}{BG}=1$ だから

CE=BG

また，$\arg\frac{-z_1i-z_2}{z_2i-z_1}=\frac{\pi}{2}$ より

$\arg(-z_1i-z_2)-\arg(z_2i-z_1)=\frac{\pi}{2}$ だから

CE⊥BG　　［証明終］

# 3章 式と曲線

## 類題の解答

本冊→p.84～115

**79** (1) 焦点 (4，0)，準線 $x=-4$

(2) 焦点 $\left(0,\ -\frac{3}{4}\right)$，準線 $y=\frac{3}{4}$

概形は下の図

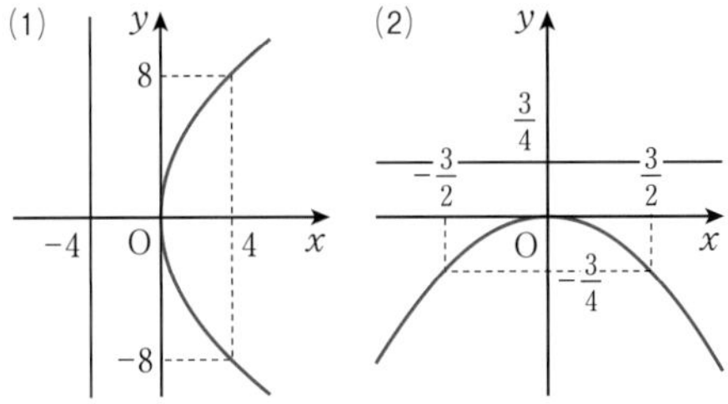


**80** (1) $y^2=-2x$　　(2) $x^2=12y$

概形は下の図

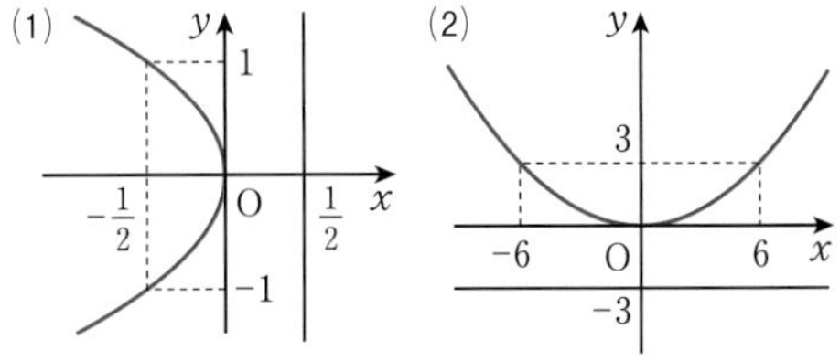


**81** 放物線 $x^2=12y$

**解き方** 図で，
PH=PA より，
点 P は，直線 $y=-3$ と定点 A から等距離にある。したがって，焦点 A(0，3)，準線 $y=-3$ の放物線になる。 $x^2=12y$

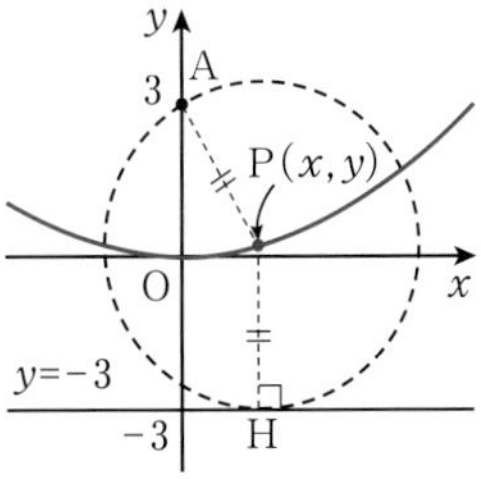


**(別解)**（本冊 ***p. 100*** 参照）

P($x$，$y$) とすると

$\sqrt{(x-0)^2+(y-3)^2}=|y-(-3)|$

両辺を 2 乗して　$x^2+(y-3)^2=(y+3)^2$

よって　$x^2=12y$

**82** 放物線 $x^2=4y$（ただし，原点を除く）

解き方

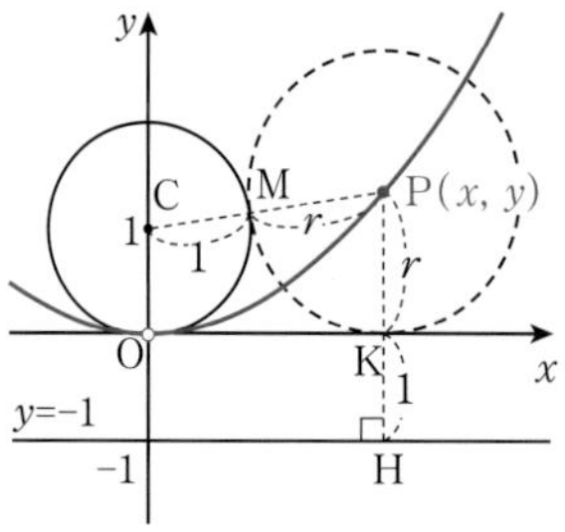


図で　PC＝PM＋MC＝$r+1$

　　　PH＝PK＋KH＝$r+1$

よって　PC＝PH　したがって，焦点C(0, 1)，準線 $y=-1$ の放物線になる。 $x^2=4y$

ただし，P が原点にあるときは，半径が 0 になり円を表さない。

**(別解)**（本冊 ***p. 100*** 参照）

求める円の中心を P$(x, y)$ とすると，P と点 (0, 1) との距離は，P と直線 $y=-1$ との距離に等しい。

よって　$\sqrt{(x-0)^2+(y-1)^2}=|y-(-1)|$

両辺を 2 乗して整理すると　$x^2=4y$

**83** (1) **焦点 (±4, 0)，長軸の長さ 10，短軸の長さ 6**

(2) **焦点 (0, ±1)，長軸の長さ 4，短軸の長さ $2\sqrt{3}$**

(3) **焦点 $(\pm\sqrt{3}, 0)$，長軸の長さ 4，短軸の長さ 2**

**概形は下の図**

(1)

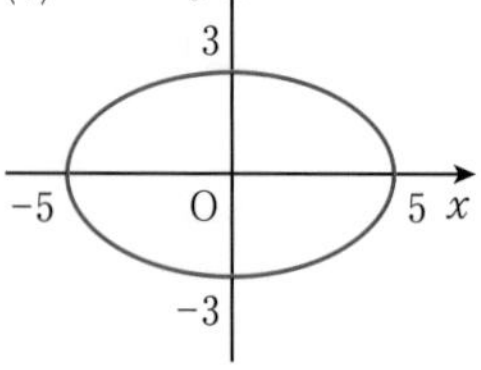


(2)

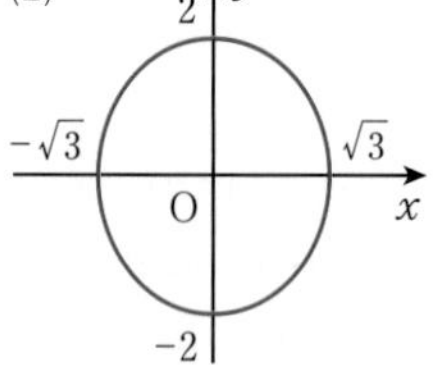


(3)

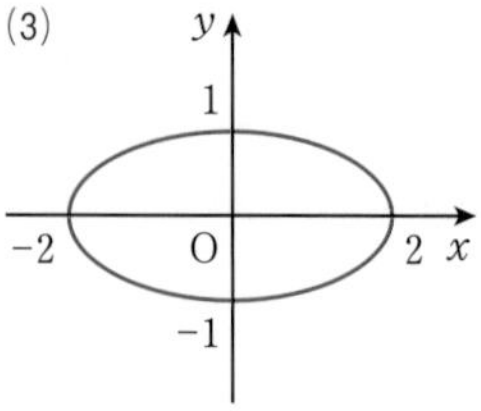


**84** **円 $C_1$ と円 $P$ の接点を Q，円 $C_2$ と円 $P$ の接点を R とすると**

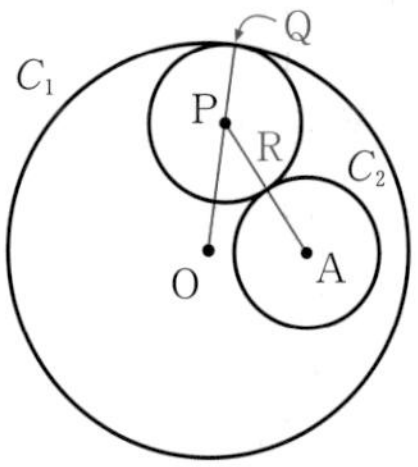


**OP＋PA**

**＝OP＋PR＋RA**

**＝(OP＋PQ)＋RA**

**＝OQ＋RA＝一定**

**2 定点 O，A からの距離の和が一定だから，点 P の軌跡は点 O，A を焦点とする楕円である。**

**85** $\boldsymbol{x^2+\frac{y^2}{10}=1}$

解き方　求める楕円の方程式を $\frac{x^2}{a^2}+\frac{y^2}{b^2}=1$ とすると，

焦点の座標が $(0,\ \pm3)$ より　$b^2-a^2=9$

点 (1, 0) を通ることから　$a^2=1$

よって　$b^2=10$

**86** (1) $\boldsymbol{\frac{x^2}{25}+\frac{y^2}{36}=1}$

(2) $\boldsymbol{\frac{x^2}{16}+\frac{y^2}{25}=1}$

解き方 (1) 円周上の点を $(u,\ v)$ とすると

$u^2+v^2=5^2$　…①

$x=u$, $y=\frac{6}{5}v$ より，$u=x$, $v=\frac{5}{6}y$ を①に代入して　$x^2+\left(\frac{5}{6}y\right)^2=5^2$

よって　$\frac{x^2}{5^2}+\frac{y^2}{6^2}=1$

(2) (1)と同様におくと，$x=\frac{4}{5}u$, $y=v$ より，

$u=\frac{5}{4}x$, $v=y$ を①に代入して

$\left(\frac{5}{4}x\right)^2+y^2=5^2$

よって　$\frac{x^2}{4^2}+\frac{y^2}{5^2}=1$

**87** $\boldsymbol{\dfrac{x^2}{5}-\dfrac{y^2}{4}=-1}$

解き方　求める双曲線の方程式を $\dfrac{x^2}{a^2}-\dfrac{y^2}{b^2}=-1$ とする。

焦点の座標から　$a^2+b^2=9$　…①

焦点からの距離の差が 4 であることより

$2b=4$　　$b=2$　　①より　$a^2=9-4=5$

よって　$\dfrac{x^2}{5}-\dfrac{y^2}{4}=-1$

**88** **頂点 $\left(\pm\dfrac{3}{2},\ 0\right)$，焦点 $\left(\pm\dfrac{3\sqrt{5}}{2},\ 0\right)$，**

**漸近線 $y=\pm 2x$**

**概形は右の図**

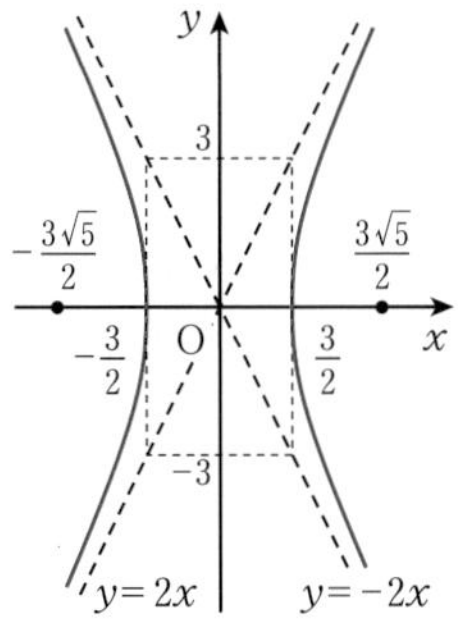


解き方　頂点は，$y=0$ とおいて $4x^2=9$ より求められる。

また，標準形にすると

$$\frac{x^2}{\left(\frac{3}{2}\right)^2}-\frac{y^2}{3^2}=1$$

焦点は $\left(\dfrac{3}{2}\right)^2+3^2=\dfrac{45}{4}$ より，

漸近線は $\dfrac{x^2}{\left(\frac{3}{2}\right)^2}-\dfrac{y^2}{3^2}=0$ よりわかる。

**89** **頂点 $(0,\ \pm 2)$，焦点 $(0,\ \pm\sqrt{13})$，**

**漸近線 $y=\pm\dfrac{2}{3}x$**

**概形は右の図**

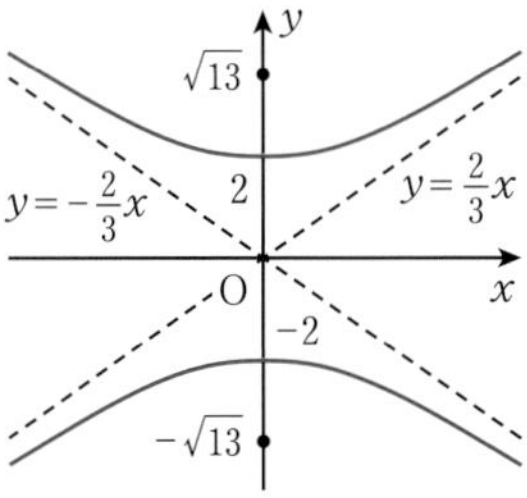


解き方　頂点は，$x=0$ とおいて求める。標準形にすると

$$\frac{x^2}{3^2}-\frac{y^2}{2^2}=-1$$

焦点は $3^2+2^2=13$ より，漸近線は $\dfrac{x^2}{3^2}-\dfrac{y^2}{2^2}=0$ よりわかる。

**90** $\boldsymbol{\dfrac{x^2}{8}-y^2=-1}$

解き方　求める双曲線の方程式を $\dfrac{x^2}{a^2}-\dfrac{y^2}{b^2}=-1$ とすると，焦点の座標から　$a^2+b^2=9$

焦点からの距離の差が 2 だから

$2b=2$　　$b=1$

$a^2=9-1=8$　　よって　$\dfrac{x^2}{8}-y^2=-1$

**91** **点 P を $(x_1,\ y_1)$ として，2 つの漸近線**

$\boldsymbol{bx-ay=0}$，

$\boldsymbol{bx+ay=0}$

**までの距離を求めると**

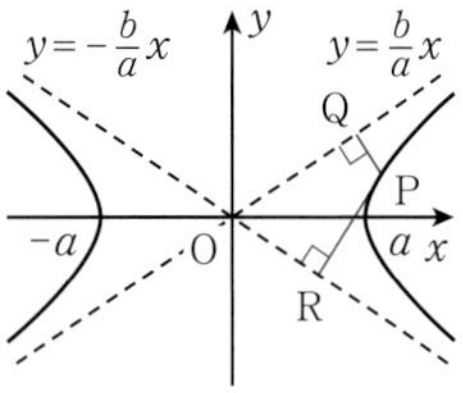


$$\mathrm{PQ}=\frac{|bx_1-ay_1|}{\sqrt{b^2+a^2}},\quad \mathrm{PR}=\frac{|bx_1+ay_1|}{\sqrt{b^2+a^2}}$$

**よって**　$\mathrm{PQ}\cdot\mathrm{PR}=\dfrac{|b^2x_1{}^2-a^2y_1{}^2|}{b^2+a^2}$　…①

**点 P$(x_1,\ y_1)$ は双曲線上にあるので**

$$\frac{x_1{}^2}{a^2}-\frac{y_1{}^2}{b^2}=1$$

**よって**　$b^2x_1{}^2-a^2y_1{}^2=a^2b^2$　…②

①，②**より**　$\mathrm{PQ}\cdot\mathrm{PR}=\dfrac{a^2b^2}{a^2+b^2}$　**（一定）**

**92** **焦点 $(-3,\ 0)$，準線 $y=2$**

解き方　$(x+3)^2=-4(y-1)$　…①

これは，放物線 $x^2=-4y$　…② を

$x$ 軸方向に $-3$，$y$ 軸方向に 1 だけ平行移動したもの。

②の焦点は $(0,\ -1)$，準線は $y=1$ であるから，

①の焦点は $(0-3,\ -1+1)$，準線は　$y=1+1$

**93** **双曲線 $\dfrac{x^2}{4}-y^2=1$ を $x$ 軸方向に $-1$，**

**$y$ 軸方向に $-1$ だけ平行移動した双曲線**

解き方　$x^2+2x-4y^2-8y=7$

$(x+1)^2-1-4(y^2+2y)=7$

$(x+1)^2-4\{(y+1)^2-1\}=8$

$(x+1)^2-4(y+1)^2=4$　　$\dfrac{(x+1)^2}{4}-(y+1)^2=1$

**94** (1) $\left(\dfrac{3}{5},\ \dfrac{8}{5}\right)$, $(-1,\ 0)$ (2) $\left(\dfrac{\sqrt{2}}{2},\ \sqrt{2}\right)$

解き方 $4x^2+y^2=4$ …①

(1) $y=x+1$ …②

①，②から $y$ を消去して $4x^2+(x+1)^2=4$

$5x^2+2x-3=0$ $(5x-3)(x+1)=0$

よって $x=\dfrac{3}{5},\ -1$ これを②に代入して，

$x=\dfrac{3}{5}$ のとき $y=\dfrac{8}{5}$，$x=-1$ のとき $y=0$

(2) $y=-2x+2\sqrt{2}$ …③

①，③から $y$ を消去して

$4x^2+(-2x+2\sqrt{2})^2=4$ $x^2+(x-\sqrt{2})^2=1$

$2x^2-2\sqrt{2}x+1=0$ $(\sqrt{2}x-1)^2=0$

よって $x=\dfrac{\sqrt{2}}{2}$ （重解）

これを③に代入して $y=\sqrt{2}$

**95** $y=-\dfrac{1}{2}x\pm\sqrt{10}$

解き方 求める直線の方程式を $y=-\dfrac{1}{2}x+k$ …①とする。①を $9x^2+4y^2=36$ に代入すると

$9x^2+4\left(-\dfrac{1}{2}x+k\right)^2=36$

$5x^2-2kx+2k^2-18=0$

$\dfrac{D}{4}=k^2-5(2k^2-18)=0$ よって $k=\pm\sqrt{10}$

**96** (1) 放物線 $y^2=4x$

(2) 楕円 $\dfrac{(x-3)^2}{8}+\dfrac{y^2}{4}=1$

解き方 $PF=\sqrt{(x-1)^2+y^2}$，$PH=|x+1|$

(1) $PF^2=PH^2$ であるから

$(x-1)^2+y^2=(x+1)^2$ よって $y^2=4x$

(2) $2PF^2=PH^2$ であるから

$2(x-1)^2+2y^2=(x+1)^2$ $x^2-6x+2y^2=-1$

よって $(x-3)^2+2y^2=8$

**97** (1) $x=2\cos\theta,\ y=2\sin\theta$

(2) $x=3\cos\theta,\ y=3\sin\theta$

解き方 基本例題 97 の結果を公式として使う。

**98** (1) $x=3\cos\theta,\ y=2\sin\theta$

(2) $x=3\cos\theta,\ y=4\sin\theta$

解き方 基本例題 98 の結果を公式として使う。

**99** (1) 円 $(x-3)^2+(y-1)^2=4$

(2) 楕円 $\dfrac{(x-1)^2}{4}+\dfrac{(y+2)^2}{9}=1$

解き方 (1) $x-3=2\cos\theta$ …①

$y-1=2\sin\theta$ …②

①$^2$＋②$^2$ より $(x-3)^2+(y-1)^2=4$

(2) $\dfrac{x-1}{2}=\cos\theta$ …①

$\dfrac{y+2}{3}=\sin\theta$ …②

①$^2$＋②$^2$ より $\dfrac{(x-1)^2}{4}+\dfrac{(y+2)^2}{9}=1$

**100** $x=a(2\cos\theta-\cos2\theta)$

$y=a(2\sin\theta-\sin2\theta)$

解き方

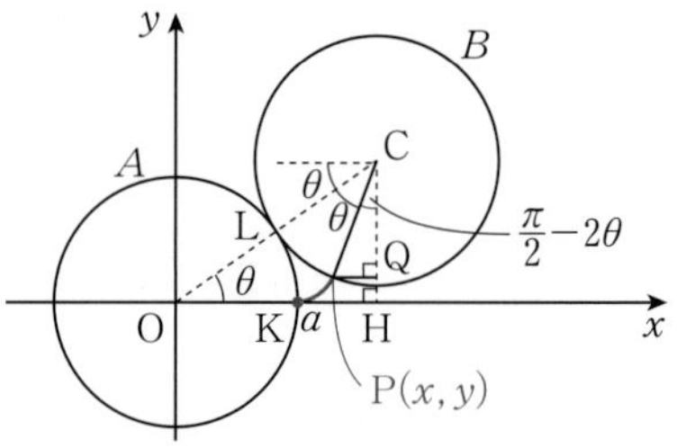


図のように，円 $B$ の中心を C，K($a$，0)，2 円の接点を L とし，C から $x$ 軸へ垂線 CH を下ろし，P から CH へ垂線 PQ を下ろす。

$\angle KOL=\theta$ とおくと，$\overset{\frown}{KL}=\overset{\frown}{PL}$ より

$\angle LCP=\theta$

よって，$\angle PCQ=\dfrac{\pi}{2}-2\theta$ だから

$PQ=a\sin\left(\dfrac{\pi}{2}-2\theta\right)=a\cos2\theta$

$CQ=a\cos\left(\dfrac{\pi}{2}-2\theta\right)=a\sin2\theta$

したがって

$x=OH-PQ=2a\cos\theta-a\cos2\theta$

$y=CH-CQ=2a\sin\theta-a\sin2\theta$

**101** (1) $(-2,\ 0)$　(2) $(0,\ 1)$

(3) $(-1,\ 1)$

解き方 (1) $x=2\cos\pi=-2$

$y=2\sin\pi=0$　よって　$(-2,\ 0)$

(2) $x=1\cdot\cos\dfrac{\pi}{2}=0$　$y=1\cdot\sin\dfrac{\pi}{2}=1$

よって　$(0,\ 1)$

(3) $x=\sqrt{2}\cdot\cos\dfrac{3}{4}\pi=\sqrt{2}\cdot\left(-\dfrac{\sqrt{2}}{2}\right)=-1$

$y=\sqrt{2}\cdot\sin\dfrac{3}{4}\pi=\sqrt{2}\cdot\dfrac{\sqrt{2}}{2}=1$

よって　$(-1,\ 1)$

**102** (1) $(1,\ \pi)$　(2) $\left(1,\ \dfrac{3}{2}\pi\right)$

(3) $\left(2,\ \dfrac{7}{6}\pi\right)$

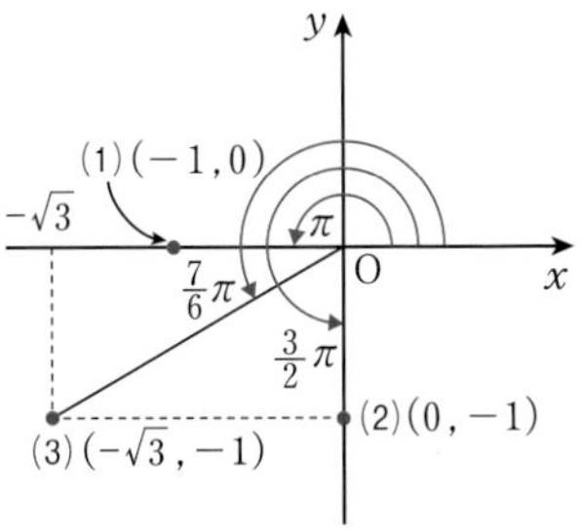


解き方 右の図より，

(1) 原点からの

距離は　1

偏角は　$\pi$

(2) 原点からの

距離は　1

偏角は　$\dfrac{3}{2}\pi$

(3) 原点からの距離は　$\sqrt{(-\sqrt{3})^2+(-1)^2}=2$

偏角は　$\dfrac{7}{6}\pi$

**103** (1) $r\sin\left(\theta+\dfrac{\pi}{4}\right)=\dfrac{1}{\sqrt{2}}$

(2) $r=\sqrt{2}\sin\left(\theta+\dfrac{\pi}{4}\right)$

(3) $r^2\cos2\theta=-1$

解き方 (1) $x=r\cos\theta$, $y=r\sin\theta$ より

$r\cos\theta+r\sin\theta=1$

したがって　$r(\cos\theta+\sin\theta)=1$

$$r(\cos\theta+\sin\theta)=\sqrt{2}r\left(\frac{1}{\sqrt{2}}\cos\theta+\frac{1}{\sqrt{2}}\sin\theta\right)$$

$$=\sqrt{2}r\sin\left(\theta+\frac{\pi}{4}\right)$$

よって，求める方程式は　$r\sin\left(\theta+\dfrac{\pi}{4}\right)=\dfrac{1}{\sqrt{2}}$

(2) $x=r\cos\theta$, $y=r\sin\theta$ を

$x^2+y^2-x-y=0$ に代入する。

$r^2(\cos^2\theta+\sin^2\theta)-r(\cos\theta+\sin\theta)=0$

$\cos^2\theta+\sin^2\theta=1$ より $r\{r-(\cos\theta+\sin\theta)\}=0$

よって　$r=0$

または　$r=\cos\theta+\sin\theta=\sqrt{2}\sin\left(\theta+\dfrac{\pi}{4}\right)$

$\theta=-\dfrac{\pi}{4}$ のとき $r=0$ だから，$r=0$ はあとの式に含まれる。

(3) $x=r\cos\theta$, $y=r\sin\theta$ を $x^2-y^2=-1$ に代入すると　$r^2\cos^2\theta-r^2\sin^2\theta=-1$

$r^2(\cos^2\theta-\sin^2\theta)=r^2\cos2\theta$ より

$r^2\cos2\theta=-1$

**104** (1) $x=2$

(2) $y-\sqrt{3}x=2$

(3) $x^2+y^2-2y=0$

(4) $x^2+y^2-2x-2y=0$

(5) $x^2-y^2=2$

解き方 (1) $r\cos\theta=2$ より　$x=2$

(2) $r\sin\left(\theta-\dfrac{\pi}{3}\right)=r\left(\sin\theta\cos\dfrac{\pi}{3}-\cos\theta\sin\dfrac{\pi}{3}\right)$

$=\dfrac{1}{2}r\sin\theta-\dfrac{\sqrt{3}}{2}r\cos\theta=\dfrac{1}{2}y-\dfrac{\sqrt{3}}{2}x$

したがって，$\dfrac{1}{2}y-\dfrac{\sqrt{3}}{2}x=1$ より　$y-\sqrt{3}x=2$

(3) $r=2\sin\theta$ より　$r^2=2r\sin\theta$

これより　$x^2+y^2=2y$　$x^2+y^2-2y=0$

(4) $r=2\cos\theta+2\sin\theta$ より

$r^2=2r\cos\theta+2r\sin\theta$

したがって　$x^2+y^2=2x+2y$

すなわち　$x^2+y^2-2x-2y=0$

(5) $r^2\cos2\theta=r^2(\cos^2\theta-\sin^2\theta)$

$=(r\cos\theta)^2-(r\sin\theta)^2=x^2-y^2$

$r^2\cos2\theta=2$ より　$x^2-y^2=2$

**105** $a=\frac{1}{2}$, $b=1$

解き方 $x=\frac{4}{3}\cos t$, $y=\frac{2\sqrt{3}}{3}\sin t$ で表される曲線は, $\cos t=\frac{3}{4}x$, $\sin t=\frac{\sqrt{3}}{2}y$ より

$\cos^2 t+\sin^2 t=\frac{9}{16}x^2+\frac{3}{4}y^2=1$

この曲線を $x$ 軸方向に $\frac{2}{3}$ だけ平行移動した曲線の方程式は $\frac{9}{16}\left(x-\frac{2}{3}\right)^2+\frac{3}{4}y^2=1$ …①

また, 極方程式 $r=\frac{b}{1-a\cos\theta}$ で表される曲線を直交座標の方程式に直すと

$r(1-a\cos\theta)=b$ $r-ar\cos\theta=b$

$\sqrt{x^2+y^2}-ax=b$ より $\sqrt{x^2+y^2}=ax+b$

両辺を 2 乗すると $x^2+y^2=(ax+b)^2$

$x^2+y^2=a^2x^2+2abx+b^2$

整理すると

$(1-a^2)x^2-2abx+y^2-b^2=0$ …②

方程式①を②と比較できるように整理すると,

①は $\frac{3}{4}x^2-x+y^2-1=0$ …③

②, ③の方程式で表される曲線が一致することから, 係数を比較して $1-a^2=\frac{3}{4}$ $2ab=1$ $b^2=1$

$0<a<1$ より $a=\frac{1}{2}$ このとき $b=1$

よって $a=\frac{1}{2}$, $b=1$

## 定期テスト予想問題の解答 ― 本冊→p. 117〜118

**1** (1) $(y-2)^2=12(x-1)$

(2) $\frac{x^2}{16}+\frac{y^2}{9}=1$

(3) $\frac{x^2}{9}-\frac{y^2}{16}=-1$

解き方 (1) 焦点 F(4, 2), 準線が $x=-2$

P($x$, $y$) から準線に垂線 PH を下ろす。

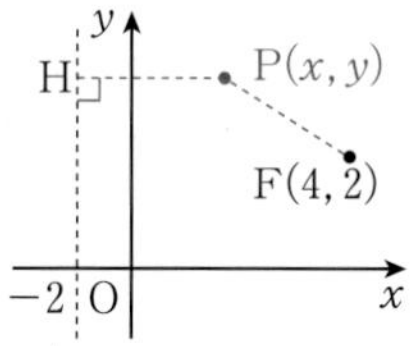


条件は PF＝PH より

$\sqrt{(x-4)^2+(y-2)^2}=|x+2|$

両辺を 2 乗して

$x^2-8x+16+(y-2)^2=x^2+4x+4$

$(y-2)^2=12x-12$

$=12(x-1)$

(2) 円周上の点を Q($u$, $v$), 求める図形上の点を P($x$, $y$) とおくと, 条件より

$x=u$ …①

$y=\frac{3}{4}v$ …②

また Q は円周上にあるから

$u^2+v^2=16$ …③

①, ②より $u=x$, $v=\frac{4}{3}y$ を③に代入して

$x^2+\left(\frac{4}{3}y\right)^2=16$ $\frac{x^2}{16}+\frac{y^2}{9}=1$

(3) A(0, 5), B(0, −5), P($x$, $y$) のとき

$|AP-BP|=8$ より

$\sqrt{x^2+(y-5)^2}-\sqrt{x^2+(y+5)^2}=\pm 8$

$\sqrt{x^2+(y-5)^2}=\sqrt{x^2+(y+5)^2}\pm 8$

両辺を 2 乗して

$x^2+y^2-10y+25=x^2+y^2+10y+25$

$\pm 16\sqrt{x^2+(y+5)^2}+64$

$-20y-64=\pm 16\sqrt{x^2+(y+5)^2}$

$-5y-16=\pm 4\sqrt{x^2+(y+5)^2}$

両辺を 2 乗して

$25y^2+160y+256=16(x^2+y^2+10y+25)$

$16x^2-9y^2=-144$

$\frac{x^2}{9}-\frac{y^2}{16}=-1$

**（別解）** 2 定点からの距離の差が一定である点の軌跡は双曲線であり，焦点が $y$ 軸上にあるから，

$\dfrac{x^2}{a^2}-\dfrac{y^2}{b^2}=-1$ とおける。$(a>0,\ b>0)$

$2b=8$ より　$b=4$

$a^2+b^2=5^2$ より　$a^2=5^2-4^2=9$　　$a=3$

よって　$\dfrac{x^2}{9}-\dfrac{y^2}{16}=-1$

**2** (1) **$(\sqrt{7}-2,\ 1)$，$(-\sqrt{7}-2,\ 1)$**

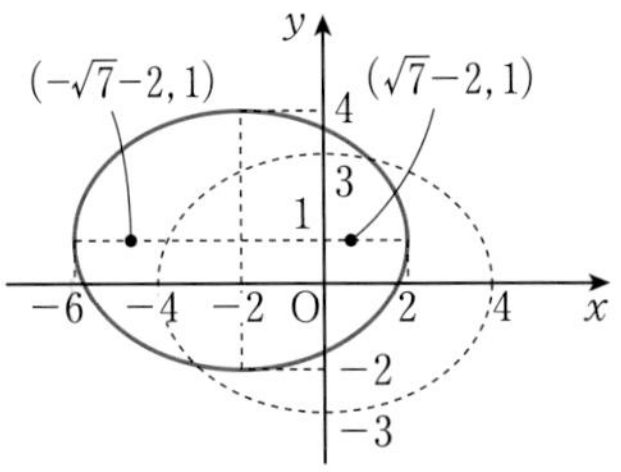


(2) **$(\sqrt{2}+1,\ 0)$，$(-\sqrt{2}+1,\ 0)$**

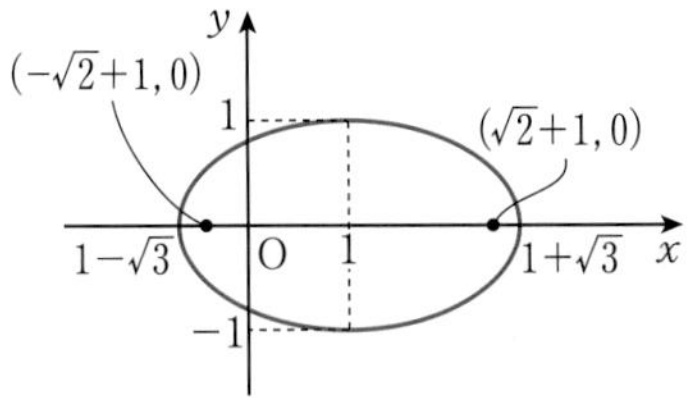


**解き方** (1) $\dfrac{x^2}{16}+\dfrac{y^2}{9}=1$ の楕円を $x$ 軸方向に $-2$，$y$ 軸方向に 1 だけ平行移動した楕円だから，

移動前の焦点は，$c=\pm\sqrt{16-9}=\pm\sqrt{7}$ より

$(\sqrt{7},\ 0)$，$(-\sqrt{7},\ 0)$

これを平行移動して　$(\sqrt{7}-2,\ 1)$，$(-\sqrt{7}-2,\ 1)$

(2) $x^2+3y^2-2x=2$

$(x-1)^2+3y^2=3$

$\dfrac{(x-1)^2}{3}+\dfrac{y^2}{1}=1$

$\dfrac{x^2}{3}+\dfrac{y^2}{1}=1$ の焦点は，$c=\pm\sqrt{3-1}=\pm\sqrt{2}$ より

$(\sqrt{2},\ 0)$，$(-\sqrt{2},\ 0)$

このグラフを $x$ 軸方向に 1 だけ平行移動すると，

焦点は　$(\sqrt{2}+1,\ 0)$，$(-\sqrt{2}+1,\ 0)$

**3** (1) **焦点 $(\sqrt{13},\ 0)$，$(-\sqrt{13},\ 0)$**

**漸近線 $y=\dfrac{3}{2}x$，$y=-\dfrac{3}{2}x$**

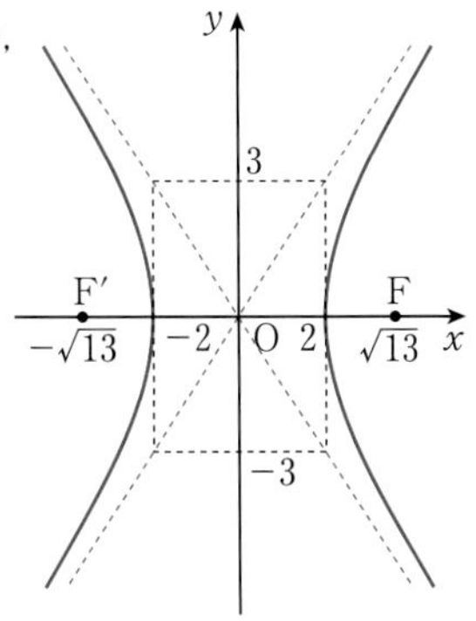


(2) **焦点 $(2,\ \sqrt{5}-1)$，$(2,\ -\sqrt{5}-1)$**

**漸近線 $y=\dfrac{1}{2}x-2$，$y=-\dfrac{1}{2}x$**

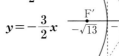

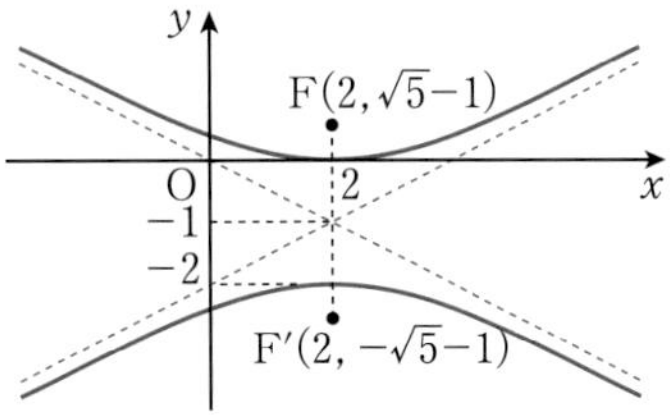


**解き方** (1) $\dfrac{x^2}{4}-\dfrac{y^2}{9}=1$

$c^2=4+9=13$　　$c=\pm\sqrt{13}$ より，

焦点は　$(\sqrt{13},\ 0)$，$(-\sqrt{13},\ 0)$

$\dfrac{x^2}{4}-\dfrac{y^2}{9}=0$ より，漸近線は　$y=\pm\dfrac{3}{2}x$

(2) $(x-2)^2-4(y+1)^2=-4$

$\dfrac{(x-2)^2}{4}-\dfrac{(y+1)^2}{1}=-1$

$\dfrac{x^2}{4}-\dfrac{y^2}{1}=-1$ の焦点は　$(0,\ \sqrt{5})$，$(0,\ -\sqrt{5})$

$x$ 軸方向に 2，$y$ 軸方向に $-1$ だけ平行移動して，

焦点は　$(2,\ \sqrt{5}-1)$，$(2,\ -\sqrt{5}-1)$

$\dfrac{(x-2)^2}{4}-\dfrac{(y+1)^2}{1}=0$ より，漸近線は

$y=\dfrac{1}{2}x-2$，$y=-\dfrac{1}{2}x$

**❹** $k<-\sqrt{3}$, $k>\sqrt{3}$ **のとき，共有点は 2 個**

$k=\pm\sqrt{3}$ **のとき，共有点は 1 個**

$-\sqrt{3}<k<\sqrt{3}$ **のとき，共有点は 0 個**

**接線が** $y=2x+\sqrt{3}$ **のとき，**

**接点は** $\left(-\dfrac{2\sqrt{3}}{3},\ -\dfrac{\sqrt{3}}{3}\right)$

**接線が** $y=2x-\sqrt{3}$ **のとき，接点は** $\left(\dfrac{2\sqrt{3}}{3},\ \dfrac{\sqrt{3}}{3}\right)$

**解き方** $\begin{cases} x^2-y^2=1 & \cdots① \\ y=2x+k & \cdots② \end{cases}$

②を①に代入して　$x^2-(2x+k)^2=1$

$3x^2+4kx+(k^2+1)=0 \quad \cdots③$

③の判別式を $D$ とすると

$\dfrac{D}{4}=4k^2-3(k^2+1)=k^2-3$

$k^2-3>0$ のとき，

つまり $k<-\sqrt{3}$, $k>\sqrt{3}$ のとき 2 個

$k^2-3=0$ のとき，つまり $k=\pm\sqrt{3}$ のとき 1 個

$k^2-3<0$ のとき，つまり $-\sqrt{3}<k<\sqrt{3}$ のとき 0 個

接する場合は　$k=\pm\sqrt{3}$，接線は　$y=2x\pm\sqrt{3}$

③に代入して　$3x^2\pm4\sqrt{3}x+4=0$　$(\sqrt{3}x\pm2)^2=0$

よって　$x=\mp\dfrac{2}{\sqrt{3}}=\mp\dfrac{2\sqrt{3}}{3}$

このとき　$y=2\cdot\left(\mp\dfrac{2\sqrt{3}}{3}\right)\pm\sqrt{3}=\mp\dfrac{\sqrt{3}}{3}$（複号同順）

接線 $y=2x+\sqrt{3}$，接点 $\left(-\dfrac{2\sqrt{3}}{3},\ -\dfrac{\sqrt{3}}{3}\right)$

接線 $y=2x-\sqrt{3}$，接点 $\left(\dfrac{2\sqrt{3}}{3},\ \dfrac{\sqrt{3}}{3}\right)$

**❺** $\dfrac{(x+2)^2}{4}-\dfrac{y^2}{12}=1$

**解き方** P から直線 $x=-1$ へ垂線 PH を下ろす。

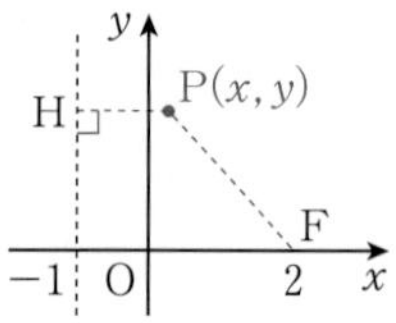


条件は，

PF : PH＝2 : 1 より

$\sqrt{(x-2)^2+y^2}=2|x+1|$

両辺を 2 乗して

$x^2-4x+4+y^2=4(x^2+2x+1)$

$3x^2+12x-y^2=0$

$3(x+2)^2-y^2=12$

$\dfrac{(x+2)^2}{4}-\dfrac{y^2}{12}=1$

**❻** (1) **楕円** $\dfrac{(x-1)^2}{9}+\dfrac{(y+2)^2}{4}=1$

(2) **双曲線** $\dfrac{x^2}{4}-\dfrac{y^2}{16}=1$

(3) **円** $\left(x-\dfrac{1}{2}\right)^2+y^2=\dfrac{1}{4}$　**（ただし，原点を除く）**

(4) **双曲線** $\dfrac{x^2}{a^2}-\dfrac{y^2}{b^2}=1$

**解き方** (1) $\cos\theta=\dfrac{x-1}{3}$, $\sin\theta=\dfrac{y+2}{2}$ を

$\cos^2\theta+\sin^2\theta=1$ に代入して

$\dfrac{(x-1)^2}{9}+\dfrac{(y+2)^2}{4}=1$

(2) $x=t+\dfrac{1}{t}$ $\cdots①$,　$\dfrac{y}{2}=t-\dfrac{1}{t}$ $\cdots②$

$①^2-②^2$ より　$x^2-\dfrac{y^2}{4}=4$

よって　$\dfrac{x^2}{4}-\dfrac{y^2}{16}=1$

(3) $x=\dfrac{1}{1+t^2}$ $\cdots①$,　$y=\dfrac{t}{1+t^2}$ $\cdots②$

①を②に代入して　$y=tx$

$x\neq0$ だから　$t=\dfrac{y}{x}$ $\cdots③$

③を①に代入して　$x\left(1+\dfrac{y^2}{x^2}\right)=1$

$x^2+y^2=x$ より　$\left(x-\dfrac{1}{2}\right)^2+y^2=\left(\dfrac{1}{2}\right)^2$　$(x\neq0)$

(4) $\dfrac{1}{\cos\theta}=\dfrac{x}{a}$,　$\tan\theta=\dfrac{y}{b}$

$1+\tan^2\theta=\dfrac{1}{\cos^2\theta}$ に代入して

$1+\dfrac{y^2}{b^2}=\dfrac{x^2}{a^2}$　　よって　$\dfrac{x^2}{a^2}-\dfrac{y^2}{b^2}=1$

**❼** **楕円** $\dfrac{x^2}{\left(\dfrac{4a}{3}\right)^2}+\dfrac{y^2}{\left(\dfrac{2a}{3}\right)^2}=1$

**解き方** $\angle\mathrm{AOB}=\theta$ とし，点 $\mathrm{P}(x,\ y)$ を $\theta$ で表すと，図より

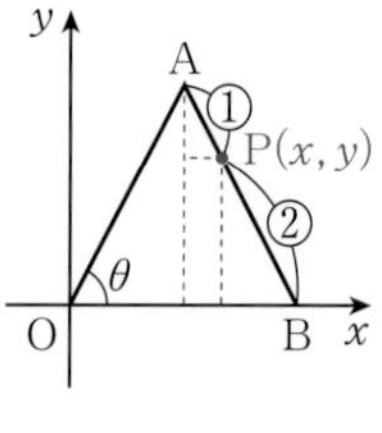


$x=a\cos\theta+\dfrac{1}{3}a\cos\theta$

$=\dfrac{4a}{3}\cos\theta$

$y=a\sin\theta-\frac{1}{3}a\sin\theta=\frac{2a}{3}\sin\theta$

$\cos\theta=\dfrac{x}{\frac{4a}{3}}$，$\sin\theta=\dfrac{y}{\frac{2a}{3}}$ だから，

$\cos^2\theta+\sin^2\theta=1$ に代入して

$$\frac{x^2}{\left(\frac{4a}{3}\right)^2}+\frac{y^2}{\left(\frac{2a}{3}\right)^2}=1$$

**(参考)** A$(a\cos\theta,\ a\sin\theta)$，B$(2a\cos\theta,\ 0)$

また，P$(x,\ y)$ は線分 AB を 1：2 の比に内分する点だから

$$x=\frac{2\cdot a\cos\theta+1\cdot 2a\cos\theta}{3}=\frac{4a}{3}\cos\theta$$

$$y=\frac{2a\sin\theta}{3}=\frac{2a}{3}\sin\theta$$

として，P$(x,\ y)$ の座標を求めることもできる。

**8** (1) $\boldsymbol{x^2+y^2=2}$

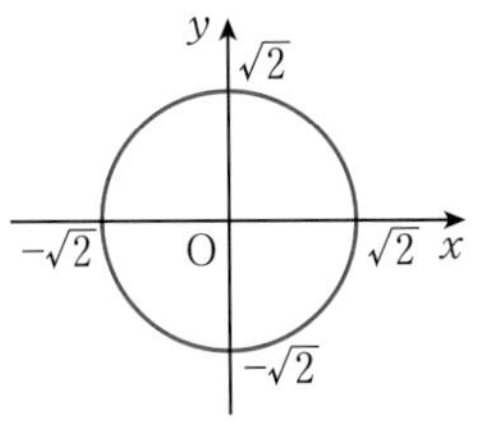


(2) $\boldsymbol{X^2=2(Y+1)}$

$\boldsymbol{(-2\leqq X\leqq 2)}$

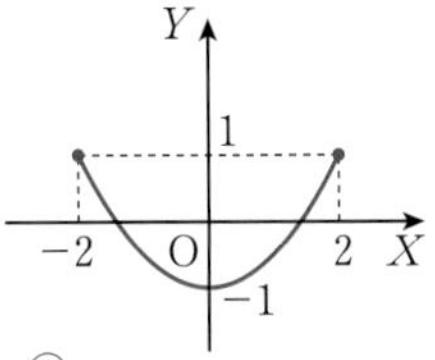


解き方 (1) $x=\sin\theta+\cos\theta$ …①

$y=\sin\theta-\cos\theta$ …②

①$^2$+②$^2$ より

$$\begin{array}{rl} & x^2=1+2\sin\theta\cos\theta \\ +) & y^2=1-2\sin\theta\cos\theta \\ \hline & x^2+y^2=2 \end{array}$$

(2) $X=x+y=2\sin\theta$ …③

$Y=xy=(\sin\theta+\cos\theta)(\sin\theta-\cos\theta)$

$=\sin^2\theta-\cos^2\theta=2\sin^2\theta-1$ …④

③より，$\sin\theta=\dfrac{X}{2}$ を④に代入して

$Y=2\cdot\left(\dfrac{X}{2}\right)^2-1$

$X^2=2(Y+1)$

③より　$-2\leqq X\leqq 2$

**9** (1) $\boldsymbol{x^2+2y^2=1}$　(2) $\boldsymbol{xy=\frac{1}{2}}$

(3) $\boldsymbol{x+\sqrt{3}y=4}$　(4) $\boldsymbol{3x^2+4y^2-6x=9}$

解き方 (1) $r^2+r^2\sin^2\theta=1$

$x^2+y^2+y^2=1$

$x^2+2y^2=1$

(2) $r^2\sin2\theta=1$　$2r^2\sin\theta\cos\theta=1$

よって　$2xy=1$

(3) $r\cos\left(\theta-\dfrac{\pi}{3}\right)=2$

$r\left(\cos\theta\cos\dfrac{\pi}{3}+\sin\theta\sin\dfrac{\pi}{3}\right)=2$

$r\cos\theta\cdot\dfrac{1}{2}+r\sin\theta\cdot\dfrac{\sqrt{3}}{2}=2$ より　$\dfrac{1}{2}x+\dfrac{\sqrt{3}}{2}y=2$

よって　$x+\sqrt{3}y=4$

(4) $r=\dfrac{3}{2-\cos\theta}$　$2r-r\cos\theta=3$

$2r-x=3$ より　$2r=x+3$

両辺を 2 乗して　$4r^2=(x+3)^2$

$4(x^2+y^2)=x^2+6x+9$　$3x^2+4y^2-6x=9$

**10** (1) $\boldsymbol{\sqrt{25-12\sqrt{3}}}$　(2) **3**

解き方 (1) 余弦定理により

$\mathrm{AB}^2=3^2+4^2-2\cdot3\cdot4\cdot\cos\dfrac{\pi}{6}$

$=9+16-2\cdot3\cdot4\cdot\dfrac{\sqrt{3}}{2}$

$=25-12\sqrt{3}$

よって　$\mathrm{AB}=\sqrt{25-12\sqrt{3}}$

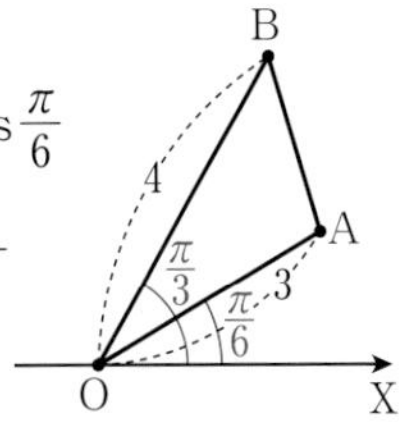


(2) $S=\dfrac{1}{2}\cdot3\cdot4\cdot\sin\dfrac{\pi}{6}=\dfrac{1}{2}\cdot3\cdot4\cdot\dfrac{1}{2}=3$

**11** $\boldsymbol{r=\dfrac{a}{1+\cos\theta}}$

解き方 P から OX に垂線 PB を下ろす。

OP$=r$

PH$=$OA$-$OB

$=a-r\cos\theta$

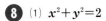

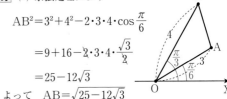

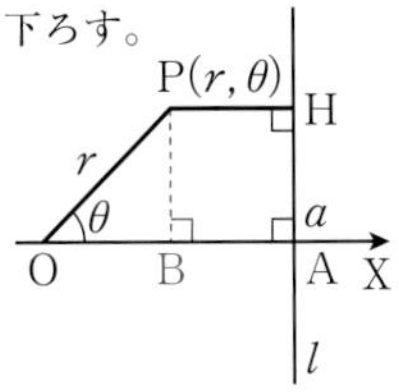


したがって，OP$=$PH より

$r=a-r\cos\theta$

$(1+\cos\theta)r=a$

よって　$r=\dfrac{a}{1+\cos\theta}$

# 4章 関数と極限

## 類題の解答 ―――― 本冊→p. 121～178

**106** 右の図

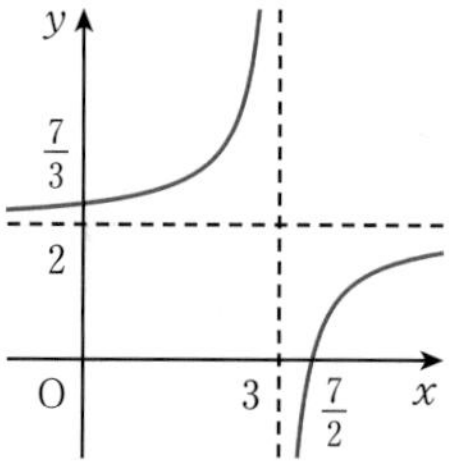


解き方　$y=\frac{2x-7}{x-3}$

$=-\frac{1}{x-3}+2$　←帯分数形

したがって，求めるグラフは関数 $y=-\frac{1}{x}$ のグラフを，$x$ 軸方向に 3，$y$ 軸方向に 2 だけ平行移動したもの。(漸近線の方程式は　$x=3$，$y=2$)

**107** (1) $a=3$，$b=1$，$c=-5$

(2) $-6\leqq x<-\frac{1}{3}$

解き方　(1) $\frac{2x+c}{ax+b}=\frac{c-\frac{2b}{a}}{ax+b}+\frac{2}{a}=\frac{c-\frac{2b}{a}}{a\left(x+\frac{b}{a}\right)}+\frac{2}{a}$

したがって，漸近線の方程式は

$x=-\frac{b}{a}$，$y=\frac{2}{a}$

条件より，漸近線の方程式は　$x=-\frac{1}{3}$，$y=\frac{2}{3}$

よって　$a=3$，$b=1$

また，点 $\left(-2,\ \frac{9}{5}\right)$ を通るから

$\frac{2\cdot(-2)+c}{3\cdot(-2)+1}=\frac{9}{5}$　　よって　$c=-5$

(2) 関数 $y=\frac{2x-5}{3x+1}=\frac{-\frac{17}{3}}{3x+1}+\frac{2}{3}=\frac{-\frac{17}{3}}{3\left(x+\frac{1}{3}\right)}+\frac{2}{3}$

のグラフは右の図のようになる。

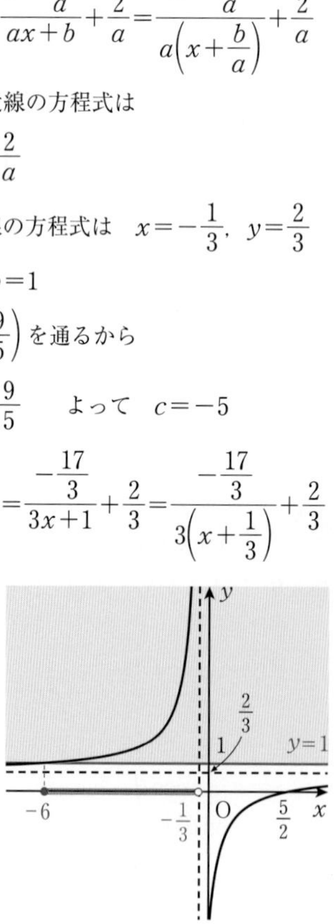


$\frac{2x-5}{3x+1}=1$ となるのは $x=-6$ のとき。

したがって，関数 $y=f(x)$ の値域が $y\geqq1$ となるとき，この関数の定義域は　$-6\leqq x<-\frac{1}{3}$

**108** 順に $-\frac{33}{4}$，$-\frac{5}{2}$，$\frac{3}{2}$

解き方　$y=\frac{3x-9}{2x+5}=\frac{-\frac{33}{2}}{2x+5}+\frac{3}{2}$

$=\frac{-\frac{33}{2}}{2\left(x+\frac{5}{2}\right)}+\frac{3}{2}=\frac{-\frac{33}{4}}{x+\frac{5}{2}}+\frac{3}{2}$

したがって，関数 $y=\frac{3x-9}{2x+5}$ のグラフは，

双曲線 $y=\frac{-\frac{33}{4}}{x}$ を，$x$ 軸方向に $-\frac{5}{2}$，$y$ 軸方向に $\frac{3}{2}$ だけ平行移動したもの。

**109** (1) $(-1,\ -1)$，$(3,\ 3)$　　(2) $x=2$

解き方　(1) 関数 $y=\frac{3}{x-2}$ のグラフと直線 $y=x$ との交点の $x$ 座標は，方程式 $\frac{3}{x-2}=x$　…①

の解として求められる。

①を整理すると

$x^2-2x-3=0 \Longleftrightarrow (x-3)(x+1)=0$

よって，交点の座標は　$(-1,\ -1)$，$(3,\ 3)$

(2) $\frac{x^2}{x+1}=1+\frac{1}{x+1} \Longleftrightarrow \frac{x^2}{x+1}=\frac{x+2}{x+1}$

$\Longleftrightarrow \frac{x^2-x-2}{x+1}=0$

$x^2-x-2=(x-2)(x+1)$ より，

$x^2-x-2=0$ となるのは　$x=2$，$x=-1$

分母：$x+1\neq0$ より　$x=2$

**111** 下の図の赤線

(1)

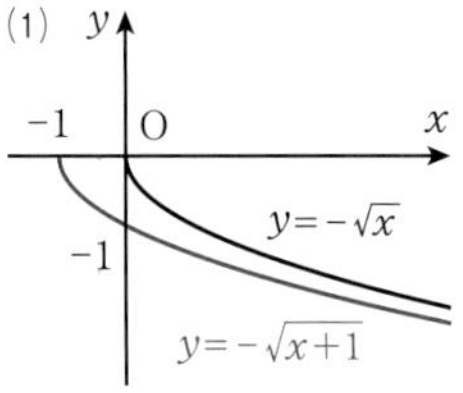


(2)

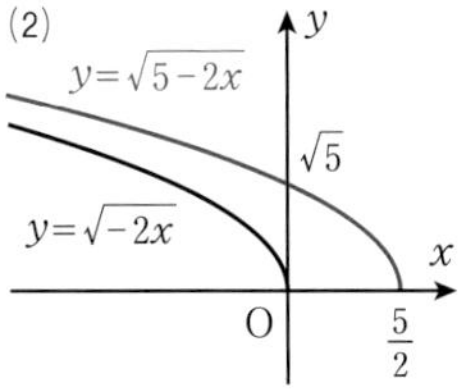


**解き方** (1) 関数 $y=-\sqrt{x+1}$ のグラフは，関数 $y=-\sqrt{x}$ のグラフを，$x$ 軸方向に $-1$ だけ平行移動したもの。

なお，定義域は $x\geqq-1$，値域は $y\leqq0$

(2) 関数 $y=\sqrt{5-2x}$ のグラフは，関数 $y=\sqrt{-2x}$ のグラフを，$x$ 軸方向に $\frac{5}{2}$ だけ平行移動したもの。

なお，定義域は　$x\leqq\frac{5}{2}$，値域は　$y\geqq0$

**112** **(3，2)**

**解き方** 関数 $y=\sqrt{x+1}$ のグラフと直線 $y=-x+5$ の交点の $x$ 座標は，方程式 $\sqrt{x+1}=-x+5$　…①

の解として求められる。

①を整理すると

$x+1=(-x+5)^2 \iff x^2-11x+24=0$

$\iff (x-8)(x-3)=0$

右のグラフより，

$x=3$ のとき　$y=2$

よって　(3，2)

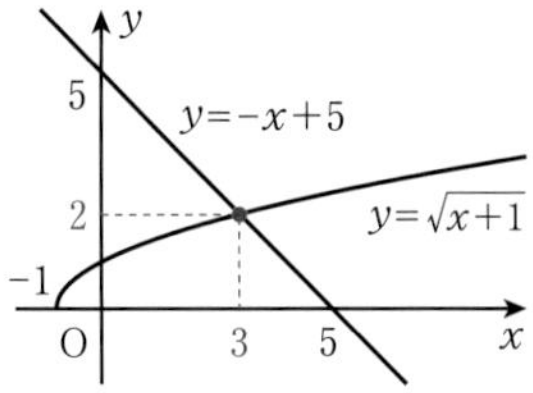


**113** **グラフは右の図，**

**$2\leqq x\leqq10$**

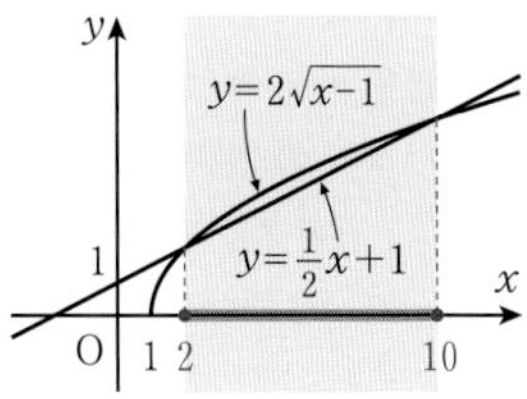


**解き方** 関数 $y=2\sqrt{x-1}$ のグラフは，$y=2\sqrt{x}$ のグラフを $x$ 軸方向に1だけ平行移動したもの。関数 $y=2\sqrt{x-1}$ のグラフと直線 $y=\frac{1}{2}x+1$ の交点の $x$ 座標を求める。

$2\sqrt{x-1}=\frac{1}{2}x+1$ の両辺を2乗して

$4(x-1)=\left(\frac{1}{2}x+1\right)^2$

$\iff x^2-12x+20=0$

$\iff (x-2)(x-10)=0$

よって　$x=2,\ 10$（グラフで確認）

グラフより，$2\sqrt{x-1}\geqq\frac{1}{2}x+1$ を満たす $x$ の値の範囲は　$2\leqq x\leqq10$

**114** (1) $-\frac{1}{2}\leqq k<\frac{3}{2}$

(2) $0<a<\frac{1}{2}$

**解き方** (1) 関数 $y=2\sqrt{x-1}$ のグラフと直線 $y=\frac{1}{2}x+k$ が異なる2つの交点をもつような $k$ の値の範囲を求める。

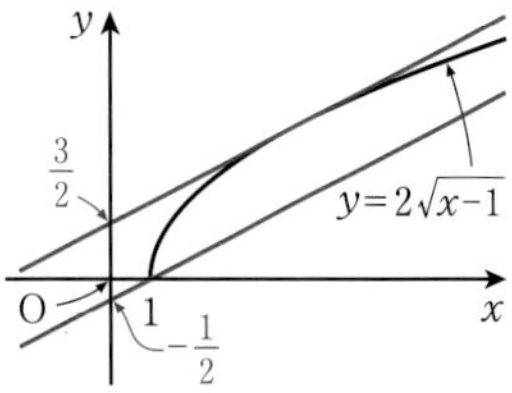


$y=2\sqrt{x-1}$ のグラフと $y=\frac{1}{2}x+k$ が接するとき，

$2\sqrt{x-1}=\frac{1}{2}x+k$ の両辺を2乗して

$4(x-1)=\left(\frac{1}{2}x+k\right)^2$

$\iff x^2+4(k-4)x+4k^2+16=0$　…①

①の判別式を $D$ とすると，①が重解をもつから

$\frac{D}{4}=\{2(k-4)\}^2-(4k^2+16)=-16(2k-3)=0$

よって　$k=\frac{3}{2}$

また，直線 $y=\frac{1}{2}x+k$ が点 (1，0) を通るとき

$k=-\frac{1}{2}$

以上より　$-\frac{1}{2}\leqq k<\frac{3}{2}$

(2) 関数 $y=\sqrt{x-2}$ のグラフと直線 $y=a(x-1)$ が異なる 2 つの交点をもつような $a$ の値の範囲を求める。

$y=\sqrt{x-2}$ のグラフと $y=a(x-1)$ が異なる 2 つの交点をもつとき，

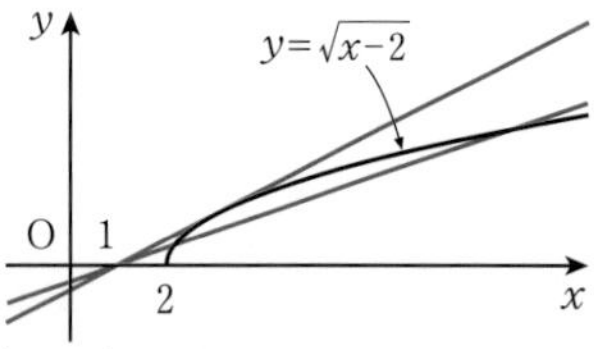


$\sqrt{x-2}=a(x-1)$ の両辺を 2 乗して

$x-2=a^2(x-1)^2$

$\iff a^2x^2-(2a^2+1)x+a^2+2=0$ …②

$a\neq 0$ で，②の判別式を $D$ とすると，②が重解をもつ $a$ の値は

$D=(2a^2+1)^2-4a^2(a^2+2)=-4a^2+1=0$

よって　$a^2=\frac{1}{4}$　　$a=\pm\frac{1}{2}$

グラフより，$a=\frac{1}{2}$ が適する。

ゆえに　$0<a<\frac{1}{2}$

**(注意)** $y=a(x-1)$ は点 $(1,\ 0)$ を通り，傾き $a$ の直線である。

## 116

(1) $\boldsymbol{y=2x+4}$

(2) $\boldsymbol{y=x-2}$ $(1\leqq x<3)$

(3) $\boldsymbol{y=\frac{x}{x-1}}$ $(0\leqq x<1)$

**グラフは次の図**

(1)

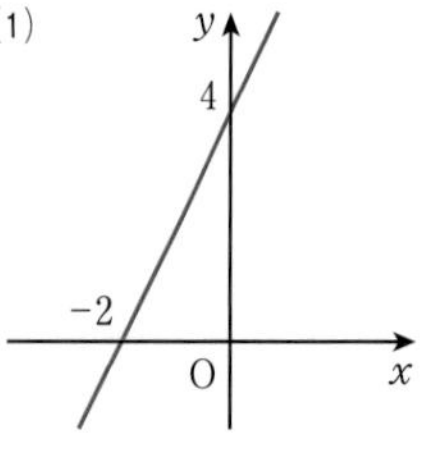


(2)

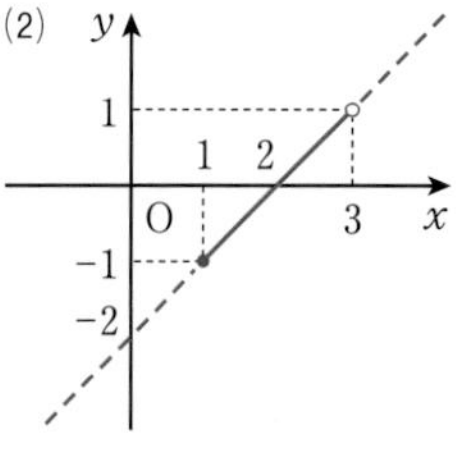


(3)

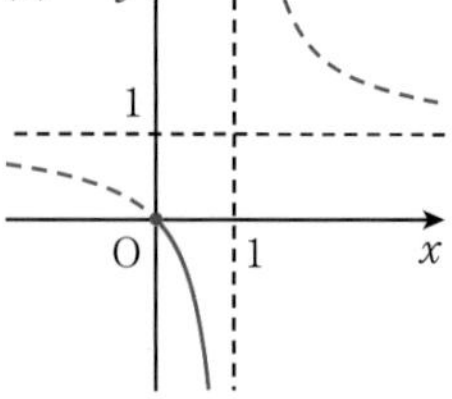


**解き方** (1) $y=\frac{1}{2}x-2$ より　$x=2(y+2)=2y+4$

$x$ と $y$ を入れかえると　$y=2x+4$

(2) $y=x+2$ より　$x=y-2$

$x$ と $y$ を入れかえると　$y=x-2$

関数 $y=x+2$ の定義域が $-1\leqq x<1$ だから，

値域は　$1\leqq y<3$

よって，逆関数の定義域は　$1\leqq x<3$

(3) $y=\frac{x}{x-1}$ より　$x=\frac{y}{y-1}$

$x$ と $y$ を入れかえると　$y=\frac{x}{x-1}$

関数 $y=\frac{x}{x-1}$ の定義域が $x\leqq 0$ だから，値域は右のグラフより

$0\leqq y<1$

よって，逆関数の定義域は

$0\leqq x<1$

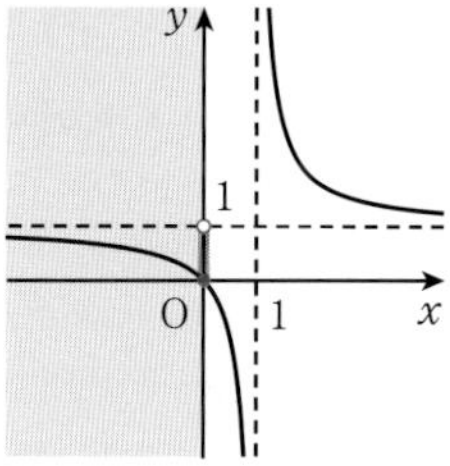


## 117-1 $\boldsymbol{y=2-x^2}$ $(\boldsymbol{x\leqq 0})$，値域は $\boldsymbol{y\leqq 2}$

**解き方** $y=-\sqrt{2-x}$ より　$y^2=2-x$

これより　$x=2-y^2$

$x$ と $y$ を入れかえると　$y=2-x^2$

関数 $y=-\sqrt{2-x}$ の値域は $y\leqq 0$ だから，

逆関数の定義域は　$x\leqq 0$，値域は　$y\leqq 2$

## 117-2 $\boldsymbol{1\leqq x<5}$

**解き方** $y=x^2+1$ より　$x^2=y-1$

$x\leqq 0$ より　$x=-\sqrt{y-1}$

$x$ と $y$ を入れかえると

$y=-\sqrt{x-1}$

問題の不等式を満たす $x$ の値の範囲は，右のグラフの色で示した部分。

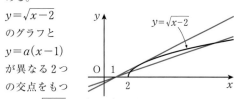

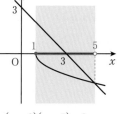

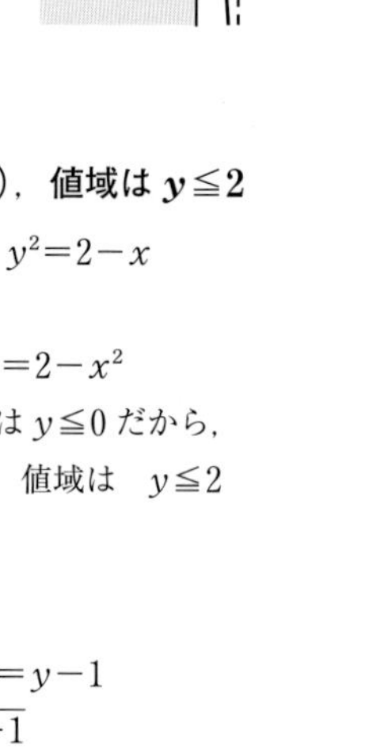


$-\sqrt{x-1}=-x+3$

$x-1=(-x+3)^2$

$\iff x^2-7x+10=0$　　$(x-2)(x-5)=0$

$x=2,\ 5$

グラフより　$1\leqq x<5$

**118** (1) $\boldsymbol{a=3,\ b=-7,\ c=4}$　(2) $\boldsymbol{c=\dfrac{16}{3}}$

解き方 (1) $f(x)=ax^2+bx+c$ について

$f^{-1}(0)=\dfrac{4}{3}$ より　$f\left(\dfrac{4}{3}\right)=0$

$f^{-1}(2)=2$ より　$f(2)=2$

$f^{-1}(10)=3$ より　$f(3)=10$

よって　$f\left(\dfrac{4}{3}\right)=\dfrac{16}{9}a+\dfrac{4}{3}b+c=0$

$f(2)=4a+2b+c=2$

$f(3)=9a+3b+c=10$

したがって　$a=3,\ b=-7,\ c=4$

(2) (1)より，$a=3,\ b=-7$ だから

$f(x)=3x^2-7x+c$

関数 $y=f(x)$ とその逆関数 $y=f^{-1}(x)$ のグラフは直線 $y=x$ について対称である。したがって，関数 $y=f(x)$ のグラフと $y=f^{-1}(x)$ のグラフが1点で接するとき，関数 $y=f(x)$ のグラフは直線 $y=x$ に接している。

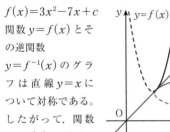

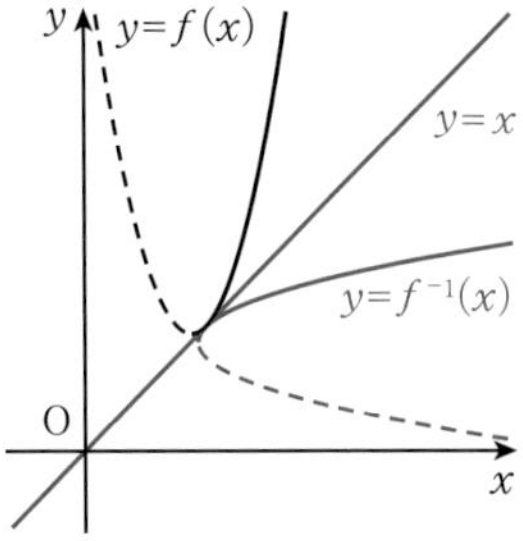


したがって，関数 $y=3x^2-7x+c$ のグラフが直線 $y=x$ に接するときの $c$ の値を求めればよい。

$3x^2-7x+c=x \Longleftrightarrow 3x^2-8x+c=0$　…①

①の判別式を $D$ とすると，①が重解をもつとき

$\dfrac{D}{4}=16-3c=0$　　よって　$c=\dfrac{16}{3}$

**119** $\boldsymbol{(g\circ f)(x)=\dfrac{5}{x-1}+2}$

$\boldsymbol{(f\circ g)(x)=\dfrac{5}{x-2}+3}$

$\boldsymbol{(g\circ g)(x)=x\ \ (x\neq 2)}$

解き方 $(g\circ f)(x)=g(f(x))=g(x+1)$

$=\dfrac{5}{x+1-2}+2=\dfrac{5}{x-1}+2$

$(f\circ g)(x)=f(g(x))=f\left(\dfrac{5}{x-2}+2\right)$

$=\dfrac{5}{x-2}+2+1=\dfrac{5}{x-2}+3$

$(g\circ g)(x)=g(g(x))=g\left(\dfrac{5}{x-2}+2\right)$

$=\dfrac{5}{\dfrac{5}{x-2}+2-2}+2=x$

$g(x)$ は $x=2$ で定義されないので除く。

**120** (1) **正の無限大に発散**　(2) **0 に収束**

(3) **負の無限大に発散**　(4) **0 に収束**

解き方 (4) $2^{-n}=\dfrac{1}{2^n}$ だから，

$n\to\infty$ のとき　$2^{-n}\to 0$

**121** (1) $-\infty$　(2) $\infty$　(3) $\infty$　(4) $-\infty$

解き方 (1) $\displaystyle\lim_{n\to\infty}(3n-n^2)=\lim_{n\to\infty}n^2\left(\frac{3}{n}-1\right)=-\infty$

(2) $\displaystyle\lim_{n\to\infty}(n-3\sqrt{n})=\lim_{n\to\infty}n\left(1-\frac{3}{\sqrt{n}}\right)=\infty$

(3) $\displaystyle\lim_{n\to\infty}\{n^3-(-1)^n n^2\}=\lim_{n\to\infty}n^3\left\{1-\frac{(-1)^n}{n}\right\}=\infty$

(4) $\displaystyle\lim_{n\to\infty}(\sqrt{n+1}-\sqrt{n^2-1})$

$\displaystyle=\lim_{n\to\infty}n\left(\sqrt{\frac{1}{n}+\frac{1}{n^2}}-\sqrt{1-\frac{1}{n^2}}\right)=-\infty$

**122** (1) $\boldsymbol{\dfrac{5}{2}}$　(2) $\boldsymbol{\dfrac{1}{2}}$　(3) **0**　(4) **0**　(5) $\infty$

解き方 (1) $\displaystyle\lim_{n\to\infty}\frac{5n-1}{2n+3}=\lim_{n\to\infty}\frac{5-\frac{1}{n}}{2+\frac{3}{n}}=\frac{5}{2}$

(2) $\displaystyle\lim_{n\to\infty}\frac{n^2-n+1}{2n^2-1}=\lim_{n\to\infty}\frac{1-\frac{1}{n}+\frac{1}{n^2}}{2-\frac{1}{n^2}}=\frac{1}{2}$

(3) $\displaystyle\lim_{n\to\infty}\frac{n-5}{n^2+n+1}=\lim_{n\to\infty}\frac{\frac{1}{n}-\frac{5}{n^2}}{1+\frac{1}{n}+\frac{1}{n^2}}=0$

(4) $\displaystyle\lim_{n\to\infty}\frac{\sqrt{n}+1}{n-1}=\lim_{n\to\infty}\frac{\frac{1}{\sqrt{n}}+\frac{1}{n}}{1-\frac{1}{n}}=0$

(5) $\displaystyle\lim_{n\to\infty}\frac{n-2}{\sqrt{n}+2}=\lim_{n\to\infty}\frac{\sqrt{n}-\frac{2}{\sqrt{n}}}{1+\frac{2}{\sqrt{n}}}=\infty$

**123** (1) $\dfrac{1}{2}$　(2) $\dfrac{2}{5}$　(3) $-\dfrac{1}{2}$　(4) $2$

解き方 (1) $\lim_{n\to\infty}(\sqrt{n^2+n+2}-n)$

$=\lim_{n\to\infty}\dfrac{(n^2+n+2)-n^2}{\sqrt{n^2+n+2}+n}$

$=\lim_{n\to\infty}\dfrac{n+2}{\sqrt{n^2+n+2}+n}$

$=\lim_{n\to\infty}\dfrac{1+\dfrac{2}{n}}{\sqrt{1+\dfrac{1}{n}+\dfrac{2}{n^2}}+1}=\dfrac{1}{2}$

(2) $\lim_{n\to\infty}\dfrac{1}{\sqrt{n^2+5n+2}-n}$

$=\lim_{n\to\infty}\dfrac{\sqrt{n^2+5n+2}+n}{(n^2+5n+2)-n^2}$

$=\lim_{n\to\infty}\dfrac{\sqrt{n^2+5n+2}+n}{5n+2}$

$=\lim_{n\to\infty}\dfrac{\sqrt{1+\dfrac{5}{n}+\dfrac{2}{n^2}}+1}{5+\dfrac{2}{n}}=\dfrac{2}{5}$

(3) $\lim_{n\to\infty}\sqrt{n+1}(\sqrt{n}-\sqrt{n+1})$

$=\lim_{n\to\infty}\dfrac{\sqrt{n+1}\{n-(n+1)\}}{\sqrt{n}+\sqrt{n+1}}$

$=\lim_{n\to\infty}\dfrac{-\sqrt{n+1}}{\sqrt{n}+\sqrt{n+1}}$

$=\lim_{n\to\infty}\dfrac{-\sqrt{1+\dfrac{1}{n}}}{\sqrt{1}+\sqrt{1+\dfrac{1}{n}}}=-\dfrac{1}{2}$

(4) $\lim_{n\to\infty}\dfrac{\sqrt{n+5}-\sqrt{n+3}}{\sqrt{n+1}-\sqrt{n}}$

分母・分子に $(\sqrt{n+5}+\sqrt{n+3})(\sqrt{n+1}+\sqrt{n})$ をかけると

$\lim_{n\to\infty}\dfrac{\{(n+5)-(n+3)\}\times(\sqrt{n+1}+\sqrt{n})}{\{(n+1)-n\}\times(\sqrt{n+5}+\sqrt{n+3})}$

$=\lim_{n\to\infty}\dfrac{2(\sqrt{n+1}+\sqrt{n})}{\sqrt{n+5}+\sqrt{n+3}}$

$=\lim_{n\to\infty}\dfrac{2\left(\sqrt{1+\dfrac{1}{n}}+\sqrt{1}\right)}{\sqrt{1+\dfrac{5}{n}}+\sqrt{1+\dfrac{3}{n}}}=2$

**124** (1) $0$　(2) $2$　(3) $\infty$　(4) $-1$

解き方 (1) $\lim_{n\to\infty}\dfrac{2^n}{4^n-3^n}=\lim_{n\to\infty}\dfrac{\left(\dfrac{2}{4}\right)^n}{1-\left(\dfrac{3}{4}\right)^n}=\dfrac{0}{1-0}=0$

(2) $\lim_{n\to\infty}\dfrac{2^{n+1}}{2^n+1}=\lim_{n\to\infty}\dfrac{2}{1+\dfrac{1}{2^n}}=\dfrac{2}{1+0}=2$

(3) $\lim_{n\to\infty}\dfrac{2^{2n}+1}{3^n+2^n}=\lim_{n\to\infty}\dfrac{4^n+1}{3^n+2^n}$

$=\lim_{n\to\infty}\dfrac{\left(\dfrac{4}{3}\right)^n+\dfrac{1}{3^n}}{1+\left(\dfrac{2}{3}\right)^n}=\infty$

（$\left(\dfrac{4}{3}\right)^n\to\infty$, $\dfrac{1}{3^n}\to 0$, $\left(\dfrac{2}{3}\right)^n\to 0$）

(4) $\lim_{n\to\infty}\dfrac{3^n-4^n}{2^{2n}+1}=\lim_{n\to\infty}\dfrac{3^n-4^n}{4^n+1}$

$=\lim_{n\to\infty}\dfrac{\left(\dfrac{3}{4}\right)^n-1}{1+\dfrac{1}{4^n}}=\dfrac{0-1}{1+0}=-1$

**125** (1) $0\leqq x\leqq 1$ のとき

$-2x+3$

$x>1$ のとき　$x^3$

(2) 右の図の赤の実線

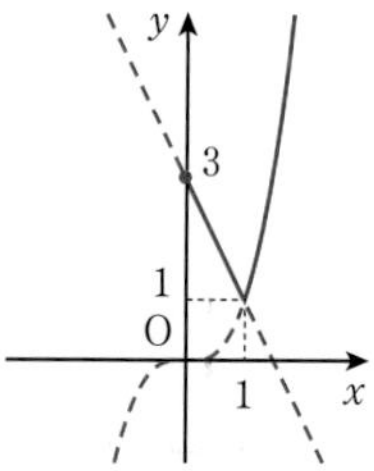


解き方 (1) $\lim_{n\to\infty}\dfrac{x^{n+3}-2x+3}{x^n+1}$

について

・$0\leqq x<1$ のとき　$\lim_{n\to\infty}x^n=0$ より

$\lim_{n\to\infty}\dfrac{x^{n+3}-2x+3}{x^n+1}=-2x+3$

・$x=1$ のとき　$\lim_{n\to\infty}\dfrac{x^{n+3}-2x+3}{x^n+1}=1$

・$x>1$ のとき　$\lim_{n\to\infty}x^n=\infty$ より

$\lim_{n\to\infty}\dfrac{x^{n+3}-2x+3}{x^n+1}=\lim_{n\to\infty}\dfrac{x^3-\dfrac{2}{x^{n-1}}+\dfrac{3}{x^n}}{1+\dfrac{1}{x^n}}=x^3$

(2) (1)より　$f(x)=\begin{cases}-2x+3 & (0\leqq x\leqq 1)\\ x^3 & (x>1)\end{cases}$

**126** $r=-t$ とおくと，$-1<r<0$ より

$-1<-t<0$　すなわち　$0<t<1$

基本例題 126 (2)の結果より

$0<t<1$ のとき　$\lim_{n\to\infty}nt^n=0$ だから

$\lim_{n\to\infty}|nr^n|=\lim_{n\to\infty}|n(-t)^n|$

$=\lim_{n\to\infty}|(-1)^n\cdot nt^n|=\lim_{n\to\infty}nt^n=0$

よって　$\lim_{n\to\infty}nr^n=0$

**127** $\lim_{n\to\infty} a_n=1$，$\lim_{n\to\infty}\sum_{k=1}^{n}(a_k-1)=2$

解き方
$$\begin{array}{rl} 2a_{n+1} &= a_n+1 \\ -)\ 2\alpha &= \alpha+1 \\ \hline 2(a_{n+1}-\alpha) &= a_n-\alpha \end{array}$$

方程式 $2\alpha=\alpha+1$ を解いて　$\alpha=1$

よって　$a_{n+1}-1=\frac{1}{2}(a_n-1)$

したがって　$a_n-1=\left(\frac{1}{2}\right)^{n-1}(a_1-1)=\left(\frac{1}{2}\right)^{n-1}$

ゆえに　$a_n=1+\left(\frac{1}{2}\right)^{n-1}$

このとき　$\lim_{n\to\infty} a_n=\lim_{n\to\infty}\left\{1+\left(\frac{1}{2}\right)^{n-1}\right\}=1$

また　$\sum_{k=1}^{n}(a_k-1)=\sum_{k=1}^{n}\left\{1+\left(\frac{1}{2}\right)^{k-1}-1\right\}=\sum_{k=1}^{n}\left(\frac{1}{2}\right)^{k-1}$

$$=\frac{1-\left(\frac{1}{2}\right)^n}{1-\frac{1}{2}}=2\left\{1-\left(\frac{1}{2}\right)^n\right\}$$

したがって

$$\lim_{n\to\infty}\sum_{k=1}^{n}(a_k-1)=\lim_{n\to\infty}2\left\{1-\left(\frac{1}{2}\right)^n\right\}=2$$

**128** (1) **$a_{n+1}-a_n=3(n+1)+2-(3n+2)=3$ より，$\{a_n\}$ は公差が 3 の等差数列。初項は 5**

(2) $\boldsymbol{\frac{n}{5(3n+5)}}$　　(3) $\boldsymbol{\frac{1}{15}}$

解き方 (1) 初項 $a_1=3\cdot1+2=5$

(2) $b_n=\frac{1}{a_na_{n+1}}=\frac{1}{(3n+2)(3n+5)}$

$$=\frac{1}{3}\left(\frac{1}{3n+2}-\frac{1}{3n+5}\right)$$

$$\sum_{k=1}^{n}b_k=\frac{1}{3}\left(\frac{1}{5}-\frac{1}{8}\right)+\frac{1}{3}\left(\frac{1}{8}-\frac{1}{11}\right)+\cdots$$
$$+\frac{1}{3}\left(\frac{1}{3n-1}-\frac{1}{3n+2}\right)$$
$$+\frac{1}{3}\left(\frac{1}{3n+2}-\frac{1}{3n+5}\right)$$
$$=\frac{1}{3}\left(\frac{1}{5}-\frac{1}{3n+5}\right)=\frac{3n+5-5}{15(3n+5)}$$
$$=\frac{n}{5(3n+5)}$$

(3) $\frac{1}{40}+\frac{1}{88}+\cdots+\frac{1}{(3n+2)(3n+5)}+\cdots$

$$=\lim_{n\to\infty}\sum_{k=1}^{n}b_k=\lim_{n\to\infty}\frac{1}{3}\left(\frac{1}{5}-\frac{1}{3n+5}\right)=\frac{1}{15}$$

**129** (1) **0**

(2) $\boldsymbol{S_m=\sqrt{m+1}-1}$，$\boldsymbol{\lim_{m\to\infty}S_m=\infty}$

解き方 (1) $\lim_{n\to\infty}(\sqrt{n+1}-\sqrt{n})$

$$=\lim_{n\to\infty}\frac{(n+1)-n}{\sqrt{n+1}+\sqrt{n}}=\lim_{n\to\infty}\frac{1}{\sqrt{n+1}+\sqrt{n}}=0$$

(2) $S_m=(\sqrt{2}-\sqrt{1})+(\sqrt{3}-\sqrt{2})+\cdots$
$$+(\sqrt{m}-\sqrt{m-1})+(\sqrt{m+1}-\sqrt{m})$$
$$=\sqrt{m+1}-\sqrt{1}$$

これより　$\lim_{m\to\infty}S_m=\lim_{m\to\infty}(\sqrt{m+1}-1)=\infty$

**130** (1) $\boldsymbol{\frac{3}{5}}$　　(2) **5**

解き方 (1) 初項 $r^2$，公比 $r$ の無限等比級数の和は

$\frac{r^2}{1-r}$ で表される。

条件より　$\frac{r^2}{1-r}=\frac{9}{10}$　　$10r^2+9r-9=0$

$(2r+3)(5r-3)=0$　　よって　$r=-\frac{3}{2}$，$\frac{3}{5}$

無限等比級数が収束することより　$|r|<1$

したがって　$r=\frac{3}{5}$

(2) $a_n=\left(\frac{3}{5}\right)^2\left(\frac{3}{5}\right)^{n-1}$ だから

$$S_n=\frac{\frac{9}{25}\left\{1-\left(\frac{3}{5}\right)^n\right\}}{1-\frac{3}{5}}=\frac{9}{10}\left\{1-\left(\frac{3}{5}\right)^n\right\}$$

これより

$$|S-S_n|=\left|\frac{9}{10}-\frac{9}{10}\left\{1-\left(\frac{3}{5}\right)^n\right\}\right|$$
$$=\frac{9}{10}\cdot\left(\frac{3}{5}\right)^n$$

求める $n$ の値は $\frac{9}{10}\cdot\left(\frac{3}{5}\right)^n<\frac{1}{10}$ を満たす最小の自然数。

$\left(\frac{3}{5}\right)^n<\frac{1}{9}$ を満たす $n$ を $n=1$，2，3，4，5 の順に
（$\frac{3}{5}$ → 0.6，$\frac{1}{9}$ → 0.1111…）
調べていくと $n=5$ を得る。

## 131　$0.\dot{2}\dot{4}$

解き方　$0.\dot{3}\dot{6}=0.36+0.0036+0.000036+\cdots$

これは，初項 0.36，公比 0.01 の無限等比級数。

$0<0.01<1$ より，収束して和をもつ。

$$0.\dot{3}\dot{6}=\frac{0.36}{1-0.01}=\frac{36}{99}=\frac{4}{11}\quad\cdots①$$

次に　$0.\dot{6}=0.6+0.06+0.006+\cdots$

これは，初項 0.6，公比 0.1 の無限等比級数。

$0<0.1<1$ より，収束して和をもつ。

$$0.\dot{6}=\frac{0.6}{1-0.1}=\frac{6}{9}=\frac{2}{3}\quad\cdots②$$

①×② より

$$0.\dot{3}\dot{6}\times0.\dot{6}=\frac{4}{11}\times\frac{2}{3}=\frac{8}{33}=\frac{24}{99}$$
$$=\frac{0.24}{0.99}=\frac{0.24}{1-0.01}$$
$$=0.24+0.0024+0.000024+\cdots$$
$$=0.242424+\cdots$$

したがって　$0.\dot{2}\dot{4}$

## 132　(1) $0\leqq x<\dfrac{\pi}{4}$　　(2) $\dfrac{\pi}{6}$

解き方　(1) 与えられた数列は，初項 $\tan x$，公比 $\tan^2 x$ の無限等比級数である。

この無限等比級数が収束するのは，

$\tan x=0$ または $0\leqq\tan^2 x<1$ の場合。

$0\leqq x<\dfrac{\pi}{2}$ で $\tan x=0$ となるのは　$x=0$

$\tan^2 x<1$ となるのは　$0\leqq x<\dfrac{\pi}{4}$

(2) この無限等比級数が収束するとき，その和は

$$\frac{\tan x}{1-\tan^2 x}$$

したがって，$\dfrac{\tan x}{1-\tan^2 x}=\dfrac{\sqrt{3}}{2}$　$\cdots①$

となる $x$ の値を求める。

①を整理すると　$\sqrt{3}\tan^2 x+2\tan x-\sqrt{3}=0$

$(\sqrt{3}\tan x-1)(\tan x+\sqrt{3})=0$

$0\leqq\tan^2 x<1$ より　$\tan x=\dfrac{1}{\sqrt{3}}$　　よって　$x=\dfrac{\pi}{6}$

## 133-1　(1) $-\dfrac{1}{2}<x$

(2) 右の図

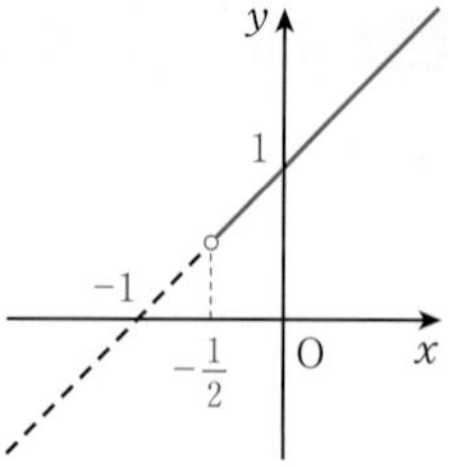


解き方　(1) $S_n$ は，

初項 1，公比 $\dfrac{x}{1+x}$ の無限等比級数であるから，

収束するのは，$\left|\dfrac{x}{1+x}\right|<1$ の場合。

$\left|\dfrac{x}{1+x}\right|<1$

$\Longleftrightarrow$

$-1<\dfrac{x}{1+x}<1$

$y=\dfrac{x}{1+x}$ とおくと，グラフは右の通り。

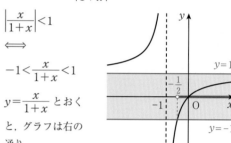

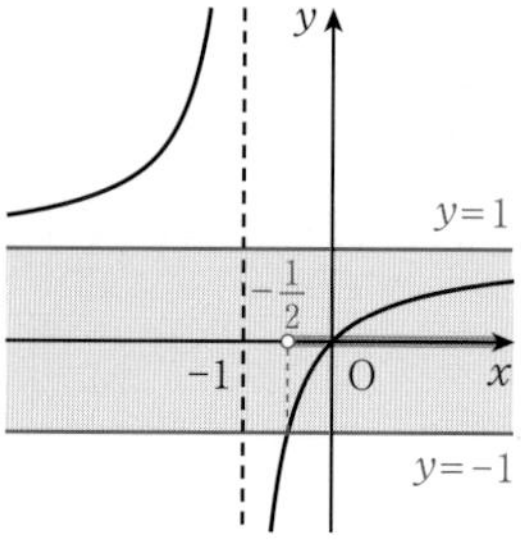


$\dfrac{x}{1+x}=-1$　　$x=-\dfrac{1}{2}$

以上より，題意を満たす $x$ の値の範囲は $-\dfrac{1}{2}<x$

(2) $S(x)=\dfrac{1}{1-\dfrac{x}{1+x}}=1+x\ \left(x>-\dfrac{1}{2}\right)$

## 133-2　$0<\theta<\dfrac{\pi}{3}$，$\dfrac{5}{3}\pi<\theta<2\pi$

解き方　無限等比級数 $\displaystyle\sum_{n=1}^{\infty}(1-\cos\theta-\cos2\theta)^n$ が収束するのは，

(i)　$1-\cos\theta-\cos2\theta=0$

(ii)　$|1-\cos\theta-\cos2\theta|<1$

のいずれかの場合であるが，(i)は(ii)に含まれる。

(ii)のとき　$-1<1-\cos\theta-\cos2\theta<1$

・$-1<1-\cos\theta-\cos2\theta$ より

$\cos2\theta+\cos\theta-2<0$

$\cos2\theta+\cos\theta-2=2\cos^2\theta+\cos\theta-3$
$=(2\cos\theta+3)(\cos\theta-1)$

ここで，$2\cos\theta+3>0$ だから，

$\cos\theta-1<0$ であればよい。

すなわち　$0<\theta<2\pi$　$\cdots①$

・$1-\cos\theta-\cos2\theta<1$ より　$\cos2\theta+\cos\theta>0$

$\cos2\theta+\cos\theta=2\cos^2\theta+\cos\theta-1$
$=(2\cos\theta-1)(\cos\theta+1)$

ここで，$\cos\theta+1\geqq0$ だから，

$2\cos\theta-1>0$，$\cos\theta+1\neq0$ であればよい。

よって　$\cos\theta>\dfrac{1}{2}$

ゆえに　$0\leqq\theta<\dfrac{\pi}{3}$，$\dfrac{5}{3}\pi<\theta<2\pi$　…②

①，②より求める $\theta$ の範囲は

$0<\theta<\dfrac{\pi}{3}$，$\dfrac{5}{3}\pi<\theta<2\pi$

## 134 $\left(\dfrac{13}{25},\ \dfrac{16}{25}\right)$

**解き方** $x$ 軸方向の座標の変化は

$$-\frac{3}{4}+\left(\frac{3}{4}\right)^3-\left(\frac{3}{4}\right)^5+\left(\frac{3}{4}\right)^7+\cdots$$

となり，これは初項 $-\dfrac{3}{4}$，公比 $-\dfrac{9}{16}$ の無限等比級数。$\left|-\dfrac{9}{16}\right|<1$ だから，この無限等比級数は収束し，

その和は　$\dfrac{-\dfrac{3}{4}}{1-\left(-\dfrac{9}{16}\right)}=-\dfrac{12}{25}$

また，$y$ 軸方向の座標の変化は，

$$1-\left(\frac{3}{4}\right)^2+\left(\frac{3}{4}\right)^4-\left(\frac{3}{4}\right)^6+\left(\frac{3}{4}\right)^8-\cdots$$

となり，これは初項 1，公比 $-\dfrac{9}{16}$ の無限等比級数。

$\left|-\dfrac{9}{16}\right|<1$ だから，この無限等比級数は収束し，その和は　$\dfrac{1}{1-\left(-\dfrac{9}{16}\right)}=\dfrac{16}{25}$

点 P は A(1, 0) を出発することから，

$\left(1-\dfrac{12}{25},\ \dfrac{16}{25}\right)=\left(\dfrac{13}{25},\ \dfrac{16}{25}\right)$ に近づく。

## 135 $\dfrac{4}{3}$

**解き方** $\triangle P_nQ_nR_n$ の面積を $S_n$ とすると，

$S_{n+1}=\dfrac{1}{4}S_n$

が成り立つ。

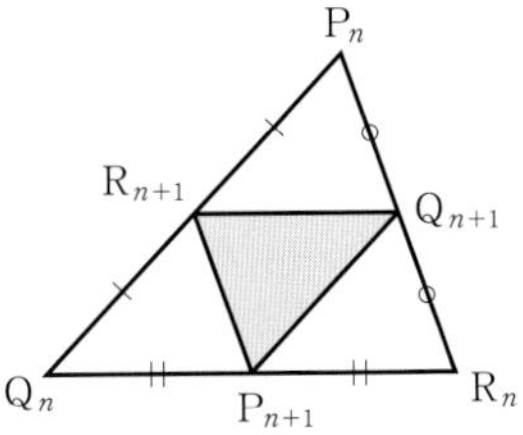


これより，

$\displaystyle\sum_{n=1}^{\infty}S_n$ は初項 1，公比 $\dfrac{1}{4}$ の無限等比級数となる。

この和は　$\dfrac{1}{1-\dfrac{1}{4}}=\dfrac{4}{3}$

## 136 $\displaystyle\sum_{n=1}^{\infty}a_n=\sqrt{3}$，$\displaystyle\sum_{n=1}^{\infty}S_n=\frac{6\sqrt{3}-3}{11}$

**解き方** 右の図より

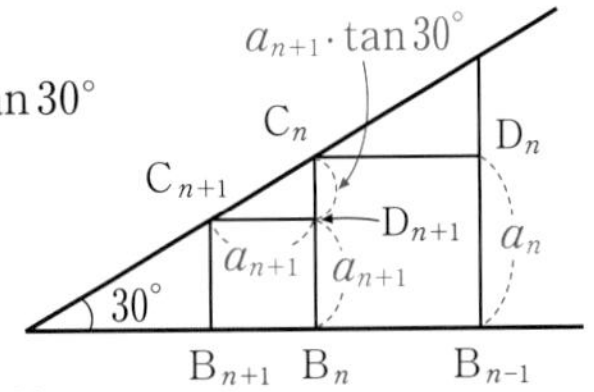


$C_nD_{n+1}=a_{n+1}\cdot\tan30^\circ$

$=\dfrac{a_{n+1}}{\sqrt{3}}$

したがって

$a_n=a_{n+1}+\dfrac{1}{\sqrt{3}}a_{n+1}$

これより

$a_{n+1}=\dfrac{\sqrt{3}}{\sqrt{3}+1}a_n$

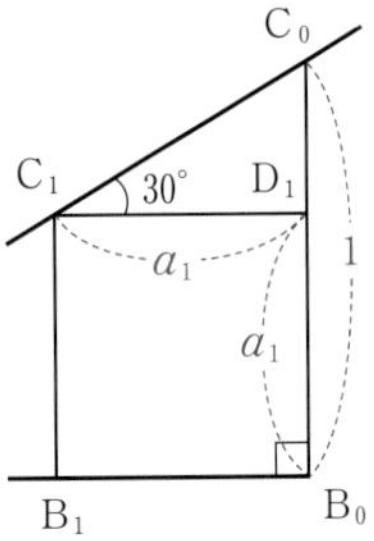


また

$B_0C_0=C_0D_1+B_0D_1$

$=a_1\cdot\tan30^\circ+a_1$

$=\left(\dfrac{1}{\sqrt{3}}+1\right)a_1$

$B_0C_0=1$ より　$a_1=\dfrac{\sqrt{3}}{\sqrt{3}+1}$

以上より，$\displaystyle\sum_{n=1}^{\infty}a_n$ は初項 $\dfrac{\sqrt{3}}{\sqrt{3}+1}$，公比 $\dfrac{\sqrt{3}}{\sqrt{3}+1}$ の無限等比級数。

$\left|\dfrac{\sqrt{3}}{\sqrt{3}+1}\right|<1$ だから，この無限等比級数は収束し，その和は　$\dfrac{\dfrac{\sqrt{3}}{\sqrt{3}+1}}{1-\dfrac{\sqrt{3}}{\sqrt{3}+1}}=\sqrt{3}$

$\displaystyle\sum_{n=1}^{\infty}S_n$ は，初項 $\left(\dfrac{\sqrt{3}}{\sqrt{3}+1}\right)^2$，公比 $\left(\dfrac{\sqrt{3}}{\sqrt{3}+1}\right)^2$ の無限等比級数。$0<\left(\dfrac{\sqrt{3}}{\sqrt{3}+1}\right)^2<1$ だから，この無限等比級数は収束し，その和は

$$\frac{\left(\dfrac{\sqrt{3}}{\sqrt{3}+1}\right)^2}{1-\left(\dfrac{\sqrt{3}}{\sqrt{3}+1}\right)^2}=\frac{6\sqrt{3}-3}{11}$$

**137** (1) **0**　(2) **0**　(3) **−1**

(4) **∞**　(5) **−∞**

解き方 (1) $\lim_{x\to-\infty}\dfrac{1}{x+2}=0$

(2) $\lim_{x\to\infty}\dfrac{1}{1-x^2}=0$

(3) $\lim_{x\to-\infty}\dfrac{1-x^2}{x^2}=\lim_{x\to-\infty}\left(\dfrac{1}{x^2}-1\right)=-1$

(4) $\lim_{x\to\infty}(x^3-x^2-2)=\lim_{x\to\infty}x^3\left(1-\underset{\substack{\downarrow\\0}}{\dfrac{1}{x}}-\underset{\substack{\downarrow\\0}}{\dfrac{2}{x^3}}\right)=\infty$

(5) $\lim_{x\to-\infty}(x^3+2x^2-1)=\lim_{x\to-\infty}x^3\left(1+\underset{\substack{\downarrow\\0}}{\dfrac{2}{x}}-\underset{\substack{\downarrow\\0}}{\dfrac{1}{x^3}}\right)$

$=-\infty$

**138** (1) **1**　(2) $\boldsymbol{\dfrac{1}{6}}$　(3) **−4**

(4) **0**　(5) $\boldsymbol{\dfrac{5}{2}}$

解き方 (1) $\lim_{x\to0}\dfrac{1}{x}\left(1-\dfrac{1}{x+1}\right)$

$=\lim_{x\to0}\dfrac{1}{x}\left(\dfrac{x+1-1}{x+1}\right)=\lim_{x\to0}\dfrac{1}{x+1}=1$

(2) $\lim_{x\to3}\dfrac{\sqrt{x+6}-3}{x-3}=\lim_{x\to3}\dfrac{(x+6)-9}{(x-3)(\sqrt{x+6}+3)}$

$=\lim_{x\to3}\dfrac{1}{\sqrt{x+6}+3}=\dfrac{1}{6}$

(3) $\lim_{x\to2}\dfrac{x-2}{\sqrt{x+2}-\sqrt{2x}}=\lim_{x\to2}\dfrac{(x-2)(\sqrt{x+2}+\sqrt{2x})}{(x+2)-2x}$

$=\lim_{x\to2}\{-(\sqrt{x+2}+\sqrt{2x})\}=-4$

(4) $\lim_{x\to\infty}(\sqrt{x+1}-\sqrt{x})=\lim_{x\to\infty}\dfrac{(x+1)-x}{\sqrt{x+1}+\sqrt{x}}=0$

(5) $t=-x$ とおくと

$\lim_{x\to-\infty}\{\sqrt{x(x-3)}+x+1\}=\lim_{t\to\infty}(\sqrt{t^2+3t}-t+1)$

$=\lim_{t\to\infty}\dfrac{(t^2+3t)-(t-1)^2}{\sqrt{t^2+3t}+(t-1)}$

$=\lim_{t\to\infty}\dfrac{5t-1}{\sqrt{t^2+3t}+(t-1)}$

$=\lim_{t\to\infty}\dfrac{5-\dfrac{1}{t}}{\sqrt{1+\dfrac{3}{t}}+1-\dfrac{1}{t}}=\dfrac{5}{2}$

**139** (1) **1**　(2) **−1**　(3) **極限なし**

(4) **−∞**　(5) **∞**　(6) **極限なし**

解き方 (1) $\lim_{x\to+0}\dfrac{x^2+x}{|x|}=\lim_{x\to+0}\dfrac{x(x+1)}{x}$

$=\lim_{x\to+0}(x+1)=1$

(2) $\lim_{x\to-0}\dfrac{x^2+x}{|x|}=\lim_{x\to-0}\dfrac{x(x+1)}{-x}=\lim_{x\to-0}\{-(x+1)\}$

$=-1$

(3) (1), (2)より,

$\lim_{x\to+0}\dfrac{x^2+x}{|x|}\neq\lim_{x\to-0}\dfrac{x^2+x}{|x|}$ であるから,

$\lim_{x\to0}\dfrac{x^2+x}{|x|}$ は極限なし。

(4) $\lim_{x\to-2+0}\dfrac{x}{x+2}=-\infty$

(5) $\lim_{x\to-2-0}\dfrac{x}{x+2}=\infty$

(6) (4), (5)より,

$\lim_{x\to-2+0}\dfrac{x}{x+2}\neq\lim_{x\to-2-0}\dfrac{x}{x+2}$ であるから,

$\lim_{x\to-2}\dfrac{x}{x+2}$ は極限なし。

**(参考)** (4)〜(6)

$y=\dfrac{x}{x+2}$

$=-\dfrac{2}{x+2}+1$

のグラフは右のようになる。

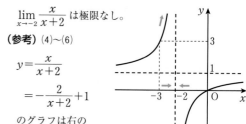

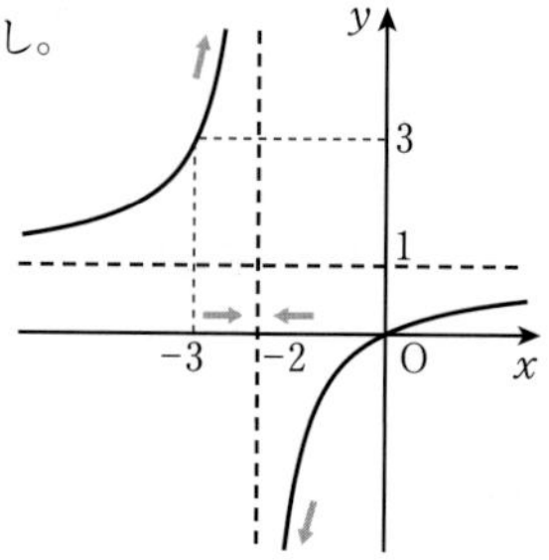


**140-1** $\boldsymbol{a=-4,\ b=3}$

解き方 $\lim_{x\to1}(x^2-3x+2)=0$ より

$\lim_{x\to1}(x^2+ax+b)=0$

$\lim_{x\to1}(x^2+ax+b)=1+a+b$ より　$1+a+b=0$

このとき　$b=-a-1$　…①

ゆえに　$\lim_{x\to1}\dfrac{x^2+ax-a-1}{x^2-3x+2}$

$=\lim_{x\to1}\dfrac{(x-1)(x+1+a)}{(x-2)(x-1)}$

$=\lim_{x\to1}\dfrac{x+1+a}{x-2}=-(a+2)$

条件より　$-(a+2)=2$　　よって　$a=-4$

①に代入して　$b=3$（このとき，与式は成り立つ。）

**140-2** $a=8,\ b=12$

解き方 $\lim_{x\to3}(x-3)=0$ より

$\lim_{x\to3}(ax-b\sqrt{x+1})=0$

$\lim_{x\to3}(ax-b\sqrt{x+1})=3a-2b$ より　$3a-2b=0$

このとき　$b=\frac{3}{2}a$　…①

ゆえに　$\lim_{x\to3}\frac{ax-\frac{3}{2}a\sqrt{x+1}}{x-3}$

$=\lim_{x\to3}\frac{\frac{a}{2}(2x-3\sqrt{x+1})}{x-3}$

$=\lim_{x\to3}\frac{a}{2}\cdot\frac{4x^2-9(x+1)}{(x-3)(2x+3\sqrt{x+1})}$

$=\lim_{x\to3}\frac{a}{2}\cdot\frac{4x^2-9x-9}{(x-3)(2x+3\sqrt{x+1})}$

$=\lim_{x\to3}\frac{a}{2}\cdot\frac{(x-3)(4x+3)}{(x-3)(2x+3\sqrt{x+1})}$

$=\lim_{x\to3}\frac{a}{2}\cdot\left(\frac{4x+3}{2x+3\sqrt{x+1}}\right)=\frac{5}{8}a$

条件より　$\frac{5}{8}a=5$

よって　$a=8$　①に代入して　$b=12$

（このとき，与式は成り立つ。）

**141** $a=-4$

解き方 $\lim_{x\to-\infty}(\sqrt{x^2+ax+2}-\sqrt{x^2+2x+3})$ で，

$t=-x$ とおくと，$x\to-\infty$ のとき　$t\to\infty$

$\lim_{x\to-\infty}(\sqrt{x^2+ax+2}-\sqrt{x^2+2x+3})$

$=\lim_{t\to\infty}(\sqrt{t^2-at+2}-\sqrt{t^2-2t+3})$

$=\lim_{t\to\infty}\frac{(2-a)t-1}{\sqrt{t^2-at+2}+\sqrt{t^2-2t+3}}$

$=\lim_{t\to\infty}\frac{(2-a)-\frac{1}{t}}{\sqrt{1-\frac{a}{t}+\frac{2}{t^2}}+\sqrt{1-\frac{2}{t}+\frac{3}{t^2}}}=\frac{2-a}{2}$

条件より　$\frac{2-a}{2}=3$　　すなわち　$a=-4$

（このとき，与式は成り立つ。）

**142** (1) **0**　　(2) $-\infty$　　(3) **1**

解き方 (1) $0<\frac{1}{2}<1$ より　$\lim_{x\to\infty}\left(\frac{1}{2}\right)^x=0$

(2) $0<\frac{1}{2}<1$ より　$\lim_{x\to\infty}\log_{\frac{1}{2}}x=-\infty$

(3) $\lim_{x\to\infty}\log_3\left(3+\frac{1}{x}\right)=\log_3 3=1$

**(参考)** (1), (2)は，本冊 ***p. 168*** のグラフで考えよう。

**143** (1) **0**　　(2) $-1$　　(3) **0**

解き方 (1) $\lim_{x\to\pi}\sin x=\sin\pi=0$

(2) $\lim_{x\to\pi}\cos x=\cos\pi=-1$

(3) $\lim_{x\to\pi}\tan x=\tan\pi=0$

**144** (1) **0**　　(2) **0**

解き方 (1) $0\leqq\left|\sin\frac{1}{x}\right|\leqq1$ より　$0\leqq|x|\left|\sin\frac{1}{x}\right|\leqq|x|$

ここで $\lim_{x\to0}|x|=0$ だから　$\lim_{x\to0}x\sin\frac{1}{x}=0$

(2) $0\leqq|\cos x|\leqq1$ より　$0\leqq\left|\frac{1}{x}\right||\cos x|\leqq\left|\frac{1}{x}\right|$

ここで $\lim_{x\to-\infty}\left|\frac{1}{x}\right|=0$ だから　$\lim_{x\to-\infty}\frac{\cos x}{x}=0$

**145** (1) $\frac{3}{2}$　　(2) $\frac{2}{5}$　　(3) **1**

(4) **2**　　(5) $\frac{\pi}{180}$

解き方 (1) $\lim_{x\to0}\frac{\sin3x}{2x}=\lim_{x\to0}\frac{\sin3x}{3x}\cdot\frac{3}{2}=\frac{3}{2}$

(2) $\lim_{x\to0}\frac{\sin2x}{\sin5x}=\lim_{x\to0}\frac{\sin2x}{2x}\cdot\frac{5x}{\sin5x}\cdot\frac{2}{5}=\frac{2}{5}$

(3) $\lim_{x\to0}\frac{x+\sin x}{\sin2x}=\lim_{x\to0}\left(\frac{x}{\sin2x}+\frac{\sin x}{\sin2x}\right)$

$=\lim_{x\to0}\left(\frac{2x}{\sin2x}\cdot\frac{1}{2}+\frac{\sin x}{x}\cdot\frac{2x}{\sin2x}\cdot\frac{1}{2}\right)$

$=1$

(4) $\lim_{x\to0}\frac{x\sin x}{1-\cos x}=\lim_{x\to0}\frac{x\sin x(1+\cos x)}{1-\cos^2x}$

$=\lim_{x\to0}\frac{x\sin x(1+\cos x)}{\sin^2x}$

$=\lim_{x\to0}\frac{x}{\sin x}\cdot(1+\cos x)=2$

(5) $\lim_{x\to 0}\frac{\tan x^\circ}{x}=\lim_{x\to 0}\frac{\tan\frac{\pi}{180}x}{x}$

$$=\lim_{x\to 0}\frac{\sin\frac{\pi}{180}x}{\cos\frac{\pi}{180}x}\cdot\frac{1}{x}$$

$$=\lim_{x\to 0}\frac{\sin\frac{\pi}{180}x}{\frac{\pi}{180}x}\cdot\frac{\frac{\pi}{180}}{\cos\frac{\pi}{180}x}=\frac{\pi}{180}$$

**146** (1) $\mathbf{\frac{1}{8}}$　　(2) **2**

解き方 (1) $t=x-\frac{\pi}{2}$ とおくと，$x\to\frac{\pi}{2}$ のとき　$t\to 0$

$$\lim_{x\to\frac{\pi}{2}}\frac{1-\sin x}{(2x-\pi)^2}=\lim_{t\to 0}\frac{1-\sin\left(t+\frac{\pi}{2}\right)}{(2t)^2}$$

$$=\lim_{t\to 0}\frac{1-\cos t}{4t^2}=\lim_{t\to 0}\frac{1-\cos^2 t}{4t^2(1+\cos t)}$$

$$=\lim_{t\to 0}\left(\frac{\sin t}{t}\right)^2\cdot\frac{1}{4(1+\cos t)}=\frac{1}{8}$$

(2) $t=x-\frac{\pi}{2}$ とおくと，$x\to\frac{\pi}{2}$ のとき　$t\to 0$

$$\lim_{x\to\frac{\pi}{2}}(\pi-2x)\tan x$$

$$=\lim_{t\to 0}(-2t)\frac{\sin\left(t+\frac{\pi}{2}\right)}{\cos\left(t+\frac{\pi}{2}\right)}$$

$$=\lim_{t\to 0}(-2t)\frac{\cos t}{-\sin t}=\lim_{t\to 0}\left(\frac{t}{\sin t}\cdot 2\cos t\right)$$

$$=2$$

**147** (1) **$x=0$ で不連続**

(2) **$x=\frac{\pi}{2}$ で不連続**

解き方 (1) $-1<x<0$ において　$f(x)=-1$

$0\leqq x<1$ において　$f(x)=0$

$\lim_{x\to +0}f(x)=0$，$\lim_{x\to -0}f(x)=-1$ より

$\lim_{x\to +0}f(x)\neq\lim_{x\to -0}f(x)$

したがって，$x=0$ で不連続である。

(2) $0\leqq x<\frac{\pi}{2}$，$\frac{\pi}{2}<x\leqq\pi$ において　$f(x)=0$

$x=\frac{\pi}{2}$ において　$f\left(\frac{\pi}{2}\right)=1$　…①

$\lim_{x\to\frac{\pi}{2}-0}f(x)=0$，$\lim_{x\to\frac{\pi}{2}+0}f(x)=0$ より

$\lim_{x\to\frac{\pi}{2}}f(x)=0$　…②

①，②より　$\lim_{x\to\frac{\pi}{2}}f(x)\neq f\left(\frac{\pi}{2}\right)$

したがって，$x=\frac{\pi}{2}$ で不連続である。

**(参考)**

(1) $y=[x]$ のグラフ

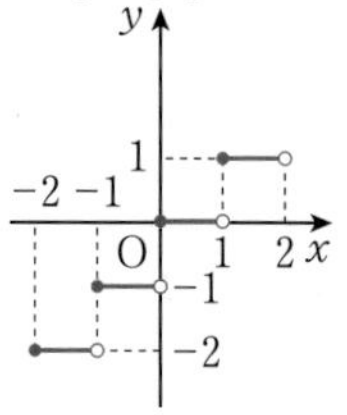


(2) $y=[\sin x]$ のグラフ

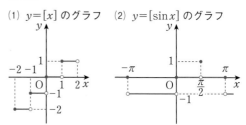

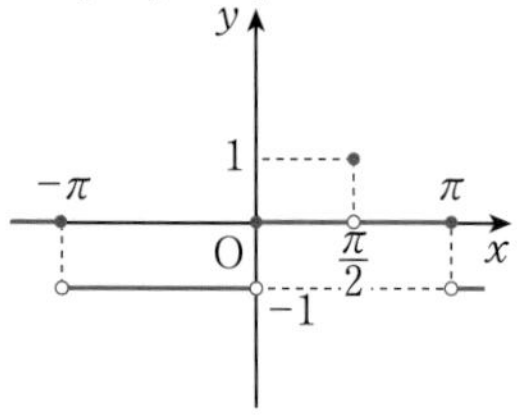


**148** (1) **$f(x)=x^4-4x^3+2$ とおくと，**

**$f(x)$は $0\leqq x\leqq 1$ で連続である。**

**$f(0)=2>0$**

**$f(1)=1-4+2=-1<0$**

**中間値の定理により，**

**方程式 $x^4-4x^3+2=0$ は $0<x<1$ に少なくとも1つの実数解をもつ。**

(2) **$f(x)=x\sin x-\cos x$ とおくと，**

**$f(x)$ は $0\leqq x\leqq\pi$ で連続である。**

**$f(0)=0-\cos 0=-1<0$**

**$f(\pi)=\pi\sin\pi-\cos\pi=1>0$**

**中間値の定理により，**

**方程式 $x\sin x-\cos x=0$ は $0<x<\pi$ に少なくとも1つの実数解をもつ。**

**149** (1) (i) $\mathbf{f(x)=\frac{2}{x+4}}$　(ii) $\mathbf{f(x)=\frac{a}{5}x+\frac{b}{5}}$

(2) $\mathbf{a=-\frac{2}{3}}$，$\mathbf{b=\frac{8}{3}}$

**解き方** (1) (i) $|x|>1$ のとき

$$\lim_{x\to\infty}|x|^n=\infty$$

$$f(x)=\lim_{n\to\infty}\frac{2x^{2n+1}+ax+b}{x^{2n+2}+4x^{2n+1}+5}$$

$$=\lim_{n\to\infty}\frac{2+\frac{a}{x^{2n}}+\frac{b}{x^{2n+1}}}{x+4+\frac{5}{x^{2n+1}}}=\frac{2}{x+4}$$

(ii) $|x|<1$ のとき

$$\lim_{n\to\infty}x^n=0$$

$$f(x)=\lim_{n\to\infty}\frac{2x^{2n+1}+ax+b}{x^{2n+2}+4x^{2n+1}+5}=\frac{a}{5}x+\frac{b}{5}$$

(2) 関数 $f(x)$ が $x=1$ で連続であるためには

$$\lim_{x\to1+0}f(x)=\lim_{x\to1-0}f(x)=f(1)$$

が成り立てばよい。

$$f(1)=\lim_{n\to\infty}\frac{2\cdot1^{2n+1}+a+b}{1^{2n+2}+4\cdot1^{2n+1}+5}=\frac{a+b+2}{10}$$

$$\lim_{x\to1+0}f(x)=\lim_{x\to1+0}\frac{2}{x+4}=\frac{2}{5}$$

$$\lim_{x\to1-0}f(x)=\lim_{x\to1-0}\left(\frac{a}{5}x+\frac{b}{5}\right)=\frac{a}{5}+\frac{b}{5}$$

したがって　$\frac{2}{5}=\frac{a}{5}+\frac{b}{5}=\frac{a+b+2}{10}$

が成り立てばよい。

これより　$a+b=2$　…①

また，関数 $f(x)$ が $x=-1$ で連続であるためには

$$\lim_{x\to-1+0}f(x)=\lim_{x\to-1-0}f(x)=f(-1)$$

が成り立てばよい。

$$f(-1)=\lim_{n\to\infty}\frac{2\cdot(-1)^{2n+1}-a+b}{(-1)^{2n+2}+4\cdot(-1)^{2n+1}+5}$$

$$=\frac{-2-a+b}{1-4+5}=\frac{-a+b-2}{2}$$

$$\lim_{x\to-1+0}f(x)=\lim_{x\to-1+0}\left(\frac{a}{5}x+\frac{b}{5}\right)=-\frac{a}{5}+\frac{b}{5}$$

$$\lim_{x\to-1-0}f(x)=\lim_{x\to-1-0}\frac{2}{x+4}=\frac{2}{3}$$

したがって　$-\frac{a}{5}+\frac{b}{5}=\frac{2}{3}=\frac{-a+b-2}{2}$

が成り立てばよい。

これより　$-a+b=\frac{10}{3}$　…②

①，②より　$a=-\frac{2}{3}$，$b=\frac{8}{3}$

**150** (1) $x\leqq0$ または $x>2$

(2) (i) $f(x)=\begin{cases}x-1 & (x<0 \text{ または } x>2)\\ 0 & (x=0)\end{cases}$

**グラフは右の図**

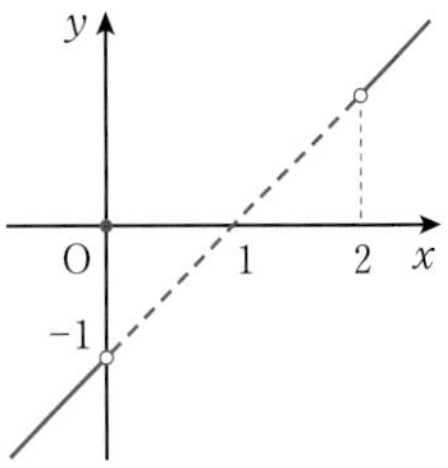


(ii) **$x=0$ で不連続**

**解き方** (1) $x\neq1$ のとき，$\sum_{n=0}^{\infty}\frac{x}{(1-x)^n}$ は，

初項 $x$，公比 $\frac{1}{1-x}$

の無限等比級数で，この級数が収束するのは，$x=0$

または $\left|\frac{1}{1-x}\right|<1$ のとき。

右のグラフより，

$\left|\frac{1}{1-x}\right|<1$ を満たす

$x$ の値の範囲は

$x<0$ または $x>2$

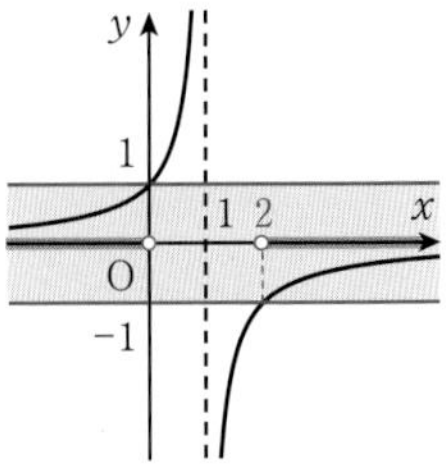


よって

$x\leqq0$ または $x>2$

(2) (i) $f(x)=\sum_{n=0}^{\infty}\frac{x}{(1-x)^n}$ について

・$x=0$ のとき　$f(0)=0$

・$x\neq0$，すなわち，$x<0$ または $x>2$ のとき

$$f(x)=\frac{x}{1-\frac{1}{1-x}}=x-1$$

以上より　$f(x)=\begin{cases}x-1 & (x<0 \text{ または } x>2)\\ 0 & (x=0)\end{cases}$

(ii) $\lim_{x\to-0}f(x)=\lim_{x\to-0}(x-1)=-1\neq f(0)$

したがって，関数 $f(x)$ は $x=0$ で不連続である。

## 定期テスト予想問題 の解答 ― 本冊→p. 179〜180

**1** (1) グラフは右の図

**漸近線 $x=3,\ y=1$**

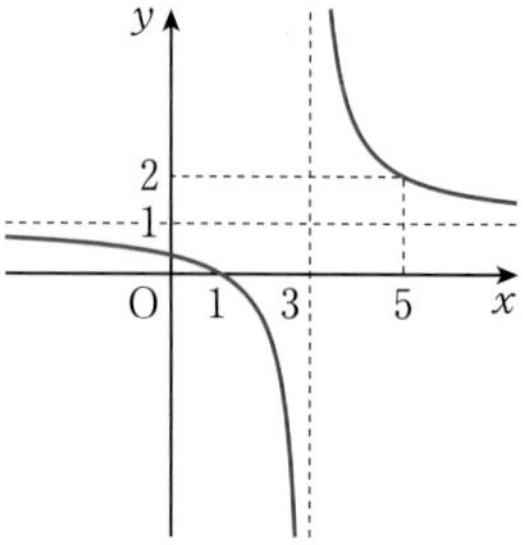


(2) $\boldsymbol{y=\frac{3x-1}{x-1}}$

(3) $\boldsymbol{y=\frac{-3x+8}{x-2}}$

(4) $\boldsymbol{n<3,\ n>11}$

**解き方** (1) $y=\frac{x-1}{x-3}=\frac{2}{x-3}+1$ より，

漸近線は　$x=3,\ y=1$

求めるグラフは，$y=\frac{2}{x}$ を $x$ 軸方向に 3，$y$ 軸方向に 1 だけ平行移動したものである。

(2) $y=\frac{2}{x-3}+1$ より，$y-1=\frac{2}{x-3}$ だから

$x-3=\frac{2}{y-1}$　　$x=\frac{2}{y-1}+3$

$x,\ y$ を入れかえて，$y=\frac{2}{x-1}+3$ より

$y=\frac{3x-1}{x-1}$

(3) $y=\frac{2}{x}$ のグラフを平行移動して漸近線が $x=2$，$y=-3$ であるグラフを表す関数は，

$y+3=\frac{2}{x-2}$ より　$y=\frac{-3x+8}{x-2}$

(4) $\frac{x-1}{x-3}=-2x+n$ より

$x-1=(x-3)(-2x+n)$

$x-1=-2x^2+nx+6x-3n$

$2x^2-(n+5)x+(3n-1)=0$

異なる 2 つの実数解をもつから　判別式 $D>0$

$D=(n+5)^2-8(3n-1)>0$

$n^2-14n+33>0$

$(n-11)(n-3)>0$ より

$n<3,\ n>11$

**2** (1) グラフは右の図

$y$ 軸に関して対称なグラフを表す関数は

$\boldsymbol{y=\sqrt{2x+4}}$

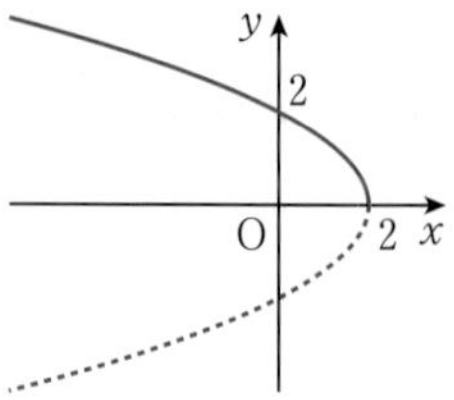


(2) $\boldsymbol{-\sqrt{3}<x\leqq 2}$

**解き方** (1) $y=\sqrt{-2x+4}$

定義域は $-2x+4\geqq 0$ より　$x\leqq 2$

値域は　$y\geqq 0$

$y=\sqrt{-2(x-2)}$ より，$y=\sqrt{-2x}$ のグラフを $x$ 軸方向に 2 だけ平行移動したグラフをかく。

また，$y$ 軸に関して対称なグラフを表す関数は，$x$ を $-x$ とすればよいから，$y=\sqrt{-2(-x)+4}$ より

$y=\sqrt{2x+4}$

(2) $\begin{cases} y=\sqrt{-2x+4} & \cdots ① \\ y=-x+1 & \cdots ② \end{cases}$

2 つのグラフを使って不等式を解く。

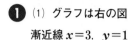

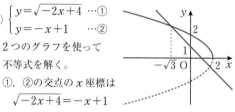

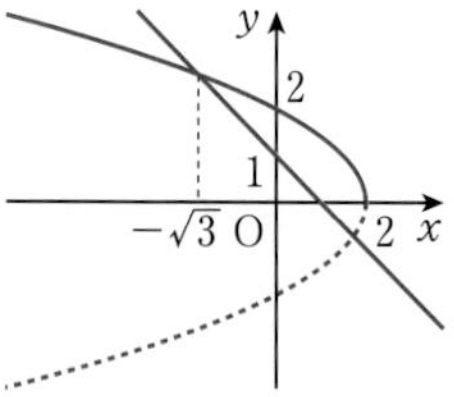


①，②の交点の $x$ 座標は

$\sqrt{-2x+4}=-x+1$

$-2x+4=x^2-2x+1$

$x^2=3$ より　$x=\pm\sqrt{3}$

グラフより $\sqrt{-2x+4}>-x+1$ の解は

$-\sqrt{3}<x\leqq 2$

**(参考)** この不等式では，①のグラフが②のグラフより上にある部分の $x$ の範囲を答えればよい。

定義域とグラフの上下をしっかり見ること。

**3** (1) $\boldsymbol{\frac{2}{3}}$ **に収束する**

(2) **発散する（振動する）**

(3) **1 に収束する**

(4) $\boldsymbol{\frac{1}{2}}$ **に収束する**

(5) **$-\infty$ に発散する**

(6) **発散する（振動する）**

(7) **0 に収束する**

(8) $\boldsymbol{\frac{1}{2}}$ **に収束する**

(9) **1 に収束する**

(10) **$-4$ に収束する**

**解き方** (1) $\lim_{n\to\infty}\frac{2n^2-n}{3n^2+1}=\lim_{n\to\infty}\frac{2-\frac{1}{n}}{3+\frac{1}{n^2}}=\frac{2}{3}$

(2) $\lim_{n\to\infty}\frac{(-2)^n(n+3)}{2n}=\lim_{n\to\infty}(-2)^n\cdot\frac{1+\frac{3}{n}}{2}$

振動する。

(3) $\lim_{n\to\infty}\frac{\sqrt{n^2-n+1}+\sqrt{2n-1}}{\sqrt{n^2+n+1}-\sqrt{2n+1}}$

$=\lim_{n\to\infty}\frac{\sqrt{1-\frac{1}{n}+\frac{1}{n^2}}+\sqrt{\frac{2}{n}-\frac{1}{n^2}}}{\sqrt{1+\frac{1}{n}+\frac{1}{n^2}}-\sqrt{\frac{2}{n}+\frac{1}{n^2}}}=1$

(4) $\lim_{n\to\infty}(\sqrt{n^2+n}-n)=\lim_{n\to\infty}\frac{n}{\sqrt{n^2+n}+n}$

$=\lim_{n\to\infty}\frac{1}{\sqrt{1+\frac{1}{n}}+1}=\frac{1}{2}$

(5) $\lim_{n\to\infty}\log_2\left(\frac{1}{4}\right)^n=\lim_{n\to\infty}n\log_2 2^{-2}$

$=\lim_{n\to\infty}(-2n)=-\infty$

(6) 数列 $\left\{\cos\frac{n}{2}\pi\right\}$ は，0，$-1$，0，1，0，$-1$，…

だから，この数列は振動する。

(7) $0\leqq\left|\sin\frac{n}{2}\pi\right|\leqq1$ より　$0\leqq\left|\frac{\sin\frac{n}{2}\pi}{n+1}\right|\leqq\frac{1}{n+1}$

$\lim_{n\to\infty}\frac{1}{n+1}=0$ だから　$\lim_{n\to\infty}\frac{\sin\frac{n}{2}\pi}{n+1}=0$

(8) $1+2+3+\cdots+n=\frac{1}{2}n(n+1)$ だから

$\lim_{n\to\infty}\frac{\frac{1}{2}n(n+1)}{n^2}=\lim_{n\to\infty}\frac{1+\frac{1}{n}}{2}=\frac{1}{2}$

(9) $\lim_{n\to\infty}\{\log_2(2n^2+1)-\log_2(n^2+3)\}$

$=\lim_{n\to\infty}\log_2\frac{2n^2+1}{n^2+3}=\lim_{n\to\infty}\log_2\frac{2+\frac{1}{n^2}}{1+\frac{3}{n^2}}=\log_2 2$

$=1$

(10) $\lim_{n\to\infty}\frac{3^n-4^{n+1}}{4^n+2^n}=\lim_{n\to\infty}\frac{\left(\frac{3}{4}\right)^n-4}{1+\left(\frac{1}{2}\right)^n}=-4$

**4** (1) **収束して和は $\frac{1}{4}$**

(2) **$\infty$ に発散する**

(3) **収束して和は $\frac{31}{6}$**

**解き方** 部分和を $S_n$ とすると

(1) $S_n=\frac{1}{2\cdot4}+\frac{1}{4\cdot6}+\frac{1}{6\cdot8}+\cdots+\frac{1}{2n(2n+2)}$

$=\frac{1}{2}\left(\frac{1}{2}-\frac{1}{4}\right)+\frac{1}{2}\left(\frac{1}{4}-\frac{1}{6}\right)+\frac{1}{2}\left(\frac{1}{6}-\frac{1}{8}\right)$

$+\cdots+\frac{1}{2}\left(\frac{1}{2n}-\frac{1}{2n+2}\right)$

$=\frac{1}{2}\left(\frac{1}{2}-\frac{1}{2n+2}\right)$

$\lim_{n\to\infty}S_n=\lim_{n\to\infty}\frac{1}{2}\left(\frac{1}{2}-\frac{1}{2n+2}\right)=\frac{1}{4}$

(2) $S_n=\frac{1}{\sqrt{3}+1}+\frac{1}{\sqrt{5}+\sqrt{3}}+\frac{1}{\sqrt{7}+\sqrt{5}}$

$+\cdots+\frac{1}{\sqrt{2n+1}+\sqrt{2n-1}}$

$=\frac{1}{2}(\sqrt{3}-1)+\frac{1}{2}(\sqrt{5}-\sqrt{3})+\frac{1}{2}(\sqrt{7}-\sqrt{5})$

$+\cdots+\frac{1}{2}(\sqrt{2n+1}-\sqrt{2n-1})$

$=\frac{1}{2}(\sqrt{2n+1}-1)$

$\lim_{n\to\infty}S_n=\lim_{n\to\infty}\frac{1}{2}(\sqrt{2n+1}-1)=\infty$

(3) $\sum_{n=1}^{\infty}\frac{2^n+3^{n+1}}{5^n}=\sum_{n=1}^{\infty}\left(\frac{2}{5}\right)^n+\sum_{n=1}^{\infty}3\cdot\left(\frac{3}{5}\right)^n$

$=\frac{\frac{2}{5}}{1-\frac{2}{5}}+\frac{3\cdot\frac{3}{5}}{1-\frac{3}{5}}=\frac{2}{5-2}+\frac{9}{5-3}$

$=\frac{2}{3}+\frac{9}{2}=\frac{31}{6}$

**(参考)** $\sum_{n=1}^{\infty}(a_n+b_n)$ のとき $\sum_{n=1}^{\infty}a_n$，$\sum_{n=1}^{\infty}b_n$ のそれぞれが収束する場合は，

$\sum_{n=1}^{\infty}(a_n+b_n)=\sum_{n=1}^{\infty}a_n+\sum_{n=1}^{\infty}b_n$ が成り立つ。

**5** $-2<x<-\sqrt{2}$, $x=0$, $\sqrt{2}<x<2$

**解き方** 無限等比級数 $\sum_{n=1}^{\infty} ar^{n-1}$ が収束するのは，

(i) 初項 $a=0$，(ii) 公比 $|r|<1$ のとき。

(i) 初項について $x=0$ のとき収束する。

(ii) 公比について

$-1<x^2-3<1$ より $x^2-2>0$，$x^2-4<0$

$x>\sqrt{2}$，$x<-\sqrt{2}$ …① $-2<x<2$ …②

①，②より $-2<x<-\sqrt{2}$，$\sqrt{2}<x<2$

**6** $\dfrac{8\sqrt{3}}{7}$

**解き方** 右の図のように，

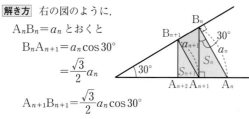

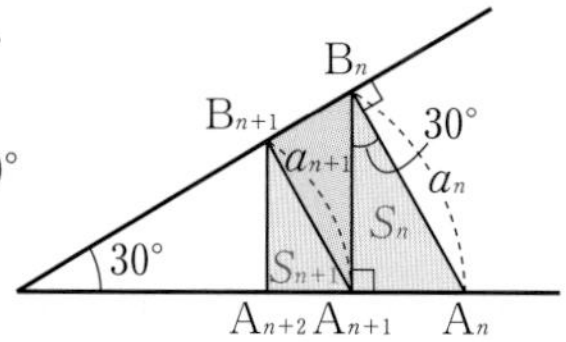


$A_nB_n=a_n$ とおくと

$B_nA_{n+1}=a_n\cos 30°$

$=\dfrac{\sqrt{3}}{2}a_n$

$A_{n+1}B_{n+1}=\dfrac{\sqrt{3}}{2}a_n\cos 30°$

$a_{n+1}=\dfrac{3}{4}a_n$ …①

したがって，数列 $\{a_n\}$ は初項 2，公比 $\dfrac{3}{4}$ の等比数列

だから $a_n=2\cdot\left(\dfrac{3}{4}\right)^{n-1}$

また $S_n=\dfrac{1}{2}\cdot a_n\cdot\dfrac{\sqrt{3}}{2}a_n\sin 30°=\dfrac{\sqrt{3}}{8}{a_n}^2$

$=\dfrac{\sqrt{3}}{8}\cdot 4\left(\dfrac{3}{4}\right)^{2(n-1)}=\dfrac{\sqrt{3}}{2}\cdot\left(\dfrac{9}{16}\right)^{n-1}$

$\sum_{n=1}^{\infty} S_n$ は，初項 $\dfrac{\sqrt{3}}{2}$，公比 $\dfrac{9}{16}$ の無限等比級数。

公比は $-1<\dfrac{9}{16}<1$ より，収束して和 $S$ をもつ。

$$S=\frac{\frac{\sqrt{3}}{2}}{1-\frac{9}{16}}=\frac{8\sqrt{3}}{16-9}=\frac{8\sqrt{3}}{7}$$

**(別解)** ①より $a_{n+1}:a_n=3:4$

よって，$S_{n+1}:S_n=9:16$ より $S_{n+1}=\dfrac{9}{16}S_n$

また $S_1=\dfrac{1}{2}\cdot 1\cdot\sqrt{3}=\dfrac{\sqrt{3}}{2}$

したがって，$\sum_{n=1}^{\infty} S_n$ は初項 $\dfrac{\sqrt{3}}{2}$，公比 $\dfrac{9}{16}$ の無限等比級数。

公比は $-1<\dfrac{9}{16}<1$ より，収束して和 $S$ をもつ。

$$S=\frac{\frac{\sqrt{3}}{2}}{1-\frac{9}{16}}=\frac{8\sqrt{3}}{7}$$

**7** $a=0$，$b=-6$

**解き方** $x\to 1$ のとき 分母$\to 0$ から，極限値をもつには分子$\to 0$

よって $\lim_{x\to 1}(6\sqrt{x+a}+b)=6\sqrt{a+1}+b=0$

したがって $b=-6\sqrt{a+1}$ …①

$\lim_{x\to 1}\dfrac{6\sqrt{x+a}+b}{x-1}=\lim_{x\to 1}\dfrac{6\sqrt{x+a}-6\sqrt{a+1}}{x-1}$

$=\lim_{x\to 1}\dfrac{6\{x+a-(a+1)\}}{(x-1)(\sqrt{x+a}+\sqrt{a+1})}$

$=\lim_{x\to 1}\dfrac{6(x-1)}{(x-1)(\sqrt{x+a}+\sqrt{a+1})}$

$=\lim_{x\to 1}\dfrac{6}{\sqrt{x+a}+\sqrt{a+1}}=\dfrac{6}{2\sqrt{a+1}}=\dfrac{3}{\sqrt{a+1}}$

ここで，$\dfrac{3}{\sqrt{a+1}}=3$ より $\sqrt{a+1}=1$ $a+1=1$

よって $a=0$

①より $b=-6$（このとき，与式は成り立つ。）

**8** (1) **1** (2) $\dfrac{1}{2}$ (3) $\dfrac{1}{3}$

(4) **2** (5) $-\infty$ (6) **2**

(7) **極限なし** (8) **−1** (9) **極限なし**

**解き方** (1) $\lim_{x\to 1}\dfrac{x^3-x^2-2x+2}{x^2-3x+2}$

$=\lim_{x\to 1}\dfrac{(x-1)(x^2-2)}{(x-1)(x-2)}=\lim_{x\to 1}\dfrac{x^2-2}{x-2}=\dfrac{1-2}{1-2}=1$

(2) $\lim_{x\to 0}\dfrac{1-\cos x}{x\sin x}=\lim_{x\to 0}\dfrac{1-\cos^2 x}{x\sin x(1+\cos x)}$

$=\lim_{x\to 0}\dfrac{\sin^2 x}{x\sin x(1+\cos x)}=\lim_{x\to 0}\dfrac{\sin x}{x}\cdot\dfrac{1}{1+\cos x}$

$=1\times\dfrac{1}{2}=\dfrac{1}{2}$

(3) $\lim_{x\to 0}\dfrac{x}{\tan 3x}=\lim_{x\to 0}\dfrac{x}{\frac{\sin 3x}{\cos 3x}}$

$=\lim_{x\to 0}\dfrac{3x}{\sin 3x}\cdot\dfrac{\cos 3x}{3}=1\times\dfrac{1}{3}=\dfrac{1}{3}$

(4) $\dfrac{1}{x}=t$ とおくと

$$\lim_{x\to\infty} x\sin\frac{2}{x}=\lim_{t\to+0}\frac{1}{t}\sin 2t=\lim_{t\to+0}2\cdot\frac{\sin 2t}{2t}=2$$

(5) $\displaystyle\lim_{x\to1}\log_2|x-1|=-\infty$

(6) $\displaystyle\lim_{x\to\infty}\frac{2^{2x+1}+3^x}{4^x+3^{x+1}}=\lim_{x\to\infty}\frac{2\cdot4^x+3^x}{4^x+3\cdot3^x}$

$$=\lim_{x\to\infty}\frac{2+\left(\frac{3}{4}\right)^x}{1+3\cdot\left(\frac{3}{4}\right)^x}=2$$

(7) $\dfrac{1}{x}=t$ とおくと　$\displaystyle\lim_{x\to+0}3^{\frac{1}{x}}=\lim_{t\to\infty}3^t=\infty$

$$\lim_{x\to-0}3^{\frac{1}{x}}=\lim_{t\to-\infty}3^t=0$$

$\displaystyle\lim_{x\to+0}3^{\frac{1}{x}}\neq\lim_{x\to-0}3^{\frac{1}{x}}$ より，$\displaystyle\lim_{x\to0}3^{\frac{1}{x}}$ は極限なし。

(8) $x-\dfrac{\pi}{2}=t$ とおくと　$x=\dfrac{\pi}{2}+t$

$$\lim_{x\to\frac{\pi}{2}}\left(x-\frac{\pi}{2}\right)\tan x=\lim_{t\to0}t\cdot\tan\left(\frac{\pi}{2}+t\right)$$

$$=\lim_{t\to0}t\cdot\left(-\frac{1}{\tan t}\right)=\lim_{t\to0}t\left(-\frac{\cos t}{\sin t}\right)$$

$$=\lim_{t\to0}\left(-\frac{t}{\sin t}\cdot\cos t\right)=-1$$

(9) $\displaystyle\lim_{x\to1+0}\frac{x+1}{x^2-1}=\lim_{x\to1+0}\frac{1}{x-1}=\infty$，

$$\lim_{x\to1-0}\frac{x+1}{x^2-1}=\lim_{x\to1-0}\frac{1}{x-1}=-\infty$$

$\displaystyle\lim_{x\to1+0}\frac{x+1}{x^2-1}\neq\lim_{x\to1-0}\frac{x+1}{x^2-1}$ より，

$\displaystyle\lim_{x\to1}\frac{x+1}{x^2-1}$ は極限なし。

## 9 右の図

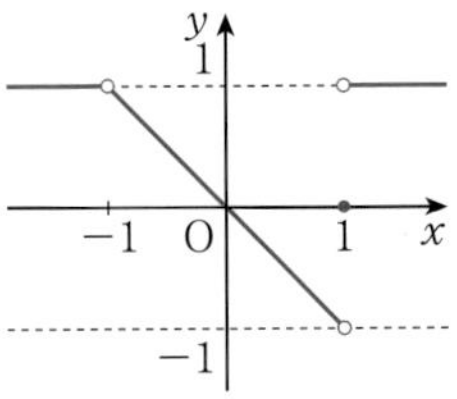


**解き方** $\displaystyle f(x)=\lim_{n\to\infty}\frac{x^n-x}{x^n+1}=\lim_{n\to\infty}\frac{1-\frac{1}{x^{n-1}}}{1+\frac{1}{x^n}}$

(i) $|x|>1$ のとき　$\displaystyle f(x)=\lim_{n\to\infty}\frac{1-\frac{1}{x^{n-1}}}{1+\frac{1}{x^n}}=1$

(ii) $x=1$ のとき　$\displaystyle f(x)=\lim_{n\to\infty}\frac{x^n-x}{x^n+1}=\frac{1-1}{1+1}=0$

(iii) $|x|<1$ のとき　$\displaystyle f(x)=\lim_{n\to\infty}\frac{x^n-x}{x^n+1}=-x$

## 10 $a_n=\dfrac{2}{3}\left(-\dfrac{1}{2}\right)^{n-1}+\dfrac{1}{3}$，$\displaystyle\lim_{n\to\infty}a_n=\frac{1}{3}$

**解き方** $a_1=1$，$2a_{n+1}+a_n=1$

$$a_{n+1}=-\frac{1}{2}a_n+\frac{1}{2}\quad\cdots①$$

$$-)\quad\alpha=-\frac{1}{2}\alpha+\frac{1}{2}\quad\cdots②$$

②を解いて $\alpha=\dfrac{1}{3}$

①−②　$a_{n+1}-\alpha=-\dfrac{1}{2}(a_n-\alpha)$

$\alpha=\dfrac{1}{3}$ を代入して

$$a_{n+1}-\frac{1}{3}=-\frac{1}{2}\left(a_n-\frac{1}{3}\right)$$

数列 $\left\{a_n-\dfrac{1}{3}\right\}$ は等比数列。

初項 $a_1-\dfrac{1}{3}=1-\dfrac{1}{3}=\dfrac{2}{3}$

公比 $-\dfrac{1}{2}$

したがって，$a_n-\dfrac{1}{3}=\dfrac{2}{3}\left(-\dfrac{1}{2}\right)^{n-1}$ より

$$a_n=\frac{2}{3}\left(-\frac{1}{2}\right)^{n-1}+\frac{1}{3}$$

また　$\displaystyle\lim_{n\to\infty}a_n=\lim_{n\to\infty}\left\{\frac{2}{3}\left(-\frac{1}{2}\right)^{n-1}+\frac{1}{3}\right\}=\frac{1}{3}$

# 5章 微分法とその応用

## 類題の解答 本冊→p. 184〜232

**151** $a=6,\ b=-2$

解き方 $x=1$ で微分可能であるためには，

$$\lim_{h\to+0}\frac{f(1+h)-f(1)}{h}=\lim_{h\to-0}\frac{f(1+h)-f(1)}{h}$$

が成り立てばよい。

$$\lim_{h\to+0}\frac{f(1+h)-f(1)}{h}$$

$$=\lim_{h\to+0}\frac{\dfrac{a(1+h)+b}{(1+h)+1}-(1^2+1)}{h}$$

$$=\lim_{h\to+0}\frac{\dfrac{a+ah+b-2h-4}{h+2}}{h}$$

$$=\lim_{h\to+0}\frac{\dfrac{h(a-2)+a+b-4}{h+2}}{h}$$

$$=\lim_{h\to+0}\left\{\frac{a-2}{h+2}+\frac{a+b-4}{h(h+2)}\right\}\quad\cdots①$$

（$\dfrac{a-2}{h+2}$ は $h\to+0$ のとき $\dfrac{a-2}{2}$）

$$\lim_{h\to-0}\frac{f(1+h)-f(1)}{h}$$

$$=\lim_{h\to-0}\frac{\{(1+h)^2+1\}-(1^2+1)}{h}$$

$$=\lim_{h\to-0}\frac{1+2h+h^2+1-1-1}{h}=\lim_{h\to-0}\frac{h(h+2)}{h}$$

$$=2\quad\cdots②$$

①が極限値をもつことより　$a+b-4=0$　…③

①と②が等しいことより　$\dfrac{a-2}{2}=2$　…④

③，④より　$a=6,\ b=-2$

**(別解)** $x=1$ で微分可能ならば，$x=1$ で連続であるから，$\displaystyle\lim_{x\to1+0}f(x)=\lim_{x\to1-0}f(x)$ より

$$\lim_{x\to1-0}f(x)=f(1)=1^2+1=2$$

$$\lim_{x\to1+0}\frac{ax+b}{x+1}=\frac{a+b}{2}=2$$

よって　$b=4-a$　…①

したがって　$f(x)=\dfrac{ax+b}{x+1}=\dfrac{ax+4-a}{x+1}\ (x>1)$

$$\lim_{h\to+0}\frac{f(1+h)-f(1)}{h}$$

$$=\lim_{h\to+0}\frac{\dfrac{a(1+h)+4-a}{(1+h)+1}-(1^2+1)}{h}$$

$$=\lim_{h\to+0}\frac{\dfrac{a+ah+4-a-2(h+2)}{h+2}}{h}$$

$$=\lim_{h\to+0}\frac{ah-2h}{h(h+2)}=\lim_{h\to+0}\frac{a-2}{h+2}$$

$$=\frac{a-2}{2}\quad\cdots②$$

$$\lim_{h\to-0}\frac{f(1+h)-f(1)}{h}$$

$$=\lim_{h\to-0}\frac{\{(1+h)^2+1\}-(1^2+1)}{h}$$

$$=\lim_{h\to-0}\frac{1+2h+h^2+1-2}{h}$$

$$=\lim_{h\to-0}\frac{2h+h^2}{h}=\lim_{h\to-0}(2+h)$$

$$=2\quad\cdots③$$

②と③は一致するから　$\dfrac{a-2}{2}=2$

よって　$a=6$　①より　$b=-2$

**152** (1) $\displaystyle y'=\lim_{h\to0}\frac{\sqrt{2(x+h)-1}-\sqrt{2x-1}}{h}$

$$=\lim_{h\to0}\frac{2(x+h)-1-(2x-1)}{h\{\sqrt{2(x+h)-1}+\sqrt{2x-1}\}}$$

$$=\lim_{h\to0}\frac{2h}{h\{\sqrt{2(x+h)-1}+\sqrt{2x-1}\}}$$

$$=\lim_{h\to0}\frac{2}{\sqrt{2(x+h)-1}+\sqrt{2x-1}}=\frac{1}{\sqrt{2x-1}}$$

(2) $\displaystyle y'=\lim_{h\to0}\frac{\dfrac{1}{(x+h)^2}-\dfrac{1}{x^2}}{h}$

$$=\lim_{h\to0}\frac{x^2-(x+h)^2}{hx^2(x+h)^2}=\lim_{h\to0}\frac{-h(h+2x)}{hx^2(x+h)^2}$$

$$=\lim_{h\to0}\frac{-(h+2x)}{x^2(x+h)^2}=-\frac{2}{x^3}$$

(3) $\boldsymbol{y'=\lim_{h\to 0}\dfrac{\dfrac{1}{\sqrt{x+h}}-\dfrac{1}{\sqrt{x}}}{h}}$

$\boldsymbol{=\lim_{h\to 0}\dfrac{\sqrt{x}-\sqrt{x+h}}{h\sqrt{x+h}\sqrt{x}}}$

$\boldsymbol{=\lim_{h\to 0}\dfrac{x-(x+h)}{h\sqrt{x(x+h)}(\sqrt{x}+\sqrt{x+h})}}$

$\boldsymbol{=\lim_{h\to 0}\dfrac{-1}{\sqrt{x(x+h)}(\sqrt{x}+\sqrt{x+h})}}$

$\boldsymbol{=-\dfrac{1}{2x\sqrt{x}}}$

(4) $\boldsymbol{y'=\lim_{h\to 0}\dfrac{\dfrac{(x+h)^2}{x+h-1}-\dfrac{x^2}{x-1}}{h}}$

$\boldsymbol{=\lim_{h\to 0}\dfrac{(x-1)(x+h)^2-(x+h-1)x^2}{h(x+h-1)(x-1)}}$

$\boldsymbol{=\lim_{h\to 0}\dfrac{x^2+hx-2x-h}{(x+h-1)(x-1)}=\dfrac{x(x-2)}{(x-1)^2}}$

**153** (1) $\boldsymbol{y'=4x+1}$

(2) $\boldsymbol{y'=4x^3+9x^2-6x-3}$

(3) $\boldsymbol{y'=2(2x-1)(x^2-x-1)}$

(4) $\boldsymbol{y'=3x^2-7}$

(5) $\boldsymbol{y'=2(x-1)(2x^2-x+2)}$

**解き方** (1) $y'=(x-1)'(2x+3)+(x-1)(2x+3)'$
$=2x+3+2(x-1)=4x+1$

(2) $y'=(x^2-1)'(x^2+3x-2)$
$+(x^2-1)(x^2+3x-2)'$
$=2x(x^2+3x-2)+(x^2-1)(2x+3)$
$=2x^3+6x^2-4x+2x^3+3x^2-2x-3$
$=4x^3+9x^2-6x-3$

(3) $y'=2(x^2-x-1)(x^2-x-1)'$
$=2(x^2-x-1)(2x-1)$

(4) $y'=(x+1)'(x+2)(x-3)$
$+(x+1)(x+2)'(x-3)$
$+(x+1)(x+2)(x-3)'$
$=x^2-x-6+x^2-2x-3+x^2+3x+2$
$=3x^2-7$

(5) $y'=\{(x-1)^2\}'(x^2+2)+(x-1)^2(x^2+2)'$
$=2(x-1)(x^2+2)+(x-1)^2(2x)$
$=2(x-1)(x^2+2+x^2-x)$
$=2(x-1)(2x^2-x+2)$

**154** (1) $\boldsymbol{y'=-\dfrac{1}{(x+1)^2}}$ (2) $\boldsymbol{y'=-\dfrac{x^2-2}{(x^2+2)^2}}$

(3) $\boldsymbol{y'=2x+\dfrac{1}{x^2}}$ (4) $\boldsymbol{y'=\dfrac{1}{2}-\dfrac{3}{2x^2}}$

(5) $\boldsymbol{y'=\dfrac{x^2-2x-3}{(x-1)^2}}$

**解き方** (1) $y'=-\dfrac{(x+1)'}{(x+1)^2}=-\dfrac{1}{(x+1)^2}$

(2) $y'=\dfrac{x'(x^2+2)-x(x^2+2)'}{(x^2+2)^2}$
$=\dfrac{x^2+2-2x^2}{(x^2+2)^2}=\dfrac{-x^2+2}{(x^2+2)^2}=-\dfrac{x^2-2}{(x^2+2)^2}$

(3) $y'=(x^2)'-\dfrac{-x'}{x^2}=2x+\dfrac{1}{x^2}$

(4) $y'=\left(\dfrac{x}{2}+\dfrac{3}{2x}\right)'=\dfrac{1}{2}+\dfrac{3}{2}\cdot\left(\dfrac{-1}{x^2}\right)=\dfrac{1}{2}-\dfrac{3}{2x^2}$

(5) $y'=\left(\dfrac{x^2+2x+1}{x-1}\right)'=\left(x+3+\dfrac{4}{x-1}\right)'$
$=1-\dfrac{4}{(x-1)^2}=\dfrac{x^2-2x-3}{(x-1)^2}$

**155** (1) $\boldsymbol{y'=-8(1-2x)^3}$

(2) $\boldsymbol{y'=-\dfrac{6}{(3x-1)^3}}$

**解き方** (1) $y'=4(1-2x)^3(1-2x)'=-8(1-2x)^3$

(2) $y=(3x-1)^{-2}$ と考えて
$y'=-2(3x-1)^{-3}\cdot(3x-1)'$
$=-6(3x-1)^{-3}=-\dfrac{6}{(3x-1)^3}$

**(参考)** おき換えを使って微分する。

(1) $u=1-2x$ とおくと
$y=u^4$
$y'=\dfrac{dy}{du}\cdot\dfrac{du}{dx}=4u^3\cdot u'$
$=4(1-2x)^3\cdot(1-2x)'$
$=-8(1-2x)^3$

(2) $u=3x-1$ とおくと
$y=u^{-2}$
$y'=\dfrac{dy}{du}\cdot\dfrac{du}{dx}=-2u^{-3}\cdot u'$
$=-2(3x-1)^{-3}\cdot(3x-1)'$
$=-6(3x-1)^{-3}$

**156** (1) $y'=-\dfrac{1}{2\sqrt{2-x}}$

(2) $y'=-\dfrac{x}{\sqrt{5-x^2}}$

(3) $y'=3\sqrt{2x+3}$

(4) $y'=-\dfrac{2x}{\sqrt{(2x^2+3)^3}}$

(5) $y'=-\dfrac{1}{\sqrt{(1-x)(1+x)^3}}$

解き方 (1) $y=(2-x)^{\frac{1}{2}}$ だから

$$y'=\frac{1}{2}(2-x)^{-\frac{1}{2}}\cdot(2-x)'$$
$$=-\frac{1}{2\sqrt{2-x}}$$

(2) $y=(5-x^2)^{\frac{1}{2}}$ だから

$$y'=\frac{1}{2}(5-x^2)^{-\frac{1}{2}}\cdot(5-x^2)'$$
$$=\frac{-2x}{2\sqrt{5-x^2}}=-\frac{x}{\sqrt{5-x^2}}$$

(3) $y=(2x+3)^{\frac{3}{2}}$ だから

$$y'=\frac{3}{2}(2x+3)^{\frac{1}{2}}\cdot(2x+3)'$$
$$=\frac{3}{2}\sqrt{2x+3}\cdot 2=3\sqrt{2x+3}$$

(4) $y=(2x^2+3)^{-\frac{1}{2}}$ だから

$$y'=-\frac{1}{2}(2x^2+3)^{-\frac{3}{2}}\cdot(2x^2+3)'$$
$$=-\frac{1}{2\sqrt{(2x^2+3)^3}}\cdot 4x=-\frac{2x}{\sqrt{(2x^2+3)^3}}$$

(5) $y=\left(\dfrac{1-x}{1+x}\right)^{\frac{1}{2}}$ だから

$$y'=\frac{1}{2}\left(\frac{1-x}{1+x}\right)^{-\frac{1}{2}}\cdot\left(\frac{1-x}{1+x}\right)'$$
$$=\frac{1}{2\sqrt{\dfrac{1-x}{1+x}}}\cdot\frac{-(1+x)-(1-x)}{(1+x)^2}$$
$$=\frac{1}{2\sqrt{\dfrac{1-x}{1+x}}}\cdot\frac{-2}{(1+x)^2}$$
$$=-\frac{1}{\sqrt{(1-x)(1+x)^3}}$$

**157** (1) $x=\sqrt[3]{y^2-3}$ より　$x^3=y^2-3$

$y^2=x^3+3$　　$y>0$ だから　$y=(x^3+3)^{\frac{1}{2}}$

$$\frac{dy}{dx}=\frac{1}{2}(x^3+3)^{-\frac{1}{2}}\cdot 3x^2$$
$$=\frac{3}{2}(y^2-3+3)^{-\frac{1}{2}}\cdot\sqrt[3]{(y^2-3)^2}$$
$$=\frac{3\sqrt[3]{(y^2-3)^2}}{2y}$$

(2) $x=(y^2-3)^{\frac{1}{3}}$ であるから

$$\frac{dx}{dy}=\frac{1}{3}(y^2-3)^{-\frac{2}{3}}\cdot 2y=\frac{2y}{3\sqrt[3]{(y^2-3)^2}}$$
$$\frac{dy}{dx}=\frac{1}{\dfrac{dx}{dy}}=\frac{1}{\dfrac{2y}{3\sqrt[3]{(y^2-3)^2}}}$$
$$=\frac{3\sqrt[3]{(y^2-3)^2}}{2y}$$

**158** (1) $y'=-3\sin(3x+1)$

(2) $y'=\dfrac{2}{\cos^2 2x}$

(3) $y'=3\sin^2 x\cos x$

(4) $y'=\dfrac{2\sin x}{\cos^3 x}$ $\left(\dfrac{2\tan x}{\cos^2 x}\text{ でも可}\right)$

(5) $y'=6\sin^2 2x\cos 2x$

(6) $y'=-\dfrac{\cos x}{(1+\sin x)^2}$

解き方 (1) $u=3x+1$ とおくと　$y=\cos u$

$$\frac{dy}{dx}=-\sin u\cdot\frac{du}{dx}=-3\sin(3x+1)$$

(2) $u=2x$ とおくと　$y=\tan u$

$$\frac{dy}{dx}=\frac{1}{\cos^2 u}\cdot\frac{du}{dx}=\frac{2}{\cos^2 2x}$$

(3) $u=\sin x$ とおくと　$y=u^3$

$$\frac{dy}{dx}=3u^2\cdot\frac{du}{dx}=3\sin^2 x\cos x$$

(4) $u=\tan x$ とおくと　$y=u^2$

$$\frac{dy}{dx}=2u\cdot\frac{du}{dx}=2\tan x\cdot\frac{1}{\cos^2 x}=\frac{2\sin x}{\cos^3 x}$$

(5) $u=2x$, $v=\sin u$ とおくと　$y=v^3$

$$\frac{dy}{dx}=\frac{dy}{dv}\cdot\frac{dv}{du}\cdot\frac{du}{dx}$$
$$=3v^2\cdot\cos u\cdot(2x)'=6\sin^2 2x\cos 2x$$

(6) $u=\sin x$ とおくと　$y=\dfrac{1}{1+u}$

$$\frac{dy}{dx}=\frac{-1}{(1+u)^2}\cdot\frac{du}{dx}=-\frac{\cos x}{(1+\sin x)^2}$$

**159** (1) $\boldsymbol{y'=\dfrac{1}{x}}$　　(2) $\boldsymbol{y'=\dfrac{3}{3x-2}}$

(3) $\boldsymbol{y'=\dfrac{2\log x}{x}}$　　(4) $\boldsymbol{y'=\dfrac{2x}{(x^2+1)\log 2}}$

(5) $\boldsymbol{y'=\dfrac{1-\log x}{x^2}}$　　(6) $\boldsymbol{y'=\dfrac{2}{1-x^2}}$

解き方 (1) $u=2x$ とおくと　$y=\log u$

$$\frac{dy}{dx}=\frac{1}{u}\cdot\frac{du}{dx}=\frac{2}{2x}=\frac{1}{x}$$

(2) $u=3x-2$ とおくと　$y=\log|u|$

$$\frac{dy}{dx}=\frac{1}{u}\cdot\frac{du}{dx}=\frac{3}{3x-2}$$

(3) $u=\log x$ とおくと　$y=u^2$

$$\frac{dy}{dx}=2u\cdot\frac{du}{dx}=2(\log x)\frac{1}{x}=\frac{2\log x}{x}$$

(4) $u=x^2+1$ とおくと　$y=\log_2 u$

$$\frac{dy}{dx}=\frac{1}{u\cdot\log 2}\cdot\frac{du}{dx}=\frac{2x}{(x^2+1)\log 2}$$

(5) $y'=\left(\dfrac{\log x}{x}\right)'=\dfrac{(\log x)'x-\log x\cdot(x)'}{x^2}$

$$=\frac{\frac{1}{x}\cdot x-\log x}{x^2}=\frac{1-\log x}{x^2}$$

(6) $y'=\left(\log\left|\dfrac{1+x}{1-x}\right|\right)'=(\log|1+x|-\log|1-x|)'$

$$=\frac{1}{1+x}+\frac{1}{1-x}=\frac{2}{1-x^2}$$

**(別解)** $(\log|f(x)|)'=\dfrac{f'(x)}{f(x)}$ を使う。

(1) $y'=\dfrac{(2x)'}{2x}=\dfrac{2}{2x}=\dfrac{1}{x}$

(2) $y'=\dfrac{(3x-2)'}{3x-2}=\dfrac{3}{3x-2}$

(6) $y'=(\log|1+x|-\log|1-x|)'$

$$=\frac{(1+x)'}{1+x}-\frac{(1-x)'}{1-x}$$

$$=\frac{1}{1+x}-\frac{-1}{1-x}=\frac{2}{1-x^2}$$

**160** (1) $\boldsymbol{y'=\dfrac{x^2(4x^2+3)}{\sqrt{1+x^2}}}$

(2) $\boldsymbol{y'=x^x(\log x+1)}$

(3) $\boldsymbol{y'=-\dfrac{1}{\sqrt{(1+x)^3(1-x)}}}$

解き方 (1) $y=x^3\sqrt{1+x^2}$ について，

両辺の絶対値の自然対数をとると

$$\log|y|=\log|x^3\sqrt{1+x^2}|$$

$$=3\log|x|+\frac{1}{2}\log(1+x^2)$$

両辺を $x$ で微分すると

$$\frac{y'}{y}=\frac{3}{x}+\frac{1}{2}\cdot\frac{2x}{1+x^2}=\frac{3}{x}+\frac{x}{1+x^2}=\frac{4x^2+3}{x(1+x^2)}$$

よって　$y'=\dfrac{4x^2+3}{x(1+x^2)}\cdot y$

$$=\frac{4x^2+3}{x(1+x^2)}\cdot x^3\sqrt{1+x^2}$$

$$=\frac{x^2(4x^2+3)}{\sqrt{1+x^2}}$$

(2) $y=x^x$ について，$x>0$ より，

両辺の自然対数をとると

$$\log y=\log x^x=x\log x$$

両辺を $x$ で微分すると

$$\frac{y'}{y}=(x)'\log x+x(\log x)'=\log x+1$$

よって　$y'=(\log x+1)\cdot y=x^x(\log x+1)$

(3) $y=\sqrt{\dfrac{1-x}{1+x}}$ の自然対数をとると

$$\log y=\log\sqrt{\frac{1-x}{1+x}}=\frac{1}{2}\log\left|\frac{1-x}{1+x}\right|$$

$$=\frac{1}{2}(\log|1-x|-\log|1+x|)$$

両辺を $x$ で微分すると

$$\frac{y'}{y}=\frac{1}{2}\left\{\frac{(1-x)'}{1-x}-\frac{(1+x)'}{1+x}\right\}$$

$$=\frac{1}{2}\left(\frac{-1}{1-x}-\frac{1}{1+x}\right)$$

$$=-\frac{1}{1-x^2}$$

よって　$y'=-\dfrac{1}{1-x^2}\cdot y=-\dfrac{1}{1-x^2}\sqrt{\dfrac{1-x}{1+x}}$

$$=-\frac{1}{\sqrt{(1+x)^3(1-x)}}$$

**161** (1) $y'=3e^{3x}$

(2) $y'=-3\cdot2^{-3x+1}\log2$

(3) $y'=2(e^{2x}-e^{-2x})$

(4) $y'=-e^{-x}(\sin x+\cos x)$

(5) $y'=e^{-x}(2x^2-7x+3)$

解き方 (1) $u=3x$ とおくと　$y=e^u$

$\dfrac{dy}{dx}=e^u\cdot\dfrac{du}{dx}=3e^{3x}$

(2) $u=-3x+1$ とおくと　$y=2^u$

$\dfrac{dy}{dx}=2^u(\log2)\cdot\dfrac{du}{dx}=-3\cdot2^{-3x+1}\log2$

(3) $y'=\{(e^x-e^{-x})^2\}'$

$=2(e^x-e^{-x})\cdot(e^x-e^{-x})'$

$=2(e^x-e^{-x})\cdot(e^x+e^{-x})$

$=2(e^{2x}-e^{-2x})$

(4) $y'=(e^{-x}\cos x)'=(e^{-x})'\cos x+e^{-x}(\cos x)'$

$=-e^{-x}\cos x-e^{-x}\sin x$

$=-e^{-x}(\sin x+\cos x)$

(5) $y'=\{(3x-2x^2)e^{-x}\}'$

$=(3x-2x^2)'e^{-x}+(3x-2x^2)(e^{-x})'$

$=(3-4x)e^{-x}+(3x-2x^2)(-e^{-x})$

$=e^{-x}(2x^2-7x+3)$

**162-1** (1) $2f'(a)$　　(2) $af'(a)-f(a)$

解き方 (1) $\displaystyle\lim_{h\to0}\frac{f(a+h)-f(a-h)}{h}$

$\displaystyle=\lim_{h\to0}\frac{f(a+h)-f(a)-\{f(a-h)-f(a)\}}{h}$

$\displaystyle=\lim_{h\to0}\left\{\frac{f(a+h)-f(a)}{h}-\frac{f(a-h)-f(a)}{h}\right\}$

$\displaystyle=\lim_{h\to0}\frac{f(a+h)-f(a)}{h}+\lim_{h\to0}\frac{f(a-h)-f(a)}{-h}$

$=f'(a)+f'(a)=2f'(a)$

(2) $af(x)-xf(a)$

$=af(x)-af(a)+af(a)-xf(a)$

$=a\{f(x)-f(a)\}-(x-a)f(a)$ であるから

$\displaystyle\lim_{x\to a}\frac{af(x)-xf(a)}{x-a}$

$\displaystyle=\lim_{x\to a}\frac{a\{f(x)-f(a)\}-(x-a)f(a)}{x-a}$

$\displaystyle=\lim_{x\to a}\left\{a\cdot\frac{f(x)-f(a)}{x-a}-f(a)\right\}$

$\displaystyle=a\lim_{x\to a}\frac{f(x)-f(a)}{x-a}-\lim_{x\to a}f(a)$

$=af'(a)-f(a)$

**162-2** 6

解き方 $\displaystyle\lim_{h\to0}\frac{f(a+h^2+2h)-f(a-h)}{h}$

$\displaystyle=\lim_{h\to0}\left\{\frac{f(a+h^2+2h)-f(a)}{h}+\frac{f(a)-f(a-h)}{h}\right\}$

$\displaystyle=\lim_{h\to0}\left\{\frac{f(a+h^2+2h)-f(a)}{h^2+2h}\cdot(h+2)+\frac{f(a-h)-f(a)}{-h}\right\}$

$=f'(a)\cdot2+f'(a)=3f'(a)=3\cdot2=6$

**163** (1) $2e^2$　　(2) $\dfrac{1}{2}$

解き方 (1) $\dfrac{e^{2h+2}-e^2}{h}=e^2\cdot\dfrac{e^{2h}-1}{h}$ と考える。

ここで $f(x)=e^{2x}$ とすると　$f'(x)=2e^{2x}$

$\displaystyle\lim_{x\to0}\frac{e^{2x}-1}{x}=\lim_{x\to0}\frac{f(x)-f(0)}{x-0}$

$=f'(0)=2$

よって　$\displaystyle\lim_{h\to0}\frac{e^{2h+2}-e^2}{h}=\lim_{h\to0}e^2\cdot\frac{e^{2h}-1}{h}$

$=e^2f'(0)=2e^2$

(2) $-\log a-\log2=-(\log a+\log2)=-\log2a$

$\displaystyle\lim_{h\to0}\frac{\log(2a+h)-\log a-\log2}{\log(a+h)-\log a}$

$\displaystyle=\frac{\log(2a+h)-\log2a}{\log(a+h)-\log a}$

$\displaystyle=\lim_{h\to0}\frac{(a+h)-a}{\log(a+h)-\log a}\cdot\frac{\log(2a+h)-\log2a}{(2a+h)-2a}$

ここで $f(x)=\log x$ とすると　$f'(x)=\dfrac{1}{x}$

$a>0$ から

$\displaystyle\lim_{h\to0}\frac{\log(a+h)-\log a}{(a+h)-a}$

$\displaystyle=\lim_{h\to0}\frac{f(a+h)-f(a)}{h}=f'(a)=\frac{1}{a}$

したがって　$\displaystyle\lim_{h\to0}\frac{(a+h)-a}{\log(a+h)-\log a}=a$

また　$\displaystyle\lim_{h\to0}\frac{\log(2a+h)-\log2a}{(2a+h)-2a}$

$\displaystyle=\lim_{h\to0}\frac{f(2a+h)-f(2a)}{h}=f'(2a)=\frac{1}{2a}$

ゆえに　$\displaystyle\lim_{h\to0}\frac{\log(2a+h)-\log a-\log2}{\log(a+h)-\log a}$

$=a\cdot\dfrac{1}{2a}=\dfrac{1}{2}$

**164** (1) $\boldsymbol{y'''=-\cos x}$　(2) $\boldsymbol{y'''=\dfrac{2}{x^3}}$

解き方 (1) $y=\sin x$ だから　$y'=\cos x$

$y''=-\sin x$, $y'''=-\cos x$

(2) $y=\log x$ だから　$y'=\dfrac{1}{x}=x^{-1}$

$y''=-x^{-2}$, $y'''=2x^{-3}=\dfrac{2}{x^3}$

**165** (1) $\boldsymbol{y^{(4n-3)}=\cos x}$　$\boldsymbol{y^{(4n-2)}=-\sin x}$

$\boldsymbol{y^{(4n-1)}=-\cos x}$　$\boldsymbol{y^{(4n)}=\sin x}$

(2) $\boldsymbol{y^{(n)}=(-1)^n e^{-x}}$

解き方 (1) $y=\sin x$ だから　$y'=\cos x$

$y''=-\sin x$　$y'''=-\cos x$　$y^{(4)}=\sin x$

(2) $y=e^{-x}$ だから　$y'=-e^{-x}$　$y''=e^{-x}$

**166** (1) $\boldsymbol{\dfrac{dy}{dx}=-\dfrac{x}{4y}}$　(2) $\boldsymbol{\dfrac{dy}{dx}=\dfrac{2}{y}}$

(3) $\boldsymbol{\dfrac{dy}{dx}=\dfrac{1-x}{y}}$　(4) $\boldsymbol{\dfrac{dy}{dx}=-\dfrac{y+1}{x-1}}$

(5) $\boldsymbol{\dfrac{dy}{dx}=-\left(\dfrac{y}{x}\right)^{\frac{2}{3}}}$

解き方 (1) $\dfrac{x^2}{4}+y^2=1$ の両辺を $x$ で微分すると

$\dfrac{2x}{4}+2y\cdot\dfrac{dy}{dx}=0$　よって　$\dfrac{dy}{dx}=-\dfrac{x}{4y}$

(2) $y^2=4x$ の両辺を $x$ で微分すると

$2y\cdot\dfrac{dy}{dx}=4$　よって　$\dfrac{dy}{dx}=\dfrac{2}{y}$

(3) $x^2+y^2-2x+2=0$ の両辺を $x$ で微分すると

$2x+2y\cdot\dfrac{dy}{dx}-2=0$　よって　$\dfrac{dy}{dx}=\dfrac{1-x}{y}$

(4) $xy+x-y=0$ の両辺を $x$ で微分すると

$y+x\cdot\dfrac{dy}{dx}+1-\dfrac{dy}{dx}=0$

$(x-1)\dfrac{dy}{dx}=-(y+1)$

よって　$\dfrac{dy}{dx}=-\dfrac{y+1}{x-1}$

(5) $x^{\frac{1}{3}}+y^{\frac{1}{3}}=1$ の両辺を $x$ で微分すると

$\dfrac{1}{3}x^{-\frac{2}{3}}+\dfrac{1}{3}y^{-\frac{2}{3}}\cdot\dfrac{dy}{dx}=0$

よって　$\dfrac{dy}{dx}=-\dfrac{x^{-\frac{2}{3}}}{y^{-\frac{2}{3}}}=-\left(\dfrac{y}{x}\right)^{\frac{2}{3}}$

**167** (1) $\boldsymbol{\dfrac{dy}{dx}=-\dfrac{\cos 2t}{2\sin t}}$

(2) $\boldsymbol{\dfrac{dy}{dx}=\cos t+\sin t}$

(3) $\boldsymbol{\dfrac{dy}{dx}=-\dfrac{\cos t-\cos 3t}{\sin t+\sin 3t}}$

(4) $\boldsymbol{\dfrac{dy}{dx}=\dfrac{\sin\pi t-\pi\cos\pi t}{\cos\pi t+\pi\sin\pi t}}$

解き方 (1) $x=4\cos t$ より　$\dfrac{dx}{dt}=-4\sin t$

$y=\sin 2t$ より　$\dfrac{dy}{dt}=2\cos 2t$

したがって　$\dfrac{dy}{dx}=\dfrac{\frac{dy}{dt}}{\frac{dx}{dt}}=\dfrac{2\cos 2t}{-4\sin t}=-\dfrac{\cos 2t}{2\sin t}$

(2) $x=\cos t+\sin t$ より　$\dfrac{dx}{dt}=-\sin t+\cos t$

$y=\cos t\sin t$ より

$\dfrac{dy}{dt}=(\cos t)'\sin t+\cos t(\sin t)'$

$=-\sin^2 t+\cos^2 t$

したがって　$\dfrac{dy}{dx}=\dfrac{\frac{dy}{dt}}{\frac{dx}{dt}}=\dfrac{\cos^2 t-\sin^2 t}{\cos t-\sin t}$

$=\cos t+\sin t$

(3) $x=3\cos t+\cos 3t$ より

$\dfrac{dx}{dt}=-3\sin t-3\sin 3t$

$y=3\sin t-\sin 3t$ より

$\dfrac{dy}{dt}=3\cos t-3\cos 3t$

したがって　$\dfrac{dy}{dx}=\dfrac{\frac{dy}{dt}}{\frac{dx}{dt}}=\dfrac{3(\cos t-\cos 3t)}{3(-\sin t-\sin 3t)}$

$=-\dfrac{\cos t-\cos 3t}{\sin t+\sin 3t}$

(4) $x=e^{-t}\cos\pi t$ より

$$\frac{dx}{dt}=(e^{-t})'\cos\pi t+e^{-t}(\cos\pi t)'$$
$$=-e^{-t}\cos\pi t+e^{-t}(-\pi\sin\pi t)$$
$$=-e^{-t}(\cos\pi t+\pi\sin\pi t)$$

$y=e^{-t}\sin\pi t$ より

$$\frac{dy}{dt}=(e^{-t})'\sin\pi t+e^{-t}(\sin\pi t)'$$
$$=-e^{-t}\sin\pi t+e^{-t}\pi\cos\pi t$$
$$=-e^{-t}(\sin\pi t-\pi\cos\pi t)$$

したがって $\dfrac{dy}{dx}=\dfrac{\frac{dy}{dt}}{\frac{dx}{dt}}$

$$=\frac{-e^{-t}(\sin\pi t-\pi\cos\pi t)}{-e^{-t}(\cos\pi t+\pi\sin\pi t)}$$
$$=\frac{\sin\pi t-\pi\cos\pi t}{\cos\pi t+\pi\sin\pi t}$$

**168** (1) **接線：$\boldsymbol{y=-3x+5}$**

**法線：$\boldsymbol{y=\frac{1}{3}x+\frac{5}{3}}$**

(2) **接線：$\boldsymbol{y=x+\frac{\sqrt{3}}{2}-\frac{\pi}{6}}$**

**法線：$\boldsymbol{y=-x+\frac{\sqrt{3}}{2}+\frac{\pi}{6}}$**

(3) **接線：$\boldsymbol{y=2x-e}$**

**法線：$\boldsymbol{y=-\frac{1}{2}x+\frac{3}{2}e}$**

(4) **接線：$\boldsymbol{y=-\frac{2}{e}x+\frac{3}{e}}$**

**法線：$\boldsymbol{y=\frac{e}{2}x+\frac{2-e^2}{2e}}$**

解き方 (1) $y=\dfrac{x+1}{2x-1}=\dfrac{\frac{3}{2}}{2x-1}+\dfrac{1}{2}$

これより $y'=-\dfrac{3}{2}(2x-1)^{-2}\cdot(2x-1)'$

$$=-\frac{3}{(2x-1)^2}$$

$x=1$ のとき $y'=-3$

これより，接線の方程式は $y-2=-3(x-1)$

すなわち $y=-3x+5$

法線の方程式は $y-2=\dfrac{1}{3}(x-1)$

すなわち $y=\dfrac{1}{3}x+\dfrac{5}{3}$

(2) $y'=2\cos 2x$ より，

$x=\dfrac{\pi}{6}$ のとき $y'=2\cos\dfrac{\pi}{3}=1$

これより，接線の方程式は $y-\dfrac{\sqrt{3}}{2}=x-\dfrac{\pi}{6}$

すなわち $y=x+\dfrac{\sqrt{3}}{2}-\dfrac{\pi}{6}$

法線の方程式は $y-\dfrac{\sqrt{3}}{2}=-1\cdot\left(x-\dfrac{\pi}{6}\right)$

すなわち $y=-x+\dfrac{\sqrt{3}}{2}+\dfrac{\pi}{6}$

(3) $y'=(x\log x)'=\log x+1$ より，

$x=e$ のとき $y'=2$

これより，接線の方程式は $y-e=2(x-e)$

すなわち $y=2x-e$

法線の方程式は $y-e=-\dfrac{1}{2}(x-e)$

すなわち $y=-\dfrac{1}{2}x+\dfrac{3}{2}e$

(4) $y'=-2xe^{-x^2}$ より，

$x=1$ のとき $y'=-\dfrac{2}{e}$

これより，接線の方程式は $y-\dfrac{1}{e}=-\dfrac{2}{e}(x-1)$

すなわち $y=-\dfrac{2}{e}x+\dfrac{3}{e}$

法線の方程式は $y-\dfrac{1}{e}=\dfrac{e}{2}(x-1)$

すなわち $y=\dfrac{e}{2}x+\dfrac{2-e^2}{2e}$

**169** **$\boldsymbol{y=-\frac{1}{2}e^{-\frac{1}{4}}x+\frac{3}{2}e^{-\frac{1}{4}}}$，接点は $\boldsymbol{(1,\ e^{-\frac{1}{4}})}$**

**$\boldsymbol{y=-e^{-1}x+3e^{-1}}$，接点は $\boldsymbol{(2,\ e^{-1})}$**

解き方 曲線 $y=e^{-\frac{x^2}{4}}$ 上の点 $(t,\ e^{-\frac{t^2}{4}})$ における接線の方程式は，$y'=-\dfrac{x}{2}e^{-\frac{x^2}{4}}$ より

$$y-e^{-\frac{t^2}{4}}=-\frac{t}{2}e^{-\frac{t^2}{4}}(x-t)$$

この接線が点 (3, 0) を通ることから

$$0-e^{-\frac{t^2}{4}}=-\frac{t}{2}e^{-\frac{t^2}{4}}(3-t)$$

$e^{-\frac{t^2}{4}}(t^2-3t+2)=0$ $\quad$ $e^{-\frac{t^2}{4}}(t-1)(t-2)=0$

$e^{-\frac{t^2}{4}}>0$ だから　$t=1,\ 2$

したがって，接点は　$(1,\ e^{-\frac{1}{4}})$，$(2,\ e^{-1})$

以上より，

接点 $(1,\ e^{-\frac{1}{4}})$ における接線の方程式は

$$y=-\frac{1}{2}e^{-\frac{1}{4}}x+\frac{3}{2}e^{-\frac{1}{4}}$$

接点 $(2,\ e^{-1})$ における接線の方程式は

$$y=-e^{-1}x+3e^{-1}$$

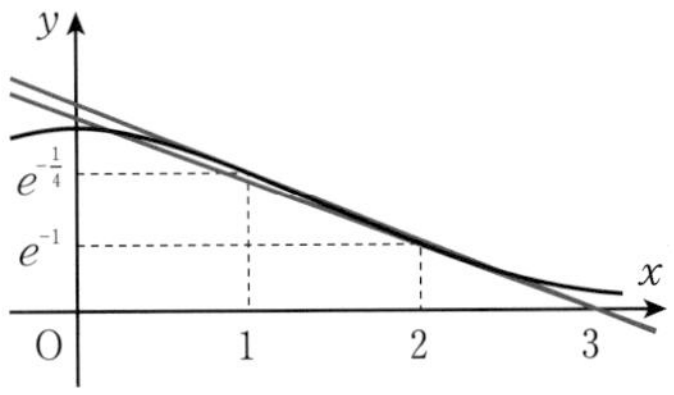


**170**　$-\dfrac{1}{2}$

解き方　$x=4\cos t$ より　$\dfrac{dx}{dt}=-4\sin t$

$y=\sin 2t$ より　$\dfrac{dy}{dt}=2\cos 2t$

これより　$\dfrac{dy}{dx}=\dfrac{\frac{dy}{dt}}{\frac{dx}{dt}}=\dfrac{2\cos 2t}{-4\sin t}=-\dfrac{\cos 2t}{2\sin t}$

$t=\dfrac{\pi}{6}$ における $\dfrac{dy}{dx}$ の値は　$-\dfrac{\cos\frac{\pi}{3}}{2\sin\frac{\pi}{6}}=-\dfrac{1}{2}$

したがって，接線の傾きは　$-\dfrac{1}{2}$

**171**　$y_0y=2p(x+x_0)$

解き方　$y^2=4px$ の両辺を $x$ で微分すると

$$2y\cdot\frac{dy}{dx}=4p$$

(i) $y\neq0$ のとき　$\dfrac{dy}{dx}=\dfrac{2p}{y}$

放物線上の点 $(x_0,\ y_0)$ における接線の傾きは　$\dfrac{2p}{y_0}$

よって，求める接線の方程式は

$y-y_0=\dfrac{2p}{y_0}(x-x_0)$ だから

$y_0y-y_0{}^2=2px-2px_0$

ここで，$y_0{}^2=4px_0$ だから

$y_0y-4px_0=2px-2px_0$

したがって　$y_0y=2p(x+x_0)$　…①

(ii) $y=0$ のとき　接点は $(0,\ 0)$ で接線は　$x=0$

これは，①で $x_0=0$，$y_0=0$ とした場合である。

(i)，(ii)より，求める接線の方程式は

$y_0y=2p(x+x_0)$

**172**　**方程式 $\sqrt{x}+\sqrt{y}=1$ は $x^{\frac{1}{2}}+y^{\frac{1}{2}}=1$ と表される。両辺を $x$ で微分すると**

$$\frac{1}{2}x^{-\frac{1}{2}}+\frac{1}{2}y^{-\frac{1}{2}}\cdot\frac{dy}{dx}=0$$

**したがって**　$\dfrac{dy}{dx}=-\dfrac{\frac{1}{2}x^{-\frac{1}{2}}}{\frac{1}{2}y^{-\frac{1}{2}}}=-\sqrt{\dfrac{y}{x}}$

**これより曲線上の点 $(x_0,\ y_0)$ における接線の方程式は**　$y-y_0=-\sqrt{\dfrac{y_0}{x_0}}(x-x_0)$

**すなわち**　$y=-\sqrt{\dfrac{y_0}{x_0}}x+\sqrt{x_0y_0}+y_0$

$=-\sqrt{\dfrac{y_0}{x_0}}x+\sqrt{y_0}(\underbrace{\sqrt{x_0}+\sqrt{y_0}}_{1})$

$=-\sqrt{\dfrac{y_0}{x_0}}x+\sqrt{y_0}$

**点 A について**　$0=-\sqrt{\dfrac{y_0}{x_0}}x+\sqrt{y_0}$　　$x=\sqrt{x_0}$

**点 B について**　$y=-\sqrt{\dfrac{y_0}{x_0}}\times0+\sqrt{y_0}$

$y=\sqrt{y_0}$

**ゆえに**　$A(\sqrt{x_0},\ 0)$，$B(0,\ \sqrt{y_0})$

**よって**　$OA+OB=\sqrt{x_0}+\sqrt{y_0}=1$

**したがって，OA＋OB は点 $(x_0,\ y_0)$ に関係なく一定である。**

**173** (1) 関数 $f(x)=\log x$ は $x>0$ で微分可能な関数であり　$f'(x)=\dfrac{1}{x}$

したがって，閉区間 $[a,\ c]$ で連続，開区間 $(a,\ c)$ で微分可能だから，平均値の定理により，

$$\frac{\log c-\log a}{c-a}=\frac{1}{\alpha}\ (a<\alpha<c)$$

を満たす $\alpha$ が存在する。

同様にして，平均値の定理により，

$$\frac{\log b-\log c}{b-c}=\frac{1}{\beta}\ (c<\beta<b)$$

を満たす $\beta$ が存在する。

いま，$0<\alpha<\beta$ だから　$\dfrac{1}{\alpha}>\dfrac{1}{\beta}$

したがって　$\dfrac{\log c-\log a}{c-a}>\dfrac{\log b-\log c}{b-c}$

(2) 関数 $f(x)=\sin x$ は，開区間 $0<x<\pi$ で微分可能な関数であり　$f'(x)=\cos x$

したがって，閉区間 $[a,\ c]$ で連続，開区間 $(a,\ c)$ で微分可能だから，平均値の定理により，

$$\frac{\sin c-\sin a}{c-a}=\cos\alpha\ (a<\alpha<c)$$

を満たす $\alpha$ が存在する。

同様にして，平均値の定理により，

$$\frac{\sin b-\sin c}{b-c}=\cos\beta\ (c<\beta<b)$$

を満たす $\beta$ が存在する。

ところで，$\cos x$ は $0<x<\pi$ で単調減少となる関数であるから，

$0<\alpha<\beta<\pi$ のとき　$\cos\alpha>\cos\beta$

したがって　$\dfrac{\sin c-\sin a}{c-a}>\dfrac{\sin b-\sin c}{b-c}$

**174** (1) 極大値 $-3$ $(x=-3)$，極小値 $5$ $(x=1)$

(2) 極大値 $\dfrac{1+\sqrt{2}}{2}$ $(x=\sqrt{2})$，

極小値 $\dfrac{1-\sqrt{2}}{2}$ $(x=-\sqrt{2})$

解き方 (1) $y=\dfrac{x^2+3x+6}{x+1}=x+2+\dfrac{4}{x+1}$

$y'=1-\dfrac{4}{(x+1)^2}=\dfrac{x^2+2x-3}{(x+1)^2}$

$=\dfrac{(x+3)(x-1)}{(x+1)^2}$

| $x$ | $\cdots$ | $-3$ | $\cdots$ | $-1$ | $\cdots$ | $1$ | $\cdots$ |
|---|---|---|---|---|---|---|---|
| $y'$ | $+$ | $0$ | $-$ | | $-$ | $0$ | $+$ |
| $y$ | ↗ | $-3$ | ↘ | | ↘ | $5$ | ↗ |
| | | 極大 | | 漸近線 | | 極小 | |

(2) $y'=\dfrac{x^2-2x+2-x(2x-2)}{(x^2-2x+2)^2}=\dfrac{-x^2+2}{(x^2-2x+2)^2}$

$=\dfrac{-(x+\sqrt{2})(x-\sqrt{2})}{(x^2-2x+2)^2}$

| $x$ | $\cdots$ | $-\sqrt{2}$ | $\cdots$ | $\sqrt{2}$ | $\cdots$ |
|---|---|---|---|---|---|
| $y'$ | $-$ | $0$ | $+$ | $0$ | $-$ |
| $y$ | ↘ | $\dfrac{1-\sqrt{2}}{2}$ | ↗ | $\dfrac{1+\sqrt{2}}{2}$ | ↘ |
| | | 極小 | | 極大 | |

**175** (1) 極大値 $\dfrac{5}{3}\pi+\sqrt{3}$ $\left(x=\dfrac{5}{3}\pi\right)$，

極小値 $\dfrac{\pi}{3}-\sqrt{3}$ $\left(x=\dfrac{\pi}{3}\right)$

(2) 極大値 $\dfrac{3\sqrt{3}}{4}$ $\left(x=\dfrac{11}{6}\pi\right)$，

極小値 $-\dfrac{3\sqrt{3}}{4}$ $\left(x=\dfrac{7}{6}\pi\right)$

解き方 (1) $y'=1-2\cos x$

$\cos x=\dfrac{1}{2}$，つまり $x=\dfrac{\pi}{3}$，$\dfrac{5}{3}\pi$ のとき　$y'=0$

| $x$ | $0$ | $\cdots$ | $\dfrac{\pi}{3}$ | $\cdots$ | $\dfrac{5}{3}\pi$ | $\cdots$ | $2\pi$ |
|---|---|---|---|---|---|---|---|
| $y'$ | | $-$ | $0$ | $+$ | $0$ | $-$ | |
| $y$ | $0$ | ↘ | $\dfrac{\pi}{3}-\sqrt{3}$ | ↗ | $\dfrac{5}{3}\pi+\sqrt{3}$ | ↘ | $2\pi$ |

(2) $y'=(-\cos x)\cdot\cos x+(1-\sin x)(-\sin x)$

$=-\cos^2 x-\sin x+\sin^2 x$

$=-(1-\sin^2 x)-\sin x+\sin^2 x$

$=2\sin^2 x-\sin x-1$

$=(2\sin x+1)(\sin x-1)$

$\sin x=-\dfrac{1}{2}$，1，つまり $x=\dfrac{7}{6}\pi$，$\dfrac{11}{6}\pi$，$\dfrac{\pi}{2}$ のとき

$y'=0$

| $x$ | 0 | $\cdots$ | $\frac{\pi}{2}$ | $\cdots$ | $\frac{7}{6}\pi$ | $\cdots$ | $\frac{11}{6}\pi$ | $\cdots$ | $2\pi$ |
|---|---|---|---|---|---|---|---|---|---|
| $y'$ | | $-$ | 0 | $-$ | 0 | $+$ | 0 | $-$ | |
| $y$ | 1 | ↘ | 0 | ↘ | $-\frac{3\sqrt{3}}{4}$ | ↗ | $\frac{3\sqrt{3}}{4}$ | ↘ | 1 |

**176** (1) **極大値 $(2+2\sqrt{2})e^{-1-\sqrt{2}}$ $(x=-1-\sqrt{2})$,**
**極小値 $(2-2\sqrt{2})e^{-1+\sqrt{2}}$ $(x=-1+\sqrt{2})$**

(2) **極小値 $-\frac{1}{e}$ $\left(x=\frac{1}{e}\right)$, 極大値なし**

解き方 (1) $y'=2xe^x+(x^2-1)e^x=(x^2+2x-1)e^x$

| $x$ | $\cdots$ | $-1-\sqrt{2}$ | $\cdots$ | $-1+\sqrt{2}$ | $\cdots$ |
|---|---|---|---|---|---|
| $y'$ | $+$ | 0 | $-$ | 0 | $+$ |
| $y$ | ↗ | $(2+2\sqrt{2})e^{-1-\sqrt{2}}$ | ↘ | $(2-2\sqrt{2})e^{-1+\sqrt{2}}$ | ↗ |

(2) $y'=\log x+1$

$\log x=-1$, つまり $x=e^{-1}$ のとき $y'=0$ となる。

| $x$ | 0 | $\cdots$ | $e^{-1}$ | $\cdots$ |
|---|---|---|---|---|
| $y'$ | ／ | $-$ | 0 | $+$ |
| $y$ | ／ | ↘ | $-\frac{1}{e}$ | ↗ |

**177** **$-2\sqrt{2} \leqq a \leqq 2\sqrt{2}$**

解き方 $f(x)=(x^2+ax+3)e^x$ について,

関数 $f(x)$ が極値をもたないとき, 導関数 $f'(x)$ の符号は変化しない。

$f'(x)=(2x+a)e^x+(x^2+ax+3)e^x$

$\quad =\{x^2+(a+2)x+(a+3)\}e^x$

$e^x>0$ だから $x^2+(a+2)x+(a+3) \geqq 0$ が常に成立する $a$ の値の範囲を求めればよい。

すなわち, 2次方程式 $x^2+(a+2)x+(a+3)=0$ の判別式 $D \leqq 0$ となる $a$ の値の範囲を求める。

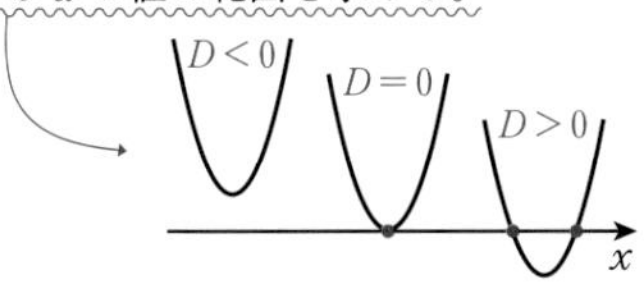


$D=(a+2)^2-4(a+3)=a^2-8$

$\quad =(a+2\sqrt{2})(a-2\sqrt{2}) \leqq 0$

よって $-2\sqrt{2} \leqq a \leqq 2\sqrt{2}$

**178** (1)

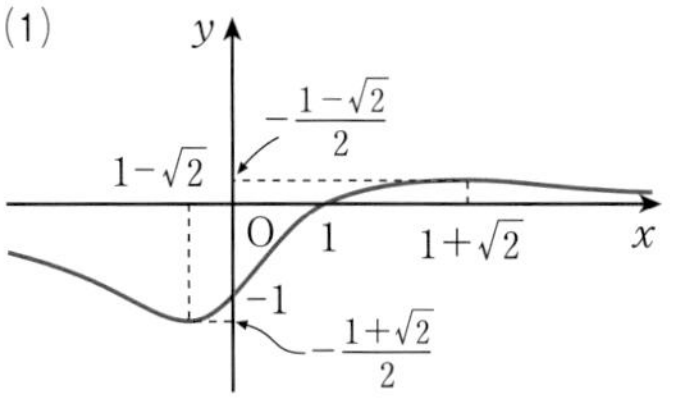


**最大値 $-\frac{1-\sqrt{2}}{2}$ $(x=1+\sqrt{2})$,**

**最小値 $-\frac{1+\sqrt{2}}{2}$ $(x=1-\sqrt{2})$**

(2)

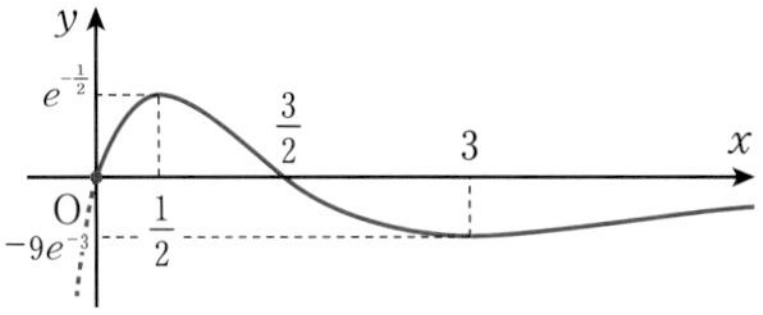


**最大値 $e^{-\frac{1}{2}}$ $\left(x=\frac{1}{2}\right)$,**

**最小値 $-9e^{-3}$ $(x=3)$**

(3)

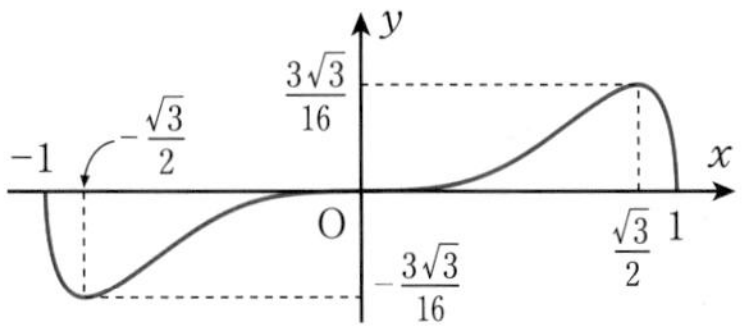


**最大値 $\frac{3\sqrt{3}}{16}$ $\left(x=\frac{\sqrt{3}}{2}\right)$,**

**最小値 $-\frac{3\sqrt{3}}{16}$ $\left(x=-\frac{\sqrt{3}}{2}\right)$**

解き方 (1) $f'(x)=\frac{x^2+1-(x-1)\cdot 2x}{(x^2+1)^2}$

$=\frac{-x^2+2x+1}{(x^2+1)^2}$

$=-\frac{\{x-(1+\sqrt{2})\}\{x-(1-\sqrt{2})\}}{(x^2+1)^2}$

| $x$ | $\cdots$ | $1-\sqrt{2}$ | $\cdots$ | $1+\sqrt{2}$ | $\cdots$ |
|---|---|---|---|---|---|
| $f'(x)$ | $-$ | 0 | $+$ | 0 | $-$ |
| $f(x)$ | ↘ | $-\frac{1+\sqrt{2}}{2}$ | ↗ | $-\frac{1-\sqrt{2}}{2}$ | ↘ |
| | | 最小 | | 最大 | |

$\lim_{x\to\infty}\frac{x-1}{x^2+1}=0$ また $\lim_{x\to-\infty}\frac{x-1}{x^2+1}=0$

よって, 漸近線は $y=0$

(2) $f'(x)=(3-4x)e^{-x}-(3x-2x^2)e^{-x}$

$=(2x^2-7x+3)e^{-x}$

$=(2x-1)(x-3)e^{-x}$

| $x$ | 0 | … | $\frac{1}{2}$ | … | 3 | … |
|---|---|---|---|---|---|---|
| $f'(x)$ | | + | 0 | − | 0 | + |
| $f(x)$ | 0 | ↗ | $e^{-\frac{1}{2}}$ | ↘ | $-9e^{-3}$ | ↗ |
| | | | 最大 | | 最小 | |

$\lim_{x\to\infty}(3x-2x^2)e^{-x}=\lim_{x\to\infty}(3xe^{-x}-2x^2e^{-x})$

$=3\lim_{x\to\infty}xe^{-x}-2\lim_{x\to\infty}x^2e^{-x}=0$ (各極限 $=0$)

よって，漸近線は　$y=0$

(3) $f'(x)=3x^2\sqrt{1-x^2}+x^3\cdot\frac{1}{2}(1-x^2)^{-\frac{1}{2}}(-2x)$

$=3x^2\sqrt{1-x^2}-\frac{x^4}{\sqrt{1-x^2}}=\frac{3x^2(1-x^2)-x^4}{\sqrt{1-x^2}}$

$=\frac{-4x^4+3x^2}{\sqrt{1-x^2}}=-\frac{4x^2\left(x+\frac{\sqrt{3}}{2}\right)\left(x-\frac{\sqrt{3}}{2}\right)}{\sqrt{1-x^2}}$

| $x$ | −1 | … | $-\frac{\sqrt{3}}{2}$ | … | 0 | … | $\frac{\sqrt{3}}{2}$ | … | 1 |
|---|---|---|---|---|---|---|---|---|---|
| $f'(x)$ | ／ | − | 0 | + | 0 | + | 0 | − | ／ |
| $f(x)$ | 0 | ↘ | $-\frac{3\sqrt{3}}{16}$ | ↗ | 0 | ↗ | $\frac{3\sqrt{3}}{16}$ | ↘ | 0 |
| | | | 最小 | | | | 最大 | | |

$f(-x)=(-x)^3\sqrt{1-(-x)^2}=-x^3\sqrt{1-x^2}=-f(x)$ だから，原点対称。

## 179 下の図

(1)

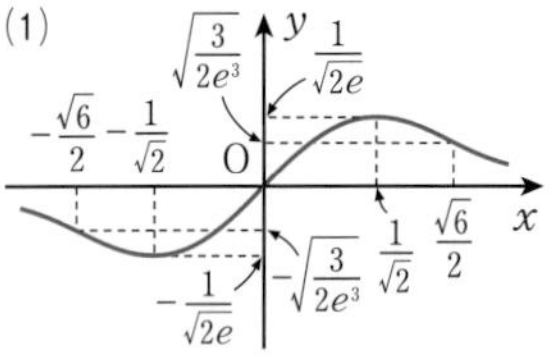


(2)

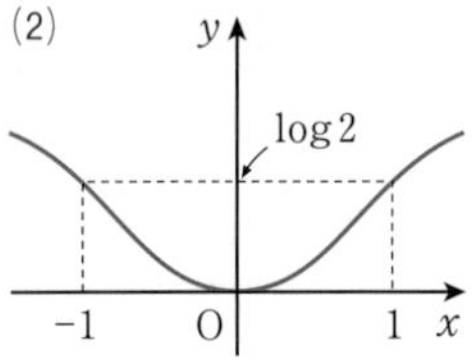


(3)

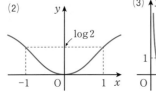

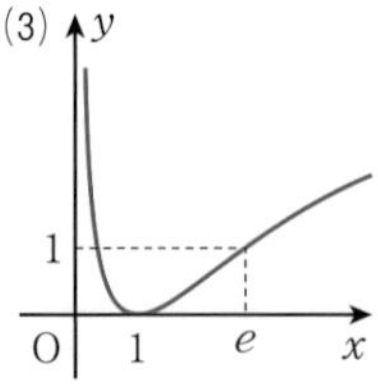


**解き方** (1) $y'=e^{-x^2}+xe^{-x^2}\cdot(-2x)$

$=(1-2x^2)e^{-x^2}=-2\left(x+\frac{1}{\sqrt{2}}\right)\left(x-\frac{1}{\sqrt{2}}\right)e^{-x^2}$

$y''=-4xe^{-x^2}+(1-2x^2)e^{-x^2}\cdot(-2x)$

$=2x(2x^2-3)e^{-x^2}$

$=4x\left(x-\frac{\sqrt{6}}{2}\right)\left(x+\frac{\sqrt{6}}{2}\right)e^{-x^2}$

| $x$ | … | $-\frac{1}{\sqrt{2}}$ | … | $\frac{1}{\sqrt{2}}$ | … |
|---|---|---|---|---|---|
| $y'$ | − | 0 | + | 0 | − |
| $y$ | ↘ | $-\frac{1}{\sqrt{2e}}$ | ↗ | $\frac{1}{\sqrt{2e}}$ | ↘ |

| $x$ | … | $-\frac{\sqrt{6}}{2}$ | … | 0 | … | $\frac{\sqrt{6}}{2}$ | … |
|---|---|---|---|---|---|---|---|
| $y''$ | − | 0 | + | 0 | − | 0 | + |
| $y$ | ↷ | $-\sqrt{\frac{3}{2e^3}}$ | ↺ | 0 | ↷ | $\sqrt{\frac{3}{2e^3}}$ | ↺ |

$\lim_{x\to\infty}xe^{-x^2}=0,\ \lim_{x\to-\infty}xe^{-x^2}=0$

(2) $y'=\frac{2x}{x^2+1}$

$y''=\frac{2(x^2+1)-2x\cdot2x}{(x^2+1)^2}=\frac{2(1-x^2)}{(x^2+1)^2}$

$=-\frac{2(x-1)(x+1)}{(x^2+1)^2}$

| $x$ | … | 0 | … |
|---|---|---|---|
| $y'$ | − | 0 | + |
| $y$ | ↘ | 0 | ↗ |

| $x$ | … | −1 | … | 1 | … |
|---|---|---|---|---|---|
| $y''$ | − | 0 | + | 0 | − |
| $y$ | ↷ | log 2 | ↺ | log 2 | ↷ |

(3) $y'=2\log x\cdot\frac{1}{x}=\frac{2\log x}{x}$

$y''=\frac{2\cdot\frac{1}{x}\cdot x-2\log x}{x^2}=\frac{2(1-\log x)}{x^2}$

| $x$ | 0 | … | 1 | … |
|---|---|---|---|---|
| $y'$ | ／ | − | 0 | + |
| $y$ | ／ | ↘ | 0 | ↗ |

| $x$ | 0 | … | $e$ | … |
|---|---|---|---|---|
| $y''$ | ／ | + | 0 | − |
| $y$ | ／ | ↺ | 1 | ↷ |

**180** (1) $f'(x)=e^x(\sin x+\cos x)$

$f''(x)=2e^x\cos x$

(2) 極大値 $\dfrac{\sqrt{2}}{2}e^{\frac{3}{4}\pi}$ $\left(x=\dfrac{3}{4}\pi\right)$,

極小値 $-\dfrac{\sqrt{2}}{2}e^{\frac{7}{4}\pi}$ $\left(x=\dfrac{7}{4}\pi\right)$

(3) $\left(\dfrac{\pi}{2},\ e^{\frac{\pi}{2}}\right)$, $\left(\dfrac{3}{2}\pi,\ -e^{\frac{3}{2}\pi}\right)$

解き方 (1) $f'(x)=(e^x)'\sin x+e^x(\sin x)'$

$=e^x(\sin x+\cos x)$

$f''(x)=(e^x)'(\sin x+\cos x)+e^x(\sin x+\cos x)'$

$=e^x(\sin x+\cos x)+e^x(\cos x-\sin x)$

$=2e^x\cos x$

(2) $f'(x)=e^x(\sin x+\cos x)$

$=\sqrt{2}e^x\left(\dfrac{1}{\sqrt{2}}\sin x+\dfrac{1}{\sqrt{2}}\cos x\right)$

$=\sqrt{2}e^x\sin\left(x+\dfrac{\pi}{4}\right)$ ←三角関数の合成

$f'(x)=0$ となるのは，$\sin\left(x+\dfrac{\pi}{4}\right)=0$ のとき。

$0\leqq x\leqq 2\pi$ だから　$\dfrac{\pi}{4}\leqq x+\dfrac{\pi}{4}\leqq\dfrac{9}{4}\pi$

よって　$x+\dfrac{\pi}{4}=\pi,\ 2\pi$　　$x=\dfrac{3}{4}\pi,\ \dfrac{7}{4}\pi$

| $x$ | 0 | … | $\frac{3}{4}\pi$ | … | $\frac{7}{4}\pi$ | … | $2\pi$ |
|---|---|---|---|---|---|---|---|
| $f'(x)$ | | + | 0 | − | 0 | + | |
| $f(x)$ | 0 | ↗ | $\frac{\sqrt{2}}{2}e^{\frac{3}{4}\pi}$ | ↘ | $-\frac{\sqrt{2}}{2}e^{\frac{7}{4}\pi}$ | ↗ | 0 |
| | | | 極大 | | 極小 | | |

(3) $f''(x)=2e^x\cos x$

$f''(x)=0$ となるのは $x=\dfrac{\pi}{2},\ \dfrac{3}{2}\pi$ のとき。

| $x$ | 0 | … | $\frac{\pi}{2}$ | … | $\frac{3}{2}\pi$ | … | $2\pi$ |
|---|---|---|---|---|---|---|---|
| $f''(x)$ | | + | 0 | − | 0 | + | |
| $f(x)$ | 0 | ∪ | $e^{\frac{\pi}{2}}$ | ∩ | $-e^{\frac{3}{2}\pi}$ | ∪ | 0 |
| | | | 変曲点 | | 変曲点 | | |

よって　$\left(\dfrac{\pi}{2},\ e^{\frac{\pi}{2}}\right)$, $\left(\dfrac{3}{2}\pi,\ -e^{\frac{3}{2}\pi}\right)$

**181** 極大値 $\dfrac{7}{6}\pi+\sqrt{3}$ $\left(x=\dfrac{7}{6}\pi\right)$,

極小値 $\dfrac{11}{6}\pi-\sqrt{3}$ $\left(x=\dfrac{11}{6}\pi\right)$

解き方 $f(x)=x-2\cos x$ $(0\leqq x\leqq 2\pi)$ とおく。

$f'(x)=1+2\sin x$

$f''(x)=2\cos x$

$f'(x)=0$ を満たす $x$ は，$\sin x=-\dfrac{1}{2}$ より

$x=\dfrac{7}{6}\pi,\ \dfrac{11}{6}\pi$

$f''\left(\dfrac{7}{6}\pi\right)=2\cos\dfrac{7}{6}\pi=-\sqrt{3}<0$ より，

$x=\dfrac{7}{6}\pi$ で極大

$f''\left(\dfrac{11}{6}\pi\right)=2\cos\dfrac{11}{6}\pi=\sqrt{3}>0$ より，

$x=\dfrac{11}{6}\pi$ で極小

したがって，

極大値　$f\left(\dfrac{7}{6}\pi\right)=\dfrac{7}{6}\pi-2\cos\dfrac{7}{6}\pi$

$=\dfrac{7}{6}\pi+\sqrt{3}$

極小値　$f\left(\dfrac{11}{6}\pi\right)=\dfrac{11}{6}\pi-2\cos\dfrac{11}{6}\pi$

$=\dfrac{11}{6}\pi-\sqrt{3}$

**182** 次の図

(1)

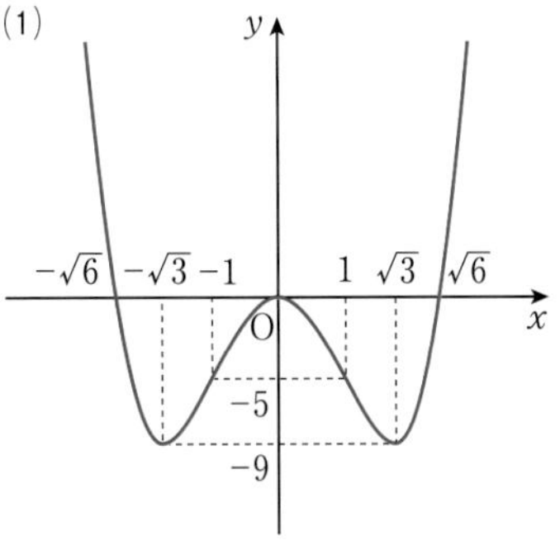

(2)

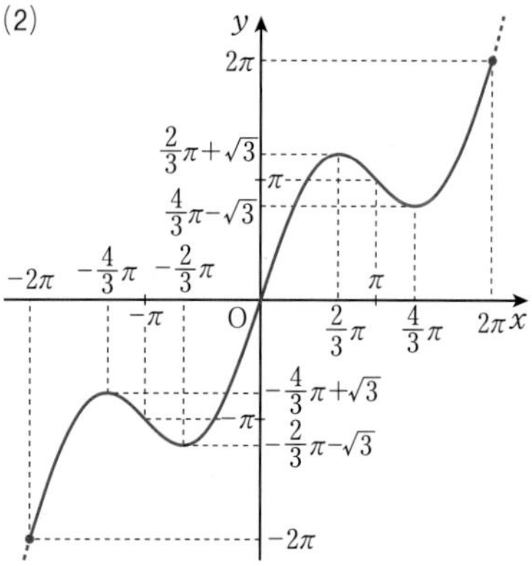


**解き方** (1) $y=x^4-6x^2$ …①

$f(x)=x^4-6x^2$ とおくと

$f(-x)=(-x)^4-6(-x)^2=x^4-6x^2$

$=f(x)$

より，①のグラフは $y$ 軸対称である。

したがって，$y=x^4-6x^2$ $(x\geqq 0)$ のグラフをかいて，$y$ 軸対称にする。

$f'(x)=4x^3-12x=4x(x^2-3)$

$f''(x)=12x^2-12=12(x-1)(x+1)$

増減表を作成する。

| $x$ | 0 | … | 1 | … | $\sqrt{3}$ | … |
|---|---|---|---|---|---|---|
| $f'(x)$ | 0 | − | − | − | 0 | + |
| $f''(x)$ | − | − | 0 | + | + | + |
| $f(x)$ | 0 | ⤵ | −5 | ⤷ | −9 | ⤴ |
| | 極大 | | 変曲点 | | 極小 | |

$y$ 軸対称であることを考慮して，

極大値　0 ($x=0$ のとき)

極小値　−9 ($x=\pm\sqrt{3}$ のとき)

変曲点　$(-1,\ -5)$，$(1,\ -5)$

**(参考)**

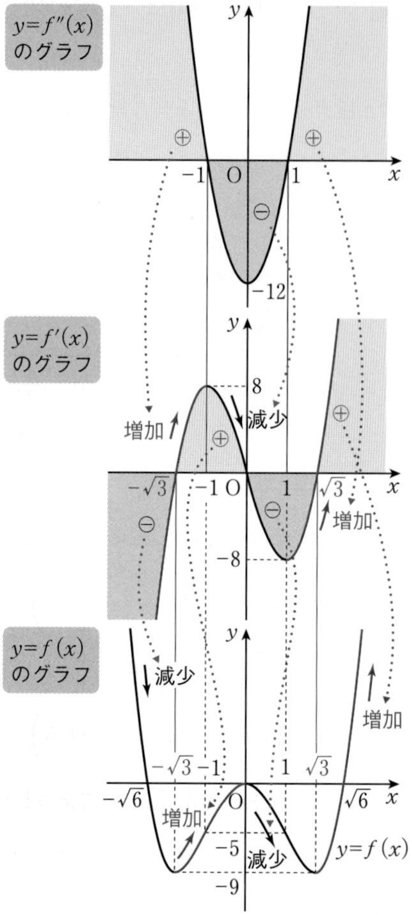


このように，$y=f(x)$ の増減は $y=f'(x)$ の正負で，また $y=f'(x)$ の増減は $y=f''(x)$ の正負で判断する。

(2) $y=x+2\sin x$ …① $(-2\pi \leqq x \leqq 2\pi)$

$f(x)=x+2\sin x$ とおくと

$f(-x)=-x+2\sin(-x)$

$=-(x+2\sin x)=-f(x)$

より，①のグラフは原点対称である。

したがって，$y=x+2\sin x$ $(0\leqq x\leqq 2\pi)$ のグラフをかいて原点対称にする。

$f'(x)=1+2\cos x$

$f''(x)=-2\sin x$

増減表を作成する。

| $x$ | $0$ | … | $\frac{2}{3}\pi$ | … | $\pi$ | … | $\frac{4}{3}\pi$ | … | $2\pi$ |
|---|---|---|---|---|---|---|---|---|---|
| $f'(x)$ | $+$ | $+$ | $0$ | $-$ | $-$ | $-$ | $0$ | $+$ | |
| $f''(x)$ | $0$ | $-$ | $-$ | $-$ | $0$ | $+$ | $+$ | $+$ | |
| $f(x)$ | $0$ | ↗ | $\frac{2}{3}\pi+\sqrt{3}$ | ↘ | $\pi$ | ↘ | $\frac{4}{3}\pi-\sqrt{3}$ | ↗ | $2\pi$ |
| | 変曲点 | | 極大 | | 変曲点 | | 極小 | | |

極大値 $\frac{2}{3}\pi+\sqrt{3}$ $\left(x=\frac{2}{3}\pi \text{ のとき}\right)$

$-\frac{4}{3}\pi+\sqrt{3}$ $\left(x=-\frac{4}{3}\pi \text{ のとき}\right)$

極小値 $\frac{4}{3}\pi-\sqrt{3}$ $\left(x=\frac{4}{3}\pi \text{ のとき}\right)$

$-\frac{2}{3}\pi-\sqrt{3}$ $\left(x=-\frac{2}{3}\pi \text{ のとき}\right)$

変曲点 $(-\pi,\ -\pi)$，$(0,\ 0)$，$(\pi,\ \pi)$

**183** 右の図

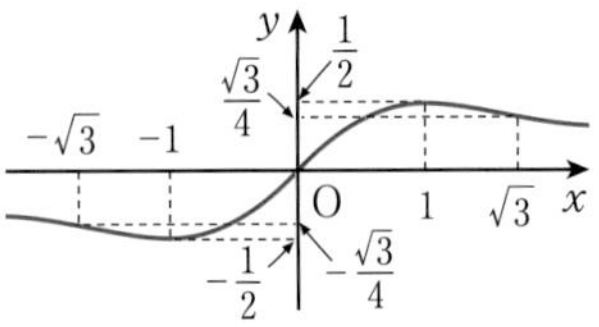


解き方 $f(-x)=\dfrac{-x}{1+(-x)^2}=-\dfrac{x}{1+x^2}=-f(x)$

よって，グラフは原点対称だから，$x\geqq 0$ の範囲で考える。

$$f'(x)=\frac{(1+x^2)-x\cdot 2x}{(1+x^2)^2}$$

$$=\frac{1-x^2}{(1+x^2)^2}=-\frac{(x-1)(x+1)}{(1+x^2)^2}$$

$$f''(x)=\frac{-2x(1+x^2)^2-(1-x^2)\cdot 2(1+x^2)\cdot 2x}{(1+x^2)^4}$$

$$=\frac{-2x(1+x^2)-4x(1-x^2)}{(1+x^2)^3}=\frac{-6x+2x^3}{(1+x^2)^3}$$

$$=\frac{2x(x^2-3)}{(1+x^2)^3}=\frac{2x(x+\sqrt{3})(x-\sqrt{3})}{(1+x^2)^3}$$

| $x$ | $0$ | … | $1$ | … | $\sqrt{3}$ | … | $\infty$ |
|---|---|---|---|---|---|---|---|
| $f'(x)$ | $+$ | $+$ | $0$ | $-$ | $-$ | $-$ | |
| $f''(x)$ | $0$ | $-$ | $-$ | $-$ | $0$ | $+$ | |
| $f(x)$ | $0$ | ↗ | $\frac{1}{2}$ | ↘ | $\frac{\sqrt{3}}{4}$ | ↘ | $0$ |
| | 変曲点 | | 極大 | | 変曲点 | | |

極大値 $\frac{1}{2}$ $(x=1$ のとき$)$

極小値 $-\frac{1}{2}$ $(x=-1$ のとき$)$

$x=\pm\sqrt{3}$，$0$ で変曲点

$\left(-\sqrt{3},\ -\frac{\sqrt{3}}{4}\right)$，$\left(\sqrt{3},\ \frac{\sqrt{3}}{4}\right)$，$(0,\ 0)$

$\displaystyle\lim_{x\to\infty}\frac{x}{1+x^2}=0$，$\displaystyle\lim_{x\to-\infty}\frac{x}{1+x^2}=0$

よって，漸近線は　$y=0$

**184** (1) **右の図**

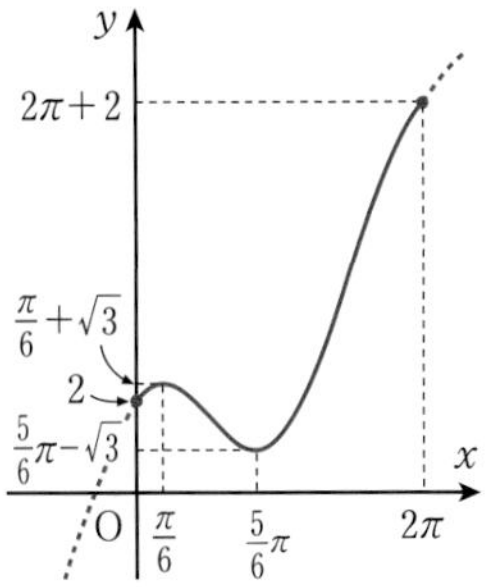


(2) $\boldsymbol{m<\frac{5}{6}\pi-\sqrt{3}}$

**のとき　0 個**

$\boldsymbol{m=\frac{5}{6}\pi-\sqrt{3}}$

**のとき　1 個**

$\boldsymbol{\frac{5}{6}\pi-\sqrt{3}<m<2}$

**のとき　2 個**

$\boldsymbol{2\leqq m<\frac{\pi}{6}+\sqrt{3}}$ **のとき　3個**

$\boldsymbol{m=\frac{\pi}{6}+\sqrt{3}}$ **のとき　2 個**

$\boldsymbol{\frac{\pi}{6}+\sqrt{3}<m\leqq 2\pi+2}$ **のとき　1 個**

$\boldsymbol{2\pi+2<m}$ **のとき　0 個**

解き方 (1) $f'(x)=1-2\sin x$

$\sin x=\dfrac{1}{2}$，つまり $x=\dfrac{\pi}{6}$，$\dfrac{5}{6}\pi$ $(0\leqq x\leqq 2\pi)$

のとき $f'(x)=0$ となる。

| $x$ | $0$ | $\cdots$ | $\dfrac{\pi}{6}$ | $\cdots$ | $\dfrac{5}{6}\pi$ | $\cdots$ | $2\pi$ |
|---|---|---|---|---|---|---|---|
| $f'(x)$ | | $+$ | $0$ | $-$ | $0$ | $+$ | |
| $f(x)$ | $2$ | ↗ | $\dfrac{\pi}{6}+\sqrt{3}$ | ↘ | $\dfrac{5}{6}\pi-\sqrt{3}$ | ↗ | $2\pi+2$ |

(2) $0\leqq x\leqq 2\pi$ における，方程式 $x+2\cos x=m$ の異なる実数解の個数は，曲線 $y=x+2\cos x$ と直線 $y=m$ の $0\leqq x\leqq 2\pi$ における共有点の個数に等しい。(1)で求めたグラフを利用する。

**185** (1) **$0<x<\dfrac{1}{a}$ のとき減少，**

**$x>\dfrac{1}{a}$ のとき増加**

(2) **$a\geqq\dfrac{1}{e}$**

解き方 (1) $f'(x)=a-\dfrac{1}{x}=\dfrac{ax-1}{x}$

| $x$ | $0$ | $\cdots$ | $\dfrac{1}{a}$ | $\cdots$ |
|---|---|---|---|---|
| $f'(x)$ | ／ | $-$ | $0$ | $+$ |
| $f(x)$ | ／ | ↘ | $1+\log a$ | ↗ |

(2) $ax\geqq\log x$ $(x>0)$ $\Longleftrightarrow$ $ax-\log x\geqq 0$ $(x>0)$

これが常に成立するためには，

$f(x)=ax-\log x$ とおいたとき，$x>0$ における $f(x)$ の最小値が $0$ 以上であればよい。

(1)より関数 $f(x)$ の $x>0$ での最小値は　$1+\log a$

よって　$1+\log a\geqq 0$　　$\log a\geqq -1$　　$a\geqq e^{-1}$

**186-1** $\boldsymbol{\vec{v}=(-e^{-2t_0}(\sin t_0+2\cos t_0),}$

$\boldsymbol{-e^{-2t_0}(2\sin t_0-\cos t_0))}$

$\boldsymbol{|\vec{v}|=\sqrt{5}e^{-2t_0}}$

解き方 $\dfrac{dx}{dt}=(e^{-2t})'\cos t+e^{-2t}(\cos t)'$

$=-2e^{-2t}\cos t+e^{-2t}(-\sin t)$

$=-e^{-2t}(\sin t+2\cos t)$

$\dfrac{dy}{dt}=(e^{-2t})'\sin t+e^{-2t}(\sin t)'$

$=-2e^{-2t}\sin t+e^{-2t}\cos t$

$=-e^{-2t}(2\sin t-\cos t)$

したがって，時刻 $t$ における速度 $\vec{v}$ は

$\vec{v}=(-e^{-2t}(\sin t+2\cos t),\ -e^{-2t}(2\sin t-\cos t))$

$|\vec{v}|=\sqrt{\left(\dfrac{dx}{dt}\right)^2+\left(\dfrac{dy}{dt}\right)^2}$

$=\sqrt{\{-e^{-2t}(\sin t+2\cos t)\}^2+\{-e^{-2t}(2\sin t-\cos t)\}^2}$

$=e^{-2t}\sqrt{5(\sin^2 t+\cos^2 t)}=\sqrt{5}e^{-2t}$

**186-2** $\boldsymbol{\dfrac{dx}{dt}=a(1-\cos t),\ \dfrac{d^2x}{dt^2}=a\sin t}$

$\boldsymbol{\dfrac{dy}{dt}=a\sin t,\ \dfrac{d^2y}{dt^2}=a\cos t}$

**これより，時刻 $t$ における加速度 $\vec{\alpha}$ の大きさ**

**$|\vec{\alpha}|$ は　$|\vec{\alpha}|=\sqrt{\left(\dfrac{d^2x}{dt^2}\right)^2+\left(\dfrac{d^2y}{dt^2}\right)^2}$**

**$=\sqrt{a^2\sin^2 t+a^2\cos^2 t}=a$**

**($a>0$ より)**

**したがって，加速度の大きさは一定である。**

**187-1** $\boldsymbol{\tan x\fallingdotseq 2x+1-\dfrac{\pi}{2}}$

解き方 $y=\tan x$ において　$y'=\dfrac{1}{\cos^2 x}$

$x=\dfrac{\pi}{4}$ のとき　$y'=2$

したがって，曲線 $y=\tan x$ の $x=\dfrac{\pi}{4}$ における接線の方程式は　$y-\tan\dfrac{\pi}{4}=2\left(x-\dfrac{\pi}{4}\right)$

$y-1=2x-\frac{\pi}{2}$

$y=2x+1-\frac{\pi}{2}$

これより，$x$ が $\frac{\pi}{4}$ に十分近い値であるとき

$\tan x \fallingdotseq 2x+1-\frac{\pi}{2}$

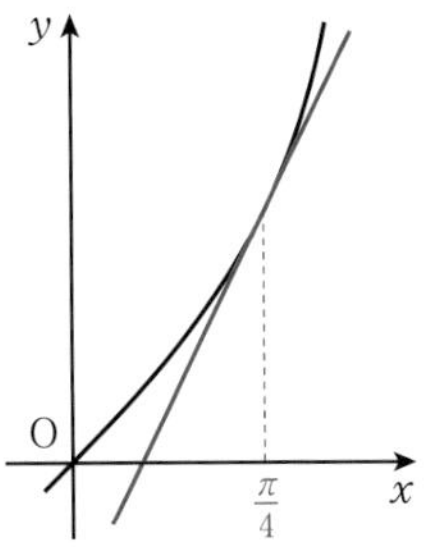


**(別解)** $x \fallingdotseq \frac{\pi}{4}$ のときの近似式は，

$f(x) \fallingdotseq f'\left(\frac{\pi}{4}\right)\left(x-\frac{\pi}{4}\right)+f\left(\frac{\pi}{4}\right)$ と表せる。

$f(x)=\tan x$ とおくと　$f\left(\frac{\pi}{4}\right)=\tan\frac{\pi}{4}=1$

$f'(x)=\frac{1}{\cos^2 x}$ で　$f'\left(\frac{\pi}{4}\right)=\frac{1}{\cos^2\frac{\pi}{4}}=2$

よって　$f(x) \fallingdotseq 2\left(x-\frac{\pi}{4}\right)+1=2x+1-\frac{\pi}{2}$

## 187-2 $f(x) \fallingdotseq x-1$

**解き方** $f'(x)=\dfrac{\left(\frac{x}{2}-\frac{\pi}{4}\right)'}{\cos^2\left(\frac{x}{2}-\frac{\pi}{4}\right)}$

$=\frac{1}{2}\cdot\dfrac{1}{\cos^2\left(\frac{x}{2}-\frac{\pi}{4}\right)}$

$f'(0)=\frac{1}{2}\cdot\dfrac{1}{\cos^2\left(-\frac{\pi}{4}\right)}=1$

また　$f(0)=\tan\left(-\frac{\pi}{4}\right)=-1$

以上より，関数 $f(x)$ のグラフ上の点 $(0,\ -1)$ における接線の方程式は

$y+1=1\cdot(x-0)$　　よって　$y=x-1$

これより，$|x|$ が十分小さいとき

$\tan\left(\frac{x}{2}-\frac{\pi}{4}\right) \fallingdotseq x-1$

**(別解)** $x \fallingdotseq 0$ のときの近似式は，

$f(x) \fallingdotseq f'(0)x+f(0)$ と表せる。

$f(x)=\tan\left(\frac{x}{2}-\frac{\pi}{4}\right)$ だから

$f(0)=\tan\left(-\frac{\pi}{4}\right)=-1$

$f'(x)=\dfrac{1}{2\cos^2\left(\frac{x}{2}-\frac{\pi}{4}\right)}$ で

$f'(0)=\dfrac{1}{2\cos^2\left(-\frac{\pi}{4}\right)}=1$

よって　$f(x) \fallingdotseq 1\cdot x-1=x-1$

## 188 (1) **2.005**　　(2) **1.030**

**解き方** (1) $\sqrt{4.02}=\sqrt{4+0.02}$

そこで，$f(x)=\sqrt{4+x}$ とおくと

$f'(x)=\frac{1}{2}(4+x)^{-\frac{1}{2}}=\frac{1}{2\sqrt{4+x}}$

$x$ が 0 に近いとき

$f(x) \fallingdotseq f'(0)x+f(0)$

$=\frac{1}{2\sqrt{4}}x+\sqrt{4}=\frac{1}{4}x+2$

したがって　$\sqrt{4.02} \fallingdotseq \frac{1}{4}\times 0.02+2=2.005$

(2) $\log 2.8=\log(e+h)$　←$h=2.8-e$

そこで，$f(x)=\log(e+x)$ とおくと

$f'(x)=\frac{1}{e+x}$

$x$ が 0 に近いとき

$f(x) \fallingdotseq f'(0)x+f(0)$

$=\frac{1}{e}x+\log e=\frac{1}{e}x+1$

したがって　$\log 2.8 \fallingdotseq \frac{1}{e}\times(2.8-e)+1$

$=\frac{2.8}{2.718}=1.0301\cdots$

## 定期テスト予想問題の解答 ― 本冊→p. 233～234

**1** $f'(x)=\lim_{h\to 0}\frac{f(x+h)-f(x)}{h}$

$=\lim_{h\to 0}\frac{\sqrt{3(x+h)}-\sqrt{3x}}{h}$

$=\lim_{h\to 0}\frac{3(x+h)-3x}{h\{\sqrt{3(x+h)}+\sqrt{3x}\}}$

$=\lim_{h\to 0}\frac{3h}{h\{\sqrt{3(x+h)}+\sqrt{3x}\}}$

$=\lim_{h\to 0}\frac{3}{\sqrt{3(x+h)}+\sqrt{3x}}=\frac{3}{2\sqrt{3x}}$

**2** $x=3$ で不連続

解き方 (i) $f(3)=[3]=3$ で $f(3)$ は存在する。

(ii) $\lim_{x\to 3+0}[x]=3$, $\lim_{x\to 3-0}[x]=2$

よって, $\lim_{x\to 3+0}[x]\neq\lim_{x\to 3-0}[x]$ だから

$f(x)$ は $x=3$ で連続でない。

**3** (1) $y'=6x^2+2x-2$

(2) $y'=3x^2+12x+11$

(3) $y'=30x(3x^2+1)^4$　(4) $y'=-\frac{4}{3x^2\sqrt[3]{x}}$

(5) $y'=\frac{x^4+3x^2-2x}{(x^2+1)^2}$

(6) $y'=-\frac{3(2x+1)}{(x^2+x)^4}$

(7) $y'=\cos 2x$　(8) $y'=-2\sin 2x$

(9) $y'=\frac{3\sin^2 x}{\cos^4 x}$　(10) $y'=\frac{3}{(3x+1)\log 2}$

(11) $y'=-\tan x$

(12) $y'=e^{2x}\left(2\log x+\frac{1}{x}\right)$

(13) $y'=2\cdot 3^{2x+1}\log 3$

(14) $y'=-\frac{(x-1)(x-7)}{(x+2)^4}$

(15) $y'=\frac{x^2-2}{2x\sqrt{x(x+1)(x+2)}}$

解き方 (1) $y'=(x-1)'(2x^2+3x+1)$
$+(x-1)(2x^2+3x+1)'$
$=2x^2+3x+1+(x-1)(4x+3)$
$=6x^2+2x-2$

(2) $y'=(x+1)'(x+2)(x+3)$
$+(x+1)(x+2)'(x+3)$
$+(x+1)(x+2)(x+3)'$
$=x^2+5x+6+x^2+4x+3+x^2+3x+2$
$=3x^2+12x+11$

(3) $y'=5(3x^2+1)^4(3x^2+1)'=30x(3x^2+1)^4$

(4) $y=\frac{1}{x\sqrt[3]{x}}=\frac{1}{x\cdot x^{\frac{1}{3}}}=x^{-\frac{4}{3}}$

$y'=-\frac{4}{3}x^{-\frac{7}{3}}=-\frac{4}{3x^{\frac{7}{3}}}=-\frac{4}{3x^2\sqrt[3]{x}}$

(5) $y'=\frac{(x^3+1)'(x^2+1)-(x^3+1)(x^2+1)'}{(x^2+1)^2}$

$=\frac{3x^4+3x^2-(2x^4+2x)}{(x^2+1)^2}=\frac{x^4+3x^2-2x}{(x^2+1)^2}$

(6) $y=\frac{1}{(x^2+x)^3}=(x^2+x)^{-3}$

$y'=-3(x^2+x)^{-4}(x^2+x)'=-\frac{3(2x+1)}{(x^2+x)^4}$

(7) $y'=(\sin x)'\cos x+\sin x(\cos x)'$
$=\cos^2 x-\sin^2 x=\cos 2x$

(8) $y'=-\sin 2x(2x)'=-2\sin 2x$

(9) $y'=3\tan^2 x(\tan x)'=3\cdot\frac{\sin^2 x}{\cos^2 x}\cdot\frac{1}{\cos^2 x}$

$=\frac{3\sin^2 x}{\cos^4 x}$

(10) $y'=\frac{1}{(3x+1)\log 2}(3x+1)'=\frac{3}{(3x+1)\log 2}$

(11) $y'=\frac{1}{\cos x}(\cos x)'=-\frac{\sin x}{\cos x}=-\tan x$

(12) $y'=(e^{2x})'\log x+e^{2x}(\log x)'$
$=e^{2x}(2x)'\log x+e^{2x}(\log x)'$
$=2e^{2x}\log x+e^{2x}\cdot\frac{1}{x}=e^{2x}\left(2\log x+\frac{1}{x}\right)$

(13) $y'=3^{2x+1}\cdot\log 3\cdot(2x+1)'=2\cdot 3^{2x+1}\log 3$

(14) 両辺の絶対値の対数をとる。

$\log|y|=2\log|x-1|-3\log|x+2|$

$\frac{y'}{y}=\frac{2}{x-1}-\frac{3}{x+2}=\frac{2(x+2)-3(x-1)}{(x-1)(x+2)}$

$=\frac{-x+7}{(x-1)(x+2)}$

$$y'=\frac{(x-1)^2}{(x+2)^3}\cdot\frac{-(x-7)}{(x-1)(x+2)}$$
$$=-\frac{(x-1)(x-7)}{(x+2)^4}$$

(15) 両辺の絶対値の対数をとる。

$$\log|y|=\frac{1}{2}(\log|x+1|+\log|x+2|-\log|x|)$$
$$\frac{y'}{y}=\frac{1}{2}\left(\frac{1}{x+1}+\frac{1}{x+2}-\frac{1}{x}\right)$$
$$=\frac{1}{2}\cdot\frac{(x+2)x+(x+1)x-(x+1)(x+2)}{x(x+1)(x+2)}$$
$$=\frac{x^2-2}{2x(x+1)(x+2)}$$
$$y'=\sqrt{\frac{(x+1)(x+2)}{x}}\cdot\frac{x^2-2}{2x(x+1)(x+2)}$$
$$=\frac{x^2-2}{2x\sqrt{x(x+1)(x+2)}}$$

**4** (1) $\boldsymbol{\frac{dy}{dx}=-\frac{9x}{4y}}$ (2) $\boldsymbol{\frac{dy}{dx}=\frac{25x}{9y}}$

(3) $\boldsymbol{\frac{dy}{dx}=\frac{2}{y}}$

**解き方** (1) $\frac{2x}{4}+\frac{2y}{9}\cdot\frac{dy}{dx}=0$ より $\frac{dy}{dx}=-\frac{9x}{4y}$

(2) $\frac{2x}{9}-\frac{2y}{25}\cdot\frac{dy}{dx}=0$ より $\frac{dy}{dx}=\frac{25x}{9y}$

(3) $2y\cdot\frac{dy}{dx}=4$ より $\frac{dy}{dx}=\frac{2}{y}$

**5** (1) $\boldsymbol{\frac{dy}{dx}=4t^2-2}$ (2) $\boldsymbol{\frac{dy}{dx}=-\tan 2t}$

(3) $\boldsymbol{\frac{dy}{dx}=\frac{t^2-1}{t}}$

**解き方** (1) $\frac{dx}{dt}=t$ $\frac{dy}{dt}=4t^3-2t$

$$\frac{dy}{dx}=\frac{4t^3-2t}{t}=4t^2-2$$

(2) $\frac{dx}{dt}=2\cos 2t$ $\frac{dy}{dt}=-2\sin 2t$

$$\frac{dy}{dx}=\frac{-2\sin 2t}{2\cos 2t}=-\tan 2t$$

(3) $\frac{dx}{dt}=\frac{1}{t}$ $\frac{dy}{dt}=1-\frac{1}{t^2}$

$$\frac{dy}{dx}=\frac{1-\frac{1}{t^2}}{\frac{1}{t}}=\frac{t^2-1}{t}$$

**6** $\boldsymbol{y=xe^{-x}}$ **より**

$$y'=(x)'e^{-x}+x(e^{-x})'$$
$$=-e^{-x}(x-1)$$
$$y''=-\{(e^{-x})'(x-1)+e^{-x}(x-1)'\}$$
$$=e^{-x}(x-1)-e^{-x}=e^{-x}(x-2)$$

**左辺**$\boldsymbol{=xy''+xy'+y}$

$$=xe^{-x}(x-2)-xe^{-x}(x-1)+xe^{-x}$$
$$=xe^{-x}(x-2-x+1+1)$$
$$=0$$

**したがって，等式** $\boldsymbol{xy''+xy'+y=0}$ **は成り立つ。**

**7** **接線：**$\boldsymbol{y=ex}$

**法線：**$\boldsymbol{y=-\frac{1}{e}x+e+\frac{1}{e}}$

**解き方** 接点の座標を $(a,\ e^a)$ とおく。

$f(x)=e^x$ とおくと，$f'(x)=e^x$ より，

接線の傾きは $f'(a)=e^a$

よって，接線の方程式は $y-e^a=e^a(x-a)$

これが原点 $(0,\ 0)$ を通るから，$-e^a=e^a(-a)$ より

$a=1$

したがって，接点は $(1,\ e)$

接線の方程式は，$y-e=e(x-1)$ より $y=ex$

また，法線は，点 $(1,\ e)$ を通り，傾きは $-\frac{1}{e}$

法線の方程式は，$y-e=-\frac{1}{e}(x-1)$ より

$$y=-\frac{1}{e}x+e+\frac{1}{e}$$

**8** $\boldsymbol{y=-\frac{1}{2}x+\sqrt{2}}$

**解き方** $\frac{x^2}{4}+y^2=1$ の両辺を $x$ で微分して

$\frac{2x}{4}+2y\cdot\frac{dy}{dx}=0$ よって $\frac{dy}{dx}=-\frac{x}{4y}$

点 $\left(\sqrt{2},\ \frac{1}{\sqrt{2}}\right)$ における接線の傾きは

$$-\frac{\sqrt{2}}{4\cdot\frac{1}{\sqrt{2}}}=-\frac{1}{2}$$

したがって，接線の方程式は

$y-\frac{1}{\sqrt{2}}=-\frac{1}{2}(x-\sqrt{2})$ より $y=-\frac{1}{2}x+\sqrt{2}$

## 9 (1) $a=\dfrac{1}{2e}$　　(2) $y=\dfrac{1}{\sqrt{e}}x-\dfrac{1}{2}$

**解き方** (1) $y=\log x$, $y=ax^2$ が $x=t$ で共有点をもつとすると

$\log t=at^2$ …①

$x=t$ で2つのグラフの接線の傾きが等しいから

$\dfrac{1}{t}=2at$ …②

②より　$at^2=\dfrac{1}{2}$

①に代入して　$\log t=\dfrac{1}{2}$　　$t=\sqrt{e}$

よって　$a=\dfrac{1}{2e}$

(2) (1)より，接点の座標は $\left(\sqrt{e},\ \dfrac{1}{2}\right)$

接線の傾きは　$\dfrac{1}{\sqrt{e}}$

したがって，接線の方程式は

$y-\dfrac{1}{2}=\dfrac{1}{\sqrt{e}}(x-\sqrt{e})$　　$y=\dfrac{1}{\sqrt{e}}x-\dfrac{1}{2}$

## 10 下の図

(1)

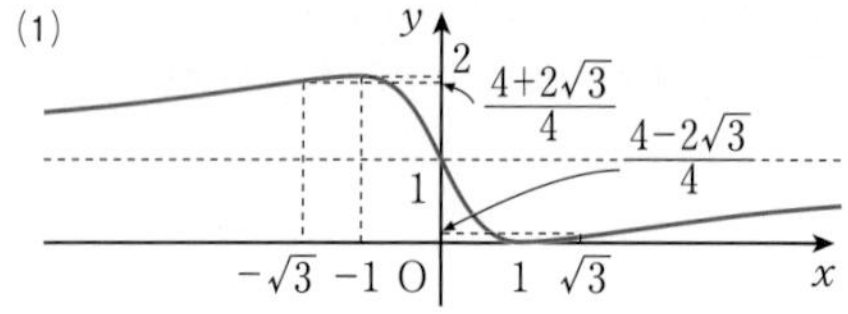


(2)

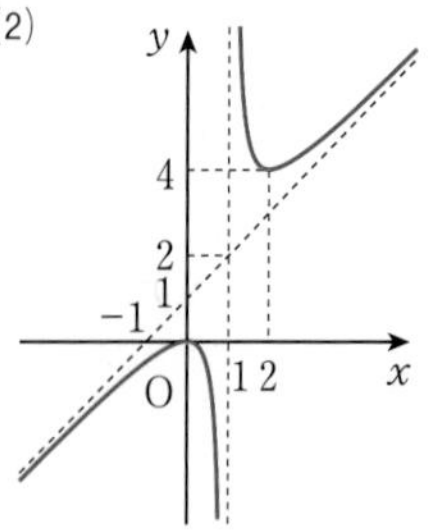


(3)

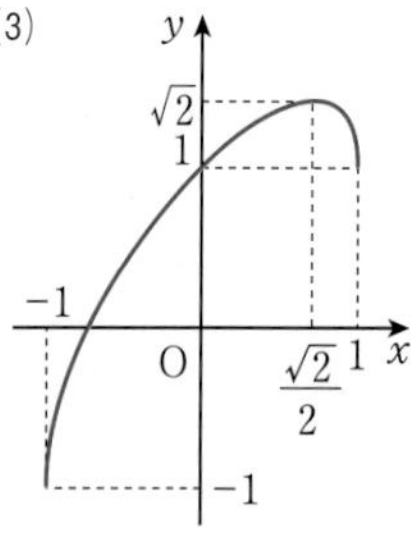


**解き方** (1) $y=\dfrac{(x-1)^2}{x^2+1}=1-\dfrac{2x}{x^2+1}$

$$y'=-\frac{2(x^2+1)-2x\cdot 2x}{(x^2+1)^2}$$
$$=\frac{2(x^2-1)}{(x^2+1)^2}=\frac{2(x+1)(x-1)}{(x^2+1)^2}$$
$$y''=\frac{2\{2x\cdot(x^2+1)^2-(x^2-1)\cdot 2(x^2+1)\cdot 2x\}}{(x^2+1)^4}$$
$$=\frac{4x(x^2+1)\{x^2+1-2(x^2-1)\}}{(x^2+1)^4}$$
$$=\frac{4x(-x^2+3)}{(x^2+1)^3}$$
$$=\frac{-4x(x^2-3)}{(x^2+1)^3}$$
$$=\frac{-4x(x+\sqrt{3})(x-\sqrt{3})}{(x^2+1)^3}$$

| $x$ | $-\infty$ | … | $-\sqrt{3}$ | … | $-1$ | … | 0 | … | 1 | … | $\sqrt{3}$ | … | $\infty$ |
|---|---|---|---|---|---|---|---|---|---|---|---|---|---|
| $y'$ | | + | + | + | 0 | − | − | − | 0 | + | + | + | |
| $y''$ | | + | 0 | − | − | − | 0 | + | + | + | 0 | − | |
| $y$ | 1 | ⤴ | $\frac{4+2\sqrt{3}}{4}$ | ↗ | 2 | ↘ | 1 | ⤵ | 0 | ⤴ | $\frac{4-2\sqrt{3}}{4}$ | ↗ | 1 |
| | | | 変曲点 | | 極大 | | 変曲点 | | 極小 | | 変曲点 | | |

$$\lim_{x\to\infty}\frac{(x-1)^2}{x^2+1}=\lim_{x\to\infty}\frac{\left(1-\dfrac{1}{x}\right)^2}{1+\dfrac{1}{x^2}}=1$$

$$\lim_{x\to-\infty}\frac{(x-1)^2}{x^2+1}=1$$

よって，$y=1$ は漸近線。

(2) $y=\dfrac{x^2}{x-1}=x+1+\dfrac{1}{x-1}$

$$y'=1-\frac{1}{(x-1)^2}=\frac{x(x-2)}{(x-1)^2}$$

$$y''=\frac{2}{(x-1)^3}$$

| $x$ | $-\infty$ | … | 0 | … | 1 | | … | 2 | … | $\infty$ |
|---|---|---|---|---|---|---|---|---|---|---|
| $y'$ | | + | 0 | − | | | − | 0 | + | |
| $y''$ | | − | − | − | | | + | + | + | |
| $y$ | $-\infty$ | ↗ | 0 | ↘ | $-\infty$ | $\infty$ | ⤵ | 4 | ⤴ | $\infty$ |
| | | | 極大 | | | | | 極小 | | |

$$\lim_{x\to 1+0}\frac{x^2}{x-1}=\infty,\quad \lim_{x\to 1-0}\frac{x^2}{x-1}=-\infty$$

より，$x=1$ は漸近線。

$$\lim_{x\to\infty}\{f(x)-(x+1)\}=\lim_{x\to\infty}\frac{1}{x-1}=0,$$

$$\lim_{x\to-\infty}\{f(x)-(x+1)\}=0$$

より，$y=x+1$ もまた漸近線。

(3) $y=x+\sqrt{1-x^2}$ より，定義域は　$-1\leqq x\leqq 1$

$$y'=1+\frac{1}{2}(1-x^2)^{-\frac{1}{2}}\cdot(-2x)=1-\frac{x}{\sqrt{1-x^2}}$$

よって，$y'=0$ となるのは

$$\frac{x}{\sqrt{1-x^2}}=1\qquad x=\sqrt{1-x^2}\quad\cdots①$$

$$x^2=1-x^2\qquad 2x^2=1\qquad \text{よって}\quad x=\pm\frac{\sqrt{2}}{2}$$

①より，$-\dfrac{\sqrt{2}}{2}$ は不適。

$$y''=-\frac{\sqrt{1-x^2}-x\cdot\frac{1}{2}(1-x^2)^{-\frac{1}{2}}\cdot(-2x)}{1-x^2}$$

$$=-\frac{1-x^2+x^2}{(1-x^2)\sqrt{1-x^2}}=-\frac{1}{(1-x^2)\sqrt{1-x^2}}$$

| $x$ | $-1$ | … | $\frac{\sqrt{2}}{2}$ | … | $1$ |
|---|---|---|---|---|---|
| $y'$ | ／ | $+$ | $0$ | $-$ | ／ |
| $y''$ | ／ | $-$ | $-$ | $-$ | ／ |
| $y$ | $-1$ | ↗ | $\sqrt{2}$ | ↘ | $1$ |
| | | | 極大 | | |

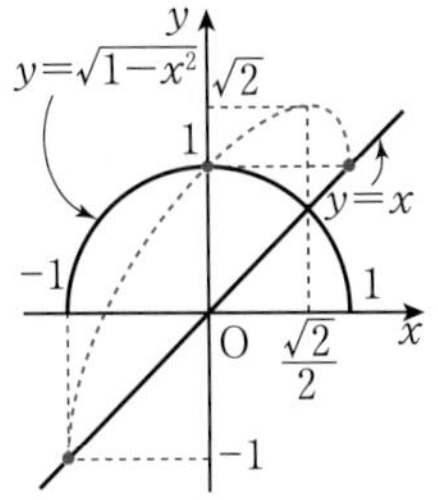

## ⓫ (1) 極大値 $\dfrac{1}{e}$ $(x=1)$，変曲点 $\left(2,\ \dfrac{2}{e^2}\right)$

**(2) 極大値 $\dfrac{1}{e}$ $(x=e)$，変曲点 $\left(e^{\frac{3}{2}},\ \dfrac{3}{2}e^{-\frac{3}{2}}\right)$**

解き方 (1) $f(x)=xe^{-x}$ より

$$f'(x)=e^{-x}+xe^{-x}(-1)=-e^{-x}(x-1)$$

$$f''(x)=-\{e^{-x}\cdot(-1)(x-1)+e^{-x}\}$$

$$=e^{-x}(x-2)$$

| $x$ | … | $1$ | … | $2$ | … |
|---|---|---|---|---|---|
| $f'(x)$ | $+$ | $0$ | $-$ | $-$ | $-$ |
| $f''(x)$ | $-$ | $-$ | $-$ | $0$ | $+$ |
| $f(x)$ | ↗ | 極大 | ↘ | 変曲点 | ↘ |

$f'(x)=0$ となるのは　$x=1$

このとき　$f''(1)<0$

よって，$x=1$ で極大値 $\dfrac{1}{e}$ をとる。

一方，$f''(x)=0$ となるのは $x=2$ のときで，$x=2$ の前後で $f''(x)$ の符号が変わるから変曲点となる。

変曲点 $\left(2,\ \dfrac{2}{e^2}\right)$

(2) $f(x)=\dfrac{\log x}{x}$ より

$$f'(x)=\frac{\frac{1}{x}\cdot x-\log x}{x^2}=\frac{1-\log x}{x^2}$$

$$f''(x)=\frac{-\frac{1}{x}\cdot x^2-(1-\log x)\cdot(2x)}{x^4}$$

$$=\frac{2\log x-3}{x^3}$$

$f'(x)=0$ となるのは　$x=e$

このとき　$f''(e)=\dfrac{-1}{e^3}<0$

よって，$x=e$ で極大値 $\dfrac{1}{e}$ をとる。

一方，$f''(x)=0$ となるのは $x=e^{\frac{3}{2}}$ のとき。

$x=e^{\frac{3}{2}}$ の前後での $f''(x)$ の符号は

$x<e^{\frac{3}{2}}$ で　$f''(x)<0$，$x>e^{\frac{3}{2}}$ で　$f''(x)>0$

よって，$x=e^{\frac{3}{2}}$ のとき，変曲点となる。

変曲点 $\left(e^{\frac{3}{2}},\ \dfrac{3}{2}e^{-\frac{3}{2}}\right)$

## ⓬ $f(x)=\log(x+1)-\dfrac{x}{x+1}$ とおくと

$$f'(x)=\frac{1}{x+1}-\frac{x+1-x}{(x+1)^2}=\frac{x}{(x+1)^2}$$

**真数は正より，定義域は　$x>-1$**

| $x$ | $-1$ | … | $0$ | … |
|---|---|---|---|---|
| $f'(x)$ | ／ | $-$ | $0$ | $+$ |
| $f(x)$ | ／ | ↘ | $0$ | ↗ |

**増減表より，最小値は　0**

**よって　$f(x)\geqq 0$**

**したがって　$\log(x+1)\geqq\dfrac{x}{x+1}$**

**等号成立は $x=0$ のとき。**

**13** $f(x)=\cos x-x$ とおく。

$f'(x)=-\sin x-1=-(1+\sin x)$

$0<x<\frac{\pi}{2}$ だから　$f'(x)<0$

$f(x)$ は，$0<x<\frac{\pi}{2}$ で連続で単調減少。

$f(0)=1>0$　　$f\left(\frac{\pi}{2}\right)=-\frac{\pi}{2}<0$

したがって，$\cos x-x=0$ は，$0<x<\frac{\pi}{2}$ で

ただ1つの実数解をもつ。

**14** (1) $1-\frac{1}{2}x$　　(2) $x$　　(3) $1+x$

解き方 (1) $f(x)=(x+1)^{-\frac{1}{2}}$ より

$f'(x)=-\frac{1}{2}(x+1)^{-\frac{3}{2}}$　　$f(0)=1$，$f'(0)=-\frac{1}{2}$

よって　$\frac{1}{\sqrt{x+1}}\fallingdotseq 1-\frac{1}{2}x$

(2) $f(x)=\log(x+1)$ より　$f'(x)=\frac{1}{x+1}$

$f(0)=0$，$f'(0)=1$

よって　$\log(x+1)\fallingdotseq 0+1\cdot x=x$

(3) $f(x)=e^x$ より　$f'(x)=e^x$

$f(0)=1$，$f'(0)=1$

よって　$e^x\fallingdotseq 1+x$

**15** (1) $\vec{v}=(-3\sin 3t,\ 3\cos 3t)$　　(2) 3

(3) $\vec{\alpha}=(-9\cos 3t,\ -9\sin 3t)$　　(4) 9

(5) $\vec{v}\cdot\vec{\alpha}=(-3\sin 3t)(-9\cos 3t)$

$+(3\cos 3t)(-9\sin 3t)=0$

$\vec{v}\cdot\vec{\alpha}=0$ より $\vec{v}$ と $\vec{\alpha}$ は垂直である。

解き方 (1) $\frac{dx}{dt}=-3\sin 3t$，$\frac{dy}{dt}=3\cos 3t$ より

$\vec{v}=(-3\sin 3t,\ 3\cos 3t)$

(2) $|\vec{v}|=\sqrt{(-3\sin 3t)^2+(3\cos 3t)^2}=3$

(3) $\frac{d^2x}{dt^2}=-3(\cos 3t)\cdot(3t)'=-9\cos 3t$

$\frac{d^2y}{dt^2}=3(-\sin 3t)\cdot(3t)'=-9\sin 3t$

よって　$\vec{\alpha}=(-9\cos 3t,\ -9\sin 3t)$

(4) $|\vec{\alpha}|=\sqrt{(-9\cos 3t)^2+(-9\sin 3t)^2}=9$

# 6章 積分法とその応用

## 類題の解答

本冊→p. 237～297

以下，$C$ は積分定数とする。

**190** (1) $\log|x|-\frac{1}{x}+C$

(2) $\frac{1}{2}x^2+2x+\log|x|+C$

(3) $\frac{2}{3}x\sqrt{x}+2\sqrt{x}+C$

(4) $-\frac{2}{\sqrt{x}}-\frac{1}{x}+C$

解き方 (1) $\int\frac{x^2+x}{x^3}dx=\int\left(\frac{1}{x}+\frac{1}{x^2}\right)dx$

$=\log|x|-\frac{1}{x}+C$

(2) $\int\frac{(x+1)^2}{x}dx=\int\frac{x^2+2x+1}{x}dx$

$=\int\left(x+2+\frac{1}{x}\right)dx=\frac{1}{2}x^2+2x+\log|x|+C$

(3) $\int\frac{x+1}{\sqrt{x}}dx=\int(x^{\frac{1}{2}}+x^{-\frac{1}{2}})dx$

$=\frac{2}{3}x^{\frac{3}{2}}+2x^{\frac{1}{2}}+C=\frac{2}{3}x\sqrt{x}+2\sqrt{x}+C$

(4) $\int\frac{\sqrt{x}+1}{x^2}dx=\int(x^{-\frac{3}{2}}+x^{-2})dx$

$=-2x^{-\frac{1}{2}}-x^{-1}+C=-\frac{2}{\sqrt{x}}-\frac{1}{x}+C$

**191** (1) $\frac{1}{8}(2x-1)^4+C$　　(2) $\frac{1}{2(1-2x)}+C$

(3) $\frac{1}{2}\log|1+2x|+C$

(4) $-\frac{2}{9}(1-3x)\sqrt{1-3x}+C$

(5) $\sqrt{2x+1}+C$

解き方 (1) $\int(2x-1)^3dx=\frac{1}{8}(2x-1)^4+C$

(2) $\int\frac{dx}{(1-2x)^2}=\int(1-2x)^{-2}dx$

$=\frac{1}{(-2)\cdot(-1)}(1-2x)^{-1}+C=\frac{1}{2(1-2x)}+C$

(3) $\displaystyle\int\frac{dx}{1+2x}=\frac{1}{2}\log|1+2x|+C$

(4) $\displaystyle\int\sqrt{1-3x}\,dx=\int(1-3x)^{\frac{1}{2}}dx$

$\displaystyle=\frac{1}{-3}\cdot\frac{2}{3}(1-3x)^{\frac{3}{2}}+C=-\frac{2}{9}(1-3x)^{\frac{3}{2}}+C$

$\displaystyle=-\frac{2}{9}(1-3x)\sqrt{1-3x}+C$

(5) $\displaystyle\int\frac{dx}{\sqrt{2x+1}}=\int(2x+1)^{-\frac{1}{2}}dx$

$\displaystyle=\frac{1}{2\cdot\frac{1}{2}}(2x+1)^{\frac{1}{2}}+C=(2x+1)^{\frac{1}{2}}+C$

$=\sqrt{2x+1}+C$

**192** (1) $\displaystyle\boldsymbol{\frac{1}{2}\cos(1-2x)+C}$

(2) $\displaystyle\boldsymbol{\frac{1}{3}\sin 3x+C}$　(3) $\displaystyle\boldsymbol{\frac{x}{2}+\frac{1}{4}\sin 2x+C}$

解き方 (1) $\displaystyle\int\sin(1-2x)\,dx$

$\displaystyle=\frac{1}{-2}\{-\cos(1-2x)\}+C=\frac{1}{2}\cos(1-2x)+C$

(2) $\displaystyle\int\cos 3x\,dx=\frac{1}{3}\sin 3x+C$

(3) $\displaystyle\int\cos^2x\,dx=\int\frac{1+\cos 2x}{2}dx$

$\displaystyle=\frac{x}{2}+\frac{1}{4}\sin 2x+C$

**193** (1) $\displaystyle\boldsymbol{-\frac{1}{2}e^{-2x}+C}$

(2) $\displaystyle\boldsymbol{\frac{1}{3}e^{3x}+3e^{x}-3e^{-x}-\frac{1}{3}e^{-3x}+C}$

(3) $\displaystyle\boldsymbol{\frac{2^x}{\log 2}-\frac{2^{-x}}{\log 2}+C}$

解き方 (1) $\displaystyle\int e^{-2x}dx=-\frac{1}{2}e^{-2x}+C$

(2) $\displaystyle\int(e^x+e^{-x})^3dx$

$\displaystyle=\int(e^{3x}+3e^x+3e^{-x}+e^{-3x})\,dx$

$\displaystyle=\frac{1}{3}e^{3x}+3e^x-3e^{-x}-\frac{1}{3}e^{-3x}+C$

(3) $\displaystyle\int(2^x+2^{-x})\,dx=\frac{1}{\log 2}\cdot 2^x-\frac{1}{\log 2}\cdot 2^{-x}+C$

**194** (1) $\displaystyle\boldsymbol{\frac{1}{80}(8x+1)(2x-1)^4+C}$

(2) $\displaystyle\boldsymbol{\frac{2}{135}(9x-2)(1+3x)\sqrt{1+3x}+C}$

(3) $\displaystyle\boldsymbol{\frac{1}{4}\left(\log|1-2x|+\frac{1}{1-2x}\right)+C}$

解き方 (1) $2x-1=t$ とおくと，

$\displaystyle x=\frac{t+1}{2}$ より　$\displaystyle\frac{dx}{dt}=\frac{1}{2}$

$\displaystyle\int x(2x-1)^3dx=\int\left(\frac{t+1}{2}\right)t^3\cdot\frac{1}{2}dt$

$\displaystyle=\int\frac{t^4+t^3}{4}dt=\frac{t^5}{20}+\frac{t^4}{16}+C$

$\displaystyle=\frac{1}{80}t^4(4t+5)+C$

(2) $1+3x=t$ とおくと，$\displaystyle x=\frac{t-1}{3}$ より　$\displaystyle\frac{dx}{dt}=\frac{1}{3}$

$\displaystyle\int x\sqrt{1+3x}\,dx=\int\frac{t-1}{3}\sqrt{t}\cdot\frac{1}{3}dt$

$\displaystyle=\frac{1}{9}\int(t^{\frac{3}{2}}-t^{\frac{1}{2}})\,dt=\frac{1}{9}\left(\frac{2}{5}t^{\frac{5}{2}}-\frac{2}{3}t^{\frac{3}{2}}\right)+C$

$\displaystyle=\frac{2}{135}t^{\frac{3}{2}}(3t-5)+C$

(3) $1-2x=t$ とおくと，

$\displaystyle x=\frac{1-t}{2}$ より　$\displaystyle\frac{dx}{dt}=-\frac{1}{2}$

$\displaystyle\int\frac{x}{(1-2x)^2}dx=\int\frac{\frac{1-t}{2}}{t^2}\left(-\frac{1}{2}\right)dt$

$\displaystyle=\frac{1}{4}\int\frac{t-1}{t^2}dt=\frac{1}{4}\int\left(\frac{1}{t}-\frac{1}{t^2}\right)dt$

$\displaystyle=\frac{1}{4}\left(\log|t|+\frac{1}{t}\right)+C$

**195** (1) $\boldsymbol{\log(x^2+x+1)+C}$

(2) $\displaystyle\boldsymbol{\frac{1}{3}\log|x^3+1|+C}$　(3) $\boldsymbol{\log|\sin x|+C}$

(4) $\boldsymbol{\log(e^x+e^{-x})+C}$

(5) $\boldsymbol{\log|x+\sin x|+C}$

解き方 (1) $\displaystyle\int\frac{2x+1}{x^2+x+1}dx=\int\frac{(x^2+x+1)'}{x^2+x+1}dx$

$=\log|x^2+x+1|+C$

$\displaystyle x^2+x+1=\left(x+\frac{1}{2}\right)^2+\frac{3}{4}>0$ だから

与式$=\log(x^2+x+1)+C$

(2) $\displaystyle\int\frac{x^2}{x^3+1}dx=\int\frac{\frac{1}{3}(x^3+1)'}{x^3+1}dx$

$\displaystyle=\frac{1}{3}\log|x^3+1|+C$

(3) $\displaystyle\int\frac{1}{\tan x}dx=\int\frac{\cos x}{\sin x}dx=\int\frac{(\sin x)'}{\sin x}dx$

$=\log|\sin x|+C$

(4) $\displaystyle\int\frac{e^x-e^{-x}}{e^x+e^{-x}}dx=\int\frac{(e^x+e^{-x})'}{e^x+e^{-x}}dx$

$=\log(e^x+e^{-x})+C$

(5) $\displaystyle\int\frac{1+\cos x}{x+\sin x}dx=\int\frac{(x+\sin x)'}{x+\sin x}dx$

$=\log|x+\sin x|+C$

**196** (1) $\displaystyle\boldsymbol{\frac{(x^3+1)^4}{12}+C}$　(2) $\displaystyle\boldsymbol{-\frac{\cos^3 x}{3}+C}$

(3) $\displaystyle\boldsymbol{\frac{1}{3}(x^2+1)\sqrt{x^2+1}+C}$

(4) $\displaystyle\boldsymbol{\frac{(e^x+1)^4}{4}+C}$　(5) $\displaystyle\boldsymbol{-\frac{1}{2}e^{-x^2}+C}$

解き方 (1) $x^3+1=t$ とおくと，

$\displaystyle 3x^2=\frac{dt}{dx}$ より　$3x^2dx=dt$

$\displaystyle\int x^2(x^3+1)^3dx=\int(x^3+1)^3\cdot\frac{1}{3}\cdot 3x^2dx$

$\displaystyle=\int t^3\cdot\frac{1}{3}dt=\frac{t^4}{12}+C$

(2) $\cos x=t$ とおくと，

$\displaystyle -\sin x=\frac{dt}{dx}$ より　$-\sin x\,dx=dt$

$\displaystyle\int\cos^2 x\sin x\,dx=\int\{-\cos^2 x(-\sin x)\}dx$

$\displaystyle=\int(-t^2)dt=-\frac{t^3}{3}+C$

(3) $x^2+1=t$ とおくと，

$\displaystyle 2x=\frac{dt}{dx}$ より　$2x\,dx=dt$

$\displaystyle\int x\sqrt{x^2+1}\,dx=\int\frac{1}{2}\sqrt{x^2+1}\cdot 2x\,dx$

$\displaystyle=\int\frac{1}{2}\sqrt{t}\,dt=\frac{1}{2}\cdot\frac{2}{3}t^{\frac{3}{2}}+C$

(4) $e^x+1=t$ とおくと，

$\displaystyle e^x=\frac{dt}{dx}$ より　$e^x\,dx=dt$

$\displaystyle\int e^x(e^x+1)^3dx=\int(e^x+1)^3e^x\,dx$

$\displaystyle=\int t^3dt=\frac{t^4}{4}+C$

(5) $-x^2=t$ とおくと，

$\displaystyle -2x=\frac{dt}{dx}$ より　$(-2x)\,dx=dt$

$\displaystyle\int xe^{-x^2}dx=\int\left\{-\frac{1}{2}e^{-x^2}(-2x)\right\}dx$

$\displaystyle=\int\left(-\frac{1}{2}e^t\right)dt=-\frac{1}{2}e^t+C$

**197** (1) $\boldsymbol{x\sin x+\cos x+C}$

(2) $\displaystyle\boldsymbol{\left(\frac{x^2}{2}+x\right)\log x-\frac{x^2}{4}-x+C}$　(3) $\boldsymbol{xe^x+C}$

解き方 (1) $\displaystyle\int x\cos x\,dx=\int x(\sin x)'\,dx$

$\displaystyle=x\sin x-\int\sin x\,dx=x\sin x+\cos x+C$

(2) $\displaystyle\int(x+1)\log x\,dx=\int\left(\frac{x^2}{2}+x\right)'\log x\,dx$

$\displaystyle=\left(\frac{x^2}{2}+x\right)\log x-\int\left(\frac{x^2}{2}+x\right)\frac{1}{x}dx$

$\displaystyle=\left(\frac{x^2}{2}+x\right)\log x-\int\left(\frac{x}{2}+1\right)dx$

$\displaystyle=\left(\frac{x^2}{2}+x\right)\log x-\frac{x^2}{4}-x+C$

(3) $\displaystyle\int(x+1)e^x\,dx=\int(x+1)(e^x)'\,dx$

$\displaystyle=(x+1)e^x-\int e^x\,dx=(x+1)e^x-e^x+C$

$=xe^x+C$

**198** $\displaystyle\boldsymbol{I=\frac{1}{2}e^x(\sin x-\cos x)+C}$

解き方 $\displaystyle I=\int e^x\sin x\,dx=\int(e^x)'\sin x\,dx$

$\displaystyle=e^x\sin x-\int e^x\cos x\,dx$　…①

ところで　$\displaystyle\int e^x\cos x\,dx=\int(e^x)'\cos x\,dx$

$\displaystyle=e^x\cos x-\int e^x(-\sin x)\,dx$

$=e^x\cos x+I$　…②

②を①に代入すると　$I=e^x\sin x-(e^x\cos x+I)$

よって　$2I=e^x(\sin x-\cos x)$

**199** (1) $\boldsymbol{\frac{3}{2}x^2-2x+\log(x-1)^2+C}$

(2) $\boldsymbol{\frac{1}{2}\log\left|\frac{x-1}{x+1}\right|+C}$

解き方 (1) $\frac{3x^2-5x+4}{x-1}=3x-2+\frac{2}{x-1}$

$\int\frac{3x^2-5x+4}{x-1}dx=\int\left(3x-2+\frac{2}{x-1}\right)dx$

$=\frac{3}{2}x^2-2x+2\log|x-1|+C$

$=\frac{3}{2}x^2-2x+\log(x-1)^2+C$

(2) $\frac{1}{x^2-1}=\frac{1}{(x-1)(x+1)}$

$=\frac{a}{x-1}+\frac{b}{x+1}=\frac{(a+b)x+(a-b)}{(x-1)(x+1)}$

係数を比較して　$a+b=0$, $a-b=1$

これを解いて　$a=\frac{1}{2}$, $b=-\frac{1}{2}$

$\int\frac{1}{x^2-1}dx=\int\left\{\frac{1}{2(x-1)}-\frac{1}{2(x+1)}\right\}dx$

$=\frac{1}{2}\log|x-1|-\frac{1}{2}\log|x+1|+C$

$=\frac{1}{2}\log\left|\frac{x-1}{x+1}\right|+C$

**200** (1) $\boldsymbol{-\frac{1}{10}\cos 5x+\frac{1}{2}\cos x+C}$

(2) $\boldsymbol{\frac{1}{12}\sin 6x+\frac{1}{4}\sin 2x+C}$

(3) $\boldsymbol{-\frac{1}{8}\sin 4x+\frac{1}{4}\sin 2x+C}$

解き方 (1) $\int\sin 2x\cos 3x\,dx$

$=\int\frac{1}{2}\{\sin 5x+\sin(-x)\}dx$

$=\frac{1}{2}\int(\sin 5x-\sin x)dx$

$=-\frac{1}{10}\cos 5x+\frac{1}{2}\cos x+C$

(2) $\int\cos 2x\cos 4x\,dx$

$=\int\frac{1}{2}\{\cos 6x+\cos(-2x)\}dx$

$=\frac{1}{2}\int(\cos 6x+\cos 2x)dx$

$=\frac{1}{12}\sin 6x+\frac{1}{4}\sin 2x+C$

(3) $\int\sin x\sin 3x\,dx$

$=\int\left[-\frac{1}{2}\{\cos 4x-\cos(-2x)\}\right]dx$

$=-\frac{1}{2}\int(\cos 4x-\cos 2x)dx$

$=-\frac{1}{8}\sin 4x+\frac{1}{4}\sin 2x+C$

**201** (1) $\boldsymbol{a=5,\ b=1,\ c=-7,\ d=6}$

(2) $\boldsymbol{5x-\frac{6}{x+1}+\log\left|\frac{x-1}{(x+1)^7}\right|+C}$

解き方 (1) $f(x)=\frac{5x^3-x^2+3x-3}{x^3+x^2-x-1}$

$=\frac{5x^3-x^2+3x-3}{(x+1)^2(x-1)}$

$a+\frac{b}{x-1}+\frac{c}{x+1}+\frac{d}{(x+1)^2}$

$=\frac{a(x-1)(x+1)^2+b(x+1)^2+c(x-1)(x+1)+d(x-1)}{(x-1)(x+1)^2}$

$=\frac{ax^3+(a+b+c)x^2+(-a+2b+d)x+(-a+b-c-d)}{(x-1)(x+1)^2}$

$=\frac{5x^3-x^2+3x-3}{x^3+x^2-x-1}$

これが $x$ に関する恒等式になることから

$a=5$, $a+b+c=-1$, $-a+2b+d=3$,

$-a+b-c-d=-3$

よって　$b=1$, $c=-7$, $d=6$

(2) (1)より　$\int\frac{5x^3-x^2+3x-3}{x^3+x^2-x-1}dx$

$=\int\left\{5+\frac{1}{x-1}+\frac{-7}{x+1}+\frac{6}{(x+1)^2}\right\}dx$

$=5x+\log|x-1|-7\log|x+1|-\frac{6}{x+1}+C$

$=5x-\frac{6}{x+1}+\log\left|\frac{x-1}{(x+1)^7}\right|+C$

**202** (1) $\log 3+\dfrac{2}{3}$　(2) $\log 2-\dfrac{1}{2}$

(3) $\dfrac{10}{3}\sqrt{2}-\dfrac{8}{3}$　(4) $\dfrac{7}{6}+\dfrac{8}{3}\sqrt{2}$

解き方 (1) $\displaystyle\int_1^3 \frac{x+1}{x^2}dx=\int_1^3\left(\frac{1}{x}+\frac{1}{x^2}\right)dx$

$=\left[\log|x|-\dfrac{1}{x}\right]_1^3=\left(\log 3-\dfrac{1}{3}\right)-(-1)$

$=\log 3+\dfrac{2}{3}$

(2) $\displaystyle\int_0^1 \frac{x^2}{x+1}dx=\int_0^1\left(x-1+\frac{1}{x+1}\right)dx$

$=\left[\dfrac{x^2}{2}-x+\log|x+1|\right]_0^1=\left(\dfrac{1}{2}-1+\log 2\right)$

$=\log 2-\dfrac{1}{2}$

(3) $\displaystyle\int_1^2 \frac{x+1}{\sqrt{x}}dx=\int_1^2(x^{\frac{1}{2}}+x^{-\frac{1}{2}})dx$

$=\left[\dfrac{2}{3}x^{\frac{3}{2}}+2x^{\frac{1}{2}}\right]_1^2$

$=\left(\dfrac{2}{3}\cdot 2^{\frac{3}{2}}+2\cdot 2^{\frac{1}{2}}\right)-\left(\dfrac{2}{3}+2\right)$

$=\dfrac{4}{3}\cdot\sqrt{2}+2\sqrt{2}-\dfrac{8}{3}$

$=\dfrac{10}{3}\sqrt{2}-\dfrac{8}{3}$

(4) $\displaystyle\int_1^2(\sqrt{x}+1)^2dx=\int_1^2(x+2\sqrt{x}+1)dx$

$=\left[\dfrac{x^2}{2}+\dfrac{4}{3}x^{\frac{3}{2}}+x\right]_1^2$

$=\left(2+\dfrac{4}{3}\sqrt{8}+2\right)-\left(\dfrac{1}{2}+\dfrac{4}{3}+1\right)$

$=\dfrac{7}{6}+\dfrac{8}{3}\sqrt{2}$

**203** (1) $-\dfrac{1}{3}$　(2) $\dfrac{\pi}{2}$　(3) $\dfrac{1}{2}$　(4) $2$

解き方 (1) $\displaystyle\int_0^{\frac{\pi}{2}}\cos 3x\,dx=\left[\frac{1}{3}\sin 3x\right]_0^{\frac{\pi}{2}}$

$=\dfrac{1}{3}\sin\dfrac{3}{2}\pi=-\dfrac{1}{3}$

(2) $\displaystyle\int_0^{\pi}\sin^2 x\,dx=\int_0^{\pi}\frac{1-\cos 2x}{2}dx$

$=\left[\dfrac{x}{2}-\dfrac{\sin 2x}{4}\right]_0^{\pi}=\dfrac{\pi}{2}$

(3) $\displaystyle\int_0^{\frac{\pi}{2}}(1-\cos x)\sin x\,dx$

$=\displaystyle\int_0^{\frac{\pi}{2}}\left(\sin x-\frac{1}{2}\sin 2x\right)dx$

$=\left[-\cos x+\dfrac{1}{4}\cos 2x\right]_0^{\frac{\pi}{2}}$

$=\left(-\dfrac{1}{4}\right)-\left(-1+\dfrac{1}{4}\right)=\dfrac{1}{2}$

(4) $\displaystyle\int_0^{\pi}|\cos x|dx=\int_0^{\frac{\pi}{2}}\cos x\,dx+\int_{\frac{\pi}{2}}^{\pi}(-\cos x)dx$

$=\left[\sin x\right]_0^{\frac{\pi}{2}}+\left[-\sin x\right]_{\frac{\pi}{2}}^{\pi}=2$

**204** (1) $e-\dfrac{1}{e}$　(2) $\dfrac{3}{\log 2}$

(3) $1-\dfrac{1}{e^2}$　(4) $\dfrac{1}{4}\log\dfrac{9}{5}$

解き方 (1) $\displaystyle\int_0^1(e^x+e^{-x})dx$

$=\left[e^x-e^{-x}\right]_0^1=e-\dfrac{1}{e}$

(2) $\displaystyle\int_0^2 2^x dx=\left[\frac{1}{\log 2}\cdot 2^x\right]_0^2$

$=\dfrac{3}{\log 2}$

(3) $\displaystyle\int_0^2\frac{dx}{e^x}=\int_0^2 e^{-x}dx$

$=\left[-e^{-x}\right]_0^2=1-\dfrac{1}{e^2}$

(4) $\displaystyle\int_1^2\frac{dx}{4x^2-1}=\int_1^2\frac{dx}{(2x+1)(2x-1)}$

$=\displaystyle\int_1^2\frac{1}{2}\left(\frac{1}{2x-1}-\frac{1}{2x+1}\right)dx$

$=\left[\dfrac{1}{4}\log|2x-1|-\dfrac{1}{4}\log|2x+1|\right]_1^2$

$=\left[\dfrac{1}{4}\log\left|\dfrac{2x-1}{2x+1}\right|\right]_1^2$

$=\dfrac{1}{4}\log\dfrac{3}{5}-\dfrac{1}{4}\log\dfrac{1}{3}$

$=\dfrac{1}{4}\log\dfrac{9}{5}$

**205** (1) $\dfrac{15}{4}$　(2) $\dfrac{1}{4}$　(3) $\dfrac{4}{5}$

**解き方** (1) $2-x=t$ とおくと

| $x$ | $0 \to 1$ |
|---|---|
| $t$ | $2 \to 1$ |

$x=2-t$

$\dfrac{dx}{dt}=-1$ より　$dx=(-1)dt$

$$\int_0^1 (2-x)^3 dx=\int_2^1 t^3(-1)dt=\left[-\frac{1}{4}t^4\right]_2^1$$

$$=-\frac{1}{4}+\frac{16}{4}=\frac{15}{4}$$

(2) $3x-1=t$ とおくと

| $x$ | $-1 \to 0$ |
|---|---|
| $t$ | $-4 \to -1$ |

$x=\dfrac{t+1}{3}$

$\dfrac{dx}{dt}=\dfrac{1}{3}$ より　$dx=\dfrac{1}{3}dt$

$$\int_{-1}^0 \frac{dx}{(3x-1)^2}=\int_{-4}^{-1}\frac{1}{t^2}\cdot\frac{1}{3}dt$$

$$=\left[-\frac{1}{3}\cdot\frac{1}{t}\right]_{-4}^{-1}=\frac{1}{4}$$

(3) $x+1=t$ とおくと

| $x$ | $-1 \to 1$ |
|---|---|
| $t$ | $0 \to 2$ |

$x=t-1$

$\dfrac{dx}{dt}=1$ より　$dx=dt$

$$\int_{-1}^1 (2x-1)(x+1)^3 dx=\int_0^2 \{2(t-1)-1\}t^3 dt$$

$$=\int_0^2 (2t-3)t^3 dt=\int_0^2 (2t^4-3t^3)dt$$

$$=\left[\frac{2}{5}t^5-\frac{3}{4}t^4\right]_0^2=\frac{4}{5}$$

**206** (1) $\dfrac{33}{28}$　(2) $\dfrac{2(2-\sqrt{2})}{3}$

**解き方** (1) $\sqrt[3]{x-1}=t$ とおくと

| $x$ | $1 \to 2$ |
|---|---|
| $t$ | $0 \to 1$ |

$x=t^3+1$

$\dfrac{dx}{dt}=3t^2$ より　$dx=3t^2dt$

$$\int_1^2 x\sqrt[3]{x-1}\,dx=\int_0^1 (t^3+1)\cdot t\cdot 3t^2 dt$$

$$=\int_0^1 (3t^6+3t^3)dt=\left[\frac{3}{7}t^7+\frac{3}{4}t^4\right]_0^1$$

$$=\frac{3}{7}+\frac{3}{4}=\frac{33}{28}$$

(2) $\sqrt{x+1}=t$ とおくと

| $x$ | $0 \to 1$ |
|---|---|
| $t$ | $1 \to \sqrt{2}$ |

$x=t^2-1$

$\dfrac{dx}{dt}=2t$ より　$dx=2t\,dt$

$$\int_0^1 \frac{x}{\sqrt{x+1}}dx=\int_1^{\sqrt{2}}\frac{(t^2-1)}{t}\cdot 2t\,dt$$

$$=2\int_1^{\sqrt{2}}(t^2-1)dt=2\left[\frac{t^3}{3}-t\right]_1^{\sqrt{2}}$$

$$=2\left\{\left(\frac{2\sqrt{2}}{3}-\sqrt{2}\right)-\left(\frac{1}{3}-1\right)\right\}=\frac{2(2-\sqrt{2})}{3}$$

**207** (1) $\dfrac{1}{2}-\dfrac{1}{2e^2}$　(2) $\dfrac{19}{15}$　(3) $\dfrac{1}{3}$　(4) $\dfrac{2}{3}$

**解き方** (1) $-x^2=t$ とおくと，

| $x$ | $0 \to \sqrt{2}$ |
|---|---|
| $t$ | $0 \to -2$ |

$-2x=\dfrac{dt}{dx}$ より

$x\,dx=-\dfrac{1}{2}dt$

$$\int_0^{\sqrt{2}} xe^{-x^2}dx$$

$$=\int_0^{-2}\left(-\frac{1}{2}e^t\right)dt=\left[-\frac{1}{2}e^t\right]_0^{-2}=\frac{1}{2}-\frac{1}{2e^2}$$

(2) $5x^2+4=t$ とおくと，

| $x$ | $0 \to 1$ |
|---|---|
| $t$ | $4 \to 9$ |

$10x=\dfrac{dt}{dx}$ より　$x\,dx=\dfrac{1}{10}dt$

$$\int_0^1 x\sqrt{5x^2+4}\,dx=\int_4^9 \sqrt{t}\cdot\frac{1}{10}dt$$

$$=\int_4^9 \frac{1}{10}t^{\frac{1}{2}}dt=\left[\frac{1}{15}t^{\frac{3}{2}}\right]_4^9=\frac{9^{\frac{3}{2}}-4^{\frac{3}{2}}}{15}=\frac{27-8}{15}$$

$$=\frac{19}{15}$$

(3) $\log x=t$ とおくと，

| $x$ | $1 \to e$ |
|---|---|
| $t$ | $0 \to 1$ |

$\dfrac{1}{x}=\dfrac{dt}{dx}$ より　$\dfrac{1}{x}dx=dt$

$$\int_1^e \frac{(\log x)^2}{x}dx=\int_0^1 t^2 dt=\left[\frac{t^3}{3}\right]_0^1=\frac{1}{3}$$

(4) $\cos x=t$ とおくと，

| $x$ | $0 \to \dfrac{\pi}{2}$ |
|---|---|
| $t$ | $1 \to 0$ |

$-\sin x=\dfrac{dt}{dx}$ より

$\sin x\,dx=(-1)dt$

$$\int_0^{\frac{\pi}{2}}\sin^3 x\,dx=\int_0^{\frac{\pi}{2}}(1-\cos^2 x)\sin x\,dx$$

$$=\int_1^0 (1-t^2)(-1)dt=\int_1^0 (-1+t^2)dt$$

$$=\left[-t+\frac{t^3}{3}\right]_1^0=\frac{2}{3}$$

**208** (1) $\log 2$　(2) $\dfrac{1}{2}\log 2$　(3) $\log(e+1)$

**解き方** (1) $\displaystyle\int_0^1 \frac{2x+1}{x^2+x+2}dx=\int_0^1 \frac{(x^2+x+2)'}{x^2+x+2}dx$

$=\Big[\log|x^2+x+2|\Big]_0^1=\log 4-\log 2=\log 2$

(2) $\displaystyle\int_0^{\frac{\pi}{4}}\tan x\,dx=\int_0^{\frac{\pi}{4}}\frac{\sin x}{\cos x}dx=\Big[-\log|\cos x|\Big]_0^{\frac{\pi}{4}}$

$=-\log\dfrac{\sqrt{2}}{2}+\log 1=\log\sqrt{2}=\dfrac{1}{2}\log 2$

(3) $\displaystyle\int_1^2 \frac{e^x}{e^x-1}dx=\Big[\log|e^x-1|\Big]_1^2$

$=\log|e^2-1|-\log|e-1|$

$=\log\left|\dfrac{e^2-1}{e-1}\right|=\log|e+1|$

$=\log(e+1)$　$(e+1>0)$

**209** (1) $\pi+\sqrt{3}$　(2) $\dfrac{\pi}{6}$

(3) $\dfrac{5}{24}\pi-\dfrac{2+\sqrt{3}}{8}$

**解き方** (1) $x=2\sin\theta$ とおくと，

| $x$ | $-\sqrt{3}\to 1$ |
|---|---|
| $\theta$ | $-\dfrac{\pi}{3}\to\dfrac{\pi}{6}$ |

$\dfrac{dx}{d\theta}=2\cos\theta$ より

$dx=2\cos\theta\, d\theta$

$\displaystyle\int_{-\sqrt{3}}^1\sqrt{4-x^2}\,dx$

$\displaystyle=\int_{-\frac{\pi}{3}}^{\frac{\pi}{6}}\sqrt{4-4\sin^2\theta}\cdot 2\cos\theta\, d\theta$

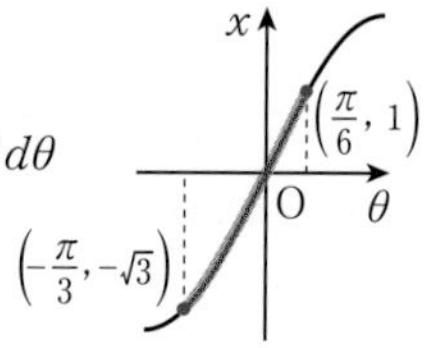


$\displaystyle=\int_{-\frac{\pi}{3}}^{\frac{\pi}{6}}4\cos^2\theta\, d\theta$

$\displaystyle=\int_{-\frac{\pi}{3}}^{\frac{\pi}{6}}4\left(\frac{1+\cos 2\theta}{2}\right)d\theta$

$\displaystyle=\int_{-\frac{\pi}{3}}^{\frac{\pi}{6}}(2+2\cos 2\theta)\,d\theta=\Big[2\theta+\sin 2\theta\Big]_{-\frac{\pi}{3}}^{\frac{\pi}{6}}$

$=\left(\dfrac{\pi}{3}+\dfrac{\sqrt{3}}{2}\right)-\left(-\dfrac{2}{3}\pi-\dfrac{\sqrt{3}}{2}\right)=\pi+\sqrt{3}$

(2) $x=\sin\theta$ とおくと，

| $x$ | $0\to\dfrac{1}{2}$ |
|---|---|
| $\theta$ | $0\to\dfrac{\pi}{6}$ |

$\dfrac{dx}{d\theta}=\cos\theta$ より

$dx=\cos\theta\, d\theta$

$\displaystyle\int_0^{\frac{1}{2}}\frac{dx}{\sqrt{1-x^2}}=\int_0^{\frac{\pi}{6}}\frac{1}{\sqrt{1-\sin^2\theta}}\cdot\cos\theta\, d\theta$

$\displaystyle=\int_0^{\frac{\pi}{6}}d\theta=\Big[\theta\Big]_0^{\frac{\pi}{6}}=\frac{\pi}{6}$

(3) $x=\sin\theta$ とおくと，

| $x$ | $-\dfrac{1}{2}\to\dfrac{\sqrt{2}}{2}$ |
|---|---|
| $\theta$ | $-\dfrac{\pi}{6}\to\dfrac{\pi}{4}$ |

$\dfrac{dx}{d\theta}=\cos\theta$ より

$dx=\cos\theta\, d\theta$

$\displaystyle\int_{-\frac{1}{2}}^{\frac{\sqrt{2}}{2}}\frac{x^2}{\sqrt{1-x^2}}dx=\int_{-\frac{\pi}{6}}^{\frac{\pi}{4}}\frac{\sin^2\theta}{\sqrt{1-\sin^2\theta}}\cdot\cos\theta\, d\theta$

$\displaystyle=\int_{-\frac{\pi}{6}}^{\frac{\pi}{4}}\sin^2\theta\, d\theta=\int_{-\frac{\pi}{6}}^{\frac{\pi}{4}}\frac{1-\cos 2\theta}{2}d\theta$

$=\Big[\dfrac{\theta}{2}-\dfrac{\sin 2\theta}{4}\Big]_{-\frac{\pi}{6}}^{\frac{\pi}{4}}=\left(\dfrac{\pi}{8}-\dfrac{1}{4}\right)-\left(-\dfrac{\pi}{12}+\dfrac{\sqrt{3}}{8}\right)$

$=\dfrac{5}{24}\pi-\dfrac{2+\sqrt{3}}{8}$

**210** (1) $\dfrac{5}{36}\pi$　(2) $\dfrac{\sqrt{2}}{4}\pi$　(3) $\sqrt{3}-\dfrac{\pi}{3}$

**解き方** (1) $x=3\tan\theta$ とおくと，

| $x$ | $-\sqrt{3}\to 3$ |
|---|---|
| $\theta$ | $-\dfrac{\pi}{6}\to\dfrac{\pi}{4}$ |

$\dfrac{dx}{d\theta}=\dfrac{3}{\cos^2\theta}$ より

$dx=\dfrac{3}{\cos^2\theta}d\theta$

$\displaystyle\int_{-\sqrt{3}}^3\frac{dx}{x^2+9}=\int_{-\frac{\pi}{6}}^{\frac{\pi}{4}}\frac{1}{9(\tan^2\theta+1)}\cdot\frac{3}{\cos^2\theta}d\theta$

$\displaystyle=\int_{-\frac{\pi}{6}}^{\frac{\pi}{4}}\frac{1}{3}d\theta=\Big[\frac{1}{3}\theta\Big]_{-\frac{\pi}{6}}^{\frac{\pi}{4}}=\frac{5}{36}\pi$

(2) $x=\dfrac{1}{\sqrt{2}}\tan\theta$ とおくと，

| $x$ | $-\dfrac{\sqrt{2}}{2}\to\dfrac{\sqrt{2}}{2}$ |
|---|---|
| $\theta$ | $-\dfrac{\pi}{4}\to\dfrac{\pi}{4}$ |

$\dfrac{dx}{d\theta}=\dfrac{1}{\sqrt{2}}\cdot\dfrac{1}{\cos^2\theta}$ より

$dx=\dfrac{1}{\sqrt{2}}\cdot\dfrac{1}{\cos^2\theta}d\theta$

$\displaystyle\int_{-\frac{\sqrt{2}}{2}}^{\frac{\sqrt{2}}{2}}\frac{dx}{2x^2+1}=\int_{-\frac{\pi}{4}}^{\frac{\pi}{4}}\frac{1}{\tan^2\theta+1}\cdot\frac{1}{\sqrt{2}}\cdot\frac{1}{\cos^2\theta}d\theta$

$\displaystyle=\int_{-\frac{\pi}{4}}^{\frac{\pi}{4}}\frac{1}{\sqrt{2}}d\theta=\Big[\frac{1}{\sqrt{2}}\theta\Big]_{-\frac{\pi}{4}}^{\frac{\pi}{4}}=\frac{\sqrt{2}}{4}\pi$

(3) $x=\tan\theta$ とおくと，

| $x$ | $0\to\sqrt{3}$ |
|---|---|
| $\theta$ | $0\to\dfrac{\pi}{3}$ |

$\dfrac{dx}{d\theta}=\dfrac{1}{\cos^2\theta}$ より

$dx=\dfrac{1}{\cos^2\theta}d\theta$

$\displaystyle\int_0^{\sqrt{3}}\frac{x^2}{1+x^2}dx=\int_0^{\frac{\pi}{3}}\frac{\tan^2\theta}{1+\tan^2\theta}\cdot\frac{1}{\cos^2\theta}d\theta$

$\displaystyle=\int_0^{\frac{\pi}{3}}\tan^2\theta\, d\theta=\int_0^{\frac{\pi}{3}}\left(\frac{1}{\cos^2\theta}-1\right)d\theta$

$=\Big[\tan\theta-\theta\Big]_0^{\frac{\pi}{3}}=\sqrt{3}-\dfrac{\pi}{3}$

**211** (1) $\boldsymbol{a=3,\ b=-2}$

(2) $\boldsymbol{\log\frac{9}{8}}$

解き方 (1) $\dfrac{a}{x+2}+\dfrac{b}{2x+1}=\dfrac{a(2x+1)+b(x+2)}{(x+2)(2x+1)}$

$=\dfrac{(2a+b)x+(a+2b)}{2x^2+5x+2}=\dfrac{4x-1}{2x^2+5x+2}$

これが $x$ に関する恒等式となることから

$2a+b=4,\ a+2b=-1$

よって　$a=3,\ b=-2$

(2) $\displaystyle\int_0^1\frac{4x-1}{2x^2+5x+2}dx$

$\displaystyle=\int_0^1\left(\frac{3}{x+2}-\frac{2}{2x+1}\right)dx$

$=\Big[3\log|x+2|-\log|2x+1|\Big]_0^1$

$=(3\log3-\log3)-3\log2$

$=2\log3-3\log2$

$=\log\dfrac{9}{8}$

**212** (1) **1**　(2) **1**　(3) $\boldsymbol{2e^2-e}$

解き方 (1) $\displaystyle\int_0^{\frac{\pi}{2}}x\sin x\,dx$

$\displaystyle=\Big[x(-\cos x)\Big]_0^{\frac{\pi}{2}}-\int_0^{\frac{\pi}{2}}(-\cos x)\,dx$

$\displaystyle=\int_0^{\frac{\pi}{2}}\cos x\,dx=\Big[\sin x\Big]_0^{\frac{\pi}{2}}=1$

(2) $\displaystyle\int_1^e\log x\,dx=\Big[x\log x\Big]_1^e-\int_1^e dx$

$=e-\Big[x\Big]_1^e=1$

(3) $\displaystyle\int_1^2x^2e^x\,dx=\Big[x^2e^x\Big]_1^2-\int_1^2 2xe^x\,dx$

$\displaystyle=\Big[x^2e^x\Big]_1^2-2\left(\Big[xe^x\Big]_1^2-\int_1^2e^x\,dx\right)$

$=\Big[x^2e^x-2xe^x+2e^x\Big]_1^2$

$=4e^2-4e^2+2e^2-e+2e-2e=2e^2-e$

**213** (1) $\boldsymbol{\frac{8}{3}}$　(2) **1**　(3) **0**　(4) $\boldsymbol{\frac{\pi}{2}}$

解き方 (1) $\displaystyle\int_{-1}^1(2x^3+x^2-x+1)\,dx$

$\displaystyle=2\int_0^1(x^2+1)\,dx=2\left[\frac{x^3}{3}+x\right]_0^1=\frac{8}{3}$

(2) $\displaystyle\int_{-\frac{\pi}{4}}^{\frac{\pi}{4}}(\sin2x+\cos2x)\,dx=2\int_0^{\frac{\pi}{4}}\cos2x\,dx$

$\displaystyle=2\left[\frac{1}{2}\sin2x\right]_0^{\frac{\pi}{4}}=1$

(3) $\displaystyle\int_{-\frac{\pi}{6}}^{\frac{\pi}{6}}\sin x\cos x\,dx=\int_{-\frac{\pi}{6}}^{\frac{\pi}{6}}\frac{1}{2}\sin2x\,dx=0$

(4) $\displaystyle\int_{-1}^1\frac{1-x}{1+x^2}dx=\int_{-1}^1\frac{1}{1+x^2}dx-\int_{-1}^1\frac{x}{1+x^2}dx$

$\dfrac{x}{1+x^2}$ は奇関数だから　$\displaystyle\int_{-1}^1\frac{x}{1+x^2}dx=0$

$\displaystyle\int_{-1}^1\frac{1}{1+x^2}dx=2\int_0^1\frac{1}{1+x^2}dx$

また，$x=\tan\theta$ とおくと，

$\dfrac{dx}{d\theta}=\dfrac{1}{\cos^2\theta}$ より

| $x$ | $0\to1$ |
|---|---|
| $\theta$ | $0\to\frac{\pi}{4}$ |

$dx=\dfrac{1}{\cos^2\theta}d\theta$

よって　$\displaystyle\int_{-1}^1\frac{1-x}{1+x^2}dx=2\int_0^{\frac{\pi}{4}}\frac{1}{1+\tan^2\theta}\cdot\frac{1}{\cos^2\theta}d\theta$

$\displaystyle=2\int_0^{\frac{\pi}{4}}d\theta=2\Big[\theta\Big]_0^{\frac{\pi}{4}}=\frac{\pi}{2}$

**214** (1) $\boldsymbol{\sqrt{2}x\sin x}$

(2) **最大値** $\boldsymbol{\sqrt{2}\pi\,(x=\pi)}$**，最小値** $\boldsymbol{-2\sqrt{2}\pi\,(x=2\pi)}$

解き方 (1) $F'(t)=t\cos\left(\dfrac{\pi}{4}-t\right)$ とすると

$\displaystyle f(x)=\int_{-x}^xF'(t)\,dt=\Big[F(t)\Big]_{-x}^x=F(x)-F(-x)$

$x$ で微分して

$f'(x)=F'(x)-F'(-x)\cdot(-x)'$

$=x\cos\left(\dfrac{\pi}{4}-x\right)+(-x)\cos\left(\dfrac{\pi}{4}+x\right)$

$=x\cos\left(\dfrac{\pi}{4}-x\right)-x\cos\left(\dfrac{\pi}{4}+x\right)$

$=x\left(\cos\dfrac{\pi}{4}\cos x+\sin\dfrac{\pi}{4}\sin x\right)$

$\quad-x\left(\cos\dfrac{\pi}{4}\cos x-\sin\dfrac{\pi}{4}\sin x\right)$

$=\sqrt{2}x\sin x$

(2) $\int_{-x}^{x} t\cos\left(\frac{\pi}{4}-t\right)dt$

$=\int_{-x}^{x} t\left(\cos\frac{\pi}{4}\cos t+\sin\frac{\pi}{4}\sin t\right)dt$

$=\frac{\sqrt{2}}{2}\int_{-x}^{x} t\cos t\,dt+\frac{\sqrt{2}}{2}\int_{-x}^{x} t\sin t\,dt$

$=\sqrt{2}\int_{0}^{x} t\sin t\,dt$ $\left(\begin{array}{l} g_1(t)=t\cos t \text{ は奇関数} \\ g_2(t)=t\sin t \text{ は偶関数} \end{array}\right)$

$=\sqrt{2}\int_{0}^{x} t(-\cos t)'\,dt$

$=\sqrt{2}\left\{\left[t(-\cos t)\right]_0^x-\int_0^x(-\cos t)\,dt\right\}$

$=\sqrt{2}(-x\cos x+\sin x)$

したがって　$f(x)=-\sqrt{2}x\cos x+\sqrt{2}\sin x$

(1)より　$f'(x)=\sqrt{2}x\sin x$

| $x$ | 0 | $\cdots$ | $\pi$ | $\cdots$ | $2\pi$ |
|---|---|---|---|---|---|
| $f'(x)$ | 0 | $+$ | 0 | $-$ | 0 |
| $f(x)$ | 0 | ↗ | $\sqrt{2}\pi$ | ↘ | $-2\sqrt{2}\pi$ |

$f(\pi)=\sqrt{2}\pi$（最大値），$f(2\pi)=-2\sqrt{2}\pi$（最小値）

**215-1** $\frac{1}{2}+\frac{1}{2e}$

解き方　$F(x)=\int_0^x xf(t)\,dt=x\int_0^x f(t)\,dt$

$F'(x)=\int_0^x f(t)\,dt+xf(x)$

$F'(1)=\int_0^1 f(t)\,dt+1\cdot f(1)$

$f(x)=xe^{-x^2}$ より　$f(1)=\frac{1}{e}$

また　$\int_0^1 te^{-t^2}dt=\left[-\frac{1}{2}e^{-t^2}\right]_0^1=\frac{1}{2}-\frac{1}{2e}$

よって　$F'(1)=\frac{1}{2}-\frac{1}{2e}+\frac{1}{e}=\frac{1}{2}+\frac{1}{2e}$

**215-2** (1) $f'(x)=\sin x$

(2) $f'(x)=e^x(1-\cos x)$

解き方　(1) $f(x)=\int_0^x (x-t)\cos t\,dt$

$=x\int_0^x \cos t\,dt-\int_0^x t\cos t\,dt$

$f'(x)=\underbrace{\int_0^x \cos t\,dt+x\cos x}_{\text{積の微分}}-x\cos x$

$=\left[\sin t\right]_0^x=\sin x$

(2) $f(x)=\int_0^x (e^x-e^t)\sin t\,dt$

$=e^x\int_0^x \sin t\,dt-\int_0^x e^t\sin t\,dt$

$f'(x)=e^x\int_0^x \sin t\,dt+e^x\sin x-e^x\sin x$

$=e^x\left[-\cos t\right]_0^x$

$=e^x\{-\cos x-(-1)\}$

$=e^x(1-\cos x)$

**216** $A=\frac{1}{2}(1-e^{-\frac{\pi}{2}})$，$B=\frac{1}{2}(1+e^{-\frac{\pi}{2}})$

解き方　$A=\int_0^{\frac{\pi}{2}} e^{-x}\sin x\,dx=\int_0^{\frac{\pi}{2}}(-e^{-x})'\sin x\,dx$

$=\left[-e^{-x}\sin x\right]_0^{\frac{\pi}{2}}-\int_0^{\frac{\pi}{2}}(-e^{-x}\cos x)\,dx$

$=-e^{-\frac{\pi}{2}}+\int_0^{\frac{\pi}{2}} e^{-x}\cos x\,dx$

$=-e^{-\frac{\pi}{2}}+B$

よって　$A-B=-e^{-\frac{\pi}{2}}$　…①

$B=\int_0^{\frac{\pi}{2}} e^{-x}\cos x\,dx=\int_0^{\frac{\pi}{2}}(-e^{-x})'\cos x\,dx$

$=\left[-e^{-x}\cos x\right]_0^{\frac{\pi}{2}}-\int_0^{\frac{\pi}{2}}(-e^{-x})(-\sin x)\,dx$

$=0-(-e^0)-\int_0^{\frac{\pi}{2}} e^{-x}\sin x\,dx$

$=1-A$

よって　$A+B=1$　…②

①，②の連立方程式を解いて

$A=\frac{1}{2}(1-e^{-\frac{\pi}{2}})$，$B=\frac{1}{2}(1+e^{-\frac{\pi}{2}})$

**217** (1) $\frac{\pi}{4}$　(2) $\frac{1}{4}\log 3$　(3) $2-\sqrt{3}$

解き方　(1) 与式

$=\lim_{n\to\infty}\frac{1}{n}\left\{\sqrt{1-\left(\frac{1}{n}\right)^2}+\sqrt{1-\left(\frac{2}{n}\right)^2}+\cdots+\sqrt{1-\left(\frac{n-1}{n}\right)^2}+\underbrace{\sqrt{1-\left(\frac{n}{n}\right)^2}}_{=0}\right\}$

$=\int_0^1\sqrt{1-x^2}\,dx$

$x=\sin\theta$ とおくと，

$\frac{dx}{d\theta}=\cos\theta$ より

$dx=\cos\theta\,d\theta$

| $x$ | $0\to1$ |
|---|---|
| $\theta$ | $0\to\frac{\pi}{2}$ |

$$\int_0^1\sqrt{1-x^2}\,dx=\int_0^{\frac{\pi}{2}}\sqrt{1-\sin^2\theta}\cdot\cos\theta\,d\theta$$

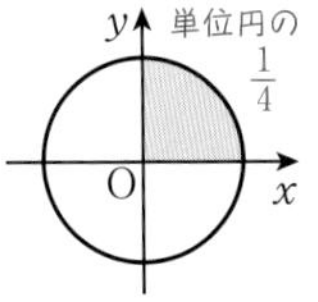


$$=\int_0^{\frac{\pi}{2}}\cos^2\theta\,d\theta$$

$$=\int_0^{\frac{\pi}{2}}\frac{1+\cos 2\theta}{2}\,d\theta$$

$$=\left[\frac{\theta}{2}+\frac{\sin 2\theta}{4}\right]_0^{\frac{\pi}{2}}=\frac{\pi}{4}$$

(2) 与式$=\displaystyle\lim_{n\to\infty}\sum_{k=1}^{n}\frac{\frac{1}{n}}{4-\left(\frac{k}{n}\right)^2}$

$$=\lim_{n\to\infty}\sum_{k=1}^{n}\frac{1}{n}\cdot\frac{1}{4-\left(\frac{k}{n}\right)^2}$$

$$=\int_0^1\frac{1}{4-x^2}\,dx=\int_0^1\frac{1}{4}\left(\frac{1}{2-x}+\frac{1}{2+x}\right)dx$$

$$=\frac{1}{4}\Big[-\log|2-x|+\log|2+x|\Big]_0^1$$

$$=\frac{1}{4}\left[\log\left|\frac{2+x}{2-x}\right|\right]_0^1=\frac{1}{4}\log 3$$

(3) 与式$=\displaystyle\lim_{n\to\infty}\frac{1}{n}\sum_{k=1}^{n}\frac{\frac{k}{n}}{\sqrt{3+\left(\frac{k}{n}\right)^2}}$

$$=\int_0^1\frac{x}{\sqrt{3+x^2}}\,dx$$

$3+x^2=t$ とおくと，

$2x=\dfrac{dt}{dx}$ より　$x\,dx=\dfrac{1}{2}dt$

| $x$ | $0\to 1$ |
|---|---|
| $t$ | $3\to 4$ |

$$\int_0^1\frac{x}{\sqrt{3+x^2}}\,dx=\int_3^4\frac{1}{\sqrt{t}}\cdot\frac{1}{2}\,dt$$

$$=\int_3^4\frac{1}{2}t^{-\frac{1}{2}}\,dt=\left[t^{\frac{1}{2}}\right]_3^4$$

$$=\sqrt{4}-\sqrt{3}=2-\sqrt{3}$$

**218** (1) $\boldsymbol{n\log n-n+1}$

(2) $\boldsymbol{\log 1+\log 2+\cdots+\log n>\int_1^n\log x\,dx}$

(3) (1), (2)より

$$\boldsymbol{\log 1+\log 2+\cdots+\log n>n\log n-n+1}$$

$$\boldsymbol{\frac{\log 1+\log 2+\cdots+\log n}{n}>\log n-1+\frac{1}{n}}$$

$$\boldsymbol{\frac{\log 1+\log 2+\cdots+\log n}{n}-\log n+1>\frac{1}{n}}$$

**よって**

$$\boldsymbol{\frac{\log 1+\log 2+\cdots+\log n}{n}-\log n+1>0}$$

**解き方** (1) $\displaystyle\int_1^n\log x\,dx=\Big[x\log x\Big]_1^n-\int_1^n dx$

$=n\log n-(n-1)=n\log n-n+1$

(2) $\log 1+\log 2+\cdots+\log n$ は，$y=\log x$ と右の図のような関係になる長方形を集めたもので，赤色で示した階段状の図形の面積を表す。

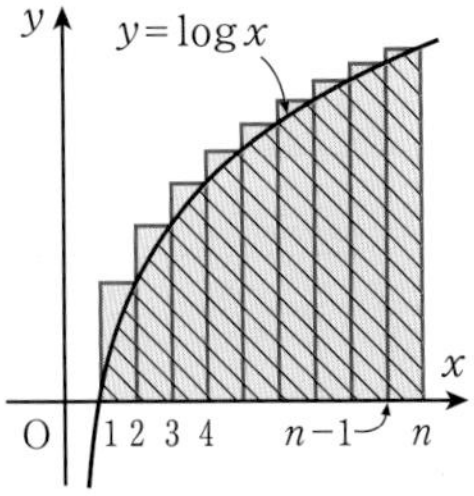


$\displaystyle\int_1^n\log x\,dx$ は，$x=1$，$x=n$，$y=\log x$ および $x$ 軸で囲まれる部分の面積（図の斜線部）を表す。

したがって

$$\log 1+\log 2+\cdots+\log n>\int_1^n\log x\,dx$$

**219** (1) **$\boldsymbol{0\leqq x\leqq 1}$ において，$\boldsymbol{0\leqq x^2\leqq x}$ より**

$$\boldsymbol{-\frac{1}{2}x\leqq-\frac{1}{2}x^2\leqq 0}$$

**したがって，$\boldsymbol{0\leqq x\leqq 1}$ において**

$$\boldsymbol{e^{-\frac{1}{2}x}\leqq e^{-\frac{1}{2}x^2}\leqq e^0}$$

**(等号は $\boldsymbol{x=0}$ のときのみ成立)**

**これより** $\boldsymbol{\int_0^1 e^{-\frac{1}{2}x}\,dx<\int_0^1 e^{-\frac{1}{2}x^2}\,dx<\int_0^1 e^0\,dx}$

$$\boldsymbol{\int_0^1 e^{-\frac{1}{2}x}\,dx=\left[-2e^{-\frac{1}{2}x}\right]_0^1=2\left(1-\frac{1}{\sqrt{e}}\right)}$$

$$\boldsymbol{\int_0^1 e^0\,dx=\Big[x\Big]_0^1=1}$$

**以上より**　$\boldsymbol{2\left(1-\frac{1}{\sqrt{e}}\right)<\int_0^1 e^{-\frac{1}{2}x^2}\,dx<1}$

(2) $0 \leqq x \leqq 1$ において，$1-x^2 \leqq 1-x^4 \leqq 1$ より

$\sqrt{1-x^2} \leqq \sqrt{1-x^4} \leqq 1$

(等号は $x=0$ のときのみ成立)

これより

$$\int_0^1 \sqrt{1-x^2}\,dx < \int_0^1 \sqrt{1-x^4}\,dx < \int_0^1 dx$$

$\int_0^1 \sqrt{1-x^2}\,dx$ は原点を中心とする半径 1 の円の第 1 象限の部分の面積を表す。

よって　$\int_0^1 \sqrt{1-x^2}\,dx = 1^2\pi \times \frac{1}{4} = \frac{\pi}{4}$

$\int_0^1 dx = \Big[x\Big]_0^1 = 1$

以上より　$\frac{\pi}{4} < \int_0^1 \sqrt{1-x^4}\,dx < 1$

**220** (1) $I_n = -nJ_{n-1}$　(2) $J_n = \pi^n + nI_{n-1}$

(3) $48\pi - 8\pi^3$

解き方 (1) $I_n = \int_0^\pi x^n \cos x\,dx$

$= \int_0^\pi x^n (\sin x)'\,dx$

$= \Big[x^n \sin x\Big]_0^\pi - \int_0^\pi nx^{n-1}\sin x\,dx$

$= -n\int_0^\pi x^{n-1}\sin x\,dx = -nJ_{n-1}$

(2) $J_n = \int_0^\pi x^n \sin x\,dx = \int_0^\pi x^n(-\cos x)'\,dx$

$= \Big[x^n(-\cos x)\Big]_0^\pi - \int_0^\pi nx^{n-1}(-\cos x)\,dx$

$= \pi^n + n\int_0^\pi x^{n-1}\cos x\,dx = \pi^n + nI_{n-1}$

(3) $\int_{-\pi}^\pi x^4 \cos x\,dx = 2I_4$ について，(1)，(2)の結果より

$I_4 = -4J_3 = -4(\pi^3 + 3I_2) = -4\pi^3 - 12I_2$　…①

$I_2 = -2J_1 = -2(\pi + I_0)$　…②

$I_0 = \int_0^\pi x^0 \cos x\,dx = \int_0^\pi \cos x\,dx = \Big[\sin x\Big]_0^\pi$

$= 0$　…③

①，②，③より　$I_4 = -4\pi^3 - 12(-2\pi)$

$= 24\pi - 4\pi^3$

よって　$2I_4 = 48\pi - 8\pi^3$

**221** $\frac{a^2}{2}\log a - \frac{3}{4}a^2 + a - \frac{1}{4}$

解き方 $(a-x)\log x = 0$

$x = 1,\ a$

$1 \leqq x \leqq a$ において

$(a-x)\log x \geqq 0$

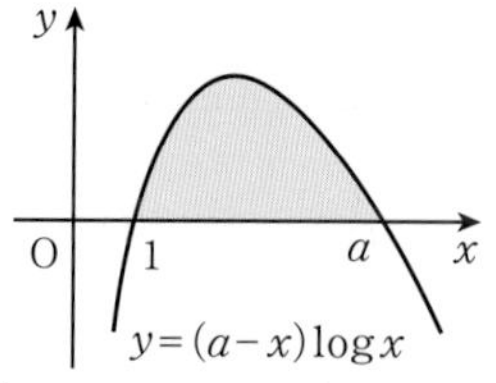


これから

$S(a) = \int_1^a (a-x)\log x\,dx$

$= a\int_1^a \log x\,dx - \int_1^a x\log x\,dx$　…①

$\int_1^a \log x\,dx = \Big[x\log x\Big]_1^a - \int_1^a x\cdot\frac{1}{x}\,dx$

$= a\log a - (a-1)$　…②

$\int_1^a x\log x\,dx = \Big[\frac{x^2}{2}\cdot\log x\Big]_1^a - \int_1^a \frac{x}{2}\,dx$

$= \frac{a^2}{2}\log a - \Big[\frac{x^2}{4}\Big]_1^a$

$= \frac{a^2}{2}\log a - \left(\frac{a^2}{4} - \frac{1}{4}\right)$　…③

②，③を①に代入すると

$S(a) = a(a\log a - a + 1) - \left(\frac{a^2}{2}\log a - \frac{a^2}{4} + \frac{1}{4}\right)$

$= \frac{a^2}{2}\log a - \frac{3}{4}a^2 + a - \frac{1}{4}$

**222** (1) $y = 2ex$　(2) $\frac{e}{4} - \frac{1}{2}$

解き方 (1) $y' = 2e^{2x}$ より曲線 $y = e^{2x}$ 上の点 $(t,\ e^{2t})$ における接線の方程式は　$y - e^{2t} = 2e^{2t}(x-t)$

すなわち　$y = 2e^{2t}x + e^{2t}(1-2t)$

この接線が原点を通るとき

$0 = e^{2t}(1-2t)$　よって　$t = \frac{1}{2}$

したがって，求める方程式は

$y = 2e^{2\cdot\frac{1}{2}}x + e^{2\cdot\frac{1}{2}}\left(1 - 2\cdot\frac{1}{2}\right) = 2ex$

(2) 求める面積は

$\int_0^{\frac{1}{2}} (e^{2x} - 2ex)\,dx$

$= \Big[\frac{1}{2}e^{2x} - ex^2\Big]_0^{\frac{1}{2}}$

$= \frac{1}{2}e - \frac{1}{4}e - \frac{1}{2} = \frac{e}{4} - \frac{1}{2}$

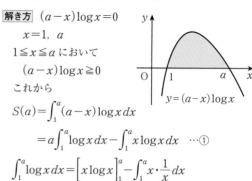

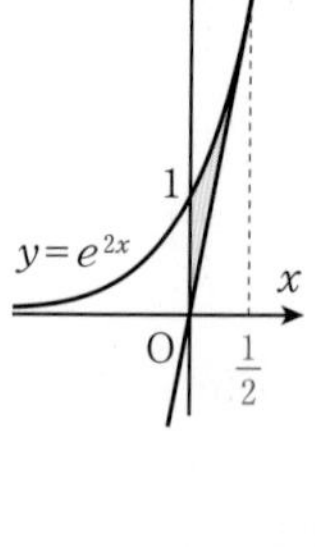

**223-1** (1) 下の図

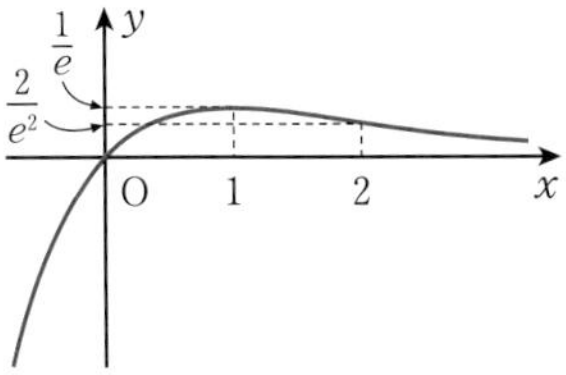


(2) $\boldsymbol{S(a)=-(a+1)e^{-a}+1}$

$\boldsymbol{\lim_{a\to\infty}S(a)=1}$

解き方 (1) $f'(x)=e^{-x}-xe^{-x}=(1-x)e^{-x}$

| $x$ | $\cdots$ | 1 | $\cdots$ |
|---|---|---|---|
| $f'(x)$ | $+$ | 0 | $-$ |
| $f(x)$ | ↗ | $\frac{1}{e}$ | ↘ |

$f''(x)=-e^{-x}+(1-x)(-1)e^{-x}=(x-2)e^{-x}$

| $x$ | $\cdots$ | 2 | $\cdots$ |
|---|---|---|---|
| $f''(x)$ | $-$ | 0 | $+$ |
| $f(x)$ | ∩ | $\frac{2}{e^2}$ | ∪ |

また $\lim_{x\to\infty}f(x)=0$, $\lim_{x\to-\infty}f(x)=-\infty$

(2) $S(a)=\int_0^a xe^{-x}dx$

$=\Big[x(-e^{-x})\Big]_0^a-\int_0^a(-e^{-x})dx$

$=-ae^{-a}-\Big[e^{-x}\Big]_0^a$

$=-ae^{-a}-e^{-a}+1=-(a+1)e^{-a}+1$

$\lim_{x\to\infty}xe^{-x}=0$ だから $\lim_{a\to\infty}ae^{-a}=0$

よって $\lim_{a\to\infty}S(a)=\lim_{a\to\infty}\{1-(a+1)e^{-a}\}$

$=\lim_{a\to\infty}(1-ae^{-a}-e^{-a})=1$

**223-2** グラフは下の図

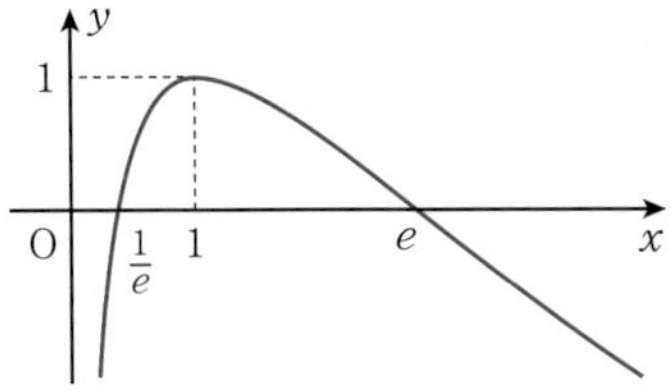


面積は $\boldsymbol{\frac{4}{e}}$

解き方 $y'=-2\log x\cdot\frac{1}{x}=\frac{-2\log x}{x}$

| $x$ | 0 | $\cdots$ | 1 | $\cdots$ |
|---|---|---|---|---|
| $y'$ | | $+$ | 0 | $-$ |
| $y$ | | ↗ | 1 | ↘ |

$y=0$ となる $x$ の値は $\log x=\pm1$ より $x=e,\ e^{-1}$

求める面積は

$\int_{\frac{1}{e}}^{e}\{1-(\log x)^2\}dx$

$=\int_{\frac{1}{e}}^{e}dx-\int_{\frac{1}{e}}^{e}(\log x)^2dx$ …①

$\int_{\frac{1}{e}}^{e}(\log x)^2dx=\Big[x(\log x)^2\Big]_{\frac{1}{e}}^{e}-\int_{\frac{1}{e}}^{e}2\log x\,dx$

$=e-\frac{1}{e}-2\int_{\frac{1}{e}}^{e}\log x\,dx$ …②

$\int_{\frac{1}{e}}^{e}\log x\,dx=\Big[x\log x\Big]_{\frac{1}{e}}^{e}-\int_{\frac{1}{e}}^{e}dx$

$=e+\frac{1}{e}-\left(e-\frac{1}{e}\right)=\frac{2}{e}$ …③

①, ②, ③より

$\int_{\frac{1}{e}}^{e}\{1-(\log x)^2\}dx=\left(e-\frac{1}{e}\right)-\left(e-\frac{1}{e}-2\cdot\frac{2}{e}\right)$

$=\frac{4}{e}$

**224-1** (1) 右の図

(2) $\boldsymbol{\frac{16}{15}\sqrt{2}}$

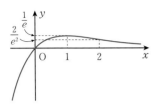

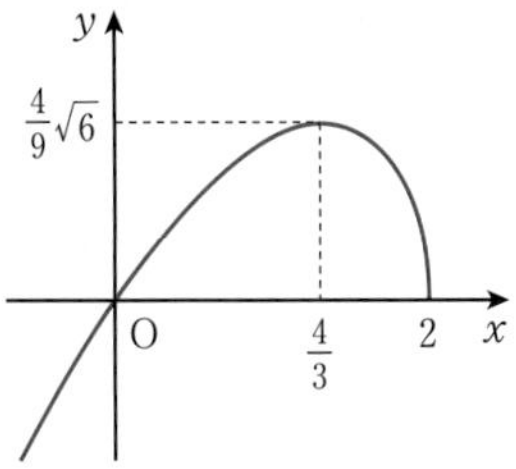


解き方

(1) $f'(x)=\sqrt{2-x}+x\cdot\frac{1}{2}(2-x)^{-\frac{1}{2}}(2-x)'$

$=\sqrt{2-x}-\frac{x}{2\sqrt{2-x}}$

$=\frac{2(2-x)-x}{2\sqrt{2-x}}=\frac{4-3x}{2\sqrt{2-x}}$

| $x$ | $\cdots$ | $\frac{4}{3}$ | $\cdots$ | 2 |
|---|---|---|---|---|
| $f'(x)$ | $+$ | 0 | $-$ | |
| $f(x)$ | ↗ | $\frac{4}{9}\sqrt{6}$ | ↘ | 0 |

$f(x)=0$ となる $x$ の値は $x=0,\ 2$

(2) 求める面積は　$\int_0^2 x\sqrt{2-x}\,dx$

$2-x=t$ とおくと　$x=2-t$

| $x$ | $0 \to 2$ |
|---|---|
| $t$ | $2 \to 0$ |

$\dfrac{dx}{dt}=-1$ より　$dx=(-1)dt$

$$\int_0^2 x\sqrt{2-x}\,dx=\int_2^0 (2-t)\sqrt{t}\cdot(-1)\,dt$$

$$=\int_0^2 (2-t)t^{\frac{1}{2}}\,dt=\int_0^2 (2t^{\frac{1}{2}}-t^{\frac{3}{2}})\,dt$$

$$=\left[\frac{4}{3}t^{\frac{3}{2}}-\frac{2}{5}t^{\frac{5}{2}}\right]_0^2=\frac{4}{3}\sqrt{8}-\frac{2}{5}\sqrt{32}$$

$$=\frac{8}{3}\sqrt{2}-\frac{8}{5}\sqrt{2}=\frac{16}{15}\sqrt{2}$$

## 224-2

(1) $\boldsymbol{f'(x)=(1-2x^2)e^{-x^2}}$

(2) **右の図**

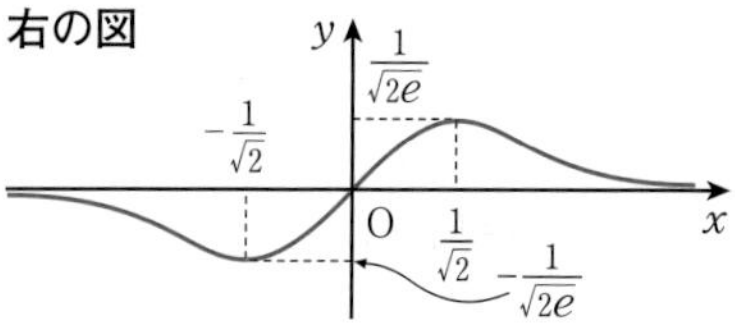


(3) $\boldsymbol{S=\dfrac{1}{2}-\dfrac{1}{2}e^{-a^2}}$

(4) $\boldsymbol{\dfrac{1}{2}}$

**解き方** (1) $f'(x)=e^{-x^2}+x(-2x)e^{-x^2}$

$=(1-2x^2)e^{-x^2}$

(2) 増減表は次の通り。

| $x$ | $\cdots$ | $-\dfrac{1}{\sqrt{2}}$ | $\cdots$ | $\dfrac{1}{\sqrt{2}}$ | $\cdots$ |
|---|---|---|---|---|---|
| $f'(x)$ | $-$ | 0 | $+$ | 0 | $-$ |
| $f(x)$ | ↘ | $-\dfrac{1}{\sqrt{2e}}$ | ↗ | $\dfrac{1}{\sqrt{2e}}$ | ↘ |

また，条件より　$\lim\limits_{x\to\infty} xe^{-x^2}=0$

$\lim\limits_{x\to-\infty} xe^{-x^2}=0$

(3) $S=\int_0^a xe^{-x^2}\,dx=\left[-\dfrac{1}{2}e^{-x^2}\right]_0^a=\dfrac{1}{2}-\dfrac{1}{2}e^{-a^2}$

(4) $\lim\limits_{a\to\infty} S=\lim\limits_{a\to\infty}\left(\dfrac{1}{2}-\dfrac{1}{2}e^{-a^2}\right)=\dfrac{1}{2}$

## 225　$\dfrac{3}{4}\pi-\dfrac{3}{2}$

**解き方** 点 $\mathrm{P}\left(\dfrac{\pi}{2}-1,\ 1\right)$ における法線の方程式は

$$y-1=(-1)\left(x-\frac{\pi}{2}+1\right)\qquad y=-x+\frac{\pi}{2}$$

図のように $S_1$，$S_2$ を決めると，求める面積は

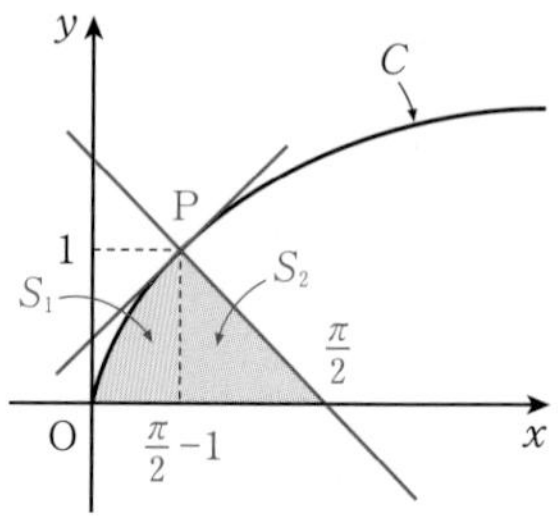


$S=S_1+S_2$

$S_1=\int_0^{\frac{\pi}{2}-1} y\,dx$

$x=\theta-\sin\theta$ であるから，

$\dfrac{dx}{d\theta}=1-\cos\theta$ より　$dx=(1-\cos\theta)\,d\theta$

よって　$S_1=\int_0^{\frac{\pi}{2}}(1-\cos\theta)(1-\cos\theta)\,d\theta$

$$=\int_0^{\frac{\pi}{2}}(1-2\cos\theta+\cos^2\theta)\,d\theta$$

$$=\int_0^{\frac{\pi}{2}}\left(1-2\cos\theta+\frac{1+\cos 2\theta}{2}\right)d\theta$$

$$=\left[\frac{3}{2}\theta-2\sin\theta+\frac{\sin 2\theta}{4}\right]_0^{\frac{\pi}{2}}$$

$$=\frac{3}{4}\pi-2$$

$$S_2=\frac{1}{2}\left\{\frac{\pi}{2}-\left(\frac{\pi}{2}-1\right)\right\}\cdot 1=\frac{1}{2}$$

よって　$S=\dfrac{3}{4}\pi-2+\dfrac{1}{2}=\dfrac{3}{4}\pi-\dfrac{3}{2}$

## 226-1　$\dfrac{1}{3}a^2h$

**解き方** 底面積は　$a^2$

右の図のように，頂点Oを通り底面に垂直に $x$ 軸をとる。

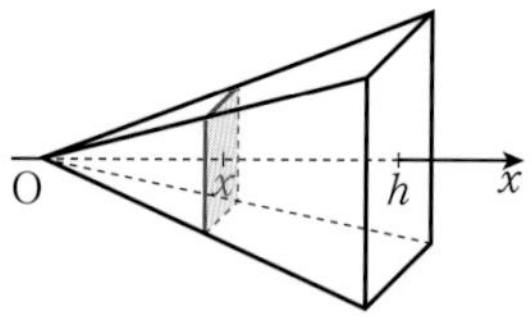


座標 $x$ における切り口の正方形の面積を $S(x)$ とすると

$S(x):a^2=x^2:h^2$

よって　$S(x)=\dfrac{a^2}{h^2}x^2$

求める体積 $V$ は　$V=\int_0^h \dfrac{a^2}{h^2}x^2\,dx=\left[\dfrac{a^2}{3h^2}x^3\right]_0^h$

$$=\frac{a^2h^3}{3h^2}=\frac{1}{3}a^2h$$

**226-2** $\dfrac{5\sqrt{3}}{6}$

解き方 2点 $(t,\ 0,\ 0)$, $(t,\ \sqrt{2-t^2},\ 0)$ を結ぶ線分の長さは $\sqrt{2-t^2}$

$-1\leqq t\leqq 1$ のとき，この線分を底辺とする正三角形の面積は

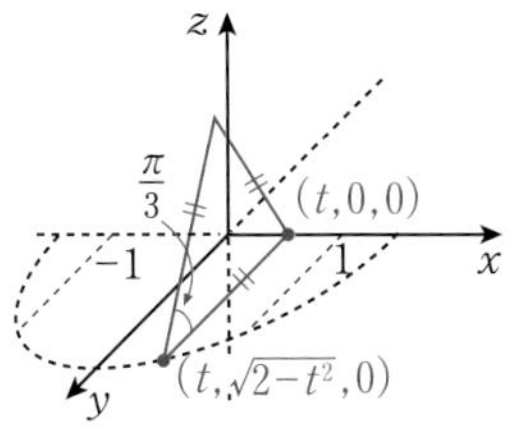


$$\frac{1}{2}(\sqrt{2-t^2})^2\sin\frac{\pi}{3}=\frac{\sqrt{3}}{4}(\sqrt{2-t^2})^2$$
$$=\frac{\sqrt{3}}{4}(2-t^2)$$

よって，求める体積 $V$ は

$$V=\int_{-1}^{1}\frac{\sqrt{3}}{4}(2-t^2)\,dt$$
$$=2\int_{0}^{1}\frac{\sqrt{3}}{4}(2-t^2)\,dt$$
$$=\frac{\sqrt{3}}{2}\left[2t-\frac{t^3}{3}\right]_0^1=\frac{\sqrt{3}}{2}\left(2-\frac{1}{3}\right)=\frac{5\sqrt{3}}{6}$$

**227-1** $\dfrac{1}{15}\pi$

解き方 $\displaystyle\int_0^1 \pi y^2\,dx$ を求めればよい。

$\sqrt{x}+\sqrt{y}=1$ より　$\sqrt{y}=1-\sqrt{x}$

よって　$y=(1-\sqrt{x})^2=1-2\sqrt{x}+x$

ゆえに　$y^2=(1+x-2\sqrt{x})^2$
$$=(1+x)^2-4(1+x)\sqrt{x}+4x$$
$$=x^2-4x^{\frac{3}{2}}+6x-4x^{\frac{1}{2}}+1$$

以上より

$$\int_0^1\pi y^2\,dx=\pi\int_0^1(x^2-4x^{\frac{3}{2}}+6x-4x^{\frac{1}{2}}+1)\,dx$$
$$=\pi\left[\frac{x^3}{3}-\frac{8}{5}x^{\frac{5}{2}}+3x^2-\frac{8}{3}x^{\frac{3}{2}}+x\right]_0^1$$
$$=\pi\left(\frac{1}{3}-\frac{8}{5}+3-\frac{8}{3}+1\right)=\frac{1}{15}\pi$$

**227-2** (1) $a=\dfrac{1}{4}$　　(2) $\dfrac{\pi}{96}$

解き方 (1) $y=x^2+a$ より　$y'=2x$

これより，$y'=1$ となる $x$ の値は　$x=\dfrac{1}{2}$

放物線 $y=x^2+a$ 上の点 $\left(\dfrac{1}{2},\ \dfrac{1}{4}+a\right)$ における

接線の方程式は　$y-\left(\dfrac{1}{4}+a\right)=x-\dfrac{1}{2}$

$$y=x+a-\frac{1}{4}$$

これが原点を通るとき　$a=\dfrac{1}{4}$

(2) 右の図で，

$V$：赤色の部分を $y$ 軸のまわりに1回転させたもの

$V_1$：斜線の部分を $y$ 軸のまわりに1回転させたもの

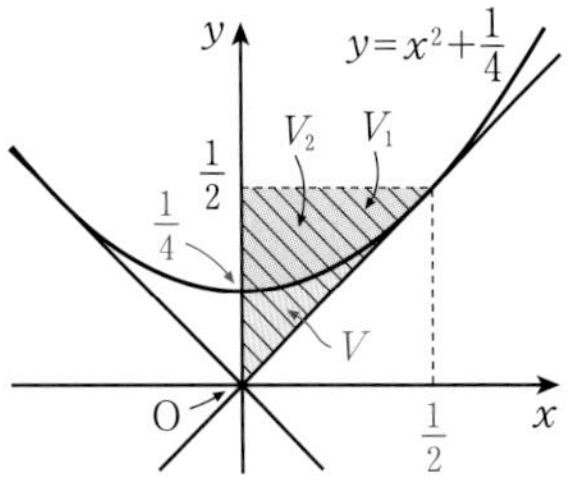


$V_2$：灰色の部分を $y$ 軸のまわりに1回転させたものとすると　$V=V_1-V_2$

$$V_1=\frac{1}{3}\cdot\left(\frac{1}{2}\right)^2\pi\cdot\frac{1}{2}=\frac{\pi}{24}$$
$$V_2=\pi\int_{\frac{1}{4}}^{\frac{1}{2}}x^2\,dy=\pi\int_{\frac{1}{4}}^{\frac{1}{2}}\left(y-\frac{1}{4}\right)dy$$
$$=\pi\left[\frac{y^2}{2}-\frac{y}{4}\right]_{\frac{1}{4}}^{\frac{1}{2}}=\frac{\pi}{32}$$

よって　$V=\dfrac{\pi}{24}-\dfrac{\pi}{32}=\dfrac{\pi}{96}$

**228** $\dfrac{7}{3}$

解き方 $V_1$ は図の赤い部分を $x$ 軸のまわりに1回転させたもの。

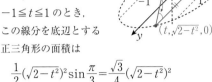

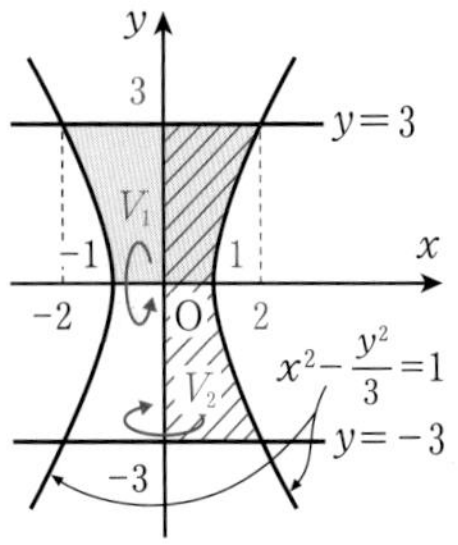


$$x^2-\frac{3^2}{3}=1$$
$$x=\pm 2$$

よって

$$V_1=\pi\cdot 3^2\cdot 4-2\pi\int_1^2 y^2\,dx$$
$$=36\pi-2\pi\int_1^2 3(x^2-1)\,dx$$
$$=36\pi-2\pi\Big[x^3-3x\Big]_1^2$$
$$=36\pi-2\pi\{(8-6)-(1-3)\}$$
$$=36\pi-8\pi=28\pi$$

$V_2$は，図の斜線の部分を $y$ 軸のまわりに1回転させたもの。

よって　$V_2=\pi\int_{-3}^{3}x^2dy=2\pi\int_0^3\left(1+\frac{y^2}{3}\right)dy$

$=2\pi\left[\frac{1}{9}y^3+y\right]_0^3=12\pi$

したがって　$\frac{V_1}{V_2}=\frac{28\pi}{12\pi}=\frac{7}{3}$

**229** $2\pi^2$

解き方　$0\leqq x\leqq\frac{\pi}{2}$ において，$\cos x\geqq0$ より

$0\leqq x\leqq x+\cos x$

$\frac{\pi}{2}\leqq x\leqq\pi$ において，$\cos x\leqq0$ より

$0<x+\cos x\leqq x$

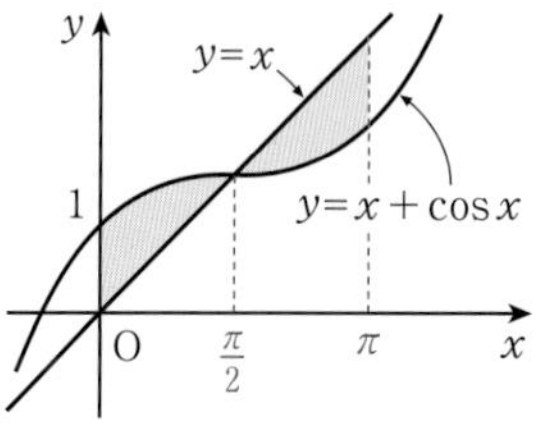


これより，回転体の体積 $V$ は

$$V=\left\{\pi\int_0^{\frac{\pi}{2}}(x+\cos x)^2dx-\pi\int_0^{\frac{\pi}{2}}x^2dx\right\}$$

$$+\left\{\pi\int_{\frac{\pi}{2}}^{\pi}x^2dx-\pi\int_{\frac{\pi}{2}}^{\pi}(x+\cos x)^2dx\right\}$$

$$=\pi\int_0^{\frac{\pi}{2}}(2x\cos x+\cos^2x)dx$$

$$-\pi\int_{\frac{\pi}{2}}^{\pi}(2x\cos x+\cos^2x)dx$$

ここで　$\int(2x\cos x+\cos^2x)dx$

$$=\int\left\{2x(\sin x)'+\frac{1+\cos 2x}{2}\right\}dx$$

$$=2x\sin x-2\int\sin x\,dx+\frac{1}{2}x+\frac{1}{4}\sin 2x$$

$$=2x\sin x+2\cos x+\frac{1}{2}x+\frac{1}{4}\sin 2x+C$$

よって

$$V=\pi\left[2x\sin x+2\cos x+\frac{1}{2}x+\frac{1}{4}\sin 2x\right]_0^{\frac{\pi}{2}}$$

$$-\pi\left[2x\sin x+2\cos x+\frac{1}{2}x+\frac{1}{4}\sin 2x\right]_{\frac{\pi}{2}}^{\pi}$$

$$=\pi\left(\pi+\frac{\pi}{4}-2\right)-\pi\left(-2+\frac{\pi}{2}-\pi-\frac{\pi}{4}\right)$$

$$=\pi\left(\frac{5}{4}\pi-2+2+\frac{3}{4}\pi\right)$$

$$=2\pi^2$$

**230** $\frac{8}{15}\pi$

解き方　$0\leqq\theta\leqq\frac{\pi}{2}$ のとき　$0\leqq x\leqq1$

よって，回転体の体積　$V=\pi\int_0^1y^2dx$

$x=\sin\theta$ より

$\frac{dx}{d\theta}=\cos\theta$

ゆえに

$dx=\cos\theta d\theta$

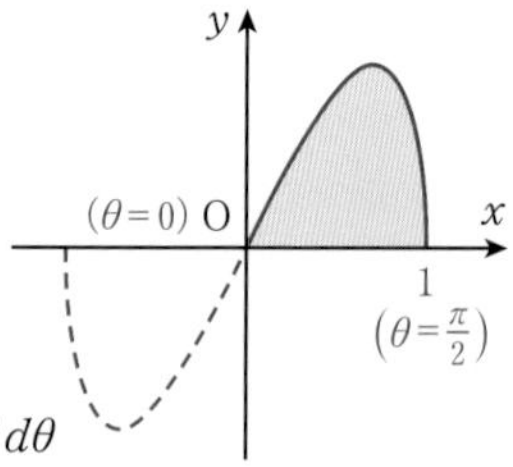


よって

$$V=\pi\int_0^{\frac{\pi}{2}}(\sin^2 2\theta)\cos\theta d\theta$$

$$=\pi\int_0^{\frac{\pi}{2}}(2\sin\theta\cos\theta)^2\cos\theta d\theta$$

$$=4\pi\int_0^{\frac{\pi}{2}}\sin^2\theta(1-\sin^2\theta)\cos\theta d\theta$$

ここで $\sin\theta=t$ とおくと，

$\cos\theta=\frac{dt}{d\theta}$ より　$\cos\theta d\theta=dt$

| $\theta$ | $0\ \to\ \frac{\pi}{2}$ |
|---|---|
| $t$ | $0\ \to\ 1$ |

したがって

$$V=4\pi\int_0^1t^2(1-t^2)dt=4\pi\left[\frac{1}{3}t^3-\frac{1}{5}t^5\right]_0^1=\frac{8}{15}\pi$$

**(参考)** $\theta$ を消去すると，$y=2x\sqrt{1-x^2}$ となり，これを用いて計算してもよい。

**233** (1) $\frac{dh}{dt}=-\frac{1}{\pi\sqrt{h}}$　(2) $T=\frac{2}{3}\pi$

解き方　(1) 水の深さが $h$ であるときの水の体積を $V(h)$ とする。

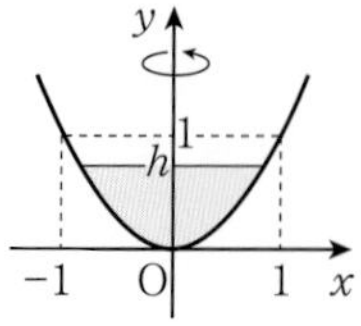


$V(h)=\pi\int_0^h x^2dy$

$=\pi\int_0^h y\,dy$

$h$ で微分して　$\frac{dV}{dh}=\pi h$

また　$\frac{dV}{dt}=\frac{dV}{dh}\cdot\frac{dh}{dt}=\pi h\frac{dh}{dt}$

条件より　$\pi h\frac{dh}{dt}=-\sqrt{h}$

したがって　$\frac{dh}{dt}=-\frac{1}{\pi\sqrt{h}}$

(2) (1)より　$\frac{dt}{dh}=-\pi\sqrt{h}$

時間は $h$ で積分すれば求められる。

$$T=\int_1^0(-\pi\sqrt{h})dh=\pi\int_0^1\sqrt{h}\,dh$$

$$=\pi\left[\frac{2}{3}h\sqrt{h}\right]_0^1=\frac{2}{3}\pi$$

**234** $\dfrac{9}{8}$

解き方 $x=\cos^3\theta$, $y=\sin^3\theta$ より

$$\frac{dx}{d\theta}=3\cos^2\theta(-\sin\theta),\quad \frac{dy}{d\theta}=3\sin^2\theta\cos\theta$$

よって

$$\left(\frac{dx}{d\theta}\right)^2+\left(\frac{dy}{d\theta}\right)^2=9\cos^4\theta\sin^2\theta+9\sin^4\theta\cos^2\theta$$
$$=9\sin^2\theta\cos^2\theta(\cos^2\theta+\sin^2\theta)$$
$$=9\sin^2\theta\cos^2\theta$$

$$L=\int_0^{\frac{\pi}{3}}\sqrt{\left(\frac{dx}{d\theta}\right)^2+\left(\frac{dy}{d\theta}\right)^2}\,d\theta$$
$$=\int_0^{\frac{\pi}{3}}\sqrt{9\sin^2\theta\cos^2\theta}\,d\theta=\int_0^{\frac{\pi}{3}}3\sin\theta\cos\theta\,d\theta$$
$$=\frac{3}{2}\int_0^{\frac{\pi}{3}}\sin2\theta\,d\theta=\frac{3}{2}\left[-\frac{1}{2}\cos2\theta\right]_0^{\frac{\pi}{3}}$$
$$=-\frac{3}{4}\left(-\frac{1}{2}-1\right)=\frac{9}{8}$$

**235** (1) $\dfrac{e-1}{2}(e^a+e^{-a-1})$　(2) $\dfrac{e-1}{\sqrt{e}}$

解き方 (1) $y=\dfrac{e^x+e^{-x}}{2}$ より　$\dfrac{dy}{dx}=\dfrac{e^x-e^{-x}}{2}$

ここで

$$1+\left(\frac{dy}{dx}\right)^2=1+\left(\frac{e^x-e^{-x}}{2}\right)^2$$
$$=\frac{4+(e^x)^2-2e^x\cdot e^{-x}+(e^{-x})^2}{4}$$
$$=\frac{(e^x)^2+2\cdot e^x\cdot e^{-x}+(e^{-x})^2}{4}$$
$$=\left(\frac{e^x+e^{-x}}{2}\right)^2$$

よって　$S(a)=\displaystyle\int_a^{a+1}\sqrt{1+\left(\frac{dy}{dx}\right)^2}\,dx$

$$=\int_a^{a+1}\sqrt{\left(\frac{e^x+e^{-x}}{2}\right)^2}\,dx$$
$$=\int_a^{a+1}\frac{e^x+e^{-x}}{2}\,dx$$
$$=\left[\frac{e^x-e^{-x}}{2}\right]_a^{a+1}$$
$$=\frac{e^{a+1}-e^{-(a+1)}}{2}-\frac{e^a-e^{-a}}{2}$$
$$=\frac{e^a(e-1)+e^{-a-1}(e-1)}{2}$$
$$=\frac{e-1}{2}(e^a+e^{-a-1})$$

(2) $f(a)=e^a+e^{-a-1}$ とおくと

$$f'(a)=e^a-e^{-a-1}=e^a-\frac{1}{e^{a+1}}$$
$$=\frac{e^{2a+1}-1}{e^{a+1}}$$

$f'(a)=0$ となる $a$ の値は，$e^{2a+1}=1$ より

$$a=-\frac{1}{2}$$

| $a$ | $\cdots$ | $-\frac{1}{2}$ | $\cdots$ |
|---|---|---|---|
| $f'(a)$ | $-$ | $0$ | $+$ |
| $f(a)$ | ↘ | | ↗ |

よって，$f(a)$ は $a=-\dfrac{1}{2}$ のときに最小値をとる。

したがって，$S(a)$ の最小値も $a=-\dfrac{1}{2}$ のとき。

$$S\left(-\frac{1}{2}\right)=\frac{e-1}{2}(e^{-\frac{1}{2}}+e^{-\frac{1}{2}})=\frac{e-1}{\sqrt{e}}$$

**236** (1) $\sqrt{2}\left(\dfrac{1}{e^n}-\dfrac{1}{e^{2n}}\right)$　(2) 収束，和は $\dfrac{\sqrt{2}e}{e^2-1}$

解き方 (1) $x=e^{-t}\cos t$ より

$$\frac{dx}{dt}=-e^{-t}\cos t-e^{-t}\sin t$$
$$=-e^{-t}(\cos t+\sin t)$$

$y=e^{-t}\sin t$ より

$$\frac{dy}{dt}=-e^{-t}\sin t+e^{-t}\cos t$$
$$=-e^{-t}(\sin t-\cos t)$$

これらより

$$\left(\frac{dx}{dt}\right)^2+\left(\frac{dy}{dt}\right)^2$$
$$=\{-e^{-t}(\cos t+\sin t)\}^2+\{-e^{-t}(\sin t-\cos t)\}^2$$
$$=e^{-2t}\{(\cos t+\sin t)^2+(\sin t-\cos t)^2\}$$
$$=2e^{-2t}$$

よって　$S_n=\displaystyle\int_n^{2n}\sqrt{\left(\frac{dx}{dt}\right)^2+\left(\frac{dy}{dt}\right)^2}\,dt$

$$=\int_n^{2n}\sqrt{2e^{-2t}}\,dt=\sqrt{2}\int_n^{2n}e^{-t}\,dt$$
$$=\sqrt{2}\left[-e^{-t}\right]_n^{2n}=\sqrt{2}(e^{-n}-e^{-2n})$$
$$=\sqrt{2}\left(\frac{1}{e^n}-\frac{1}{e^{2n}}\right)$$

(2) $\sum_{n=1}^{\infty} S_n = \sum_{n=1}^{\infty} \sqrt{2}\left\{\left(\frac{1}{e}\right)^n - \left(\frac{1}{e^2}\right)^n\right\}$

$\sum_{n=1}^{\infty}\left(\frac{1}{e}\right)^n$，$\sum_{n=1}^{\infty}\left(\frac{1}{e^2}\right)^n$ はそれぞれ収束する。

したがって，$\sum_{n=1}^{\infty} S_n$ も収束する。

よって　$\sum_{n=1}^{\infty}\sqrt{2}\left\{\left(\frac{1}{e}\right)^n - \left(\frac{1}{e^2}\right)^n\right\} = \dfrac{\frac{\sqrt{2}}{e}}{1-\frac{1}{e}} - \dfrac{\frac{\sqrt{2}}{e^2}}{1-\frac{1}{e^2}}$

$= \dfrac{\sqrt{2}e}{e^2-1}$

**237** (1) $\boldsymbol{y = x^2 + C}$

(2) $\boldsymbol{y = Ae^x}$ **($A$ は任意の定数)**

解き方 (1) $\dfrac{dy}{dx} = 2x$ より　$\int dy = \int 2x\,dx$

よって　$y = x^2 + C$

(2) $\dfrac{dy}{dx} = y$ より，$y \neq 0$ のとき　$\int \frac{1}{y}dy = \int dx$

$\log|y| = x + C_1$

$|y| = e^{x+C_1}$

$y = \pm e^{C_1}e^x$

$\pm e^{C_1} = A$ とおくと　$y = Ae^x$　…①

定数関数 $y=0$ は明らかに解で，これは①で $A=0$ とすると得られる。

**238** $\boldsymbol{y^2 = \dfrac{4}{x}}$

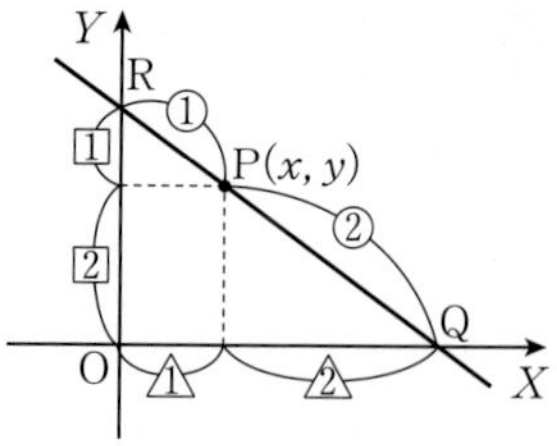


解き方　点 P$(x,\ y)$ における接線の傾きは　$y'$

よって，接線の方程式は，

$Y - y = y'(X - x)$

より

$Q\left(x - \dfrac{y}{y'},\ 0\right)$　　$R(0,\ y - xy')$

点 P は QR を 2：1 に内分する点だから

$x = \dfrac{x - \frac{y}{y'}}{3}$　　$3x = x - \dfrac{y}{y'}$ だから　$2xy' = -y$

P は QR 上の内分点だから，$x$ 座標で 2：1 を満たせば，$y$ 座標も当然 2：1 を満たす。

したがって，求める曲線の微分方程式は

$2x\dfrac{dy}{dx} = -y$ より，$y \neq 0$ のとき

$\int \frac{2}{y}dy = \int\left(-\frac{1}{x}\right)dx$

$2\log|y| = -\log|x| + C$

$2\log|y| = \log e^C - \log|x|$

$\log y^2 = \log\dfrac{e^C}{|x|}$

$x > 0$(条件)より　$y^2 = \dfrac{e^C}{x}$

$e^C = A$ とおくと　$y^2 = \dfrac{A}{x}$

$x=1$ のとき $y=2$ だから　$A=4$

したがって，求める曲線の方程式は　$y^2 = \dfrac{4}{x}$

$y=0$ のときは条件を満たさない。

**(参考)**　$y$ 座標の方も計算してみると，

$y = \dfrac{2(y - xy')}{3}$ より　$3y = 2y - 2xy'$

よって，$2xy' = -y$ となり，同じ微分方程式が得られる。

## 定期テスト予想問題 の解答 ― 本冊→p. 298～300

**1** (1) $\frac{1}{4}x^4+3\sqrt[3]{x}+C$

(2) $\tan x-\sin x+C$

(3) $\frac{1}{2}x^2+3x+3\log|x|-\frac{1}{x}+C$

(4) $\frac{1}{2}x+\frac{1}{12}\sin 6x+C$

(5) $\frac{2^{3x}}{3\log 2}+C$

(6) $\frac{1}{8}(2x+1)^4+C$

(7) $-\frac{1}{4}\cos 4x+C$

(8) $-\frac{1}{3}e^{-3x}+C$

**解き方** (1) $\int\left(x^3+\frac{1}{\sqrt[3]{x^2}}\right)dx=\int(x^3+x^{-\frac{2}{3}})dx$

$=\frac{1}{4}x^4+3x^{\frac{1}{3}}+C=\frac{1}{4}x^4+3\sqrt[3]{x}+C$

(2) $\int\frac{1-\cos^3 x}{1-\sin^2 x}dx=\int\frac{1-\cos^3 x}{\cos^2 x}dx$

$=\int\left(\frac{1}{\cos^2 x}-\cos x\right)dx=\tan x-\sin x+C$

(3) $\int\frac{(x+1)^3}{x^2}dx=\int\frac{x^3+3x^2+3x+1}{x^2}dx$

$=\int\left(x+3+\frac{3}{x}+x^{-2}\right)dx$

$=\frac{1}{2}x^2+3x+3\log|x|-\frac{1}{x}+C$

(4) $\int\cos^2 3x\,dx=\int\frac{1+\cos 6x}{2}dx$

$=\frac{1}{2}\left(x+\frac{1}{6}\sin 6x\right)+C$

$=\frac{1}{2}x+\frac{1}{12}\sin 6x+C$

(5) $\int 2^{3x}dx=\frac{2^{3x}}{3\log 2}+C$ ←$2^{3x}=8^x$

(6) $\int(2x+1)^3dx=\frac{1}{2\cdot 4}(2x+1)^4+C$

$=\frac{1}{8}(2x+1)^4+C$

(7) $\int\sin 4x\,dx=\frac{1}{4}(-\cos 4x)+C$

$=-\frac{1}{4}\cos 4x+C$

(8) $\int e^{-3x}dx=\frac{1}{-3}e^{-3x}+C=-\frac{1}{3}e^{-3x}+C$

**2** (1) $\frac{3}{4}\sqrt[3]{(2x+1)^2}+C$

(2) $\log|x^3+x|+C$

(3) $\frac{2}{3}(\log x)^{\frac{3}{2}}+C$　　(4) $\log(e^x+1)+C$

**解き方** (1) $\sqrt[3]{2x+1}=t$ とおいて両辺を 3 乗すると

$2x+1=t^3$

$x=\frac{1}{2}(t^3-1)$ より，$\frac{dx}{dt}=\frac{3}{2}t^2$ だから

$dx=\frac{3}{2}t^2dt$

よって　$\int\frac{1}{\sqrt[3]{2x+1}}dx=\int\frac{1}{t}\cdot\frac{3}{2}t^2dt=\frac{3}{2}\int t\,dt$

$=\frac{3}{4}t^2+C=\frac{3}{4}\sqrt[3]{(2x+1)^2}+C$

**(別解)** $2x+1=t$ とおくと，

$x=\frac{1}{2}(t-1)$ より $\frac{dx}{dt}=\frac{1}{2}$ だから　$dx=\frac{1}{2}dt$

よって　$\int\frac{1}{\sqrt[3]{2x+1}}dx=\int\frac{1}{\sqrt[3]{t}}\cdot\frac{1}{2}dt$

$=\frac{1}{2}\int t^{-\frac{1}{3}}dt=\frac{1}{2}\cdot\frac{3}{2}t^{\frac{2}{3}}+C$

$=\frac{3}{4}\sqrt[3]{(2x+1)^2}+C$

(2) $x^3+x=t$ とおいて両辺を $x$ で微分すると，

$3x^2+1=\frac{dt}{dx}$ より　$(3x^2+1)dx=dt$

よって　$\int\frac{3x^2+1}{x^3+x}dx=\int\frac{1}{t}dt$

$=\log|t|+C=\log|x^3+x|+C$

(3) $\log x=t$ とおいて両辺を $x$ で微分すると，

$\frac{1}{x}=\frac{dt}{dx}$ より　$\frac{1}{x}dx=dt$

よって　$\int\frac{1}{x}\sqrt{\log x}\,dx=\int(\log x)^{\frac{1}{2}}\frac{1}{x}dx$

$=\int t^{\frac{1}{2}}dt=\frac{2}{3}t^{\frac{3}{2}}+C=\frac{2}{3}(\log x)^{\frac{3}{2}}+C$

(4) $e^x+1=t$ とおいて両辺を $x$ で微分すると，

$e^x=\dfrac{dt}{dx}$ より　$e^x dx=dt$

よって　$\displaystyle\int\frac{e^x}{e^x+1}dx=\int\frac{1}{t}dt=\log|t|+C$

$=\log|e^x+1|+C=\log(e^x+1)+C$

**(参考)** 置換積分法を用いずに積分できる。

(1) $\displaystyle\int\frac{1}{\sqrt[3]{2x+1}}dx=\int(2x+1)^{-\frac{1}{3}}dx$

$=\dfrac{1}{2}\cdot\dfrac{3}{2}(2x+1)^{\frac{2}{3}}+C=\dfrac{3}{4}\sqrt[3]{(2x+1)^2}+C$

(2) $\displaystyle\int\frac{3x^2+1}{x^3+x}dx=\int\frac{(x^3+x)'}{x^3+x}dx$

$=\log|x^3+x|+C$

(4) $\displaystyle\int\frac{e^x}{e^x+1}dx=\int\frac{(e^x+1)'}{e^x+1}dx$

$=\log|e^x+1|+C=\log(e^x+1)+C$

**3** (1) $\boldsymbol{-\dfrac{1}{2}x\cos 2x+\dfrac{1}{4}\sin 2x+C}$

(2) $\boldsymbol{(x+1)\log(x+1)-x+C}$

(3) $\boldsymbol{\dfrac{1}{2}xe^{2x}-\dfrac{1}{4}e^{2x}+C}$

(4) $\boldsymbol{x^2\sin x+2x\cos x-2\sin x+C}$

解き方 (1) $\displaystyle\int x\sin 2x\,dx=\int x\left(-\frac{1}{2}\cos 2x\right)'dx$

$\displaystyle=x\left(-\frac{1}{2}\cos 2x\right)-\int(x)'\cdot\left(-\frac{1}{2}\cos 2x\right)dx$

$\displaystyle=-\frac{1}{2}x\cos 2x+\frac{1}{2}\int\cos 2x\,dx$

$=-\dfrac{1}{2}x\cos 2x+\dfrac{1}{4}\sin 2x+C$

(2) $\displaystyle\int\log(x+1)dx=\int(x+1)'\log(x+1)dx$

$\displaystyle=(x+1)\log(x+1)-\int(x+1)\cdot\frac{1}{x+1}dx$

$\displaystyle=(x+1)\log(x+1)-\int dx$

$=(x+1)\log(x+1)-x+C$

(3) $\displaystyle\int xe^{2x}dx=\int x\cdot\left(\frac{1}{2}e^{2x}\right)'dx$

$\displaystyle=x\cdot\frac{1}{2}e^{2x}-\int(x)'\cdot\frac{1}{2}e^{2x}dx$

$\displaystyle=\frac{1}{2}xe^{2x}-\frac{1}{2}\int e^{2x}dx$

$=\dfrac{1}{2}xe^{2x}-\dfrac{1}{4}e^{2x}+C$

(4) $\displaystyle\int x^2\cos x\,dx=\int x^2(\sin x)'dx$

$\displaystyle=x^2\sin x-\int 2x\sin x\,dx$　…①

$\displaystyle\int 2x\sin x\,dx=\int 2x(-\cos x)'dx$

$\displaystyle=-2x\cos x+\int 2\cos x\,dx$

$=-2x\cos x+2\sin x+C_1$　…②

②を①に代入して

$\displaystyle\int x^2\cos x\,dx=x^2\sin x+2x\cos x-2\sin x+C$

$(C=-C_1)$

**4** (1) $\boldsymbol{\log\dfrac{(x+1)^2}{|x+2|}+C}$

(2) $\boldsymbol{\dfrac{1}{2}\log\dfrac{(2x-1)^2}{|2x+1|}+C}$

(3) $\boldsymbol{-\dfrac{1}{10}\cos 5x-\dfrac{1}{2}\cos x+C}$

(4) $\boldsymbol{-\dfrac{1}{12}\sin 6x+\dfrac{1}{4}\sin 2x+C}$

解き方 (1) $\dfrac{x+3}{(x+1)(x+2)}=\dfrac{a}{x+1}+\dfrac{b}{x+2}$

$=\dfrac{(a+b)x+(2a+b)}{(x+1)(x+2)}$

両辺を比較して，

$\begin{cases}a+b=1\\2a+b=3\end{cases}$ より　$a=2,\ b=-1$

よって　$\displaystyle\int\frac{x+3}{(x+1)(x+2)}dx$

$\displaystyle=\int\left(\frac{2}{x+1}-\frac{1}{x+2}\right)dx$

$=2\log|x+1|-\log|x+2|+C$

$=\log\dfrac{(x+1)^2}{|x+2|}+C$

(2) $\dfrac{2x+3}{4x^2-1}=\dfrac{a}{2x-1}+\dfrac{b}{2x+1}$

$=\dfrac{2(a+b)x+(a-b)}{(2x-1)(2x+1)}$

両辺を比較して，

$\begin{cases}a+b=1\\a-b=3\end{cases}$ より　$a=2,\ b=-1$

よって　$\displaystyle\int\frac{2x+3}{4x^2-1}dx=\int\left(\frac{2}{2x-1}-\frac{1}{2x+1}\right)dx$

$=2\cdot\dfrac{1}{2}\log|2x-1|-\dfrac{1}{2}\log|2x+1|+C$

$=\dfrac{1}{2}\log\dfrac{(2x-1)^2}{|2x+1|}+C$

(3) $\displaystyle\int\cos 2x\sin 3x\,dx$

$\displaystyle=\int\sin 3x\cos 2x\,dx$

$\displaystyle=\frac{1}{2}\int(\sin 5x+\sin x)\,dx$

$=-\dfrac{1}{10}\cos 5x-\dfrac{1}{2}\cos x+C$

(4) $\displaystyle\int\sin 4x\sin 2x\,dx$

$\displaystyle=-\frac{1}{2}\int(\cos 6x-\cos 2x)\,dx$

$=-\dfrac{1}{12}\sin 6x+\dfrac{1}{4}\sin 2x+C$

**5** (1) $\boldsymbol{e-\dfrac{1}{e}}$　　(2) $\boldsymbol{\dfrac{\pi}{2}}$

(3) $\mathbf{log 3}$　　(4) $\boldsymbol{\sqrt{2}-1}$

**解き方** (1) $\displaystyle\int_0^1(e^x+e^{-x})dx=\Big[e^x-e^{-x}\Big]_0^1$

$=(e-e^{-1})-(e^0-e^0)=e-\dfrac{1}{e}$

(2) $\displaystyle\int_0^\pi\sin^2 3x\,dx=\int_0^\pi\frac{1-\cos 6x}{2}dx$

$=\dfrac{1}{2}\Big[x-\dfrac{\sin 6x}{6}\Big]_0^\pi=\dfrac{\pi}{2}$

(3) $\displaystyle\int_0^2\frac{2x-1}{x^2-x+1}dx=\int_0^2\frac{(x^2-x+1)'}{x^2-x+1}dx$

$=\Big[\log|x^2-x+1|\Big]_0^2=\log 3$

(4) $\displaystyle\int_0^{\frac{1}{2}}\frac{1}{\sqrt{2x+1}}dx=\int_0^{\frac{1}{2}}(2x+1)^{-\frac{1}{2}}dx$

$=\Big[\dfrac{1}{2}\cdot 2(2x+1)^{\frac{1}{2}}\Big]_0^{\frac{1}{2}}=2^{\frac{1}{2}}-1=\sqrt{2}-1$

**6** (1) $\boldsymbol{\dfrac{1}{3}}$　　(2) $\boldsymbol{\dfrac{1}{3}}$

(3) $\boldsymbol{\dfrac{\pi}{6}}$　　(4) $\boldsymbol{\dfrac{\sqrt{2}}{8}\pi}$

**解き方** (1) $\sqrt{2x+1}=t$ とおく。

| $x$ | $0\ \to\ 1$ |
|---|---|
| $t$ | $1\ \to\ \sqrt{3}$ |

$2x+1=t^2$ より　$x=\dfrac{t^2-1}{2}$

$\dfrac{dx}{dt}=t$ より　$dx=t\,dt$

$\displaystyle\int_0^1\frac{x}{\sqrt{2x+1}}dx=\int_1^{\sqrt{3}}\frac{\frac{1}{2}(t^2-1)}{t}\cdot t\,dt$

$\displaystyle=\frac{1}{2}\int_1^{\sqrt{3}}(t^2-1)\,dt=\frac{1}{2}\Big[\frac{1}{3}t^3-t\Big]_1^{\sqrt{3}}$

$=\dfrac{1}{2}\Big\{(\sqrt{3}-\sqrt{3})-\Big(\dfrac{1}{3}-1\Big)\Big\}=\dfrac{1}{3}$

(2) $\sin x=t$ とおく。

| $x$ | $0\ \to\ \dfrac{\pi}{2}$ |
|---|---|
| $t$ | $0\ \to\ 1$ |

$\cos x=\dfrac{dt}{dx}$ より

$\cos x\,dx=dt$

$\displaystyle\int_0^{\frac{\pi}{2}}\sin^2 x\cos x\,dx=\int_0^1 t^2\,dt=\Big[\frac{1}{3}t^3\Big]_0^1=\frac{1}{3}$

(3) $x=2\sin\theta$ とおく。

| $x$ | $0\ \to\ 1$ |
|---|---|
| $\theta$ | $0\ \to\ \dfrac{\pi}{6}$ |

$\dfrac{dx}{d\theta}=2\cos\theta$ より

$dx=2\cos\theta\,d\theta$

$\displaystyle\int_0^1\frac{1}{\sqrt{4-x^2}}dx=\int_0^{\frac{\pi}{6}}\frac{2\cos\theta}{\sqrt{4-4\sin^2\theta}}d\theta$

$\displaystyle=\int_0^{\frac{\pi}{6}}\frac{2\cos\theta}{2\cos\theta}d\theta$

（$\sqrt{4-4\sin^2\theta}=\sqrt{4\cos^2\theta}=2|\cos\theta|=2\cos\theta$ $\left(0\leqq\theta\leqq\dfrac{\pi}{6}\text{ より}\right)$）

$\displaystyle=\int_0^{\frac{\pi}{6}}d\theta=\Big[\theta\Big]_0^{\frac{\pi}{6}}=\frac{\pi}{6}$

(4) $x=\sqrt{2}\tan\theta$ とおく。

| $x$ | $0\ \to\ \sqrt{2}$ |
|---|---|
| $\theta$ | $0\ \to\ \dfrac{\pi}{4}$ |

$\dfrac{dx}{d\theta}=\dfrac{\sqrt{2}}{\cos^2\theta}$ より

$dx=\dfrac{\sqrt{2}}{\cos^2\theta}d\theta$

$\displaystyle\int_0^{\sqrt{2}}\frac{1}{2+x^2}dx=\int_0^{\frac{\pi}{4}}\frac{1}{2+2\tan^2\theta}\cdot\frac{\sqrt{2}}{\cos^2\theta}d\theta$

$\displaystyle=\int_0^{\frac{\pi}{4}}\frac{1}{\frac{2}{\cos^2\theta}}\cdot\frac{\sqrt{2}}{\cos^2\theta}d\theta$

$\displaystyle=\int_0^{\frac{\pi}{4}}\frac{1}{\sqrt{2}}d\theta=\frac{1}{\sqrt{2}}\Big[\theta\Big]_0^{\frac{\pi}{4}}=\frac{1}{\sqrt{2}}\cdot\frac{\pi}{4}=\frac{\sqrt{2}}{8}\pi$

**7** (1) $\frac{3}{16}e^4+\frac{1}{16}$ (2) $\frac{2}{9}e^{\frac{3}{2}}+\frac{4}{9}$

(3) $\frac{1}{4}$ (4) $1-\frac{2}{e}$

解き方 (1) $\int_1^e x^3\log x\,dx=\int_1^e\left(\frac{1}{4}x^4\right)'\log x\,dx$

$=\left[\frac{1}{4}x^4\log x\right]_1^e-\int_1^e\frac{1}{4}x^4\cdot\frac{1}{x}dx$

$=\frac{1}{4}\left[x^4\log x\right]_1^e-\frac{1}{4}\int_1^e x^3dx$

$=\frac{1}{4}e^4-\frac{1}{4}\left[\frac{1}{4}x^4\right]_1^e$

$=\frac{1}{4}e^4-\frac{1}{16}(e^4-1)=\frac{3}{16}e^4+\frac{1}{16}$

(2) $\int_1^e\sqrt{x}\log x\,dx=\int_1^e\left(\frac{2}{3}x^{\frac{3}{2}}\right)'\log x\,dx$

$=\left[\frac{2}{3}x^{\frac{3}{2}}\log x\right]_1^e-\int_1^e\frac{2}{3}x^{\frac{3}{2}}\cdot\frac{1}{x}dx$

$=\frac{2}{3}\left[x^{\frac{3}{2}}\log x\right]_1^e-\frac{2}{3}\int_1^e x^{\frac{1}{2}}dx$

$=\frac{2}{3}e^{\frac{3}{2}}-\frac{2}{3}\left[\frac{2}{3}x^{\frac{3}{2}}\right]_1^e$

$=\frac{2}{3}e^{\frac{3}{2}}-\frac{4}{9}(e^{\frac{3}{2}}-1)=\frac{2}{9}e^{\frac{3}{2}}+\frac{4}{9}$

(3) $\int_0^{\frac{\pi}{4}}x\sin2x\,dx=\int_0^{\frac{\pi}{4}}x\left(-\frac{1}{2}\cos2x\right)'dx$

$=\left[x\left(-\frac{1}{2}\cos2x\right)\right]_0^{\frac{\pi}{4}}-\int_0^{\frac{\pi}{4}}\left(-\frac{1}{2}\cos2x\right)dx$

$=-\frac{1}{2}\left[x\cos2x\right]_0^{\frac{\pi}{4}}+\frac{1}{2}\int_0^{\frac{\pi}{4}}\cos2x\,dx$

$=0+\frac{1}{2}\left[\frac{1}{2}\sin2x\right]_0^{\frac{\pi}{4}}=\frac{1}{4}(1-0)=\frac{1}{4}$

(4) $\int_0^1 xe^{-x}dx=\int_0^1 x(-e^{-x})'dx$

$=\left[-xe^{-x}\right]_0^1-\int_0^1(-e^{-x})dx$

$=-e^{-1}-\left[e^{-x}\right]_0^1$

$=-e^{-1}-(e^{-1}-1)=1-\frac{2}{e}$

**8** $G'(x)=(4x^3-x)\log x$

解き方 $F'(t)=t\log t$ とおく。

$G(x)=\int_x^{x^2}t\log t\,dt=\Big[F(t)\Big]_x^{x^2}$

$=F(x^2)-F(x)$

$G'(x)=F'(x^2)\cdot(x^2)'-F'(x)$

$=x^2\log x^2\cdot2x-x\log x$

$=4x^3\log x-x\log x$

$=(4x^3-x)\log x$

**9** $G''(x)=2x\cos2x+3\sin2x$

解き方 $G(x)=\int_a^x(2x-t)\sin2t\,dt$

$=2x\int_a^x\sin2t\,dt-\int_a^x t\sin2t\,dt$

$G'(x)=2\int_a^x\sin2t\,dt+2x\sin2x-x\sin2x$

$=2\int_a^x\sin2t\,dt+x\sin2x$

$G''(x)=2\sin2x+\sin2x+x(\cos2x)(2x)'$

$=2x\cos2x+3\sin2x$

**10** $x=\pi$ のとき 最大値 $\pi$

$x=2\pi$ のとき 最小値 $-2\pi$

解き方 $\int t\sin t\,dt=\int t(-\cos t)'dt$

$=-t\cos t-\int(-\cos t)dt$

$=-t\cos t+\sin t+C$

$f(x)=\int_0^x t\sin t\,dt=\Big[-t\cos t+\sin t\Big]_0^x$

$=-x\cos x+\sin x$

$f'(x)=x\sin x$

$f'(x)=0$ となる $x$ の値は $x=0,\ \pi,\ 2\pi$

このとき $f(0)=0,\ f(\pi)=\pi,\ f(2\pi)=-2\pi$

増減表を作成すると

| $x$ | 0 | … | $\pi$ | … | $2\pi$ |
|---|---|---|---|---|---|
| $f'(x)$ | 0 | + | 0 | − | 0 |
| $f(x)$ | 0 | ↗ | $\pi$ | ↘ | $-2\pi$ |

増減表から，最大値 $\pi$（$x=\pi$ のとき）

最小値 $-2\pi$（$x=2\pi$ のとき）

## ⓫ $\frac{1}{6}$

**解き方** $\sqrt{x}+\sqrt{y}=1$

$\sqrt{y}=1-\sqrt{x}$ より

$y=1-2\sqrt{x}+x$

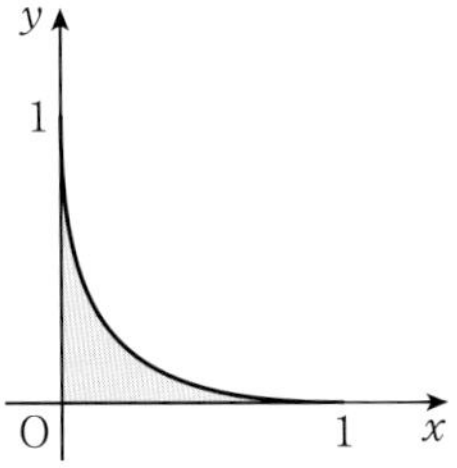


$$S=\int_0^1(1-2\sqrt{x}+x)dx$$
$$=\left[x-2\cdot\frac{2}{3}x^{\frac{3}{2}}+\frac{1}{2}x^2\right]_0^1$$
$$=\left(1-\frac{4}{3}+\frac{1}{2}\right)-0$$
$$=\frac{1}{6}$$

## ⓬ $\frac{1}{4}$

**解き方** $0\leqq x\leqq\frac{\pi}{2}$ の範囲で $y=\sin 2x$, $y=\cos x$ のグラフをかく。

2つのグラフの交点の $x$ 座標は

$\sin 2x=\cos x$

$2\sin x\cos x-\cos x=0$

$\cos x(2\sin x-1)=0$

$\cos x=0$, $\sin x=\frac{1}{2}$

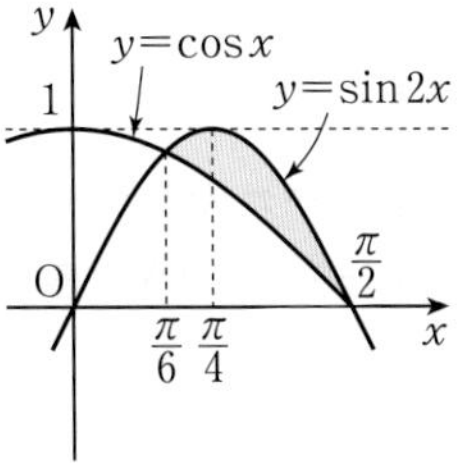


$0\leqq x\leqq\frac{\pi}{2}$ では

$x=\frac{\pi}{2}$, $\frac{\pi}{6}$

よって，求める面積 $S$ は

$$S=\int_{\frac{\pi}{6}}^{\frac{\pi}{2}}(\sin 2x-\cos x)dx$$
$$=\left[-\frac{1}{2}\cos 2x-\sin x\right]_{\frac{\pi}{6}}^{\frac{\pi}{2}}$$
$$=\left(\frac{1}{2}-1\right)-\left(-\frac{1}{4}-\frac{1}{2}\right)=\frac{1}{4}$$

## ⓭ $2\pi$

**解き方** $x^2+\frac{y^2}{4}=1$ より

$y=\pm 2\sqrt{1-x^2}$

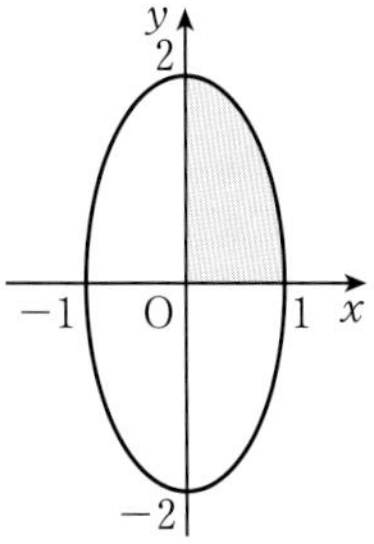


楕円の内部の面積を求めるから右の図の第1象限の部分の面積の4倍として求める。

$$S=4\int_0^1 2\sqrt{1-x^2}\,dx$$

$x=\sin\theta$ とおく。

| $x$ | $0\ \to\ 1$ |
|---|---|
| $\theta$ | $0\ \to\ \frac{\pi}{2}$ |

$\frac{dx}{d\theta}=\cos\theta$ より　$dx=\cos\theta\,d\theta$

$$S=4\int_0^{\frac{\pi}{2}}2\sqrt{1-\sin^2\theta}\cos\theta\,d\theta$$
$$=8\int_0^{\frac{\pi}{2}}\sqrt{\cos^2\theta}\cos\theta\,d\theta$$
$$=8\int_0^{\frac{\pi}{2}}\cos^2\theta\,d\theta$$

←$0\leqq\theta\leqq\frac{\pi}{2}$ なので $\sqrt{\cos^2\theta}=|\cos\theta|=\cos\theta$

$$=8\int_0^{\frac{\pi}{2}}\frac{1+\cos 2\theta}{2}d\theta$$
$$=4\left[\theta+\frac{1}{2}\sin 2\theta\right]_0^{\frac{\pi}{2}}$$
$$=4\cdot\frac{\pi}{2}=2\pi$$

**(参考)** $\int_0^1\sqrt{1-x^2}\,dx$ は，右の図のように半径1の円の面積の $\frac{1}{4}$ を表すから

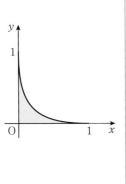

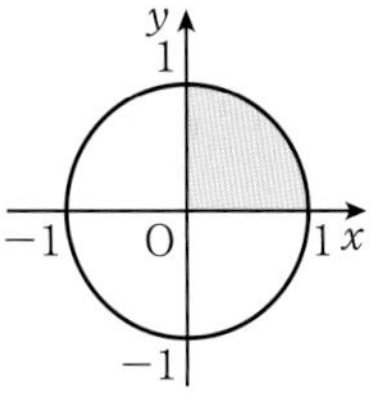


$\pi\cdot 1^2\cdot\frac{1}{4}=\frac{\pi}{4}$

よって　$S=8\int_0^1\sqrt{1-x^2}\,dx=8\cdot\frac{\pi}{4}=2\pi$

**⑭ 接線の方程式は　$y=x$**

**面積は　$\frac{1}{2}e^2-e$**

解き方　$f(x)=e\log x$

とおくと，$f'(x)=\frac{e}{x}$

より，点$(e,\ e)$における接線の傾きは

$f'(e)=1$

よって，

接線の方程式は，

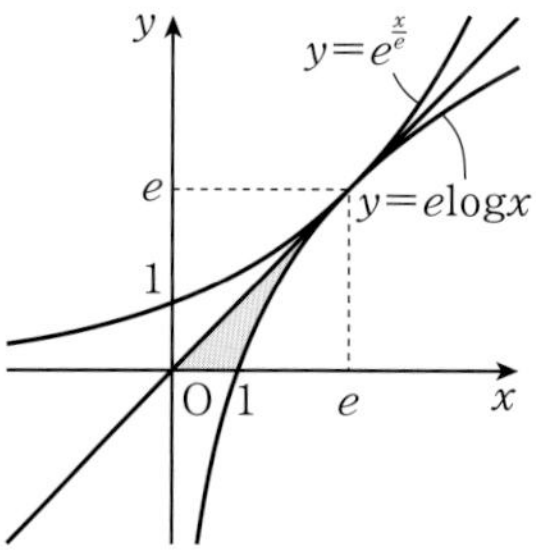


$y-e=1(x-e)$ より　$y=x$

$y=e\log x$ のグラフと $y=x$ に関して対称なグラフを表す関数は，$y=e\log x$ の逆関数なので

$\frac{y}{e}=\log x$

$x=e^{\frac{y}{e}}$ で $x$，$y$ を入れかえて　$y=e^{\frac{x}{e}}$

ここで求める部分の面積は，$y=e^{\frac{x}{e}}$ と $y=x$ と $y$ 軸で囲まれる部分の面積と一致するから

$$S=\int_0^e(e^{\frac{x}{e}}-x)dx$$

$$=\left[e\cdot e^{\frac{x}{e}}-\frac{1}{2}x^2\right]_0^e$$

$$=\left(e^2-\frac{1}{2}e^2\right)-e=\frac{1}{2}e^2-e$$

**(参考)** ここでは逆関数を使って計算をしたが，上の図の色の部分の面積を直接計算をするには

$$S=\int_0^1 x\,dx+\int_1^e(x-e\log x)dx$$

または

$$S=\int_0^e x\,dx-\int_1^e e\log x\,dx$$

で求める。解き方で示した計算と比較してみよう。

**⑮ $\frac{\pi}{2}$**

解き方　右の図の色の部分を $x$ 軸のまわりに1回転させたときの回転体の体積を求めるのだから

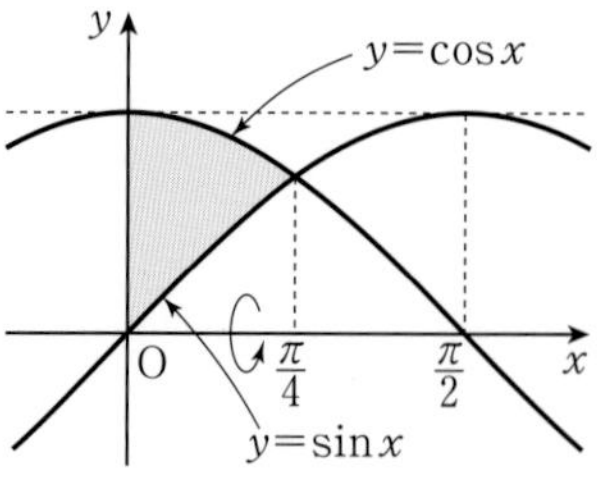


$$V=\pi\int_0^{\frac{\pi}{4}}\cos^2 x\,dx-\pi\int_0^{\frac{\pi}{4}}\sin^2 x\,dx$$

$$=\pi\int_0^{\frac{\pi}{4}}(\cos^2 x-\sin^2 x)dx$$

$$=\pi\int_0^{\frac{\pi}{4}}\cos 2x\,dx$$

$$=\pi\left[\frac{1}{2}\sin 2x\right]_0^{\frac{\pi}{4}}$$

$$=\pi\left(\frac{1}{2}-0\right)=\frac{\pi}{2}$$

**⑯ $\frac{\pi}{30}$**

解き方　$f(x)=\sqrt{x}$

とおくと

$$f'(x)=\frac{1}{2}x^{-\frac{1}{2}}$$

$$=\frac{1}{2\sqrt{x}}$$

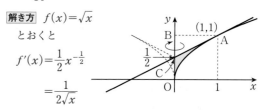

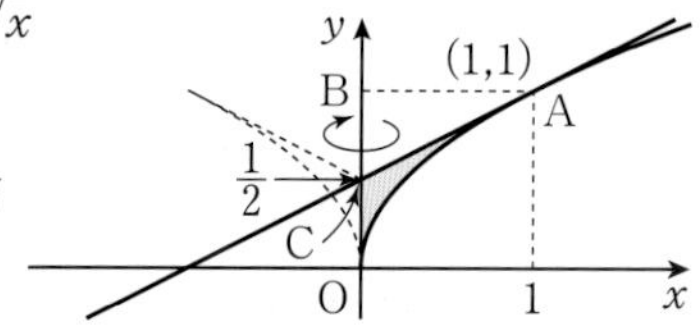


点$(1,\ 1)$における接線の傾きは　$f'(1)=\frac{1}{2}$

よって，接線の方程式は，$y-1=\frac{1}{2}(x-1)$ より

$$y=\frac{1}{2}x+\frac{1}{2}$$

求める回転体の体積 $V$ は，$y$ 軸のまわりに1回転させてできる立体の体積だから，A$(1,\ 1)$，B$(0,\ 1)$，C$\left(0,\ \frac{1}{2}\right)$ とすると，図形OABを $y$ 軸のまわりに1回転させてできる立体の体積から，△ABCを $y$ 軸のまわりに1回転させてできる円錐の体積を引いたもの。

$$V=\pi\int_0^1 x^2dy-\frac{1}{3}\pi\cdot 1^2\cdot\frac{1}{2}$$

$$=\pi\int_0^1 y^4dy-\frac{1}{6}\pi$$　$y=\sqrt{x}$ より　$x^2=y^4$

$$=\pi\left[\frac{y^5}{5}\right]_0^1-\frac{\pi}{6}$$

$$=\frac{\pi}{5}-\frac{\pi}{6}=\frac{\pi}{30}$$

**17** (1) **6**　　(2) $\boldsymbol{e-\dfrac{1}{e}}$

**解き方** (1) この曲線は $x$ 軸，$y$ 軸に関して対称だから，$0\leqq\theta\leqq\dfrac{\pi}{2}$ の部分の長さを4倍すればよい。

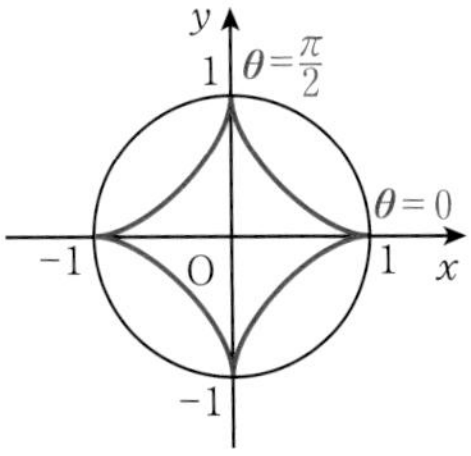

この曲線をアステロイドという

このとき

$\sin\theta\geqq0,\ \cos\theta\geqq0$

$\dfrac{dx}{d\theta}=-3\cos^2\theta\sin\theta$，$\dfrac{dy}{d\theta}=3\sin^2\theta\cos\theta$ だから

$$L=4\int_0^{\frac{\pi}{2}}\sqrt{(-3\cos^2\theta\sin\theta)^2+(3\sin^2\theta\cos\theta)^2}\,d\theta$$

$$=12\int_0^{\frac{\pi}{2}}\sqrt{\sin^2\theta\cos^2\theta(\sin^2\theta+\cos^2\theta)}\,d\theta$$

$$=12\int_0^{\frac{\pi}{2}}\sqrt{\sin^2\theta\cos^2\theta}\,d\theta$$

$$=12\int_0^{\frac{\pi}{2}}\sin\theta\cos\theta\,d\theta$$ ←$\sin\theta\geqq0$，$\cos\theta\geqq0$ だから

$$=6\int_0^{\frac{\pi}{2}}\sin2\theta\,d\theta$$

$$=6\left[-\frac{1}{2}\cos2\theta\right]_0^{\frac{\pi}{2}}$$

$$=6\left\{\frac{1}{2}-\left(-\frac{1}{2}\right)\right\}=6$$

(2) $y=\dfrac{1}{2}(e^x+e^{-x})$ のグラフは次の図のようになる。

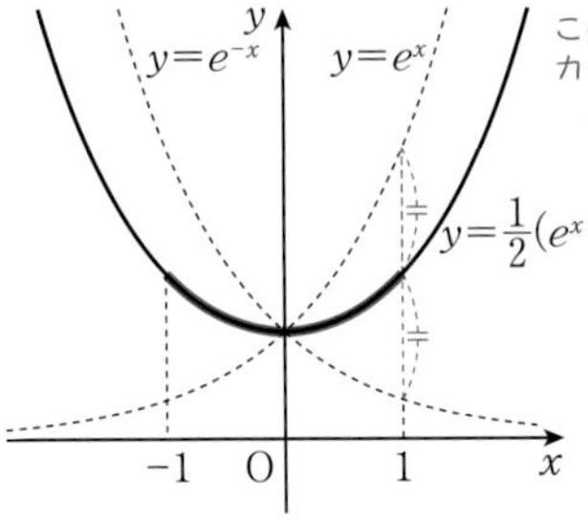


$y=f(x)$ とおくと，$f(-x)=f(x)$ よりグラフは $y$ 軸対称である。

したがって，$0\leqq x\leqq1$ の部分の長さを2倍すればよい。

$y'=\dfrac{1}{2}(e^x-e^{-x})$ だから

$$L=2\int_0^1\sqrt{1+\left\{\frac{1}{2}(e^x-e^{-x})\right\}^2}\,dx$$

$$=2\int_0^1\sqrt{\frac{1}{4}(e^x+e^{-x})^2}\,dx$$

$$=\int_0^1(e^x+e^{-x})\,dx=\Big[e^x-e^{-x}\Big]_0^1$$

$$=e-e^{-1}-(e^0-e^0)=e-\frac{1}{e}$$

**18** (1) $\boldsymbol{y=Ae^{2x}}$ **（$A$ は任意の定数）**

(2) $\boldsymbol{y=2x}$

**解き方** (1) $\dfrac{dy}{dx}=2y$ より，$y\neq0$ のとき

$$\int\frac{1}{y}dy=\int2\,dx$$

$\log|y|=2x+C$

$|y|=e^{2x+C}$

$y=\pm e^C\cdot e^{2x}$

$\pm e^C=A$ とおくと

$y=Ae^{2x}$　…①

定数関数 $y=0$ は明らかに解で，これは $A=0$ とすると得られる。

(2) $\dfrac{dy}{dx}=\dfrac{y}{x}$

$$\int\frac{1}{y}dy=\int\frac{1}{x}dx$$

$\log|y|=\log|x|+C$

$\log|y|=\log|x|+\log e^C$

$|y|=e^C|x|$

$y=\pm e^Cx$

$\pm e^C=A$ とおくと

$y=Ax$

ここで，$x=1$ のとき $y=2$ だから　$2=A$

よって　$y=2x$